DICTIONNAIRE

DES

SCIENCES NATURELLES.

TOME XXXVII.

OSE = PARM.

Le nombre d'exemplaires prescrit par la loi a été déposé. Tous les exemplaires sont revêtus de la signature de l'éditeur.

F. G. Levrault

DICTIONNAIRE

DES

SCIENCES NATURELLES,

DANS LEQUEL

ON TRAITE MÉTHODIQUEMENT DES DIFFÉRENS ÊTRES DE LA NATURE, CONSIDÉRÉS SOIT EN EUX-MÊMES, D'APRÈS L'ÉTAT ACTUEL DE NOS CONNOISSANCES, SOIT RELATIVEMENT A L'UTILITÉ QU'EN PEUVENT RETIRER LA MÉDECINE, L'AGRICULTURE, LE COMMERCE ET LES ARTS.

SUIVI D'UNE BIOGRAPHIE DES PLUS CÉLÈBRES
NATURALISTES.

Ouvrage destiné aux médecins, aux agriculteurs, aux commerçans, aux artistes, aux manufacturiers, et à tous ceux qui ont intérêt à connoître les productions de la nature, leurs caractères génériques et spécifiques, leur lieu natal, leurs propriétés et leurs usages.

PAR

Plusieurs Professeurs du Jardin du Roi, et des principales
Écoles de Paris.

TOME TRENTE-SEPTIÈME.

F. G. Levrault, Editeur, à STRASBOURG,
et rue de la Harpe, n.º 81, à PARIS.

Le Normant, rue de Seine, N.º 8, à PARIS.

1825.

Liste des Auteurs par ordre de Matières.

Physique générale.

M. LACROIX, membre de l'Académie des Sciences et professeur au Collége de France. (L.)

Chimie.

M. CHEVREUL, professeur au Collége royal de Charlemagne. (H.)

Minéralogie et Géologie.

M. BRONGNIART, membre de l'Académie des Sciences, professeur à la Faculté des Sciences. (B.)

M. BROCHANT DE VILLIERS, membre de l'Académie des Sciences. (B. DE V.)

M. DEFRANCE, membre de plusieurs Sociétés savantes. (D. F.)

Botanique.

M. DESFONTAINES, membre de l'Académie des Sciences. (DESF.)

M. DE JUSSIEU, membre de l'Académie des Sciences, professeur au Jardin du Roi. (J.)

M. MIRBEL, membre de l'Académie des Sciences, professeur à la Faculté des Sciences. (B. M.)

M. HENRI CASSINI, membre de la Société philomatique de Paris. (H. CASS.)

M. LEMAN, membre de la Société philomatique de Paris. (LEM.)

M. LOISELEUR DESLONGCHAMPS, Docteur en médecine, membre de plusieurs Sociétés savantes. (L. D.)

M. MASSEY. (MASS.)

M. POIRET, membre de plusieurs Sociétés savantes et littéraires, continuateur de l'Encyclopédie botanique. (POIR.)

M. DE TUSSAC, membre de plusieurs Sociétés savantes, auteur de la Flore des Antilles. (DE T.)

Zoologie générale, Anatomie et Physiologie.

M. G. CUVIER, membre et secrétaire perpétuel de l'Académie des Sciences, prof. au Jardin du Roi, etc. (G. C. ou CV. ou C.)

M. FLOURENS. (F.)

Mammifères.

M. GEOFFROY SAINT-HILAIRE, membre de l'Académie des Sciences, prof. au Jardin du Roi. (G.)

Oiseaux.

M. DUMONT DE S.TE CROIX, membre de plusieurs Sociétés savantes. (CH. D.)

Reptiles et Poissons.

M. DE LACÉPÈDE, membre de l'Académie des Sciences, prof. au Jardin du Roi. (L. L.)

M. DUMERIL, membre de l'Académie des Sciences, prof. à l'École de médecine. (C. D.)

M. CLOQUET, Docteur en médecine. (H. C.)

Insectes.

M. DUMERIL, membre de l'Académie des Sciences, professeur à l'École de médecine. (C. D.)

Crustacés.

M. W. E. LEACH, membre de la Société roy. de Londres, Correspond. du Muséum d'histoire naturelle de France. (W. E. L.)

M. A. G. DESMAREST, membre titulaire de l'Académie royale de médecine, professeur à l'école royale vétérinaire d'Alfort, etc.

Mollusques, Vers et Zoophytes.

M. DE BLAINVILLE, professeur à la Faculté des Sciences. (DE B.)

M. TURPIN, naturaliste, est chargé de l'exécution des dessins et de la direction de la gravure.

MM. DE HUMBOLDT et RAMOND donneront quelques articles sur les objets nouveaux qu'ils ont observés dans leurs voyages, ou sur les sujets dont ils se sont plus particulièrement occupés. M. DE CANDOLLE nous a fait la même promesse.

M. PRÉVOT a donné l'article *Océan*, et M. VALENCIENNES plusieurs articles d'Ornithologie.

M. F. CUVIER est chargé de la direction générale de l'ouvrage, et il coopérera aux articles généraux de zoologie et à l'histoire des mammifères. (F. C.)

DICTIONNAIRE

DES

SCIENCES NATURELLES.

OSE

OSEILLE. (*Bot.*) Ce nom, qui appartient spécialement à l'oseille des jardins, *rumex acetosa*, et à quelques-unes de ses congénères, est aussi donné vulgairement à d'autres plantes acides, employées en divers pays aux mêmes usagès. Ainsi plusieurs oxalides portent ce nom, et c'est même de l'une d'elles, plus commune, que l'on extrait le sel d'oseille du commerce. L'*hibiscus sabdariffa*, de la famille des malvacées, est nommé OSEILLE DE GUINÉE. La *begonia villosa* d'Aublet est nommée, selon lui, OSEILLE DES BOIS à Cayenne ; une autre *begonia* est l'OSEILLE SAUVAGE du Malabar. Un *rhexia* est nommé OSEILLE DE CERF. (J.)

OSEILLE. (*Bot.*) Voyez PATIENCE. (L. D.)

OSEILLE DES BOIS. (*Bot.*) A la Guiane on donne ce nom à une espéce de *begonia*. (LEM.)

OSEILLE DE BREBIS. (*Bot.*) C'est encore une espéce de patience. (L. D.)

OSEILLE DE BUCHERON. (*Bot.*) Un des noms vulgaires de l'oxalide oseille. (L. D.)

OSEILLE DE CERF. (*Bot.*) On donne ce nom au Canada au *rhexia alifanus*. (LEM.)

OSEILLE COMMUNE. (*Bot.*) C'est la patience oseille. (L. D.)

OSEILLE DE GUINÉE. (*Bot.*) Nom vulgaire de la ketmie acide, *hibiscus sabdariffa*, Linn. (L. D.)

37.   1

OSEILLE DU MALABAR. (*Bot.*) C'est la *begonia malaba-rica*. (Lem.)

OSEILLE RONDE. (*Bot.*) C'est la patience à écussons. (L. D.)

OSEILLE ROUGE. (*Bot.*) Nom vulgaire de la patience san-guine. (L. D.)

OSEILLE DE SAINT-DOMINGUE. (*Bot.*) Nom de l'*oxalis frutescens*, qui croît à Saint-Domingue. (Lem.)

OSEILLE SANGUINE. (*Bot.*) C'est encore une espèce de patience. (L. D.)

OSEILLE A TROIS FEUILLES. (*Bot.*) Nom vulgaire de l'oxalide oseille. (L. D.)

OSEL. (*Mamm.*) Ce nom est, chez les Russes, celui de l'âne. Ils nomment *oslitza*, l'ânesse. (Desm.)

OSERAIE. (*Bot.*) On donne ce nom à un endroit planté en osiers. (L. D.)

OSÈRE. (*Ichthyol.*) Les Russes nomment ainsi l'Esturgeon. (Desm.)

OSFOUR. (*Bot.*) Voyez Kortom. (J.)

OSFRAIE. (*Ornith.*) Ce nom et celui d'*osfrague* étaient anciennement donnés à l'orfraie, en latin *ossifraga*. (Ch. D.)

OSIER. (*Bot.*) On désigne vulgairement sous ce nom plu-sieurs espèces de saules dont les jeunes rameaux sont très-flexibles et se coupent tous les ans pour être employés à di-vers ouvrages. (L. D.)

OSIER BLEU. (*Bot.*) Nom vulgaire du *salix helix*. (L. D.)

OSIER FLEURI, OSIER SAINT-ANTOINE. (*Bot.*) Noms vulgaires de l'épilobe à feuilles étroites. (L. D.)

OSILIN. (*Conchyl.*) Adanson (Sénégal, p. 168, pl. 12) décrit et figure sous ce nom une espèce de toupie, *trochus tersollatus*, Linn. (De B.)

OSINOWIECK. (*Bot.*) Selon Pallas, on donne ce nom, dans une partie de la Sibérie, à des champignons dont la chair, naturellement blanche, devient bleue, lorsqu'on la déchire; plusieurs agarics et bolets sont dans ce cas. (Lem.)

OSIUM. (*Bot.*) Nom donné chez les Maures, suivant Rau-wolf, à l'opium ou au pavot qui le fournit. (J.)

OSJIROI, SJIRE, SJIROI. (*Bot.*) Noms japonois du lis blanc, cité par Kæmpfer. (J.)

OSKAMPIA. (*Bot.*) Le *lithospermum orientale* de Linnæus a été séparé sous ce nom par Mœnch, à cause de son calice anguleux, plus profondément divisé, de son stigmate en tête et de ses graines chargées d'un petit duvet. Voyez GRÉMIL. (J.)

OSMANTHUS. (*Bot.*) Ce genre de Loureiro est fondé sur l'*olea fragrans* de M. Thunberg, différent par les loges de ses deux anthères qui sont séparées et par l'existence de deux styles. Willdenow fait observer que cette plante, vue dans les jardins de la Cochinchine, n'y fructifie point, et que ses deux styles sont peut-être une monstruosité résultante de la culture, et il croit que jusqu'à présent on ne peut admettre ce genre. Voyez OLIVIER. (J.)

OSMAZOME. (*Chim.*) M. Thénard a donné ce nom au principe aromatique du bouillon de viande, qui avoit été signalé par Thouvenel. Mais plusieurs des propriétés qu'on a attribuées à ce principe, telles que la couleur, la propriété de précipiter le nitrate d'argent, etc., ne lui appartiennent certainement pas.

L'osmazôme n'a point encore été obtenu à l'état de pureté, de sorte qu'on ignore toutes ses propriétés, hors son odeur; c'est en traitant la viande écrasée dans un mortier, par l'alcool concentré, en laissant évaporer spontanément la liqueur filtrée, qu'on obtient l'extrait auquel on a appliqué le nom d'osmazôme. M. Proust regarde l'osmazôme comme un acide, qui est tout formé dans les viandes rouges fraîches; et il semble croire qu'il a les plus grands rapports avec l'acide caséique, s'il ne lui est pas identique. (CH.)

OSMÈRE, *Osmerus*. (*Ichthyol.*) Voyez ÉPERLAN. (H. C.)

OSMIE, *Osmia*. (*Entom.*) Panzer a employé ce nom pour désigner un genre d'insectes de la famille des mellites ou apiaires, que Linnæus et M. Kirby avoient rangés parmi les *abeilles*, Fabricius avec les *anthophores*, Jurine avec les *trachuses*, et Klug avec les *amblydes*. Ce sont les abeilles maçonnes, dont la tête est garnie de pointes cornées; l'abeille du pavot, que nous avons décrite t. I.ᵉʳ, page 35, sous le n.° 30; l'empileuse, que nous avons également fait connoître sous le n.° 29, et fait figurer dans l'atlas, planche 29, fig. 5 et 3 *a*, sous le nom de *phyllotome*. (C. D.)

OSMITE, *Osmites*. (*Bot.*) Genre de plantes dicotylédones,

à fleurs composées, de la famille des *corymbifères*, de la *syn-génésie polygamie frustranée* de Linnæus, offrant pour carac-tère essentiel : Un calice commun, à folioles imbriquées, sou-vent scarieuses ; les internés élargies à leur sommet ; les fleurs radiées ; les demi-fleurons stériles ; les fleurons hermaphrodites ; le réceptacle garni de paillettes ; les semences oblongues, surmontées d'une aigrette à paillettes courtes ou d'un simple rebord.

Osmite tomenteuse : *Osmites bellidiastrum*, Linnæus, *Spec. pl. ; Amœn. acad.*, 4, p. 330. Cette plante, remarquable par le duvet cotonneux et blanchâtre qui recouvre toutes ses par-ties, est un petit arbrisseau de quinze à dix-huit pouces de haut, offrant l'aspect d'une santoline. Sa tige se divise en ra-meaux grêles, presque fasciculés, garnis de feuilles nombreuses, éparses . sessiles, linéaires, très-aiguës. Les fleurs sont sessiles, solitaires ; presque terminales. Leur calice est composé d'é-cailles jaunâtres , scarieuses , imbriquées, membraneuses à leur sommet ; elles renferment des demi-fleurons de couleur blanche et de fleurons jaunes ; le réceptacle est garni de pail-lettes sétacées. Toutes ses parties, d'après Ray, répandent une odeur de camphre. Cette plante croît naturellement au cap de Bonne-Espérance.

Osmite camphrée ; *Osmites camphorina*, Linn., Lamk., *Ill. gen.*, tab. 865, fig. 1 ; Séba, *Mus.*, 1, pag. 143, tab. 90, fig. 2. Cette plante tire son nom de la forte odeur de camphre qu'elle exhale de toutes ses parties. Sa tige s'élève à la hauteur d'un pied ; elle est simple , ligneuse, garnie de feuilles sessiles, alternes, assez nombreuses, étroites, lancéolées, un peu den-tées à leur base, couvertes, ainsi que la tige, d'un duvet fin et tomenteux. La fleur est terminale , ordinairement solitaire, portée sur un pédoncule alongé : les folioles du calice sont imbriquées, point scarieuses ; les demi-fleurons blancs ; le disque est jaune ; les paillettes du réceptacle sont teintes de bleu à leur sommet. Cette plante croît au cap de Bonne-Espérance.

Osmite a fleur d'aster : *Osmites asteriscoides*, Linn., Burm., *Afr.*, pag. 161, tab. 58, fig. 1 ; Séba, *Mus.*, 1, tab. 16, fig. 4. Arbrisseau d'environ trois pieds , chargé de rameaux nus, épais, cylindriques, divisés en d'autres beaucoup plus petits, tomenteux, garnis de feuilles éparses, sessiles, un peu épaisses, lancéolées, aiguës, munies de trois ou quatre dents vers leur sommet, cotonneuses et couvertes d'un grand nombre de petits poils jaunâtres, un peu glanduleux à leur base : les fleurs sont sessiles à l'extrémité des rameaux ; elles ont au moins quinze lignes de diamètre · les folioles du calice sont ovales, presque lancéolées, chargées des mêmes poils que les feuilles ; les demi-fleurons grands, assez nombreux, de couleur blanche ; le disque est jaune. Cette plante croit au cap de Bonne - Espérance ; elle est le type du genre OSMITOPSE. Voyez ce mot. (POIR.)

OSMITOPSE, *Osmitopsis*. (*Bot.*) Ce genre de plantes, que nous avons proposé dans le Bulletin des sciences d'Octobre 1817 (pag. 154), appartient à l'ordre des Synanthérées, à notre tribu naturelle des Anthémidées, à la section des Anthémidées-Prototypes, et au groupe des Anthémidées-Prototypes vraies, dans lequel nous l'avons placé entre les deux genres *Achillea* et *Osmites*. (Voyez notre tableau des Anthémidées, tom. XXIX, pag. 180.)

Le genre *Osmitopsis* présente les caractères suivans, que nous avons observés sur deux échantillons secs, dans les herbiers de MM. Desfontaines et de Jussieu.

Calathide radiée : disque multiflore, régulariflore, androgyniflore ; couronne unisériée, liguliflore, neutriflore. Péricline égal aux fleurs du disque, formé de squames subtrisériées, peu inégales, foliacées, ovales, les extérieures plus grandes. Clinanthe convexe, garni de squamelles membraneuses, égales aux fleurs. *Fleurs du disque :* Ovaire ou fruit épais, subcylindracé, privé d'aigrette, mais pourvu d'un bourrelet basilaire et d'un bourrelet apicilaire, et portant un grand nectaire sur son aréole apicilaire. Après la fécondation, la base de la corolle s'amplifie, comme dans plusieurs autres Anthémidées. *Fleurs de la couronne :* Faux - ovaire long, grêle, stérile. Style nul. Corolle à languette ovale, parsemée de glandes.

Ce genre, qui a pour type l'*Osmites asteriscoides*, Lin., diffère des vrais *Osmites*, principalement par l'absence de l'aigrette.

Dans la troisième et dernière édition du *Species plantarum* de Linné, nous trouvons le genre *Osmites* composé de trois espèces. La première (*O. bellidiastrum*), que nous n'avons point vue, correspond au genre *Bellidiastrum* de Vaillant, et a été rapportée par l'Héritier à son genre *Relhania*. Si cette attribution, que nous n'avons pas pu vérifier, est exacte, la première *Osmites* de Linné seroit une inulée, et par conséquent elle ne pourroit pas être congénère des deux autres, qui sont des Anthémidées. Celles-ci, nommées *camphorina* et *asteriscoides*, sont, il est vrai, de la même tribu, mais non du même genre. Gærtner, qui a décrit et figuré les caractères génériques de l'une et de l'autre, avoit remarqué leurs différences, et il avoit pensé que la dernière pourroit constituer un genre particulier. Nous croyons aussi que l'*Osmites camphorina* doit être considérée comme le type du vrai genre *Osmites;* et que l'*asteriscoides* doit devenir le type d'un autre genre, que nous avons proposé sous le nom d'*Osmitopsis*, qui indique sa ressemblance avec le précédent. Quant à l'*Osmites calycina* de Linné fils, que l'Héritier avoit ensuite attribuée au genre *Relhania*, elle est définitivement devenue le type du genre *Lapeirousia* de Thunberg, qui appartient probablement à la tribu des inulées. Enfin, il y a encore une *Osmites dentata* de Thunberg, dont nous ne pouvons déterminer ni le genre ni la tribu. (H. Cass.)

OSMIUM. (*Min.*) Ce métal ne s'est pas encore montré isolé dans la nature. On ne l'a même trouvé que dans les minérais de platine, où il est allié avec l'iridium. Jusqu'à présent il a constamment accompagné ces minérais; car on l'a reconnu dans le minérai de platine du nouveau monde, et dans celui qu'on a découvert depuis peu dans les terrains aurifères des monts Ourals. (B.)

OSMIUM. (*Chim.*) Corps simple, appartenant à la cinquième section des Métaux. (Voyez tom. X, p. 529 et 530.)

L'osmium n'a été obtenu jusqu'ici que sous la forme d'une poudre noire, ou bleuàtre si l'on n'admet pas l'existence d'un oxide bleu d'osmium.

L'osmium n'a pu être fondu.

Il paroît très-fixe, toutes les fois qu'il est chauffé sans le contact du gaz oxigène.

L'oxigène se combine facilement à l'osmium à une température peu élevée. Lorsque le premier est en excès, tout le métal se convertit en un oxide volatil blanc, cristallisable. Lorsqu'au contraire l'osmium est en excès sur l'oxigène, ainsi que cela a lieu quand on chauffe le métal dans une petite cornue de verre, adaptée à un ballon, on obtient d'abord un premier sublimé d'oxide volatil blanc, puis un second sublimé bleu, que M. Vauquelin considère comme un oxide moins oxigéné que le précédent.

Aucun acide simple ou mélangé à un autre n'attaque l'osmium.

Quand on chauffe la potasse ou la soude et l'osmium avec le contact de l'air, l'osmium s'oxide.

Suivant Tennant, l'osmium s'allie au mercure, à l'or, au cuivre et à l'iridium.

OXIDES D'OSMIUM.

OXIDE D'OSMIUM BLANC CRISTALLISABLE.

Cet oxide est incolore, susceptible de cristalliser.

Il se sublime aux températures ordinaires. Lorsqu'on le conserve pendant quelque temps dans un flacon fermé, qui n'en est pas entièrement rempli, il se sublime de l'oxide dans la partie supérieure du vaisseau.

Lorsqu'on le jette sur un corps chaud, il se volatilise en répandant une odeur très-forte, qui a de l'analogie avec celle du raifort. C'est d'après cela que M. Tennant a donné le nom d'osmium au métal qui acquiert cette propriété en se combinant avec l'oxigène.

L'oxide d'osmium est soluble dans l'eau. La solution n'est point acide; elle a l'odeur propre à l'oxide et une saveur légèrement douceâtre. Elle peut être distillée sans éprouver de changement.

L'oxide d'osmium est susceptible de s'unir à la potasse et aux alcalis en général; mais ces combinaisons sont foibles. L'eau de potasse, en s'unissant à cet oxide, donne, dit-on, une solution jaune. Pour en séparer l'oxide, il suffit de neutraliser l'alcali par l'acide sulfurique et de distiller. L'oxide se volatilise avec l'eau.

La plupart des combustibles réduisent l'oxide d'osmium dissous dans l'eau. C'est ce qu'on peut observer en mettant un bâton de phosphore dans cette solution. Le métal est précipité à l'état d'une poudre noirâtre.

La plupart des métaux produisent cet effet, surtout si l'on a soin d'ajouter à la liqueur un peu d'acide. On observe, au moins dans plusieurs cas, qu'il se manifeste une couleur bleue avant qu'on obtienne le métal à l'état d'une poudre noire.

L'alcool, l'éther, agissent encore de la même manière.

La solution aqueuse d'oxide d'osmium devient pourpre et ensuite d'un beau bleu quand on la mêle avec l'infusion de noix de galle.

Elle colore en bleu le linge, le liége, l'épiderme, etc.

C'est la couleur bleue que l'oxide d'osmium présente par le contact de plusieurs corps combustibles, qui a conduit plusieurs chimistes à admettre un oxide bleu d'osmium qui contient moins d'oxigène que l'oxide blanc. Le fait qui me paroît le plus favorable à cette opinion, est le sublimé bleu que MM. Fourcroy et Vauquelin ont obtenu en chauffant de l'osmium métallique dans une petite cornue contenant de l'air.

AMALGAME D'OSMIUM.

Suivant Tennant, le mercure, agité avec la solution aqueuse d'oxide d'osmium, réduit l'oxide à l'état métallique, et le mercure qui ne s'est pas oxidé, s'amalgame à l'osmium réduit. Lorsqu'on distille cet amalgame, le mercure seul est volatilisé.

OSMIUM ALLIÉ AVEC L'OR ET LE CUIVRE.

Tennant a obtenu ces alliages en chauffant l'osmium avec l'or ou le cuivre dans un creuset de charbon. Ils sont ductiles. Lorsqu'on les traite par l'eau régale, ils sont dissous : si on opère la dissolution dans un appareil distillatoire et que l'on y concentre la liqueur, on obtient dans le récipient de l'oxide blanc d'osmium.

OSMIUM ET IRIDIUM.

Cet alliage est tout formé dans la mine de platine. Voici les propriétés que M. Wollaston lui a reconnue :

Il est en grains métalliques. Ils sont plus durs que les grains de mine de platine.

Ils sont sans malléabilité sous le marteau.

Leur structure est sensiblement lamelleuse.

Leur densité est de 19,5. Celle des grains de mine de platine n'est que 17,7, et ce qu'il y a de remarquable, c'est que la densité de la poudre noire, qu'on obtient en traitant la mine de platine par l'eau régale, et qui est en grande partie formée d'iridium et d'osmium, n'est que de 14,2.

Histoire.

L'osmium n'a été trouvé jusqu'ici que dans la mine de platine.

Tennant, en 1803, a établi, le premier, l'existence de l'osmium comme une espèce particulière de corps.

MM. Fourcroy et Vauquelin, en examinant la mine de platine, avoient bien reconnu plusieurs des propriétés de ce métal ; mais ils les avoient attribuées à l'iridium.

Nous parlerons du mode de préparer l'osmium à l'article PLATINE. (CH.)

OSMODIUM de Rafinesque-Schmaltz. (Bot.) Voyez ONOSMODIUM. (LEM.)

OSMUNDA, Osmonde. (Bot.) Genre de la famille des fougères ; autrefois très-nombreux en espèces, et maintenant très-réduit. Ses caractères sont d'offrir des capsules globuleuses, nues, pédicellées, striées, bivalves à moitié, et disposées en panicule ou groupe. Cette panicule n'est autre que la fronde déformée par le grand nombre de capsules qui la couvrent.

Le genre Osmunda, fondé par Tournefort sur la plus belle et la plus grande des fougères d'Europe, l'Osmunda regalis, a été adopté par Adanson, Linnæus et tous les botanistes ; mais ces derniers, moins circonspects que le fondateur, y ont ramené une quantité de fougères qui maintenant forment les genres Anemia, Todea, Botrychium ou Lunaria, Mohria, Struthiopteris, et des espèces mieux placées dans les genres Riedlea, Acrostichum, Blechnum, Lomaria, Woodwarsia, Pteris, Gymnogramma et Hydroglossum. Cavanilles, qui s'étoit aperçu de cette confusion, avoit de son côté retiré de l'Osmunda l'espèce qui en est le type, et en avoit fait son Aphyllocarpa. Ainsi donc il auroit détourné le nom d'osmunda de sa véritable application, et malheureusement il n'agissoit que sur des exemples trop connus comme celui de la bruyère commune, retiré de son genre pour en faire un particulier, *Calluna*, en lui ôtant celui d'*Erica*, qu'elle avoit porté de toute ancienneté.

Le genre *Osmunda* ne renferme plus qu'une douzaine d'espèces tout au plus. Ce sont de très-belles fougères, d'un beau port, et souvent d'une grande stature, simples, ou rameuses, à frondes presque toujours ailées une ou deux fois. Elles se plaisent dans les parties humides et découvertes des bois. Elles naissent en touffes.

1.° L'Osmunda royal: *Osmunda regalis*; Plum. fil., 35, tab. *B*, fig. 4; Linn., *Sp. pl.*; *Fl. dan.*, tab. 217; Blackw., tab. 324; *Osmunda*, Lob., *Obs.* 474, etc.; Lam., *Illust.*, tab. 865, fig. 2; Bolt. fil., tab. 5; *Filix*, Moris., 3, sect. 14, tab. 4, fig. 1; Dod., *Pempt.* 473. En touffes, hautes de deux à trois pieds et plus; frondes droites, très-grandes, deux fois ailées: frondules oblongues, lancéolées, sessiles, à peine dentées, et presque auriculées à la base, les inférieures opposées; grappes fructifères, situées à l'extrémité de la fronde. Cette magnifique fougère croît en Europe dans les bois humides, les lieux marécageux et aquatiques. On l'appelle *fougère fleurie*, à cause de ses nombreuses grappes fertiles; *fougère royale*, à cause de sa grandeur et de sa beauté. Ses frondes sont portées sur des pétioles qui naissent de la racine. Ceux-ci, par leur grandeur, ont été pris par les anciens botanistes pour des tiges rameuses; de là le nom de *filix ramosa* (fougère rameuse), qui a été donné à cette plante par C. Bauhin et ses contemporains. Les frondules offrent une nervure médiane, d'où partent de petites veines latérales, très-nombreuses. Les capsules forment des agglomérations ou paquets globuleux, roussâtres, très-rapprochés, très-nombreux, et qui couvrent l'extrémité de la fronde, et très-rarement toute la fronde. Les divisions inférieures restent le plus souvent intactes. Willdenow en indique une variété à fronde stérile et frondules bifides ou trifides, et crispés.

Cette fougère portoit le nom d'*osmunda* dès le temps de Lobel, quoiqu'il eût été chez les Latins celui d'une plante que Tragus croit être notre *vicia Dumetorum*. On employoit sa racine comme vulnéraire et détersive; on en faisoit encore usage dans les maladies hépatiques et les maux d'estomac.

Actuellement cette fougère n'est plus employée à ces usages : elle sert de litière pour les bestiaux dans les pays où elle abonde. Ses cendres contiennent de la potasse, qu'on en retire en faisant brûler lentement la plante, déjà désséchée, dans des fosses préparées exprès.

2.° Osmunda bel-a-voir : *Osmunda spectabilis*, Willd., *Spec. pl.*, 598 ; *Osmunda regalis*, β, Linn. ; *Osmunda regalis*, Mich., *Amer.*, 2, pag. 273 ; *Filix*, Pluk., *Alm.*, tab. 181, fig. 4. Il diffère de l'espèce précédente par ses frondules dentelées, cunéiformes à la base, toutes alternes. Cette espèce croît en Canada, en Pensylvanie et en Virginie.

3.° Osmunda cannelle : *Osmunda cinnamomea*, Linn. ; *Filix*, Moris., *Hist.*, 3, sect. 14, tab. 4, fig. 3. Frondes stériles, distinctes des fertiles ; bipinnatifides, à découpures ovales, oblongues, obtuses, entières ; frondes fertiles, deux fois ailées, lanugineuses ; stipe laineux. Cette belle fougère croît en grandes touffes. Elle est remarquable par ses groupes de fruits, couverts d'un duvet brun, couleur de cannelle. Elle est particulière aux États-Unis.

Nous ferons observer, en terminant cet article, que, 1.° l'*Osmunda spicant*, L., est décrite à l'article *Blechnum*, *Suppl.* ; 2.° l'*Osmunda lunaria*, est le type du genre Botrychium (voyez ce mot) ; 3.° l'*Osmunda crispa*, L., une espèce de *pteris*; et 4.° l'*Osmunda struthiopteris*, un genre particulier sous ce nom. (Lem.)

OSMUNDARIA. (*Bot.*) Genre de la famille des algues, établi par Lamouroux et qu'Agardh nomme *Polyphacum*. Son caractère essentiel consiste dans les fructifications : elles sont très-petites, pédicellées, situées à l'extrémité des frondes. A la surface des frondes sont épars de nombreux petits mamelons rapprochés, pédicellés et épineux. Une seule espèce compose ce genre.

L'Osmundaria prolifère ; *Osm. prolifera*, Lamk., *Ess.*, tab. 1, fig. 4, 5. 6. Son stipe, anguleux, rameux, produit plusieurs frondes planes, lancéolées, dentées, amincies en forme de pétiole à la base, marquées d'une nervure peu sensible. prolifère sur les bords, recouverte sur tous les points, excepté sur les nervures, de verrues pédicellées et finement épineuses. Les fructifications sont rassemblées à l'extrémité des rameaux et représentent de petites siliques. La plante desséchée est noire et coriace : elle a été recueillie à la Nouvelle-Hollande. (Lem.)

OSMUNDULA. (*Bot.*) Lonicerus désigne ainsi une petite espèce de fougère, le *Polypodium calcareum*, Smith, Willd. (Lem.)

OSMYLE, *Osmylus*. (*Entom.*) Ce nom est indiqué comme celui d'un genre que M. Latreille a formé parmi les insectes névroptères et qui appartient à la famille des stégoptères, c'est l'Hémérobe tachetée, *Hemerobius maculatus*, distincte des autres espèces du genre par trois stemmates ou yeux lisses. (C. D.)

OSMYLUS. (*Malacoz.*) Nom sous lequel Athénée (*Deipnosoph.*, liv. 7, p. 318), ainsi qu'Élien, désignent une espèce de poulpe, sans le caractériser, et qui paroit être celui que les Athéniens donnoient à l'espèce appelée *ozolis* par Aristote. Voyez Poulpe. (De B.)

OSO MELERO. (*Mamm.*) Nom du kinkajou dans quelques parties des colonies espagnoles ou portugaises de l'Amérique méridionale : il signifie ours du miel. (F. C.)

OSORIA. (*Ornith.*) Nom polonois du balbuzard, *falco haliætus*, Linn. (Ch. D.)

OSPHRONÈME, *Osphronemus*. (*Ichthyol.*) Dans des manuscrits précieux que M. le comte de Lacépède a arrachés à l'oubli qui menaçoit de les dévorer, et d'après le verbe grec ὀσφραίνομαι, odorer, le voyageur Commerson, le premier, a donné ce nom à un poisson qui forme le type d'un genre distinct dans la famille des léiopomes, et le nom, comme le genre, ont été conservés par les ichthyologistes qui ont écrit postérieurement.

Les osphronèmes, que M. Cuvier place dans la famille des acanthoptérygiens squamipennes, offrent les caractères génériques suivans.

Corps épais, comprimé; catopes sous les pectorales, à second rayon formant une longue soie articulée, et à premier rayon épineux; opercules lisses; base des nageoires verticales écailleuse, au contraire; bouche petite; dents très-courtes et disposées en velours; plusieurs épines à la nageoire dorsale.

A l'aide de ces notes, on distinguera sans peine les Os-

PHRONÈMES des TRICHOPODES, qui n'ont point d'épines aux catopes; des MONODACTYLES, chez lesquels ces nageoires n'ont qu'un seul rayon; des CHÉILODIPTÈRES, des DIPTÉRODONS et des MULETS, qui ont deux nageoires dorsales; des HIATULES, qui manquent de nageoire anale; des HOLOGYMNOSES, dont les écailles sont peu distinctes; des TÆNIANOTES, des BODIANS, des LUTJANS, qui ont les opercules dentelées ou épineuses. (Voyez ces différens noms de genres et LÉIOPOMES.)

Parmi les espèces d'osphronèmes, nous citerons :

Le GORAMY ou GOURAMY ; *Osphronemus olfax*, Commerson. Partie postérieure du dos très-élevée; ligne latérale droite; nageoires caudale et dorsale arrondies; dessous du ventre et de la queue caréné; écailles larges sur le corps, les opercules et la tête; plus petites sur les nageoires du dos et de l'anus; dessus de la tête incliné vers le museau et marqué de deux légers enfoncemens; mâchoire supérieure extensible; inférieure plus longue; une callosité au palais; langue blanchâtre et retirée au fond de la gueule; anus deux fois plus près de la gorge que de l'extrémité de la queue; teinte générale brune, avec des nuances rougeâtres plus claires sur les nageoires que sur le dos; côtés et ventre argentés, à écailles bordées de brun.

En ouvrant la bouche de ce poisson, on aperçoit ses os pharyngiens, dont la figure est très-compliquée, et qu'en raison de leur apparence *labyrinthiforme*, Commerson a considérés comme des os ethmoïdes, devant servir à l'odorat, ce qui a conduit ce naturaliste à créer le mot *osphronème*. M. Duméril pense que l'appareil dont il s'agit ici, est un organe accessoire aux branchies et semblable, quant aux usages, aux sacs à air qu'on a observés dans le caméléon et dans les oiseaux.

Le goramy est un poisson de rivière, remarquable par sa forme, par l'excellence de sa chair et par sa grandeur, puisqu'il parvient à la taille de six pieds. On peut le regarder comme le meilleur et un des plus gros poissons d'eau douce, et quoique sa saveur se rapproche un peu de celle de la carpe, elle est plus délicate.

Lorsqu'en 1770, par les soins de M. de Séré, commandant des troupes royales de la Colonie, Commerson, tout en méritant l'estime et l'affection des ames reconnoissantes de ceux qui profitent des découvertes de la science et des bienfaits de la philanthropie, eut l'occasion d'observer ce poisson à l'Isle-de-France, il apprit qu'il y avoit été apporté de la Chine, où il est indigène, et de Batavia, où on le trouve aussi, d'après l'assertion de Charpentier-Cossigny; qu'on l'avoit d'abord élevé dans des viviers, et qu'il s'étoit ensuite répandu dans des rivières, où il s'étoit multiplié avec une grande facilité, et où il avoit conservé toutes ses qualités.

« Il seroit bien à désirer, dit à cette occasion M. le comte de Lacépède, que quelque ami des sciences naturelles, jaloux de favoriser l'accroissement des objets véritablement utiles, se donnât le peu de soins nécessaires pour le faire arriver vivant en France, l'acclimater dans nos rivières et procurer ainsi à notre patrie une nourriture peu chère, exquise, salubre et très-abondante. »

Disons plus : quels avantages inappréciables n'en retireroient pas nos malades dans les hôpitaux, où souvent les mets convenables à leur état ne sauroient leur être prescrits par les médecins qui les visitent et qui ne peuvent que déplorer leur impuissance à cet égard!

Un vœu fait dans des intentions si pures a été réalisé.

M. le chevalier Moreau de Jonnès, membre correspondant de l'Académie royale des sciences, a proposé à S. Exc. le Ministre de la marine d'envoyer des goramys aux colonies d'Amérique, où le climat semble propre à en laisser perpétuer la race.

Cette idée a été accueillie avec empressement et exécutée avec rapidité.

En effet, vers la fin de l'année 1819, cent individus de cette espèce de poissons ont été embarqués. Pendant la traversée, beaucoup d'entre eux sont devenus aveugles, mais il n'en est mort que vingt-trois; tant on a pris de précaution pour les préserver de tout accident dans un si long voyage.

Cayenne a reçu ainsi vingt-cinq de ces poissons; le reste a été partagé entre la Guadeloupe et la Martinique. Dans la première et la dernière de ces colonies ils ont déjà multiplié, et tout fait espérer que bientôt on en pourra distribuer abondamment la chair aux hôpitaux militaires de ces deux contrées, où les feux d'un soleil toujours ardent, et la présence de grands marécages, deviennent la cause de tant de maladies.

C'est, au reste, M. de Séré, qui a élevé les premiers goramys à l'Isle-de-France. Le savant botaniste, M. Aubert du Petit-Thouars, membre de l'Académie royale des sciences, nous a dit avoir vu se développer ces premiers individus, qui étoient peu farouches et comme apprivoisés. Il avoit déjà conçu l'idée d'en faire passer aux colonies d'Amérique, mais le succès ne couronna point son entreprise. On se rappellera sans doute ici que c'est le même M. de Séré, qui, le premier, a introduit à l'Isle-de-France ces jolies petites carpes dorées de la Chine, répandues aujourd'hui dans toute l'Europe, où elles font l'ornement des bassins et des fontaines, à cause de l'éclat et des variétés de leurs couleurs. Puisse son nom être mieux conservé chez nos descendans, que ne l'est, chez nous, celui de l'homme recommandable qui, vers le moyen âge, nous a fait présent de la carpe, jusqu'alors, à ce qu'il paroît, inconnue en France !

Le Gal : *Osphronemus gallus*, Lacépède ; *Labrus gallus*, Linnæus ; *Scarus gallus*, Forsk. Lèvre inférieure plissée de chaque côté ; nageoires dorsale et anale très-basses ; celle de la queue fourchue ; écailles striées, peu adhérentes ; teinte générale d'un vert foncé ; une petite ligne transversale violette ou pourpre sur chaque écaille ; deux bandes bleues sur l'abdomen ; nageoires du dos et de l'anus violettes à la base et bleues sur le bord ; pectorales bleues et violettes dans leur centre ; caudale jaune et aurore dans le milieu ; violette sur les côtés ; bleue dans sa circonférence ; iris rouge autour de la pupille et vert dans le reste de son disque.

Ce poisson a été observé par Forskal sur les côtes d'Arabie. Les habitans des rivages qu'il fréquente le regardent comme muni d'un venin des plus actifs et tellement pénétrant qu'il suffit de le toucher légèrement pour éprouver des accidens graves. (H. C.)

OSPHYE: (*Entom.*) Illiger avoit d'abord employé ce nom, après avoir indiqué celui de *palécine*, pour indiquer un genre d'insectes coléoptères, retiré de celui des œdémères, dont quelques auteurs ont fait depuis le genre *Nothus*. (C. D.)

OSPREY. (*Ornith.*) Nom anglois du balbuzard, *falco haliætus*, Linn. (Ch. D.)

OSSA. (*Mamm.*) C'est peut-être du sarigue à oreille bicolore que La Hontan parle sous ce nom américain. C'est aussi le nom de la femelle de l'ours en Espagne. (F. C.)

OSSAR. (*Bot.*) Voyez Beid-el-ossar. (J.)

OSSEA. (*Bot.*) Lonicer, auteur du seizième siècle, nommoit ainsi le cornouillier sanguin, suivant C. Bauhin. (J.)

OSSELETS. (*Foss.*) On a donné le nom d'osselets d'oursins a des portions détachées de têt des oursins fossiles. On en voit des figures dans le Traité des pétrifications de Bourguet, tab. 53, n.ᵒˢ 555 — 558. (D. F.)

OSSEN OOG. (*Mamm.*) Ce nom, qui se trouve dans Houttuyn, a été rapporté à la baleine jubarte, *B. boops.* (F. C.)

OSSEUX. (*Ichthyol.*) On a donné le nom de *poissons osseux* à ceux dont le squelette offre la dureté, la consistance, de la charpente osseuse des autres animaux vertébrés.

Le nombre des poissons osseux surpasse de beaucoup celui des *poissons chondroptérygiens.* Voyez Cartilagineux et Poissons. (H. C.)

OSSIFRAGA. (*Bot.*) La plante de l'Inde, décrite sous ce nom par Rumph, est un euphorbe, *euphorbia tiru calli*, selon Burmann, dont l'écorce pilée est appliquée avec succès sur les membres fracturés, au rapport de Rumph. (J.)

OSSIFRAGE, *Ossifragum.* (*Bot.*) Espèce du genre *Anthericum,* Linn. On prétend dans le Nord qu'elle ramollit et dissout les os des bestiaux qui en font leur pâture. Voyez Narthèce. (Lem.)

OSSIPHAGE ou OSSIFAGE. (*Ichthyol.*) Nom spécifique d'un Labre, décrit dans ce Dictionnaire, tome XXV, p. 27. (H. C.)

OSSO. (*Mamm.*) Nom espagnol de l'ours. (F. C.)

OSSO HORMIGUERO. (*Mamm.*) Nom espagnol qui signifie ours fourmilier, et qui est communément donné au *Tamandua.* (F. C.)

OSSON. (*Mamm.*) Nom de l'éléphant chez les Nègres de Guinée. (Desm.)

OSSUNA. (*Bot.*) Le *teucrium polium* est ainsi nommé dans l'Andalousie, suivant Clusius : une de ses variétés est l'*alta-*

misa des Espagnols, une autre est le *camarilla*, *polion* des Grecs. (J.)

OSTARDE. (*Ornith.*) Ce nom de l'outarde, *otis tarda*, Linn., a été appliqué par Albin au grand pluvier ou œdicnème, *œdicnemus europæus*, et c'est ce dernier oiseau que Belon désigne par le nom d'*ostardeau*. (Cн. D.)

OSTEOCARPON. (*Bot.*) Plukenet désigne ainsi les espèces de plantes qui ont servi de type au genre Ostéosperme. Voyez ce mot. (Lem.)

OSTÉOCOLLE. (*Min.*) Ce sont des concrétions calcaires, qui ont une forme cylindroïde avec une cavité longitudinale ordinairement remplie d'une matière calcaire plus grossière, ce qui leur donne de la ressemblance avec la structure des os longs. La nature calcaire de ces corps qu'on avoit comparée avec celle qu'on attribuoit aux os, la ressemblance de forme avoient suffi dans cette partie de la médecine ancienne qu'on appeloit la doctrine des signatures pour faire attribuer à ces concrétions prises intérieurement ou ajoutées aux emplâtres la propriété de faciliter le cal des os fracturés ou l'ossification des enfans. Voyez Calcaire concrétionné, tome VIII, page 280. (B.)

OSTEOCOLLON. (*Bot.*) Daléchamps cite et figure sous ce nom un sous-arbrisseau à rameaux opposés, dénués de feuilles, dont il n'a vu que des bourgeons terminaux, sans fleurs ni fruits. Il dit que ce végétal croît dans le Valais sur les rochers qui avoisinent la ville de Sion, et que son nom lui vient de la propriété qui lui est attribuée de consolider les os rompus. Il ajoute que quelques-uns le nomment *polygondrum*, probablement à cause des nœuds fréquens de sa tige ; et d'autres, *symphytum*, à cause de sa propriété de faire reprendre les chairs séparées, et il cite ces faits d'après Hiéroclès et Absyrte. C. Bauhin assimile avec doute cette plante à son *polygonum bacciferum*, qui est l'*ephedra distachya* des modernes, avec lequel il a en effet beaucoup de rapport extérieur; mais l'*ephedra* habite les bords de la mer ou des fleuves. Une autre plante polygonée, le *calligonum* de Linnæus, que Tournefort nommoit *polygonoides*, ressemble aussi un peu à l'*osteocollon* par son port et la rareté de ses feuilles très-petites, mais ses rameaux sont alternes, et Tournefort l'avoit trouvée au pied du mont Ararat. On ne peut donc déterminer avec certitude le genre auquel appartient l'*osteocollon*. (J.)

OSTÉODERMES. (*Ichthyol.*) M. le professeur **Duméril** a donné ce nom à une famille de poissons cartilagineux téléobranches, dont les branchies sont garnies d'une opercule et d'une membrane, mais qui sont dépourvus de catopes et dont la peau est couverte d'une cuirasse ou de grains osseux.

Le tableau suivant donnera une idée des caractères des genres qui composent cette famille.

Famille des ostéodermes.

Nageoires impaires	distinctes ; bouche	armée de dents au nombre de	plus de six			COFFRE.
			moins de six ou de	quatre		TÉTRODON.
				deux ; peau	couverte d'aiguillons	DIODON.
					sans aiguillons	MOLE.
		sans dents, étroite, au bout d'un museau ; corps	très-alongé, non comprimé			SYNGNATHE.
			comprimé latéralement			HIPPOCAMPE.
		nulles ; mâchoire supérieure divisée en	deux dents			OVOIDE.
			quatre dents			SPHÉROÏDE.

Voyez ces différens noms de genres et TÉLÉOBRANCHES. (H. C.)

OSTÉOLITHE. (*Foss.*) Synonyme d'OSSEMENT PÉTRIFIÉ. (DESM.)

OSTÉOMÉLÉS. (*Bot.*) Genre de plantes dicotylédones, à fleurs complètes, polypétalées, régulières, de la famille des *rosacées*, de l'*icosandrie pentagynie* de Linnæus, offrant pour caractère essentiel : Un calice campanulé ; le limbe à cinq dents ; cinq pétales très-étalés, attachés au limbe du calice ; environ vingt étamines placées de même ; cinq, rarement trois ovaires inférieurs, adhérens entre eux et avec le tube du calice ; autant de styles, barbus à leur partie inférieure. Le fruit est une baie contenant cinq osselets monospermes.

OSTÉOMÉLÉS A FEUILLES GLABRES ; *Osteomeles glabrata*, Kunth *in* Humb., *Nov. gen. et Spec.*, vol. 6, pag. 210, tab. 553. Arbre de vingt-cinq pieds et plus, dont la cime est globuleuse. Les rameaux sont bruns, anguleux, hérissés de très-petites verrues ; les feuilles éparses, très-peu pétiolées, ovales, arrondies, crénelées de petites glandes entre les crénelures, glabres, coriaces, longues de deux pouces ; les stipules lancéolées, subulées, de la longueur des pétioles ; les fleurs disposées en corymbes terminaux, accompagnées de bractées,

ayant leur calice un peu pubescent; la corolle blanche; les
pétales glabres, concaves, elliptiques; les étamines un peu
inégales, presque de la longueur des dents du calice; les filamens subulés, aplatis à leur partie inférieure; les anthères
à deux loges; le pollen rose; l'intérieur du limbe du calice
tapissé par un disque mince et pubescent. Cette plante croît
dans les forêts des Andes du Pérou.

OSTÉOMÉLÉS FERRUGINEUX : *Osteomeles ferruginea*, Kunth, *l. c.*;
Cratægus ferruginea, Pers., *Synops.*, 2, pag. 37. Cette espèce
a des rameaux épars, cylindriques, brunâtres; les plus jeunes
ferrugineux, tomenteux au sommet; les feuilles éparses, pétiolées, ovales, oblongues, arrondies à leurs deux extrémités,
coriaces, crénelées, glabres en dessus, tomenteuses et ferrugineuses en dessous, longues de deux pouces et demi; les stipules petites; les corymbes rameux, munis de bractées; le
calice tomenteux, à demi globuleux; les dents du limbe ovales,
subulées; les pétales glabres, presque orbiculaires; les ovaires
hérissés à leur sommet; les stigmates comprimés, presque
peltés. Cette plante croît dans les Andes de Quito.

OSTÉOMÉLÉS A LARGES FEUILLES; *Osteomeles latifolia*, Kunth,
l. c., tab. 554. Ses rameaux sont glabres, anguleux, roussâtres
et tomenteux dans leur jeunesse; les feuilles ovales, un peu
arrondies, médiocrement en cœur à leur base, quelquefois
un peu échancrées au sommet, crénelées et dentées à leur
contour, vertes et un peu pubescentes en dessus, tomenteuses et roussâtres en dessous; les stipules courtes, linéaires,
subulées; les corymbes presque sessiles; les bractées filiformes,
pubescentes. Les fleurs ont le calice à demi globuleux, tomenteux; la corolle blanche; les pétales presque elliptiques,
frangés et velus à leurs bords. Cette plante croît au Pérou,
dans les forêts. (POIR.)

OSTÉOPHILE, *Osteophilus*. (*Entom.*) M. Rafinesque a indiqué sous ce nom un genre d'insectes aptères, de la famille
des nématoures ou séticaudes, voisin des podures, mais dont
les antennes sont en masse. (C. D.)

OSTÉOSPERME, *Osteospermum*. (*Bot.*) Genre de plantes dicotylédones, à fleurs composées, de la famille des *corymbi-*
fères, de la *syngénésie nécessaire* de Linnæus; offrant pour caractère essentiel : Des fleurs radiées; le calice simple, à plu-

sieurs folioles ; des fleurons mâles, à cinq étamines syngénéses ; un ovaire stérile ; des demi-fleurons femelles, fertiles, à longue languette ; le réceptacle nu ; des semences osseuses, arrondies, sans aigrette, entourant le réceptacle en forme de collier, d'où vient le nom de ce genre.

OSTÉOSPERME ÉLANCÉ ; *Osteospermum junceum*, Linn. Cette plante s'élève à la hauteur de cinq à six pieds sur une tige ligneuse, élancée, ramifiée en corymbe à son sommet. Les rameaux sont cotonneux à leur extrémité ; les feuilles petites, linéaires-lancéolées, éparses, sessiles, acuminées, très-entières, quelques-unes munies de petites dents écartées, tomenteuses dans leur jeunesse ; les fleurs, grandes, radiées, solitaires, forment, par leur ensemble, un corymbe un peu lâche : les folioles du calice sont oblongues, acuminées, quelques-unes chargées d'un duvet blanchâtre ; les semences grandes, un peu coniques, disposées orbiculairement pour le réceptacle. Cette plante croît au cap de Bonne-Espérance.

OSTÉOSPERME A FEUILLES DE HOUX : *Osteospermum ilicifolium*, Linn. ; Burm., *Afr.*, pag. 172, tab. 62. Arbrisseau de deux ou trois pieds, remarquable par les sinuosités épineuses de ses feuilles ; ses rameaux sont étalés, striés, flexueux ; les feuilles sessiles, éparses, nombreuses, presque amplexicaules, ovales-lancéolées, acuminées, d'un vert pâle, parsemées, à leurs deux faces, de petites aspérités, pubescentes en dessous : les fleurs de grandeur médiocre, solitaires au sommet des rameaux : les folioles du calice égales, linéaires, subulées ; les corolles de couleur jaune. On trouve cette plante au cap de Bonne-Espérance.

OSTÉOSPERME ÉPINEUX : *Osteospermum spinosum*, Linn. ; Jacq., *Hort. Schœnbr.*, 3, pag. 66, tab. 377. Toutes les parties de cet arbuste sont chargées de points rudes et saillans, qui le rendent âpre au toucher. Il forme un petit buisson touffu et piquant, qui ne s'élève guère au-delà d'un pied et demi ; ses rameaux se terminent par de fortes et longues épines souvent ramifiées : les fleurs sont jaunes, pédonculées, solitaires et terminales, assez grandes : les folioles du calice ovales, aiguës, membraneuses à leurs bords ; les pédoncules, inclinés après la floraison, soutiennent des réceptacles chargés de semences arrondies, osseuses, rougeâtres, disposées orbiculairement. Cette plante croît dans l'Éthiopie. On la cultive au Jardin du Roi.

OstÉosperme pisifÈre : *Osteospermum pisiferum*, Linn.; Mill., *Icon.*, pag. 129, tab. 194, fig. 1. Arbuste très-rapproché du précédent, dont les tiges sont glabres et raboteuses; les rameaux chargés de petits angles saillans, denticulés, qui naissent de la base de chaque pétiole. Les feuilles sont éparses, lancéolées, cunéiformes, pétiolées, mucronées, comme rongées, dentées principalement vers leur sommet, la plupart longues de deux pouces : le pétiole est court, linéaire, muni d'un tuberbule à sa base : les fleurs petites, portées sur des pédoncules écailleux et ramifiés; le calice est hémisphérique avec ses folioles ovales, lancéolées, aiguës; les demi-fleurons sont très-ouverts et réfléchis, de couleur jaune, ainsi que le disque; les semences sont très-grosses, ovales et entourent le réceptacle. Cette espèce croît au cap de Bonne-Espérance.

OstÉosperme polygaloïde : *Osteospermum polygaloides*, Linn.; Pluken., *Mant.*, 47, tab. 382, fig. 2. Cette plante s'élève à la hauteur d'un pied sur une tige ligneuse, divisée à son sommet en rameaux paniculés, garnis de petites feuilles éparses, linéaires, lancéolées, entières, mucronées, à peine longues d'un pouce; munies dans leur aisselle de poils longs et soyeux. Les fleurs sont jaunes, solitaires, terminales; les pédoncules chargés de quelques bractées linéaires : les folioles du calice linéaires, aiguës, hérissées de petites épines molles et courtes; les demi-fleurons réfléchis, un peu plus longs que le calice; les semences osseuses, oblongues, striées. Cette plante croît dans l'Éthiopie.

OstÉosperme ciliÉ : *Osteospermum ciliatum*, Linn.; Burm., *Afr.*, pag. 171, tab. 61, fig. 2. Espèce remarquable par la petitesse de ses fleurs et par les petits aiguillons qui bordent ses feuilles et les font paroître ciliées; sa tige est haute d'un pied, anguleuse; les feuilles sont sessiles, alternes, ovales, lancéolées, aiguës, crénelées à leurs bords, les supérieures couvertes d'un duvet blanc et cotonneux; les fleurs jaunes, pédonculées, solitaires et terminales; les folioles du calice striées, lancéolées, aiguës. Cette plante croît au cap de Bonne-Espérance.

OSTÉOSPERME PORTE-COLLIER : *Osteospermum moniliferum*, Linn.; Dill., *Hort. Elth.*, tab. 68, fig. 79; Pluken., *Amalth.*, tab. 382, fig. 4; Lamk., *Ill.*, tab. 714. Sous-arbrisseau de trois ou quatre pieds, dont les rameaux sont rapprochés quatre à six de distance en distance ; les feuilles éparses, nombreuses, ovales, à dentelures mucronées, longues d'un pouce et demi ; les pétioles linéaires, un peu ailés, terminés au sommet par trois tubercules particuliers, prolongés sur les rameaux en autant d'angles saillans : les fleurs sont jaunes, radiées, de grandeur moyenne, pédonculées et terminales : les folioles du calice inégales, ovales-oblongues, aiguës, un peu ciliées, tomenteuses, ainsi que les pédoncules ; les semences grandes, osseuses, arrondies, au nombre de cinq à six, disposées orbiculairement sur le réceptacle. Cette espèce croit en Éthiopie. On la cultive au Jardin du Roi. (POIR.)

OSTÉOSTOMES. (*Ichthyol.*) D'après les mots grecs ο σ]εον, *os*, et σ]ομα, *bouche*, M. le professeur Duméril a créé sous ce nom, dans sa Zoologie analytique, une famille de poissons dans le sous-ordre des holobranches thoraciques, famille à laquelle on peut assigner les caractères suivans :

Branchies munies d'une opercule et d'une membrane; catopes implantés sous les nageoires pectorales; corps épais, comprimé; mâchoires tout-à-fait osseuses.

Le tableau suivant donnera une idée des caractères des genres qui la composent.

Famille des Ostéostomes.

Nageoire du dos	unique,	armée d'aiguillons; mâchoires lisses. LÉIOGNATHE.
		sans aiguillons; mâchoires crénelées. SCARE.
	double; mâchoires crénelées............. OSTORHINQUE.

Voyez ces différens noms de genres et THORACIQUES. (H. C.)

OSTÉOZOAIRES. (*Zool.*) M. de Blainville a proposé ce nom pour remplacer celui de vertébrés, donné depuis long-temps aux animaux des quatre premières classes. (DESM.)

OSTERDAMIA, (*Bot.*) Genre de plantes détaché de l'*agrostis* par Necker, mais non encore adopté. (J.)

OSTERDYCHIA. (*Bot.*) J. Burmann désignoit ainsi l'*antholyza Cunonia*, Linn., dont il faisoit un genre qui n'a point été adopté, (LEM.)

OSTERICUM. (*Bot.*) Genre de la famille des *ombellifères*, établi par Hoffmann (*Gen. umbell.*) sur *l'angelica pratensis*, Marsch. et Bieb., mais qui n'a pas été adopté, à cause qu'il diffère à peine de *l'angelica*. Beaucoup plus anciennement les botanistes, comme Tragus, C. Bauhin, etc., ont nommé *ostericum* l'angélique sauvage, *angelica sylvestris*, Linn., avec laquelle peut-être ils ont confondu *l'imperatoria palustris*, Besser. Voyez Rœm., *Syst. veget.*, 6, p. 605. (LEM.)

OSTERITIUM. (*Bot.*) Cette plante de Tragus est reportée par C. Bauhin à l'astrance, *astrantia major*. Il croit encore qu'un autre *osteritium* sauvage, du même, est la podagraire, *œgopodium podagraria*. (J.)

OSTOME. (*Entom.*) Nom donné par Laicharting au genre des NITIDULES de Fabricius. (C. D.)

OSTORHINQUE, *Ostorhinchus*. (*Ichthyol.*) En prenant pour type un poisson décrit et dessiné par le voyageur Commerson, M. le comte de Lacépède a établi sous ce nom un genre qui se rapporte à la famille des ostéostomes, et dont les caractères sont les suivans :

Mâchoires osseuses, très - avancées, crénelées, tenant lieu de dents; deux nageoires du dos.

Les OSTORHINQUES sont donc faciles à distinguer des LÉIOGNATHES et des SCARES, qui n'ont qu'une nageoire dorsale. (Voyez LÉIOGNATHE, OSTÉOSTOMES, SCARE.)

Ce genre ne renferme encore qu'une espèce.

L'OSTORHINQUE FLEURIEU, *Ostorhinchus Fleurieu*. Nageoire caudale en croissant; mâchoire inférieure un peu avancée; yeux gros; une bande transversale d'une couleur vive auprès de la nageoire de la queue.

Ce poisson habite la grande mer Équinoxiale. (H. C.)

OSTRACÉES, *Ostracea*. (*Conchyl.*) M. de Lamarck, dans son Système de conchyliologie, avoit établi sous ce nom une famille de coquilles bivalves, à têt feuilleté ou papyracé, monomyaires, ou à une seule impression musculaire subcentrale, à ligament non marginal, intérieur ou demi-intérieur, quelquefois inconnu. Il la subdivisoit ensuite en deux sections : dans la première, à ligament inconnu, ou *ostracées anomales*, il plaçoit les genres Calcéole, Radiolite et Cranie; et dans la seconde, ou *ostracées franches*, il mettoit les genres

Gryphée, Huître, Vulselle, Placune, Anomie ; mais dans la seconde édition des Animaux sans vertèbres il ne conserve dans cette famille que la seconde section, la première constituant une partie de la division des Rudistes.

M. de Blainville adopte aussi, sous le même. nom, cette famille dans son Système de conchyliologie. (De B.)

OSTRACÉS, *Ostracea*. (*Malacoz*.) M. G. Cuvier, dans son Système de malacologie, donne ce nom à la première famille de ses acéphales testacés, et il la caractérise ainsi : Manteau ouvert, sans ouvertures ni tubes particuliers ; pied nul ou très-petit; coquille le plus souvent fixée aux roches par sa propre substance ou par des fils, ou aux autres corps plongés sous l'eau. Il la partage ensuite en deux sections, suivant le nombre des muscles adducteurs : dans la première, à un seul muscle, sont les genres Acarde, Huître, Gryphée, Peigne, Lime, Houlette, Anomie, Placune, Spondyle, Plicatule, Marteau, Vulselle et Perne ; dans la seconde, à deux muscles, sont les genres Avicule, Crénatule, Jambonneau, Arche, Pétoncle, Nucule et Trigonie.

M. de Blainville avoit aussi adopté le nom d'ostracés pour une famille de son ordre des Malacozoaires lamellibranches. Dans son *Genera* il la caractérise ainsi : Lobes des manteaux entièrement séparés dans presque toute la circonférence, si ce n'est vers le dos ; abdomen entièrement caché par la réunion des lames branchiales dans toute la ligne médiane, et sans prolongement musculaire ou pied. Coquille plus ou moins grossièrement lamelleuse, irrégulière, inéquivalve, inéquilatérale, sans appareil régulier d'articulation, et avec une seule impression musculaire subcentrale.

Il y place les genres Anomie, Placune, Harpace, Huître, Gryphée et Pachyte ou Podopside. (De B.)

OSTRACHODES ou OSTRACODES. (*Crust.*) Noms d'une famille de crustacés de la sous-classe des entomostracés, fondée par M. Latreille, et renfermant les Cypris, les Cythérées, les Lyncés et les Daphnies, tous caractérisés par leur têt, qui est en forme de valves et qui renferme leurs pattes, dont les formes et les fonctions varient selon les genres. Voyez l'article Malacostracés, tome XXVIII, page 390. (Desm.)

OSTRACIA. (*Foss.*) Pline a donné ce nom à une coquille

fort dure dont on se servoit pour polir les pierres précieuses (*Hist. nat.*, *lib.* 57, *cap.* 10); mais on ne sait de quelle coquille il a entendu parler. (D. F.)

OSTRACINS ou BITESTACÉS. (*Crust.*) Les Entomostracés de Muller, dont l'enveloppe générale est comme divisée en deux valves, forment, selon M. Duméril, une petite famille, à laquelle il a donné ce nom. Les genres qui y sont compris, sont les suivans: DAPHNIE, CYPRIS, CYTHÉRÉE et LYNCÉE. Cette famille correspond exactement à celle que M. Latreille avoit anciennement établie sous le nom d'OSTRACHODES. (DESM.)

OSTRACION. (*Ichthyol.*) Voyez COFFRE. (H. C.)

OSTRACITES ou OSTRÉITES. (*Foss.*) On a autrefois donné ces noms aux huitres, aux gryphées et aux pernes fossiles. (D. F.)

OSTRACOMORPHITES. (*Foss.*) Synonyme d'OSTRACITES. (DESM.)

OSTRALEGA. (*Ornith.*) Ce nom désigne l'huîtrier, *hæmatopus ostralegus*, Linn. (CH. D.)

OSTRAPODES. (*Crust.*) Ordre de crustacés entomostracés, fondé par M. Straus, et ne renfermant que les genres Cypris et Cythérée. Voyez l'article MALACOSTRACÉS, tome XXVIII, pag. 408. (DESM.)

OSTREA. (*Bot.*) Voyez HUÎTRE. (DESM.)

OSTRÉOCAMITES. (*Foss.*) C'est ainsi qu'on a nommé quelquefois les cames fossiles. (D. F.)

OSTRÉOPECTINITES. (*Foss.*) Les anciens oryctographes ont donné autrefois ce nom à quelques espèces de térébratules. (D. F.)

OSTRICH. (*Ornith.*) Nom anglois de l'autruche, *struthio camelus*, Linn. (CH. D.)

OSTROSVIDZ. (*Mamm.*) Nom polonois d'une espèce de lynx. (F. C.)

OSTRUTIUM. (*Bot.*) Nom donné par Dodoëns à la grande impératoire, que Linnæus a nommée pour cette raison *imperatoria ostrutium*. (J.)

OSTRYA. (*Bot.*) Lobel croyoit que cette plante de Théophraste pouvoit être le sorbier des oiseleurs. Daléchamps dit que quelques-uns reportoient ce nom au lilas. Suivant

Clusius et Cordus c'est le charme, *carpinus betulus*, que Théophraste nommoit ainsi; et c'est l'opinion la plus reçue. Une espèce de ce genre est le *carpinus ostrya*. Voyez Ostryer. (J.)

OSTRYER, *Ostrya*, Michéli. (*Bot.*) Genre de plantes dicotylédones apétales, de la famille des *amentacées*, Juss., et de la *monoécie polyandrie*, Linn., dont les fleurs mâles et femelles sont séparées les unes des autres sur le même individu, et dont les principaux caractères sont les suivans : Fleurs mâles rassemblées en chatons cylindriques, fasciculés, formés de nombreuses écailles contenant chacune une fleur dépourvue de calice et de corolle, et consistant en plusieurs étamines à filamens rameux. Les fleurs femelles forment un chaton ovale ou ovale-oblong, composé d'écailles nombreuses, renflées en vessie, aplaties, imbriquées, contenant un ovaire surmonté de deux styles. Le fruit est une petite noix monosperme, renfermée à la base des écailles renflées en vessie. Les ostryers sont des arbres à feuilles simples, alternes. On n'en connoît que deux espèces.

Ostryer commun : *Ostrya vulgaris*, Willd., *Spec.*, 4, p. 469; *Ostrya italica, carpinifolia*, Mich., *Gen.*, 223, t. 104, fig. 1; *Carpinus Ostrya*, Linn., *Spec.*, 1417. Arbre de trente à quarante pieds de hauteur, dont les feuilles sont ovales, terminées en pointe, bordées de dents aiguës, inégales, et portées sur des pétioles velus. Les fleurs mâles sont disposées en chatons fasciculés, longs et pendans; les femelles forment des chatons ovales, auxquels succèdent des espèces de cônes de même forme, pendans, ayant l'aspect d'un fruit de houblon, et composés d'écailles comprimées, un peu renflées, renfermant chacune, dans la cavité qui est à leur base, une petite graine dure, conique et lisse. Cette espèce croît en Italie et dans le Midi de l'Europe. On la cultive dans quelques jardins. Elle n'est que peu répandue. On l'élève plus rarement de graines qu'on ne la greffe sur le charme commun.

Ostryer de Virginie : *Ostrya virginica*, Willd., *Spec.*, 4, p. 469 ; *Carpinus virginica*, Lam., Dict. enc., 1, p. 708. Cet arbre ressemble beaucoup au précédent, mais il paroît en différer par ses feuilles plus grandes, plus molles, ovales-oblongues, acuminées, et par ses fruits une fois plus longs,

pendans. Cette espèce croît naturellement dans la Virginie
et dans plusieurs parties des États - Unis d'Amérique. Son
bois est blanc, et il a le grain fin et serré, ce qui le rend
très-compacte et très-pesant. Il paroîtroit propre à faire des
dents d'engrenage pour les moulins, des vis, des maillets;
mais il est de peu d'usage, parce qu'il n'acquiert jamais
que de foibles dimensions. Il est cultivé dans quelques jardins, mais peu répandu. (L. D.)

OSTRZISS. (*Ornith.*) Ce nom illyrien, qu'on écrit aussi
ostrzyz, désigne le balbuzard, *falco haliœtus*, Linn. (Cʜ. D.)

OSYRIDÉES. (*Bot.*) Nous avons réuni primitivement dans
une seule famille de plantes dicotylédones apétales, à ovaire
adhérent et à étamines périgynes, sous le nom de chalefs,
elœagni, plusieurs genres répartis dans deux sections. Plus
tard, en 1802, dans les Annales du Muséum, vol. 5, nous
avions reconnu que la seconde section devoit former une
famille distincte sous celui de mirobolanées, et nous avions
conservé la première sous celui de chalefs ou osyridées.
En observant néanmoins, d'après Gærtner et Richard, que
plusieurs des genres de cette section présentoient des différences notables dans l'union du calice à l'ovaire, la situation
de la graine et de son embryon dans le fruit, la présence
ou l'absence d'un périsperme, nous en avons conclu que
cette section renfermoit problablement les élémens de plusieurs familles. M. R. Brown l'a également reconnu, et dans
son *Prodrome*, publié en 1810, ouvrage rempli d'observations
importantes et de vues nouvelles, il a nommé d'abord la famille des éléagnées, caractérisée par un ovaire non adhérent,
un fruit monosperme, dont la graine, dénuée du périsperme,
est attachée au bas de la loge et munie inférieurement d'un
embryon, la radicule descendante; dans laquelle il a réuni
deux seuls genres, l'*hippophaë*, décrit par Gærtner, et l'*elœa-
gnus*, observé par lui-même. Ensuite, trouvant dans d'autres
genres un ovaire adhérent, uniloculaire, rempli de trois
ovules portés au sommet d'un placentaire entre un fruit
monosperme par avortement, une graine insérée au sommet
de la loge, munie d'un périsperme charnu et d'un embryon
cylindrique, central, à radicule ascendante, il en a formé
une famille distincte, à laquelle il a rapporté le *santalum*,

auparavant placé dans les myrtoïdes, par suite d'une mauvaise description, et il l'a enrichie de plusieurs genres nouveaux de la Nouvelle-Hollande : c'est sa famille des santalacées dans laquelle il n'admet pas l'*osyris*, quoique conforme dans presque tous les points, parce que selon M. Gærtner fils, t. 216, son embryon s'écarte un peu de l'axe central du périsperme; mais, suivant M. Gærtner, son ovaire a de même trois ovules, et la graine restante dans le fruit adhère par son sommet à un filet, lequel, parti du fond de la loge, s'élève sur son côté jusqu'à son ombilic et remplit le même office que le placentaire des santalacées. Ce genre ne peut donc en être séparé, et s'il diffère un peu de la famille, c'est parce qu'il est dioïque; mais, suivant les observations de Scopoli et de Willdenow, cette séparation des sexes n'est que le résultat d'un avortement, et chaque fleur offre le rudiment de l'organe avorté. Quoiqu'il paroisse prouvé que ce genre appartient à la famille, cependant nous ne proposerons pas de restituer à cette série le nom d'osyridées, d'abord, parce que c'est sous celui de santalacées que M. Brown a, le premier, bien établi son caractère général, ensuite, parce que le caractère se retrouve peut-être plus complétement dans le *santalum*. Il faut cependant observer que ce genre porte sur son calice quatre écailles ou glandes alongées, alternes, avec ses divisions et avec les étamines, écailles qui n'existent pas dans les autres genres de la famille, ou du moins dans plusieurs avec lesquels en ce point l'*osyris* auroit plus d'affinité. Cette différence pourroit donner lieu à l'établissement de deux sections caractérisées par la présence ou l'absence de ces glandes. Nous aurons occasion d'en reparler à l'article SANTALACÉES. (J.)

OSYRIS. (*Bot.*) Ce nom a été donné par les anciens à diverses plantes. Matthiole et Fuchs s'en servoient pour désigner la linaire vulgaire. Lobel l'étendoit à d'autres linaires. Dodoëns l'appliquoit à une ansérine, *chenopodium scoparia;* Clusius à une plante composée, *chorysocoma lynosiris;* C. Bauhin à un arbrisseau nommé alors à Montpellier, et ensuite par Tournefort, *casia poetica*, que Bauhin croit être l'*osyris* de Pline. C'est à cette dernière que Linnæus a conservé ce nom, et cette plante devient le type d'une nouvelle famille des *santalacées* ou Osyridées. (Voyez ce dernier mot.) Cet auteur lui avoit associé un autre arbrisseau, qu'il a reconnu ensuite très-différent, et dont il a fait le genre *Nitraria*, qui appartient à une autre famille. (J.)

OSYRIS ; *Osyris*, Linn. (*Bot.*) Genre de plantes dicotylédones, qui, dans la Méthode naturelle de M. de Jussieu, a donné son nom à la famille naturelle des *osyridées* ou *santalacées*, et qui, dans le Système sexuel, appartient à la *dioécie triandrie*. Ses principaux caractères sont d'avoir : Des fleurs unisexuelles séparées sur des individus différens ; dans les mâles, un calice monophylle, à trois divisions égales ; point de corolle ; trois étamines : dans les fleurs femelles, calice et corolle comme dans les mâles ; un ovaire infère, conique, surmonté d'un style à stigmate trifide ; une baie globuleuse, ombiliquée, à une loge, renfermant un petit noyau arrondi et monosperme. Ce genre ne comprend qu'une seule espèce.

Osyris blanc, vulgairement Rouvet ; *Osyris alba*, Linn., *Spec.*, 1450. Arbuste dont la tige, haute de deux pieds ou environ, se divise en rameaux grêles, striés, garnis de feuilles alternes, sessiles, linéaires, pointues, glabres et entières. Ses fleurs sont d'un vert jaunâtre, petites, agréablement odorantes, pédonculées et éparses. Il succède aux fleurs femelles des petites baies rougeâtres, peu succulentes, d'une odeur et d'une saveur désagréables. Cette plante croît naturellement dans le Midi de la France, en Espagne, en Italie, dans le Levant, etc. (L. D.)

OTA-PULLU. (*Bot.*) Un des noms malabares du guttier, *cambogia gutta*. (J.)

OTARDE, OTARDEAU. (*Ornith.*) On trouve le nom de l'outarde, *otis tarda*, Linn., ainsi écrit par les anatomistes de l'Académie des sciences, dans les Mémoires pour servir à l'histoire des animaux. (Ch. D.)

OTARIES. (*Mamm.*) Nom que Péron a donné aux phoques à oreilles, dont il a fait un genre. Voyez Phoque. (F. C.)

OTB, ODJAS. (*Bot.*) Noms arabes d'un cotonnier, *gossypium rubrum* de Forskal. (J.)

OTHERE, *Othera*. (*Bot.*) Genre de plantes dicotylédones, à fleurs complètes, polypétalées, de la famille des *sapotées*, de la *tétrandrie monogynie* de Linnæus; offrant pour caractère essentiel : Un calice persistant, à quatre divisions; quatre pétales ovales; quatre-étamines insérées à la base des pétales; un stigmate sessile; une capsule ?

OTHÈRE DU JAPON : *Othera japonica*, Thunb., *Flor. Japon.*, 4 et 61; *Nov. gen.*, 36. Arbrisseau originaire du Japon, découvert par Thunberg, et que les Japonois nomment MIKADE KOIE (*millepeda planta*). Ses rameaux sont cylindriques, striés et rougeâtres; ses feuilles alternes, pétiolées, ovales, obtuses, glabres, coriaces, entières, étalées, longuës d'environ un demi-pouce; les pétioles à demi cylindriques, longs au plus d'une ligne : les fleurs sont blanches, axillaires, agrégées, portées sur des pédoncules à peine longs d'une demi-ligne; leur calice est glabre, à découpures ovales; la corolle blanche, à pétales plans, ovales, obtus; les étamines sont deux fois plus courtes que la corolle; les anthères à deux lobes, à quatre sillons; le style est nul. Le fruit n'a pas été observé. (POIR.)

OTHONNA. (*Bot.*) C. Bauhin soupçonne que la plante ainsi nommée par Dioscoride et Pline, est l'œillet d'Inde, *tagetes patula*, et il rapporte aussi à ce *tagetes* l'*othonna* de Lobel. Linnæus s'est emparé de ce nom pour désigner un autre genre de la même famille, voisin du seneçon. (J.)

OTHONNE, *Othonna*. (*Bot.*) Genre de plantes dicotylédones, à fleurs composées, de la famille des *corymbifères*, de la *syngénésie nécessaire* de Linnæus; offrant pour caractère essentiel : Un calice monophylle, à plusieurs divisions; des corolles radiées; les fleurons mâles ou hermaphrodites, stériles; les demi-fleurons femelles et fertiles; cinq étamines syngénèses; le réceptacle nu; les semences oblongues, presque nues ou chargées d'une aigrette soyeuse.

OTHONNE A FEUILLES DE GÉROFLIER : *Othonna cheirifolia*, Linn.; Duham., *Arb.*, 2, pag. 94, tab. 17. Ses tiges sont longues d'environ deux pieds, presque ligneuses, couchées à leur base, rameuses, garnies de feuilles sessiles, glauques, alternes, spatulées, entières, un peu charnues, cartilagineuses à leurs bords, les inférieures obtuses, les supérieures aiguës, longues d'environ deux pouces : les fleurs sont belles, radiées, terminales, de couleur jaune, d'environ deux pouces de diamètre, portées sur de longs pédoncules simples, uniflores, un peu renflés à leur sommet ; leur calice est presque cylindrique, d'une seule pièce, à huit ou dix découpures ; les fleurons hermaphrodites sont stériles, à cinq dents ; les demi-fleurons femelles, fertiles, lancéolés, un peu élargis ; le réceptacle est nu ; les semences sont glabres, oblongues, cylindriques, surmontées d'une aigrette velue et blanchâtre. On cite cette plante comme originaire de l'Éthiopie. M. Desfontaines l'a observée dans le royaume de Tunis, sur les côtes maritimes, en fleur dans l'hiver.

Cette belle plante, par la grandeur et la beauté de ses fleurs, mérite d'être employée à la décoration de nos parterres. Elle supporte fort bien les gelées, et n'est point délicate sur la nature du terrain. On la multiplie par les semences et les marcottes. Comme elle ne quitte point ses feuilles, on peut la placer dans les bosquets d'hiver. Chez nous elle donne ses fleurs vers la fin de Mai.

OTHONNE A FEUILLES MENUES : *Othonna tenuissima*, Linn. ; Jacq., *Hort. Schœnbr.*, vol. 2, tab. 339 ; Pluken., *Phyt.*, tab. 319, fig. 5. Cette plante s'élève à la hauteur d'environ un pied et demi sur une tige glabre, ligneuse, divisée en rameaux droits, rapprochés cinq à six ensemble, garnis dans leur partie supérieure de feuilles linéaires, éparses, nombreuses, filiformes, glabres, charnues, terminées en pointe, longues de dix à quinze lignes : les fleurs sont petites, radiées, et forment de jolis corymbes au sommet des rameaux ; elles sont portées sur des pédoncules simples, filiformes, très-longs ; leur calice est ovale, jaunâtre, scarieux, divisé en huit dents larges et pointues ; les semences sont couronnées d'une longue aigrette pileuse. Elle croît au cap de Bonne-Espérance.

OTHONNE CORNE-DE-CERF : *Othonna coronopifolia*, Linn. ; Lamk., *Ill. gen.*, tab. 714. Très-belle espèce d'ornement, dont la tige est ligneuse, haute d'environ deux pieds ; les rameaux sont légèrement pubescens ; les feuilles éparses, sessiles, glabres à leurs deux faces, entières, un peu épaisses : les supérieures munies de dents sinueuses, aiguës et distantes ; les fleurs, jaunes, radiées, naissent en petit nombre au sommet des rameaux ; les pédoncules sont garnis de quelques bractées étroites. Les calices sont glabres, d'une seule pièce, à huit divisions assez profondes, ovales, aiguës, membraneuses à leurs bords; les semences surmontées d'une longue aigrette pileuse. Cette plante, originaire d'Éthiopie, est cultivée au Jardin du Roi. Elle est d'orangerie.

OTHONNE A PETITES FLEURS : *Othonna parviflora*, L.; Commel., *Hort.*, 2, pag. 143, tab. 72; Volkam., *Norib.*, tab. 226. Cette plante s'élève à la hauteur de deux pieds sur une tige glabre, ligneuse, cylindrique, ramifiée en corymbe à son extrémité; les feuilles inférieures sont grandes, sessiles, amplexicaules, glabres, un peu épaisses, élargies, lancéolées; les supérieures plus courtes, lancéolées, munies de quelques petites dents aiguës. Les fleurs sont assez petites, de couleur jaune, réunies en panicules serrées; leur calice est glabre, d'une seule pièce, un peu cylindrique, à huit dents; les semences sont surmontées d'une aigrette. Cette plante croît au cap de Bonne-Espérance, dans les lieux humides et marécageux.

OTHONNE ARBORESCENTE : *Othonna arborescens*, Linn.; Dill., *Hort. Eltham.*, pag. 123, tab. 103, fig. 123. Cette espèce s'élève à la hauteur d'un pied et plus; sa tige est droite, épaisse, ligneuse, divisée vers son sommet en plusieurs rameaux assez courts, garnis à leur partie supérieure de feuilles sessiles, très-rapprochées, charnues, oblongues, obtuses, entières, d'un vert blanchâtre, tomenteuses à leur insertion : les fleurs naissent à l'extrémité de pédoncules simples, filiformes, garnis d'une bractée laineuse à leur partie moyenne; les calices sont monophylles, cylindriques, à cinq dents; cinq demi-fleurons larges et ouverts à la circonférence, de couleur jaune, ainsi que le disque; les semences surmontées d'une aigrette pileuse et touffue. On trouve cette plante dans l'Afrique.

OTHONNE PECTINÉE : *Othonna pectinata*, Linn.; Commel., *Hort.*, 2, p. 137, tab. 69; Mill., *Icon.*, tab. 194, fig. 1. Fort belle espèce, remarquable par la grandeur de ses fleurs, par le duvet court, tomenteux et blanchâtre, qui recouvre toutes ses parties; sa tige est ligneuse, haute de trois ou quatre pieds, cendrée, cylindrique, de la grosseur du petit doigt, ramifiée, et feuillée à son sommet; les feuilles sont alternes, pinnatifides à leur moitié supérieure, rétrécies et linéaires à leur base; les découpures opposées, parallèles, linéaires, obtuses : les fleurs sont belles, grandes et radiées, de couleur jaune, portées sur des pédoncules longs de quatre à cinq pouces, uniflores; les calices divisés à leur bord en huit dents; les demi-fleurons grands, ouverts; les semences aigrettées. Cette plante croit dans l'Éthiopie.

OTHONNE A FEUILLES D'AURONNE : *Othonna abrotanifolia*, Linn.; Séba, *Mus.*, 2, tab. 23, fig. 6; Pluk., *Phyt.*, tab. 523, fig. 6. Arbuste originaire du cap de Bonne-Espérance, dont la tige s'élève à la hauteur d'environ trois pieds; les rameaux sont droits, striés, disposés par faisceaux, garnis de feuilles nombreuses, éparses, découpées, fort menues, ayant presque l'aspect de celles de l'auronne, glabres, charnues, longues d'environ un pouce. Les fleurs sont portées à l'extrémité de pédoncules longs de quatre à cinq pouces, filiformes, striés, réunis en petit nombre au sommet de chaque rameau; le calice est petit, strié, ouvert, à douze divisions aiguës; les fleurons et demi-fleurons sont de couleur jaune; les semences aigrettées. On cite de Volkamer le *jacobœa africana*, *crithmi major* et *minor*, Norib., pag. 225, mais non la figure 225, qui est une variété du *senecio elegans*.

OTHONNE RENVERSÉE : *Othonna retrofracta*, Willd., *Spec.*; Jacq., *Hort. Schœnbr.*, 3, tab. 376. Arbrisseau du cap de Bonne-Espérance, facile à reconnoitre par la disposition de ses rameaux très-irréguliers, diffus, la plupart fortement recourbés; les tiges sont brunes, hautes de deux pieds; les feuilles éparses, presque sessiles, épaisses, lancéolées, étroites, glabres, un peu obtuses, presque glauques, rétrécies, longues d'environ un pouce, les unes entières, d'autres pourvues d'une dent de chaque côté; les pédoncules axillaires, uniflores, solitaires ou agrégés: les fleurs odorantes, de couleur jaune, et ayant le calice à cinq dents; les fleurons femelles peu nombreux, à peine de la longueur du calice. (POIR.)

OTHROB. (*Bot.*) Nom arabe, selon Forskal, de son *rumex persicarioides*, espèce de patience, qui est le *rumex nervosus* de Vahl. (J.)

OTHRYS. (*Bot.*) Genre de plantes dicotylédones, à fleurs complètes, polypétalées, régulières, de la famille des *capparidées*, de la *dodécandrie monogynie* de Linnœus, qui a des rapports avec les *capparis* et les *cratœva*. dont il diffère par la régularité de toutes ses parties et par l'absence des glandes.

Il comprend des arbustes de l'île de Madagascar, à feuilles alternes, caduques, à trois folioles ovales, alongées, très-glabres, ne paroissant qu'après les fleurs; celles-ci sont élégantes, disposées en un thyrse terminal, presque en ombelle, soutenues par de longs pédoncules; leur calice est plan, discoïde, à quatre folioles étalées; la corolle composée de quatre pétales onguiculés, alternes avec les divisions du calice, insérés sur le même disque, avec douze filamens placés sur le même réceptacle, connivens à leur base, grêles, alongés, disposés en rond, portant des anthères oblongues; un ovaire soutenu par un pédicelle de la longueur des étamines. Le fruit est une baie cylindrique, recourbée au sommet; les semences sont éparses, réniformes; l'embryon est recourbé; le périsperme nul. (Poir.)

OTIDEA. (*Bot.*) Nom d'une sous-division du genre Péziza dans Persoon : elle comprend des espèces en forme de cupule sessile, fendue sur un côté, souvent enroulée ou alongée de manière à imiter une oreille, *otis* en grec. Fries a pareillement nommé *otites* une division du genre *Telephora*, qui comprend des champignons dimidiés imitant des oreilles. (Lem.)

OTION. (*Malentoz.*) Genre établi par M. le docteur Leach, parmi les anatifes de Bruguière, pour les espèces dont la coquille est rudimentaire, et qui ont pour caractère plus remarquable d'avoir l'extrémité postérieure (ici supérieure, à cause de la position renversée de l'animal) du manteau prolongée en deux tubes en forme de longues oreilles, ce qui m'a fait nommer ce genre AURIFÈRE (voyez ce mot au Suppl. du tome III, page 135), et ajoutez qu'outre l'espèce qui sert de type à ce genre (*Lepas auritus*, Linn.), qui se trouve dans les mers du Nord, et que M. Leach nomme l'OTION DE CUVIER, *O. Cuvieri*, il en distingue une seconde espèce, qu'il appelle l'O. DE BLAINVILLE, *O. Blainvillii*, et qui ne diffère guère de la précédente que parce qu'elle est en général plus grêle, et que son manteau et ses tubes sont sans taches. M. Olfers en avoit fait le type de son genre Conchoderme : dans mon *Genera* des MOLLUSQUES (qui fait la fin de cet article), ce genre d'anatifes est nommé GYMNOLÈPE. (De B.)

OTIOPHORES. (*Entom.*) M. Latreille avoit d'abord employé

ce nom, qui signifie porte-oreilles, pour désigner une petite famille d'insectes coléoptères, qui comprenoit les parnes et les tourniquets. Il les a depuis séparés, comme nous l'avons fait en replaçant les gyrins ou tourniquets avec les carnassiers, et non avec les NECTOPODES; les parnes ou dryops avec les clavicornes, qui sont nos HÉLOCÈRES. (C. D.)

OTIS. (*Ornith.*) Nom latin de l'outarde. (CH. D.)

OTITE, *Otites.* (*Entom.*) Nom donné d'abord au genre *Oscine* par M. Latreille, insectes diptères, dont Fabricius a fait des *téphrites.* (C. D.)

OTITES. (*Bot.*) La plante à laquelle Tabernæmontanus donnoit ce nom, adopté ensuite par Adanson comme générique, est maintenant le *cucubalus otites* de Linnæus. Voyez OTIDEA. (J.)

OTOBA. (*Bot.*) Espèce de MUSCADIER. (POIR.)

OTO GINSO. (*Bot.*) M. Thunberg cite ce nom japonois d'un millepertuis, qui est son *hypericum erectum;* l'*oto-giri* est son *hypericum japonicum;* l'*oto kobosi* est son *valeriana villosa,* qui, ayant quatre étamines, doit rentrer dans le genre *Patrinia.* (J.)

OTOLICNUS. (*Mamm.*) Nom dérivé du grec, qui signifie grandes oreilles et qu'Illiger donne au genre GALAGO. (F. C.)

OTOLITHE, *Otolithus.* (*Ichthyol.*) M. G. Cuvier a donné ce nom à un genre de poissons acanthoptérygiens, appartenant à la seconde tribu de la seconde section de la famille des perches.

Les poissons qui le composent, ont la forme et les nageoires des *Johnius,* les dentelures à peine sensibles des sciènes; mais leur museau n'est pas renflé; leurs dents de la rangée externe sont plus fortes, et il y en a surtout deux longues à la mâchoire supérieure.

Les *Johnius ruber* et *Johnius regalis* de Schneider, le *péche-pierre* de Pondichéry, ainsi nommé à cause des grosses pierres qu'il a dans les oreilles, comme toutes les sciènes, appartiennent à ce genre nouveau. (H. C.)

OTOLITHES ou PIERRES DE L'OREILLE DES POISSONS. (*Ichthyol.*) Voyez POISSONS. (H. C.)

OTOMYS. (*Mamm.*) Genre nouveau, voisin des RATS. Voyez ce mot. (F. C.)

OTOO. (*Ornith.*) Nom d'un héron à Taïti. (Cн. **D.**)

OTORNO. (*Ornith.*) Nom donné dans le Trentin à la gelinotte ou lagopède ordinaire, *tetrao lagopus*, Linn. (Cн. **D.**)

OTOS. (*Ornith.*) Nom grec du hibou ou moyen-duc, *strix otus*, Linn. (Cн. **D.**)

OTRELITE. (*Min.*) Haüy a reconnu pour être de la diallage lamelliforme noire les paillettes cristallines brillantes qu'on trouve disséminées dans un stéaschiste grisàtre d'Otrée près de Spa, en Belgique, et qu'on avoit nommé otrélite. Voyez DIALLAGE. (B.)

OTTA'HA. (*Ornith.*) L'oiseau ainsi nommé aux Isles de la Société, est la frégate, *pelecanus aquilus*, Linn. (Cн. **D.**)

OTTAY. (*Mamm.*) Sadgard Théodat, dans son Voyage au pays des Hurons, parle sous ce nom d'un petit animal à poil noir, doux et poli, que Buffon rapporte au vison. (F. C.)

OTTEL-AMBEL. (*Bot.*) Nom malabare, cité par Rhéede, du *stratiotes alismoides* de Linnæus, qui est maintenant le genre *Ottelia* de la famille des hydrocharidées. Quelques auteurs lui ont donné le nom de *Damasonium*, appartenant plus anciennement à un autre genre, de la famille des alismacées. (J.)

OTTÉLIE, *Ottelia*. (*Bot.*) Genre de plantes monocotylédones, de la famille des *hydrocharidées*, de l'*hexandrie hexagynie* de Linnæus; offrant pour caractère générique : Une spathe d'une seule pièce; un calice à trois divisions; une corolle à trois pétales; un ovaire inférieur; six étamines, autant de styles. Le fruit est une baie à dix loges, renfermant plusieurs semences.

OTTÉLIE DES INDES : *Ottelia alismoides*, Pers., *Synops.*, 1, pag. 400; *Stratiotes alismoides*, Linn. ; *Damasonium indicum*, Willd., *Spec.*, 2, pag. 276; *Botan. Magaz.*, tab. 1201; Roxb., *Corom.*, 2, pag. 45, tab. 185; *Ottel-Ambel*, Rhéed., *Hort. malab.*, 11, pag. 95, tab. 46. Cette plante produit de ses racinés plusieurs feuilles pétiolées, glabres, nerveuses, en cœur, très-entières ; de leur centre s'élève une hampe terminée par une seule fleur, composée : d'une spathe d'une seule pièce, à cinq ailes ondulées ; d'un calice partagé en trois découpures ; d'une corolle composée de trois pétales ; de six étamines ; d'autant de styles.

Le fruit est une baie à dix loges polyspermes. Cette plante croit dans les eaux, aux Indes orientales. (Poir.)

OTTER. (*Mamm.*) Nom de la loutre commune, dans les langues germaniques. (F. C.)

OTTILAOUMA. (*Erpét.*) Quelques voyageurs ont parlé, sous ce nom caraïbe, d'un petit lézard des Antilles, dont le genre nous est inconnu. (H. C.)

OTTOA. (*Bot.*) Genre de plantes dicotylédones, à fleurs polygames, de la famille des *ombellifères*, de la *pentandrie digynie* de Linnæus; offrant pour caractère essentiel : Un calice à rebord sans dents; cinq pétales égaux, acuminés, subulés et courbés à leur sommet; cinq étamines; un ovaire inférieur; deux styles; les stigmates presque en tête. Le fruit est oblong, à dix côtes membraneuses, très-glabre.

Ce genre est peu naturel : il offre le port et une grande partie des caractères de l'*œnanthe;* il n'en diffère principalement que par le bord du calice sans divisions.

Ottoa faux-œnanthe; *Ottoa œnanthoides,* Kunth *in* Humb., *Nov. gen.,* 5, pag. 21, tab. 425. Cette plante s'élève à la hauteur d'un à deux pieds sur une tige droite, simple, fistuleuse, striée, très-glabre ; les feuilles radicales sont cylindriques, fistuleuses, cloisonnées, longues de neuf à dix pouces, vaginales à leur base ; celles de la tige de même forme, mais plus courtes ; les fleurs en une ombelle terminale, solitaire, sans involucre, à douze ou quinze rayons ; les ombellules presque à dix fleurs, quelques-unes polygames à la circonférence, trois ou quatre hermaphrodites, les autres mâles; les pétales oblongs, lancéolés, tous égaux ; les étamines alternes avec les pétales ; les filamens capillaires ; les anthères presque orbiculaires, à deux loges ; les ovaires glabres, oblongs, à dix côtes membraneuses ; les styles longs, filiformes, divergens et réfléchis; les stigmates presque en tête. Cette plante croît dans le royaume de Quito, aux lieux montagneux et ombragés. (Poir.)

OTUS. (*Ornith.*) Ce nom latin, formé du grec, et qui désigne en général le hibou, est appliqué par Barrère, genre 37, à la demoiselle de Numidie, *ardea virgo,* Linn. (Ch. D.)

OUAICARI. (*Mamm.*) Nom que les naturels de la Guiane donnent au paresseux aï, suivant Barrère. (F. C.)

OUAIKON. (*Ornith.*) Voyez OISEAU DE L'ESPRIT. (CH. D.)

OUAKAKA. (*Ornith.*) Nom par lequel on désigne, à la Guiane, les goélands et les mouettes. (CH. D.)

OUAKITCHITCH. (*Ornith.*) Nom sous lequel les pies sont connues au Kamtschatka. (CH. D.)

OUALIAROUTIM. (*Bot.*) Nom caraïbe, cité par Surian, du *psychotria herbacea*. (J.)

OUALIRAOUA. (*Bot.*) Nom caraïbe, cité par Surian, d'une morelle épineuse des Antilles, *solanum sarmentosum*. (J.)

OUALOFES ou ZALOFES. (*Mamm.*) Selon Adanson les Nègres du Sénégal nomment ainsi l'ANTILOPE GUIB. (DESM.)

OUALOUAKE. (*Bot.*) Nom caraïbe d'une espèce de guimauve des Antilles, cité dans le catalogue de Surian. (J.)

OUALOUCOUMA. (*Bot.*) Surian cite sous ce nom caraïbe une plante des Antilles; qui est le *petræa volubilis*. (J.)

OUALOUMEEROU. (*Bot.*) Le *crotum populifolium* est cité sous ce nom caraïbe par Surian. Nicolson cite à Saint-Domingue le même nom pour une plante qu'il nomme d'ailleurs sauge puante, *solanum fœtidum*, et qui est peut-être la même, mal désignée. (J.)

OUALPIGALI. (*Ornith.*) Espèce de canard chez les Koriaques. (CH. D.)

OUANDEROU. (*Mamm.*) Nom que l'on donne aux Indes orientales à une espèce de macaque de ces contrées. Voyez MACAQUE. (F. C.)

OUANDOU. (*Bot.*) Nicolson cite à Saint-Domingue ce nom caraïbe pour le pois d'Angole ou de Congo, *cytisus cajan* de Linnæus, *cajan* d'Adanson et *cajanus* de M. De Candolle, genre qui, selon ces deux auteurs, devroit être rétabli, et même éloigné du cytise, pour être rapproché du haricot. (J.)

OUANTOU. (*Ornith.*) Le pic de Cayenne, ainsi nommé, est le *picus lineatus*, Linn. (CH. D.)

OUAPE. (*Bot.*) Voyez VONAPA. (LEM.)

OUAPISSIEU. (*Ornith.*) Nom que les Klisteneaux donnent

au cygne, qui est nommé *oua-pé-sy* chez les Algonquins.
(Ch. D.)

OUARAN. (*Erpét.*) Nom donné au Monitor par les habitans de la haute Égypte. (Desm.)

OUARI. (*Bot.*) Nom du fruit de l'icaquier au Sénégal.
(Lem.)

OUARINE, OUARIN. (*Mamm.*) Sapajous hurleurs de l'Amérique méridionale, désignés ainsi par le P. d'Abbeville. Ce nom a été restreint par Buffon à une seule espèce. Voyez Sapajou. (F. C.)

OUARIRI. (*Mamm.*) Le fourmilier tamanoir reçoit ce nom des naturels de la Guiane. (F. C.)

OUARNAK. (*Ichthyol.*) Nom spécifique d'un poisson du genre Pastenague. Voyez ce mot. (H. C.)

OUAROU. (*Ornith.*) Voyez Aourou. (Ch. D.)

OUASPOU. (*Mamm.*) On trouve un grand phoque désigné sous ce nom dans la *Relation de la Gaspésie* du P. C. Leclerq. (F. C.)

OUASSA COU. (*Bot.*) C'est à la Guiane le nom d'une espèce de *phyllanthus*, dont Aublet avoit fait son genre Conami. (Lem.)

OUASSE. (*Ornith.*) Nom de la pie, *corvus pica*, Linn., en vieux françois. (Ch. D.)

OUATIRIOUAOU. (*Mamm.*) Barrère rapporte ce nom des naturels de la Guiane, à son petit tamandua jaunâtre, *myrmecophaga didactyla*, Linn. (F. C.)

OUATTE. (*Bot.*) Nom vulgaire de l'apocyn de Syrie. (L. D.)

OUAYCHO. (*Ornith.*) L'oiseau que Jean de Laët désigne par ce nom est le toucan à gorge jaune du Brésil, *ramphastos tucanus*, Linn. (Ch. D.)

OUBLIE. (*Conchyl.*) Nom spécifique d'une espèce de coquille du genre Bulle, *B. lignaria*, type du genre Scaphandre de Denys de Montfort, ainsi nommée à cause de sa couleur rousse et de la manière dont elle commence à s'enrouler. (De B.)

OUBOU. (*Bot.*) Nom caraïbe du monbin. (Lem.)

OUBOUERI. (*Bot.*) C'est l'ancien nom caraïbe de l'acajou à meubles ou *cedrela*. (Lem.)

OUBRA. (*Ornith.*) Suivant M. Guillemeau jeune, on appelle

ainsi, dans les environs de Niort, le hobereau, *falco subbuteo*, Linn. (Ch. D.)

OUBRON. (*Bot.*) Un des noms du charme houblon ou óstryer commun. Voyez Ostryer. (Lem.)

OUCDNEH. (*Bot.*) Voyez Odejn. (J.)

OUCHIBOUA. (*Bot.*) Nom caraïbe, cité par Surian, du frangipanier à fleurs blanches, *plumeria nivea.* (J.)

OUCYAOUX. (*Bot.*) Voyez Maraye. (J.)

OUCY-OUOÍS. (*Ornith.*) Nom d'une pie blanche chez les Klisteneaux. (Ch. D.)

OUD EL-KARAH. (*Bot.*) Nom arabe du *cacalia sonchifolia*, suivant Forskal ; il le cite aussi pour son *senecio radiensis.* (J.)

OUD-ESSYM, SCHAGAR. (*Bot.*) Noms arabes d'un câprier, *capparis mithridatea* de Forskal, qui dit que c'est un contrepoison assuré contre la morsure des serpens, et contre l'action de l'*aden*, dont la poudre des jeunes rameaux, mêlée dans une liqueur quelconque et prise à l'intérieur, occasionne l'enflure de tout le corps. (J.)

OUDNEH-ROUMY. (*Bot.*) Nom arabe, signifiant oreille grecque, donné au *saclanthus rotundifolius* de Forskal, qui est le *cissus rotundifolius* de Vahl. (J.)

OUDRE. (*Mamm.*) Synonyme d'orque. (F. C.)

OUE. (*Ornith.*) C'est en vieux françois le nom de l'oie. (Ch. D.)

OUEBOULOU. (*Bot.*) Surian cite ce nom caraïbe pour deux plantes des Antilles très-différentes ; savoir : le *bignonia stans* de Linnæus, ou *tecoma stans* des modernes, et le *capparis breynia.* (J.)

OUEDNEH. (*Bot.*) Nom arabe, cité par M. Delile, du *kalanchoe ægyptiaca* de M. De Candolle, nommé maintenant *cressuvia.* (J.)

OUEDNEH CHEYTANY. (*Bot.*) Nom arabe signifiant oreille diabolique, donné, selon M. Delile, au *stratiotes alismoides* de Linnæus, maintenant *ottelia alismoides* de M. Persoon, dans la famille des hydrocharidées. (J.)

-OUEOUEBOULOU. (*Bot.*) Surian, dans son Catalogue, cite sous ce nom caraïbe un arbre figuré par Plumier sous celui de *armeniaca forte*, *ingens latifolia.* Ses feuilles sont grandes, alternes, ovales-lancéolées; ses fruits ont, suivant Plumier, la forme d'une prune, et contiennent une noix monosperme : il n'a point vu les fleurs, que Surian dit être blanches et odorantes. Celui-ci fait encore mention d'un autre *Oueoueboulou*, très-différent, qui est un câprier, *capparis cynophallophora*. Nicolson cite à Saint-Domingue un *ouebouhou* ou faux quinquina, qu'il dit être un *robinia*. (J.)

OUETSAH. (*Ornith.*) Carver dit, page 363 de son Voyage dans l'Amérique septentrionale, que cet oiseau est ainsi nommé à cause de son cri, qui ressemble au bruit d'une scie qu'on aiguise. L'ouetsah vit solitaire dans les bois, où on l'entend quelquefois pousser son cri mélancolique et désagréable. Il est de la grosseur du coucou, et c'en est probablement une espèce. (Cʜ. D.)

OUETTE. (*Ornith.*) Espèce de Coᴛɪɴɢᴀ. Voyez ce mot. (Cʜ. D.)

OUGALGAPIL. (*Ornith.*) Nom d'une espèce de canard chez les Koriaques. (Cʜ. D.)

OUIAKOU. (*Ornith.*) Voyez Oɪsᴇᴀᴜ ᴅᴇ ʟ'ᴇsᴘʀɪᴛ. (Cʜ. D.)

OUÏES. (*Anat. et Phys.*) Voyez Rᴇsᴘɪʀᴀᴛɪᴏɴ et Bʀᴀɴᴄʜɪᴇs. (F. C.)

OUIKITCHIKITCHAN. (*Ornith.*) Nom du pic vert chez les Koriaques. (Cʜ. D.)

OUIKITTIGIN. (*Ornith.*) Les Koriaques appellent ainsi les pies. (Cʜ. D.)

OUILLARD. (*Ornith.*) Nom picard d'une maubèche. (Cʜ. D.)

OUIPROUIL. (*Ornith.*) L'oiseau d'Amérique auquel, d'après son cri, l'on a donné ce nom, qui s'écrit aussi *whippoor-will*, et dont parle Carver à la page 355 de son Voyage dans l'intérieur de l'Amérique septentrionale, est l'engoulevent criard, *caprimulgus virginianus*, Linn., que M. Vieillot a figuré pl. 23 de son Histoire naturelle des Oiseaux de l'Amérique septentrionale. (Cʜ. D.)

OUIRA-OUASSOU. (*Ornith.*) Voyez Oᴜʏʀᴀ-Oᴜᴀssᴏᴜ. (Cʜ. D.)

OUISTITI. (*Mamm.*) Nom propre donné par Buffon à une espèce de ses sagouins, et tiré par imitation de la voix de cet animal. Il est devenu générique pour plusieurs auteurs. Voyez Sᴀɢᴏᴜɪɴ. (F. C.)

OUITTARAOUA. (*Bot.*) Nicolson cite ce nom caraïbe pour une sensitive épineuse, commune à Saint-Domingue. (J.)

OULABOULI. (*Bot.*) Surian cite sous ce nom caraïbe une plante composée, qu'il range parmi les eupatoires. (J.)

OULASSANI. (*Bot.*) Voyez Pie-oula. (J.)

OULASSO. (*Bot.*) Un des noms brames du *pula* des Malabares, qui paroît être une espèce de *Gnetum*, genre voisin des poivres. (J.)

OULEBOUHOU. (*Bot.*) Voyez Oueoueroulou. (J.)

OULEMARY. (*Bot.*) Nom d'un arbre de la Guiane, cité par Barrère, qui est le même que le Courimari d'Aublet. Voyez ce mot. (J.)

OULEOUMELÉ. (*Bot.*) Un des noms vulgaires donnés, suivant Nicolson, à la morelle ordinaire, *solanum nigrum*, ou à une espèce voisine, dans l'île de Saint-Domingue. (J.)

OULIAPA. (*Bot.*) Surian dit que les Nègres des Antilles nomment ainsi le *Tournefortia cymosa*. Une autre espèce du même genre, qui est le bol à malingres, est nommée *oulouake* par les Caraïbes. (J.)

OULIERA. (*Bot.*) Nom caraïbe, cité par Nicolson, d'un raisinier de Saint-Domingue, *coccoloba uvifera*, ainsi nommé, parce que ses fruits sont disposés en grappe; ils ont un goût agréable, et on les mange avec plaisir. (J.)

OULOQUA-PALOU. (*Bot.*) Nom galibi, cité par Aublet, de son *glocinea sinemariensis*, en françois *quapalier*, grand arbre de la Guiane. (J.)

OULOUAKE. (*Bot.*) Voyez Ouliapa. (J.)

OULOUC. (*Ornith.*) Nom que porte à Turin le grand duc, *strix bubo*, Linn. (Ch. D.)

OULOUDIAN. (*Bot.*) Nom grec vulgaire, cité par Daléchamps, d'une plante bulbeuse que l'on tient communément, dit-il, pour être une tulipe, et que les Grecs cultivent dans leurs jardins. C. Bauhin croit que ce peut être la tulipe jaune; mais il est probable que c'est une espèce plus estimée. (J.)

OULOUNDOU. (*Bot.*) Nom d'un haricot, *phaseolus mungo*, dans la langue tamoule, suivant M. Leschenault, qui dit qu'à Pondichéry on le mêle avec des bananes et du sucre pour en faire une pâte, qui, frite, est un bon mets. (J.)

OUMASOUCOU-MARAHEN. (*Bot.*) Nom caraïbe du *rolandra argentea*, cité par Surian. (J.)

OUMBRINO. (*Ichthyol.*) Voyez OMBRINO. (H. C.)

OUME. (*Bot.*) Nom provençal de l'orme, suivant Garidel. (J.)

OUMÉGAL. (*Bot.*) Voyez *Oronge franche* n.° VIII, à l'article ORONGE. (LEM.)

OUMEN. (*Ornith.*) Nom d'un vautour au Malabar, suivant le P. Paulin de S. Barthelémi. (CH. D.)

OUMMO, ZILLEH. (*Bot.*) Noms arabes du *zilla myagroides* de Forskal, reporté au *bunias spinosa* de Linnæus. (J.)

OUNCE. (*Mamm.*) On trouve le lynx ainsi désigné dans Ray. (F. C.)

OUNITZ. (*Bot.*) Voyez HOUNITS. (J.)

OUNKO. (*Mamm.*) Nom que les Malais donnent à une espèce de gibbon. Voyez ORANG. (F. C.)

OUOÏ-OUOÏS. (*Ornith.*) L'oiseau que les Algonquins nomment ainsi, est une pie blanche. (CH. D.)

OUONG-CHU, ou OM-CHU. (*Bot.*) L'arbre ainsi nommé dans la Chine, selon Lecomte et Duhalde, jésuites missionnaires, est indiqué dans l'Encyclopédie comme le même que le *sterculia platanifolia*. Il paroît que c'est encore celui cité auparavant par Cavanilles sous le nom chinois *ou-tom-chu*, comme appartenant à la même espèce. Voyez CULHAMIA. (J.)

OUORO. (*Bot.*) Nom brame du CAMETTI du Malabar (voyez ce mot), qui est le *excœcaria camettia* de Willdenow, rapporté à la famille des euphorbiacées. (J.)

OUPADA. (*Ornith.*) On nomme ainsi à Turin le cochevis, *alauda cristata*, Linn. (CH. D.)

OUPAS. (*Bot.*) Voyez UPAS. (LEM.)

OUPIN-PAROUTI. (*Bot.*) Voyez PAROUTI. (J.)

OUPO-CY-TSÉ. (*Entom.*) Nom chinois donné à une sorte de galle qui ressemble à celle des pucerons de l'orme, et qui est employée, selon le père Duhalde, aux mêmes usages que notre noix de galle. (DESM.)

OURA-ARA. (*Bot.*) Nom galibi de l'*ouratea* d'Aublet,

que Richard a reporté au *gomphia* dans les Ochnacées comme espèce congénère. (J.)

OURAGAN. (*Phys.*) Vent très-impétueux qui renverse les maisons, déracine les arbres et cause les plus grands ravages. Voyez VENTS. (L. C.)

OURAI. (*Bot.*) Le fruit de l'icaquier, *chrysobalanus icaco*, porte ce nom au Sénégal. (LEM.)

OURANA. (*Mamm.*) Suivant Barrère, les naturels de la Guiane donnent ce nom au paca. (F. C.)

OURAPTERIX. (*Entom.*) M. le docteur Leach a désigné sous ce nom, qui paroît signifier ailes et queue, quelques espèces de phalènes, insectes lépidoptères, dont les ailes se terminent par des prolongemens; telle est la soufrée à queue, de Geoffroy, *phalena sambucaria*. (C. D.)

OURAQUE. (*Anat. et Phys.*) Voyez SYSTÈME DE LA GÉNÉRATION. (F.)

OURATE, *Ouratea.* (*Bot.*) Genre de plantes à fleurs complètes, polypétalées, de la famille des *ochnacées*, de la *décandrie monogynie* de Linnæus, qui paroît pouvoir être réuni aux *gomphia*, dont le caractère essentiel consiste dans un calice à cinq folioles; une corolle à cinq pétales; dix anthères réunies en un tube traversé par le style; un ovaire supérieur; le style sétacé; le stigmate presque à cinq divisions. Le fruit inconnu.

OURATE DE LA GUIANE; *Ouratea guianensis*, Aubl., *Guian.*, vol. 1, pag. 397, tab. 152. Arbre de plus de soixante pieds de haut, pourvu d'un tronc droit, revêtu d'une écorce épaisse, dure, rougeâtre, raboteuse. Le bois est tendre et blanc. Les branches et les rameaux sont touffus, nombreux, très-étalés; les feuilles simples, alternes, pétiolées, roides, glabres, ovales-oblongues, entières, très-aiguës, presque longues d'un pied, larges de deux ou trois pouces, d'un vert jaunâtre; les pétioles courts, épais, munis à leur base de deux longues stipules caduques, à demi amplexicaules; les fleurs disposées en une panicule lâche, terminale, répandant au loin une odeur très-agréable, approchant de celle du giroflier; leur calice est à cinq divisions, épaisses, aiguës, de couleur jaune en dedans; les pétales sont jaunes, élargis, un peu arrondis, d'un tiers plus grands que les calices, insérés sur le réceptacle de l'ovaire, ainsi que les étamines, au nombre de dix ; les anthères rapprochées en un tube un peu conique ; l'ovaire a cinq côtes, surmonté d'un long style sétacé, qui traverse le tube des anthères et se termine par un stigmate fort petit, à cinq divisions peu apparentes. Cet arbre croît à Cayenne, sur le bord de la Crique des Galibis. Il fleurit dans le mois de Mai. Les Galibis le nomment *oura-ara*, et les Garipons, *avouou-yra*. (Poir.)

OURATEA. (*Bot.*) Voyez Ourate. (J.)

OURAX. (*Ornith.*) Nom grec du coq de bruyère, que M. Cuvier a appliqué à son genre *Pauxi*. (Ch. D.)

OURDE. (*Bot.*) Suivant M. Bosc, on donne ce nom, à l'embouchure du Rhône, au *salsola frutescens*, espèce de soude. (Lem.)

OURDON. (*Bot.*) M. Delile a reconnu que les feuilles mêlées avec celles du séné du commerce, et nommées *ourdon*, sont celles d'une espèce de *cynanchum*. (Lem.)

OUREGOU. (*Bot.*) Nom galibi a Cayenne du *cananga*, suivant Aublet. Voyez Guatterie. (J.)

OURET. (*Bot.*) Adanson donnoit ce nom au genre de la famille des amarantacées plus connu sous celui d'*Ærua*. (J.)

OUR-HAN. (*Ornith.*) Frisch désigne par ce nom allemand, qu'il écrit aussi *oer-han*, le coq de bruyère, *tetrao urogallus*, Linn. (Ch. D.)

OURI. (*Bot.*) Nom du bonduc au Sénégal, suivant Adanson. (Lem.)

OURIAGOU. (*Bot.*) Nicolson cite à Saint-Domingue ce nom caraïbe du piment, *capsicum*. (J.)

OURICO-CACHEIREO. (*Mamm.*) Nom que les Portugais donnent au coendou. (F. C.)

OURIE. (*Ornith.*) Salerne dit, p. 377, que ce mot est l'ancien nom par lequel on désignoit le grand plongeon de rivière. (Ch. D.)

OURIEU. (*Ornith.*) On donne, dans quelques cantons du Piémont, ce nom et celui d'*ourieul*, au loriot commun, *oriolus galbula*, Linn. (Ch. D.)

OURIGOURAP. (*Ornith.*) L'oiseau de ce nom, qui signifie *corbeau blanc* en langage namaquois, est décrit par Levaillant dans ses Oiseaux d'Afrique, tom. 1, p. 40, et figuré, pl. 14, à la suite des vautours. M. Savigny range l'*ourigourap* au nombre des synonymes de son *neophron percnopterus*, ou *vultur percnopterus*, Linn., avec le vautour de Malte. (Cн. D.)

OURIKINA. (*Ornith.*) Les Hottentots appellent ainsi l'espèce de francolin, qui est le *perdix afra* de Latham, et dont la description se trouve au tom. 3, p. 337, de l'Histoire des gallinacés de M. Temminck. (Cн. D.)

OURILE. (*Ornith.*) L'oiseau qu'on nomme ainsi au Kamtschatka, est le cormoran, *pelecanus carbo*, Linn. (Cн. D.)

OURINTI. (*Bot.*) Nom brame du *sapindus trifoliatus.* (J.)

OURIRI. (*Bot.*) L'arbre ou arbrisseau cité sous ce nom caraïbe dans l'herbier de Surian, paroît être une plante apocinée, ayant quelque affinité avec la *tabernæmontana.* (J.)

OURISIE, *Ourisia*. (*Bot.*) Genre de plantes dicotylédones, à fleurs complètes, monopétalées, de la famille des *rhinanthées*, de la *didynamie angiospermie* de Linnæus; offrant pour caractère essentiel : Un calice à cinq lobes inégaux, presque à deux lèvres; une corolle campanulée, élargie à son orifice; le limbe à cinq lobes presque égaux; quatre étamines didynames; point de filament stérile; un ovaire supérieur; un style; un stigmate en tête; une capsule à deux loges, à deux valves opposées à la cloison; plusieurs semences.

Ourisie de Magellan : *Ourisia magellanica*, Pers., *Synops.*, 2, pag. 169; Gærtn. fils, *Carp.*, tab. 185; *Chelone ruelloides*, Linn. fils, *Suppl.*, 279. Cette plante a des tiges couchées ou inclinées, à peine plus longues que les feuilles radicales; celles-ci sont au nombre de deux, ovales, dentées, portées sur de longs pétioles, cendrées en dessous et un peu nerveuses, crénelées et dentées en scie; les feuilles des tiges opposées, amplexicaules et distantes, en forme de bractées; les pédoncules sont axillaires, opposés, alongés, portant une seule fleur; les divisions du calice obtuses, ciliées à leurs bords; la corolle est courbée, purpurine. Cette plante croît à la Terre-de-feu, au détroit de Magellan.

Ourisie a fleurs écarlates : *Ourisia coccinea*, Pers., *Synops.*, l. c.; *Dichroma coccinea*, Cavan., *Icon. rar.*, 6, pag. 69, tab. 582. Plante qui croît au Chili, aux lieux humides et ombragés; elle est herbacée, velue; ses racines, glabres, fibreuses, produisent des feuilles radicales à longs pétioles, ovales, crénelées, en cœur, longues de trois pouces, larges de deux, vertes en dessus, velues et d'un rouge violet en dessous; de leur centre s'élève une tige tétragone, nue, purpurine, haute de huit pouces, où elle se divise en une panicule bifurquée ; à la base de chaque bifurcation existent deux folioles sessiles, opposées, dentées, laciniées ; les pédoncules partiels sont uniflores: le calice est d'un vert tirant sur le rouge ; la corolle d'un très-beau rouge écarlate; son tube long d'un pouce et plus; les filamens sont d'un violet rougeâtre; les anthères jaunes; les capsules petites, renfermant des semences luisantes, ferrugineuses.

OURISIE A FEUILLES ENTIÈRES; *Ourisia integrifolia*, Rob. Brown, *Nov. Holl.*, pag. 459. Cette espèce est glabre sur toutes ses parties ; ses tiges sont rampantes, herbacées; les feuilles opposées, en ovale renversé, très-entières ; le pédoncule est terminal, presque solitaire, uniflore, dépourvu de bractées; le calice à cinq divisions profondes, égales; la corolle en forme d'entonnoir; le limbe à cinq lobes égaux, obtus; le stigmate à deux lobes; la capsule bivalve, à deux lobes ; les semences sont recouvertes d'un test lâche, en forme d'arille. Cette plante croît à la terre de Diémen, dans la Nouvelle-Hollande. (POIR.)

OURISSIA. (*Ornith.*) C'est dans Niéremberg la dénomination des oiseaux-mouches. (CH. D.)

OURITE. (*Malacoz.*) Nom sous lequel les Nègres de l'île de Bourbon désignent une espèce de poulpe, suivant M. Bosc. (DE B.)

OURIZO. (*Mamm.*) Nom portugais du hérisson d'Europe. (F. C.)

OURLON ou HOURLON. (*Entom.*) Nom du hanneton en Picardie. (DESM.)

OUROU. (*Ornith.*) On trouve au tom. 14, in-4.°, de l'Histoire générale des voyages, p. 317, parmi les oiseaux indiqués comme habitant l'île de Maragnon, celui-ci, qui est dit de la grandeur d'une perdrix, et dont la tête est ornée d'une crête et le plumage mélangé de rouge, de noir et de blanc. (CH. D.)

OUROUA. (*Ornith.*) L'oiseau ainsi nommé par les habitans de Cayenne, est le *vautour urubu* ou *gallinaze urubu* de M. Vieillot. (CH. D.)

OUROUANKLE. (*Bot.*) Voyez Bois laiteux. (J.)

OUROUCOIS. (*Ornith.*) Nom que les couroucous, *trogon*, Linn., portent à la Guiane. (Ch. D.)

OUROUCOUCOU. (*Erpét.*) Les Nègres de Surinam appellent ainsi l'*élaps galonné*, serpent très-venimeux. Voyez Élaps. (H. C.)

OUROU-COUCOU. (*Ornith.*) Espèce de hibou, dont Stedman fait mention au 3.ᵉ volume de son Voyage dans l'intérieur de la Guiane, p. 52, et qu'il dit être ainsi nommé d'après son cri. Cet oiseau, de la grosseur d'un pigeon, a le plumage d'un brun clair, excepté à la gorge et au ventre, qui sont blancs avec des taches grises. (Ch. D.)

OUROUCOU MEREPA. (*Bot.*) Nom galibi a Cayenne, suivant Aublet, de son *parinari montana*, qui est le *parinari* des Garipous, placé dans la famille des rosacées sous celui de *parinarium*. (J.)

OUROUCOUREA. (*Ornith.*) Nom d'une hulotte au Kamtschatka. (Ch. D.)

OUROUPARIA. (*Bot.*) Ce genre d'Aublet, qui est l'*youroupari* de Cayenne, a été reconnu depuis long-temps pour n'être qu'une espèce de *nauclea* dans la famille des rubiacées. Voyez Nauclé. (J.)

OUROUTARAN. (*Ornith.*) Voyez Orutaurana. (Ch. D.)

OUROVANG. (*Ornith.*) Ce merle de Madagascar, qui est figuré dans Buffon, planche 557, est le *turdus ourovang*, Lath. (Ch. D.)

OURQUE. (*Mamm.*) Voyez Orque. (F. C.)

OURS; *Ursus*, Linn. (*Mamm.*) Nom d'une espèce de mammifère carnassier, qui ne paroît être que la contraction d'*ursus*, nom que ce même animal recevoit des Latins. Ce nom, de spécifique qu'il étoit à son origine, est devenu générique, et est aujourd'hui commun à plusieurs espèces très-distinctes.

Ce genre est un des plus parfaits que la nature ait produit: tous les animaux qui s'y rapportent sont si évidemment formés sur le même type, la physionomie de l'un rappelle à un tel point celle de l'autre, les différences qui les distinguent tiennent à des parties organiques si superficielles, que dans l'état où est aujourd'hui la science, il est impossible de décider absolument si plusieurs de ces différences caractérisent des espèces ou ne sont qu'individuelles et les simples effets de causes fortuites et passagères.

Ces difficultés, qui n'ont fait que s'accroître par de nouvelles observations, et qui ne peuvent être levées que par des observations plus nombreuses, nous détermineront à décrire séparément les ours qui présentent des différences de nature spécifique, sans que pour cela nous les donnions tous pour des espèces réelles; cependant nous aurons soin d'indiquer ceux qui sont admis, ou qui paroissent devoir être admis, comme tels.

Tous les ours atteignent à une taille fort élevée; aucun autre carnassier ne les surpasse sous ce rapport; ils égalent les lions et les tigres; et cette circonstance est remarquable, car les genres de carnassiers qui contiennent les plus grandes espèces en contiennent aussi de fort petites. Les ours seuls font exception à cette règle.

On connoît la physionomie générale de ces animaux, leurs formes trapues, l'épaisseur de leur taille et de leurs membres, et la pesanteur de leurs allures, qui semblent annoncer un naturel grossier et sauvage. Cependant leur front large, leur museau fin, leur tête, qu'ils portent ordinairement haute, détruisent en partie l'impression qui résulte de leurs proportions générales; c'est qu'en effet ils se distinguent par tout ce qui tient à l'intelligence.

Ce sont les moins carnassiers de tous les animaux qui s'associent, par l'ensemble de leur organisation, aux chats, aux martes, à ceux en un mot qui sont formés pour vivre de sang. Aussi leurs dents molaires, au lieu d'être tranchantes, sont plates et couvertes de tubercules mousses. Ils ont en tout quarante-deux dents : vingt à la mâchoire supérieure, qui consistent en six incisives, deux canines, six fausses molaires, deux molaires carnassières et quatre molaires tuberculeuses, et vingt-deux à la mâchoire inférieure, c'est-à-dire, six incisives, deux canines, huit fausses molaires, deux carnassières et quatre tuberculeuses.

Leurs organes du mouvement rendent bien raison de la pesanteur de leurs allures : au lieu de marcher sur le bout des doigts, comme tous les animaux légers et coureurs, ils marchent sur la plante entière des pieds ; chacun de leurs pieds a cinq doigts armés d'ongles forts et crochus très-propres à fouir, et ils sont presque entièrement privés de queue. Mais, si leur marche plantigrade s'oppose à la vélocité de leurs mouvemens, la structure de leurs membres leur donne la faculté de se tenir debout avec une singulière facilité, de monter sur les arbres dont ils peuvent embrasser le tronc et saisir les branches ; et la forme de leur corps, comme la quantité de leur graisse, en font de très-bons nageurs.

Leurs yeux sont petits, mais ils ont une très-bonne vue ; et quoique la conque externe de leur oreille, qui est arrondie, soit d'une médiocre grandeur, ils ont l'ouïe délicate. C'est l'odorat qui est leur sens le plus étendu : outre l'alongement de leur museau, ils ont des narines fort grandes, entourées d'un mufle dont le cartilage a une mobilité singulière ; il en est même une espèce chez laquelle cette partie est si large et si mobile qu'elle semble former de véritables valvules. Les lèvres sont également d'une extrême mobilité, et la langue est fort longue et fort douce. Ces animaux ont l'air de se servir de ces organes pour palper les corps, et ce qui est certain, c'est que le goût chez eux est aussi fin que l'odorat.

Ils se nourrissent de substances végétales et animales, et s'habituent aussi bien aux unes qu'aux autres ; ce sont cependant les matières sucrées qui leur plaisent le plus ; ils aiment le miel avec une sorte de fureur, et vont le chercher sur les arbres en détruisant les ruches. Dans la nature ils mangent les jeunes pousses, les fruits et les racines succulentes, et lorsque la faim les presse, ils attaquent les animaux ; mais ils ne s'y déterminent qu'à la dernière extrémité ; cependant, quand ils se sont familiarisés avec le danger qu'ils courent en attaquant les animaux qu'ils peuvent vaincre, ils s'y exposent et le bravent quelquefois. C'est sûrement pour avoir observé des ours placés dans des circonstances différentes, à l'égard de la nourriture qu'ils avoient été plus ou moins à même de se procurer, que quelques auteurs ont distingué ces animaux en espèces carnassières et en espèces herbivores ; car, sous ce rapport, tous ont le même naturel, excepté l'ours blanc ou maritime qui, par le goût qu'il a

pour la chair dans son état de nature, confirme ce que je
viens de dire sur les effets de l'habitude. En effet, ces animaux ne se nourrissent exclusivement de chair que parce
qu'ils ne peuvent trouver d'autre nourriture dans les régions glacées qu'ils habitent ; et la preuve , c'est qu'en domesticité on les habitue sans peine à ne se nourrir que de
pain. Les ours boivent en humant au moyen de leurs lèvres
extensibles.

Ce sont des animaux qui aiment la retraite et la solitude.
Ce que dit Buffon de l'ours brun, peut s'appliquer à tous les
autres, si ce n'est toutefois à l'ours blanc qui n'est pas moins
sauvage, mais qui ne peut chercher son abri dans le creux
des arbres et dans l'épaisseur des forêts. « L'ours, dit-il, est
« non-seulement sauvage , mais solitaire ; il fuit par instinct
« toute société ; il s'éloigne des lieux où les hommes ont
« accès ; il ne se trouve à son aise que dans les endroits qui
« appartiennent encore à la vieille nature ; une caverne an-
« tique dans des rochers inaccessibles ; une grotte formée
« par le temps, dans le tronc d'un vieux arbre, au milieu
« d'une épaisse forêt, lui servent de domicile ; il s'y retire
« seul, y passe une partie de l'hiver sans provisions , sans
« en sortir pendant plusieurs semaines. Cependant il n'est
« point engourdi ni privé de sentiment, comme le loir ou
« la marmotte ; mais, comme il est naturellement gras, et
« qu'il l'est excessivement sur la fin de l'automne, temps
« auquel il se recèle, cette abondance de graisse lui fait
« supporter l'abstinence , et il ne sort de sa bauge que lors-
« qu'il se sent affamé. » L'espèce de léthargie de l'ours varie
suivant la rigueur de l'hiver ; lorsque cette saison est très-
douce il n'y tombe point ; au contraire, son sommeil devient assez profond quand le froid est rigoureux.

. C'est au mois de Juin ou de Juillet, en Europe du moins,
que les ours entrent en rut ; alors les mâles et les femelles se
recherchent, et ils se séparent dès que leurs besoins sont sa-
tisfaits. La gestation dure sept mois ; car les femelles mettent
bas en Décembre ou Janvier, et leur portée est de deux à
cinq ou six petits. La nécessité de l'allaitement les empêche
sans doute de tomber dans leur sommeil hybernal ; mais c'est
un fait qui n'a point encore été constaté par l'observation.

A l'état domestique, ou plutôt d'esclavage, l'ours est presque aussi éveillé en hiver qu'en été; cependant il mange beaucoup moins, on le voit même souvent passer plusieurs jours sans prendre aucune nourriture.

Ces animaux sont recherchés à cause de leur fourrure, principalement en hiver, dans les pays froids, parce qu'alors elle est plus épaisse et plus brillante. En automne, la chair des jeunes est succulente, et l'on dit que les pattes sont un mets délicat. Dans les contrées où ils sont nombreux, leur fourrure devient l'objet d'un assez grand commerce, et la manière de les chasser diffère suivant leur nombre et le degré d'industrie des peuples qui se livrent à cet exercice. Partout où les armes à feu sont en usage, ce sont elles qu'on préfère à tout autre moyen; il est des contrées où les hommes vont attaquer corps à corps ces animaux, ce qu'ils peuvent faire avec succès, parce que, pour se défendre comme pour attaquer, l'ours se dresse sur ses pieds de derrière et présente au pieu dont son adversaire est armé, les parties les plus vulnérables de son corps. Les piéges sont aussi employés pour les détruire, mais leur extrême défiance rend souvent ce moyen inutile. Pour les y faire tomber, il faut les attirer par celui de leurs sens qui a le plus d'empire sur eux, par la gourmandise; et le miel est la substance la plus agréable qu'on leur puisse offrir. Les peuplades sauvages qui habitent les forêts de l'Amérique, où les ours sont en assez grand nombre, font des battues, rassemblent ces animaux sur un point, et parviennent de la sorte à en tuer beaucoup; mais comme c'est à l'époque de leur sommeil léthargique qu'ils sont les plus recherchés, on va les tuer dans leur retraite, quand elle a été découverte.

C'est la prudence qui fait le caractère principal de l'ours: on ne porte pas plus loin que lui la circonspection; il s'éloigne, lorsqu'il le peut, de tout ce qu'il ne connoit pas: s'il est forcé de s'en approcher, il ne le fait que lentement et en s'aidant de tous ses moyens d'exploration, et il ne passe outre que quand il a bien cru s'assurer que l'objet de sa crainte est pour lui sans danger. Ce n'est cependant ni la résolution ni le courage qui lui manquent; il paroît peu susceptible de peur : on ne le voit point fuir; confiant en lui-même, il résiste à la menace, oppose la force à la force, et sa fureur, comme ses efforts, peuvent devenir terribles si sa vie est menacée. Mais c'est surtout pour défendre leurs petits que les ours femelles déploient toutes les ressources de leur puissance musculaire et de leur courage : elles se jettent avec fureur sur tous les êtres vivans qui leur causent quelques craintes, et ne cessent de combattre qu'en cessant de vivre.

Ce qui ajoute en quelque sorte au mérite de leur prudence et de leur courage, c'est la singulière étendue de leur intelligence, qui semble ôter à toutes leurs autres qualités ce qu'elles pourroient avoir d'aveugle et de machinal. On connoît l'éducation que reçoivent les ours de la part des hommes dont la profession consiste à conduire ces animaux de ville en ville, en les faisant danser grossièrement au son d'un flageolet et appuyés sur un bâton, et l'on conçoit que par le moyen des châtimens et des récompenses, et en plaçant forcément l'animal dans toutes les circonstances de ces actions, on parvienne à les lui faire répéter au commandement. Ce sont de ces associations que l'on parvient toujours à former chez les animaux même les plus brutes. Mais nous avons pu voir l'éducation de plusieurs espèces d'ours, faite librement, et par ces animaux eux-mêmes, nous présenter des résultats plus remarquables que l'éducation forcée dont nous les savions susceptibles. Elle nous a été offerte par les ours qui vivent dans les fosses de notre ménagerie sous la seule influence du public, qui leur parle et qui leur donne des gourmandises. A l'aide de ces deux uniques moyens, ces animaux ont appris à faire une foule d'exercices qu'ils répètent au simple commandement et par le seul espoir d'être recompensés par un gâteau ou par un fruit. Ainsi, à ces mots : *monte à l'arbre*; ils montent au tronc dépouillé qui a été placé dans leur fossé. Si on leur dit : *fais le beau*; ils savent qu'ils doivent se coucher sur le dos et réunir leur quatre pattes. Au mot de *priez*, ils s'asseyent sur leur derrière et joignent leurs pieds de devant. Au mot *tourne*, ils pirouettent sur leurs pieds de derrière, etc. Ces actions sans doute peuvent finir par ne suivre ces commandemens qu'au moyen d'une véritable association; c'est ce

que l'habitude produit même 'en nous ; mais les ours qui
nous les ont présentés, ont dû les commencer librement, et
après plus ou moins d'hésitation et d'erreurs comprendre le
sens précis de ces mots, ou plutôt de ce signe, *monte à l'arbre :*
or, c'est là un des résultats les plus élevés auxquels puisse
atteindre l'intelligence des brutes ; mais il est constant qu'ils
arrivent à comprendre la valeur des signes artificiels sans les
moyens qui forment immédiatement les associations.

On conçoit tout ce que peut produire l'application des
facultés d'où résulte ce fait général, qui explique les récits
singuliers dont les ours ont dû être l'objet ; aussi ne rapporte-
rai-je point ces récits, qui peuvent amuser, mais non pas ins-
truire, et en les dépouillant des erreurs qu'ils renferment,
ils perdroient leur principal intérêt, tout ce qu'ils ont de
merveilleux.

On rencontre des ours dans toutes les parties du monde
et sous toutes les latitudes, depuis le pole nord jusqu'aux
îles de la Sonde et à la terre des Papous. Les seules contrées
où il ne paroît point s'en trouver, sont l'Australasie et
l'Afrique méridionale, car il s'en trouve au nord de l'Atlas ;
mais on est loin de connoître tous ces ours indiqués par les
voyageurs et de les rapporter à leurs espèces.

On en a plus ou moins distingué quatre d'Europe, trois
d'Asie, trois d'Amérique, et l'ours maritime qui appartient
à toutes les parties du monde Boréal. C'est dans cet ordre
que nous allons exposer leurs principaux caractères.

Ours d'Europe.

1. L'Ours des Alpes ou l'Ours brun : *Ursus arctos*, Linn. ;
Buff., t. VIII, pl. 31 ; Ménagerie. Cette espèce peut atteindre à une longueur de quatre à cinq pieds, et sa hauteur
au garrot va à plus de trois pieds. Elle est entièrement couverte d'un poil très-épais et touffu, excepté sur les pattes et
le museau où il est court. Ce poil est d'un brun-marron,
tirant au noir sur les épaules, le dos, les cuisses et les jambes, et prend une teinte jaunâtre sur les côtés de la tête,
les oreilles et les flancs. Lorsque l'animal est en bon état,
ses épaules sont surmontées d'une sorte de protubérance ou
de loupe entièrement formée de graisse. Les petits paroissent

naître de la couleur des adultes, mais avec un demi-collier blanc sous le cou. C'est cet ours qu'en Europe quelques hommes dressent à certains exercices pour faire leurs moyens d'existence.

On trouve des individus de cette espèce entièrement blancs. Buffon donne une figure de cette variété, t. VIII, pl. 32.

2. L'OURS DES PYRÉNÉES, OURS DES ASTURIES; Histoire naturelle des mammifères, liv. 45, Octobre 1824. Cet ours ne paroit pas atteindre tout-à-fait à la taille du précédent. Dans ses premières années tout son pelage est d'un blond jaunâtre, excepté la tête, qui est d'un blond plus foncé, et les pieds, qui sont noirs. L'extrémité des poils seule est blonde; dans le reste de leur longueur ils sont bruns, et il paroît que cette couleur devient celle de l'animal lorsqu'il arrive à l'âge adulte.

3. L'OURS DE NORWÉGE; Histoire naturelle des mammifères, liv. 7, Avril 1819. Cet ours ne m'est connu que par un jeune individu âgé de cinq semaines, qui différoit des deux précédens en ce qu'il étoit entièrement d'un brun terre d'ombre, sans aucune trace de collier blanc.

4. L'OURS DE SIBÉRIE; Histoire naturelle des mammifères, liv. 42, Juin 1824. J'ai vu plusieurs de ces ours qui atteignent à la plus grande taille. Leur pelage est brun chez les jeunes comme chez les adultes, et chez les femelles comme chez les mâles; les membres sont noirs, et les épaules couvertes d'une bande blanche qui m'a paru varier de largeur.

Ours de l'Asie méridionale.

1. L'OURS JONGLEUR; *Ursus labiatus*, Histoire naturelle des mammifères, liv. 39 et 46, Février 1823 et Décembre 1824. Cette espèce est sans contredit la plus remarquable de toutes celles de ce genre; c'est elle qui présente les modifications les plus considérables au type commun des ours.

Lorsqu'on vit cet ours pour la première fois on le prit pour un paresseux, tant sa physionomie paroissoit singulière; aussi en donnerons-nous une description plus détaillée que des autres, à cause des traits particuliers qui le distinguent.

Cette espèce est d'un huitième moins grande que celle des Alpes, a le museau épais et fort alongé, la tête petite, les oreilles grandes. Le cartilage du nez consiste dans une large plaque plane et mobile. Le bout de la lèvre inférieure dépasse la supérieure, ce qui donne à cet animal une figure stupidement animée. Dans le jeune âge, les poils de cette espèce n'étant pas fort longs, elle paroît assez élevée sur jambes et très-libre dans ses mouvemens; mais, en devenant vieille, les poils qui entourent sa tête donnent à celle-ci des proportions presque monstrueuses, et ceux du reste du corps, tombant presque jusqu'à terre, cachent ses jambes et la font paroître beaucoup plus lourde qu'elle n'est en effet. Elle est entièrement noire, si ce n'est sur la poitrine, où se voit une tache blanche en forme de fer à cheval dont les branches descendent sur les bras. Cet ours, commun au Bengale, et qui paroît avoir plus d'intelligence et plus de docilité que les autres espèces de cette contrée, est celui que les jongleurs s'associent pour amuser le public.

2. L'Ours des Malais : *Ursus Malayanus*, Raffles, *Trans. Linn.*, vol. XIII; Horsfield, *Zool. Rech. in Java*, n.° 4; Histoire naturelle des mammifères, liv. 47, Février 1825. C'est la seule espèce d'ours qui ait encore été découverte dans les îles de la Sonde; elle paroît se trouver à Sumatra et à Java, mais elle existe aussi sur le continent. C'est la plus petite des trois ours de l'Asie méridionale; elle est d'un sixième moins grande que la précédente. Sa tête est ronde, son front large, et son museau plus court proportionnellement que celui des autres. Le cartilage des narines est semblable à celui de l'ours des Alpes. Le pelage noir est assez raz et luisant; l'on remarque en dessus des yeux, chez les jeunes, une tache fauve-pâle qui disparoît avec l'âge. Le museau est également d'un fauve roussâtre, et la poitrine est couverte d'une tache de cette couleur, qui présente la figure imparfaite d'un large cœur.

3. L'Ours du Thibet; *Ursus tibetanus*, Histoire naturelle des mammifères, liv. 41.°, Mai 1824. Cette espèce est intermédiaire, pour la grandeur, entre l'ours jongleur et celui des Malais. Elle a été découverte dans le Silhet par M. Alfred Devaucel. Ses caractères distinctifs consistent dans la ligne droite de son chanfrein et dans ses couleurs. Elle est généralement couverte d'un poil lisse et noir; mais sa lèvre inférieure

est blanche, ainsi qu'une tache en forme d'Y sur la poitrine, dont les deux petites branches se trouvent en avant des épaules, et la plus longue, entre les jambes, s'étendant jusqu'au milieu du ventre. Le museau a une légère teinte de roussâtre.

Ours d'Amérique.

1. L'Ours terrible ou gris : *Ursus cinereus*, Desm.; *Ferox*, Lewis et Clark; *Horribilis*, Clit., Mém. de la Soc. litt. et phil. de New-York. Cette espèce paroît se trouver dans l'Amérique septentrionale, principalement vers le nord et l'ouest. Hearne l'a trouvée chez les Eskimaux; Lewis, Clark et Long dans la ligne qu'ils ont parcourue, et M. Coris en Californie.

C'est le plus grand de tous les ours : il a, dit-on, jusqu'à dix pieds de longueur et sa force est prodigieuse. D'après ce qu'on en a dit, et une figure qui m'a été communiquée par M. Coris, cette espèce paroît ressembler tout-à-fait à notre ours des Alpes par ses formes, et avoir un pelage laineux très-épais et entièrement gris, excepté au bord des oreilles, qui seroit brun.

2. L'Ours noir : *Ursus americanus*, Pallas, Ménagerie; Ours noir d'Amérique, Histoire naturelle des mammifères, Octobre 1820. Il a des rapports avec l'ours du Thibet, mais son chanfrein présente une ligne courbe, uniforme, au lieu d'une droite, et il devient presque aussi grand que l'ours des Alpes. Son pelage est lisse, et, excepté le museau, qui est fauve, il est entièrement noir. Il a été trouvé dans toute l'Amérique septentrionale, et comme il est répandu très-abondamment, ses peaux, d'un noir brillant, font un objet de commerce considérable. On dit qu'en hiver il établit sa retraite dans les troncs creux des arbres où on le découvre à la vapeur qui en sort. C'est un des plus légers, qui grimpent le plus facilement aux arbres et qui détruisent le plus de ruches. On assure même qu'il aime le poisson et l'attrappe fort adroitement. Les petits naissent entièrement gris.

3. L'Ours des Cordillères du Chili ; *Ursus ornatus*, Histoire naturelle des mammifères, liv. 50, Juin 1825. Cette espèce ne m'est encore connue que par un individu qu'a possédé la Ménagerie du Roi; il étoit jeune. Sa longueur, du bout du

museau à l'extrémité de son train de derrière, étoit de trois pieds, et il avoit environ seize pouces de hauteur. Tout le pelage de son corps étoit lisse et noir; mais le dessous et les côtés de sa mâchoire inférieure, le dessous du cou et la poitrine jusqu'aux jambes de devant, étoient blancs, et de son museau, d'un gris roux, partoit une ligne fauve qui passoit entre les deux yeux, se séparoit ensuite en deux pour former, au-dessus de ces organes, deux demi-cercles. C'est le premier ours dont on ait vu le pelage orné d'une manière aussi remarquable.

Ours polaires.

L'Ours BLANC : *Ursus maritimus*, Linn.; Buffon, Suppl. III, planche 34; Cuv., Ménagerie du Muséum. Quoique cette espèce d'ours ait été long-temps méconnue, elle est une de celles qui sont le mieux caractérisées, et que l'on distingue le plus aisément de toutes les autres. Elle est bas sur jambes, et néanmoins son corps, son cou, et surtout sa tête, sont plus alongés que ceux d'aucune des espèces que nous venons de décrire. Elle devient fort grande et paroît au moins égaler l'ours des Alpes. Si l'on en croyoit même quelques voyageurs, elle atteindroit à une taille encore plus grande, et qui ne différeroit point de celle de l'ours terrible. Un de ses traits le plus remarquable est la saillie de ses sourcils qui résulte de la conformation particulière des os du front; et il est, je crois, le seul ours qui ait l'intérieur de sa bouche entièrement noir.

L'ours blanc habite les régions glacées de notre hémisphère, où il se nourrit de poissons, de jeunes cétacés et d'amphibies; cependant il n'est pas plus carnassier que les autres ours et s'habitue très-bien à ne vivre que de pain. Il nage avec une étonnante facilité et plonge de même; et on le rencontre quelquefois formant des troupes assez nombreuses, ce qui le distingue encore des autres ours, qui sont toujours solitaires; mais il leur ressemble par le besoin d'une retraite en hiver. On dit que les femelles mettent bas au mois de Mars des petits tout-à-fait blancs. (F. C.)

OURS D'AMÉRIQUE. (*Mamm.*) Voyez OURS NOIR D'AMÉRIQUE. (DESM.)

OURS BLANC de Buffon. (*Mamm.*) Variété de l'Ours brun. (Desm.)

OURS CRABIER. (*Mamm.*) Voyez Raton crabier. (Desm.)

OURS DORÉ. (*Mamm.*) Variété de l'Ours brun, dont les pointes des poils sont jaunâtres. (Desm.)

OURS FAUVE. (*Mamm.*) Autre variété de l'Ours brun. (Desm.)

OURS FOURMILIER des Espagnols du Paraguay (*Mamm.*): c'est le Fourmilier tamanoir; le Petit Ours fourmilier est le Tamandua. (Desm.)

OURS MANGEUR DE FOURMIS. (*Mamm.*) Wormius donne ce nom à une race d'ours qu'il dit exister en Norwége. On l'a également appliqué au Fourmilier tamanoir. (Desm.)

OURS MARIN. (*Mamm.*) Voyez Ours blanc. (Desm.)

OURS DE LA MER GLACIALE. (*Mamm.*) Voyez Ours blanc. (Desm.)

OURS A MIEL. (*Mamm.*) Les missionnaires de la Nouvelle-Grenade et du Rio-Négro donnent le nom d'*oso melero*, ours à miel, au Kinkajou. (Desm.)

OURS RATON. (*Mamm.*) Voyez Raton. (Desm.)

OURS ROUGE. (*Mamm.*) Variété de l'Ours brun. (Desm.)

OURS ROUX. (*Mamm.*) Autre variété du même animal. (Desm.)

OURS TERRESTRE. (*Mamm.*) Le nom donné au Zokor, espèce de Rat-taupe, sur les bords de la mer Caspienne, équivaut à cette dénomination. (Desm.)

OURSIN, *Echinus*. (*Actinozoaires.*) Sous cette dénomination Linné et les zoologistes de son école comprenoient tous les animaux plus ou moins orbiculaires, dont l'enveloppe crétacée, composée d'un très-grand nombre de petites pièces polygones, est hérissée d'espèces d'épines de forme très-variable, constamment calcaires; ce qui les a fait comparer à des hérissons. Aussi ces animaux sont-ils connus généralement sous le nom de hérissons ou de châtaignes de mer. Mais, aujourd'hui, parmi les zoologistes modernes, depuis les travaux de M. de Lamarck, ce nom est réservé à un certain nombre d'espèces, à celles qui méritent réellement mieux le nom d'oursins, à cause des longues épines dont elles sont armées; et l'on donne le nom d'Échinides à tout le genre de Linné , de même qu'on applique depuis Bruguière la dénomination d'Échinodermes à la classe ou au groupe qui renferme ses oursins et ses astéries (voyez ces différens noms). Les caractères du genre Oursin, tel que M. de Lamarck l'a circonscrit dans son Traité des animaux sans vertèbres , peuvent être exprimés ainsi : Corps régulièrement orbiculaire, quelquefois subpentagonal ou même ovalaire, presque toujours un peu déprimé, couvert de piquans de forme très-variable, articulés sur des mamelons non perforés, et pourvu d'ambulacres complets; bouche et anus médians et opposés, l'une en dessous et l'autre en dessus. D'après cette caractéristique, on voit que ce genre ne diffère d'une manière évidente des espèces d'oursins dont M. de Lamarck a fait son genre Cidarite, que par une forme moins élevée, moins régulièrement circulaire et surtout par la non-perforation des tubercules d'articulation des épines; car tous les autres principaux caractères sont à peu près les mêmes. Mais, pour mieux apprécier ces différences et concevoir la distribution méthodique de toutes les espèces de la famille des échinides, il ne sera pas inutile d'étudier un peu complétement l'organisation des oursins véritables, afin qu'elle nous serve ensuite de type ou de point de départ.

La forme générale du corps des oursins peut être complétement circulaire et aussi régulière que dans les cidarites; mais le plus souvent elle est subpentagonale, et quelquefois même elle devient ovalaire, les deux extrémités parfaitement semblables. Un autre caractère que l'on peut observer dans leur forme, c'est que, plus ou moins déprimée, leur partie inférieure, plus ou moins concave, ne présente presque jamais la même convexité que la partie supérieure, au contraire de ce qui a lieu dans les cidarites. Ce corps est en outre constamment hérissé d'épines, de grandeur et de forme extrêmement variables, qui cachent quelquefois en partie la forme générale de l'animal, et dont nous allons parler avec plus de détails dans un moment. Entre ces épines, dont la disposition est beaucoup plus régulière à la base qu'on ne pourroit souvent le croire d'après ce qu'elles sont à leur pointe, se remarquent des espèces de tentacules ou

mieux de cirres tentaculaires, qui sortent aussi d'une manière fort régulière des trous qui forment ce qu'on nomme
les ambulacres des échinides. A la partie inférieure du corps
de l'animal, et dans une étendue plus ou moins considérable
de sa base, est un espace enfoncé, membraneux, non hérissé
d'épines, au milieu duquel est percé l'orifice buccal du
canal intestinal. A la base opposée, c'est-à-dire, à l'extrémité
anale et complétement supérieure, existe un espace membraneux, beaucoup plus petit, percé également d'un trou
rarement dans son milieu pour l'anus, et, enfin, à quelque
distance de cette ouverture est un cercle de dix orifices, dont
cinq plus grands, que nous verrons plus tard servir de terminaison aux oviductes.

L'enveloppe extérieure qui détermine la forme d'un oursin, ne peut être comparée à rien de ce qui existe dans les
autres animaux. Dans la plus grande partie de son étendue elle
est formée par deux membranes, l'une externe, plus épaisse,
l'autre interne, si mince que le nom de pellicule lui convient parfaitement, et entre lesquelles existe un têt assez épais,
solide, complétement calcaire et composé d'un très-grand
nombre de petites pièces polygones, évidemment immobiles,
mais non soudées, du moins pendant la durée de l'accroissement de l'animal. Dans les environs de la bouche et de l'anus,
la peau n'est point ainsi solidifiée ; aussi est-elle sensiblement
plus épaissie et bien plus résistante.

Le têt des oursins est entièrement calcaire, presque sans
partie mucilagineuse ou animale. Les nombreuses pièces qui
le composent offrent cela de particulier, que leur tissu est
fibreux, perpendiculairement à leurs surfaces ; ce qui montre
que le mode d'accroissement, quoique se faisant sur les bords,
diffère cependant beaucoup de ce qui a lieu dans la coquille
des malacozoaires.

Les pièces qui constituent le têt d'un oursin peuvent être
partagées en coronales et en terminales. Je nomme coronales,
celles qui, par leur réunion, forment la partie la plus importante, la plus étendue et qui circonscrit le corps dans
sa circonférence, et je nomme au contraire terminales, celles
qui entourent l'orifice buccal et l'orifice anal, et qui remplissent les deux ouvertures plus ou moins considérables

que laisse en bas ou en haut l'assemblage de la partie co-
ronale.

Les pièces coronales se subdivisent en dix groupes ou
séries, qui s'irradient d'un orifice à l'autre, un peu à la
manière des côtes de melons, et qui forment des aires alternativement pleines et perforées, égales ou inégales. On donne
le nom d'ambulacraires aux séries qui sont perforées, et d'anambulacraires à celles qui ne le sont pas.

Les anambulacraires sont constamment formés eux-mêmes
de deux séries de pièces, plus ou moins hexagones et ordinairement transverses, qui se joignent entre elles par une
extrémité dans le milieu de l'anambulacraire, et par l'autre,
mais moins anguleusement, avec les ambulacraires. Chaque
pièce est relevée à sa surface externe d'un nombre variable
de mamelons plus ou moins saillans, bien arrondis, polis
à leur sommet et élargis à la base, sans aucune trace de
perforation.

Les ambulacraires, quelquefois beaucoup plus étroits que les
anambulacraires, sont cependant aussi formés de deux séries
de pièces polygones, réunies anguleusement entre elles dans
la ligne médiane de l'ambulacraire, et en dehors avec les pièces
des anambulacraires. Elles sont aussi relevées de mamelons
plus ou moins saillans ; mais, en outre, elles sont percées à
leur côté externe par des pores variables en nombre et en
disposition pour chaque espèce, mais qui traversent toujours
le têt de part en part ; c'est ce qui constitue les ambulacres
proprement dits.

La largeur des anambulacraires est généralement plus
grande au milieu qu'aux deux extrémités ; mais il n'en est pas
de même pour les ambulacraires : elles sont toujours plus
grandes vers la bouche, et la dernière présente à l'intérieur
une espèce d'apophyse ou de lame, percée d'un trou dans son
milieu et qui donne attache aux muscles moteurs des dents ;
c'est ce que je nommerai auricules.

La peau qui entoure la bouche, est à peine rude ; on y
remarque cependant des paires d'écailles subcirculaires, un
peu concaves, et qui sont justement placées deux à deux
dans la direction du rayon qui iroit dans l'interstice des
dents ; chacune est percée d'un orifice.

Autour de l'anus les pièces coronales sont plus nombreuses et remplissent presque en totalité l'espace que laissent les aires. Elles sont, comme celles-ci, au nombre de dix, alternativement grandes et petites; toutes sont ordinairement granuleuses et percées d'un trou bien plus large cependant dans les grandes que dans les petites, qui correspondent aux ambulacraires; les grandes, aux anambulacraires.

Les trous dont sont percées les pièces des ambulacraires, donnent passage à de petites ventouses tentaculaires, provenant de la lame intérieure de la peau, peut-être des lames respiratoires creuses dans toute leur longueur et terminées à leur extrémité par un petit renflement, susceptible de se dilater en ventouse ou en disque denticulé à sa circonférence. Ces organes sont remarquables par la grande contractilité dont ils jouissent, et peuvent rentrer complétement à l'intérieur, un peu comme les tentacules des limaçons, ou s'alonger considérablement à l'extérieur. Ils sont, du reste, parfaitement transparens, et il est impossible d'y apercevoir de fibres contractiles distinctes.

Une autre partie de l'appareil locomoteur des oursins est celle qui leur a valu leur nom, quoique assez souvent ces organes méritent mieux les noms de bâtons ou de tubercules que celui de piquans; ce qu'ils offrent de commun, c'est d'avoir à leur base une petite tête sphérique, concave, avec un bourrelet circulaire au-dessus. Leur longueur, leur forme, leur grosseur, du reste, sont extrêmement variables et généralement en rapport avec celles des mamelons du têt. Leur structure est également particulière; ils ont une cassure et un éclat un peu vitrés; leur surface extérieure est presque toujours finement striée, et ils sont composés de couches concentriques, dont chacune est formée d'un grand nombre de fibres irradiées. Ils sont, du reste, d'un tissu fort peu serré, et par conséquent d'une pesanteur spécifique extrêmement peu considérable.

Ces organes, articulés en genou sur les mamelons du têt, sont mis en mouvement dans tous les sens par la lame externe de l'enveloppe cutanée, qui s'attache à la circonférence du bourrelet de leur base et qui m'a paru plus forte, plus évidemment musculaire aux épines de la base de l'oursin.

Par la dessiccation il m'a été possible d'y apercevoir des fibres musculaires distinctes, et quelquefois même des muscles proprement dits. Il en existe surtout pour les mouvemens de l'appareil masticateur.

Le système digestif des oursins est en effet assez complet.

Nous avons déjà dit que la bouche est formée par un orifice arrondi, lisse, assez grand, percé au milieu de la membrane qui remplit la grande excavation inférieure du têt. Un peu plus d'épaisseur dans cette partie de la peau en fait une espèce de bourrelet labial.

Elle conduit dans une cavité buccale assez grande, cylindrique, verticale, à la circonférence de la partie inférieure de laquelle est un rang circulaire de véritables glandes salivaires; mais, ce qu'elle offre de plus remarquable, c'est l'appareil masticateur très-solide qui l'entoure, et qui forme à la fois des mâchoires et des dents.

Les mâchoires, au nombre de cinq, bien semblables et disposées radiairement, constituent par leur réunion une sorte de cage conique, la base en haut et le sommet en bas, formée par les dents proprement dites. Chaque mâchoire est elle-même composée de deux pièces triangulaires, placées en rayons autour de la masse buccale, dont le bord externe, arrondi, est soudé dans une partie plus ou moins considérable de son étendue, et dont le bord interne, libre et tranchant, est denticulé transversalement dans toute sa longueur. Les deux pièces formant chaque mâchoire, sont en outre retenues à leur base supérieure par une sorte d'arc-boutant, qui passe transversalement de l'une à l'autre. Enfin, entre deux mâchoires contiguës. et à leur base, s'irradiant de la circonférence de l'œsophage, sont deux autres pièces, placées l'une sur l'autre, l'une plus profonde ou plus inférieure et plus épaisse, un peu bifurquée à ses extrémités; chaque bifurcation s'appliquant sur une arrête de la pièce correspondante des deux mâchoires, et l'autre, plus grêle, plus arquée, dont l'extrémité externe dépasse un peu celle de la pièce sousposée, limite la partie supérieure du sillon de séparation des mâchoires; ainsi dans ce singulier appareil masticateur il y a vingt-cinq pièces sans compter les dents.

Celles-ci, au nombre de cinq, une pour chaque mâchoire,

forment un corps subcylindrique alongé, pointu et aminci à l'extrémité supérieure, qui est molle et flexible, se solidifiant et s'épaississant inférieurement, où il se termine par une sorte de lame un peu arquée, à bords tranchans, coupés en biseau de chaque côté, de manière à produire une pointe tranchante, fort aiguë et résistante. Cette longue dent est collée et même soudée, dans une assez grande partie de sa longueur, en dedans de la ligne médiane de chaque mâchoire, en sorte que ses mouvemens sont les mêmes.

Les muscles de ce singulier appareil sont fort distincts et de deux sortes : des longitudinaux et des transverses.

Les muscles transverses sont très-épais, très-considérables, et composés d'une quantité extrêmement grande de fibres contractiles très-courtes, qui remplissent tout l'intervalle qui existe entre deux mâchoires contiguës.

Un autre muscle transverse est situé à la base de la masse maxillaire, et se porte en dedans de leur arc-boutant entre une pièce rayonnante superficielle et l'autre, de manière à ce que ces cinq muscles forment une espèce de pentagone.

Les muscles longitudinaux principaux sont au nombre de dix, deux pour chaque mâchoire. Ils s'insèrent d'une part à la lame apophysaire de la pièce inférieure de l'ambulacre ou à l'auricule, et de l'autre dans presque toute la surface externe de chaque côté de la mâchoire, c'est-à-dire qu'ils remontent de bas en haut.

On peut encore regarder comme longitudinaux des muscles épais, courts, situés à la base des précédens, et qui de la corne de l'apophyse de la pièce inférieure de l'ambulacre se portent presque transversalement, mais non pas de haut en bas, à l'extrémité inférieure de chaque mâchoire. Ils doivent évidemment agir en écartant les dents de l'axe de la bouche comme les précédens, dont ils ne sont que des auxiliaires.

En outre il part de chaque bifurcation de la pièce rayonnante superficielle un filament tendineux ou musculaire, qui descend verticalement, pour se fixer au milieu du rebord de l'auricule de l'ambulacraire.

La membrane qui tapisse l'intérieur de cette cavité buccale, est assez peu épaisse et présente des plis ou rides longitudinales, qui partent de la circonférence de la bouche et vont se rendre à la naissance de l'œsophage. Ces rides se moulent ou s'attachent sur les dentelures du bord interne des mâchoires, mais sans que celles-là y pénètrent pour pouvoir agir dans la mastication. A l'origine, à la racine des dents, il y a un véritable rebord labial épais, et même, sinon tentaculaire, au moins sublobé.

L'œsophage, qui nait du pharynx, se dilate d'abord d'une manière sensible, puis se rétrécit un. peu; ses parois sont excessivement minces, comme celles de l'intestin proprement dit; cependant on y remarque aisément des pores nombreux, qui sont peut-être aussi des cryptes salivaires. Au-delà, l'œsophage continue à monter jusque tout près de l'anus, accompagné qu'il est du rectum; après quoi il redescend obliquement et forme l'estomac. Celui-ci n'est qu'une dilatation assez peu sensible, avec quelques renflemens irréguliers et peut-être accidentels. Il se place dans la circonférence inférieure du têt, entre lui et la saillie pyramidale formée par la masse buccale et les auricules. Ses parois sont excessivement minces; mais elles sont un peu épaissies par le foie, qui est formé par des plaques jaunes, irrégulières, qui sont collées contre la membrane de l'estomac, de manière à paroître en faire partie. Cette disposition ne permet pas de croire qu'il y ait pour canal excréteur autre chose que des pores nombreux; mais c'est ce que je ne veux pas assurer, parce que je ne les ai pas vus. L'intestin ne diffère de l'estomac que parce que les plaques hépatiques ne l'enveloppent plus, et que son diamètre diminue sensiblement: après avoir terminé le contour du têt, il remonte collé contre l'œsophage, et vient, peut-être, après une petite dilatation en forme d'ampoule, se terminer à l'anus. Cet anus n'est réellement jamais rigoureusement médian, mais plus ou moins latéral entre les plaques operculaires qui remplissent le milieu des terminales fixes.

Il se pourroit que l'on dût regarder comme des organes spéciaux de respiration, comme des espèces de poumons aquatiques, des lames à peu près triangulaires, situées immédiatement dessous ou en dedans des ambulacres, dont elles ont rigoureusement la forme et auxquelles elles adhèrent assez fortement. On y distingue aisément une sorte de vaisseau médian,

fort large, étendu, de la circonférence inférieure du têt jusqu'au sommet de l'ambulacre, de chaque côté duquel sont
des lames ou feuillets fort minces, fort nombreux, qui se
continuent ou sont attachés à la membrane péritonéale par
leur sommet. Ils m'ont également paru en communication
directe avec les suçoirs tentaculaires dont nous avons parlé
plus haut, et comme ceux-ci sont complétement creux, je
ne serois pas éloigné de penser que le fluide qu'ils absorbent
se portât ensuite dans les organes lamelleux que nous venons
de décrire, et qui sont peut-être les analogues des branchies
tentaculaires des holothuries. Ce qui, outre cette analogie,
me porteroit volontiers à regarder ces organes comme branchiaux, c'est que les oursins sont bien évidemment pourvus
d'un appareil circulatoire.

Le cœur est très-aisé à apercevoir : c'est un petit corps
ovale-alongé, à parois assez épaisses et évidemment charnues, situé le long de l'œsophage, sans être contenu dans
un péricarde ou cavité particulière. En le coupant en travers, on voit l'épaisseur de ses parois, et que sa cavité est
à peu près cylindrique. De chacune de ses extrémités part
un vaisseau, dont l'un est probablement la veine branchiale,
et l'autre l'artère aorte ; mais il est assez difficile de se décider. L'inférieur est sensiblement d'un diamètre moins considérable que l'autre ; il descend verticalement le long de
l'œsophage jusqu'à la circonférence de sa sortie de la cavité buccale, et là il forme une couronne ou un anneau
d'un diamètre plus grand, et qui envoie des branches pour
chaque côté de la masse buccale. Je n'ai pas pu les suivre
pour connoître leur distribution ; mais je ne serois pas étonné
qu'elles allassent à chaque lame prétendue branchiale, en
sorte que, dans cette hypothèse, elles en reviendroient plutôt, et alors le tronc auquel elles se réunissent, seroit une
veine pulmonaire, et par conséquent l'autre vaisseau qui sort
du cœur, devroit être considéré comme l'aorte. Quoi qu'il
en soit de cette conjecture, ce vaisseau est bien plus considérable que l'autre. Après être remonté quelque temps avec
l'œsophage, il se recourbe et redescend avec lui pour se
placer dans la concavité de l'estomac, qu'il suit jusqu'à la
naissance de l'intestin. A cet endroit il s'en approche beau-

coup plus et semble se perdre dans son tissu..Je ne puis cependant dire qu'il s'y ramifie ou même qu'il envoie des rameaux à l'estomac pendant qu'il l'accompagne, parce qu'il m'a été impossible de les voir.

L'appareil de la génération dans les oursins est de la plus grande évidence, et consiste dans un nombre d'ovaires égal à celui des parties du têt, c'est-à-dire de cinq. Ils sont situés tout autour de l'anus, d'une manière bien radiaire, et appliqués, dans la position renversée de l'animal, au-dessus et plus ou moins autour de la cavité viscérale, suivant qu'on les étudie à des époques différentes de développement. Généralement d'une forme à peu près ovalaire, chacun peut être partagé en deux parties égales par une ligne longitudinale. Il m'a semblé cependant que ce n'est pas une véritable poche, à la face interne de laquelle les œufs seroient attachés. J'ai cru quelquefois que c'étoient de longs filamens considérablement repliés sur eux-mêmes dans tous les sens. Le canal excréteur est très-court, très-petit; il naît du milieu de l'extrémité anale de l'ovaire et aboutit à la plaque terminale de la circonférence de l'anus, dont il a été parlé plus haut.

Les œufs, qui sont extrêmement nombreux, m'ont paru quelquefois très-gros et irrégulièrement entassés.

Quant au système nerveux, je crois l'avoir aperçu à la circonférence de la base inférieure des mâchoires, à l'endroit où la peau molle qui remplit la grande ouverture inférieure du têt, s'attache à la masse buccale pour y former une espèce de lèvre intérieure. Il m'a même semblé qu'il étoit composé de deux ganglions membraneux, semi-circulaires, placés à l'extrémité inférieure de l'interstice de chaque mâchoire et fournissant des rameaux ascendans au muscle intermaxillaire; mais je n'ai pu voir si ces deux ganglions, n'en formant qu'un, communiquent circulairement entre eux, comme cela a lieu dans les astéries : cela est cependant fort probable.

Voilà tout ce que je sais aujourd'hui d'après mes propres observations de l'organisation des oursins. Quant à leur physiologie et à leur histoire naturelle, j'en sais encore bien moins. Ces animaux sont tous aquatiques et marins. Ils vivent cependant constamment sur les rivages de la mer, dans les lieux rocailleux et sablonneux. On les trouve très-rarement abandonnés par la marée. S'ils étoient trop avancés pour craindre de rester à découvert, il paroît qu'ils ont la faculté de s'enfouir plus ou moins profondément dans le sable. Dans ce cas on reconnoît aisément la place où ils sont, à l'existence d'un petit trou en forme d'entonnoir, qui se remarque à la surface du sable. Les pêcheurs de vers sur les côtes de la Manche prétendent juger de la probabilité de la tempête par la position plus ou moins voisine de la surface et du bord du rivage que prennent les oursins. Dans le beau temps ils s'enfoncent et s'éloignent beaucoup moins. Nous devons à Réaumur des observations curieuses sur le mode de locomotion de ces animaux. Il m'a été facile de les confirmer.

L'oursin se sert dans la locomotion, qui n'est jamais bien prompte, de ses suçoirs tentaculaires et de ses piquans, et surtout des inférieurs; mais il paroît que ce ne peut être que sur un sol résistant. Dans le premier cas il alonge, autant qu'il lui est possible (et ils peuvent l'être d'une manière réellement étonnante), un certain nombre des suçoirs qui se trouvent dans la direction où il veut aller; il les attache fortement à quelque corps solide, en faisant le vide à l'aide des ventouses qui les terminent, et après quoi il les contracte et tire ainsi son corps vers ce point. En réitérant ainsi la même manœuvre, l'oursin peut, sans doute, avancer avec quelque rapidité. Dans le second cas, où il emploie ses piquans, il étend ceux du côté où il veut aller le plus possible; puis il les abaisse, se poussant avec ceux du côté opposé, et comme il en a dans toutes les directions, il est évident qu'il peut marcher dans tous les sens. En général, sa marche se fait en tournoyant, quoique cependant l'animal finisse par arriver au but qu'il désire d'atteindre.

Les oursins sont, dit-on, éminemment carnassiers; on admet même qu'ils se nourrissent de crustacés et de bivalves, probablement plutôt par raisonnement déduit de la force de leur mâchoire, que d'une intuition directe. J'avoue que j'en ai ouvert un assez grand nombre vivans ou conservés dans l'esprit de vin, et je n'ai jamais trouvé que du sable dans leur estomac. M. Bosc, cependant, a été témoin de la manière dont un oursin s'empara d'un crustacé, et il paroît qu'aussitôt que celui-ci fut atteint par quelques suçoirs tentaculaires, il fut bientôt broyé et avalé.

L'homme mange certaines espèces d'oursins dans toutes les parties du monde, mais seulement à l'époque où les ovaires sont bien renflés; on dit que ce manger est fort agréable pour les personnes qui y sont habituées, et auxquelles ne répugne pas l'apparence puriforme que ces œufs ont, quand on les mange avec des mouillettes, à la manière des œufs de poule. Le goût a quelque chose de celui des écrevisses.

On ignore encore bien davantage le mode de reproduction des oursins; on sait seulement que c'est au printemps qu'ils déposent leur frai, qui paroît contenir une quantité presque innombrable d'œufs, et il est probable qu'il est rejeté en masse, tout à la fois; mais aucun naturaliste ne l'a vu, du moins à ce qu'il paroît.

On connoît des oursins véritables dans toutes les parties du monde. Les espèces les plus grosses et les plus nombreuses appartiennent cependant toujours aux mers des pays chauds.

M. de Lamarck, dans la nouvelle édition de ses Animaux sans vertèbres, porte le nombre des espèces de ce genre à une trentaine environ. Mais, d'après ce que nous avons vu dans les collections, le nombre de celles qui existent est bien plus considérable. Malheureusement il est fort rare de trouver des oursins complets, c'est-à-dire pourvus de leurs piquans et en même temps des individus qui en soient dépourvus, de manière à pouvoir donner des caractères distinctifs complets. Les figures que les auteurs en ont données, et surtout Klein et Leske, copiées dans l'Encyclopédie, sont sans doute bonnes; mais elles ne le sont cependant pas assez pour qu'on puisse s'en servir d'une manière un peu certaine en synonymie. Nous allons cependant faire nos efforts pour distinguer les espèces d'oursins un peu plus complétement qu'on ne l'a peut-être fait jusqu'ici.

Commençons par indiquer les parties qui nous paroissent devoir fournir les meilleurs caractères, et qui se tirent de l'oursin considéré en totalité ou lorsqu'il a été dépouillé de ses piquans, et même des membranes qui remplissent les vides du têt autour de la bouche et de l'anus.

La forme générale de l'oursin, complétement et régulièrement circulaire, ou plus ou moins pentagonale et même ovalaire, un des diamètres étant sensiblement plus long que
l'autre, fournit un caractère de première valeur pour la spé-
cification des oursins, d'autant plus que les espèces ovales
tendent à passer vers les autres genres d'échinites, dont les
ouvertures ne sont plus centrales. Quant à la forme plus ou
moins déprimée, subcylindrique ou conoïdale, elle est beaucoup moins importante à considérer, quoique cependant elle
soit assez fixe dans chaque véritable espèce. Malheureusement
la forme générale de l'oursin est souvent un peu cachée par
les piquans dont sa superficie est hérissée.

La structure, la forme de ces piquans, sont sans doute
d'une assez grande importance dans la distinction des espèces
d'oursins ; mais ils sont généralement assez peu connus, ou du
moins on les rapproche assez difficilement du têt auquel ils
ont appartenu. On sait seulement que ces piquans sont assez
proportionnels aux tubercules qui les portent ; mais on ne
peut en déduire leur forme particulière et encore moins leur
longueur proportionnelle. Il faut en outre observer que sur
les mêmes espèces les piquans diffèrent souvent beaucoup,
suivant qu'ils sont à la circonférence de la bouche, à celle du
corps, à sa face dorsale, ou autour de l'anus. Au contraire,
ils ne diffèrent pas suivant qu'ils appartiennent aux aires
ambulacraires ou aux anambulacraires.

Quant à la forme spéciale de ces différens piquans, elle
distingue assez bien au moins chaque groupe d'espèces, et il
sera bon d'y avoir égard, autant que cela se pourra, dans les
descriptions.

S'il nous étoit possible d'observer les suçoirs tentaculaires
qui sortent par les trous nombreux des ambulacres, on conçoit
que l'on pourroit y trouver quelques différences de forme et
de longueur proportionnelle, qui seroient utilement employées à la distinction des espèces ; mais un très-petit nombre
d'oursins nous sont connus sous ce rapport. Nous allons cependant voir que le nombre et la disposition de ces suçoirs,
dont nous pouvons juger par les trous des ambulacres, ne
sont pas sans importance.

Nous connoissons également trop peu la forme des dents qui

arment les mâchoires, ainsi que ces mâchoires elles-mêmes et leurs pièces appendiculaires, pour en tirer quelque parti dans la classification des oursins. Nous pouvons cependant supposer avec beaucoup de raison qu'il y a sous ce rapport des différences saisissables pour chaque espèce. Nous allons voir qu'il y en a de bien évidentes dans la grandeur proportionnelle de la membrane qui entoure la bouche, comme on en peut juger par celle de l'ouverture buccale du têt.

La forme des plaques calcaires qui revêtent la partie membraneuse du têt autour de l'orifice anal, et qui sont percées par la terminaison des ovaires, nous est bien plus connue que celle de l'appareil masticatoire ; parce qu'elles restent souvent avec le têt sur des individus dont tout le reste n'existe plus. Nous avons déjà fait observer que ces pièces sont constamment au nombre de dix ; cinq alternativement plus petites que les cinq autres. Celles-là sont toujours, à très-peu de chose près, semblables en forme et en grandeur. Il n'en est pas de même de celles-ci ; il y en a toujours une qui est d'une dimension plus grande et d'une forme un peu différente que les autres. Sa surface externe est en outre constamment granulée et poreuse d'une manière fort reconnoissable. J'ai dit que j'ignorois à quoi tient cette particularité qui existe aussi dans les étoiles de mer, mais que l'on ne trouve que dans les véritables oursins et dans les cidarites. Ce que je dois faire observer ici, c'est que la forme de cette plaque est réellement particulière à chaque espèce, et que sa position est différente dans les oursins circulaires ou polygones, et dans ceux qui sont ovales. En effet, dans les premiers elle est toujours à gauche, comme dans les cidarites, tandis que dans les autres elle est toujours à droite, en prenant pour point de départ l'angle le plus aigu de l'ouverture anale du têt dont nous allons parler maintenant avec quelques détails, parce que c'est la seule partie que l'on trouve le plus fréquemment dans les collections, soit à l'état vivant, soit à l'état fossile, sur laquelle les espèces sont le plus généralement établies, et peut-être avec raison ; car c'est la partie qui offre le plus de caractères.

Nous avons dit, en parlant de l'organisation des oursins, que leur têt proprement dit, étendu de la circonférence de l'espace membraneux oral à celle de l'espace membraneux anal, est divisé en dix aires dont chacune est formée d'une double série de pièces parfaitement semblables; l'étendue proportionnelle de ces aires est fixe, c'est-à-dire, que les aires ambulacraires sont assez égales aux aires anambulacraires, ou bien plus grandes, ou bien plus petites, ce qui est le cas le plus commun. Les formes des pièces composantes ont donc part à ces différences. Le mode de jonction de ces pièces dans chaque aire produit dans la ligne médiane de chacune une ligne presque droite, flexueuse ou fortement anguleuse, ce qui varie plus ou moins pour chaque espèce. Comme cette ligne est beaucoup plus évidente en dedans qu'en dehors, et qu'elle est creuse, c'est ce qui fait que les oursins fossiles, qui ne sont souvent que des moules, l'offrent plus ou moins manifeste.

La surface extérieure de ces aires est constamment relevée de mamelons qui sont bien régulièrement en même nombre pour chaque double pièce, en sorte qu'il en résulte un plus ou moins grand nombre de séries égales, subégales ou très-inégales en grosseur, et bien semblablement correspondantes à droite et à gauche de la·ligne médiane.

Outre ces lignes de mamelons, les aires ambulacraires présentent de chaque côté des séries de pores ou de trous très-fins, ordinairement au nombre de deux, mais quelquefois en plus grand nombre : le nombre, la disposition plus ou moins tortueuse, anguleuse, de ces lignes de pores sont d'une fixité telle que toutes les véritables espèces que j'ai pu observer complétement sont aisées à caractériser par cette seule considération, et cela est d'autant plus important que les moules des espèces fossiles présentent souvent des tubercules ou même des trous qui indiquent fort bien cette disposition des ambulacres. Nous devons cependant faire l'observation que la forme des ambulacres extérieurement n'est pas toujours exactement semblable à ce qu'elle est intérieurement. Nous aurons soin de noter ces différences quand nous le pourrons.

On pourra encore trouver d'excellens caractères distinctifs dans la forme particulière de la lame apophysaire de la dernière pièce des ambulacres, celle sur laquelle s'attachent les muscles principaux des mâchoires. Je lui donnerai le nom d'auricule pour être plus court. Les deux dernières pièces des aires ambulacraires contribuent toujours également à leur formation; le plus souvent les deux élémens sont bien complétement réunis, et ne laissent entre eux qu'un trou plus ou moins grand; mais quelquefois ils restent distincts.

La forme et la proportion relative des deux grandes ouvertures du têt ne sont pas non plus sans conséquence.

Dans les cidarites, ces deux ouvertures sont assez souvent presque égales et à peu de chose près rondes, au point qu'il est souvent fort difficile de distinguer l'orale de l'anale.

Dans les oursins réguliers il y a déjà une grande différence: l'orale étant toujours bien plus grande que l'anale. Enfin, dans les oursins ovales la disproportion est bien plus grande encore à l'avantage de celle-là. En outre, elles sont souvent assez irrégulières, surtout la supérieure.

Quant à la couleur du corps de l'oursin, elle est rarement apercevable et même encore plus rarement un peu importante. Celle des piquans offre des caractères un peu meilleurs; mais on les possède trop rarement, pour que l'on puisse s'en servir dans la distinction des espèces.

D'après ce qui vient d'être dit sur les parties qui peuvent fournir des caractères distinctifs des espèces d'oursins, il est évident qu'elles peuvent être partagées en plusieurs sections, suivant la forme générale parfaitement symétrique, c'est-à-dire, circulaire ou polygonale, ou, au contraire, subsymétrique, c'est-à-dire, ovale, plus ou moins alongée, et suivant la forme particulière des ambulacres. C'est ainsi que nous allons distribuer les espèces qui, pour être bien caractérisées, ont besoin d'être connues avec aussi bien que sans leurs piquans. Malheureusement il est fort rare que les collections les possèdent sous ces deux états; alors la distinction est plus facile par le têt seulement, que lorsqu'il est pourvu de ses piquans; ceux-ci étant souvent presque tout-à-fait semblables dans un assez grand nombre d'espèces.

A. *Espèces parfaitement régulières, ordinairement déprimées; les aires très-inégales; les ambulacraires très-étroites, bordées par des ambulacres presque droits et composés, à droite et à gauche, d'une double série de pores rapprochés; les auricules divisées et spatulées.*

Ce groupe, dont malheureusement je ne connois pas les piquans, a pour type l'*E. pustulosus* des auteurs. Il renferme un assez grand nombre d'espèces dont aucune n'est de nos mers. Elles diffèrent essentiellement par le nombre des tubercules des aires anambulacraires. Leur ouverture inférieure est toujours très-grande, lobée, pentagone et comme circonscrite par cinq grandes parenthèses; l'ouverture supérieure, médiocre, est fermée par un rang de cinq pièces presque égales, dont la poraire est moins distincte que dans d'autres groupes. Le trou de l'anus est ovale et paroit être formé par quatre pièces operculaires.

L'O. PUSTULEUX : *E. pustulosus* de Lamarck; Klein, Leske, p. 150, tab. XI, fig. *D.* Têt hémisphérique, convexe en dessus, plan en dessous; les deux rangs de tubercules des aires ambulacraires serrés; quatre à cinq tubercules mamelonnés sur chaque plaque des anambulacraires, ou dix rangées pour chaque aire, peu marquées sur le dos; couleur gris-rougeàtre, les tubercules rouges.

Patrie inconnue.

L'O. PIQUETÉ : *E. punctulatus* de Lamarck; Séba, *Mus.*, 3, tab. 10, fig. 10, *a*, *b.* Têt assez petit, orbiculaire, un peu conoïde, beaucoup plus tuberculeux vers la circonférence que sur le dos; les interstices finement piquetés; les deux rangs de tubercules des aires ambulacraires fort serrés; deux rangs latéraux dans la moitié supérieure, se doublant chacun vers la circonférence des anambulacraires; ambulacres étroits et purpurins.

De l'Océan des grandes Indes.

Je n'ai pas comparé la figure citée de Séba; quant à celle de Rumph, pl. 14, fig. *A*, elle me paroit appartenir à une autre espèce, ainsi que celle de la fig. *D*, tab. XI, de Klein.

L'O. LOCULÉ : *E. loculatus; Cidaris pustulosa,* Klein, pl. XI, fig. *D*. Têt hémisphérique, un peu conoïdal ; les lignes interstitiales très-marquées ; deux rangs peu serrés de petits tubercules sur les aires ambulacraires ; quatre au plus sur les anambulacraires ; les doubles pores des ambulacres dans une seule excavation, et comme confondus. Couleur d'un cendré verdâtre avec le milieu des aires et le tour de l'anus rougeâtres ; les tubercules blancs.

Cette espèce, que je n'ai pas vue, me paroît cependant devoir être distinguée de toutes celles que je connois.

L'O. ÉTOILÉ ; *E. stellatus*. Têt orbiculaire, un peu aplati ; deux rangs de gros tubercules bien distincts et bien séparés sur les ambulacraires, et quatre bien plus gros et dans toute l'étendue des anambulacraires ; ambulacres étroits, peu sinueux ; ouverture supérieure sans plaque poreuse évidente. Couleur générale rose, avec une jolie étoile d'un rouge plus foncé sur le milieu du têt.

J'ai établi cette espèce d'après un individu de la collection du Muséum, confondu à tort avec l'O. piqueté de M. de Lamarck.

L'O. ÉQUITUBERCULÉ ; *E. æquituberculatus*. Têt déprimé, orbiculaire, paroissant pentagone par la saillie des aires ambulacraires extrêmement étroites, et garni d'assez gros tubercules partout presque égaux en deux rangs bien formés sur les ambulacraires, et jusqu'en neuf à la circonférence des anambulacraires. Ambulacres très-serrés, à peine sinueux ; les doubles pores un peu confondus. Couleur générale rouge de brique peu foncée, les ambulacres violacés.

D'après un individu de ma collection dont j'ignore la patrie.

L'O. DE DUFRESNE ; *E. Dufresnii*. Têt circulaire, quelquefois un peu pentagone, déprimé, rarement un peu conique, plan ou très-peu excavé en dessous ; deux rangs de petits tubercules sur les aires ambulacraires ; deux rangs seulement, dont l'intérieur très-petit, de chaque côté des anambulacraires dans toute la face supérieure, devenant quadruples à la circonférence ; le milieu de ces aires lisse ou finement granuleux ; les interstices linéaires non granulés. Couleur générale blanche, avec une large croix de Malte verte, occupant les espaces non tuberculés des anambulacraires. Les ambulacres de la même couleur ; les tubercules blancs.

Très-jolie espèce bien distincte, établie sur des individus que m'a donnés M. Dufresne, du Jardin du Roi, et qu'il avoit obtenus à Dieppe de pêcheurs de la morue : elle vient donc du banc de Terre-neuve.

Un de ces individus est beaucoup plus conique que l'autre.

Il faut sans doute aussi rapporter à cette section l'*E. lixula*, Linn. (*Mus. Lud. Ulr.* 707.) Je ne serois pas même étonné que ce fût mon O. équituberculé, ce qu'il est cependant difficile d'assurer ; la description de Linné étant incomplète et sans figure.

B. *Espèces régulières, de forme très-variable, dont les ambulacres forment à l'extérieur des espèces de dents plus ou moins marquées et constamment composées de trois paires de pores.*

Les espèces de cette section sont bien plus nombreuses que celles de la précédente ; on peut les partager en deux groupes, suivant que les angles de l'ouverture inférieure sont simples ou prolongés par une fissure. On devra ensuite, dans chaque section, avoir égard à la proportion des deux sortes d'aires.

a. Angles de l'ouverture inférieure non fissurés.

**Aires ambulacraires moitié seulement des anambulacraires.*

L'O. MELON DE MER : *E. melo* de Lamarck, Anim. sans vert., t. 3, p. 45, n.° 8 ; Gualt., *Ind.*, t. 107, fig. E. Têt fort mince, circulaire, globuleux, conique, très-élevé, fort peu tuberculeux et épineux ; de couleur variée de jaune, de brun et de rouge ; une seule double rangée de petits tubercules très-épais sur les deux espèces d'aires ; épines courtes, coniques, striées, verdâtres ou rougeâtres.

Cette espèce, qui paroît provenir de la Méditerranée, est bien distincte.

L'O. FAUX-MELON ; *E. pseudo-melo*. Têt circulaire, conique, mais beaucoup moins élevé que dans le précédent et évidemment plus épais et plus tuberculé : deux rangs de tubercules bien formés, outre beaucoup d'autres plus petits et épars dans le milieu des ambulacraires, et six rangs au moins bien formés dans les anambulacraires ; épines courtes, striées, violettes. si ce n'est au sommet, qui est blanchâtre ; auricules larges, presque carrées, bilobées au sommet et à trou ovale médiocre.

J'ai distingué cette espèce sur un individu conservé au Muséum sous le nom de melon de mer, dont il diffère par plus d'épaisseur, plus de tubercules, et une forme moins conique.

L'O. PERLÉ ; *E. margaritaceus* de Lamarck, *loc. cit.*, n.º 16. Têt hémisphérique, déprimé ; quatre rangs de tubercules, dont les extrêmes sont les plus gros sur les ambulacraires ; dix rangs, dont le médian de chaque côte plus gros sur les anambulacraires ; les séries des plus gros tubercules convergentes vers l'ouverture inférieure ; épines et auricules ? Couleur de chair avec les tubercules verts.

Cette espèce, qui existe dans la collection du Muséum, vient peut-être des mers Australes, suivant M. de Lamarck.

L'O. POINTU ; *E. acutus* de Lamarck, *loc. cit.*, n.º 10. Têt orbiculaire conique au sommet ou subpyramidal ; deux rangs de tubercules mamelonnés distans et espacés sur les ambulacraires ; quatre rangs encore plus espacés et distans sur les anambulacraires, dont les internes sont beaucoup plus petits que les autres ; auricules plus larges que hautes, à branches fortes ; sommet bilobé et trou grand et lozangique. Couleur rougeâtre, plus foncée dans le milieu des aires.

Cette espèce, dont il existe un individu au Muséum et dont on ignore la patrie, a réellement quelque chose de l'O. melon de mer : elle est cependant bien distincte.

L'O. SUBANGULEUX : *E. subangulosus* de Lamarck, *loc. cit.*, n.º 21 ; *Cidaris angulosa minor*, Klein ; Leske, p. 94, tab. 3 ; fig. *A, B* ; cop. dans l'Encycl. méthod., pl. 135, fig. 5 et 6. Têt hémisphérique, peu déprimé, subpentagone ; deux rangs de tubercules petits, serrés, partagés par deux autres plus petits sur les ambulacraires ; huit sur les anambulacraires, dont les quatre intérieurs un peu plus petits et fort distans ; les trois paires de pores des dents des ambulacres disposées de manière à former trois lignes parallèles verticales ; auricules peu élevées, fort larges, réunies entre elles, à sommet coupé carrément et bilobé; trou fort petit et circulaire. Couleur générale verdâtre.

Indes orientales?

L'O. QUINQUANGULEUX; *E. quinqueangulatus.* Têt hémisphérique, subpentagone, subdéprimé, à sommet un peu conique, plan en dessous, couvert de tubercules nombreux et presque égaux; les interstices bien marqués et granuleux; deux seuls rangs de tubercules peu serrés sur les ambulacraires; huit mal formés sur les anambulacraires; épines très-courtes, coniques et striées; auricules très-fortes, très-élevées, obliques, à branches larges; sommet chargé et bilobé; trou ovale et médiocre. Couleur rouge de brique peu foncée, avec les lignes interstitiales fauves.

Je distingue cette espèce d'après un individu de ma collection, portant pour étiquette : *Oursin de la Manche par M. Freret.*

L'O. GLOBIFORME; *E. globiformis* de Lamarck, *loc. cit.*, n.° 5. Têt sphéroïdal, subconique en dessus, assez convexe en dessous; quatre rangs bien formés de tubercules assez gros, outre des intermédiaires plus petits sur chaque aire ambulacraire; dix, dont le médian de chaque côte plus gros sur les anambulacraires; auricules grandes et conformées à peu près comme dans l'espèce précédente. Couleur générale orangée avec les tubercules blancs.

M. de Lamarck, qui a distingué le premier cette espèce, doute que ce soit l'*E. sphæra* de Gmelin. Je ne comprends pas ce qu'il a voulu dire par : fascies de pores subquadriporées.

L'O. ORANGE DE MER; *E. auranticus.* Têt sphéroïdal un peu conoïde; tubercules en général moins nombreux et plus petits proportionnellement que dans le globiforme, mais formant le même nombre de rangées; ouverture inférieure beaucoup plus petite, quoique de même forme; auricules petites, basses, à branches assez étroites; sommet peu chargé, à peine bilobé; trou lozangique. Couleur orangée avec les tubercules blancs.

Cette espèce, dont j'ai vu deux individus sans épines au Muséum où elle est confondue avec le globiforme, me paroît devoir en être distinguée, principalement par la forme de ses auricules. On ignore sa patrie.

L'O. ᴠɪᴏʟᴇᴛ; *E. violaceus.* Têt globiforme, pentagonal; tubercules au nombre de deux sur chaque plaque des ambulacraires et de sept en deux lignes sur celle des anambulacraires, ne constituant cependant pas de rangées longitudinales bien formées; épines et auricules inconnues. Couleur d'un beau violet avec les tubercules blancs.

J'ai observé deux individus tout-à-fait semblables de cette espèce dans la collection du Muséum. Quoique encore confondus avec l'O. globiforme, ils s'en distinguent assez bien.

** *Aires ambulacraires égalant les deux tiers des autres.*

L'O. ᴍɪʟɪᴀɪʀᴇ : *E. miliaris,* Linn.; *Cidaris miliaris saxatilis,* Klein, Leske, page 82, tab. 2, fig. *A, B, C, D.* Têt hémisphérique, quelquefois subpentagonal, déprimé, peu convexe en dessus, un peu excavé en dessous; deux rangs bien formés d'assez gros tubercules dans les deux sortes d'aires, outre un assez grand nombre de beaucoup plus petits, assez mal rangés; épines assez longues, aciculées, striées et violettes ou verdâtres; auricules surbaissées, à sommet très-peu chargé, assez profondément bifide; trou rond ou à peine ovale. Couleur ordinairement verdâtre ou légèrement violacée, d'après les individus que j'ai vus, et assez variable, puisque M. de Lamarck attribue pour caractère à cette espèce d'être fasciée de blanc et de rouge.

Cet oursin, bien distinct, est commun dans nos mers, où on le trouve dans les excavations des rochers; ce qui l'a fait appeler, O. ᴅᴇꜱ ʀᴏᴄʜᴇʀꜱ par quelques auteurs: c'est celui que j'ai disséqué.

L'O. ᴘᴀᴜᴄɪᴛᴜʙᴇʀᴄᴜʟé; *E. paucituberculatus.* Corps hémisphérique, un peu pentagonal, un peu déprimé, couvert d'un petit nombre de tubercules fort gros proportionnellement, sur deux rangs, dans chaque espèce d'aires; les doubles pores des ambulacres séparés par un petit trait oblique et creux; auricules basses, trapézoïdales, à sommet coupé carrément, échancré; trou à peu près rond et très-grand. Couleur verdâtre; les tubercules blancs.

Jolie petite espèce de l'Inde, de la collection de la Faculté des sciences.

L'O. ᴍɪɢɴᴏɴ; *E. minimus.* Têt très-petit, hémisphérique,

subpentagone et très-déprimé en dessus, plan en dessous;
deux rangs d'assez gros tubercules serrés et nombreux dans
chaque aire, outre une double rangée extrême dans les anambulacraires et de plus petits irréguliers dans le milieu;
épines courtes, roides, proportionnellement assez grosses,
solides et striées; auricules larges, surbaissées, à orifice
arrondi. Couleur générale d'un gris verdâtre.

J'ai établi cette nouvelle espèce, voisine des deux précédentes et encore plus petite, d'après deux individus rapportés dans l'esprit de vin, du cap de Bonne-Espérance, par
MM. Quoy et Gaimard.

L'O. œuf; *E. ovum* de Lamk., *loc. cit.*, n.º 19. Têt fort
mince, fragile, régulièrement oviforme, c'est-à-dire, aussi
pointu en dessus qu'en dessous, fort élevé et comme rugueux
par la grande finesse de ses tubercules sur quatre rangs
très-espacés dans les ambulacraires et sur dix dans les anambulacraires; le milieu de chaque aire, ainsi que les interstices, qui sont larges, tout-à-fait lisses. Les trois paires de
pores des dents des ambulacres disposées de manière à produire trois séries longitudinales de doubles pores; auricules
assez courtes, parallélogrammiques, largement réunies, à
sommet peu chargé, subbilobé, à trou triangulaire; ouverture supérieure pentagonale, avec une entaille au milieu de
chaque côté. Couleur d'un gris roussâtre.

Très-jolie espèce, rapportée par MM. Péron et Lesueur des
mers de la Nouvelle-Hollande.

L'O. PALE; *E. pallidus* de Lamarck, *loc. cit.*, n.º 20. Corps
globuleux, suboviforme, mais évidemment plus aplati en
dessous que dans l'œuf, à tubercules un peu plus saillans et
plus serrés, sur six rangs aux ambulacraires et sur quatorze
aux anambulacraires; auricules plus larges, plus surchar-
gées au sommet, bilobé et à trou proportionnellement plus
petit que dans l'œuf; du reste, couleur et aspect semblables.

Quoique fort rapprochée de la précédente, cette espèce
paroît réellement distincte. On suppose qu'elle vient des
mêmes mers.

L'O. GRIS; *E. griseus.* Têt encore plus déprimé que dans
l'O. pâle; du reste hémisphérique; les interstices peu marqués et peu sinueux; ambulacraires encore plus larges que

dans l'O. pâle, avec quatre rangs de petits tubercules; les anambulacraires avec dix rangs, dont les extrêmes sont les plus gros; ambulacres un peu enfoncés; épines nombreuses, égales, courtes, finement striées, obtuses et même un peu renflées au sommet.

Cette espèce, qui est confondue au Muséum avec l'O. pâle, dont elle a en effet l'aspect et la couleur, me paroit en être distincte, au moins autant que celui-ci l'est de l'O. œuf. Elle vient aussi du voyage de MM. Péron et Lesueur.

*** *Aires égales.*

L'O. PETIT-GLOBE : *E. globulus*, Linn. ; *Cid. granulata*, Leske, Klein, tab. XI, fig. E, F, page 152 ? Têt oviforme, subpentagonal, assez solide; ligne interstitiale des aires flexueuse, avec un enfoncement poreux à chaque angle des plaques; six lignes de tubercules assez bien rangés sur les ambulacraires et ceux des anambulacraires très-nombreux, mais mal rangés; les lignes obliques de trois paires de pores des ambulacres presque horizontales supérieurement; auricules à branches très-grêles, à sommet large, carré, subbilobé, très-peu chargé, avec un trou grand et parallélogrammique. Couleur généralement roussâtre.

J'ai caractérisé cette espèce d'après un joli oursin sans épines, rapporté par MM. Péron et Lesueur, et qui existe dans la collection du Muséum. J'y ai rapporté l'*E. globulus* de Linné, ainsi que le *C. granulata* de Leske, quoique la forme soit assez différente, puisque ceux-ci sont hémisphériques, globuleux et non oviformes, parce qu'ils ont le caractère d'espèces de pores ou d'enfoncemens à l'angle des plaques.

L'O. SCULPTÉ : *E. toreumaticus*, Linn.; Leske, Klein, p. 155, pl. D, fig. E. Têt orbiculaire, conique, comme sculpté ou ciselé par des excavations profondes à l'endroit de l'articulation des pièces qui le composent; deux rangs de tubercules sur les ambulacraires et quatre sur les autres, assez espacés et mamelonnés; les lignes de trois paires de pores très-obliques, presque longitudinales; auricules assez basses, larges, triangulaires, à sommet subbilobé; trou ovale; ouverture supérieure médiocre, ronde et festonnée presque régulièrement. Couleur gris cendré.

De l'Océan indien.

M. de Lamarck a eu quelques doutes que l'espèce qu'il a nommée O. SCULPTÉ, *E. sculptus*, appartienne à l'*E. toreumaticus* de Linné; mais il nous semble que cela est à peu près indubitable.

b. Angles de l'ouverture inférieure plus ou moins profondément fissurés.

La plupart des espèces de cette section ont les aires sensiblement égales, sauf les deux premières.

L'O. EXCAVÉ; *E. excavatus*, Gualt., *Ind.*, pl. 107, fig. F. Têt un peu pentagone, très-fortement déprimé, excavé en dessous; aires ambulacraires de moitié plus petites que les autres et portant deux rangs de tubercules très-serrés avec un grand intervalle rempli de tubercules plus petits; quatre rangs et un espace médian nu sur les anambulacraires; ouverture inférieure pentagonale, à côtés presque égaux et à angles profondément fissurés; auricules subcarrées, à branches larges; sommet assez surchargé, un peu excavé; trou subtriangulaire, médiocre.

M. de Lamarck fait de cet oursin, qui existe dans la collection du Muséum, une simple variété de son O. panaché; mais, quoiqu'il en soit assez rapproché, cependant sa forme beaucoup plus déprimée et celle de ses auricules l'en distinguent aisément.

L'O. PANACHÉ : *E. variegatus* de Lamk., *loc. cit.*, n.° 22; *Cid. variegata*, Leske, Klein, page 149, tab. 10, fig. B, C; cop. dans l'Enc. méth., pl. 141, fig. 4, E? Têt subpentagone, déprimé, un peu convexe en dessus, légèrement concave en dessous; quatre rangs de tubercules assez gros sur les ambulacraires, d'un tiers seulement plus petits que les anambulacraires; six rangs de tubercules mamelonnés, assez serrés et bien rangés sur celles-ci; épines médiocres assez fortes, aiguillonnées, striées et vertes; fissures de l'ouverture inférieure anguleuses et fort petites; auricules petites, étroites, à branches grêles; sommet peu surchargé, subbilobé; à trou grand et triangulaire. Couleur blanche, variée irrégulièrement de vert.

J'ai observé quatre individus de cette espèce dans la collection du Muséum. Je ne voudrois pas assurer que l'espèce de Leske fût certainement la même.

L'O. TRIZONÉ; *E. trizonalis*. Têt bien circulaire, hémisphérique, un peu déprimé, convexe en dessus, plan en dessous; aires égales, ayant toutes deux rangées terminales de tubercules assez peu considérables, bordant le reste de l'aire rempli de tubercules médiocres, irréguliers; ambulacres fortement dentées en dehors; ouverture inférieure très-grande, à fissures ovales, assez peu profondes; auricules triangulaires, assez petites, coupées carrément au sommet; trou médian et ovale. Couleur blanche, avec des rayons rouges peu marqués de chaque côté des anambulacraires et trois zones de taches noires.

Mer des Indes?

J'établis cette espèce sur un joli petit oursin de la collection de la Faculté des sciences.

L'O. DÉPRIMÉ; *E. depressus*. Têt orbiculaire, subpentagonal, déprimé et même assez excavé en dessus; aires subsemblables; trois ou quatre rangs de petits tubercules sur les ambulacraires, et huit, à peine un peu plus gros, sur les anambulacraires; dents des ambulacres presque horizontales et disposées de manière à produire trois rangées verticales de doubles pores; ouverture inférieure grande, circulaire, avec une incision arrondie au sommet de chaque angle; teinte générale violette.

J'ai pu caractériser cette espèce d'après deux individus de la collection du Muséum, rapportés par MM. Péron et Lesueur. Elle me paroît assez bien représentée par la figure *A*, pl. 107 de Gualtieri.

L'O. POLYZONAL : *E. polyzonalis* de Lamk.; Gualt., tab. 107, fig. *M*. Têt circulaire, quelquefois subpentagonal, déprimé, aplati en dessus, concave en dessous, couvert d'un assez grand nombre de petits tubercules égaux; aires presque égales; quatre rangs sur les ambulacraires, six sur les anambulacraires, dont les extrêmes sont très-petits, très-espacés, outre les médians irréguliers; ambulacres triangulaires formés de dents arquées ou de séries très-serrées; angles de l'ouverture décagonale très-excavés; auricules à branches grêles, à sommet large, subbilobé; trou très-grand et triangulaire. Couleur verdâtre, le plus souvent zonée en travers par des bandes blanches.

La collection du Muséum possède plusieurs individus de cette belle espèce qui viennent de l'Océan indien.

Après une comparaison minutieuse, je rapporte à cette espèce, comme une simple variété, l'oursin dont M. de Lamarck a fait son O. OBTUSANGLE, *E. obtusangulus, loc. cit.*, n.° 12; mais ce n'est pas le *cidaris angulosa* de Leske, Klein, page 92, tab. 12, fig. *F.* Cette figure appartient plutôt à l'oursin pentagone de M. de Lamarck.

C. *Espèces régulières, de forme un peu variable; les ambulacres formant à l'extérieur des dentelures droites ou arquées, de quatre paires de pores.*

Les espèces de cette section ressemblent beaucoup à celles de la précédente. On peut également y établir une sous-division d'après l'intégrité ou la fissure des angles de l'ouverture inférieure.

L'O. COMESTIBLE; *E. esculentus*, Linn. Têt hémisphérique, globuleux, un peu déprimé, couvert d'un très-grand nombre de tubercules égaux et assez petits; aires peu dissemblables; les ambulacraires d'un tiers plus petites que les autres, avec quatre rangs de tubercules; douze rangées aux anambulacraires; dents de l'ambulacre peu marquées, un peu arquées et presque constamment de quatre paires de pores; épines nombreuses, courtes, obtuses et striées; auricules larges, à sommet coupé carrément, assez surchargé; le trou grand et ovale. Couleur variable, mais ordinairement violette.

Comme on mange un assez grand nombre d'espèces d'oursins, soit en Europe, soit dans l'Inde et en Amérique, il est difficile d'assurer que tous les auteurs ont entendu sous le nom d'O. comestible la même espèce. Je l'ai caractérisée d'après plusieurs individus du Muséum portant ce nom, qui sont d'une assez grande taille, et qui, probablement, ont été nommés par M. de Lamarck. La figure que ce zoologiste cite de Leske, ne lui paroît pas appartenir, et, en effet, elle a, d'après la description même et la figure de celui-ci, un tout autre système d'ambulacres : c'est l'O. ventru du zoologiste françois.

L'O. vulgaire; *E. vulgaris.* Têt hémisphérique, subdéprimé, un peu convexe en dessus, assez concave en dessous; aires ambulacraires de moitié plus petites que les autres et garnies de deux rangs de tubercules assez gros; dix sur les anambulacraires, dont le médian est le plus gros; dents arquées des ambulacres de quatre et quelquefois de cinq paires de pores; épines assez longues, aciculées, striées et violettes; auricules assez grandes, à branches larges; sommet assez chargé et subbilobé; le trou petit et triangulaire. Couleur verdàtre ou violette.

C'est cette espèce que je crois l'O. comestible de la Méditerranée; mais ce que je ne puis positivement assurer. Au premier aspect elle ressemble beaucoup à l'O. livide de M. de Lamarck; mais le nombre des doubles pores des dents de ses ambulacres, ainsi que la forme de ses auricules, l'en font aisément distinguer.

L'O. de Gaimard; *E. Gaimardi.* Têt orbiculaire, très-déprimé, aplati en dessus, légèrement concave en dessous; aires ambulacraires deux tiers des autres, avec deux rangs latéraux de tubercules mamelonnés; dix sur les anambulacraires, dont le moyen de chaque côté est de beaucoup plus gros; dents des ambulacres arquées et constamment de quatre paires de doubles-pores; épines courtes, assez fines, striées, subfusiformes et de couleur verte; auricules assez grandes, très-rapprochées, réunies; sommet chargé; trou très-petit et ovale. Couleur générale verdàtre.

J'ai vu deux individus dans l'esprit de vin de cette espèce, rapportés de Rio-Janeiro par MM. Quoy et Gaimard. Elle est assez petite.

L'O. équituberculé; *E. equituberculatus.* Têt orbiculaire, hémisphérique, subdéprimé ou globuleux; couvert partout de tubercules presque égaux sur quatre rangs aux ambulacraires et sur douze aux anambulacraires, celles-ci doubles de celles-là; denticules des ambulacres constamment quadriporées; épines assez courtes, coniques, obtuses, striées, de couleur violette, si ce n'est à l'extrémité, qui est blanche; ouverture inférieure petite, suborbiculaire, avec des entailles auriculées assez profondes; auricules très-obliques, parallélogrammiques, non réunies, à branches assez grêles, à sommet épais, bilobé; le trou grand et subcarré. Couleur générale violacée. Les tubercules blancs.

J'ai caractérisé cette espèce d'après deux individus de trois ou quatre pouces de diamètre, dont l'un est cependant bien plus déprimé que l'autre, et qui pourroient en outre être distingués par un plus grand nombre de rangs de tubercules dans les aires et par une forme d'auricules un peu différente. Ils sont dans la collection de la Faculté des sciences, sans indication du lieu dont ils proviennent. C'est une espèce assez rapprochée du comestible, et qui en diffère surtout par l'incisure des angles de l'ouverture inférieure.

L'O. DOUTEUX; *E. dubius.* Têt hémisphérique, un peu déprimé, assez convexe en dessous, assez équituberculé ; aires ambulacraires égalant les deux tiers des autres et pourvues de quatre rangs de tubercules, dont les internes assez mal formés; huit aux anambulacraires, dont six seulement vont jusqu'à l'ouverture inférieure; denticules des ambulacres d'abord de cinq paires de pores, puis de quatre dans tout le reste de leur étendue; ouverture inférieure subcrénulaire avec une fissure assez peu profonde à chaque angle; auricules inconnues. Couleur générale violette, même sur les tubercules.

J'ai établi cette espèce sur un têt un peu incomplet de ma collection, dont j'ignore l'origine.

L'O. MACULÉ; *E. maculatus* de Lamarck, *loc. cit.*, n.º 14. Têt hémisphérique, déprimé, peu convexe en dessus, assez excavé en dessous; aires et tubercules à peu près comme dans l'espèce précédente; ambulacres à denticules arquées, très-serrées, de quatre paires de pores chaque; ouverture inférieure assez grande, décagone, avec une incisure profonde aux angles; auricules assez petites, à sommet épais, carré, étroit et à trou très-petit et rond. Couleur blanche avec des taches verdâtres, irrégulières, mais formant des cercles incomplets.

Océan indien ?

Cette espèce est établie sur un individu du Muséum, dont on ignore au juste la patrie. Elle est plus voisine de l'oursin comestible que de tout autre.

D. *Espèces régulières, de forme un peu variable; les denticules des ambulacres droites ou arquées et de cinq paires de pores au moins.*

Cette division a beaucoup de rapports avec la précédente. On y trouve également des espèces avec et sans fissure et dans une proportion variable des aires.

L'O. LIVIDE ; *E. lividus* de Lamarck, *loc. cit.*, n.° 28. Têt hémisphérique, assez déprimé ; aires ambulacraires moitié des autres, avec un double rang de tubercules assez serrés ; six rangs sur les anambulacraires ; denticules des ambulacres peu arquées et formées de cinq paires de pores ; épines aciculaires un peu longues, striées, d'un brun livide ; ouverture inférieure non fissurée ; les auricules petites, surbaissées, à peu près carrées, à sommet large, bilobé, à trou subcarré. Couleur verdâtre.

Cette espèce vient de la Méditerranée. M. de Lamarck l'a distinguée avec raison de l'oursin miliaire, mais ce sont ses ambulacres plutôt que ses épines qui l'en séparent.

Quant à l'oursin négligé, *E. neglectus*, n.° 25, du même auteur, les deux individus de la collection du Muséum qui portent ce nom, étiqueté par M. de Lamarck lui-même, appartiennent certainement à son oursin livide, et celui-ci diffère évidemment de l'oursin miliaire.

L'O. MICROTUBERCULÉ ; *E. microtuberculatus.* Têt circulaire, hémisphérique, subdéprimé, légèrement concave en dessous ; aires ambulacraires égalant les deux tiers des autres, et portant comme elles un double rang de tubercules assez petits, fort distans et espacés, au milieu d'une foule d'autres très-petits, irrégulièrement dispersés ; ambulacres à denticules très-arquées et composées de six paires de pores ; épines très-courtes, coniques, obtuses, striées et de couleur verte ; ouverture petite, fissurée aux angles ; auricules médiocres, étroites, triangulaires, distinctes ; le trou très-grand. Couleur verdâtre.

D'après un individu de ma collection dont j'ignore la patrie.

L'O. MEULE ; *E. molaris*, Têt circulaire, déprimé, comme enfoncé en dessus ainsi qu'en dessous ; aires ambulacraires un peu plus grandes que les autres, deux rangs seulement de tubercules sur chacune; denticules des ambulacres arquées et formées de cinq paires de pores; ouverture inférieure sans traces de fissures; auricules assez grandes proportionnellement, à sommet peu chargé, bilobé, et à trou long et ovale. Couleur générale verte.

D'après deux individus de la collection du Muséum, rapportés par MM. Péron et Lesueur.

L'O. LONGUE-ÉPINE; *E. longispina.* Têt petit, circulaire, très-déprimé, presque aussi convexe en dessus qu'en dessous; aires presque semblables, avec deux rangs de tubercules assez gros chacune, à peu près comme dans l'oursin miliaire; dents des ambulacres arquées, formées de cinq paires de pores en dessus et de quatre seulement en dessous; épines fortes, très-longues, aciculées, striées et égalant au moins la moitié du diamètre du têt; ouverture avec de très-petites échancrures triangulaires aux angles; auricules? Couleur d'un vert livide.

Cette petite espèce, que je possède dans ma collection, vient de la Méditerranée.

L'O. SUBGLOBIFORME; *E. subglobiformis.* Têt circulaire, subglobuleux, assez déprimé cependant; aires ambulacraires égalant la moitié seulement des autres; quatre rangs de tubercules bien formés sur les premières, huit sur les autres; dents des ambulacres arquées et chacune de cinq paires de pores; épines assez courtes, striées, violettes, blanches au sommet; ouverture fissurée profondément à ses angles; auricules larges, carrées, à branches courtes et épaisses; trou ovale, médiocre.

D'après deux individus de la collection du Muséum dont on ignore la patrie.

E. *Espèces régulières; ambulacres formés de séries obliques et simples de six pores.*

Je ne connois encore qu'une seule espèce qui appartienne à cette section; son système des pores des ambulacres est véritablement tout particulier: il semble que les deux rangs des espèces à trois doubles pores se soient placés bout à bout.

L'O. CALOTTE; *E. pileolus* de Lamarck, *loc. cit.*, n.° 7. Têt orbiculaire, large, convexe en dessus, fortement concave en dessous, ou en forme de calotte à bords épais, couvert d'un très-grand nombre de tubercules assez petits; aires presque égales; ambulacres de forme triangulaire et composés de séries obliques de six pores simples; épines courtes, obtuses, striées, rouges à la base et d'un vert blanchâtre à l'extrémité.

Des mers de l'Isle-de-France, d'où elle a été rapportée par M. Mathieu.

F. *Espèces régulières; ambulacres festonnés ou composés d'espèces de dents très-arquées, de sept paires de pores.*

C'est encore un groupe assez peu nombreux en espèces.

L'O. VARIOLAIRE; *E. variolaris*, de Lamarck, *loc. cit.*, n.° 15. Têt circulaire, quelquefois un peu pentagonal, déprimé; aires ambulacraires égalant les deux tiers des autres; deux rangs de tubercules mamelonnés assez serrés sur les unes, et quatre, dont deux assez mal formés, sur les autres; ambulacres larges, festonnés; chaque feston composé de sept paires de pores, dont l'inférieure rentre fortement en dedans. Couleur violacée ou violette.

Des mers de la Nouvelle-Hollande, rapportée par MM. Péron et Lesueur.

L'O. TUBERCULÉ; *E. tuberculatus*, de Lamarck, *loc. cit.*, n.° 29. Têt semi-globuleux en dessus, plan en dessous, hérissé d'un grand nombre de tubercules mamelonnés assez gros, sur deux rangs dans les aires ambulacraires, et sur six dans les autres; festons des ambulacres de neuf paires de pores; ouverture inférieure très-festonnée, à angles sinueux et arrondis; auricules assez élevées, à branches grêles, à sommet peu chargé et à trou grand, ovale-alongé.

Cette espèce, qui est fort voisine de la précédente, en diffère cependant par un plus grand nombre de mamelons et de paires de pores aux ambulacres. Elle a été également rapportée par MM. Péron et Lesueur.

G. *Espèces régulières, à aires égales par le grand élargissement des ambulacres formés par trois séries verticales de doubles pores ; les angles de l'ouverture constamment et profondément fissurés.*

Cette section, qui renferme des espèces de toutes les mers, est tellement naturelle, que l'on pourroit très-bien en former un sous-genre distinct. Le têt est toujours mince, souvent lisse, couvert de très-petits tubercules, et par conséquent d'épines fort petites.

L'O. ENFLÉ : *E. inflatus; E. sardicus* de Lamarck, *loc. cit.*, n.° 9. Têt orbiculaire, subdéprimé, conoïde, ventru ; deux rangs de petits tubercules entre les trois bandes de pores des ambulacres; les deux extrêmes presque droites, l'intermédiaire un peu flexueuse ; auricules larges, à sommet peu chargé, subéchancrées au sommet ; le trou fort grand et parabolique. Couleur d'un jaune pourpré.

J'ai caractérisé cette espèce d'après deux individus qui existent au Muséum, avec le nom donné par M. de Lamarck. J'ai cru devoir lui retirer le nom de *sardicus* qu'il lui a donné, parce que cette espèce n'est certainement pas celle qui a été figurée par Klein ni décrite par Leske ; en effet, celui-ci dit, dans l'excellente description qu'il donne de son *cidaris sardica,* p. 146, que les ambulacres sont formés par des arcs de cinq paires de pores, ce qui ne convient à aucune espèce de cette section.

Je crois devoir aussi rapporter à cette espèce celle que M. de Lamarck a distinguée, *loc. cit.*, n.° 4, sous le nom d'O. FLAMMÉ, *E. virgatus*, et de laquelle il dit qu'elle tient de l'oursin ventru par ses bandelettes poreuses ; car en comparant avec soin l'individu qui porte ce nom au Muséum, il est aisé de voir qu'il ne diffère de l'oursin enflé que parce que le milieu des aires ambulacraires est plus violet.

L'O. VENTRU : *E. ventricosus* de Lamarck ; *Cidaris esculenta,* Klein, Leske, p. 74, tab. 1, fig. *a, b*; cop. dans l'Encyc. méth., pl. 132, fig. 2 et 3. Têt hémisphérique, un peu élevé, élargi et assez excavé en dessous, couvert d'un grand nombre de tubercules peu saillans, formant quatre rangs assez distincts dans les ambulacraires, et huit dans les anambulacraires; de trois séries de doubles pores des ambulacres, l'externe à grandes flexions de douze paires de pores; auricules grandes, élevées, à branches très-grêles, laissant entre elles un trou de forme triangulaire fort grand.

L'individu du Muséum sur lequel est pris ma description, est étiqueté comme provenant des mers de Saint-Domingue. M. de Lamarck l'indique cependant comme provenant de l'Océan des grandes Indes.

Je rapporte à cette espèce l'OURSIN A BANDES, *E. fasciatus* de M. de Lamarck, et qui existe au Muséum, rapporté des mers de l'Isle-de-France; la disposition fasciculée des épines tient à ce que dans le milieu des aires anambulacraires il n'y a presque que de petits poils, ce qui doit être absolument de même dans l'oursin ventru.

L'O. BLEUATRE; *E. subcœruleus* de Lamarck, *loc. cit.*, n.° 23. Têt orbiculaire, globuleux, subdéprimé; les trois séries de pores des ambulacres comme dans l'oursin enflé, mais plus rapprochées; deux rangs très-espacés de tubercules plus gros dans les aires ambulacraires; quatre dans les anambulacraires; auricules assez petites, à branches grêles, arquées; sommet entier; trou grand et sublozangique. Couleur générale blanche, avec les aires ambulacraires bleuâtres.

Mers Australes?

C'est une espèce bien rapprochée de la variété flammulée de l'oursin ventru. Il se pourroit qu'une figure de l'ouvrage de Klein la représentât.

L'O. DE PÉRON; *E. Peronii.* Têt subconique, un peu pentagonal, à tubercules très-petits, très-nombreux, assez mal semés pour qu'on distingue à peine deux rangées extrêmes sur les ambulacraires et huit ou dix sur les anambulacraires; des trois séries de chaque côté de l'ambulacre, l'intermédiaire très-flexueuse et formée par des groupes de trois paires de pores; ouverture inférieure petite, ronde, subdécagonale; auricules élevées, à branches très-grêles; sommet assez chargé, subbilobé et le trou étroit, élargi à la base.

Il existe un individu de cette espèce dans la collection du Muséum, où elle est étiquetée comme rapportée de l'île King, par MM. Péron et Lesueur. Quoique assez rapprochée de la suivante, elle en est cependant bien distincte, surtout parce que le milieu des aires anambulacraires n'est pas excavé comme dans l'oursin pentagone.

L'O. PENTAGONE; *E. pentagonus* de Lamarck, *loc. cit.*, n.° 11. Têt globuleux, renflé en dessus comme en dessous, bien évidemment pentagonal, convexe à chaque angle et excavé dans le milieu de chaque côté; tubercules verruqueux, en séries latérales mal formées, au nombre de deux sur les ambulacraires et de six à huit pour les anambulacraires; les deux bandes externes des ambulacres flexueuses; ouverture petite; auricules larges, triangulaires, à branches assez étroites; sommet carré, peu chargé, circonscrivant un trou grand et triangulaire. Couleur générale roussâtre, mais peut-être par l'ancienneté de sa conservation.

Patrie inconnue. Collection du Muséum.

H. *Espèces plus ou moins irrégulières, c'est-à-dire ovales, couvertes ordinairement de mamelons bien plus gros, et par conséquent d'épines bien plus fortes, que dans les sections précédentes.*

L'O. DE LESCHENAULT; *E. Leschenaulti.* Têt ovale, subcirculaire, un peu déprimé, assez tuberculé; deux rangs de mamelons alternativement médiocres et petits, avec une ligne médiane imprimée et sinueuse sur les ambulacraires; deux rangs de tubercules mamelonnés, à mamelons petits sur les anambulacraires, outre deux autres rangs de chaque côté, beaucoup plus petits, et ne commençant qu'à la circonférence de la face inférieure; ligne médiane également sinueuse, imprimée et tuberculeuse; ambulacres assez larges et formés de trois files verticales distinctes, quoique serrées, un peu sinueuses, mais non dentées ni festonnées de paires de pores; épines du disque fortes, assez coniques, fortement striées, un peu obtuses au sommet; les inférieures beaucoup plus petites; ouverture inférieure petite; auricules? Couleur du têt violacée; les épines violettes.

Cette espèce, bien particulière par la forme de ses ambulacres, est établie d'après un individu assez gros, rapporté par M. Leschenault, probablement de l'Inde.

L'O. DE MAUGÉ; *E. Maugei.* Têt ovale, assez alongé; deux

rangs de tubercules dans les ambulacraires ; six dans les anambulacraires, dont les internes moins distincts que les externes ; ambulacres subfestonnés, chaque feston de quatre paires de pores seulement dans tonte leur longueur; épines longues, étroites, effilées, striées; auricules petites, à sommet arrondi, à peine bilobé, à trou alongé, rétréci dans son tiers supérieur. Couleur violette.

J'ai vu un individu assez petit de cette espèce, rapporté de l'île Saint-Thomas par Maugé. Il étoit confondu avec les suivans sous le nom d'*E. lucunter*. Trois autres individus, dont l'un étiqueté comme provenant de la Baie des chiens marins, m'ont offert les mêmes caractères à peu près ; les auricules étoient brisées.

L'O. DE MATHIEU, *E. Mathœi*. Têt ovale, alongé, peu comprimé; deux rangs de tubercules mamelonnés dans les aires ambulacraires, outre un rang médian en zigzag bien formé; huit rangs dans les anambulacraires, outre un médian flexueux; ambulacres de dents arquées, formées de quatre paires de pores; épines presque égales, coniques, striées, aiguës, un peu effilées; auricules triangulaires, étroites, à sommet chargé, arrondi; branches étroites; trou triangulaire, également étroit. Couleur du têt blanche, des épines d'un vert porreau.

Cette espèce est établie sur un assez petit oursin bien conservé de la collection du Muséum, envoyé de l'Isle-de-France par M. le colonel Mathieu.

L'O. PORTE-AIGUILLE, *E. acufer*. Têt ovale, assez bombé; deux rangs de tubercules assez peu serrés dans les ambulacraires; deux rangs de même dans les anambulacraires, et des traces de deux autres beaucoup plus petits; ambulacres à festons peu arqués, et de quatre paires de pores; épines peu nombreuses, assez fortes, mais très-longues et très-aiguës, striées finement dans toute leur longueur; auricules assez larges, triangulaires, à branches très-grêles ; sommet très-peu surchargé, et à trou très-grand et triangulaire. Couleur du têt violacée; celle des épines d'un violet de janthine.

Quoique cette espèce soit assez voisine de la précédente, et qu'elle provienne des mêmes mers, je la crois cependant distincte, non-seulement par sa couleur, mais encore par la forme de ses épines et de ses auricules.

Ces trois espèces sont confondues dans la collection du Muséum sous le nom d'O. FORTE-ÉPINE, avec le veritable *E. lucunter*, Linn., qui en diffère par la forme de ses ambulacres.

L'O. OBLONG ; *E. oblongus*. Têt ovale, oblong, un peu convexe en dessus, excavé et comme arqué en dessous, couvert d'un assez grand nombre de tubercules mamelonnés, presque égaux, sur deux rangs dans les ambulacraires, sur six dans les autres : ambulacres à dents un peu arquées, de quatre et une fois par ambulacre de cinq doubles pores ; auricules assez étroites, réunies à la base et élevées, à sommet surchargé, arrondi ; trou fort petit, étroit et triangulaire. Couleur blanche, peut-être violacée.

J'ai défini cette espèce d'après deux individus assez petits de ma collection. Je ne connois pas de figure qui lui convienne.

L'O. FORTE-ÉPINE : *E. lucunter*, Linn.; Leske, Klein, p. 109, tab. 4, fig. *c*, *d*, *e*, *f*? Corps ovale, peu alongé ou subcirculaire, assez large et déprimé en dessus, un peu excavé en dessous ; deux rangs bien formés de mamelons assez gros et bien rangés dans les ambulacraires ; quatre et presque six dans les anambulacraires, dont les seconds sont beaucoup plus gros ; ambulacres à dents arquées, formées chacune de cinq et rarement de six paires de pores ; épines fortes, longues, aciculées et striées ; ouverture inférieure très-grande, décagone, les angles échancrés ; auricules très-élevées, largement réunies entre elles, à sommet très-surchargé, crénelé sur ses bords, à trou très-petit et ovale. Couleur générale violette, sur les ambulacres surtout et sur les épines.

J'ai caractérisé cette espèce sur un individu presque complet de ma collection et dont j'ignore au juste l'origine. Un individu de la collection du Muséum est aussi sans nom de patrie. Il me paroît assez bien représenté par la figure citée de Klein et par la description de Leske, puisque ce commentateur de Klein dit que les dents des ambulacres sont arquées, et de quatre, cinq et six paires de pores.

L'O. FESTONNÉ ; *E. lobatus*. Têt ovale, quelquefois subcirculaire, déprimé, convexe en dessus, concave et comme arqué en dessous, très-granuleux, outre deux rangs bien formés de petits tubercules sur les ambulacraires, et six, dont deux de'mamelons beaucoup plus gros que les autres, sur les anambulacraires ; ambulacres larges très-festonnés, chaque feston de six et rarement de cinq paires de pores; épines grosses, courtes, ovales, alongées et striées; auricules élevées, à sommet très-surchargé, quelquefois lobé sur ses bords. Couleur blanche; épines d'un violet sale.

C'est encore une espèce établie d'après des individus de ma collection au nombre de trois, et dont l'un, le plus gros, de deux pouces dans son plus grand diamètre, est plus circulaire que les autres.

L'O. ARTICHAUT : *E. atratus*, Linn.; *Cidaris violacea*, Klein, Leske, p. 117, tab. 47, fig. 1 et 2, avec ses piquans, et tab. 4, fig. *a*, *b*, sans ses piquans. Têt ovale, subhémisphérique, convexe en dessus, plan et recourbé en dessous, hérissé d'un assez grand nombre de tubercules mamelonnés, un peu plus gros vers la circonférence, très-petits en dessous, sur deux rangs dans les ambulacraires, sur six dans les interambulacraires ; ambulacres larges, festonnés ou à dents arquées, composées de sept à huit rangs de pores; les premiers doubles, les trois derniers quadruples; épines de deux sortes; celles du disque très-courtes, aplaties et imbriquées au sommet ; celles de la périphérie plus longues, épaisses et plus ou moins élargies; auricules très-foibles, obliques, subspatulées et à peine fermées; le trou grand et ovale. Couleur d'un blanc violet·foncé presque noir.

L'O. DE QUOY, *E. Quoy.* Têt ovale, subcirculaire, très-déprimé, convexe en dessus, très-plat et un peu courbé en dessous, couvert de tubercules assez peu nombreux et bien plus gros à la circonférence; aires subégales; deux rangs de tubercules peu serrés dans les ambulacraires; deux seulement de bien évidens dans les anambulacraires, et formés de six mamelons au plus, outre des indices de quatre autres rangs très-petits; ambulacres festonnés, un peu relevés, chaque feston de dix doubles pores simples; épines plates, courtes et élargies à leur extrémité dans le disque; un ou deux rangs au plus de pétaliformes à la circonférence; auricules médiocres, à branches grêles; le trou très-grand, subtriangulaire; le sommet bilobé. Couleur du têt violacée; les ambulacres plus foncés; les épines d'un violet presque noir, du moins en dessus.

Cette espèce, que j'avois d'abord cru ne pas différer de l'oursin artichaut ordinaire, offre cependant des caractères distinctifs dans sa petitesse, sa forme, celle de ses ambulacres, le nombre de ses rangs de mamelons et même dans ses épines. J'en ai vu au moins dix ou douze individus rapportés des îles Waigiou, Rawak et Sandwich, par MM. Quoy et Gaimard. Le plus grand n'avoit pas plus de quinze lignes de diamètre.

L'O. PORTE-HOULETTE; *E. pedifer.* Têt ovale, subcirculaire, déprimé, convexe en dessus, plan et un peu concave en dessous, couvert d'un grand nombre de mamelons presque égaux, sur deux rangs serrés dans les ambulacraires, sur six dans les anambulacraires; ambulacres très-festonnés, chaque feston de onze ou douze paires de pores un peu alternans et comme percés à l'extrémité d'un demi-tube intermédiaire; piquans du disque très-courts et plats à l'extrémité, comme dans l'oursin artichaut; les périphériens bien plus grands, aplatis et élargis à leur extrémité en forme de houlette; auricules inconnues. Couleur générale d'un vert bleuâtre; les mamelons verts; les épines livides.

Cette belle espèce, tout-à-fait nouvelle, quoique du même groupe que l'artichaut, a été rapportée des mers Australes par MM. Lesson et Garnot.

L'O. MAMELONNÉ : *E. mammillatus,* Linn.; Klein, Leske, tab. 39, fig. 1, avec ses épines, et tab. 39, fig. 1, dépouillé. Têt ovale, un peu alongé, convexe en dessus, subplan et un peu arqué en dessous, couvert de gros mamelons très-peu nombreux, sur deux rangs dans les deux espèces d'aires; ceux des ambulacraires infiniment plus petits dans la moitié supérieure; ambulacres fortement festonnés; chaque feston composé de six à dix paires de pores; les épines des mamelons oblongues, épaisses, subclaviformes et subtrigones au sommet; auricules assez petites, assez peu chargées au sommet, arrondies; le trou ovale. Couleur du têt roussâtre; les épines souvent barrées de blanchâtre.

De la mer des Indes et de la mer Rouge.

MM. Quoy et Gaimard, de l'expédition du capitaine Frey-

37. 7

cinet, ont rapporté des îles Waigiou et Rawak un oursin extrêmement rapproché du précédent, mais dont les baguettes, également zonées de blanc, sont beaucoup moins trigones au sommet.

L'O. A BAGUETTES CARÉNÉES ; *E. carinatus.* Têt ovale, couvert de très-gros mamelons, sur deux rangs dans les aires ambulacraires, à peu près sur quatre, dont les extrêmes sont bien plus petits et plus incomplets, dans les anambulacraires ; ambulacres fortement sinueux ; chaque sinuosité de deux à cinq paires de pores fort rapprochées ; épines épaisses, assez longues, subcylindriques, obtuses au sommet, avec une carène plus ou moins marquée dans toute leur face inférieure. Couleur d'un blanc jaunâtre ; les épines violacées.

Cette belle espèce, qui me paroît bien distincte de l'oursin trigonaire de M. de Lamarck, dont cependant elle est rapprochée, a été rapportée par MM. Lesson et Garnot de l'expédition du capitaine Duperrey.

L'O. TRIGONAIRE ; *E. trigonarius* de Lamarck, *loc. cit.*, n.° 35. Têt fort grand (de près de quatre pouces de diamètre), fort épais, ovale, subcirculaire, couvert de très-gros mamelons, sur deux rangs, de seize chacun dans les ambulacraires, sur quatre, dont les extrêmes peu complets, si ce n'est inférieurement, sur les anambulacraires ; ambulacres flexueux, festonnés : les premiers festons composés d'une double rangée de doubles pores ; les médians d'une seule rangée, fortement alternans ; les pores inférieurs par rangs obliques très-nombreux, comme dans les espèces précédentes ; tubercules mamelonnés, fort gros, ceux des ambulacraires plissés au côté externe de leur base ; épines longues, trigones, s'atténuant peu à peu jusqu'au sommet, qui est obtus ; auricules grandes, triangulaires, à sommet élargi, arrondi, très-surchargé ; le trou petit et ovale.

De la Méditerranée ; ce qui paroît avec juste raison fort douteux à M. de Lamarck. C'est une espèce dont le têt est commun dans les collections.

Pendant l'impression de cet article je me suis assuré que, sous le nom de L'O. FORTE-ÉPINE, on a confondu au Muséum au moins trois espèces distinctes. (DE B.)

OURSIN. (*Foss.*) On a autrefois donné le nom générique

d'oursin aux différens genres d'Échinides, que nous connoissons aujourdhui sous les noms de scutelle, clypéastre, fibulaire, échinonée, galérite, ananchite, spatangue, cassidule, nucléolite, oursin et cidarite, et dont, à l'exception de l'article oursin, il a été parlé à ceux qui y ont rapport. Ceux qu'on trouvoit à l'état fossile ont porté les noms de *echiniti*, *echinometra*, *echinodermata*, *ovarium*, *brontias*, *lapis iridis*, *bufonita*, *pileus*, *galea*, *histryx*, *chelonitas* et *bratachitas*. Rumphius a cru que ces corps tomboient du ciel ainsi que les bélemnites, et les a appelés *bronita*, *tonitra*, *ombrias;* enfin, Wormius a cru que c'étoient des œufs de serpent pétrifiés.

Les Romains croyoient que ces corps tomboient sur la terre avec de grosses pluies ou avec la foudre, ou qu'ils étoient des œufs de crapauds et des crapauds pétrifiés. Pline, *lib.* 37, *cap.* 97 ; *lib.* 29, *cap.* 3.

Les auteurs du 15.e siècle ont cru ce qui avoit été dit par Pline. Agricola fut le premier qui rejeta ces fables ; mais il n'indiqua pas leur véritable origine. Mercatus les prit pour des pierres figurées, auxquelles la nature avoit pris plaisir à donner de pareilles formes, et rapporta qu'on s'en étoit servi autrefois dans les enchantemens. Gesner tomba dans l'erreur de ceux qui dirent qu'elles étoient tombées du ciel, et ignora que les pierres judaïques, qui sont des pointes d'oursin et dont il parla, eussent quelques rapports avec les échinites. Il paroit que c'est Ferrand Impérati qui, au commencement du 17.e siècle, rapporta le premier ces pierres à des oursins de mer, et qui démontra que les pierres judaïques n'étoient que les pointes pétrifiées de ces oursins. Mais, malgré ce qui en avoit été dit par ce naturaliste, les anciennes erreurs sur l'origine des échinites subsistèrent jusqu'à Aldrovande, qui démontra la véritable origine de ces corps fossiles.

Luid a été le dernier des auteurs qui ait douté que les échinides fossiles fussent de véritables oursins de mer, attendu qu'on ne les trouvoit jamais munis de leurs pointes ; mais l'analogie de ces corps fossiles avec ceux qui sont vivans, étoit bien suffisante pour le faire croire, lors même que l'on n'auroit pas des exemples, comme on en a, d'oursins fossiles trouvés avec leurs pointes.

Nous ne traiterons dans cet article que des oursins fossiles

proprement dits. On en trouve dans les couches antérieures
à la craie et dans celles qui sont postérieures à cette substance; mais il est plus rare d'en rencontrer dans cette dernière,
dans laquelle les cidarites et les spatangues sont communs;
et peut-être que ceux qu'on y a trouvés dépendoient du genre
Cidarite autant que de celui des Oursins, entre lesquels la
ligne de démarcation ne paroît pas clairement tracée pour
ceux qu'on trouve à l'état fossile.

M. Desmarest, qui s'occupe de la publication d'un ouvrage sur les échinides fossiles, a bien voulu nous communiquer les figures et les noms de ceux des oursins proprement dits qu'il doit décrire, et nous a permis de les
présenter ici.

Echinus perlatus, Desm. Corps hémisphérique, couvert de
petits tubercules disposés en rangées, qui s'étendent du centre
supérieur jusqu'à la bouche. Dix bandes multipores se trouvent sur ce corps et divisent sa surface en autant de parties,
dont cinq plus grandes et les autres plus petites. Diamètre,
un pouce; élévation, six lignes. Localité inconnue : mais il
y a lieu de croire que c'est dans des couches plus anciennes
que la craie. On pourroit regarder comme une variété de
cette espèce, des oursins qui ont quelquefois plus de deux
pouces de diamètre, qu'on trouve à Pfeffingue, et dont on
voit une figure dans l'ouvrage de Knorr, sur les pétrifications,
vol. 2, tab. 11, E, fig. 1.re On trouve, à Saint-Paul-trois-châ-
teaux et dans le Jura, des espèces qui paroissent avoir
beaucoup de rapport avec celle-ci.

Echinus monilis, Desm. Cette espèce, qui n'a que six à sept
lignes de diamètre, est hémisphérique, un peu déprimée et
couverte de tubercules peu élevés; elle a de très-grands rapports avec l'espèce qui est fort commune dans les couches du
calcaire de Doué en Anjou, qui n'est point pétrifiée, et à laquelle il manque presque toujours les pièces de la bouche et
celles de l'anus. Ces petits oursins étant légers, solides et
percés de part en part, il arrive que quelques personnes,
en passant un cordon au travers, en forment des sortes de
colliers. On trouve à Thorigné, près d'Angers, dans la couche
du calcaire grossier, de petits oursins qui ont encore beaucoup d'analogie avec cette espèce.

Echinus Milleri, Desm. Cette espéce a de très-grands rapports avec les cidarites, à cause de ses tubercules gros et élevés, et sa forme est très-déprimée. Diamètre, quelquefois un pouce et demi ; élévation, dix lignes. On la trouve à Margate et à Gravesend en Angleterre, dans les couches supérieures de la craie.

Echinus Doma, Desm. Je ne connois de cette espèce que le seul individu qui se trouve dans ma collection, et quoique son têt paroisse exister dans toute son épaisseur, il ne porte aucune trace d'épines ou de tubercules qu'à sa partie inférieure ; celle qui est supérieure est couverte de stries très-fines. Sa forme est très-remarquable par les cinq côtes élevées que forment ses ambulacres. Diamètre, quatorze lignes ; élévation, un pouce. Patrie inconnue.

Echinus petaliferus, Desm. ; Parkinson, *Organ. rem.*, tab. 1.re, fig. 12 et 13. Cette espèce, que l'on trouve au cap de la Hève dans une couche de craie chloritée, a l'aspect d'un cidarite, à cause des gros tubercules dont sa surface est couverte. Au milieu de sa partie supérieure il se trouve autour de l'anus une pièce divisée sur ses bords en cinq compartimens, qui portent chacun une trace ronde au milieu. Cette pièce représente assez bien la trace d'une fleur divisée en cinq pétales. Diamètre, neuf lignes ; hauteur, cinq lignes. On trouve dans l'ouvrage de Knorr, ci-dessus cité, pl. 77, fig. 3, la figure d'une espèce qu'on rencontre dans le canton de Bâle et qui a beaucoup de rapport avec celle-ci ; mais elle ne porte pas d'aussi gros tubercules, et la pièce de l'anus est un peu différente.

Echinus Menardi, Desm. Corps hémisphérique, un peu déprimé, dont les cinq ambulacres sont accompagnés de deux rangées de petits tubercules, entre chacune desquelles il se trouve deux autres rangées de tubercules plus gros, comme l'espèce qui précède. Il porte à sa partie supérieure une pièce découpée sur ses bords en dix parties. Diamètre, neuf lignes ; hauteur, six lignes. On le trouve dans les environs du Mans.

L'Oursin rotulaire : *Echinus rotularis*, Lam., Anim. sans vert., t. 5, p. 50, n.° 27 ; Desm., Monog. des échinid. foss. Corps hémisphérique, déprimé ; à ambulacres droits, composés de chaque côté d'un double rang de pores ; les tubercules de la partie inférieure sont plus gros que ceux de la partie supérieure. Diamètre, un pouce ; hauteur, six lignes. On le trouve dans les environs de Toul et de Vendôme.

Echinus obsoletus, Desm. Cette espèce a dû porter des épines très-fines, car on aperçoit à peine les tubercules dont sa surface est couverte. Son diamètre est de dix à sept lignes, et sa hauteur de dix lignes. Sa forme est un peu elliptique, et son têt est un peu élevé aux endroits où se trouvent les ambulacres. Patrie inconnue.

Echinus Brongniarti, Desm. Cette espèce, dont le têt est bien conservé, se trouve à Vérone. Les rangées de tubercules qui le couvrent, laissent un assez grand espace entre chacune d'elles. Diamètre, quinze lignes ; hauteur, huit lignes.

L'OURSIN TUBERCULÉ ; *Echinus tuberculatus*, Def. Corps hémisphérique, déprimé, couvert de tubercules élevés comme l'*echinus Milleri* ; mais très-remarquable par ses ambulacres, qui, de chaque côté, sont bordés par des rangées de pores au nombre de quatre et placés un peu obliquement sur chaque ligne. Diamètre, quatorze lignes ; élévation, six lignes. On le trouve à Mirambeau, departement de la Gironde, dans une couche qui a beaucoup de rapports avec celles de la montagne de Saint-Pierre de Maëstricht.

On trouve des oursins fossiles près de Dresde ; à Varsy, département de la Nièvre ; dans les collines de Messine ; dans la montagne des Fis ; à Ranville, près de Caen ; à Bade ; à Sienne, et dans beaucoup d'autres endroits. (D. F.)

OURSIN. (*Mamm.*) Ce nom est quelquefois donné au phoque, lion marin de l'hémisphère austral. (DESM.)

OURSINE, *Arctopus*. (*Bot.*) Genre de plantes dicotylédones, à fleurs polygames, de la famille des *ombellifères*, de la *polygamie dioécie* de Linnæus, offrant pour caractère essentiel. Des fleurs polygames, les unes mâles, disposées en ombelles, composées d'un involucre à cinq folioles ; un calice fort petit, à cinq divisions ; cinq pétales oblongs, entiers, égaux ; cinq étamines ; deux ovaires qui avortent. Les fleurs femelles sont androgynes. Des fleurs mâles mêlées avec les fleurs femelles ; les mâles semblables aux précédentes ; un in-

volucre très-grand, épineux, à quatre divisions profondes ;
un ovaire inférieur, surmonté de deux styles courts; deux
semences hispides, accolées l'une à l'autre. Ce genre ne renferme qu'une seule espèce, dont les feuilles, hérissées d'épines
fines et nombreuses, l'ont fait comparer à la patte d'un ours,
d'où lui vient son nom, composé-de deux mots grecs, *arctos*
(ours), *pous* (pied). Nous en devons la découverte à Burmann.

OURSINE HÉRISSÉE : *Arctopus echinatus*, Linn., *Hort. Cliff.*;
Burm., *Afric.*, page 1, tab. 1; Pluken., *Mant.*, tab. 271,
fig. 5; Lamck., *Ill. gen.*, tab. 855. Cette plante a une grosse
racine longue, noueuse, rampante, d'où s'élève une tige
droite, épaisse, très-simple ou crevassée, nue dans sa longueur, terminée par huit à dix feuilles très-grandes, disposées en un faisceau étalé. Ces feuilles sont larges, planes,
pétiolées, épaisses, nerveuses, profondément sinuées, presque laciniées, garnies en leurs bords de petites épines sétacées très-nombreuses, qui les font paroître comme frangées
ou ciliées. Leur face supérieure est également hérissée d'épines
jaunâtres, très-aiguës, fasciculées ou en étoile, insérées vers
l'angle de chaque échancrure. Les pétioles sont rudes, élargis, en gaine à leur base.

Les fleurs, disposées en ombelle, naissent au centre du faisceau que forment les feuilles : elles diffèrent suivant les individus. Dans les uns, elles sont uniquement composées de
fleurs mâles; dans d'autres, elles sont androgynes, portant
des fleurs de deux sexes, séparées. Les ombelles sont lâches,
divisées en ombellules, portées sur d'assez longs pédoncules.
Les rayons sont très-longs, inégaux, et soutiennent des ombellules courtes, uniformes, bien garnies. L'involucre et les
involucelles sont composés de cinq folioles sessiles, oblongues,
aiguës. Les ombelles des fleurs androgynes sont très-simples,
et consistent en un grand nombre de fleurs sessiles, entourées
d'un involucre très-grand, persistant, fendu en quatre parties, ouvert, épineux sur ses bords. Les fleurs mâles sont
nombreuses et occupent le centre de l'ombelle; les femelles,
au nombre de quatre seulement, sont placées à la circonférence. Cette plante croit en Afrique, dans les lieux arides
et sablonneux du cap de Bonne-Espérance. (POIR.)

OURSINIENS. (*Mamm.*) Famille fondée par Vicq d'Azyr,

et adoptée par nous, correspondant au genre *Ursus* de Linné; c'est-à-dire comprenant les grands carnassiers plantigrades de nos méthodes récentes. (Desm.)

OURSON. (*Mamm.*) Ce nom est donné vulgairement au petit de l'ours, et aussi à l'ours noir d'Amérique. Une espèce de singe du genre Alouate a également reçu ce nom. (Desm.)

OURTIGO et OURTIGUE. (*Bot.*) Noms des orties en Provence. (Lem.)

OURTOULAN. (*Ornith.*) Nom provençal de l'ortolan, *emberiza hortulana*, Linn. (Ch. D.)

OURYAGON. (*Bot.*) Nom caraïbe, cité par Nicolson, du piment, *capsicum*, très-employé à Saint-Domingue en assaisonnement. (J.)

OUSLE. (*Ornith.*) On appelle ainsi, dans le Piémont, l'émérillon à culottes rousses, *falco rufipes*. (Ch. D.)

OUTAPASEU. (*Ornith.*) Ce nom, qui se trouve écrit tantôt *outatapaseu*, tantôt *outaseu*, est celui d'une espèce de bruant de la terre de Labrador, dont M. Vieillot a fait sa passerine *outatapaseu*, *passerina flavifrons*. (Ch. D.)

OUTARDE, *Otis*, Linn. (*Ornith.*) Il y a peu d'oiseaux à l'égard desquels la nomenclature ait été aussi discordante que sur celui-ci; et la ressemblance des mots *otis* et *otus*, dont le premier désigne l'outarde, et le second le hibou, a surtout occasioné des méprises et une confusion qui, pendant long-temps, ont embrouillé son histoire. On a aussi appliqué à la grande outarde les noms d'*avis tarda*, de *raphos*, d'*anapha*, de *tetrix*, de *starna*, etc. Tantôt on en a fait un oiseau aquatique, et tantôt un oiseau carnassier; enfin on l'a rapprochée avec plus de raison des gallinacés; mais, si elle a le bec et la pesanteur de ceux-ci, elle en diffère essentiellement en ce qu'elle n'a que trois doigts, et les grandes espèces de ce genre viennent naturellement à la suite des grands oiseaux coureurs, tels que les autruches, les casoars, tandis que les plus petites se lient aux œdicnèmes, aux pluviers, etc.

Les caractères génériques de l'outarde consistent dans un bec médiocre, dont la mandibule supérieure, un peu voûtée à la pointe, est légèrement arquée; des narines grandes, ouvertes et situées vers le milieu du bec; une langue charnue, frangée vers le bout et dont la pointe est aiguë et dure; des pieds longs et nus jusqu'au-dessus du genou; point de pouce, et seulement trois doigts en avant, réunis à leur base par de très-petites palmures; le tarse réticulé; les ongles courts et convexes; les ailes médiocres et dont les deuxième et troisième rémiges sont les plus longues.

Toutes les espèces de ce genre sont des oiseaux pesans, qui volent très-peu, mais qu'on voit raser la terre avec rapidité, lorsque la course ne leur fournit plus de moyens suffisans pour se soustraire aux poursuites. Ces animaux craintifs ne se perchent pas, mais ils fuient précipitamment à la moindre apparence de danger. Ils se plaisent dans les plaines sablonneuses et rocailleuses; se tiennent écartés des eaux et se nourrissent de graines, d'herbes, de vers et d'insectes. Un mâle suffit à plusieurs femelles. Leur ponte, peu considérable, se fait au milieu des blés dans un endroit creux, et leurs petits courent et mangent seuls dès leur naissance. Les mâles, chez le plus grand nombre des espèces, diffèrent des femelles par des ornemens extraordinaires, et par un plumage plus bigarré.

M. Temminck, qui ne décrit que trois espèces d'outardes dans la deuxième édition de son Manuel d'ornithologie, les divise en deux sections, dont la première, comprenant la grande outarde et la canepétière, se distingue par les mandibules *comprimées* à la base, et la seconde, consacrée à l'outarde houbara, par les mandibules *déprimées* à la même place.

GRANDE OUTARDE: *Otis tarda*, Linn.; pl. enl. de Buffon, n.° 245, le mâle; Edwards, pl. 73 et 74, mâle et femelle; Lewin, t. 5, pl. 140, le mâle. On a remarqué de grandes différences dans le poids, la longueur, l'envergure et les proportions des individus qui ont été mesurés dans des lieux et à des âges divers; mais, en prenant un terme moyen, la longueur ordinaire du mâle peut être fixée à environ trois pieds du bout du bec à celui de la queue, le poids à vingt livres et l'envergure à près de sept pieds. Les dimensions de la femelle sont d'un tiers moins fortes que celles du mâle, et l'on y a aussi remarqué beaucoup de variations, desquelles il résulte que ces oiseaux sont plusieurs années à prendre leur entier accroissement. L'outarde mâle est le plus gros de nos oiseaux terrestres. Brisson ne lui a compté que vingt-six pennes aux ailes, où Edwards en a trouvé trente-deux. Les pennes caudales sont au nombre de vingt. Les pieds offrent un tubercule calleux, qui tient lieu de talon ; la poitrine est grosse, arrondie, et l'on voit à la naissance des plumes un duvet couleur de rose. Le mâle, sous son plumage d'hiver, a la tête, le cou, la poitrine et le bord des ailes cendrés ; des plumes effilées d'un cendré clair, et longues de trois à quatre pouces, forment, de chaque côté du menton, des moustaches dont la femelle est privée, et il y a, sur les côtés du cou, deux places nues, de couleur violette, qui ne se voient que quand le cou est fort tendu ; le dos est varié de noir et de roux, disposés en ondes et par taches. Les premières pennes des ailes sont noirâtres et les autres ont plus ou moins de blanc ; des bandes noirâtres et terminées de gris-blanc traversent la queue, dont le dessus est roussâtre et le dessous blanchâtre. L'iris est orangé ; le bec d'un gris brun ; le bas des jambes et les pieds sont couverts de petites écailles cendrées, et les ongles sont gris.

On ne s'est pas écarté dans la description ci-dessus de celle du plumage d'hiver qu'a donnée M. Vieillot, d'après M. de Riocourt ; car ce naturaliste, qui lui a fourni un mémoire sur les outardes, paroît les avoir examinées avant et après la mue du printemps, tandis que les autres n'ont pas déterminé les différences que présentent ces deux états. Dans l'été le mâle est d'un beau roux sur la tête, le cou et la poitrine ; les bandes noires et rousses des parties supérieures du corps ont plus d'éclat, et lorsque l'oiseau est vieux, il porte sur la poitrine, comme le dindon, un bouquet de crins long de trois à quatre pouces. M. de Riocourt possède un individu dans cet état, et le même fait, dit M. Vieillot, a été également vérifié par d'autres naturalistes.

La femelle, dépourvue des plumes longues et désunies qui forment une sorte de barbe sous le menton du mâle, a le sinciput orangé et traversé de lignes noires ; le reste de la tête brun ; le bas du cou cendré par devant ; plus petite d'un tiers ou de moitié que le mâle, elle lui ressemble d'ailleurs, mais les teintes de son plumage sont plus foibles.

Les côtés de la langue de l'outarde sont hérissés de pointes, et il y a au palais et dans la partie intérieure du bec de petites glandes, dont les pores sont fort visibles. Il en existe aussi le long de l'œsophage ; mais ce qui est plus remarquable, c'est une sorte de sac ou de poche, découverte par le D.ʳ Douglas à la partie supérieure du cou du mâle, et figurée sur la planche 73 d'Edwards. On voit aussi cette poche à la page 317 du premier volume de l'Histoire des oiseaux d'Angleterre, publié à Newcastle, en 1797, par T. Bewick, avec de très-belles gravures en bois. Ce singulier réservoir, dont l'entrée est sous la langue, peut contenir plusieurs pintes d'eau, destinée à servir de provision au milieu des plaines arides, habitées par l'outarde, qui, selon Bewick, s'en serviroit aussi pour se défendre contre les attaques des oiseaux de proie sur lesquels elle la lanceroit avec violence. G. Montagu, qui, dans son Dictionnaire ornithologique, Londres 1802, parle également de ce réservoir, pense que sa principale destination est de fournir au mâle le moyen de procurer à la femelle couveuse et aux petits une boisson qu'ils ne pourroient aller chercher à de trop grandes distances.

Ces oiseaux timides, et dont la course est rapide, se tiennent habituellement dans les plaines découvertes et spacieuses. On en trouve dans quelques départemens de la France, notamment près de Fère Champenoise et de Sainte-Menehould ; dans plusieurs contrées de l'Italie, de l'Allemagne, de l'Angleterre, etc., et surtout dans les parties septentrionales de l'ancien continent, mais point en Amérique.

Quoique la dénomination d'*avis tarda*, donnée par Pline, semble indiquer une démarche lente et pesante, l'opinion générale est que l'outarde court avec rapidité et vole difficilement. Mais M. de Riocourt pense, au contraire, qu'elle peut entreprendre de longs voyages. Il cite, à l'appui de son aptitude au vol, ses migrations du continent en Angleterre, où Mauduyt suppose, de son côté, qu'elle se sera trouvée enfermée avant que cette île ait été séparée du continent. Sans vouloir établir ici une discussion sur ce point, l'on croit devoir faire observer que les *migrations périodiques*, au-delà d'un bras de mer de sept lieues d'étendue, et de la part d'oiseaux qui, en général, fuient l'eau, sont loin d'être prouvées, tandis qu'au contraire les auteurs anglois, et notamment Montagu, dans son Dictionnaire ornithologique déjà cité, et dans le Supplément, publié en 1813, font observer que ces oiseaux ne se trouvent plus en Écosse, et sont très-rares dans les plaines des comtés d'Yorck, de Wilts et de Dorsets, où l'on en voyoit autrefois un assez grand nombre; que les bergers n'en rencontrent plus dans les endroits auparavant les plus fréquentés, et que la race y a tellement décru, que bientôt elle sera éteinte dans la Grande-Bretagne, tandis qu'elle est commune dans les déserts de la Russie, et que, suivant Acerbi, on la trouve même en Laponie. Ces faits ne semblent point favorables au système de la périodicité des passages en Angleterre. Il paroit même que les outardes tiennent aux lieux qui les ont vu naître, et qu'on ne sauroit considérer comme de véritables migrations les changemens de retraites qui s'effectuent accidentellement dans les hivers rudes, et lorsque la terre est pendant long-temps couverte de neiges.

Outre les herbes, les graines, notamment celles de ciguë, et les insectes et vers, indiqués comme la nourriture ordinaire des outardes, on prétend que celles-ci, quoique principalement granivores, mangent aussi des mulots, des grenouilles, des crapauds, de petits lézards, et dans les temps de neige, l'écorce des arbres et des feuilles de choux et de turneps. On ajoute même qu'à l'instar de l'autruche, elles avalent de petites pierres et des pièces de métal.

Dans la saison des amours le mâle va piaffant autour de la femelle et fait une espèce de roue avec sa queue. Il y a polygamie parmi ces oiseaux, et les femelles vivent solitairement après la fécondation. Elles déposent au mois de Mai, dans un trou en terre et en un champ de seigle ou de blé, deux et quelquefois trois œufs, qu'elles couvent environ trente jours, mais qu'elles abandonnent quand elles s'aperçoivent qu'on les a touchés pendant leurs absences forcées pour aller chercher leur nourriture. Ces œufs, de la grosseur de ceux des oies, et d'un brun olive, avec des taches foncées, sont représentés dans le cinquième tome des *Oiseaux de la Grande-Bretagne*, par Lewin, pl. 32, fig. 1. Les petits, qui sortent du nid dès qu'ils sont éclos, ressemblent beaucoup à ceux de l'œdicnème, en ce qu'ils sont, comme eux, couverts d'un duvet blanc; mais ils s'en distinguent bientôt par l'accroissement de leur taille. Quand on veut élever des outardeaux, on leur donne de la mie de pain de seigle détrempée avec des jaunes d'œufs, et lorsqu'ils deviennent plus forts, du pain de seigle découpé par petits morceaux et mêlé avec du foie de bœuf.

Les outardes, que quelques-uns réputent de simple passage en France, où elles arriveroient au commencement de Décembre pour n'y rester que jusqu'au mois de Mars et se retirer ensuite dans les pays plus au Nord, après s'être réunies en petits groupes et quelquefois en bandes de trente et quarante, se voient assez communément dans les vastes plaines connues sous le nom de Champagne pouilleuse, dans le Poitou, dans le territoire d'Arles et dans le Trentain près d'Avignon; mais, pendant les hivers rigoureux et quand les neiges sont abondantes, elles cherchent une température plus douce et se répandent presque partout, excepté dans les lieux couverts de forêts montagneuses ou aquatiques. Elles donnent toujours la préférence aux endroits écartés de toute habitation et aux places un peu élevées d'où elles puissent découvrir une grande étendue de terrain et se mettre à l'abri des poursuites des chasseurs et de leurs chiens, qui, n'étant propres qu'à leur causer des inquiétudes et non à forcer les outardes adultes à la course, ne doivent être employés que dans les temps de verglas. On sait que ces oiseaux ne s'envolent que difficilement et après avoir d'abord couru en étendant les ailes; mais quand ils ont remarqué qu'on cherchoit à les tourner, ils saisissent l'instant où ils cessent de voir leur ennemi pour prendre leur vol du côté opposé à celui où il s'est montré. Comme on a beaucoup de peine à les approcher et qu'on parvient difficilement à les tirer, même avec du gros plomb ou des chevrotines, on a imaginé plusieurs moyens pour tâcher de tromper leur défiance, et tels sont la vache artificielle, la charrette et la hutte ambulante; mais Magné de Marolles, dans sa *Chasse au fusil*, Paris 1788, p. 384, indique comme préférable un autre stratagème. Les outardes se cantonnant par bandes et s'éloignant peu des endroits qu'elles ont choisis pour leur résidence habituelle, il conseille au chasseur de creuser avec promptitude, et lorsque ces oiseaux sont occupés à chercher leur nourriture, un trou assez profond pour s'y cacher et de le recouvrir de fougère ou de gazon, en ménageant seulement quelques petits trous pour passer le fusil et s'y mettre à l'affût. Si c'est en temps de neige, la hutte se recouvre d'un drap blanc ou de la neige même, et de manière à ôter toute défiance à l'oiseau qui s'en approcheroit.

Les outardes, et surtout les jeunes, sont un gibier très-recherché, et leurs plumes sont employées, comme celles d'oie et de cygne, pour l'écriture. Mauduyt et d'autres auteurs ont émis le vœu que des tentatives fussent faites pour rendre la grande outarde domestique; mais, quoique l'identité de climat et la facilité avec laquelle on est parvenu à apprivoiser des jeunes, semblent devoir être des motifs pour entreprendre ces essais, le petit nombre de leurs œufs suffira sans doute pour en détourner. Pallas dit même dans ses Nouveaux voyages dans les contrées méridionales de la Russie, que les outardeaux, élevés et apprivoisés facilement en Crimée, n'y ont jamais pondu; et Montagu, dans le Supplément à son Dictionnaire ornithologique, annonce d'ailleurs qu'on n'est point parvenu à en conserver en Angleterre pendant plus de deux ou trois ans.

Outarde canepétière : *Otis tetrax*, Linn.; pl. enl. de Buffon, n.° 25, le mâle, et n.° 10, la femelle; Lewin, pl. 141, le mâle. Ce seroit avec raison que Montbeillard auroit préféré le nom de *petite outarde* à celui de *canepétière*, si l'on ne connoissoit que deux espèces de ce genre; mais la dénomination de *petite* ne pouvant caractériser suffisamment cette espèce, on est obligé d'employer une épithète qui la fasse mieux distinguer, et, quelque impropre que doive paroître un terme qui semble rapprocher un oiseau nullement aquatique, d'un palmipède, dont les eaux sont le séjour habituel, le nom de canepétière est d'un trop ancien usage pour pouvoir être maintenant rejeté, quand l'étymologie de *cane-pétière*, *cane-pétrace* ou *cane-pétrote*, ne seroit fondée que sur quelque ressemblance dans le vol ou l'attitude par terre avec le canard sauvage, et sur l'habitation des outardes dans les lieux pierreux. La seule innovation qu'on semble pouvoir se permettre, c'est celui de retrancher le trait d'union entre *cane* et *pétière* et de n'en former qu'un mot, pour ôter davantage l'idée d'une analogie avec le canard.

La taille de l'outarde canepétière n'excède pas celle du faisan. Sa longueur est d'environ dix-huit pouces du bout du bec à celui de la queue, dont les pennes ont quatre pouces; elle a deux pieds huit pouces de vol, et ses ailes, pliées, atteignent un peu au-delà des trois quarts de la queue. L'aile est composée de vingt-sept pennes, variées de noir et de blanc, et sur les dix-huit de la queue, les quatre du milieu sont fauves et les autres blanches avec des bandes noirâtres. Les plumes de la tête du mâle sont d'un brun noir et ont à leur centre une tache longitudinale d'un fauve rougeâtre. Les joues et le haut de la gorge sont cendrés; un collier blanc, en sautoir, part de l'occiput et descend au bas de la gorge; le haut et le derrière du cou jusqu'à la nuque sont noirs; la poitrine offre un large collier blanc, au-dessous duquel se trouve un collier noir, plus étroit; le reste des parties inférieures, le bord de l'aile et les plumes anales et uropygiales sont blancs; tout le dessus du corps est fauve avec des points et des zigzags noirâtres et nombreux, qui suivent le contour de chaque plume, et l'on voit sur le haut du dos quelques taches noires assez grandes; le bec est gris; les pieds et les ongles sont bruns et l'iris est orangé. Le haut de la tête et toutes les parties supérieures du corps offrent chez la femelle un mélange de brun et de fauve, présentant des raies et des zigzags, avec des taches noires plus multipliées sur le dos que chez le mâle; mais elle est dépourvue des colliers blancs et noirs qui distinguent celui-ci. Les zigzags fauves et bruns occupent le derrière du cou, ses côtés et la poitrine; la gorge seule est blanche, ainsi que l'abdomen et les parties inférieures. On remarque sur le haut du ventre et sur les flancs quelques raies noires transversales, en forme d'écailles. Les jeunes mâles de l'année ne diffèrent point des femelles.

Quoique l'outarde canepétière ne soit pas commune en France et qu'elle n'y soit que de passage, il paroît que c'est un des pays où elle est le moins rare, surtout dans les départemens formés du Maine, du Poitou, du Berry, de la Beauce, de la Normandie, et principalement aux environs de Bourges et de Châteauroux; mais elle n'y est pas sédentaire comme en

Sardaigne, où on la nomme *gallina pratajuola*, et où elle passe toute l'année, ainsi qu'il résulte des détails donnés par Cetti, dans ses *Uccelli di Sardegna*, page 122 et suivantes, et que l'atteste Azuni, dans son Histoire naturelle et civile de ce pays, t. 1.er, p. 157. On en voit aussi dans d'autres parties de l'Italie, en Espagne, où on l'appelle *sison*, en Grèce, dans l'Asie mineure; mais il y en a très-peu en Angleterre, en Allemagne, en Suède. Pallas en a cependant rencontré fréquemment de petites troupes dans les plaines du Midi de la Russie, chez les Cosaques du Jaïk et jusque dans les déserts de la Tartarie.

Les petites outardes, qui sont aussi farouches et aussi défiantes que la grande, s'éloignent à quelque distance, d'un vol bas et roide, aussitôt qu'elles aperçoivent quelqu'un, et elles courent ensuite très-rapidement. Au printemps elles arrivent en France, d'où elles partent vers la fin de Septembre. Elles se plaisent dans les champs ensemencés d'avoine et d'orge, et dans les prairies artificielles, c'est-à-dire le sainfoin, la luzerne, etc.; ce qui leur a fait donner le nom de *poules des prés*. Elles se nourrissent d'herbes, de semences, de vers et d'insectes. Au mois de Mai, époque de l'accouplement, le mâle, qui suffit à plusieurs femelles, les appelle par le cri *prout, prout*, qui s'entend d'assez loin pendant la nuit, et la place du rendez-vous se trouve·battue comme l'aire d'une grange. Elles nichent dans·les herbes et pondent trois à cinq œufs d'un vert luisant. La mère conduit ses petits aussitôt qu'ils sont éclos, comme les gallinacés.

Ces oiseaux·vont ordinairement seuls ou deux à deux, excepté aux approches de leur départ, où ils se rassemblent. Leur chair, qui est noire, est un mets très-recherché, et les chasseurs sont obligés de recourir pour elles aux mêmes ruses que pour les grandes outardes. Les mâles peuvent toutefois être attirés par le moyen d'une femelle empaillée, dont on imite le cri.

Outarde houbara ; *Otis houbara*, Gmel. et Lath. Cette espèce, qui est la même que la petite outarde huppée d'Afrique de ·Buffon, forme, ainsi qu'on l'a déjà observé, une section particulière dans le Manuel ornithologique de M. Temminck, en ce que son long bec est déprimé à la base. Le même auteur ajoute à ce caractère essentiel ceux d'avoir sur la tête une grande huppe de plumes effilées, et sur les côtés du cou des plumes pareilles, dont les plus longues ont quatre pouces et peuvent être étalées. Ces particularités étoient assez mal figurées dans la planche du D.ʳ Shaw, opposée à la page 326 du 1.ᵉʳ volume de la Traduction de ses Voyages en Barbarie et au Levant, n.° 1 ; mais Sonnini en a donné une meilleure, pl. 35 du tome 41 de son édition de Buffon. Le n.° 2 de la planche de Shaw, que l'on vient de citer, est consacré à une autre outarde, connue chez les Barbaresques sous le nom de *rhaad ;* et quoique Gmelin et Latham aient donné celle-ci comme une espèce différente de la première, M. Temminck les a réunies dans sa Synonymie, en considérant les différences de leurs couleurs, et surtout celles de la huppe, comme provenant de l'âge des individus mâles qui ont été décrits. Pour mettre à portée d'adopter ou de rejeter cette réunion, l'on suivra de près le texte de cet auteur.

Les vieux mâles houbara, dont la longueur est de vingt-quatre à vingt-cinq pouces, et la grosseur celle d'un chapon, ont le front et les côtés de la tête d'un cendré roux avec de petits points bruns ; le sinciput garni de plumes blanches, effilées ; l'occiput, les joues et le haut du cou blanchâtres, avec des lignes brunes et cendrées. On voit sur les côtés du cou une rangée de longues plumes noires, suivies de quelques plumes blanches, toutes à barbes décomposées. La poitrine et le dessous du corps sont d'un blanc pur ; le dos et les ailes sont d'un jaune d'ocre avec des raies très-rapprochées dans leur contour ; les rémiges sont blanches et noires, et les rectrices, longues de huit pouces et roussâtres, sont traversées par trois bandes larges et cendrées ; le bec est d'un brun noirâtre, et les pieds sont verdâtres.

Chez les jeunes mâles les côtés de la tête présentent plus de raies en zigzags, et les plumes blanches de la huppe sont plus courtes et coupées vers la pointe par de fines raies cendrées et rousses ; le devant du cou est roussâtre, avec des zigzags bruns, et les plumes du dos et des ailes, variées des mêmes zigzags, ont leur centre marqué de taches noires ; les plumes noires et blanches de la partie latérale du cou sont moins longues que chez les vieux et souvent mélangées de brun

37. 8

foncé et de blanchâtre. Le dessous du corps est d'un blanc cendré.

MM. Vieillot et Temminck pensent uniformément que l'oiseau figuré dans Jacquin sous le nom de *psophia striata*, n'est pas un agami, mais qu'il se rapporte au houbara; et à l'égard de l'*otis rhaad*, Gmel. et Lath., qui est de la taille du houbara, il est décrit comme ayant la tête noire; la huppe occipitale d'un bleu foncé; le dessus du corps et les ailes tachetés de brun; le ventre blanc; la queue rayée transversalement de noir. M. Temminck n'a point vu la femelle de cet oiseau; mais probablement c'est elle que Shaw dit être de la taille d'une poule, et dépourvue de huppe, avec un plumage qui, d'ailleurs, est le même que chez le précédent.

On prétend que le nom de *rhaad*, qui signifie tonnerre, a été donné à cet oiseau à cause du bruit qu'il fait lorsqu'il s'élance de terre, et que son autre nom, *saf-saf*, est un son imitatif du bruit de ses ailes quand il vole.

On trouve ces oiseaux en Barbarie, en Arabie, en Turquie, et ils sont de passage accidentel en Espagne et en Silésie. Ceux qu'on a rencontrés dans la Numidie, vers les confins du désert, y vivoient d'insectes et de jeunes pousses de plantes. Ils étoient rusés et défians comme les outardes de notre pays.

Le major Taylor, qui a vu, dans les environs de Bassora, des outardes de l'espèce houbara, par lui nommée *hybarra*, dit, dans ses Voyages, traduits par Grandpré, tom. 1, p. 280, que la couleur de l'oiseau est d'un brun cannelle; qu'on le regarde comme le meilleur gibier du pays; que son vol est lent et qu'il se fie davantage à son astuce et à la vitesse de sa course qu'à ses ailes. Les Arabes le suivent quelquefois pendant une demi-journée, et ils ne parviennent que très-difficilement à l'approcher à soixante ou quatre-vingts toises, même en se tapissant avec précaution.

Outarde churge; *Otis bengalensis*, Lath. Cette espèce, qui est aussi nommée par Buffon outarde moyenne des Indes, est figurée dans Edwards, *Glan.*, tom. 1, pl. 250. Elle a vingt pouces de hauteur et environ vingt-six de longueur totale. Comme dans l'outarde d'Europe, le noir, le fauve, le blanc et le gris sont les couleurs de son plumage, mais leur distribution est différente. Le haut de la tête, le cou et toutes les parties inférieures du corps sont noirs; les côtés de la tête et le tour des yeux sont d'un fauve clair, qui est plus brun et mêlé avec du noir sur le dos, la queue, et le haut de la poitrine, où il forme une large ceinture sur un fond noir. Les ailes ont des portions blanches, d'autres mêlées de noir, et leur extrémité est d'un gris foncé.

Cet oiseau est originaire du Bengale, dont le climat est à peu près le même que celui de l'Arabie, de l'Abyssinie et du Sénégal. Il y porte le nom de *churge*. La couleur générale de la femelle est un cendré pâle. Celle de la tête, du cou et du ventre est uniforme, mais, ailleurs, elle offre des nuances plus foncées et noirâtres.

Latham soupçonne qu'il y a identité entre le *churge* et le korhann, *otis afra*, Linn., qu'on trouve au cap de Bonne-Espérance et qu'il a représenté dans son *Synopsis*, pl. 69. Cette dernière outarde a vingt-sept pouces de longueur totale, et sa queue, légèrement arrondie et composée de quatorze pennes, est longue de cinq pouces. Le mâle a le sommet de la tête d'un brun noirâtre, avec des barres blanches, irrégulières; une ligne de la même couleur sur chaque côté, et une large tache également blanche sur les oreilles; le reste de la tête est noirâtre, ainsi que les parties inférieures du corps et le cou sur lequel on voit un demi-collier blanc; des stries irrégulières, rousses, se font remarquer sur un fond d'un brun noirâtre au dos, aux ailes et à la queue; les pennes primaires des ailes sont noires et moins longues que les pennes secondaires; une large bande blanche règne sur presque toute leur longueur. La jambe est entourée d'une sorte de bracelet blanc; les pieds sont jaunes et les ongles noirs. La femelle, privée de la tache blanche des oreilles et du demi-collier de la même couleur, a la tête et le cou noirs avec des lignes plus fines. Les parties inférieures sont pareilles à celles du mâle.

OUTARDE LOHONG; *Otis arabs*, Linn. Cet oiseau, de la grosseur de la grande outarde, que les Arabes appellent lohong, et qui est le même que l'outarde huppée d'Arabie, est figuré par Edwards, Hist., n.° 12. Son bec, son cou et ses pieds sont plus longs, et elle a sur la tête une huppe pointue, noire et couchée en arrière. Gueneau de Montbeillard pense que la ressemblance de cette huppe avec les aigrettes ou oreilles du hibou, *otus* ou *otos*, aura contribué à faire donner à cet oiseau le nom analogue d'*otis*, qui a occasioné tant de confusions. Le front est blanchâtre, et l'on voit sur chaque côté de la tête une tache noire : le reste de la tête, le cou et le dessus du corps, sont d'un marron mélangé de noir, comme chez la bécasse; la gorge et le devant du cou sont d'un cendré bleuâtre, traversé par des lignes brunes; le dessous du corps est blanc; les pennes secondaires sont tachetées de noir et de blanc; les primaires tout-à-fait noires, et, à l'exception des deux rectrices, qui sont blanchâtres, les pennes intermédiaires sont blanches avec des bandes noires transversales; les plumes du cou sont longues et très-épaisses; les pieds sont d'un brun pâle; le bec est de couleur de corne et l'iris d'un brun foncé.

Cette espèce, d'un fumet très-agréable, est probablement la même qu'on appelle improprement *paon sauvage*, en Afrique et dans diverses contrées de l'Asie; et Barrow, qui l'a vue approcher des habitations au cap de Bonne-Espérance, croît, d'après cela, qu'on l'élèveroit aisément en domesticité.

Latham regarde cette outarde de l'île de Luçon comme la même qui a été figurée par Sonnerat, Voyage à la Nouvelle-Guinée, pag. 86 et pl. 49. Elle a trois pieds de l'extrémité du bec à celle de la queue, et on l'appelle aussi *paon sauvage* comme au cap de Bonne-Espérance. Elle porte d'ailleurs une huppe pareille à celle du lohong, et ces circonstances paroissent justifier suffisamment l'identité présumée par Latham, malgré les différences que Sonnini a observées sur quelques parties du plumage.

Il n'en est pas de même d'une autre outarde de la taille de la canepétière qu'on trouve aussi dans l'Inde et qui a le bec long, grêle et brun; la tête, le cou, le ventre et la poitrine noirs. Cet oiseau, auquel on a donné le nom impropre de *pluvier passarage*, puisqu'il n'a pas les caractères du pluvier, est l'Outarde passarage, *Otis aurita*, Lath. Une large tache blanche entoure ses oreilles, et il y a aussi du blanc à la jonction de son cou et de son dos. Les plumes des parties supérieures des ailes et de la queue sont blanches, avec des traits fins, noirs et bruns, disposées en forme de maille de filet. Il y a de chaque côté de l'occiput quatre plumes étroites et effilées, qui se terminent en fer de lance. L'individu regardé comme la femelle a environ dix-huit pouces de longueur. Les Indiens appellent cet oiseau *oorail* et les Anglois *slercher.*

Levaillant a tué en Cafrerie une outarde, qui paroît d'une nouvelle espèce, et dont il est fait mention au tom. 2, in-8.°, de son Voyage dans l'intérieur de l'Afrique, p. 226, et dans celui de Barrow aux mêmes contrées, tom. 2, p. 153 de la traduction françoise. Cet oiseau a tout le dessus du corps roussâtre, pointillé et rayé de noirâtre. Le cou, la poitrine et le ventre ont une teinte d'après laquelle Sonnini a donné le nom de bleuâtre (*otis cærulescens*) à cette espèce, plus forte que la petite outarde d'Europe, et dont le cri a du rapport avec celui du crapaud.

Miller a décrit sous la dénomination vague d'outarde indienne, *otis indica*, Gmel. et Lath., une espèce qu'il dit être de la taille de l'œdicnème, dont la gorge est blanche, la tête noire, le dessous du corps blanchâtre, le dessus brun, avec des ondes blanches et noires, et qui a les pieds d'un brun lavé.

Le chevalier Jauna dit, dans son Hist. générale de Chypre, ·de Jérusalem, d'Arménie et d'Égypte, tom. 1.ᵉʳ, in-4.°, p. 69, « qu'on prend quelquefois dans l'île de Chypre des outardes « d'une grosseur prodigieuse, dont le plumage est extrême-« ment blanc et la chair très-délicate ». Mais cet auteur ne donne pas assez de détails pour faire reconnoître si c'est un oiseau de ce genre.

Enfin, Molina a décrit, dans son Histoire du Chili, trad. franç., p. 241, sous le nom de *piouquen*, en latin OTIS CHI-LENSIS, un oiseau qui a tous les traits de l'outarde et beaucoup de rapports avec elle ; mais, outre qu'il se trouve dans un pays jusqu'à présent regardé comme étranger au genre *Otis*, il a quatre doigts à chaque pied, tandis que ce genre n'en a que trois.

Les navigateurs de l'expédition de Bougainville ont mal à propos donné le nom d'outarde aux oies antarctiques et des îles Malouines. (CH. D.)

OUTASEU. (*Ornith.*) Voyez OUTAPASEU. (CH. D.)

OUTAY, JOUTAY, *Outea.* (*Bot.*) Genre de plantes dicotylédones, à fleurs complètes, irrégulières, de la famille des *légumineuses*, de la *triandrie monogynie* de Linnæus; offrant pour caractère essentiel : Un calice turbiné, à cinq dents, muni de deux grandes bractées à sa base; la corolle composée de cinq pétales, le supérieur très-grand, les autres plus petits, tous égaux; quatre étamines, dont une stérile; son filament velu, court et placé sous le pétale supérieur; les trois autres très-longs; les anthères versatiles; l'ovaire supérieur, pédicellé. Le fruit inconnu.

Ce genre, établi par Aublet, rapproché des tamarins, a beaucoup de rapports avec les *vouapa* du même. Willdenow n'en a fait qu'un seul genre, sous le nom de *macrolobium.* (Voyez Macrolobe.)

OUTAY DE LA GUIANE; *Outea guianensis*, Aubl., *Guian.*, pag. 29, tab. 9. Arbre dont le tronc s'élève à cinquante pieds sur un pied de diamètre; il a l'écorce lisse et grisâtre; le bois peu compacte, rougeâtre vers l'intérieur, blanc à son aubier; les rameaux très-étalés, garnis de feuilles alternes, ailées sans impaires, composées de deux paires de folioles ovales, obtuses, entières, lisses, vertes; deux stipules opposées : les fleurs violettes, pédicellées, réunies en épis axillaires, longs de trois pouces; chaque fleur accompagnée sous le calice de deux bractées ovales, concaves; le calice fort petit, à quatre ou cinq dentelures; la corolle composée de cinq pétales inégaux, le supérieur relevé, très-grand; les quatre autres très-petits, attachés au calice; trois étamines fertiles, à longs filamens, avec des anthères vacillantes, presque tétragones; un filament stérile, court, velu, attaché à la base de l'onglet du pétale supérieur; l'ovaire ovale-oblong, porté sur un long pédicelle, qui naît du fond du calice; le style simple, le stigmate arrondi, concave. Le fruit est inconnu. Cet arbre croît dans les forêts de la Guiane, près la source de la Crique des Galibis. Les Garipous le nomment *joutay*. Il fleurit dans le mois de Mai. (Poir.)

OUTENU. (*Bot.*) Nom ouolof du coton, *gossypium herbaceum*, cité par Adanson dans son Herbier. L'*outenador* est une autre espèce, dont le coton est supérieur. (J.)

OUTHA. (*Ornith.*) Nom générique des canards en Russie. (Ch. D.)

OUTHEC-QUAN-NOW. (*Ornith.*) Nom donné, par les naturels qui habitent près du fort d'Albany, au pic doré, *picus auratus*, Linn., que M. Vieillot a figuré pl. 123 de son Histoire naturelle des oiseaux de l'Amérique septentrionale. (Cʜ. D.)

OUTIAS. (*Mamm.*) Voyez Uᴛɪᴀ. (Dᴇsᴍ.)

OUTIMOUTA. (*Bot.*) C'est à la Guiane le nom que les naturels donnent au *bauhinia outimouta* d'Aublet. (Lᴇᴍ.)

OUTRE-MER. (*Minér.*) C'est le lapis réduit en poudre, et préparé pour la peinture. On se rappelle qu'autrefois on l'apportoit du Levant. (Lᴇᴍ.)

OUTRE-MER. (*Ornith.*) Ce nom a été donné au comba-sou, espèce d'oiseau du genre Moɪɴᴇᴀᴜ , *fringilla ultramarina*. (Dᴇsᴍ.)

OU-TUM-CHU. (*Bot.*) Voyez Cᴜʟʜᴀᴍɪᴀ. (J.)

OUVAPAVI. (*Mamm.*) Quadrumane de l'Amérique méridionale, décrit par M. de Humboldt, qui paroît appartenir à la famille des sapajous. (F. C.)

OUVENA. (*Ornith.*) Nom piémontois du Pɪᴘɪ ᴅᴇs ʙᴜɪssoɴs. (Dᴇsᴍ.)

OUVÉRT, *patens, apertus.* (*Bot.*) Les rameaux, les feuilles, etc., sont ouverts, lorsqu'ils font avec la tige un angle d'environ quarante-cinq degrés ; exemples , les rameaux de l'*erysimum officinale*, les feuilles du laurier-rose, etc. La calathide est ouverte, lorsque ses fleurs ne sont pas cachées par l'involucre ; exemples, *helianthus*, scabieuse, *dorstenia*. (La calathide *est* entr'ouverte dans l'*ambora* et close dans le figuier.) Le calybion est ouvert lorsque, comme dans le chêne, le gland n'est pas recouvert et caché totalement par la cupule. On a un exemple du contraire dans le châtaignier. (Mᴀss.)

OUVI. (*Bot.*) Nom primitif des racines tubéreuses, et particuliérement des diverses espèces ou variétés d'ignames, *dioscorea*, à Madagascar, suivant Flaccourt. L'espèce réputée la meilleure, est l'*ouvi-foutchi*, dont la racine acquiert un volume considérable, et atteint l'épaisseur de la cuisse d'un homme ou quelquefois de son corps. Les *ouvihavres* et les *çambares* sont moins grosses d'un cinquième, mais elles se multiplient davantage, et chaque plante a quelquefois deux à cinq racines, ce qui les fait préférer assez généralement par les maîtres qui en nourrissent leurs esclaves. On donne encore le nom de *ouvi* à d'autres racines épaisses et tubéreuses, également employées comme nourriture, qui ne sont pas cultivées, et croissent naturellement. Telles sont l'*ouvipasso*, de la grosseur du bras, que l'on trouve dans les bois et sur le bord de la mer; l'*ouvidanbou*, qui appartient à une espèce de vigne, dont les tiges annuelles portent des raisins noirs, ayant le goût de muscat et de l'âpreté; l'*ouvirandra*, plante herbacée, croissant dans les étangs, dont la racine, bonne à manger, n'a que la grosseur du pouce, et dont les feuilles ont la largeur de deux doigts et la longueur de la main. Cette dernière, examinée sur les lieux par M. du Petit-Thouars, a été établie par lui comme genre, que l'on range dans la famille des saururées. Deux autres sont traitées ci-après dans les articles particuliers.

Le mot ouvi se change dans les îles Malaises en celui de *ubi*, qui se propage dans d'autres lieux de l'Asie, et jusque dans des îles de la mer du Sud. (J.)

OUVI-LASSA. (*Bot.*) Flaccourt, dans son Histoire de Madagascar, cite sous ce nom une plante dont la racine, semblable à celle du jalap, donne une gomme ou résine qui approche de la scammonée. Suivant le témoignage des naturels du pays, cette racine, mangée, purge violemment. On pourroit conclure de cet énoncé que l'ouvi-lassa est une espèce du genre Liseron, qui fournit plusieurs purgatifs très-actifs, ou mieux encore une espèce de bryone. (J.)

OUVIER. (*Ornith.*) Nom que porte, dans le département de la Somme, le vanneau suisse, *tringa helvetica*, Linn. (Ch. D.)

OUVIRANDRA. (*Bot.*) Voyez Hydrogeton. (Lem.)

OUVIVAVE. (*Bot.*) Nom que porte dans l'île de Madagascar le *flagellaria indica* des botanistes, genre de plantes rapporté à la famille des asparaginées. Suivant Flaccourt, sa racine est bonne à manger, comme celle de l'igname. (J.)

OUYAMACA. (*Bot.*) Nom caraïbe, cité par Surian, d'une fougère des Antilles, qui étoit un *Hemionitis* de Plumier, et que Willdenow reporte à son *aspidium heracleifolium*, (J.)

OUYLTARAOUA. (*Bot.*) Nom caraïbe d'une sensitive épineuse, suivant Nicolson. (J.)

OUYRA-OUASSOU. (*Ornith.*) Suivant Léry, le mot *ouyra* est, chez les Topinambous, un nom générique de tous les oiseaux de proie, et chez les peuples du Maragnon, l'*ouyra ovassou* est un grand oiseau de proie par excellence. Aussi Buffon a-t-il accolé ce nom à celui de condor, et l'ouyra-ouassou n'a-t-il cessé d'être considéré comme un vautour, que d'après la description et la figure qu'on en a trouvées dans un manuscrit du Portugais Don Laurent de Potflitz, fait au Para. Cette figure a été copiée sur la 7.ᵉ planche du tome 38 de l'édition de Buffon, donnée par Sonnini, et c'est aussi du même manuscrit qu'a été tirée la description qui est analysée dans le tom. I.ᵉʳ de ce Dictionnaire, p. 370. M. Vieillot n'hésite point à déclarer dans la 2.ᵉ édition du Nouveau Dictionnaire d'histoire naturelle, tom. 24, p. 298, qu'on ne peut sur ces documens se dispenser de considérer l'oiseau dont il s'agit comme appartenant au genre *Aigle;* mais les mœurs attribuées à cet oiseau feroient toutefois désirer qu'il fût plus connu. (Cʜ. D.)

OUYRAREMA. (*Bot.*) Nom galibi du *mimosa ouyrarema* d'Aublet. (J.)

OUZE. (*Ornith.*) Nom de l'oie, *anser*, en arabe. (Cʜ. D.)

OUZEL. (*Ornith.*) Nom du merle, *turdus*, en anglois. Ce mot est quelquefois écrit *ozel*. (Cʜ. D.)

OVAIRE. (*Anat. et Phys.*) Voyez Sʏsᴛème ᴅᴇ ʟᴀ ɢénérᴀ-ᴛɪᴏɴ. (F.)

OVAIRE. (*Bot.*) L'ovaire, presque toujours la partie inférieure du pistil et en même temps la plus épaisse, est comparable, sous beaucoup de rapports, à l'ovaire des animaux. Il renferme les ovules, graines naissantes, attachées par leur cordon ombilical ou funicule à la paroi d'une cavité intérieure souvent divisée en plusieurs loges par des cloisons; l'ovaire abrite les graines jusqu'au temps de la maturité, et il élabore dans son tissu les sucs nutritifs qui servent à leur développement.

Presque toujours l'ovaire porte le style, et toujours il existe entre ces deux parties une liaison, soit immédiate, soit médiate.

La base du pistil est en même temps la base de l'ovaire.

Le sommet de l'ovaire peut être déterminé de deux manières, 1.° par rapport à l'organisation, et l'on obtient le *sommet organique;* 2.° par rapport à la masse, et l'on obtient le *sommet géométrique.* Cette distinction est d'un emploi journalier pour indiquer la forme du pistil, la position du style relativement à la masse de l'ovaire, et la situation des ovules dans les cavités qui les contiennent.

Le sommet organique de l'ovaire n'existe qu'autant que l'ovaire porte le style, et sa place est à la base du style.

Le sommet géométrique de l'ovaire existe toujours : c'est le point le plus élevé de la surface de l'ovaire que puisse atteindre un axe central, parti de sa base.

Dans les pistils d'une forme régulière, qui n'ont qu'un style (liseron, pervenche, lis, hyacinthe, lilas), ou qui ont plusieurs styles nés d'un même point (œillet, *silene*), le sommet organique de l'ovaire est aussi son sommet géométrique.

Dans les pistils d'une forme régulière, qui ont plusieurs styles éloignés les uns des autres (*nigella hispanica*), il y a par cette raison plusieurs sommets organiques, et le sommet géométrique est déterminé par un plan fictif, placé horizontalement au niveau des parties les plus élevées de l'ovaire.

Comme les pistils irréguliers d'une même fleur (aconit, pied d'alouette) ne sont, anatomiquement parlant, que les parties séparées et irrégulières d'un pistil régulier, les sommets organiques et géométriques des ovaires de cette fleur se déterminent de la même manière que si ces ovaires étoient unis symétriquement autour d'un axe central et formoient la partie inférieure d'un seul pistil régulier.

Dans les pistils solitaires et irréguliers (noix d'acajou, légumineuses), les sommets organique et géométrique des ovaires peuvent être situés au même point ou à des points différens, selon l'espèce d'irrégularité dont le pistil est affecté.

Quant aux ovaires qui ne portent pas immédiatement le style (*gomphia,* labiées), ou dans lesquels le style part de la base (arbre à pain), il est évident qu'il n'y a point de sommet organique, mais seulement un sommet géométrique.

Ces considérations paroissent inutiles au premier coup d'œil, mais l'expérience prouve qu'elles sont nécessaires pour distinguer avec netteté la situation du style et celle des ovules.

Tantôt l'ovaire est libre et dégagé jusqu'à sa base (œillet et autres caryophillées, crucifères, etc.), tantôt il adhère plus ou moins au périanthe dans sa longueur (potiron et autres cucurbitacées, myrte, *eucalyptus* et autres myrtacées).

La partie interne de l'ovaire à laquelle est attaché chaque ovule, soit immédiatement, soit par l'intermédiaire d'un funicule, prend le nom de placenta. Le placenta diffère dans les différentes espèces; il se présente sous la forme d'un renflement, d'une aréole glanduleuse, ou bien d'une ligne ou même d'un simple point.

La réunion de plusieurs placentas constitue un placentaire; quelquefois le placentaire, en forme d'axe ou de columelle centrale, fixée par ses deux bouts, sert en même temps de support aux graines et d'appui aux cloisons (*rhododendrum*); d'autres fois le placentaire se montre comme une sphère (mouron rouge) ou un cône attaché inférieurement (primevère); d'autres fois encore le placentaire tapisse toute la superficie intérieure des valves (*butomus*) ou des cloisons (pavot), ou bien s'alonge à leur bord (pois de senteur, chou), ou dans la partie mitoyenne de chaque valve (orchidées, violette, ciste).

Le nombre des ovules varie selon les espèces : il y a des espèces dont les ovaires ne contiennent jamais plus d'un ovule (renoncule), il y en a d'autres dont les ovaires en contiennent plusieurs milliers (pavot, tabac).

Comme il arrive fréquemment que l'ovaire, en passant à l'état de fruit, subit des modifications essentielles, non-seulement dans sa forme extérieure, mais encore dans le nombre de ses loges et de ses graines, parce qu'il y a des cloisons qui se détruisent et des ovules qui avortent (marronier, frêne, etc.), les botanistes judicieux s'appliquent à connoitre les caractères primitifs du fruit par la dissection de l'ovaire. Cette sage pratique découvre souvent des rapports naturels qu'on ne soupçonnoit point, et fait rentrer dans leurs genres et dans leurs familles beaucoup d'espèces dont la place étoit ignorée. MIRBEL, Élém. (MASS.)

OVAIRE. (*Foss.*) On a donné le nom de pierre ovaire aux oolithes, et quelquefois à certains oursins fossiles. (D. F.)

OVAIRE. (*Ornith.*) Voyez OISEAUX. (CH. D.)

OVALLIÉRI. (*Bot.*) Nom caraïbe, cité par Surian, d'une grande ortie des Antilles, *urtica coryfolia*. Il lui trouva quelque rapport avec le *pino* du Brésil, qui est l'*urtica œstuans*. (J.)

OVA PISCIUM. (*Bot.*) C'est dans Rumphius la larmille, *coix lacrima*. (Lem.)

OVARIA. (*Bot.*) Gesner, cité par C. Bauhin, nommoit ainsi la menthe coq, *balsamita suaveolens*. (J.)

OVÉOLITE. (*Foss.*) Voyez Ovulite. (Desm.)

OVERGNE. (*Ornith.*) On nomme ainsi, dans le département de la Somme, le vanneau huppé, *tringa vanellus*, Lath., et *vanellus cristatus*, Meyer. (Ch D.)

OVIBOS. (*Mamm.*) M. de Blainville a formé sous ce nom un genre du bœuf musqué de l'Amérique méridionale; espèce qui diffère des buffles par la privation du mufle; aussi est-ce principalement par ce caractère que le genre Ovibos se distingue des autres bœufs. Voyez Buffle musqué à l'article Bœuf. (F. C.)

OVICAMELUS. (*Mamm.*) Nom latin qu'on a quelquefois donné aux lamas. (F. C.)

OVIDUCTE. (*Anat. et Phys.*) Voyez Système de la génération. (F.)

OVIDUCTUS. (*Ornith.*) Voyez Oiseaux. (Ch. D.)

OVIDUÉ. (*Bot.*) Nom arabe, cité par Rauwolf, d'une espèce de gouet, *arum*, à feuilles en fer de lance, nommé aussi Carsami. Voyez ce mot. (J.)

OVIEDA. (*Bot.*) Ce nom, consacré depuis long-temps à un genre de la famille des verbénacées, a été appliqué récemment par M. Sprengel à un autre, de la famille des iridées, le *lapeyrousa* de M. Gawler, qui paroît congénère ou au moins très-voisin du glayeul. (J.)

OVIÈDE, *Ovieda*. (*Bot.*) Genre de plantes dicotylédones, à fleurs complètes, monopétalées, de la famille des *verbénacées*, de la *didynamie angiospermie* de Linnæus; offrant pour caractère essentiel : Un calice à cinq divisions; une corolle monopétale; le tube très-long; le limbe à trois lobes; quatre étamines plus longues que la corolle; un ovaire supérieur; le style de la longueur des étamines; un stigmate bifide. Le fruit est une baie à une loge, recouverte par le calice, renfermant quatre noyaux monospermes.

OVIÈDE ÉPINEUSE : *Ovieda spinosa*, Linn. ; Lamk., *Ill. gen.*, tab. 538, fig. 1 ; Plum., *Gen.*, 14, *Icon.*, 256. Arbrisseau de l'Amérique méridionale ; il a la tige épaisse ; les feuilles grandes, soutenues par de courts pétioles, opposées, ovales, oblongues, bordées de dentelures inégales, épineuses, terminées en pointe. Les fleurs naissent sur des pédoncules rameux, opposés, réunis en un corymbe très-dense et terminal, munies de bractées linéaires ; leur calice est court, persistant, à cinq découpures étalées, aiguës ; le tube de la corolle grêle, très-long, renflé dans sa partie supérieure ; le limbe très-court, divisé en trois lobes aigus ; l'ovaire globuleux : le fruit est une baie bleuâtre, uniloculaire, presque sphérique.

OVIÈDE INERME : *Ovieda inermis*, Burm., *Ind.*, tab. 45, fig. 1, 2 ; Lamk., *Ill. gen.*, tab. 538, fig. 2 ; Gærtn., *De fruct.*, tab. 57 ; *Siphonanthus indica*, Linn. ; *Clerodendrum siphonanthus*, Ait., *Hort. Kew.* Arbrisseau de l'île de Java ; il a la tige grêle ; les feuilles pétiolées, opposées, étroites, lancéolées, aiguës, un peu ondulées à leurs bords, glabres, entières ; les fleurs portées sur des pédoncules lâches, rameux, axillaires, garnis à leurs divisions de deux bractées petites et subulées ; les divisions du calice profondes ; le tube de la corolle très-long et très-grêle ; les divisions du limbe larges, arrondies au sommet. Le fruit consiste en baies globuleuses, d'abord molles, puis se desséchant à leur maturité, s'ouvrant en quatre parties, renfermant quatre osselets, dont deux avortent très-souvent, durs, coriaces, convéxes d'un côté, concaves de l'autre : ils contiennent une semence roussâtre.

OVIÈDE A FEUILLES OVALES ; *Ovieda ovalifolia*, Juss., Ann. du Mus., 7, pag. 76, vulgairement SANGANGOAPI et PICOTATI. Arbrisseau qui ressemble, par son port et sa grandeur, au *lawsonia*. Ses tiges sont droites, glabres, rameuses, revêtues d'une écorce blanchâtre ; les rameaux garnis de feuilles opposées, très-médiocrement pétiolées, glabres, petites, ovales, entières, rétrécies à leur base ; les pédoncules axillaires, chargés de trois fleurs, ayant le calice turbiné, à cinq dents ; la corolle tubuleuse, beaucoup moins longue que le calice ; les étamines saillantes. Le fruit est turbiné, environné à sa base par le calice, à quatre loges, dont deux avortées ; deux semences dans chaque loge. Cette plante croit à Pondichéry. (POIR.)

OVILLA. (*Bot.*) Le genre Ovilla d'Adanson correspond au genre Jasione de Linnæus. (Lem.)

OVIPARE. (*Anat. et Phys.*) Voyez Système de la génération. (F.)

OVIPARES. (*Ornith.*) Les oiseaux diffèrent surtout des mammifères par la naissance des petits dans des œufs, dont l'incubation est bien plus courte que la gestation des animaux à mamelles, et par la faculté qu'a le poussin de se mouvoir dans sa coquille et de la rompre, tandis que le fœtus reste pendant l'accouchement dans un état absolu d'inaction. Voyez Oiseaux. (Ch. **D.**)

OVIS. (*Mamm.*) Nom que les Latins donnoient au mouton. (F. C.)

OVIVAU. (*Bot.*) Arbre de Madagascar, dont l'amande du fruit donne une huile par expression, très-bonne, employée dans les alimens et pour graisser les cheveux. Flaccourt, qui le cite, ne donne pas d'autre indication. (J.)

OVIVORE. (*Erpétol.*) Nom spécifique d'une couleuvre décrite dans ce Dictionnaire, tome XI, page 193. (H. C.)

OVOÏDE. (*Ichthyol.*) D'après une description trouvée dans les manuscrits de Commerson, M. le comte de Lacépède a créé sous ce nom, dans la famille des ostéodermes, un genre de poissons qui offre les caractères suivans :

Catopes nuls; nageoires dorsale, caudale et anale nulles aussi; peau à grains osseux; mâchoires avancées, osseuses et divisées en deux dents.

Ce genre se distingue aisément des Coffres, des Tétrodons, des Diodons, des Moles, des Syngnathes, des Hippocampes, qui ont des nageoires impaires, et des Sphéroïdes, qui ont les mâchoires divisées en quatre dents. (Voyez ces noms de genres et Ostéodermes.)

Il ne renferme encore qu'une espèce.

L'Ovoïde fascié, Lacép. : *Tetraodon oviformis*, Commerson; *Ovum Commersoni*, Schn., 108. Des bandes blanches, étroites, horizontales et divisées à leur extrémité de manière à représenter un Y.

Commerson est jusqu'à présent le seul naturaliste qui ait vu ce poisson, encore n'a-t-il observé qu'un individu desséché et bourré, qu'il a soupçonné lui-même n'être qu'un tétrodon mutilé, et qui venoit de la mer des Indes.

L'ovoïde, examiné par Commerson étoit alongé, mais arrondi dans tout son contour de manière à représenter la figure d'un œuf. Il avoit un pouce et demi de longueur, et ses nageoires pectorales étoient aussi petites que les ailes d'une mouche ordinaire. Sa peau, d'un brun noirâtre, étoit hérissée de petits piquans à base étoilée. (H. C.)

OVOVIVIPARES. (*Zool.*) Ce nom est donné à ceux des animaux des classes ovipares, dont les œufs éclosent dans le corps des femelles. (Desm.)

OVULE. (*Bot.*) Rudiment de la graine dans l'ovaire. Voyez OVAIRE. (Mass.)

OVULE, *Ovula*. (*Conchyl.*) Genre de coquilles établi par Bruguière pour un certain nombre d'espèces que Linné plaçoit dans son genre Volute, et que l'on peut caractériser ainsi : Animal tout-à-fait semblable à celui des porcelaines ; coquille également comme dans celles-ci, c'est-à-dire lisse, involvée, sans spire apparente ; ouverture très-étroite, aussi longue que la coquille, souvent prolongée en tube aux extrémités, le bord gauche n'étant jamais denté. Nous avons observé l'animal de l'ovule des Moluques, rapporté par MM. Quoy et Gaimard : il est figuré d'après nos dessins dans l'atlas du Voyage du capitaine Freycinet. Il offre la plus grande ressemblance avec celui de la porcelaine tigre, comme pouvoit le faire présumer le grand rapprochement des coquilles : sa forme générale est tout-à-fait la même ; le manteau qui enveloppe le corps se termine également dans sa circonférence par deux lobes latéraux presque égaux, un peu moins grands cependant que dans les porcelaines, et dont les bords sont moins extensibles. Au-delà de cette bande marginale en est une autre, plus épaisse, évidemment plus musculaire, et qui est garnie à l'intérieur de petits cirres tentaculaires, pédiculés et un peu renflés en champignon à l'extrémité ; ils sont un peu moins nombreux et d'une autre forme que dans les porcelaines. En avant et en arrière les deux lobes du manteau sont réunis, ou mieux, se continuent sans former de canal proprement dit, si ce n'est en avant, où l'on voit qu'à cet endroit le bord du manteau est épaissi par un rudiment de tube, ou plutôt, par une expansion musculaire venant du faisceau columellaire. Le pied est tout-à-fait conformé comme dans les porcelaines, c'est-à-dire fort grand, ovale, à bords minces, l'antérieur étant également traversé par un sillon marginal. Dans le seul individu que nous avons disséqué, il y avoit en outre, dans le milieu de la partie antérieure du pied, une sorte de ventouse assez profonde, à bords épais, plissés et assez réguliers; mais nous n'oserions assurer que ce fut une disposition normale. La tête ressemble entièrement à celle des porcelaines, ainsi que les tentacules et les yeux, qui étoient cependant évidemment plus petits. La bouche, également à l'extrémité d'une sorte de petite trompe labiale, nous a paru susceptible de se dilater en pavillon. Nous avons vu distinctement un rudiment de dent labiale supérieure en forme de fer à cheval, fort étroite et collée à la peau, de manière sans doute à n'avoir pas une grande action dans la mastication. La masse linguale est épaisse, ovale, s'avance en partie libre dans la cavité buccale, et se prolonge dans la cavité viscérale. Elle est du reste armée de petits crochets comme à l'ordinaire. L'anus est aussi, comme dans les porcelaines, à l'extrémité d'un petit tube flottant, dirigé en arrière dans la partie tout-à-fait postérieure de la cavité branchiale; celle-ci est réellement énorme, puisqu'elle occupe tout le dernier tour de la coquille; elle est pourvue, comme il a déjà été dit, d'un rudiment de tube à son extrémité antérieure. Les branchies sont encore, comme dans les porcelaines, au nombre de deux; l'une grande et l'autre fort petite; la première, dont les lames sont très-nombreuses et très-longues, constitue une sorte de fer à cheval ouvert en avant, et dans les branches duquel est la seconde branchie en forme de petite plume tout-à-fait à l'entrée du tube. En arrière de la grande branchie sont toujours les plis muqueux, au nombre de sept à huit, et qui accompagnent le rectum et l'oviducte. Celui-ci se termine par un tube libre, flottant dans la cavité branchiale, et dirigé d'arrière en avant. Le reste de l'organisation est encore plus semblable à ce qui existe dans les porcelaines. Le système nerveux offre un ganglion latéral de la locomotion bien évidemment séparé par un cordon d'un demi-pouce de long du cerveau lui-même, placé et composé

comme à l'ordinaire. D'après cette ressemblance extérieure
et intérieure entre l'ovule des Moluques et la porcelaine tigre,
il est évident que ce sont deux genres à peine distincts, puisque les coquilles ne diffèrent guère que parce que le bord
columellaire n'est jamais denté dans l'ovule et l'est constamment dans les porcelaines, lorsqu'elle est arrivée à son état
complet de développement, à l'époque où l'animal ne croît
plus. Nous n'oserions assurer qu'il y ait la même ressemblance avec les autres espèces d'ovules, et entre autres avec
l'ovule birostre.

On n'a aucun renseignement sur les mœurs et les habitudes
des ovules; on sait seulement que les espèces de ce genre
appartiennent aux mers des climats chauds. L'ovule spelte,
et quelques autres très-petites espèces, se trouvent dans la
Méditerranée et dans la mer Adriatique.

Le petit nombre des espèces qui constituent ce genre peuvent
être disposées d'après l'accroissement de la longueur du canal
ou tube qui termine l'ouverture à ses deux extrémités.

A. *Espèces qui ont le bord droit denté, avec une
échancrure et un bouton au-dessus à chaque extrémité* (G. CALPURNE, Den. de Montfort).

L'O. A VERRUES : *O. verrucosa, Bulla verrucosa,* Linn.; Gmel.,
p. 3423, n.° 5; Encycl. méthod., pl. 357, fig. 5, *a, b.* Assez
petite coquille ovale, gibbeuse sur le dos, avec une verrue
arrondie au-dessus de chaque échancrure ; couleur d'un beau
blanc, ou bleuâtre, quelquefois avec un peu de rose aux
extrémités.

Océan des grandes Indes.

B. *Espèces qui ont le bord droit denté, avec un tube
assez évident à chaque extrémité.*

L'O. DES MOLUQUES : *O. oviformis, Bulla ovum,* Linn.; Gmel.,
p. 3422, n.° 1; Enc. p. 358, fig. 1, *a, b.* Coquille assez grosse,
lisse, oviforme, un peu ventrue au milieu, un peu saillante
et tronquée aux extrémités; couleur blanc de lait en dehors,
orangée-foncée en dedans.

De l'Océan des Moluques et des îles des Amis.

L'O. ANGULEUSE ; *O. angulosa,* de Lamarck, Anim. sans

37.   9

vertèbres ; tom. 7, pag. 367, n.° 2. Coquille ovale, un peu bossue, avec une sorte d'angle obtus et des lignes transverses dans le milieu du dos ; les extrémités obtuses ; couleur blanche en dehors, d'un rose violet en dedans. Espèce fort voisine de la précédente, et qui n'en est peut-être qu'une simple variété dont on ignore la patrie.

L'O. LACTÉE ; *O. lactea*, de Lamarck, *loc. cit.*, p. 368, n.° 4. Petite coquille ovale, à peine bossue, non rostrée aux extrémités, la columelle comprimée en avant ; couleur toute blanche en dehors comme en dedans.

Mer de Timor.

L'O. INCARNATE : *O. carnea*, *Bulla carnea*, Linn. ; Gmel., p. 3434, n.° 50 ; Encycl. méthod., pl. 357, fig. 2, *a*, *b*. Très-petite coquille de cinq lignes de long, un peu bossue, un peu rostrée aux deux extrémités, avec un pli antérieur à la columelle ; le bord droit arqué ; couleur de chair rougeâtre ou vineuse.

De la Méditerranée et des côtes de Barbarie.

. L'O. GRAIN-DE-BLÉ ; *O. triticea* de Lamarck, *loc. cit.*, p. 368, n.° 6. Très-petite coquille ovale-oblongue, assez semblable à la précédente, dont elle n'est peut-être qu'une variété, par la couleur et la forme, mais dont le bord extérieur est presque droit, blanc, ainsi que le pli de la columelle.

Côtes d'Afrique.

L'O. GRAIN D'ORGE ; *O. hordeacea* de Lamarck, *loc. cit.*, p. 369, n.° 7. Très-petite coquille, plus grêle, plus cylindracée que la précédente, avec un angle peu marqué sur le dos et un gros pli blanc à la columelle : couleur d'un brun rouge.

Côtes de l'Afrique ?

C. *Espèces qui n'ont aucun bord denté, dont les tubes sont peu marqués, et dont le dos est cerclé par une carène* (G. ULTIME, Den. de Montfort).

L'O. GIBBEUSE : *O. gibbosa*, *Bulla gibbosa*, Linn. ; Gmel., p. 3423, n.° 6 ; Encycl. méth., pl. 357, fig. 4, *a*, *b*. Coquille ovale-oblongue, obtuse aux deux extrémités, avec une carène obtuse dans le milieu du dos : couleur d'un blanc jaunâtre.

Des mers du Brésil.

D. *Espèces qui n'ont aucun bord denté ni épaissi, et dont les extrémités se prolongent en un tube qui s'accroît avec l'âge* (G. Navette , Den. de Montfort).

L'O. aciculaire ; *O. acicularis* de Lamarck, *loc. cit.*, p. 369, n.° 9. Coquille d'un demi-pouce de long, subcylindrique, grêle, diaphane, subaiguë aux extrémités : couleur d'un cendré bleuâtre.

Mer des Antilles.

L'O. spelte : *O. spelta*, *Bulla spelta*, Linn.; Gmel., p. 3423, n.° 4; Gualt., *Test.*, tab. 15, fig. 4. Coquille oblongue, subrostrée à chaque extrémité, un peu renflée sur le dos ; bord externe un peu arqué et marginé en dedans, un petit pli à la columelle : couleur blanche.

De la Méditerranée.

L'O. haliotide, *O. haliotidea*, Renieri. Coquille assez grande (quinze lignes environ de longueur), étroite, alongée, assez rostrée aux deux extrémités ; un gros pli à la partie antérieure de la columelle ; le bord droit rebordé en dedans.

J'ai vu cette espèce dans la Collection de coquilles de l'Adriatique, rapportée par M. Bertrand Geslin, avec des annotations de M. Renieri lui-même. Elle ne me paroît guère différer du *B. spelta*, étiqueté par le même comme de l'Adriatique, que par plus de grandeur en général et surtout par plus d'alongement. Ne seroit-ce pas la coquille que M. Renieri a donnée à M. Brocchi comme le *Bulla birostris* de Linné, et qui a fait admettre à celui-ci que cette coquille, qui est des côtes de Java, se trouve fossile dans les collines subappennines ?

L'O. birostre : *O. birostris*, *Bulla birostris*, Linn.; Gmel., p. 3423, n.° 3; Encycl. méthod., pl. 357, fig. 1, *a*, *b*. Coquille oblongue, un peu renflée sur le dos, évidemment rostrée à chaque extrémité, et pourvue d'un bourrelet extérieur au bord droit : couleur blanche.

Des côtes de Java.

L'O. navette : *O. volva*, *Bulla volva*, Linn.; Gmel., p. 3422, n.° 2 ; Encycl. méthod., pl. 357, fig. 3, *a*, *b*. Coquille presque globuleuse dans son milieu, et terminée à chaque extrémité par un long tube droit et grêle, souvent strié obliquement : couleur toute blanche ou teintée de rose.

De l'Océan des Antilles. (DE B.)

OVULE. (*Foss.*) Les coquilles de ce genre ne se sont rencontrées jusqu'à présent à l'état fossile que dans les couches plus nouvelles que la craie.

OVULE PASSERINALE ; *Ovula passerinalis*, Lamk., Anim. sans vert., tom. 6, pag. 371. Coquille ovale, ventrue, à peine rostrée, qui n'offre ni dents ni plis sur le bord droit. La columelle porte un gros pli vers son extrémité antérieure. Elle est de la grosseur d'un œuf de moineau. On la trouve dans les environs de Fiorenzola dans le Plaisantin.

OVULE BIROSTRE ; *Ovula birostris*, Lamk., *loc. cit.*, même page. Il paroît qu'elle ressemble en tout à son analogue vivant, qui habite les côtes de Java. Son bord extérieur est bien marginé en dehors. Elle a un pli oblique sur la columelle du bec antérieur. Longueur un pouce. Dans les environs de Fiorenzola.

OVULE ? FRAGILE ; *Ovula ? fragilis*, Def., Vélins du Mus., n.° 4, fig. 5. J'ai trouvé rarement, dans des coquilles univalves de Grignon, de petites coquilles très-fragiles, qui ont quatre à cinq lignes de longueur , et qui sont enroulées sur elles-mêmes, comme les ovules. Elles sont très-minces ; le bord droit est un peu marginé extérieurement et n'est point roulé en dedans ; sa spire est rostrée et son ouverture ne s'étend pas jusqu'au bout du rostre.

OVULE TUBERCULEUSE ; *Ovula tuberculosa*, Ducl. Cette espèce, que M. Duclos a découverte depuis peu de temps, auroit dû, à cause de sa grosseur, être connue depuis long-temps, puisqu'elle a plus de quatre pouces de longueur sur près de trois pouces de diamètre. Elle a l'aspect d'une porcelaine, et ne porte de dentelure qu'à la base du bord droit. Elle diffère de toutes les espèces de son genre, ainsi que des porcelaines, en ce qu'elle porte quelques gros tubercules, placés sur le dos vers la partie supérieure du dernier tour de la spire et sur cette dernière. Trouvée aux environs de Laon, dans une couche de grès supérieure ?

OVULE SEMENCE ; *Ovula semen*, Def. Coquille oblongue, à dos uni, pointue aux deux bouts, portant un pli au haut de sa columelle et une callosité au bord gauche de son ouverture ; le bord droit étant marginé en dedans. Longueur six lignes. Trouvée dans les faluns de la Tourraine. Elle est rare. Il paroît qu'elle a quelques rapports avec l'*ovula triticea*, Lamk., qui vit sur les côtes d'Afrique.

M. Brocchi annonce (*Conch. foss. subapp.*, tom. 2, pag. 378) que dans le Plaisantin on trouve à l'état fossile l'*ovula spelta*, qui vit dans la mer Adriatique et dans la Méditerranée. (D. F.)

OVULE GIBBEUSE. (*Conchyl.*) Espèce d'ovule (*Bulla gibbosa*, Linn.) dont Denys de Montfort a fait un genre qu'il a nommé ULTIME, parce qu'en effet, dans son Système de conchyliologie des univalves, il l'a placé le dernier. (DE B.)

OVULE VERRUQUEUSE. (*Conchyl.*) Espèce d'ovule (*Bulla verrucosa*, Linn.), type du genre CALPURNE de Denys de Montfort. (DE B.)

OVULITE. (*Foss.*) Polypier pierreux, ovuliforme ou cylindracé, creux intérieurement, percé aux deux bouts. Tels sont les caractères que M. de Lamarck a assignés à de petits corps très-fragiles qu'on trouve assez abondamment dans les coquilles univalves des couches du calcaire coquillier grossier des environs de Paris.

Comme on ne remarque sur eux aucune trace d'adhérence, on peut soupçonner qu'ils étoient libres et contenus dans les corps qui les ont formés, comme les oryzaires, les fabulaires, les dactylopores et les véritables turbinolies, autrement on ne peut concevoir comment, sans avoir eu un point d'appui, ils auroient pu prendre de l'accroissement et comment il auroit pu être ajouté à la partie qui auroit déjà été commencée. Ces corps sont creux, et non-seulement ils sont constamment percés aux deux bouts, mais encore on en voit quelques-uns qui ont deux trous distincts au bout le plus gros, et il est aisé de voir que leur forme, de ce côté, dépend des deux trous qui s'y trouvent. En les regardant avec une très-forte loupe, on aperçoit de très-petits pores sur leur surface extérieure, mais ils sont hors de proportion avec ceux des autres polypiers connus. Ils étoient déjà solides quand ils étoient dans la mer, car j'ai trouvé de très-petites serpules attachées dessus.

On en trouve de plusieurs espèces ; savoir :

Ovulite perle ; *Ovulites margaritula*, Lamk., Anim. sans vert., tom. 2, pag. 194; Atlas de ce Dict., pl. de foss.; Lamx., Exp. méth. de l'ord. des polyp., tab. 71, fig. 9 et 10; Enc., pl. 479, fig. 7 (mauvaise). Corps pierreux, ovuliforme, creux intérieurement et percé aux deux bouts. Longueur, une ligne et demie.

Ovulite alongée; *Ovulites elongata*, Lamk., *loc. cit.*, même page; Vélins du Mus., n.° 48, fig. 8; Atlas de ce Dict.; Lamx., même pl., fig. 11 et 12; Enc., même pl., fig. 8 (mauvaise). Ces petits corps diffèrent de l'espèce précédente, en ce que leur forme est cylindrique; leur grosseur varie depuis celle d'un gros fil, jusqu'à celle d'un crin de cheval. Longueur, jusqu'à deux lignes. Ils sont quelquefois plus gros par un bout que par l'autre; d'autres fois on en trouve qui sont d'une forme qui tient de celle des deux espèces.

Ovulite sphérique : *Ovulites globulosa*, Def.; Vélins du Mus., n.° 48, fig. 9. Cette espèce, qui n'est pas aussi grosse qu'un grain de moutarde, est à peu près sphérique. Les deux petits trous qu'on voit bien distinctement aux deux autres espèces, sont à peine visibles dans celle-ci. On la rencontre à Grignon et Villiers, département de Seine-et-Oise et aussi à Courtagnon près de Reims. On trouve dans les sables de Rimini de petits corps qui ont les plus grands rapports avec ceux-ci.

On est exposé à confondre avec l'ovulite sphérique un petit polypier de même forme et de même grosseur, qu'on trouve dans la même couche à Villiers et aussi dans les sables de Rimini; mais celui-ci est massif et solide, et il est plus sphérique. Il est difficile d'être certain de quel genre dépend ce petit corps. (D. F.)

OWATERIVAU. (*Mamm.*) C'est le même nom qu'Ouatiriouaou. Voyez ce mot. (F. C.)

OWCA et OWIECZKA. (*Mamm.*) Ce sont des noms polonois de la brebis. (F. C.)

OWEN. (*Mamm.*) Nom russe du mouton. Owza est celui de la brebis. (F. C.)

OWEWAER. (*Ornith.*) Nom flamand de la cigogne blanche, *ardea ciconia*, Linn. (Ch. D.)

OWL. (*Ornith.*) Nom générique des oiseaux de proie nocturnes en anglois. (Ch. D.)

OX. (*Mamm.*) Nom anglois du bœuf. (F. C.)

OXALIDE ; *Oxalis*, Linn. (*Bot.*) Genre de plantes dicotylédones polypétales, placées d'abord par M. de Jussieu dans
la famille des *géraniacées*, mais dont on a fait depuis le type
de celle des *oxalidées*; il appartient d'ailleurs à la *décandrie
pentagynie* du système sexuel, et ses principaux caractères
sont d'avoir : Un calice persistant, à cinq folioles, ou partagé
profondément en cinq divisions; cinq pétales égaux, hypo-
gines, légèrement réunis par leurs onglets; dix étamines hy-
pogines, à filamens réunis par leur base et alternativement
plus courts; un ovaire supère, à cinq angles, et surmonté de
cinq styles; une capsule pentagone, à cinq loges, à cinq valves, s'ouvrant longitudinalement par les angles avec élasticité,
et contenant dans chaque loge une ou plusieurs graines.

Les oxalides sont des plantes herbacées, à feuilles très-rarement simples, ordinairement ternées ou digitées, dont les
fleurs sont solitaires ou réunies en ombelle, et portées sur
des pédoncules axillaires ou des hampes radicales. On en
connoît aujourd'hui plus de cent cinquante espèces, dont
trois seulement croissent naturellement en France ; parmi les
exotiques, il y en a beaucoup qui croissent au cap de Bonne-
Espérance. Ces plantes sont en général difficiles à distinguer
les unes des autres, la plupart ayant le même port, les mêmes
caractères dans la disposition des feuilles et des fleurs. Plusieurs d'entre elles sont cultivées dans les jardins; leurs fleurs
sont en général jolies; mais elles ne sont que de peu de
durée. Nous ne citerons qu'une ou deux espèces dans chacune des sections que les botanistes ont établies pour diviser
ce grand genre.

* *Feuilles simples.*

OXALIDE A FEUILLES SIMPLES ; *Oxalis monophylla*, Linn. ,
Mant., 241. Sa racine est une petite bulbe arrondie; elle
produit plusieurs feuilles radicales, ovales, entières, un peu
échancrées à leur sommet, portées sur des pétioles un peu
hispides. Ses fleurs sont mêlées de jaune et de rougeâtre, solitaires sur des pédoncules légèrement hérissés de poils, et trois
fois plus longs que les pétioles. Cette espèce croît au cap de
Bonne-Espérance.

** *Feuilles géminées.*

OXALIDE CRÉPUE ; *Oxalis crispa*, Jacq., *Oxal.*, n.° 37 ; p. 58, t. 23. Ses feuilles sont composées de deux folioles ovales, presque rondes, crépues et denticulées en leurs bords, portées sur des pétioles ailés. Ses fleurs sont grandes, blanchâtres, rayées, solitaires sur des hampes plus longues que les feuilles. Cette plante croît naturellement au cap de Bonne-Espérance. On la cultive dans les jardins en France.

*** *Feuilles ternées ; tige nulle ; hampes uniflores.*

OXALIDE PURPURINE ; *Oxalis purpurea*, Jacq., *Oxal.*, n.° 71 , p. 94, t. 57. Sa racine est une bulbe qui produit plusieurs feuilles pétiolées, composées de trois folioles élargies, un peu émoussées à leur sommet, cunéiformes à leur base, ciliées en leurs bords. Ses fleurs sont purpurines, à fond jaune, portées sur des hampes plus longues que les feuilles ; leurs styles sont plus courts que les étamines. Cette espèce est originaire du cap de Bonne-Espérance ; on la cultive en Europe dans les jardins.

OXALIDE OSEILLE, vulgairement ALLÉLUIA, SURELLE, HERBE-DU-BŒUF , PAIN-DE-COUCOU , TRÈFLE AIGRE ; *Oxalis acetosella*, Linn., *Spec.*, 620. Sa racine est écailleuse, comme articulée, rampante, blanchâtre ; elle produit des feuilles longuement pétiolées, composées de trois folioles en cœur renversé, d'un vert pâle ; elle donne aussi naissance à plusieurs hampes longues de trois à quatre pouces, garnies à leur partie moyenne de deux petites bractées opposées, et terminées à leur sommet par une seule fleur blanche, veinée de violet. Cette plante croît dans les bois et dans les haies à l'ombre, en France et dans la plus grande partie de l'Europe.

Les feuilles de cette oxalide ont une saveur acide et assez agréable ; on en faisoit autrefois usage en médecine, comme rafraîchissantes, apéritives, diurétiques et antiscorbutiques. On en préparoit aussi jadis, dans les pharmacies, un sirop, une conserve, un extrait, une eau distillée, toutes choses qui ne sont plus en usage maintenant. En Suisse et en Allemagne, où cette plante est très-commune, on en retire, par les procédés convenables, un sel particulier, connu dans le commerce sous le nom de *sel d'oseille*, et que les chimistes ont appelé *oxalate de potasse*. Ce sel sert habituellement à enlever les taches d'encre de dessus le linge, les étoffes blanches, le bois, l'ivoire, etc.

**** *Feuilles ternées; hampes portant plusieurs fleurs.*

OXALIDE COMPRIMÉE; *Oxalis compressa*, Thunb., *Oxal.*, p. 6 et 11, n.° 7. Sa racine produit plusieurs feuilles pétiolées, composées de trois folioles en cœur renversé, glabres et vertes en dessus, velues et blanchâtres en dessous. Ses fleurs sont jaunes, ordinairement deux ensemble sur les hampes. Cette plante croît au cap de Bonne-Espérance dans les terrains humides et sablonneux. Thunberg dit que les habitans de ce pays en expriment le suc, et qu'ils obtiennent par la cristallisation un sel qui a toutes les propriétés de l'oxalate de potasse, et qui peut servir aux mêmes usages.

OXALIDE PIED-DE-CHÈVRE; *Oxalis pes capræ*, Linn., *Spec.*, 622. Sa racine est longue, filiforme, fibreuse, accompagnée à son collet de petites bulbes; elle produit une touffe de feuilles pétiolées, composées chacune de trois folioles sessiles, élargies, profondément échancrées à leur sommet, glabres en dessus, blanchâtres et légèrement pubescentes en dessous. Les hampes ont plus de deux fois la longueur des pétioles, sont cylindriques, flexueuses, et portent chacune une ombelle composée de quinze à vingt fleurs jaunes, d'un aspect agréable, mais qui ne se développent que successivement. Cette espèce est originaire du cap de Bonne-Espérance; on la cultive dans les jardins.

***** *Feuilles ternées; tige portant des pédoncules uniflores.*

OXALIDE VERSICOLORE; *Oxalis versicolor*, Jacq., *Oxal.*, n.° 51, p. 72, t. 36 et t. 77, fig. 4. Sa racine est une bulbe ovale, presque lisse, qui produit une tige simple, cylindrique, redressée, haute de trois à six pouces, garnie dans sa longueur de quatre à cinq écailles alternes, membraneuses, amplexicaules. Les feuilles sont ramassées en un faisceau qui termine les tiges, et elles sont composées chacune de trois folioles sessiles, linéaires, canaliculées, remarquables par deux petites callosités luisantes, purpurines, placées vers leur sommet. Les fleurs sont assez grandes, mêlées de jaune et de rouge clair, portées sur des pédoncules axillaires, uniflores, plus longs que les pétioles. Cette oxalide croît naturellement au cap de Bonne-Espérance.

* * * * * * *Feuilles ternées; tige portant des pédoncules multiflores.*

OXALIDE CORNUE : *Oxalis corniculata*, Linn., *Spec.*, 623; Jacq., *Oxal.*, n.º 10, p. 30, t. 5. Sa racine est fibreuse, annuelle; elle produit une tige longue de quatre à huit pouces, rameuse, couchée, diffuse, garnie de feuilles pétiolées, composées de trois folioles en cœur renversé et légèrement velues. Ses fleurs sont jaunes, assez petites, portées deux à cinq ensemble sur des pédoncules axillaires. Ses capsules sont prismatiques, droites. Cette plante croît dans les champs et les lieux cultivés en France et dans le Midi de l'Europe.

OXALIDE ROIDE : *Oxalis stricta*, Linn., *Spec.*, 624; Jacq., *Oxal.*, n.º 9, p. 29, t. 4. Cette espèce diffère de la précédente par sa tige droite et non couchée ni rampante; par ses feuilles glabres, et par ses pétales toujours très-entiers. On la dit originaire de l'Amérique; mais elle est commune dans les haies et les lieux cultivés de plusieurs parties de la France, de l'Allemagne, de la Suisse, de l'Italie, etc.

* * * * * * * *Feuilles digitées.*

OXALIDE PECTINÉE; *Oxalis pectinata*, Jacq., *Oxal.*, n.º 95, p. 118, t. 75. Sa racine est rampante; elle produit de son collet plusieurs feuilles pétiolées, glabres, digitées, composées de sept à huit folioles linéaires, obtuses, vertes des deux côtés, un peu purpurines à leur base. Ses fleurs sont jaunes, portées sur des hampes glabres, uniflores, de la longueur des pétioles; les filamens des étamines sont glanduleux, ainsi que les styles. Cette oxalide croît naturellement au cap de Bonne-Espérance.

Les oxalides exotiques, qui sont cultivées dans les jardins, se plantent en pot dans du terreau de bruyère, et on les rentre, pendant la saison froide, dans la serre tempérée. On peut les multiplier de graines, mais comme les racines de plusieurs sont bulbeuses, c'est par la séparation des cayeux qu'elles produisent qu'on les propage le plus ordinairement. Ces plantes ont besoin d'être assez fréquemment arrosées pendant qu'elles sont en végétation. Les fleurs de plusieurs espèces ne s'ouvrent qu'au soleil. (L. D.)

OXALIQUE [Acide] et OXALATES. (*Chim.*) L'acide oxalique est un acide organique qu'on a décrit d'abord sous le nom d'*acide du sucre* ou *acide saccharin*, parce qu'on le préparoit en faisant réagir l'acide nitrique sur le sucre. Plus tard, lorsqu'on a eu découvert son identité avec l'acide extrait du sel d'oseille, on lui a donné le nom d'acide du sel d'oseille ou d'acide oxalique. On applique à cet acide les deux hypothèses que l'on a faites sur la nature du gaz acide hydrochlorique, c'est-à-dire qu'on peut le considérer comme l'hydrate d'un acide formé d'oxigène et de carbone dans une proportion moyenne entre celles qui constituent le gaz oxide de carbone et le gaz acide carbonique, ou bien comme un hydracide formé d'acide carbonique et d'hydrogène.

Je vais faire l'histoire chimique de l'acide oxalique et des oxalates, suivant la première manière de voir; dans l'histoire des travaux, auxquels ces corps ont donné lieu, j'expliquerai les faits selon la théorie des hydracides.

Préparation.

On adapte à une cornue de verre tubulée un récipient à long col tubulé. A la tubulure de celui-ci on ajuste un long tube droit, ouvert aux deux extrémités. On introduit dans la cornue 1 p. d'amidon et 8 p. d'acide nitrique à 32^d. On chauffe doucement. Il se dégage du gaz acide carbonique, du gaz nitreux et de l'acide nitreux.

Quand l'action paroît diminuer, on élève la température du liquide jusqu'à le faire bouillir; on le concentre; puis on le verse dans une capsule pour le faire cristalliser. Les cristaux, séparés de l'eau-mère, doivent être lavés à l'eau froide; puis redissous, et la solution doit être mise à cristalliser. Quant à l'eau-mère, on peut la traiter par de nouvel acide nitrique.

On a conseillé de ne verser d'abord que 4 p. d'acide nitrique sur l'amidon ; de faire cristalliser l'acide oxalique produit par ce traitement, et de soumettre ensuite l'eaumère à deux traitemens successifs par l'acide nitrique, dans chacun desquels on emploie 2 p. d'acide nitrique.

On peut obtenir encore l'acide oxalique du sel d'oseille, en précipitant la solution de ce sel par l'oxalate de potasse, et décomposant ensuite le précipité d'oxalate de plomb par l'acide sulfurique foible. Il se forme du sulfate de plomb, qui se dépose, et l'acide oxalique isolé se dissout dans l'eau.

Composition.

L'acide oxalique cristallisé, obtenu par le procédé précédent, est un hydrate formé de

Berzelius.

Acide sec.... 58 .

Eau .... 42.

Lorsqu'on l'expose à la chaleur avec les précautions convenables, on en chasse 28 p. d'eau pour 100 p. d'acide. M. Berzelius regarde le résidu, formé de

Acide sec.... 86

Eau 14,

comme le véritable hydrate d'acide oxalique, par la raison que cette proportion d'eau contient autant d'oxigène que la quantité d'une base oxidée qui est nécessaire pour neutraliser l'acide sec ; en conséquence il regarde les 0,28 d'eau, que la chaleur dégage de l'acide oxalique, comme de l'eau de cristallisation.

Suivant lui, l'acide oxalique sec est formé de

Oxigène.... 66,22.... 3

Carbone.... 33,78.... 2,

et il neutralise une quantité de base qui contient le tiers de son oxigène. M. Berzelius avoit d'abord cru que l'acide oxalique sec étoit formé de

Oxigène....... 64,30

Carbone....... 35,02

Hydrogène..... 00,68 ;

mais M. Dulong ayant démontré l'absence de l'hydrogène dans

l'oxalate de plomb, M. Berzelius a reconnu la première composition.

Propriétés physiques de l'acide oxalique hydraté.

L'acide oxalique hydraté est solide : il cristallise en prismes quadrangulaires, terminés par des sommets dièdres. Pour peu que la cristallisation de cet acide soit rapide, il se présente sous la forme d'aiguilles ou de prismes qui résultent de l'assemblage de prismes aciculaires. Ces cristaux sont transparens, très-éclatans.

a) Cas où l'acide oxalique n'éprouve aucun changement.

Lorsqu'on met l'acide cristallisé en contact avec l'eau froide, on entend souvent un petit bruit, qui est dû, suivant toute apparence, à la rupture des cristaux.

Il est soluble dans le double de son poids d'eau froide, et dans un poids d'eau bouillante égal au sien.

100 p. d'alcool froid en dissolvent 40 de cet acide, et 100 p. d'alcool bouillant en dissolvent 46.

Il est soluble dans les acides hydrochlorique et acétique.

L'acide oxalique s'unit à plusieurs bases sans perdre de l'eau.

b) Cas où l'acide oxalique éprouve un changement dans la proportion de son eau.

Lorsqu'on distille de l'acide oxalique, il perd de l'eau et il se sublime de l'acide hydraté au minimum. Les dernières portions d'eau qui se volatilisent, entraînent avec elle de l'acide : c'est ce qui rend très-difficile a déterminer la proportion d'eau que l'acide oxalique cristallisé peut perdre par l'action de la chaleur. Enfin il ne reste dans la cornue qu'une trace de charbon, provenant d'une petite quantité d'acide qui, à la fin de l'opération, a été réduite en acide carbonique et en gaz inflammable.

L'acide oxalique perd toute son eau lorsqu'il se combine à plusieurs oxides, notamment à l'oxide de plomb. On considère d'après cela l'acide de l'oxalate de plomb comme parfaitement sec. Aussi est-ce ce sel qu'on analyse pour déterminer la proportion des élémens de l'acide oxalique.

c) *Cas où l'acide oxalique est complétement altéré.*

Lorsqu'on fait passer la vapeur d'acide oxalique dans un tube rouge de feu, on obtient beaucoup d'acide carbonique et un gaz inflammable qui contient de l'oxigène, du carbone et de l'hydrogène; ce gaz est vraisemblablement un mélange d'oxide de carbone et d'hydrogène.

L'acide nitrique bouillant convertit l'acide oxalique en eau et en acide carbonique; c'est même par ce moyen que M. Vauquelin avoit tenté de l'analyser.

L'acide sulfurique le dénature et met du charbon à nu.

Le chlorure d'or a sur l'acide oxalique, soit libre, soit uni à une base, une action remarquable, qui a été décrite par M. Van Mons et examinée de nouveau par M. J. Pelletier et par M. Berzelius.

Si l'on met de l'acide oxalique dans du chlorure d'or, l'acide est réduit en acide carbonique, le chlore passe à l'état d'acide hydrochlorique, et l'or se précipite à l'état métallique; la lumière accélère cet effet.

Si l'on emploie l'oxalate neutre de potasse, l'effet est plus rapide; le gaz carbonique se dégage en faisant une vive effervescence.

OXALATES.

Tous les oxalates sont décomposables par le feu.

OXALATE D'ALUMINE.

L'acide oxalique dissout l'alumine en gelée. La solution ne cristallise pas. Quand on l'évapore, elle laisse une masse transparente, qui a la saveur astringente et sucrée des sels d'alumine, et qui est déliquescente.

L'acide oxalique ne décompose pas le sulfate, le nitrate et l'hydrochlorate d'alumine.

OXALATE D'AMMONIAQUE.

	Berzelius.
Acide.................	67,71
Ammoniaque..........	32,29

On le prépare en neutralisant l'acide oxalique par l'ammoniaque étendue et en faisant évaporer doucement la liqueur. Si l'évaporation se fait à une température assez élevée pour chasser une quantité notable de l'ammoniaque, il est nécessaire d'ajouter quelques gouttes de cet alcali concentré avant que la cristallisation s'opère.

L'oxalate d'ammoniaque cristallise en prismes tétraèdres terminés par des sommets dièdres.

Il est assez soluble dans l'eau et presque insoluble dans l'alcool.

Il est employé surtout pour précipiter la chaux de ses solutions salines.

BINOXALATE D'AMMONIAQUE.

Il contient deux fois plus d'acide que le précédent.

Il cristallise en petites aiguilles.

Il est moins soluble dans l'eau que l'oxalate neutre.

OXALATE D'ARGENT.

Acide 23,74
Oxide .... 76,26.

On le prépare en précipitant le nitrate d'argent par l'oxalate de potasse.

Il est peu soluble dans l'eau.

Il détone à la manière de la poudre quand on le chauffe dans une cuiller.

OXALATE DE BARYTE.

Acide 32,07
Baryte .... 67,93.

On l'obtient en neutralisant l'eau de baryte par l'acide oxalique, ou en précipitant un sel soluble de baryte par l'oxalate d'ammoniaque.

Il est très-peu soluble dans l'eau.

Il est décomposé par l'acide sulfurique.

BINOXALATE DE BARYTE.

Ce sel a été découvert par Darracq et analysé par Berard. Pour le préparer, il faut faire bouillir de l'hydrochlorate de baryte sur l'acide oxalique cristallisé. La liqueur, en refroidissant, laisse déposer des cristaux.

Il suffit de faire bouillir de l'eau sur ces cristaux pour les réduire en acide, qui se dissout, et en oxalate, qui se dépose pour la plus grande partie.

OXALATE DE BISMUTH.

Berzelius.

Acide 31,40
Oxide .... 68,60.

On l'obtient en précipitant le nitrate de bismuth par l'acide oxalique.

Ce sel n'est presque pas soluble dans l'eau.

OXALATE DE CHAUX.

Berzelius.		Berard.
Acide .... 55,93 ... 49,09	... Acide et eau ...	62
Chaux.... 44,07 ... 38,69	... Chaux	38
Eau............... 12,22.		

On le prépare en précipitant de l'hydrochlorate ou du nitrate de chaux par l'oxalate d'ammoniaque.

Ce sel est en poussière cristalline blanche, pesante, insoluble dans l'eau, extrêmement peu soluble dans un excès de son acide, assez soluble dans l'acide nitrique, l'acide hydrochlorique, etc.

Il est décomposable par les sous-carbonates de potasse et de soude. Les alcalis caustiques n'en séparent que des quantités d'acide extrêmement petites.

L'oxalate de chaux se rencontre dans un grand nombre d'écorces et de bois.

OXALATE DE COBALT.

Berzelius.

Acide............ 39,43
Oxide............ 40,94
Eau............. 19,63.

On peut l'obtenir par double décomposition ou en neutralisant l'acide oxalique par l'hydrate ou le sous-carbonate de cobalt.

Ce sel est insoluble dans l'eau. Il y est soluble au moyen d'un excès de son acide.

Il est très-soluble dans l'ammoniaque.

Il est susceptible de former un oxalate ammoniacal double, dont la solution est d'une belle couleur rouge.

Oxalate de cuivre.

Berzelius.

Acide.............. 47,68
Oxide de cuivre..... 52,32.

L'acide oxalique précipite tous les sels solubles de cuivre en un oxalate pulvérulent verdâtre.

Cet oxalate est soluble dans un excès de son acide.

Oxalate d'étain.

Suivant Bergman, l'acide oxalique attaque l'étain métallique. Il se dégage du gaz hydrogène; et la liqueur est susceptible de donner des cristaux prismatiques.

D'après ce qu'ajoute Bergman, le peroxide d'étain se dissout très-bien dans l'acide oxalique.

Oxalate de protoxide de fer.

Berzelius.

Acide..... 50,72
Oxide..... 49,28.

L'acide oxalique dissout le fer avec effervescence. La solution, évaporée convenablement, donne un oxalate cristallisé en prismes verts, qui est très-soluble dans l'eau.

Oxalate de peroxide de fer.

Berzelius.

Acide....... 58,09
Peroxide..... 41,91.

L'acide oxalique dissout l'hydrate de peroxide de fer; mais en faisant évaporer à sec et reprenant le résidu par l'eau, on obtient un sous-oxalate en poudre jaune, presque insoluble.

C'est sur la solubilité du peroxide de fer dans l'acide oxalique et sur l'insolubilité de l'oxalate de protoxide de cobalt, qu'est fondée la séparation de ces deux oxides.

Oxalate de glucine.

Berzelius.

Acide...... 58,47
Glucine..... 41,53.

Ce sel est soluble dans l'eau. La solution ne cristallise pas;

37.   10

'elle se prend par l'évaporation en une masse visqueuse et transparente.

OXALATE DE MAGNÉSIE.

Berzelius.

Acide 63,62
Magnésie.... 36,38.

On le prépare en décomposant le sulfate de magnésie par l'oxalate d'ammoniaque. Le précipité ne se forme pas sur-le-champ, suivant la remarque de M. Bérard. Cependant ce sel est extrêmement peu soluble dans l'eau et dans un excès de son acide.

M. Berzelius admet l'existence d'un binoxalate de magnésie.

OXALATE DE MANGANÈSE.

Berzelius.

Acide 49,78
Protoxide de manganèse..... 50,22.

L'acide oxalique dissout le protoxide de manganèse; mais il paroît que la solution ne s'opère que par un excès d'acide.

OXALATE DE PROTOXIDE DE MERCURE.

Acide 14,65
Protoxide.... 85,35.

Ce sel est peu soluble dans l'eau.

Il est un peu plus soluble dans un excès d'acide.

OXALATE DE NICKEL.

Berzelius.

Acide........... 49,02
Oxide........... 50,98.

Ce sel est insoluble dans l'eau.

Il forme avec l'ammoniaque un sel double, qui est soluble dans l'ammoniaque et insoluble dans l'eau et le sous-carbonate d'ammoniaque. Or, comme l'oxalate ammoniaco-de-cobalt est soluble dans l'ammoniaque et le sous-carbonate d'ammoniaque, lorsqu'on a une solution de ces deux oxalates doubles ammoniacaux dans l'ammoniaque, il suffit de la laisser à l'air pour obtenir l'oxalate ammoniaco-de-nickel précipité.

OXALATE DE PLOMB.

Berzelius.

Acide 24,47
Protoxide de plomb. . . . . 75,53.

Ce sel se prépare par là voie des doubles affinités.

Il est très-légèrement soluble dans l'eau.

L'acide sulfurique étendu le décompose avec assez de facilité.

OXALATE DE POTASSE.

Berzelius.

Acide 43,37
Potasse. . . . . 56,63.

On prépare ce sel en neutralisant l'acide oxalique, ou, ce qui est plus économique, le binoxalate de potasse, par l'eau de potasse ou le sous-carbonate de cette base.

Ce sel est difficile à obtenir sous la forme cristalline, parce qu'il est très-soluble dans l'eau.

La plupart des acides le convertissent en binoxalate. Les plus énergiques le convertissent en quadroxalate.

Tous les sels dont la base forme avec l'acide oxalique un sel peu soluble dans l'eau, le décomposent.

Il existe dans le suc du bananier.

BINOXALATE DE POTASSE (SEL D'OSEILLE).

Berzelius.

Acide 60,50 56,26
Potasse 39,50 31,74
Eau. . . . . 7,00.

On le prépare en présentant à l'acide oxalique la moitié de l'alcali qui seroit nécessaire pour le neutraliser, ou, ce qui est plus économique, on l'extrait du *rumex acetosa foliis sagittatis*, par le procédé suivant, pratiqué en Souabe :

1.° On sème le *rumex* au mois de Mars; on le fauche au mois de Juin.

2.° On écrase la plante dans une sorte de mortier carré, formé avec de gros madriers, exactement joints ensemble et assujetis par des cercles de fer. Ce mortier peut contenir 300 pintes de Paris. Le pilon du mortier a la forme d'un

marteau. Il est mis en mouvement au moyen d'une roue
à eau.

3.º On tire le suc et le marc de la plante par une petite
porte pratiquée sur un des côtés du mortier.

On met le suc et le marc dans.des cuves de bois avec de
l'eau. Après quelques jours de macération, on porte la matière dans un pressoir à raisin. Le marc exprimé est rebattu
dans le mortier avec de l'eau. On continue ces opérations
jusqu'à ce que le marc soit épuisé de sel.

4.º On fait légèrement chauffer, dans une grande cuve,
tous les sucs obtenus; on y ajoute de l'eau, dans laquelle on
a délayé de l'argile très-fine. On agite, on laisse en repos;
après vingt-quatre heures, la liqueur est clarifiée; on la décante; on la filtre sur des étoffes de laine. Il reste sur l'étoffe
des parties terreuses, des débris ligneux et une matière
azotée.

5.º On fait bouillir très-légèrement le suc clarifié dans des
chaudières de cuivre étamé, jusqu'à ce qu'il se forme une
pellicule; à ce moment on le verse dans des terrines de grès,
où on le laisse en repos pendant un mois; on décante la
liqueur, et on obtient des cristaux d'oxalate acidule. On
fait évaporer et cristalliser l'eau-mère jusqu'à ce qu'elle ne
donne plus rien: à chaque opération qu'on lui fait subir, on
y ajoute de l'argile et on a soin de filtrer.

6.º On purifie le sel d'oseille en le faisant dissoudre dans
une suffisante quantité d'eau, faisant évaporer, filtrant et
mettant à cristalliser.

Ce procédé a été décrit par Baunach avec beaucoup de
détails dans le 2.ᵉ volume des Mémoires de Bayen.

Le binoxalate de potasse cristallise en petits parallélipi-
pèdes, qui sont presque toujours opaques.

Il a une saveur piquante, légèrement àcre et amère.

Il exige 10 p. d'eau bouillante pour se dissoudre et beaucoup plus d'eau froide. C'est à ce peu de solubilité qu'il
faut attribuer le précipité qui est manifesté dans la solution
d'oxalate de potasse neutre lorsqu'on y ajoute de l'acide oxalique ou une quantité d'un autre acide suffisamment énergique pour s'emparer de la moitié de la base.

Le binoxalate de potasse, traité par les acides sulfurique,

nitrique et hydrochlorique, leur cède la moitié de son alcali et devient quadroxalate, suivant l'observation de M. Wollaston.

Le binoxalate de potasse est susceptible de former des combinaisons avec la plupart des bases salifiables qu'on lui présente dans la proportion nécessaire pour neutraliser l'excès de son acide, qui n'ont point encore été suffisamment étudiées. C'est une combinaison de ce genre qu'il forme avec le peroxide de fer lorsqu'on emploie le binoxalate pour enlever les taches d'encre ou de rouille de dessus le linge. Pour cet usage le binoxalate est préférable à l'acide oxalique.

QUADROXALATE DE POTASSE.

		Berzelius.
Acide	75,39	66,09
Potasse	24,61	21,59
Eau		12,32.

Ce sel, découvert par M. Wollaston, peut être préparé en traitant l'oxalate ou le binoxalate de potasse par les acides sulfurique, nitrique ou hydrochlorique, ou bien en faisant bouillir la solution de chlorure de potassium sur des cristaux d'acide oxalique. Le sel se sépare en petits cristaux.

Ce sel est encore moins soluble dans l'eau que le binoxalate.

Il est insoluble dans l'alcool.

Il accompagne quelquefois le binoxalate de potasse dans les végétaux.

OXALATE DE SOUDE.

		Berzelius.
Acide		53,61
Soude		46,39.

On le prépare en neutralisant l'acide oxalique par la soude ou le sous-carbonate de soude.

Il cristallise.

Il est très-peu soluble dans l'eau : en cela il diffère extrêmement de l'oxalate de potasse.

M. Vauquelin l'a trouvé dans les *salsola*.

BINOXALATE DE SOUDE.

On peut-le préparer directement en unissant la soude ou son sous-carbonate avec l'acide oxalique, ou en faisant bouillir l'acide oxalique avec du chlorure de sodium.

Il est encore moins soluble que l'oxalate neutre de soude.

M. Bérard n'a pu former un quadroxalate de soude.

OXALATE DE STRONTIANE.

Berzelius.

Acide........ 41,10
Strontiane.... 58,90.

Ce sel se prépare, soit en neutralisant l'eau de strontiane par l'acide oxalique, soit en décomposant un sel soluble, à base de strontiane, par l'oxalate de potasse ou d'ammoniaque.

L'oxalate de strontiane est presque entièrement insoluble dans l'eau.

M. Thompson a admis un binoxalate de strontiane; mais M. Bérard n'a pu parvenir à le préparer.

OXALATE DE TITANE.

Ce sel est insoluble : c'est pourquoi on se sert de l'acide oxalique et de ses combinaisons solubles pour séparer l'oxide de titane du peroxide de fer.

OXALATE D'YTTRIA.

Ce sel est insoluble dans l'eau : en cela l'yttria diffère de l'alumine et de la glucine.

OXALATE DE ZINC.

L'oxalate de zinc est peu soluble dans l'eau. Il s'y dissout au moyen d'un excès d'acide. Cet oxalate, comme celui de plomb, ne contient point d'eau de cristallisation.

OXALATE DE ZIRCONE.

Il est insoluble. Aussi l'acide oxalique précipite-t-il le nitrate et l'hydrochlorate de zircone.

État.

L'acide oxalique se trouve à l'état libre dans plusieurs plantes, notamment dans les pois chiches. Il existe à l'état d'oxalate de potasse neutre dans le bananier.; à l'état de bin-oxalate et quelquefois de quadroxalate de potasse dans les patiences, les oseilles; à l'état d'oxalate de soude dans les salsola; à l'état d'oxalate de chaux dans presque tous les bois de nos forêts.

Histoire.

Bergman décrivit, en 1776, les propriétés de l'acide oxa-lique, qu'il obtint en traitant le sucre par l'acide nitrique. En 1784, Schéele prouva que l'acide du sel d'oseille étoit identique avec le précédent, et que l'oxalate de chaux existe dans les écorces et les racines d'un grand nombre de plantes. M. Deyeu découvrit l'acide oxalique dans les pois chiches. M. Vauquelin reconnut l'oxalate de potasse dans le bananier, l'oxalate de soude dans le salsola. M. Wollaston fixa la com-position des trois oxalates de potasse, et fit connoître en même temps les propriétés du quadroxalate. Le travail de M. Wollaston est d'autant plus remarquable, qu'il a eu beaucoup d'influence pour démontrer la loi des combinaisons définies. M. Thompson, et ensuite M. Berard en 1810, firent con-noître la composition d'un grand nombre d'oxalates; mais M. Berard considéra l'acide oxalique sublimé comme un acide pur, et l'oxalate de chaux comme un sel anhydre; et d'après cela il indiqua dans tous les oxalates une proportion d'acide plus grande que celle qui existe : c'est ce qui nous a décidé à donner les résultats des analyses de M. Berzelius. Ce chi-miste, en 1812, observa que l'acide oxalique sublimé con-tient 0,21 d'eau, qu'il ne perd pas, au moins en totalité, quand il s'unit à la chaux; mais qu'il perd quand il se combine avec l'oxide de plomb. En 1815, M. Dulong, ayant été frappé de la petite quantité d'hydrogène indiquée par M. Berzelius dans l'oxalate de plomb, quantité qui donne pour 100 parties d'acide oxalique sec, 0,68 de partie d'hy-drogène, fut conduit à des conséquences très-remarquables sur la nature de l'acide oxalique. Voici les faits qu'il établit et qu'il expliqua suivant la théorie que nous avons donnée et suivant la théorie des hydracides.

(a) Si l'on unit à chaud l'acide oxalique sublimé à la ba-ryte, à la strontiane, à la chaux, aux oxides d'argent, de cuivre et de mercure, il ne se sépare pas d'eau.

Les oxalates de baryte, de strontiane et de chaux, donnent à la distillation de l'eau, de l'acide carbonique, de l'oxide de carbone, de l'acide acétique, de l'huile, de l'hydrogène carburé et un résidu de sous-carbonate mêlé de charbon.

Les oxalates d'argent, de cuivre et de mercure, ne donnent à la distillation que de l'eau, du gaz carbonique et du métal.

(b) Si l'on unit l'acide oxalique sublimé avec les oxides de plomb et de zinc, il se dégage de l'eau, et les composés fixes qu'on obtient, soumis à la distillation, ne donnent que des gaz acide carbonique et oxide de carbone, et un résidu que M. Dulong regarde comme un oxide moins oxidé que celui qui a été soumis à l'action de l'acide oxalique, tandis qu'un grand nombre de chimistes le considèrent comme un mélange de métal et d'oxide semblable à celui qui a été chauffé avec l'acide.

Ces faits sont susceptibles d'être expliqués selon la manière dont la nature de l'acide oxalique a été envisagée dans cet article, c'est-à-dire en considérant l'acide oxalique sublimé comme l'hydrate d'un *acide carboneux*, formé de 1 proportion de carbone et de 1½ proportion d'oxigène, ou ce qui revient au même, de 1 proportion d'oxide de carbone et de 1 proportion d'acide carbonique. Suivant cette manière de voir, les oxalates de baryte, de strontiane, de chaux, d'argent, de cuivre et de mercure, seroient des sels hydratés, renfermant toute l'eau contenue dans l'acide qu'on a employé pour les fabriquer, tandis que les oxalates de plomb et de zinc seroient des sels anhydres, des *carbonites secs*. L'on concevroit sans peine :

1.° Comment les oxalates hydratés de baryte, de strontiane et de chaux, dont la base, indécomposable par la chaleur et le carbone, est en outre susceptible de former un sous-carbonate qui résiste à la chaleur rouge naissante, donnent à cette même température des produits hydrogénés et un résidu de sous-carbonate et de charbon.

2.° Comment les oxalates d'argent, de cuivre et de mercure, dont les bases sont réductibles par la chaleur et le carbone, ne donnent que de l'eau, de l'acide carbonique et du métal.

3.° Enfin, comment les oxalates de plomb et de zinc, étant privés d'eau, ne donnent pas de produits hydrogénés.

Tels sont les faits précis que M. Dulong a fournis à l'histoire de l'acide oxalique : voyons comment ils sont susceptibles d'être interprétés dans l'hypothèse où l'on regarderoit l'acide oxalique sublimé comme un composé d'acide carbonique et d'hydrogène, en un mot, comme un hydracide dans lequel l'acide carbonique seroit le principe comburant.

Lorsqu'on met cet hydracide en contact avec la baryte, la strontiane, la chaux et les oxides d'argent, de cuivre et de mercure, l'hydracide se combine sans éprouver de changement dans sa composition et forme des *hydrocarbonates*.

Lorsqu'on met cet hydracide en contact avec les oxides de plomb et de zinc, tout l'hydrogène de l'acide s'unit à l'oxigène de la base, et les deux élémens se séparent à l'état d'eau, tandis que l'acide carbonique, en s'unissant au plomb et au zinc métallique, forme un composé que M. Dulong a proposé d'appeler un *carbonide*, mais qui me paroît devoir être nommé *carbonure*, si l'on veut se conformer à la nomenclature des hydracides. Lorsqu'on distille ces composés, une portion d'acide carbonique se change en oxide de carbone et en oxigène, qui se porte sur le plomb ou sur le zinc pour former un protoxide. M. Dulong, sans prononcer définitivement entre ces deux hypothèses, penche, cependant, pour la seconde. Le seul fait peut-être, qui dans cette hypothèse ne semble pas conforme à ce qu'on sait de l'affinité du plomb pour l'oxigène, est la décomposition d'une portion d'acide carbonique par ce métal, qu'il faut admettre pour expliquer la nature des produits de la distillation de l'oxalate de plomb. (Cн.)

OXALIS. (*Bot.*) Ce nom, que Dodoëns et quelques autres employoient pour désigner l'oseille, *acetosa* de Tournefort, a été transporté par Linnæus au genre que Tournefort et ses prédécesseurs nommoient *Oxys*. Voyez OSEILLE. (J.)

OX-BIRD. (*Ornith.*) Le docteur Shaw, dans ses Voyages en Barbarie et au Levant, tom. 1.ᵉʳ de la traduction françoise, p. 330, dit que l'*emseesy* ou l'*oiseau du bœuf*, en anglois *oxbird*, est de la grandeur du corlieu, qu'il est d'un blanc de lait sur tout le corps, excepté au bec et aux jambes, lesquels sont rouges, et qu'il se tient dans les prairies auprès des bestiaux. Cet oiseau a été rapporté au héron blanc d'Hasselquist, que les Européens établis en Égypte désignent aussi sous le nom de *garde-bœuf*, et les Arabes sous celui d'*abougardan*, ou père aux tiques, à cause des insectes parasites qu'il prend sur le bétail. (Cн. D.)

OXÉE, *Oxea*. (*Entom.*) Nom d'un genre établi par M. Klug, de Berlin, pour y placer une espèce d'abeille du Brésil. (C. D.)

OXERA. (*Bot.*) Genre de plantes dicotylédones, à fleurs complètes, monopétalées, très-voisin de la famille des *bignoniées*, de la *didynamie angiospermie* de Linnæus; offrant pour caractère essentiel : Un calice scarieux, à quatre divisions; la corolle tubuleuse à sa base, dilatée à son orifice; le limbe à quatre lobes inégaux; quatre étamines, dont deux stériles; un ovaire supérieur à quatre lobes, placé sur un disque glanduleux; les ovules nombreux, attachés à des réceptacles centraux, d'où s'élève un style recourbé, terminé par un stigmate bifide. Le fruit n'est pas connu. Il paroît devoir être une baie.

OXERA ÉLÉGANT; *Oxera pulchella*, Labill., *Sert. aust. Caled.*, pag. 23, tab. 28. Arbrisseau d'environ six pieds, dont les rameaux sont verruqueux, d'un jaune de soufre pâle, un peu glauques et cylindriques dans leur jeunesse; les feuilles sont opposées, ovales-oblongues, sans stipules; les pétioles cannelés, de moitié plus courts que les feuilles; les grappes sont axillaires, opposées à des feuilles souvent déjà tombées; les fleurs pendantes, presque en ombelle; le calice est coriace, d'une seule pièce, à quatre divisions oblongues, elliptiques; le tube de la corolle très-court, puis dilaté et ventru; le limbe à quatre lobes; les deux latéraux plus petits, à demi orbiculaires; l'inférieur ovale, un peu plus long que le supérieur; les étamines attachées à l'orifice de la corolle; deux plus petites, stériles, non saillantes; deux autres très-longues; leurs anthères à deux loges; l'ovaire à quatre lobes ovales, placé sur un disque glanduleux et charnu; les ovules nombreux, ovales, striés; le réceptacle libre; le style placé dans le centre des quatre lobes, un peu plus long que les étamines, courbé, terminé par un stigmate à deux découpures aiguës. Cette plante croît dans la Nouvelle-Calédonie. (Poir.)

OXEYE ou OXEI. (*Ornith.*) Nom anglois de la mésange charbonnière ou grosse mésange, *parus major*, Linn. (Cʜ. D.)

OXIA. (*Bot.*) Nom grec, cité par Belon, du hêtre, *fagus*, dont on distingue, dit Mentzel, l'espèce blanche des montagnes et l'espèce ou variété noire des champs. (J.)

OXIDATION. (*Chim.*) Acte par lequel l'oxigène se combine avec un corps pour produire un composé qui ne rougit pas la teinture de tournesol. (Cʜ.)

OXIDE CYSTIQUE. (*Chim.*) Nom qu'on a donné à un principe immédiat, qui n'a été trouvé jusqu'ici que dans les calculs urinaires. Voyez tome VI, Suppl., p. 31 et 32. (Cʜ.)

OXIDES. (*Chim.*) Combinaisons de l'oxigène, qui sont dépourvues de la propriété de rougir la teinture de tournesol. (Cʜ.)

OXIGÉNATION. (*Chim.*) Acte par lequel l'oxigène se combine à un corps quelconque, soit que le composé ait la propriété de rougir la teinture de tournesol, soit qu'il ne l'ait pas.

D'après cette définition, l'oxidation est un cas particulier de l'oxigénation. (Cʜ.)

OXIGENE. (*Chim.*) Nom adopté par les auteurs de la nouvelle nomenclature pour désigner un des principes de l'air atmosphérique qui est nécessaire à l'entretien de la vie et à toutes les combustions que nous faisons pour nous procurer de la lumière ou de la chaleur. C'est d'après ces propriétés que l'oxigène avoit reçu la dénomination d'*air vital* et d'*air de feu*, ou d'*air déphlogistiqué*.

Le nom d'oxigène est dérivé de ὀξύς, *acide*, et de γείνομαι, *j'engendre*. Lavoisier proposa ce nom, parce qu'il lui paroissoit que le corps auquel il l'appliquoit, étoit un principe nécessaire à l'acidité : aujourd'hui que l'opinion contraire est démontrée, les chimistes continuent à employer le mot oxigène ; mais, en s'en servant, ils oublient son étymologie.

Propriétés physiques.

L'oxigène est gazeux, même aux températures les plus basses auxquelles on l'a exposé, et sous les pressions les plus fortes auxquelles on l'a soumis.

Sa densité est de 1,1025 ; le décimètre cube pèse 1^g,4323 à 0^m,760 de pression de mercure et à la température de zéro.

M. de Saissy a observé que l'oxigène devient lumineux quand on le comprime fortement dans un cylindre de verre, et qu'il ne partage cette propriété qu'avec le chlore. La chaleur qui se dégage alors, est assez forte pour porter la température de l'amadou au degré convenable pour qu'il prenne feu dans l'air, ainsi que le prouve l'expérience du briquet pneumatique.

L'oxigène est incolore ; de tous les gaz c'est celui qui a le plus foible pouvoir réfringent.

L'oxigène, séparé par l'électricité voltaïque de presque toutes ses combinaisons, va toujours au pôle positif.

Il doit nous paroître inodore, insipide, puisqu'il est depuis notre naissance en contact continuel avec les organes de l'odorat et du goût.

C'est le seul gaz propre à la respiration : en général, un mammifère ou un oiseau vit de quatre à cinq fois plus longtemps dans l'oxigène pur, que dans un volume égal d'air atmosphérique.

Propriétés chimiques.

Oxigène et corps simples.

L'oxigène ne s'unit point directement au chlore ; mais, sous l'influence de plusieurs corps, il est susceptible de donner avec lui au moins trois combinaisons, dont deux sont acides.

Il ne s'unit à l'iode que sous l'influence de plusieurs corps, particulièrement sous celle du chlore. Il en résulte de l'acide iodique concret.

Il se combine directement à l'azote par une élévation de température ou par l'étincelle électrique. Il se produit de l'acide nitreux ; mais les deux oxides d'azote, l'acide nitrique et l'acide hyponitreux, ne peuvent être formés directement en présentant l'oxigène à l'azote.

L'oxigène forme quatre combinaisons acides avec le soufre : une seule, l'acide sulfureux, est produite directement en plongeant le soufre allumé dans l'oxigène, ou en chauffant ce combustible au moyen d'une lentille dans une cloche d'oxigène.

Il forme deux combinaisons avec le sélénium; l'une est l'acide sélénique : on l'obtient en chauffant un peu de sélénium dans un litre au plus d'oxigène; l'autre, qui est un oxide gazeux, se produit en chauffant le sélénium dans un ballon de plusieurs litres de capacité. Dans ces combustions il y a dégagement de lumière.

Il s'unit au phosphore en quatre proportions au moins. L'acide phosphorique se produit toutes les fois que le phosphore est chauffé dans l'oxigène; l'acide phosphatique ou hypophosphorique, l'est par la combustion lente du phosphore dans l'air. On a parlé d'un oxide blanc et d'un oxide rouge de phosphore; mais l'existence de ces combinaisons est encore problématique.

L'oxigène s'unit à l'arsenic en deux proportions au moins. L'acide arsenieux est le seul qui se forme directement. Pendant sa formation il se dégage de la lumière, si la combustion est vive. Suivant M. Berzelius, l'oxigène se combine lentement avec l'arsenic à la température ordinaire; l'oxide produit est noir.

Le bore rouge de feu brûle dans l'oxigène : il se produit de l'acide borique.

Le silicium pur ne se combine point à l'oxigène; mais sous l'influence de plusieurs corps il s'y unit, et forme l'acide silicique ou la silice.

Le carbone dont les particules sont très-cohérentes, ne brûle dans l'oxigène qu'à une température rouge. Le carbone d'un charbon végétal très-poreux peut brûler lentement, même jusqu'à un certain point, à la température ordinaire. Lorsque l'oxigène se porte sur le carbone, il se forme de l'acide carbonique; mais il faut remarquer que, si l'acide carbonique produit restoit pendant un certain temps en contact avec le combustible à une température suffisante, il se produiroit de l'oxide de carbone.

Le molybdène rouge de feu forme avec l'oxigène un acide concret. Il existe en outre un acide molybdeux bleu et un oxide brun.

Le chrôme ne peut s'unir à l'oxigène qu'à une température très-élevée. Le produit est un oxide.

Le tungstène, fortement chauffé, est susceptible de former

avec l'oxigène un oxide brun. Il existe en outre un acide tungstique.

Le tantale ou colombium, chauffé au rouge avec l'oxigène, s'embrase et se convertit en acide tantalique ou colombique.

Le titane forme au moins deux oxides, un oxide bleu et un oxide d'un blanc jaunâtre, qu'on a appelé aussi acide titanique. C'est le premier, dit-on, qui se forme quand on chauffe le titane avec le contact de l'air.

L'antimoine s'unit à l'oxigène en deux proportions, suivant M. Proust; et en quatre, suivant M. Berzelius. Le protoxide de Berzelius se forme quand l'antimoine est exposé à l'air humide. M. Proust regarde ce protoxide comme un mélange de métal et de peroxide : l'antimoine rouge de feu s'unit à l'oxigène en dégageant de la lumière. M. Proust regarde l'oxide qui se produit alors comme un peroxide; M. Berzelius le regarde comme un tritoxide.

Le tellure brûle avec flamme lorsqu'il est chauffé.

Comme je l'ai dit au mot Or, la combinaison de ce métal chaud avec l'oxigène de l'air, est encore problématique.

L'étain s'unit à l'oxigène en deux proportions; lorsque ce métal brûle dans l'oxigène, il se forme du deutoxide. Il y a dégagement de lumière.

L'osmium, chauffé avec le contact de l'air, en absorbe l'oxigène; il se convertit en un oxide blanc au maximum. Suivant quelques chimistes, il se produit un oxide bleu, quand le métal est exposé au contact de l'air à une température moins élevée que celle nécessaire pour le convertir en oxide blanc.

L'oxigène s'unit à l'hydrogène en deux proportions, mais il n'y a que le protoxide qu'on puisse produire directement, soit en chauffant ou comprimant un mélange de 1 volume d'oxigène et de 2 volumes d'hydrogène, soit en faisant passer une étincelle électrique dans ce mélange, soit encore en y portant une éponge de platine.

L'iridium, le rhodium, le platine, ne s'unissent pas directement à l'oxigène, mais tous s'y combinent indirectement.

Suivant M. Vauquelin le palladium est susceptible de brûler, lorsqu'on le place sur un charbon ardent, et qu'on dirige dessus un courant d'oxigène.

Le bismuth chaud s'y combine en dégageant de la lumière.

Le cuivre forme trois oxides; les deux premiers peuvent être produits directement sans qu'il y ait dégagement de lumière.

Le nickel forme deux oxides, mais le protoxide est le seul qu'on obtienne directement, et encore quand on chauffe le nickel, il n'y a qu'une foible portion du métal qui s'oxide.

Le cobalt est plus combustible que le précédent; il est susceptible de dégager de la lumière; le produit est un peroxide : il forme trois oxides.

L'urane rouge de feu s'embrase à l'air; il en résulte un oxide noirâtre. Il se combine à l'oxigène en deux proportions au moins.

Le fer forme trois oxides : les deux derniers sont les seuls qu'on puisse produire immédiatement. Lorsque la combinaison qui donne le deutoxide est rapide, il se dégage beaucoup de lumière; c'est un des plus beaux exemples de combustion que l'on puisse donner dans un cours de chimie.

Le manganèse forme au moins quatre oxides avec l'oxigène, mais le deutoxide est le seul qu'on produise directement. Si la combinaison est rapide, il y a émission de lumière.

Le cérium est susceptible de s'unir à l'oxigène en deux proportions; on admet généralement que le cérium chaud peut absorber l'oxigène et se convertir en peroxide.

Le mercure s'unit à l'oxigène en deux proportions; l'oxide au maximum est le seul qu'on puisse former directement.

L'argent s'unit à une certaine température avec l'oxigène : il n'existe qu'un seul oxide de ce métal.

Le plomb est susceptible de brûler dans l'oxigène en dégageant de la lumière; le protoxide et le deutoxide sont les seuls qu'on puisse former directement.

Le zinc brûle avec une belle flamme dans l'oxigène; c'est le seul oxide qu'on produise directement. Il en existe un autre, que l'on obtient en faisant réagir l'eau oxigénée sur l'hydrate du protoxide.

Le magnésium, le calcium, le strontium, le lithium, brûlent avec flamme dans l'oxigène. Ces métaux ne forment qu'un oxide.

Le barium, le potassium, le sodium, brûlent également dans l'oxigène. Ils sont susceptibles de former deux oxides. Quand la combustion est rapide, c'est le peroxide qui se produit.

On ignore l'action de l'oxigène sur le zirconium, l'aluminium, le glucinium, l'yttrium. On ne connoît qu'un seul oxide de ces métaux.

On ne connoît pas de combinaisons d'oxigène et de phthore.

OXIGÈNE ET CORPS COMPOSÉS BINAIRES.

Lorsque l'acide nitreux est en contact avec l'oxigène et une base salifiable humide, il peut se produire de l'acide nitrique.

L'oxigène s'unit à l'acide sulfureux dissous dans l'eau; il se forme de l'acide sulfurique.

A une température suffisante et en concourant avec l'action de la chaleur et de l'eau, l'oxigène est susceptible de convertir en acide phosphorique les acides phosphatique, phosphoreux et hypophosphoreux hydratés.

L'oxigène, mêlé au double de son volume d'oxide de carbone et soumis à l'action de la chaleur ou de l'étincelle électrique, produit 2 volumes d'acide carbonique.

Le protoxide d'étain, chauffé avec le contact de l'air, brûle en dégageant de la lumière.

L'oxigène brûle la plupart des gaz binaires dont l'hydrogène est un des élémens; tels sont l'acide hydriodique, l'ammoniaque, l'acide hydrosulfurique, l'acide hydrosélénique, l'hydrogène arseniqué, les hydrogènes phosphurés, les hydrogènes carburés, l'acide hydrotellurique.

Il est susceptible de convertir en deutoxide les protoxides de cuivre, de cobalt, de cérium, de cuivre, de manganèse, de plomb, de barium, de potassium, de sodium; il convertit le deutoxide de fer en tritoxide.

L'oxigène a en général peu d'action sur les chlorures secs, lors même que la température est élevée. Il expulse le chlore des chlorures de phosphore.

Il a en général beaucoup d'action sur les iodures; à chaud il brûle le soufre de l'iodure de soufre et expulse l'iode de tous les iodures métalliques, excepté ceux de potassium, de sodium, de plomb et de bismuth.

L'oxigène brûle le carbone qui est uni à l'azote dans l'azoture de carbone ou le cyanogène.

Il brûle le soufre et le carbone qui sont à l'état de sulfure liquide.

Il altère la plupart des sulfures métalliques, mais en agissant très-diversement; 1.° suivant la force de l'affinité de la base du sulfure pour le soufre; 2.° suivant que la base du sulfure, en passant à l'état d'oxide, est susceptible de former une base salifiable plus ou moins énergique; 5.° suivant la fixité au feu du sulfate qui peut résulter de l'oxigénation du sulfure.

Par exemple, 1.° les sulfures des potassium et des autres métaux alcalins qui forment des sulfates fixes au feu, se convertissent en sulfates quand ils sont chauffés avec l'oxigène; 2.° les sulfures de fer et de cuivre, chauffés fortement dans l'oxigène, sont réduits en acide sulfureux et en oxides; 5.° le sulfure d'or, dont la base n'a qu'une foible affinité pour le soufre, et qui ne forme pas un oxide capable de saturer l'acide sulfurique chauffé dans l'oxigène, se convertit en acide sulfureux et en or.

Les séléniures éprouvent de la part de l'oxigène des changemens analogues à ceux que les sulfures éprouvent de la part du même corps.

Les arseniures métalliques chauffés avec le contact de l'air, sont tous décomposés; tous ou presque tous perdent leur arsenic, qui est converti en acide arsenieux; et si le métal uni à l'arsenic est susceptible de s'oxider à la température où cette décomposition a lieu, on obtient un oxide pour résidu.

La plupart des phosphures métalliques paroissent susceptibles de former des phosphates, lorsqu'ils sont chauffés avec le contact de l'oxigène.

Parmi les alliages binaires, autres que les arseniures métalliques, celui d'étain et de plomb, appelé soudure des plombiers, éprouve une action remarquable de la part de l'oxigène; lorsqu'il est suffisamment chauffé au milieu de l'air, il prend feu à la manière d'un pyrophore, et produit un stannate de plomb.

Action de l'oxigène sur les sels inorganiques à base
d'oxide.

Nous ne pouvons examiner en détail l'action de l'oxigène
sur les sels ; nous nous bornerons à dire qu'il peut se porter
ou sur leur acide, ou sur leur base. Dans le premier cas il
peut donner lieu, 1.° à un acide plus oxigéné : tel est le
phénomène que présentent les sulfites alcalins, quand leur
acide se convertit en acide sulfurique par le contact de l'air ;
2.° à un nouveau composé non acide : tel est l'oxigène qui se
porte sur l'hydrogène des acides hydriodique et hydrotellurique qui sont unis à des bases. Dans le second cas, où la
base absorbe de l'oxigène, l'état de saturation de la combinaison est constamment changé ; telle est l'action de l'oxigène sur le sulfate de protoxide de fer : la base, en se sur-
oxidant, donne lieu à un dépôt de sous-sulfate et à un sulfate soluble de peroxide.

Action de l'oxigène sur les composés organiques.

Tous les principes immédiats organiques qui contiennent
du carbone et de l'hydrogène peuvent brûler dans l'oxigène
à une température suffisamment élevée, et donner de l'acide
carbonique et de l'eau ; quand ils contiennent de l'azote,
celui-ci est mis en liberté.

Aux températures ordinaires, l'oxigène a de l'action sur
la plupart de ces mêmes principes, surtout quand ils sont
humides, délayés ou dissous dans l'eau ; et s'il est vrai de
dire, qu'après un temps suffisant ces principes se réduisent en
eau, en acide carbonique, et en azote, s'ils contiennent ce
principe, il faut reconnoître cependant qu'il en est un grand
nombre qui n'éprouvent cette altération qu'après un temps
très-long, par la raison que la première action de l'oxigène
développe souvent une substance moins altérable à l'air,
que ne l'étoit le principe immédiat d'où elle provient.

J'ai démontré, dans ces derniers temps, que la présence
d'une base alcaline a une influence très-grande pour déterminer l'oxigène à se porter sur des matières organiques qui
sont en dissolution dans l'eau.

État naturel.

L'oxigène est extrêmement répandu ; il existe dans l'air

atmosphérique à l'état gazeux. L'eau et une foule de composés inorganiques nous le présentent à l'état solide, liquide et gazeux. Enfin, il est un des principaux élémens des matières végétales et animales. C'est donc un des corps les plus répandus.

Préparation du gaz oxigène.

On introduit dans une cornue de verre lutée du chlorate de potasse; on adapte un tube recourbé à la cornue; on la place dans un fourneau à reverbère. On chauffe doucement. Quand le gaz commence à se dégager, ce qu'on reconnoit au mouvement rapide d'une bulle de mercure qu'on a mise dans la courbure inférieure du tube, on engage cette partie du tube sous l'ouverture d'un flacon renversé et plein d'eau, qui repose sur la planche de la cuve pneumato-chimique. On continue de chauffer jusqu'à ce qu'il n'y ait plus de dégagement de gaz. Il reste du chlorure de potassium dans la cornue, conséquemment, par la seule force expansive de la chaleur, l'acide chlorique et l'oxide de potassium ont perdu leur oxigène.

Lorsqu'on veut se procurer de grandes quantités de gaz oxigène, on peut faire usage de peroxide de manganèse, qu'on distille dans une cornue de grès.

Le deutoxide et le peroxide de plomb, le peroxide de mercure, peuvent également donner du gaz oxigène par la distillation.

Pour reconnoître la pureté de l'oxigène, on en fait passer dans un tube gradué plein de mercure. On note le volume et on l'agite avec la potasse; s'il est pur, il ne doit pas être absorbé; s'il contenoit de l'acide carbonique, celui-ci seroit dissous.

Pour savoir s'il est exempt d'azote, on prend le gaz qui a été agité avec la potasse et qui en a été séparé. On en fait passer bulle à bulle un volume connu dans un tube de verre fermé à un bout plein de mercure et dans lequel on a fondu un petit morceau de phosphore. La combustion s'opère vivement et il n'y a pas de résidu gazeux si l'oxigène est pur.

Usages.

Le gaz oxigène est indispensable à la respiration et à la

germination; son action sur les combustibles est la source principale du calorique et de la lumière que nous nous procurons par les actions chimiques. Il étend son influence sur presque tous les arts, tels que ceux du blanchîment, de la teinture, etc.

Histoire.

L'oxigène a été obtenu, dans le mois d'Avril 1774, de l'oxide de mercure rouge par Bayen, qui l'annonça comme étant la cause de l'augmentation de poids de plusieurs métaux calcinés. Priestley, en Août 1774, reconnut les principales propriétés de ce corps. En 1777, Schéele en parla comme d'une substance qu'il avoit découverte depuis long-temps. Priestley l'avoit nommé *air déphlogistiqué*; Schéele, *air du feu*; Condorcet le nomma *air vital*; enfin, les auteurs de la nouvelle nomenclature le nommèrent *oxigène*, d'après Lavoisier.

Considérations générales.

Nous n'avons pu envisager sous tous ses rapports l'influence de l'oxigène dans les actions chimiques, ni développer les heureux résultats que son étude a eus sur l'avancement de la philosophie expérimentale; car, traiter ces sujets avec les détails qu'ils comportent, c'eût été s'exposer à des redites, et faire, au lieu d'un simple article d'un Dictionnaire, un traité de chimie et l'histoire des progrès de cette science. En effet, l'oxigène est de tous les corps celui dont les affinités sont les plus nombreuses; excepté le phthore, il s'unit à tous les corps simples : en se combinant avec le plus grand nombre, il donne lieu aux phénomènes les plus remarquables de l'action moléculaire; tels qu'un vif dégagement de lumière et de chaleur (voyez ATTRACTION MOLÉCULAIRE, tom. III, p. 91 du Supplément; et FLAMME, t. XVII); et parce que c'est de l'union de l'oxigène avec les corps combustibles que nous tirons la chaleur et la lumière dont nous avons besoin pour suppléer à celles du soleil, il en est résulté que, dès que l'attention des philosophes s'est portée sur des actions chimiques, elle a dû nécessairement se diriger sur la combustion : c'est pourquoi l'étude de la combus-

tion est devenue celle de la chimie même. (Voyez CORPS COM-
BURANS et COMBUSTIBLES, tom. X, pag. 539.)

Si l'on jette les yeux sur la propriété des combinaisons de
l'oxigène, on verra que la plupart ont des propriétés toutes
différentes de celles des élémens qui les constituent (voyez
ATTRACTION MOLÉCULAIRE, tom. III, p. 91 et 92 du Supplément),
et que les élémens de ces combinaisons se sont unis en des
proportions définies (même mot, p. 93). Parmi les composés
d'oxigène on en remarque qui sont acides (voyez ACIDITÉ,
ACIDE, tome I.er, Supplément), et d'autres qui sont alcalins
(voyez ALCALINITÉ et ALCALIS, tom. I.er, Supplément).

Or, l'acidité et l'alcalinité sont les propriétés les plus remarquables, les plus caractéristiques que présentent les corps
composés. Les acides et les alcalis, en perdant leurs propriétés
distinctives par leur action mutuelle, présentent le phénomène de la *neutralité* au plus haut degré, et donnent par là
l'exemple le plus frappant des propriétés corrélatives qu'offrent les combinaisons chimiques. (Voyez t. X, p. 515 et 516.)

Ce phénomène de la neutralité, envisagé sous le rapport
de la corrélation des forces élémentaires dont il est le résultat, conduit à considérer l'action de l'oxigène sur les
combustibles d'une manière analogue à celle des acides sur
les alcalis, et conséquemment à distinguer dans l'action mutuelle des premiers corps deux forces élémentaires, la *force
comburante* et la *force combustible*. (Voyez tom. X, p. 516.)

La combustion, étudiée sous ce point de vue, non-seulement devient claire et précise, mais l'histoire des travaux
auxquels elle a donné lieu, est facile à exposer, et celui qui
la retrace, est nécessairement juste, lorsqu'il s'agit de prononcer sur la théorie de Lavoisier et sur la valeur des modifications dont elle a été l'objet depuis que le chlore a été
rangé dans la classe des corps simples. (Voyez tome X,
pages 542 et suivantes.)

Enfin, ajoutons à ces considérations rapides sur l'oxigène,
que sa présence est une condition d'existence de tout être
organisé, non-seulement il est un de leurs élémens essentiels,
mais son contact est nécessaire à toute germination, comme
il est indispensable à tout être doué d'organes respiratoires.

Appendice.

Des oxides de chlore ou chlorures d'oxigène et de l'acide chlorique oxigéné.

PROTOXIDE DE CHLORE (PERCHLORURE D'OXIGÈNE; EUCHLORINE).

Composition.

	Poids.	Volume.	
		Davy.	
Oxigène....	22,79....	2	} condensé en 5 volumes.
Chlore	100,00....	4	

Propriétés.

Il a une couleur d'un jaune verdâtre, plus intense que celle du chlore, et sensiblement orangée.

Il a une odeur mixte de chlore et de caramel.

Son poids spécifique est de 2,41744.

L'eau en dissout 8 ou 10 fois son volume. Elle acquiert une saveur aigre et une couleur orangée. Il ne seroit pas impossible qu'il se produisît un acide pendant la dissolution du gaz; car, outre la saveur aigre qui paroît l'annoncer, on observe encore, en mettant le peroxide de chlore en contact avec la teinture de tournesol, que celle-ci passe au rouge avant de se détruire.

Cas où le protoxide de chlore se décompose.

Une très-légère chaleur le décompose. Davy prétend que celle de la main est quelquefois suffisante pour cela, ainsi qu'il l'a observé lorsqu'il transvasoit ce gaz d'une cloche dans une autre; et il est remarquable que, quoique 5o volumes de gaz se réduisent par leur décomposition en 4 volumes de chlore et 2 volumes de gaz oxigène, il y ait un dégagement sensible de chaleur et de lumière. Pour faire cette expérience on introduit 5 volumes de protoxide dans une petite cloche de verre, dont on élève ensuite la température avec une lampe à esprit de vin.

Lorsqu'on échauffe ou qu'on électrise 5 volumes de protoxide de chlore et 10 volumes de gaz hydrogène, il y a 4 volumes de chlore qui s'unissent à 4 volumes d'hydrogène,

et 2 d'oxigène qui s'unissent à 4 d'hydrogène ; il reste
21 de gaz hydrogène. La quantité d'eau formée condense tout
l'acide hydrochlorique produit.

Si l'on fait détoner 5 volumes de protoxide de chlore avec
4 de gaz hydrogène, il se produit 8 v. de gaz hydrochlorique et 2 v. de gaz oxigène; d'où il faut conclure que le chlore
a plus d'affinité que l'oxigène pour l'hydrogène à une température élevée.

Le charbon incandescent, plongé dans ce gaz, continue
de brûler. Il se produit 1 volume d'acide carbonique, et 2
volumes de chlore sont mis en liberté.

Le phosphore le décompose avec une grande rapidité. Il
y a une détonation très-forte, accompagnée de lumière : il
se produit de l'acide phosphorique et du chlorure de phosphore.

Le soufre, à froid, ne le décompose pas instantanément ;
mais après quelque temps il se produit une détonation, et
il se forme de l'acide sulfureux et du chlorure de soufre. A
chaud, la décomposition a lieu au moment du contact.

Le gaz nitreux lui enlève l'oxigène.

Le fer, l'antimoine, le cuivre, l'arsenic, le mercure, etc.,
n'ont pas d'action à froid ; mais à chaud le gaz se décompose et ses deux principes s'unissent aux métaux. Avec le
fer, l'antimoine, le cuivre et l'arsenic, il y a dégagement
de lumière.

Une expérience très-propre à démontrer l'action de l'oxide
de chlore sur les métaux, consiste à introduire une feuille
de clinquant dans un flacon plein de ce gaz. Il n'y a pas
d'action ; mais, porte-t-on un tube de verre légèrement
échauffé dans le gaz, tout à coup celui-ci se décompose ; la
feuille métallique s'enflamme.

L'oxide de chlore décompose le gaz hydrochlorique, surtout
à une légère chaleur. Il se forme de l'eau, qui se dépose sur
la paroi de la cloche où l'on a fait le mélange, et il reste
du chlore.

Cette expérience ne semble pas d'accord avec celles, 1.°
où 4 volumes d'hydrogène, mêlés à 5 volumes d'oxide de
chlore, ont donné de l'acide hydrochlorique et du gaz oxigène ; 2.° où l'eau est décomposée à chaud par le chlore ;

mais il paroît que cela tient à ce que l'oxigène a plus d'affinité que le chlore pour l'hydrogène à la température ordinaire, tandis qu'à chaud le contraire à lieu. Il n'est pas inutile de remarquer que la composition du protoxide de chlore est telle que, lorsque l'eau est décomposée par le chlore, la quantité d'oxigène mise en liberté est dans la proportion propre à convertir le chlore qui est uni à l'hydrogène en oxide.

Préparation.

On met dans une fiole à médecine 50 grammes de chlorate de potasse avec 30 grammes d'acide hydrochlorique qui résulte du mélange de volumes égaux d'eau et d'acide concentré ; on adapte un tube recourbé à la fiole ; on fait chauffer doucement, et on recueille le gaz sur le mercure dans de très petites cloches. Il est bon, avant d'examiner le produit, de le laisser séjourner quelques heures sur le mercure pour que celui-ci absorbe le chlore, qui est toujours mêlé à l'euchlorine. En opérant comme nous venons de le dire, on évite les accidens, qui pourroient être fort graves si on recevoit beaucoup de gaz dans un même vaisseau.

L'acide hydrochlorique se décompose certainement dans cette opération : 1.° une portion, en réagissant sur la potasse du chlorate, donne naissance à de l'eau et à du chlorure de potassium ; 2.° une autre portion d'acide hydrochlorique, en réagissant sur l'acide chlorique, donne naissance à du protoxide de chlore et à de l'eau, et il paroît qu'en outre il y a toujours une portion de chlore qui est mise à nu.

Histoire.

M. H. Davy le découvrit en 1811.

DEUTOXIDE DE CHLORE OU PROTOCHLORURE D'OXIGÈNE,

Composition.

Volumes.

Oxigène ...... 2 $\Big\}$ condensés en 2 volumes,
Chlore........ 1

Propriétés.

Ce gaz a une couleur plus brillante que celle du protoxide de chlore.

Il a une odeur particulière, qui est plus aromatique que celle du protoxide.

Il est plus soluble dans l'eau que le protoxide. La solution n'est point aigre : elle est très-astringente et corrosive, et laisse dans la bouche un goût désagréable. Cette solution détruit la couleur bleue de tournesol sans la rougir.

Cas où il se décompose.

A 100^d il fait explosion; 2 volumes donnent 2 volumes d'oxigène et 1 volume de chlore. Le feu est plus vif que celui qui se manifeste dans la décomposition du protoxide.

A la température ordinaire il n'y a guère que le phosphore qui le décompose. Il se produit alors de l'acide phosphorique.

Lorsqu'on mêle à 5 volumes de chlore 2 volumes de deutoxide, le chlore qui, à l'état de pureté, enflamme le clinquant, n'a plus d'action sur lui à l'état de mélange. Plus bas nous reviendrons sur ce résultat.

Préparation.

On l'obtient en pulvérisant de 2 à 3^g de chlorate de potasse, les mélangeant, au moyen d'une spatule de platine, avec de l'acide sulfurique concentré, de manière à en faire une masse solide d'une couleur orangée brillante : en introduisant cette masse dans une cornue et en la distillant dans un bain d'eau et d'alcool, le deutoxide de chlore se dégage : on le recueille sur le mercure dans de petites cloches.

M. Gay-Lussac prescrit d'ajouter à l'acide sulfurique la moitié de son poids d'eau et d'introduire le mélange, réduit en pâte, dans un tube de verre de 0^m,02 de diamètre et de 0^m,1 de hauteur.

Histoire.

Ce gaz a été décrit le 4 Mai 1815 par sir H. Davy. Quelque temps après, le comte de Stadion, qui n'étoit pas instruit de la découverte du chimiste anglois, l'obtenoit en même temps qu'il découvroit l'acide chlorique oxigéné.

Sir H. Davy, ayant remarqué que 5 volumes de protoxide de chlore se réduisent par l'action de la chaleur à 4 volumes de chlore et 2 volumes d'oxigène, a été conduit à penser qu'il n'est pas impossible que cet oxide soit un mélange de 3 volumes de chlore et de 2 volumes de deutoxide. En effet, ce mélange, chauffé, donne 4 volumes de chlore et 2 volumes d'oxigène, précisément comme le font 5 volumes d'euchlorine. En outre, ainsi que nous l'avons vu plus haut, ce mélange, comme l'euchlorine, n'enflamme point à froid une' feuille de clinquant. D'un autre côté, sir H. Davy ayant observé que 1 volume de chlore, mêlé à 2 volumes d'air, agit encore sur le clinquant, il est porté d'après cela à penser que, dans l'euchlorine ou dans le mélange de 3 volumes de chlore et de 2 volumes de deutoxide, il y a plus qu'un simple mélange. Mais ce raisonnement de sir H. Davy, pour démontrer l'existence du protoxide de chlore, n'est point à l'abri de toute objection (voyez la note de la page 11 du tome IX). L'observation que M. Gay-Lussac a faite, que les dernières portions de gaz qu'on obtient dans la préparation de l'euchlorine sont formées de 1 volume d'oxigène et de 2 volumes de chlore, sont beaucoup plus favorables à l'existence d'un protoxide de chlore, que l'induction que M. H. Davy a tirée de ces dernières expériences.

ACIDE CHLORIQUE OXIGÉNÉ.

Composition.

F. Stadion,
en volumes.

Oxigène......... 3,5
Chlore.......... 1.

Propriétés de l'acide chlorique oxigéné hydraté.

Il est incolore.

Il est liquide jusqu'à la température de 140^{d}.

Il est inodore.

Il a une saveur aigre.

Il se dissout dans l'eau en toutes proportions.

Il rougit le tournesol sans en détruire la couleur.

Il n'est pas décomposé par les acides hydrochlorique, hydrosulfurique et sulfureux.

Il ne précipite pas le nitrate d'argent.

Préparation de l'acide chlorique oxigéné.

On pulvérise du chlorate de potasse ; on le mêle par petites parties avec le double de son poids d'acide sulfurique concentré. Après une macération de 24 heures, pendant laquelle on a remué fréquemment le mélange, on l'expose à une chaleur graduée de bain-marie, jusqu'à ce qu'il ait perdu sa couleur et son odeur : alors on le délaie dans l'eau ; on le verse sur un filtre, où on le laisse égoutter ; puis on le lave avec de l'eau froide jusqu'à ce que le lavage ne rougisse plus le tournesol. Le résidu doit représenter les 0,28 du poids du chlorate de potasse qui a été traité : c'est le chlorate oxigéné de potasse. On met 6 p. de chlorate oxigéné dans une cornue de verre ; on verse dessus 3 p. d'acide sulfurique, étendu de 1 p. d'eau ; on adapte un récipient à la cornue, et on distille, en graduant la chaleur jusqu'à faire bouillir le mélange. Il passe d'abord de l'eau dans le récipient, ensuite de l'acide chlorique oxigéné hydraté, mêlé d'acides sulfurique et hydrochlorique. On précipite le premier de ces acides par l'eau de baryte et le second par l'oxide d'argent. Enfin, on peut concentrer l'acide par la chaleur ou en l'exposant au vide sec.

La formation du chlorate oxigéné de potasse est facile à concevoir. L'acide sulfurique se porte sur la potasse d'une portion du chlorate. L'acide chlorique de cette portion se transforme en deutoxide, et en oxigène qui se porte sur l'acide chlorique de la seconde portion de chlorate pour la convertir en chlorate oxigéné.

Le chlorate oxigéné de potasse est blanc. Sa saveur est légèrement amère ;

Il est neutre aux couleurs végétales ; inaltérable à l'air ;

Il est peu soluble dans l'eau froide et très-soluble dans l'eau bouillante.

Il cristallise en octaèdres.

Il ne détone que très-foiblement avec la plupart des corps combustibles, même avec le soufre, qui agit si fortement sur le chlorate de potasse.

Dans ce sel l'acide contient 7 fois autant d'oxigène que la base. (Ch.)

OXIMEL. (*Chim.*) On appelle oximel une sorte de sirop composé essentiellement de miel et de vinaigre. (Cʜ.)

OXISMA. (*Conchyl.*) M. Rafinesque a proposé (Journ. de phys., Janv. 1819, p. 417) d'établir un genre sous ce nom avec une coquille fossile, bivalve, qui diffère, dit-il, des jambonneaux, *pinna*, parce que la charnière est latérale, plissée et membraneuse. Il l'appelle O. ʙɪꜰɪᴅᴇ, *O. bifida*, et la caractérise ainsi : Coquille droite, noire, scabre; base tronquée; extrémité bifide, ouverte; les deux valves aiguës, plates, un peu anguleuses vis-à-vis de la charnière : longueur trois quarts de pouce. (Dᴇ B.)

OXOPHYLLUM. (*Bot.*) Nom substitué par des botanistes modernes à celui de *Ticorea*, employé par Aublet. Voyez Tɪᴄᴏʀée. (Pᴏɪʀ.)

OXYA et OXYNE. (*Bot.*) Noms grecs anciens du hêtre. (Lᴇᴍ.)

OXYACANTHA. (*Bot.*) L'arbre ou arbrisseau que Dioscoride nommoit ainsi, est, suivant la plupart des auteurs anciens, le *cynosbatos* de Théophraste, et le même que l'aubépin, *alba spina*, et par corruption la noble épine, arbrisseau commun dans les haies. Tournefort distinguant l'alisier, *cratægus*, qui a des pepins, du néflier, *mespilus*, qui a des noyaux, plaçoit l'*oxyacantha* dans son genre *Mespilus*. Linnæus, admettant cinq styles et cinq graines dans le *mespilus*, et seulement deux styles et deux graines dans le *cratægus*, et trouvant ce dernier caractère dans l'arbrisseau de Dioscoride, l'a nommé *mespilus oxyacantha*. Nous avons préféré la détermination de Tournefort, comme plus naturelle. Galien admettoit un autre *oxyacantha*, qui est l'épine-vinette ou vinettier, *berberis;* mais on l'a seulement cité sans l'adopter. (J.)

OXYANTHUS (*Bot.*); Decand., Ann. du Mus., vol. 9, p. 218. Ce genre a été établi par M. De Candolle. Il appartient à la famille des *rubiacées*, à la *pentandrie monogynie* de Linnæus. Il entre dans la section des *cinchona*, et a beaucoup de rapports avec les *tocoyena* et les *posoqueria*. Il diffère de l'un et l'autre par son stigmate simple; par les lobes très-aigus du calice et de la corolle; par son fruit, qui paroit devoir être couronné par le calice; enfin, par son inflorescence latérale, d'où résulte le caractère suivant :

، Un calice adhérent par son tube avec l'ovaire, resserré à son sommet ; le limbe à cinq découpures très-aiguës ; une corolle en forme d'entonnoir ; son tube cylindrique, très-long ; son limbe à cinq lobes très-aigus ; cinq étamines sessiles à l'orifice du tube ; les anthères saillantes, très-aiguës ; l'ovaire ovale, surmonté d'un style et d'un stigmate. Le fruit est à deux loges polyspermes.

M. De Candolle ne cite pour ce genre qu'une seule espèce, qu'il appelle *oxyanthus speciosus*, mais sans aucune autre description. Elle est indigène de Sierra-Léone, d'où elle a été apportée par Smithmann. Il est très-probable que cette plante est la même que le *gardenia tubiflora* d'Andrews, *Bot. repos.*, tab. 183, ou du même genre que celui-ci. C'est un arbrisseau dont les feuilles sont opposées, médiocrement pétiolées, glabres, alongées, elliptiques, entières, ondulées, aiguës, acuminées, longues de trois ou quatre pouces ; les fleurs sessiles, axillaires, très-odorantes, souvent réunies au nombre de trois ; leur calice est glabre, tubulé, à cinq dents droites, aiguës ; la corolle blanche, à tube grêle, long de cinq à six pouces et plus, ayant les divisions du limbe linéaires, lancéolées, réfléchies, longues d'un pouce ; les anthères sont sessiles, situées à l'orifice du tube. (Poir.)

OXYARCEUTIS. (*Bot.*) Voyez Oxycédrus. (J.)

OXYBAPHE, *Oxybaphus*. (*Bot.*) Genre de plantes dicotylédones, à fleurs monopétalées, régulières, de la famille des *nictagynées*, de la *tétrandrie monogynie* de Linnæus ; offrant pour caractère essentiel : Un calice (un involucre, Juss.) campanulé, à cinq divisions ; une corolle (un calice, Juss.) en forme d'entonnoir ; le limbe à cinq lobes ; trois, quelquefois quatre étamines ; l'ovaire entouré par la base de la corolle ; un seul style ; une noix monosperme, recouverte par la base durcie de la corolle, et fermée au sommet, contenue dans le calice agrandi et membraneux.

Ce genre, établi par l'Héritier, diffère des *mirabilis* par sa corolle courte, divisée en cinq lobes, débordant à peine le calice, et par les étamines, qui ne sont qu'au nombre de trois ou quatre.

Oxybaphe visqueux : *Oxybaphus viscosus*, l'Hérit., *Monogr. icon.*; *Mirabilis viscosa*, Cavan., *Icon. rar.*, 1, pag. 13, tab. 19.

Plante du Pérou, dont les tiges sont molles, herbacées, velues, longues de six à sept pieds, couchées et rampantes, fortement glutineuses, ainsi que toute la plante ; les feuilles sont grandes, en cœur, opposées, molles, pétiolées, tomenteuses, velues des deux côtés : les deux lobes de la base larges et arrondis ; le sommet terminé en pointe ; les fleurs disposées en grappes terminales, réunies en petits paquets, sortant de deux larges bractées ; leur calice est plan, plissé, velu, à cinq dents, traversé par cinq nervures épaisses ; la corolle est fort petite, purpurine ; son tube à peine de la longueur du calice, renfermant trois ou quatre étamines ; les filamens de couleur purpurine. Le fruit est renfermé dans le fond du calice agrandi et à cinq plis ; la semence est à quatre ou cinq côtes saillantes, ovale et ridée.

OXYBAPHE A FEUILLES GLABRES : *Oxybaphus glabrifolius*, Vahl, *Enum.*, 1, pag. 40 ; *Mirabilis corymbosa*, Cavan, *Icon. rar.*, 4, tab. 379 ; *Calyxhymenia glabrifolia*, Orteg.; Decand., 5, tab. 1. Cette plante est d'une couleur glauque, d'une saveur âcre ; en vieillissant, elle perd une partie de ses poils ; ses tiges sont tétragones, hautes de trois pieds et plus ; les rameaux inférieurs étalés, dichotomes, chargés de poils glanduleux ; les feuilles opposées, pétiolées, ovales, en cœur, très-entières, rudes à leurs bords ; les fleurs sont disposées presque en corymbe ; leur calice rougeâtre à son sommet ; la corolle purpurine, une fois plus longue que le calice ; les étamines plus courtes que la corolle ; les semences brunes et grenues. Cette plante croît au Pérou.

OXYBAPHE OVALE : *Oxybaphus ovatus*, Vahl, *l. c.*; *Calyxhymenia ovata*, *Flor. per.*, 1, pag. 45, tab. 75, fig. *b.* Plante visqueuse, hérissée de poils articulés et glanduleux ; ses tiges sont hautes de trois pieds ; les feuilles pétiolées, ovales, aiguës, épaisses, entières, rudes à leurs bords ; les pédoncules dichotomes, terminaux ; les pédicelles uniflores ; le calice s'élargit en une membrane veinée, réticulée ; la corolle est rouge, une fois plus grande que le calice, plissée à son limbe ; les étamines presque aussi longues que la corolle ; la semence lisse, en ovale renversé. Cette plante croît au Pérou, sur les collines et les montagnes.

OXYBAPHE TOUCHÉ : *Oxybaphus prostratus*, Vahl, *l. c.*; *Calyx-*

hymenia prostrata, *Flor. per.*, 1, pag. 46, tab. 75, fig. *c*. Cette espèce a des tiges striées, couchées, un peu pubescentes, longues de trois pieds; les rameaux alternes, dichotomes; les feuilles ovales, en cœur, veinées, pubescentes, ondulées et crénelées; les fleurs axillaires, terminales, presque en corymbe; les pédoncules courts, glanduleux, portant cinq à huit fleurs médiocrement pédicellées; les divisions du calice ovales; la corolle purpurine, plissée, trois fois plus longue que le calice; les étamines plus courtes que la corolle. Cette plante croît au Pérou, sur les collines.

OXYBAPHE ÉTALÉ: *Oxybaphus expansus*, Vahl, *l. c.*; *Calyxrhymenia expansa*, *Flor. per.*, 1, pag. 45, tab. 75, fig. *a*. Sa tige est haute de six pieds; ses feuilles glabres, opposées, pétiolées, ovales, aiguës, veinées, médiocrement crénelées, un peu sinuées à leurs bords; les feuilles florales presque sessiles; les pédoncules terminaux, dichotomes, presque en corymbe, chargés de dix à onze fleurs pédicellées; leur calice est pubescent, glutineux; la corolle purpurine, presque campanulée; les étamines de la longueur de la corolle; la semence rude, alongée, en ovale renversé. Cette plante croît sur les collines arides, aux environs de Lima.

OXYBAPHE AGRÉGÉ: *Oxybaphus aggregatus*, Vahl, *l. c.*; *Mirabilis aggregata*, Cavan., *Icon. rar.*, 5, pag. 22, tab. 437; Orteg.; Decand., 81, tab. 11. Plante de la Nouvelle-Espagne, qui s'élève à la hauteur d'un pied et plus, dont les tiges sont rameuses dès leur base, garnies de feuilles lancéolées, un peu épaisses, glabres, aiguës, à peine denticulées, longues d'un pouce et demi; les pétioles courts; les pédoncules solitaires, axillaires et dans la bifurcation des rameaux, courts et inclinés à l'époque de la fructification, soutenant deux, trois ou quatre fleurs sessiles, renfermées dans un involucre commun, campanulé, à cinq découpures ovales, inégales, agrandi après la floraison; point de calice propre; la corolle rougeâtre; les étamines de la longueur de la corolle; trois noix assez grandes, velues. (POIR.)

OXYBELE, *Oxybelus*. (*Entom.*) M. Latreille a réuni sous ce nom de genre un certain nombre d'espèces d'insectes hyménoptères, que la plupart des auteurs d'entomologie avoient rapportés aux genres Crabron, Melline ou Nomade. Ce sont de petites espèces, qui diffèrent essentiellement des astates ou des nyssons, qui ont, comme eux, les yeux entiers, surtout parce que leurs ailes n'ont qu'une cellule cubitale fermée, au lieu que les autres en ont trois. Telle est la guêpe uniglume de Linnæus ou le *crabro uniglumis*, Fabr. Les femelles paroissent déposer de petits cadavres d'insectes auprès de leurs œufs, qu'elles placent profondément dans le sable en y creusant des trous. (C. D.)

OXYCARPUS. (*Bot.*) Genre de Loureiro, depuis longtemps réuni au *brindonia*. Voyez BRINDONIER. (J.)

OXYCEDRUS. (*Bot.*) Théophraste et Galien, ainsi que Dodoëns et Belon, désignent sous ce nom le cade de Provence, espèce de genévrier, *juniperus oxycedrus* de Linnæus, que Pena nommoit *oxyarceutis*, c'est-à-dire genévrier aigu, et dont on extrait par distillation une huile essentielle estimée. (J.)

OXYCEPHAS. (*Ichthyol.*) M. Rafinesque-Schmaltz a créé sous ce nom un genre de poissons reconnoissables à leur corps conique, comprimé, couvert d'écailles dures, ou même de plaques en bouclier; à leur nageoire caudale réunie avec l'anale et la seconde dorsale; à leur tête pointue et revêtue de larges boucliers squameux.

Ce genre ne renferme encore qu'une espèce, l'*oxycephas scabrus*, dont les écailles sont épineuses; dont le menton porte deux barbillons et dont la nageoire caudale est échancrée.

Les pêcheurs siciliens, quoique connoissant à peine cet animal fort rare, lui donnent le nom de *pizzone*. On ne sauroit d'ailleurs le manger, car il paroît manquer de chair et ne consister absolument qu'en écailles. Il est d'une couleur fauve uniforme. (H. C.)

OXYCÈRE, *Oxycera*. (*Entóm.*) Ce nom, qui signifie antenne pointue, a été créé par Illiger pour faire connoître un genre d'insectes à deux ailes, voisin des mouches armées ou stratyomes, dont ils diffèrent un peu par la manière dont les antennes se terminent. Nous avons décrit ce genre sous le nom d'HYPOLÉON, et nous l'avons fait figurer dans l'atlas de ce Dictionnaire, planche 48, fig. 5. C'est l'hypoléon à trois lignes, que Geoffroy à fait connoître sous le nom de mouche armée à bandes noires. Voyez l'article HYPOLÉON. (C. D.)

OXYCEROS. (*Bot.*) Genre de plantes dicotylédones, à fleurs

complètes, monopétalées, régulières, de la famille des *rubia-cées*, de la *pentandrie monogynie* de Linnæus, que quelques botanistes réunissent au *randia*; et offrant pour caractère essentiel : Un calice à cinq dents ; une corolle presque en soucoupe ; son limbe très - ample, à cinq lobes ; le tube court ; cinq étamines attachées à l'orifice du tube ; les filamens presque nuls ; les anthères filiformes, étalées sur le limbe ; l'ovaire inférieur ; un style de la longueur du tube ; un stigmate ovale, alongé, à plusieurs cannelures. Le fruit est une baie fort petite, couronnée par le calice, à deux loges polyspermes.

OXYCEROS HÉRISSÉ; *Oxyceros horridus*, Lour., *Fl. coch.*, 1, pag. 187. Arbrisseau découvert dans les forêts de la Cochinchine, qui s'élève à la hauteur de huit pieds sur une tige droite dont les branches sont alongées et renversées ; les rameaux courts, nombreux, étalés, opposés en croix, armés de forts aiguillons opposés, presque cornés, très-aigus ; les feuilles glabres, opposées, très-entières, ovales, lancéolées : les fleurs blanches, presque terminales, disposées en grappes trichotomes ; les baies noires.

OXYCEROS DE LA CHINE; *Oxyceros chinensis*, Lour., *Flor. cochin.*, 1, pag. 187. Arbuste, dont les tiges sont droites, hautes d'environ cinq pieds, très-rameuses, armées de plusieurs aiguillons obliques, courts, aigus ; les feuilles sont glabres, opposées, lancéolées, nerveuses, très-entières ; les fleurs blanches, disposées en grappes courtes, terminales ; leur corolle en soucoupe ; son tube alongé ; son limbe plan, à cinq lobes ; cinq filamens très-courts, situés à l'orifice du tube ; les anthères linéaires ; un stigmate ovale, bifide. Le fruit est une petite baie arrondie, à deux loges renfermant des semences peu nombreuses, petites, arrondies. Cette plante croit aux environs de Canton. (POIR.)

OXYCOCCUM. (*Bot.*) Cordus et Clusius nommoient ainsi une espèce d'airelle qui habite les lieux marécageux, et que Linnæus a nommée *vaccinium oxycoccos*. Il diffère du *vaccinium* par sa corolle fendue profondément en quatre parties. C'étoit pour Tournefort un genre distinct, *Oxycoccos*, que quelques auteurs modernes ont tenté de rétablir. (J.)

OXYDENIA. (*Bot.*) Ce genre de graminées de M. Nuttal paroit le même que le *Leptochloa* de Beauvois. (J.)

37.   12

OXYLAPATHUM. (*Bot.*) Nom donné par Dioscoride et Pline à la patience aiguë, *lapathum* de plusieurs auteurs, *rumex acutus* de Linnæus: le même avoit été adopté par Matthiole, Fuchs et Dodoëns. On trouve encore sous ce nom dans Daléchamps le *potamogeton serratum.* (J.)

OXYLOBE, *Oxylobium.* (*Bot.*) Genre de plantes dicotylédones, à fleurs complètes, papilionacées, de la famille des *légumineuses,* de la *décandrie monogynie* de Linnæus; offrant pour caractère essentiel : Un calice à cinq divisions profondes, presque à deux lèvres; une corolle papilionacée ; la carène comprimée, de la longueur des ailes; l'étendard plan, de même longueur; dix étamines libres; le style ascendant; le stigmate simple ; une gousse ovale, ventrue, aiguë, à plusieurs semences.

Ce genre, très-voisin des *gompholobium,* avoit été établi par Andrews, admis par Aiton. Il est le même que le *callystachis* de Ventenat. On y rapporte l'espèce suivante, rangée par M. Labillardière parmi les *gompholobium.*

Oxylobe elliptique : *Oxylobium ellipticum,* Ait., *Hort. kew.; Gompholobium ellipticum,* Labill., *Nov. Holl.,* vol. 2, pag. 106, tab. 135 ; *Callystachis elliptica,* Vent., Jard. Malm. Arbrisseau découvert par M. de Labillardière, au cap Van-Diémen, dans la Nouvelle-Hollande. Il s'élève à la hauteur de huit à neuf pieds sur une tige droite, épaisse, cylindrique, chargée de rameaux alternes, redressés, quelquefois un peu verticillés, couverts de poils soyeux; les feuilles sont légèrement pétiolées, alternes, éparses ou rapprochées quatre à cinq en verticilles, très-simples, ovales-elliptiques, un peu alongées, entières, repliées à leurs bords, mucronées au sommet, glabres en dessus, soyeuses en dessous, longues d'un pouce, larges de trois ou quatre lignes; le pétiole court, soyeux. (Poir.)

OXYMALVA, c'est-à-dire MAUVE ACIDE. (*Bot.*) On a désigné ainsi l'oseille de Guinée, *hibiscus sabdariffa,* Linn. Voyez Ketmie. (Lem.)

OXYMYRSINE. (*Bot.*) Voyez Ocneros. (J.)

OXYOIDES. (*Bot.*) Garcin, dans les Actes de la société royale de Londres, avoit distingué sous ce nom l'*oxalis sensitiva* de ses congénères, dont il diffère surtout par ses feuilles pennées et se refermant au moindre contact. (J.)

OXYOPE, *Oxyopes*. (*Entom.*) M. Latreille désigne sous ce nom un démembrement du genre Araignée, dont M. Walckenaer a fait le genre qu'il nomme *Sphase*. (C. D.)

OXYPETALUM. (*Bot.*) Genre détaché par M. R. Brown de l'*asclepias*, dont il diffère par les cornets intérieurs de la fleur, qui sont arrondis, simples, charnus, et par sa corolle renflée. On n'est pas encore d'accord sur l'admission de ce genre émané de celui de Linnæus. Voyez GOTHOFREDA. (J.)

OXYPHÆRIA. (*Bot.*) Dans le *Nomenclator botanicus* de M. Steudel ce nom est cité comme synonyme du *calomeria* de Ventenat, genre de plante composée. (J.)

OXYPHANIA. (*Bot.*) Nom donné mal à propos, suivant Césalpin, par quelques personnes au tamarin, qu'elles croyoient produit par un palmier. On le retrouve, cité par Daléchamps, sous le nom de OXYPHÆNICUM, que Lobel rapporte aussi au tamarin, en quoi C. Bauhin n'est pas de son avis. (J.)

OXYPHŒNIX. (*Bot.*) Nom donné par les Grecs au tamarin. (LEM.)

OXYPHYLLUM et OXYTRIPHYLLON. (*Bot.*) Noms donnés anciennement à des plantes à feuilles pointues, qu'on croit avoir été des espèces de trèfle, peut-être la surelle et le lotier velu. (LEM.)

OXYPOGON. (*Bot.*) On cite ce nom générique de M. Rafinesque comme synonyme de *lathyrus venosus* de Willd. (J.)

OXYPORE, *Oxyporus*. (*Entom.*) Nom d'un genre d'insectes coléoptères, de la famille des brévipennes ou brachélytres, dont les espèces étoient, avant Fabricius, confondues avec celles du genre Staphylin, auxquelles elles ressemblent en effet beaucoup par le port et par les habitudes.

Les oxypores ont cinq articles à tous les tarses. Ils peuvent être ainsi caractérisés : Élytres très-courts, durs, ne couvrant pas l'abdomen ; tête engagée dans le corselet ; à yeux simples ; à palpes renflés en croissant à leur extrémité libre : antennes grosses, comprimées, perfoliées ; mandibules saillantes, courbées, longues, croisées.

A l'aide de ces caractères il est facile de distinguer les oxypores des autres genres de la même famille des brachélytres. D'abord, dans les *stènes*, les yeux sont globuleux et font paroître la tête plus large que longue, tandis que, dans le genre dont nous traitons, les yeux sont simples, non saillans, et, par conséquent, la tête est plus longue de devant en arrière que large de droite à gauche ou transversalement. Secondement, les *staphylins* et les *lestèves* ont les palpes maxillaires simples, tandis que dans les oxypores, comme nous l'avons indiqué, les palpes maxillaires sont renflés à l'extrémité libre. C'est à la vérité de même dans les *pædères*, mais ceux-ci ont les mandibules foibles et très-courts, quand les oxypores les ont longues, courbées, acérées, croisées.

Les mœurs des oxypores sont à peu près les mêmes que celles des staphylins; mais on les observe plus particulièrement dans le parenchyme des bolets et des agarics, qu'ils détruisent et perforent de toute part. C'est même de cette circonstance qu'ils semblent avoir reçu leur nom : le mot grec ὀξύπορος signifiant, *qui traverse rapidement*. En effet, quand on soulève l'une de ces plantes cryptogames, les oxypores se précipitent hors des galeries qu'ils se sont creusées ; ils tombent vivement, et ne tardent pas à se soustraire aux recherches. Il paroît que leurs larves se développent dans ces mêmes matières organisées.

Nous avons fait figurer l'une des espèces de ce genre, sur la planche III de l'atlas joint à ce Dictionnaire, sous le n.° 2 : c'est l'Oxypore roux, *O. rufus*. Il a été décrit par Geoffroy comme le staphylin jaune, à tête, extrémités postérieures des élytres et du ventre noires. C'est, en effet, le caractère distinctif de cette espèce.

Il y a une autre espèce voisine, qui a été décrite par Fabricius sous le nom de grandes mâchoires, *O. maxillosus*.

Car. Noir ; à élytres pâles, noirs à l'extrémité libre ; abdomen roux, terminé par une tache brune.

Les autres espèces ne se sont pas encore trouvées en Europe. (C. D.)

OXYPTÈRE. (*Mamm.*) Genre de cétacés voisins des dauphins, établi par M. Rafinesque sur une espèce caractérisée par deux nageoires dorsales. (F. C.)

OXYPTERUS. (*Ornith.*) Voyez Ocypterus. (Ch. D.)

OXYRHINQUE. (*Ichthyol.*) On a donné ce nom à plusieurs poissons, et d'abord à une espèce de Mormyre, que nous avons décrite dans ce Dictionnaire (t. XXXIII, p. 12), puis à un Corrégone, dont nous avons parlé (t. X, p. 562), et, enfin, à une Raie. Voyez ce mot. (H. C.)

OXYRHYNQUES. (*Crust.*) MM. Latreille et Duméril ont composé sous ce nom une division de crustacés décapodes macroures, qui renferme tous les genres dont le têt est prolongé en pointe en avant, tels que les Maias, les Inachus, les Lithodes, les Macropodies, etc. Selon M. Latreille, les genres Dorippe, Mictyre, Leucosie, Coryste, Orithyie, Matute et Ranine, s'y rangeroient aussi. En dernier lieu ce naturaliste a démembré sa tribu des oxyrhynques, et les genres de la division du même nom, admise par M. Duméril, composent maintenant la sous-famille des Triangulaires. (Desm.)

OXYRINQUE. (*Ornith.*) M. Temminck a, dans l'Analyse de son système général d'ornithologie, en tête de la seconde édition de son Manuel, p. lxxx, établi ce genre, en latin tiré du grec, *oxyruncus*, et il lui a donné pour caractères : Un bec court, droit, triangulaire à sa base, très-effilé en alène à sa pointe ; des narines basales, latérales, comme celles des torcols ; le tarse court, à peu près de la longueur du doigt du milieu des trois antérieurs ; les latéraux égaux, l'externe soudé à la base et l'interne divisé ; la première rémige nulle ; les deuxième et troisième plus courtes que les deux suivantes, qui sont les plus longues.

M. Temminck indique une espèce de ce genre, qui est de l'Amérique méridionale, et dont la tête est un peu huppée. Le dessus du corps est verdâtre et les parties inférieures présentent des taches noires sur un fond d'un blanc jaunâtre. Une autre espèce est figurée dans les Oiseaux coloriés sous le nom d'oxyrinque en feu, *oxyruncus flammiceps*, Temm. (Ch. D.)

OXYRINCHUS. (*Foss.*) Dans le Dictionnaire des fossiles, Bertrand dit qu'on s'est quelquefois servi de ce nom pour désigner des pierres coniques, alongées et aiguës, comme quelques pointes d'oursin et quelques bélemnites. (D. F.)

OXYS. (*Bot.*) Voyez Oxalis. (J.)

OXYSCHÆNUS. (*Bot.*) Une variété du *juncus inflexus* à panicule éparse, est ainsi nommée par Dodoëns au rapport de Daléchamps. (J.)

OXYSTELME, *Oxystelma*. (*Bot.*) Genre de plantes dicotylédones, à fleurs complètes, monopétalées, régulières, de la famille des *apocinées*, de la *pentandrie monogynie* de Linnæus; offrant pour caractère essentiel : Un calice fort petit, à cinq divisions; une corolle presque en roue; le tube court; un urcéole à cinq découpures comprimées, entières, aiguës; cinq étamines; les anthères saillantes, terminées par une membrane, un ovaire supérieur; le stigmate mutique; deux follicules sessiles, renfermant des semences aigrettées.

OXYSTELME CHARNU ; *Oxystelma carnosa*, Rob. Brown, *Nov. Holl.* 1, pag. 402. Cette plante a des tiges grimpantes, garnies de feuilles glabres à leurs deux faces, opposées, charnues, presque ovales, très-entières, mucronées à leur sommet : les fleurs sont situées dans l'aisselle des feuilles, portées sur des pédoncules réunis en un fascicule presque en forme d'ombelle, composées d'un très-petit calice et d'une corolle monopétale, à tube court; le limbe est partagé en cinq découpures linéaires. Cette plante croit sur les côtes de la Nouvelle-Hollande.

OXYSTELME COMESTIBLE : *Oxystelma esculenta*, Rob. Brown, *l. c.; Periploca esculenta*, Linn. fils, *Suppl.*, pag. 168 ; Roxb., *Corom.*, vol. 1, pag. 13, tab. 11 ; *Apocynum maderaspatanum*, etc., Pluken., *Amalth.*, 19, tab. 359, fig. 6. Cette plante, placée d'abord parmi les *periploca* par Linné fils, est rapportée à l'*oxystelma* par M. Brown. Ses tiges sont grêles, souples et grimpantes, garnies de feuilles opposées, pétiolées, un peu variées dans leur forme, longues, étroites, linéaires, subulées ou lancéolées, les unes rétrécies à leur sommet, d'autres plus larges, arrondies à leur base. Les fleurs, au nombre de trois à huit, et toutes pédicellées, sont disposées en grappes simples, axillaires; leur corolle est blanche ou un peu jaunâtre, marquée de veines purpurines ou ferrugineuses, qui s'élèvent du centre et s'étendent jusqu'à la circonférence. Elle se divise en cinq découpures en roue. Elle renferme, dans le fond de son tube, cinq filamens cornus. Le fruit consiste en deux follicules glabres, oblongs, enflés, remplis de semences aigrettées. Cette plante croît au Malabar et à Ceilan, parmi les broussailles, sur le bord des fleuves. D'après le rapport de plusieurs voyageurs, elle sert d'aliment aux indigènes du pays. (POIR.)

OXYSTOME, *Oxystoma*. (*Entom.*) Nom d'un genre d'insectes coléoptères, à quatre articles à tous les tarses, de la famille des rhinocères ou rostricornes.

Ce genre avoit été établi par nous depuis long-temps et employé depuis sous ce nom dans la Zoologie analytique pour réunir certaines espèces d'attelabes de Linnæus et de Fabricius, dont la tête et le corselet sont plus étroits que les élytres, qui embrassent l'abdomen et lui donnent la forme d'une poire dont la trompe seroit la queue.

Le caractère du genre peut être ainsi exprimé : *Antennes en masse, droites ou non brisées; avant-dernier article des tarses à deux lobes; tête et corselet pointus en alène; abdomen ovale.*

Les entomologistes ont préféré le nom d'*apion*, donné par Herbst à ce genre, quoiqu'il ait été établi d'abord par nous : ce nom d'apion, tiré du grec, signifiant poire, et celui d'oxystome, emprunté de deux mots de la même langue, ὀξὺς, *pointue*, et σ]ομα, *bouche*.

Ce genre se distingue parfaitement de ceux des bruches, des brentes et des becmares, qui n'ont pas les antennes en masse; de ceux des charansons, des ramphes et des rhynchènes, dont les antennes sont brisées ou coudées; des brachycères, dont l'avant-dernier article des tarses est entier et non bilobé, et enfin de ceux des attelabes et des anthribes, dont l'abdomen, au lieu d'être ovale, est à peu près carré.

Les mœurs des oxystomes sont à peu près les mêmes que celles des attelabes. Les insectes parfaits se rencontrent sur les feuilles des arbres et des plantes, dont ils se nourrissent. La plupart proviennent de larves qui se développent dans le tissu même des tiges ou des racines.

Le plus grand nombre des espèces ont été décrites comme des attelabes. Tels sont :

1.° L'Oxystome du froment, *Oxystoma frumentarium*.

Car. Rouge; à élytres sillonés en longueur de stries crénelées.

On le trouve dans les tas de blés que l'on conserve.

2.° L'Oxystome de Pomone; *O. Pomonæ*. C'est celui que nous avons fait figurer dans l'atlas de ce Dictionnaire, planche 16, n.° 6.

Car. Noir, bleu : à bec un peu comprimé à son origine ;
à antennes roussâtres.

On le trouve sur les pommiers.

3.° L'Oxystome du printemps, *O. vernale.*

Car. Noir ; à élytres cendrés ; à deux bandes noires ; pattes
rousses.

Il est commun sur l'ortie au printemps. (C. D.)

OXYSTOMES, *Oxystomata.* (*Conchyl.*) M. de Blainville,
dans son Système de conchyliologie, a désigné sous ce nom
une petite famille remarquable par l'acuité de la columelle,
qui se prolonge en pointe en avant, et par la minceur et le
tranchant du bord droit. Elle ne comprend que le genre
Hiantine, qu'il est si difficile de placer convenablement dans
les autres familles. (De B.)

OXYTÈLE, *Oxytelus.* (*Entom.*) Nom donné par Graven-
horst, dans son Histoire des insectes microptères, à un petit
genre de coléoptères de cette famille des brachélytres. Ce
sont de petites espèces de Staphylins. Voyez ce mot et celui
de Brachélytres. (C. D.)

OXYTEMOS. (*Bot.*) Ruellius, commentateur de Dioscoride, cite ce nom grec ancien du coquelicot, *papaver rhœas,*
qui est plus connu sous celui de *rhœas.* (J.)

OXYTRÊME, *Oxytrema.* (*Conchyl.*) Genre de coquilles
établi par M. Rafinesque (Journ. de phys., Juin 1819, p. 423)
pour trois coquilles fluviatiles de l'Amérique septentrionale,
qu'il dit de la famille des néritacés, et qu'il caractérise ainsi :
Têt ovale, oblong ou ventru ; un petit nombre de tours de
spire, le dernier formant presque toute la coquille ; ouverture aiguë aux deux extrémités ; l'antérieure se prolongeant
en une longue pointe aiguë. (De B.)

OXYTRIPHYLLUM. (*Bot.*) C'est ainsi que Tragus nommoit
en grec l'*oxys* de tous les anciens auteurs et de Tournefort,
que Linnæus a supprimé pour lui substituer le nom *oxalis,*
que ces mêmes anciens donnoient à l'oseille ordinaire et à
plusieurs de ses congénères. (J.)

OXYTROPIS, *Oxytropis,* Decand. (*Bot.*) Genre de plantes
dicotylédones polypétales, de la famille des *légumineuses,*
Juss., et de la *diadelphie décandrie,* Linn., dont les principaux caractères sont les suivans : Calice monophylle, à cinq

dents aiguës; corolle papilionacée, à étendard plus long que les ailes et la carène, cette dernière prolongée au sommet en pointe droite; dix étamines, dont neuf ont leurs filets réunis inférieurement en une gaine qui enveloppe le pistil, et la dixième a son filet libre; un ovaire supère, surmonté d'un style légèrement courbé, terminé par un stigmate obtus; une gousse divisée en deux loges complètes ou incomplètes, au moyen d'une cloison formée par le repli de la suture supérieure.

Les oxytropis sont des plantes herbacées, à feuilles ailées avec impaire, accompagnées de stipules; leurs fleurs sont disposées en épis axillaires ou portées sur des pédoncules qui partent immédiatement des racines. On en connoît quarante et quelques espèces : les suivantes croissent naturellement en France.

OXYTROPIS DE MONTAGNE : *Oxytropis montana*, Decand.; Astrag., 53; *Astragalus montanus*, Linn., Spec., 1070. Sa racine est ligneuse, rampante; elle se divise au collet en quelques souches courtes, garnies de feuilles pétiolées, accompagnées à leur base de stipules écailleuses; ces feuilles sont composées de vingt-une à vingt-cinq folioles ovales-oblongues, un peu velues en dessus, glabres en dessous. Ses fleurs sont purpurines ou violettes, disposées, au nombre de sept à douze, en un épi porté sur un pédoncule long d'environ trois pouces et qui paroît naître du collet de la racine. Les fruits, qui succèdent aux fleurs, sont des gousses oblongues, presque cylindriques, velues, divisées en deux loges par une cloison complète. Cette plante est assez commune dans les prairies sèches et élevées des Alpes, des Pyrénées et des hautes montagnes de l'Europe.

OXYTROPIS DE L'OURAL: *Oxytropis uralensis*, Decand.; Astrag., 55; *Astragalus uralensis*, Linn., Spec., 1071; Jacq., Ic. rar., 1, t. 155. Sa racine est ligneuse; elle produit une tige très-courte, garnie de feuilles accompaguées de stipules écailleuses, et composées de vingt-sept à trente-une folioles oblongues, pointues, chargées en dessus et en dessous de longs poils soyeux et blanchâtres. Les fleurs sont purpurines ou violettes, disposées, au nombre de vingt à vingt-cinq, en épis portés sur des pédoncules plus longs que les feuilles. Les gousses sont cylindriques, pointues, légèrement velues, à deux loges complètes. Cette espèce croît dans les pâturages des Pyrénées, des Alpes, en France, en Italie, etc.

OXYTROPIS DES CHAMPS : *Oxytropis campestris*, Decand., Astrag., 59; *Astragalus campestris*, Linn., *Spec.*, 1072. Sa racine est cylindrique, alongée, divisée au collet en plusieurs souches courtes, garnies de stipules écailleuses adhérentes au pétiole. Ses feuilles sont radicales, composées de dix-sept à vingt-une folioles ovales-oblongues, pointues, plus ou moins velues. Les fleurs sont d'un blanc jaunâtre, disposées en épis ovales, portés sur des pédoncules radicaux, de la longueur des feuilles. Les gousses sont ovoïdes, légèrement renflées, divisées par une cloison incomplète. Cette plante croît dans les prairies sèches des montagnes et sur les collines découvertes.

OXYTROPIS FÉTIDE : *Oxytropis fœtida*, Decand.; Astrag., 60; *Astragalus fœtidus*, Vill., Dauph., 3, p. 465, t. 43. Cette espèce ressemble beaucoup à la précédente; mais toutes ses parties sont glabres, un peu visqueuses et ont une odeur fétide; ses folioles sont plus petites, plus nombreuses; ses pédoncules sont un peu laineux au-dessous de l'épi, qui est composé de cinq à six fleurs d'une teinte plus blanchâtre; enfin, ses gousses sont cylindriques, deux fois plus longues. Cet oxytropis vient dans les lieux pierreux des Alpes et des hautes montagnes.

OXYTROPIS VELU : *Oxytropis pilosa*, Decand., Astrag., 73; *Astragalus pilosus*, Linn., *Spec.*, 1065. Sa racine pousse plusieurs tiges simples, droites, hautes de huit à dix pouces, chargées de poils blanchâtres, et garnies de feuilles composées de vingt-une à vingt-cinq folioles oblongues, pointues, velues. Ses fleurs sont d'un blanc jaunâtre, disposées, par quinze à dix-huit ensemble, en épis portés sur des pédoncules axillaires de la longueur des feuilles. Les gousses sont cylindriques, sillonnées, à deux loges complétement séparées. Cette espèce croît parmi les rochers des montagnes du Midi de la France et de l'Europe. (L. D.)

OXYURE, *Oxyurus*. (*Entomoz.*) Genre de vers intestinaux, établi par M. Rudolphi pour un certain nombre d'espèces que la plupart des auteurs systématiques, comme Goëze,

Schrank, Gmelin, Bruguière, plaçoient dans le genre Tricho-céphale, parce qu'ils avoient pris la tête pour la queue, et qu'avoit déjà proposé Zeder sous le nom de Mastigode. M. Bremser, depuis, a montré que l'on devoit y ajouter l'ascaride vermiculaire de l'homme et plusieurs autres espèces d'asca-rides de M. Rudolphi. Les caractères de ce genre peuvent être exprimés ainsi : Corps rond, élastique, très-atténué ou finement subulé en arrière dans la femelle. Bouche orbicu-laire, grande; anus se terminant, ainsi que l'appareil géné-rateur de la femelle, dans une sorte de cloaque ou d'ouver-ture extérieure commune ; l'organe excitateur du mâle dans une gaine. Toutes les différentes espèces d'oxyures connues jusqu'ici, ont été trouvées dans le canal intestinal des ani-maux mammifères. M. Rudolphi, dans son *Systema Entozoorum*, n'admettoit dans ce genre que l'espèce qui lui a servi de type, le trichocéphale du cheval, des planches de l'Encyclopédie. Dans son *Synopsis* il en a ajouté deux, sous les noms d'*O. alata* et *O. ambigua;* enfin, M. Bremser, ayant soigneusement étu-dié l'ascaride vermiculaire de l'homme, ainsi que plusieurs autres espèces, les a rapportées aux oxyures.

L'Oxyure du cheval : *O. curvula*, Rudolph., *Entoz.*, tab. 1, fig. 56; et Encycl. méth., tab. 33, fig. 9; *Trich. equi*, d'après Goëze : Corps de deux ou trois pouces de long sur deux tiers de ligne de diamètre, un peu courbé dans sa partie anté-rieure, un peu renflé au milieu, obtus en avant et plus ou moins longuement atténué en arrière.

Ce ver, qui se trouve communément, et à toutes les épo-ques de l'année, dans le cœcum du cheval, quelquefois en très-grande abondance, offre quelques variations pour la lon-gueur de la partie subulée de l'extrémité postérieure; la tête non distincte, est obtuse; la bouche, orbiculaire, est comme plissée à sa circonférence. La partie antérieure, épaisse, cylin-drique et égale, après une courbure plus ou moins mar-quée, se continue dans la partie postérieure, qui s'atténue peu à peu; l'extrémité postérieure est un peu obtuse. Le cloaque ou l'orifice commun de l'anus et de l'organe femelle, est situé assez en avant de cette extrémité. Le canal intestinal, à quel-que distance de la bouche, se dilate en une espèce d'estomac, puis se retire, se fléchit de différentes manières et se termine par une partie grêle dans le cloaque. Il est le plus souvent rempli par une matière grise, ce qui donne à l'animal une couleur d'un blanc sale. Quoique M. Rudolphi admette des sexes différens dans cette espèce, il dit cependant que tous les individus qu'il a observés contenoient dans la partie atténuée des œufs elliptiques avec un point noir au milieu.

L'Oxyure de l'homme; *O. hominis*, Bremser, Vers intest. de l'homme, pl. 1, fig. 3, le mâle, et pl. 11, fig. 1, la femelle, de la traduction françoise. Oxyure à tête obtuse, accompagnée de chaque côté par une membrane vésiculaire; la queue du mâle en spirale et obtuse, celle de la femelle subulée et droite. C'est, comme nous l'avons dit plus haut, l'ascaride vermiculaire de tous les zoologistes et les pathologistes jusqu'à M. Bremser et M. de Lamarck, qui a adopté la manière de voir de l'helminthologue de Vienne.

Ce ver, qui séjourne si communément dans le gros intestin, et principalement dans le rectum de l'homme, est connu des médecins de temps immémorial : le mâle, de la longueur d'une ligne ou d'une ligne et demie, a le corps mince, très-élastique et de couleur blanche ; la partie antérieure, obtuse, est entourée d'une membrane transparente, formant une espèce de vessie, à travers laquelle on aperçoit l'œsophage, d'abord cylindrique, puis claviforme, avant qu'il se change en un estomac globuleux. Le canal intestinal se continue ensuite dans toute la longueur du corps jusqu'à sa terminaison. M. Bremser convient qu'il n'a pas vu les vaisseaux spermatiques entourant le canal intestinal, non plus que le pénis, dans cette espèce, comme il les a observés dans l'oxyure des lapins sauvages. La femelle, beaucoup plus grosse, puisqu'elle atteint une longueur de quatre à cinq lignes, et beaucoup plus commune à ce qu'il m'a semblé, est tout-à-fait comme le mâle jusqu'à la terminaison de l'estomac ; mais à partir de cet organe l'intestin est enveloppé de toutes parts par les oviductes, qui se terminent comme il a été dit.

Les enfans, les femmes, les personnes d'un tempérament lymphatique, et qui se nourrissent mal, ou qui boivent de mauvais cidre, y sont plus sujets que les autres ; mais j'en ai observé dans des vieillards. Ce ver est remarquable par la vivacité de ses mouvemens, et par la faculté qu'il a de sauter à quelque distance par l'élasticité de son corps. Il est également sujet à une rupture des parois abdominales, de manière à produire une véritable éventration.

L'OXYURE DE LA SOURIS; *O. obrelatus; Ascaris obrelata*, Rud. Ver de trois à quatre lignes de long; la tête obtuse, avec une membrane latérale, vésiculaire, et la pointe de la queue courte et un peu obtuse : dans les gros intestins de la souris.

C'est encore à M. Bremser qu'est dû le passage de ce ver dans le genre Oxyure : Frœlich avoit donc raison, en le regardant comme une variété de l'oxyure vermiculaire. Il paroît qu'elle existe dans plusieurs autres rongeurs.

L'OXYURE MICROCÉPHALE; *O. microcephalus; Ascaris microcephala*, Rud. Ver d'un pouce et quelques lignes de long, à tête petite, rétrécie, sans membrane latérale; la queue, plus épaisse, terminée par une pointe courte et arquée : de la cavité abdominale de l'*ardea comata*.

Quoique M. Bremser assure que cette espèce appartienne à ce genre, M. Rudolphi dit dans sa phrase caractéristique, *caput trivalve*.

L'OXYURE DU LAPIN SAUVAGE; *O. ambiguus*, Bremser. Cette espèce, que je n'ai pas vue et dont je ne puis donner la phrase caractéristique, paroît être commune dans les gros intestins du lapin sauvage. C'est en l'observant que M. Bremser a été conduit à sa découverte sur l'oxyure de l'homme. Le trichocéphale onguiculé de M. Rudolphi, trouvé dans le gros intestin du lièvre, et dont Zeder faisoit une espèce de mastigode, n'appartiendroit-il pas aussi à ce genre ? (DE B.)

OYA. (*Bot.*) Voyez HELM. (J.)

OYAT. (*Bot.*) Nom qu'on donne sur la côte de Boulogne au roseau des sables, *arundo arenaria*, Linn. (LEM.)

OYE. (*Ornith.*) Ancienne orthographe du nom de l'OIE. (DESM.)

OYÈNE. (*Ichthyol.*) Nom spécifique d'un LABRE que nous avons décrit dans ce Dictionnaire, tome XXV, pag. 35. (H. C.)

OYEVAERT. (*Ornith.*) Un des noms flamands de la cigogne blanche, *ardea ciconia*, Linn. (CH. D.)

OYOT. (*Bot.*) Nom ·javanois de l'*ipomœa paniculata* de Burmann. (J.)

OYSANITE. (*Min.*) Nom donné d'abord au minéral nommé ensuite par Haüy ANATASE, et qui est un oxide de TITANE (voy. ce mot), du nom du bourg d'Oysans en Dauphiné, lieu remarquable par le grand nombre d'espèces de minéraux et de roches qu'on a reconnus dans ses environs. (B.)

OYSTERCATCHER. (*Ornith.*) Nom anglois de l'huîtrier, *hœmatopus ostralegus*, Linn. (CH. D.)

OYUNERNEMR. (*Bot.*) Nom égyptien, suivant Forskal, d'un fusain, *evonymus inermis*. (J.)

OZEL. (*Ornith.*) Voyez OUZEL. (CH. D.)

OZÈNE; *Ozena*, Oliv. (*Entom.*) Génre de coléoptères carnassiers de la section des pentamérés, voisin des scarites, ayant le port des insectes de la famille des lucifuges, et étant particulièrement distingué des genres à côté desquels il doit prendre place, par ses antennes, dont les quatre premiers articles sont serrés et cylindriques, et les derniers moniliformes, avec le dernier plus gros que les autres, et comprimé.

L'OZÈNE DENTIPÈDE de Cayenne a dix lignes de longueur; les élytres striées; les jambes antérieures échancrées. Il est noir. (DESM.)

OZINISCAN. (*Ornith.*) Voyez ARC-EN-QUEUE. (CH. D.)

OZŒNA. (*Malacoz.*) Dénomination employée par Pline (liv. IX, chap. 3o) vraisemblablement pour l'espèce de poulpe qu'Aristote a nommée ozolis, et qui étoit ainsi appelée à cause de l'odeur forte de sa tête. Nous ignorons à quelle espèce connue convient ce caractère. (DE B.)

OZOLE. (*Crust.*) M. Latreille a donné ce nom à un entomostracé, nommé BINOCLE par Geoffroy, et ARGULE par M. de Jurine fils. Il est décrit sous cette dernière dénomination dans l'article MALACOSTRACÉS. Voyez tome XXVIII, p. 3o1. (DESM.)

OZOLIS. (*Malacoz.*) Aristote, en parlant des espèces de poulpes, après en avoir énuméré trois, dit qu'il y en a une quatrième, que l'on nomme Bolystème ou Ozolis, mais il n'en dit rien autre chose, en sorte qu'il est à peu près impossible de déterminer si nous connoissons ou non cette espèce. (DE B.)

OZONIUM. (*Bot.*) Genre de la famille des champignons de l'ordre des *Mucédinés* et de la série des *Byssoïdées* de la méthode de Link. Il est caractérisé par ses filamens fibreux, longs, libres, rameux, cloisonnés, rampans, un peu semblables à de la bourre ; les primaires plus épais, cylindriques, presque glabres.

Ce genre de Link, adopté par la plupart des mycologues, a beaucoup de rapport avec les *Himantia* et *Dematium*, dont ses espèces faisoient partie autrefois. Tous les trois ont été considérés comme des *Byssus*, dont en effet ils ont le port et la ressemblance par leur manière de croître sur les feuilles et les herbes sèches, et dans les lieux souterrains.

1.º OZONIUM COULEUR DE SAFRAN : *Ozonium croceum*, Pers., *Mycol. eur.*, 1, pag. 86 ; *Himantia sulfurea*, Pers., *Synops.*; *Sporotrichum croceum*, Kunze, *Mycol.*, 1, p. 81, *ex* Pers. Il forme des taches ou plaques éparses, un peu épaisses, d'un jaune safran ; ses fibres sont difformes et rameuses çà et là. Il se rencontre sur les branches mortes tombées, et quelquefois dans la terre. Ses fibres ont six lignes de long au plus, et souvent elles sont irrégulièrement renflées. Persoon se demande si cette plante ne seroit pas un jeune état de l'*athelia citrina*.

2.º OZONIUM COULEUR DE TUILES : *Ozonium lateritium*, Pers., *loc. cit.*, *Himantia*, *ejusd.*, *Syn.*; *Clavaria filiformis*, Sow., *Engl. fung.*, tab. 387, fig. 4. Ses fibres, rameuses çà et là, sont inégalement renflées, glabres, roussâtres. On le trouve en automne sur les feuilles desséchées du châtaignier, qu'il recouvre entièrement le plus souvent, et qu'il agglutine entre elles : sa couleur est presque celle du safran. Le plus souvent il est libre, quelquefois cependant redressé, rarement rameux, et d'une couleur roussâtre ou baie, ou semblable à celle des tuiles, avec les extrémités blanches.

3.º OZONIUM ENTREMÊLÉ : *Ozonium stuposum*, Pers., *loc. cit.*; *Dematium*, *ejusd.*, *Syn.*; *Byssus intertexta*, Decand., Fl. fr. En touffes grandes de diverses formes, de couleur de rouille ou d'un fauve jaunâtre ; filamens entrecroisés, opaques, presque glabres, offrant çà et là des tubercules arrondis. On le rencontre dans les caves, les lieux souterrains, les carrières, les minières, etc.

4.º OZONIUM FAUVE : *Ozonium fulvum*, Pers., *loc. cit.*, t. 8, fig. 1 et 2 ; *Ozonium auricomum*, Link, *im Berl. Mag.* 3 , p. 19; *Dematium strigosum*, Pers., *Syn.; Byssus fulva Huds.*, Humboldt; *Byssus barbata, Engl. Bot.*, tab. 701. Ses gazons sont très-denses, d'une fauve couleur de rouille, formés de fibres roides et longs. On le rencontre sur les troncs d'arbres desséchés, mais exposés à l'humidité, surtout sous l'écorce ou entre ses fissures ; il finit par blanchir. Dans les Vosges on trouve sur les tiges sèches de la gentiane jaune une variété de cette espèce dont les filamens sont plus longs, plus distincts, divergens à l'extrémité, et d'une couleur de jaune sale.

5.º OZONIUM RAYONNANT : *Ozonium radians*, Pers., *loc. cit.*, pl. 8, fig. 3 ; *Byssus parietina*, var. *α*, Decand., Fl. fr. Il forme des plaques d'un jaune pâle, assez étendues et élégantes, composées de fibres principales , divergentes, très-rameuses, capillaires, comme velues. Cette belle espèce forme des plaques membraneuses sur les murailles des caves et des lieux obscurs et humides. Cette plante, comme la précédente , ne sont pas des espèces de *mesenterica*, Pers., comme l'ont cru MM. De Candolle et Link. Voyez MESENTERICA et PHLEBOMORPHA. (LEM.)

OZOPHYLLUM. (*Bot.*) Schreber avoit substitué ce nom pour désigner le *ticorea* d'Aublet. (J.)

OZOTHAMNUS. (*Bot.*) Ce genre de plantes composées est établi par M. R. Brown sur des plantes extraites d'autres genres. Il lui donne pour caractères des fleurs et fleurons au nombre de moins de vingt, tous hermaphrodites ou entourés de quelques fleurons femelles plus grêles; les anthères incluses sont munies de deux soies à leur base. L'aigrette des graines est sessile , composée de poils quelquefois plumeux. Le réceptacle ou clinanthe est nu et lisse. Le périanthe ou péricline est coloré, composé de plusieurs écailles scarieuses et imbriquées.

L'auteur rapporte à ce genre les *eupatorium ferrugineum* et *rosmarinifolium* de M. Labillardière, la *chrysocoma cinerea* du même et peut-être la *colea picrifolia* de Forster. Ce sont des arbrisseaux de la Nouvelle-Hollande, de la Nouvelle-Zélande et de l'Afrique australe, ayant une odeur forte et désagréable ; leurs feuilles sont alternes, étroites, entières, à bords recourbés en dehors. Les fleurs sont petites, disposées en corymbes terminaux. Ce genre doit être placé dans la famille des corymbifères, section des réceptacles nus, graines aigrettées, et fleurs à fleurons, non loin de l'eupatoire, avec lequel il a beaucoup d'affinité. (J.)

OZYMUM. (*Bot.*) Voyez OCYMUM. (LEM.)

OZZANE. (*Ichthyol.*) Voyez MUGGINI. (H. C.)

P

PAAFUEL. (*Ornith.*) Le paon, *pavo*, Linn., se nomme ainsi en Hollande. (CH. D.)

PAAKARIKHOU. (*Ornith.*) Nom kourile d'une espèce de canard. (CH. D.)

PAAPUIN. (*Bot.*) Nom hébreu du champignon, cité par J. Bauhin et Mentzel. (J.)

PAA-TSYANS. (*Bot.*) Nom chinois de la banane, cité dans le Recueil abrégé des Voyages. (J.)

PABA. (*Bot.*) Nom de l'*ophioglossum flexuosum* dans l'île de Ceilan. (J.)

PABO DE MONTE. (*Ornith.*) Ce nom, qui signifie dindon de montagne, a été donné par les Espagnols du Mexique au hocco mituporanga, Marcgr., *crax alector*, Linn. La même dénomination est aussi appliquée à l'yacou, *yacuhu*, dans les environs de la rivière de la Plata. (CH. D.)

PAC. (*Mamm.*) C'est le même nom que PACA. (F. C.)

PAC. (*Ornith.*) Voyez MAROLY. (CH. D.)

PACA : *Cavia*, Gmel. ; *Cælogenus.* (*Mamm.*) Nous avons établi ce genre en donnant dans ce Dictionnaire, tome VI, page 20, l'histoire des animaux qu'on réunissoit alors sous le nom de Cabiais. A cette époque (1806)[1] nous ne distinguions encore qu'une seule espèce de paca. Depuis nous en avons reconnu deux, dont nous avons exposé les traits distinctifs dans le tome 10, page 203, des Annales du Mu-

---

[1] Ce VI.ᵉ volume du Dictionnaire a réellement été publié en 1806, quoique dans la nouvelle édition qui en a été faite il porte la date de 1817.

séum d'histoire naturelle. Nous nous bornerons donc à ajouter ici ce qui peut servir à compléter notre première description.

Aux singulières poches extérieures que ces animaux ont sous les arcades zygomatiques, se joignent encore des poches dans l'intérieur de la bouche, qui ne ressemblent point aux abajoues des singes, mais sont plutôt formées accidentellement d'une part par le jugal creusé à sa face interne, qui en fait le côté extérieur, et de l'autre par les muscles des joues, qui en font le côté intérieur. Cette poche ou plutôt cette cavité s'ouvre vis-à-vis du vide qui sépare les incisives des mâchelières, et elle ne paroît pas être plus utile à l'animal que ses poches externes. Elle n'a point de ligamens, point de muscles propres à la fermer; elle n'est point extensible à l'extérieur, où une partie osseuse fait ses parois, et elle ne peut l'être à l'intérieur qu'en s'avançant sous les maxillaires.

La verge est plus remarquable encore que ces singulières poches. Elle est cylindrique dans la plus grande partie de sa longueur et terminée en un cône obtus; toute sa surface est couverte d'une grande quantité de papilles aiguës plus ou moins saillantes et plus ou moins cornées, excepté le long d'un fort ligament, qui la garnit en dessous dans toute sa longueur. Le gland n'est distingué du corps de la verge que par un sillon transversal situé en dessus à la naissance du cône. L'orifice de l'urètre est perpendiculaire à ce sillon, et, comme lui, en dessus du gland. Mais, ce qui fait le caractère le plus remarquable de cet organe, ce sont deux crêtes osseuses, dentelées et mobiles, qui se trouvent situées parallèlement au ligament inférieur dans les trois quarts de sa longueur. Les dentelures de ces crêtes, dont les pointes sont dirigées en arrière, ne peuvent guère être comparées qu'aux fortes épines des ronces, et leur objet évident est d'empêcher la femelle de se soustraire à la consommation de sa fécondation. Cette crête peut être couchée ou redressée à la volonté de l'animal.

L'espèce que j'ai décrite à l'article CABIAI, est celle du PACA NOIR, *Cœlogenus subniger*. Outre la teinte de son pelage, elle se caractérise encore par la surface très-lisse des os de sa tête et par des arcades zygomatiques moins saillantes que celles de l'autre espèce.

Le PACA FAUVE (*Cœlogenus fulvus*) a surtout pour caractère un pelage d'un beau fauve doré, au lieu d'être brun noirâtre, et une tête osseuse, couverte de fortes et nombreuses rugosités, qui s'aperçoivent au dehors par les irrégularités de la peau.

Les auteurs originaux qui ont parlé du paca noirâtre, sont Marcgrave, Maffé, Leri, Buffon, Suppl. 3, qui donne la figure d'une femelle adulte, d'Azara et Barrère. Ceux qui ont parlé du paca fauve, sont : Brisson, Buffon, tome 10, qui donne la figure d'un jeune mâle, et M. Geoffroy. (Je dois renvoyer pour cette dernière citation à la note qui se trouve page 206 de mon Mémoire sur le genre Paca, tome 10 des Annales du Muséum d'histoire naturelle.) (F. C.)

PACAES, GUABAS. (*Bot.*) Il est dit dans le Petit recueil des Voyages, que ces noms sont donnés à un fruit des environs de Quito, qui a la forme d'une gousse un peu aplatie, remplie d'une moelle succulente. MM. de Humboldt et Bonpland, qui l'ont vu sur les lieux, l'ont reconnu pour une espèce d'*inga*, que M. Kunth a nommée *inga insignis*. (Voyez BANCO.) Feuillée cite le nom de *pacai* dans le Chili pour l'espèce qui est maintenant l'*inga angustifolia* de Willdenow. C'est quelque espèce de ce genre que l'on nomme ailleurs pois sucrin. (J.)

PACAI. (*Bot.*) Voyez PACAES. (J.)

PACAL. (*Bot.*) Monardez, cité par J. Bauhin, parle d'un arbre de ce nom qui croît à cinq lieues de Lima, sur le bord d'un fleuve. Il ne le décrit point, il indique seulement ses vertus médicales, mais beaucoup trop vaguement. C. Bauhin le cite à la fin de son article sur l'orme avec lequel il croit qu'il a de l'affinité. (J.)

PACANES. (*Bot.*) On donne ce nom dans l'Amérique méridionale au fruit du pacanier, espèce de noyer qui fait partie du genre nouveau *Carya*, séparé du *Juglans* par M. Nuttal. La noix de ce fruit est lisse, ovoïde, oblongue, semblable à une olive; ce qui l'avoit fait nommer *juglans olivæformis*. (J.)

PACANIER. (*Bot.*) Nom vulgaire d'une espèce de noyer d'Amérique. (L. D.)

PACAPAC. (*Ornith.*) Espèce de cotinga qu'on nomme aussi pompadour, *ampelis pompadora*, Linn. Voyez-en la description, tom. XI, page 22. (CH. D.)

PACASSE. (*Mamm.*) Les voyageurs au Congo ont parlé sous ce nom d'un mammifère qu'ils comparent au buffle, mais qui paroît se rapprocher davantage, des antilopes ; aussi Buffon croit-il que le pacasse et le coudou sont le même animal. (F. C.)

PACAYES. (*Bot.*) Ce nom d'un fruit semblable à une noix, mentionné par C. Bauhin, d'après la grande collection des Voyages dans les Indes occidentales, pourroit bien désigner l'espèce de noix plus connue sous le nom de *pacane*, produit par le *juglans olivæformis*, lequel auroit été écrit et prononcé d'une manière différente. (J.) ·

PACCOO-BENDO. (*Bot.*) Marsden, qui parle de ce végétal dans son Histoire de Sumatra, dit qu'il ressemble à un jeune cocotier nain, et croit qu'il en est une espèce. Sa tige est courte et pleine de nœuds, et la partie inférieure des branches est hérissée de piquans. Il produit une espèce de chou semblable à celui du cocotier, lequel est un excellent mets. Sa fleur est jaune. Il ajoute que, quoique rangé parmi les fougères par les Malais et par Rumph, il n'a aucune affinité avec ces plantes. Nous observerons cependant que si sa plante est la même que le PACU-UTAN de Rumph (voyez ce mot) ou une espèce congénère, elle appartient certainement à la famille des fougères. Il a peut-être pris pour branches les pétioles très-longs des feuilles, et pour fleurs la poussière rousse ou dorée de la surface inférieure des feuilles. Rumph dit de même qu'on mange les sommités, mais il fait moins d'éloges de cet aliment. (J.)

PACHACA. (*Bot.*) Le *cupparis pachaca*, de la Flore équinoxiale, est ainsi nommé à Cumana en Amérique. Le même nom est donné dans le Pérou à la calcéolaire à feuilles de saule. (J.)

PACHATACYA. (*Bot.*) Dans le Pérou on donne ce nom au *molina prostrata* de la Flore du pays. (J.)

PACHA-VELUDA. (*Bot.*) L'*andropogon plumosum* de Willdenow est ainsi nommé dans les environs de Villa del pao et de Cumana en Amérique. (J.)

PACHÉE. (*Min.*) C'est, dit-on, le nom que l'on donne dans l'Inde à l'émeraude orientale, qui est un corindon télésie vert. (B.)

PACHIRIER, *Pachiria*. (*Bot.*) Genre de plantes dicotylédones, à fleurs complètes, polypétalées, régulières, de la famille des *malvacées* (*bombacées*, Kunth), de la *monadelphie polyandrie* de Linnæus, offrant pour caractère essentiel : Un calice simple, campanulé, persistant; cinq pétales très-longs, égaux, linéaires, attachés à la base du calice ; des étamines nombreuses; les filamens réunis en cylindre à leur moitié inférieure, divisés ensuite en plusieurs faisceaux; les anthères linéaires, un peu arquées; un ovaire supérieur, pentagone ; un style; le stigmate à cinq divisions. Le fruit est une grande capsule, presque globuleuse, coriace, presque ligneuse, à une seule loge, s'ouvrant en plusieurs valves, renfermant des semences anguleuses.

Ce genre renferme des arbres d'un beau port, garnis de feuilles alternes, digitées, de stipules à la base des pétioles. Les fleurs sont d'une grande beauté, solitaires, axillaires.

PACHIRIER AQUATIQUE : *Pachiria aquatica*, Aubl., Guian., 2, page 725, tab. 291, 292 ; Cavan., *Diss.*, 3, pag. 176, tab. 72, fig. 1; Lamck., *Ill. gen.*, tab. 589; *Carolinea princeps*, Linn. fil., *Suppl.* 314; vulgairement CACAO SAUVAGE. Arbre de l'Amérique méridionale, d'un très-bel aspect, surtout lorsqu'il est chargé de ses fleurs : il s'élève ordinairement à quinze ou vingt pieds de haut. Son tronc est revêtu d'une écorce cendrée; son bois est mou, spongieux; ses rameaux sont garnis de feuilles alternes, pétiolées, composées de trois à cinq folioles ovales, lancéolées, aiguës, presque sessiles, disposées en forme de digitations, à l'extrémité d'un pétiole long de cinq à six pouces, muni à sa base de deux stipules. Les fleurs sont magnifiques, longues de plus d'un pied, presque tubuleuses, veloutées, jaunàtres, solitaires, axillaires. Les pédoncules sont très-épais, fort courts; les pétales épais, très-caducs, concaves, linéaires, très-aigus, ouverts, réfléchis à leur sommet; l'intérieur est occupé par un gros paquet d'étamines, dont les filamens sont rougeàtres; les anthères sont d'un beau pourpre. Le fruit est une grosse capsule ovale, roussàtre, velue, relevée de cinq côtes arrondies;

elle ressemble au fruit du cacaoyer (*theobroma*), aussi les gens du pays lui donnent, à Cayenne, le nom de *cacao sauvage*. Les Galibis en mangent les semences cuites sous la braise. Le *pachira nitida*, Kunth, *in* Humb. et Bonpl., *Nov. gen.*, vol. 5, pag. 302, est très-rapproché de cette espèce, si ce n'est la même.

PACHIRIER ÉLÉGANT: *Pachiria insignis*, Encycl., vol. 4, pag. 690, n.° 2; *Carolinea insignis*, Swart., *Fl. Ind. occid.*, 2, pag. 1202; *Bombax grandiflorum*, Cavan., *Diss.*, 5, pag. 295, tab. 154. Arbre non moins remarquable que le précédent par la grandeur et la beauté de ses fleurs. Ses feuilles sont alternes, pétiolées, comme digitées, composées de sept folioles oblongues, en ovale renversé; les fleurs très-grandes, solitaires, axillaires; leur calice est large, évasé; terminé par quatre lobes arrondis. La corolle est fort élégante, à cinq pétales étroits, longs de cinq pouces, rougeâtres, charnus à leur base, veloutés en dehors, glabres en dedans, arrondis à leur extrémité, insérés à la base d'un long tube qui environne l'ovaire, constituant la partie inférieure des filamens très-nombreux, de couleur rouge, un peu plus courts que la corolle, terminés par des anthères en rein, petites et mobiles. Le style est épais, plus long que les étamines, soutenant un stigmate à cinq dents. Cette plante croît dans les environs de Rio-Janeiro, au Brésil, dans la Martinique, à Tabago, etc. Elle fleurit dans les mois de Juin et Juillet. (POIR.)

PACHYDERME. (*Mamm.*) Nom formé des mots grecs παχύς, *épais*, et de δέρμα, *peau*, et donné par mon frère à un ordre de mammifères remarquables en effet par le cuir dur et épais dont sont revêtus la plupart d'entre eux.

Les animaux qui composent cet ordre ont toujours été plus ou moins rapprochés l'un de l'autre par les naturalistes qui avoient le sentiment des rapports naturels. Ce n'est cependant que depuis les travaux de mon frère sur les animaux fossiles qu'ils ont été réunis comme nous allons les présenter, c'est-à-dire de manière à offrir l'ensemble le plus régulier qu'il soit aujourd'hui possible d'en former.

Linnæus, qui eut éminemment ce sentiment des rapports naturels à une époque où la science commençoit à peine à sortir de l'enfance, composoit cet ordre, auquel il donnoit

le nom de *Belluæ*, des chevaux ; des hippopotames, parmi
lesquels il rangeoit le tapir ; des cochons, auxquels il réunissoit le cabiai, et des rhinocéros. Erxleben, qui ne forma
point d'ordres, mit cependant à la suite l'un de l'autre, les
cochons, les hydrochœrus, qui comprenoient le tapir et le
cabiaï, les hippopotames, les rhinocéros, les éléphans et les
chevaux. Plus tard Storr constitua cet ordre des cochons,
du cabiai, des rhinocéros, des éléphans et de l'hippopotame. Cette variation annonçoit la difficulté du sujet, sans
que les rapports fussent méconnus ; aussi est-ce ce fond qui
a été fécondé par les travaux subséquens. Le cabiai, qui est
un rongeur, a été rendu à son ordre, et le daman a été
tiré de cet ordre par mon frère, pour être rapproché des rhinocéros. Les pécaris ont été séparés des cochons sous le nom
de dicotyles, et les sangliers d'Éthiopie et du Cap sous celui de
phacochæres ; ainsi constitué, l'ordre des pachydermes a pris
des caractères généraux nettement déterminés. Il réunit tous
les mammifères qui ne peuvent se servir de leurs pieds que
pour se soutenir, dont les doigts sont immobiles dans des
sabots et qui ne ruminent point. Mais, si ces animaux se rapprochent incontestablement par les traits généraux de leur
organisation, ils se divisent par des points nombreux et importans. Ainsi les proboscidiens, c'est-à-dire les animaux pourvus d'une trompe comme les éléphans et les mastodontes, forment une famille distincte, dont les deux genres qui la composent sont intimement liés, et qui se sépare par un large intervalle de la famille suivante, celle des pachydermes proprement
dits, formée de sept genres beaucoup moins unis que ceux des
proboscidiens, c'est-à-dire les hippopotames, les cochons, dont
dépendent les dicotyles et les phacochæres, les anoplotheriums,
les rhinocéros, les damans, les paleotheriums et les tapirs.
Enfin viennent les chevaux, qui ne forment qu'un genre parfaitement naturel, et ne s'éloignent pas moins des tapirs ou
des hippopotames que des éléphans et des mastodontes.

Les proboscidiens et les chevaux sont des animaux essentiellement herbivores, et sous ce rapport leur destination
dans l'économie générale de la nature est bien marquée.

Les pachydermes proprement dits paroissent être loin de
se ressembler tous à cet égard. Il est certain que les cochons,

les dicotyles, les tapirs, sont des animaux omnivores. Ils recherchent la chair avec avidité et naturellement. Je ne sais pas ce qui est des appétits naturels des hippopotames, des rhinocéros et des damans; mais tout me fait penser que les phacochæres ne ressemblent point du tout aux cochons sous ce rapport; aussi, malgré leurs formes extérieures, je suis loin de penser qu'ils ne constituent qu'un sous-genre parmi les cochons. Ils me paroissent beaucoup plus éloignés de ces animaux même que les hippopotames.

Considérés par les dents, les pachydermes nous présentent de grandes variétés de forme et de structure. Chez les uns les incisives sont simples et tranchantes, chez les autres elles sont en forme de défenses; d'autres en sont tout-à-fait privés. Il en est de même des canines : elles ressemblent chez quelques-uns aux canines ordinaires; elles sont pour d'autres de puissantes et dangereuses défenses; d'autres, enfin, en manquent tout-à-fait. Les mâchelières sont à surfaces larges, irrégulières et propres à broyer, ou à surfaces tuberculeuses. Toutes ces sortes de dents sont tantôt pourvues et tantôt privées de racines proprement dites, et rien n'est régulier dans leur nombre, qui, dans plusieurs genres, varie d'une espèce à l'autre, etc.

Si nous consultons les organes du mouvement, nous trouvons aussi de profondes différences.

Les éléphans ont cinq doigts complets, et les chevaux n'en ont qu'un. Les hippopotames en ont quatre d'égale longueur, et les cochons sur quatre en ont deux rudimentaires. Les rhinocéros n'en ont que trois, et les damans, qui, d'ailleurs, leur ressemblent tant, en ont quatre aux pieds de devant et trois à ceux de derrière : nombre qui se retrouve chez les tapirs, très-différens d'ailleurs des damans et des rhinocéros. Mais, si les membres diffèrent par le nombre des doigts, il n'en est pas de même de l'usage qu'en font ces animaux; excepté les chevaux, aucun d'eux n'est un animal coureur, quoique cependant ils puissent courir avec une grande force et une grande vélocité lorsque quelque danger les presse : mais ils ne sont pas naturellement portés à ces mouvemens rapides et impétueux que nous remarquons chez les cerfs ou chez quelques antilopes.

A mesure que nous descendons à des organes d'une moindre importance, à ceux des sens, nous remarquons que les différences diminuent. Tous, à l'exception du cheval, ont les yeux petits; l'odorat très-fin et l'organe de ce sens singulièrement mobile, allant jusqu'à se développer en trompe dans le tapir et l'éléphant. Les cochons ont leurs narines environnées d'un boutoir; mais aucun pachyderme n'a de mufle. Tous encore ont le goût délicat et la langue singulièrement douce. Les éléphans diffèrent par l'oreille externe, qu'ils ont fort grande, étendue et aplatie autour de l'orifice du canal auditif, de tous les autres, qui ont une véritable conque; et si la plupart ont une peau épaisse avec des poils assez rares, les cochons des contrées froides, les chevaux et les damans ont une fourrure assez fournie, et les premiers quelquefois une bourre ou laine très-épaisse; mais aucun d'eux n'a de moustaches.

Les organes de la génération varient considérablement d'un genre à l'autre, pour les formes et la structure de la verge, pour celles des testicules et du vagin, et pour le nombre et la situation des mamelles. Il n'y a pas moins de variations dans les circonstances de l'accouplement et de la gestation, dans le nombre des petits, la durée de l'allaitement, etc., de sorte que sur ces divers points il est impossible de rien trouver de général qui soit propre à cette famille, si ce n'est que les petits naissent avec les sens et les organes locomoteurs suffisamment développés pour qu'ils puissent se conduire.

Tous ces animaux vivent réunis en troupes ou en familles; cependant ils paroissent différer considérablement par les mœurs. Des formes plus ou moins sveltes et légères des chevaux à la masse épaisse et lourde de l'hippopotame la distance est immense, et si les premiers vivent dans les plaines élevées, tous les autres recherchent plus ou moins les contrées basses et marécageuses; mais tous, sans exception, fournissent une chair très-nourrissante et des peaux applicables à des usages particuliers; et c'est parmi eux que nous trouvons trois espèces qui ont eu et qui ont encore sur la destinée de l'homme une influence fort étendue : le cheval, l'éléphant et le cochon. (F. C.)

PACHYGASTER. (*Entom.*) Nom d'un genre d'insectes diptères, établi par M. Meigen. Ce même nom de pachygaster a
été récemment employé par M. Germar pour désigner un
genre de coléoptères, renfermant des espèces de charansons
ou *curculio* de Fabricius, tels que les *C. ligustici, griseus, ovatus,
sulcatus*, etc. (Desm.)

PACHYMA. (*Bot.*) Champignons voisins des *sclerotium*, et
qui, comme les truffes, croissent sous terre. Fries les caractérise ainsi : Champignons oblongs ou presque ronds, sans
racines, ayant une écorce épaisse, séparable, ligneuse, écailleuse ou tuberculeuse, intérieurement homogène, de nature
charnue et subéreuse.

Ce sont de gros champignons souterrains, qui se rencontrent dans les régions les plus chaudes. On les emploie en
médecine. Leur fructification est inconnue.

Pachyma cocos : *Pachyma cocos*, Fries, *Syst. myc.*, 2, p. 242;
Sclerotium cocos, Schmeist. Champignon elliptique ou presque réniforme, du volume de la tête d'un homme et res-
semblant exactement à une noix de cocos. Son écorce a un
pouce d'épaisseur; elle est fibro-écailleuse, dure; couleur
de la racine des pins; l'intérieur est uniforme, lisse, rempli
d'une matière charnue, subéreuse, qui exhale une odeur
de champignon et de farine. Dans les individus adultes elle
est un peu couleur de chair. Ce champignon croit en Caroline, particulièrement dans les endroits sablonneux, plantés
de pins. Il est rare. On en fait usage dans le pays pour guérir diverses maladies.

P. truffe-royal : *P. tuber-regium*, Fries, *l. c.*, p. 243;
Tuber regium, Rumph., *Amb.*, tab. 57, fig. 4; *Fo-lim*, Mart.,
Atl. sin., p. 65. Champignon obliquement arrondi, ayant
l'écorce tuberculeuse, glabre et noire. Il a la grosseur du
poing et quelquefois celle de la tête d'un enfant. Sa surface
est fovéolée. Il est sans racine aucune. On le prendroit pour
une pierre, à cause de sa couleur noire ou terreuse. L'intérieur
est blanc, crétacé, souple, homogène, inodore et insipide.
Ce champignon croit sous terre dans les îles Moluques et
de Java. Les Malais lui donnent les noms d'*uba-radia* et de *cu-
lat-batu*; c'est le *ulathatu* d'Amboine et le *djamor bonkang* des
habitans de Java. Il est très-loué dans la médecine des

Orientaux pour son usage contre la diarrhée, les maux de gorge et les fièvres. Nous avons déjà parlé de ce champignon à l'article Fo-lim. Il paroît servir de matrice ou gangue, d'où naît un véritable champignon du genre Agaricus. C'est lui que Fries désigne par *agaricus* TUBER - REGIUM. Son chapeau a la forme d'un entonnoir, du diamètre d'un à deux pouces. Ses bords se fendent avec l'âge. Il est couleur de cendre, tuberculeux et glabre. Les feuillets qui le garnissent en-dessous, sont très-fins; le stipe est glabre, cylindrique, long de trois à quatre pouces. C'est une question de savoir si l'on doit considérer comme deux espèces distinctes, la tubérosité qui sert de matrice à ce champignon, et ce champignon lui-même. Des observations nouvelles peuvent seulement lever le doute.

Il y a encore en Chine une espèce qui nous est peu connue (HŒLEN *Sinensium*, Fries), également employée comme médicament précieux, et à la manière du thé, pour donner des forces et guérir de la phthisie : elle est noire, oblongue, de la grosseur de la tête d'un enfant; à écorce rude, et intérieur d'un jaune sale. (LEM.)

PACHYNEMA. (*Bot.*) Genre de plantes dicotylédones, à fleurs incomplètes, de la famille des *dilléniacées*, de la *décandrie trigynie* de Linnæus, offrant pour caractère essentiel: Un calice à cinq folioles arrondies, concaves, persistantes; point de corolle; sept à dix étamines; les filamens très-épais à leur base, amincis à leur sommet, soutenant des anthères ovales; deux ou trois ovaires supérieurs, ovales, terminés par des styles en alène.

PACHYNEMA APLATI ; *Pachynema complanatum*, Dec., Syst. vég., vol. 1.ᵉʳ, pag. 412. Petit arbuste glabre, très-rameux, dépourvu de feuilles, ayant l'aspect d'un *ephedra*. La tige est droite; les rameaux sont comprimés, en forme de bandelettes, semblables à ceux du *platylobium scolopendrium*, plus étroits, munis à leurs bords de petites dents courtes, aiguës, distantes, qu'on pourroit soupçonner être des rudimens de feuilles; les vieux rameaux presque cylindriques, les fleurs de quatre lignes de diamètre, placées dans l'aisselle des dentelures, solitaires ou géminées; les pédoncules très-grêles, plus courts que les fleurs. Cette plante croît dans la Nouvelle-Hollande. (POIR.)

PACHYPHYLLA. (*Bot.*) Reneaulme nommoit ainsi un tabac, *nicotiana rustica.* (J.)

PACHYPHYLLE, *Pachyphyllum.* (*Bot.*) Genre de plantes monocotylédones, à fleurs incomplètes, irrégulières, de la famille des orchidées, de la *gynandrie diandrie* de Linnæus, offrant pour caractère essentiel : Une corolle charnue, composée de cinq pétales étalés, presque égaux, et d'un sixième pétale inférieur, en lèvre, libre, point éperonné, tuberculé dans son milieu ; la colonne des organes sexuels ailée vers son sommet ; une anthère terminale, operculée ; deux paquets de pollen ; point de calice ; une capsule inférieure, à trois côtes.

Le nom de ce genre désigne des *feuilles grasses ou épaisses.* Il est composé de deux mots grecs, παχὺς, *gras, épais,* et φιλλον, *feuilles.* Rapproché des *cymbidium* et des *oncidium,* il diffère de tous deux par son port, par sa corolle ouverte : du premier, par la lèvre tuberculée et la colonne ailée vers son sommet ; du second, par les tubercules de la lèvre ou pétale inférieur.

PACHYPHYLLE DISTIQUÉ ; *Pachyphyllum distichum,* Kunth, *in* Humb. et Bonpl., *Nov. gen.,* vol. 1, pag. 339, tab. 77. Cette plante a des racines simples, glabres, épaisses, blanchâtres, cylindriques. Ses tiges sont comprimées, longues de six à huit pouces, garnies de feuilles nombreuses, ensiformes, un peu aiguës, disposées sur deux rangs, glabres, charnues, longues d'un pouce. Les fleurs sont pédicellées, disposées sur deux rangs, rapprochées, disposées en épis solitaires, axillaires, accompagnées de bractées membraneuses, ovales, aiguës, persistantes, plus longues que les pédicelles ; elles ont la corolle verte, étalée ; les pétales charnus, oblongs, aigus ; les deux intérieurs plus minces et plus courts ; la lèvre un peu plus longue que les pétales, lancéolée, oblongue, presque plane, munie vers son milieu de deux tubercules charnus ; la colonne droite, canaliculée, une fois plus courte que la corolle, ailée à ses deux bords vers son sommet ; l'anthère operculée ; l'ovaire presque trigone ; une capsule glabre, elliptique, à trois côtes, de la grosseur d'un pois, couronnée par la corolle. Cette plante croît sur les arbres, au Pérou, proche Loxa et Gonzana. (POIR.)

PACHYPTILA. (*Ornith.*) Ce genre, formé par Illiger d'une

section des pétrels, *procellaria*, Linn., répond aux *prions* de
M. de Lacépède. (Cʜ. D.)

PACHYSANDRE , *Pachysandra*. (*Bot.*) Genre de plantes
dicotylédones, à fleurs monoïques, de la famille des *euphor-*
biacées, de la *monoécie tétrandrie* de Linnæus, offrant pour
caractère essentiel: Des fleurs monoïques ; un calice à quatre
folioles ; point de corolle ; quatre étamines beaucoup plus
longues que le calice ; dans les fleurs femelles , un ovaire
arrondi, à trois sillons ; trois styles ; une capsule à trois cornes, à trois loges deux semences dans chaque loge.

Pᴀᴄʜʏsᴀɴᴅʀᴇ ᴛᴏᴍʙᴀɴᴛᴇ : *Pachysandra procumbens* , Mich. ,
Flor. bor. amer., vol. 2 , pag. 178 , tab. 45 ; Poir., *Ill. gen.*,
Suppl., tab. 994. Plante herbacée, dont les tiges sont glabres, cylindriques, couchées, un peu redressées à leur partie
supérieure, presque simples, garnies de feuilles alternes,
pétiolées, glabres, ovales, rétrécies à leur base , longues de
deux ou trois pouces, larges de deux et plus , à lâches
crénelures à leur moitié supérieure. Les fleurs sont assez
grandes , sessiles, monoïques, disposées en un épi latéral,
situé vers la base des tiges, dont la partie supérieure est
occupée par les fleurs mâles, composées d'un calice à quatre
folioles ovales, deux presque intérieures, accompagnées
d'une bractée en écaille de même forme, plus courte et
serrée, contenant quatre étamines ; les filamens droits, épais,
en massue , un peu comprimés, munis sur leur dos d'anthères à deux loges, d'abord droites, alongées, puis arquées.
Les fleurs femelles sont peu nombreuses, placées à la partie
inférieure de l'épi : leur ovaire est enveloppé par le calice,
pourvu de trois bractées ; les styles recourbés ; les stigmates
en lanière. Le fruit est une capsule presque globuleuse,
à trois coques ou trois loges, surmontées de styles persistans, en forme de corne ; dans chaque loge deux semences
lisses , alongées, suspendues au sommet des loges. Cette
plante croit dans l'Amérique septentrionale, sur les monts
Alleghanis. (Poɪʀ.)

PACHYSTOME, *Pachystoma*. (*Entom.*) Ce nom , qui signifie
bouche épaisse, a été employé par M. Latreille pour indiquer
un genre d'insectes à deux ailes, que cet auteur avoit d'abord
rangé avec les rhagions, pris dans sa tribu des sicaires, dans

sa famille des tanystômes. L'espèce rapportée par l'auteur à ce genre, est l'*empis subulata* de Panzer, ou le *rhagio syrphoïdes* de ce même iconographe. (C. D.)

PACHYTE. (*Foss.*) Dans l'ouvrage de M. Sowerby (*Min.*, *Conch.*), et dans celui de M. de Lamarck (Anim. sans vert.), on trouve rangées dans le genre Plagiostome, des coquilles fossiles qui paroissent devoir'en être séparées. Le premier de ces auteurs a donné à ce genre les caractères suivans : *Coquille bivalve, oblique et auriculée, dépourvue de dents à la charnière; cette dernière en ligne droite sur une valve, et dans l'autre profondément coupée par un sinus angulaire.*

Le second lui a assigné ceux-ci : *Coquille subéquivalve, libre, subauriculée; à base cardinale transverse, droite; crochets un peu écartés; leurs parois internes s'étendant en facettes transverses, aplaties, externes; l'une droite, l'autre inclinée obliquement. Charnière sans dents, une fossette cardinale conique, située au-dessous des crochets, en partie interne, souvent au dehors et recevant le ligament.*

J'ai examiné un grand nombre des coquilles qu'on avoit rangées dans ce genre, et j'ai vu que les caractères du *plagiostoma spinosa* et des autres espèces qu'on rencontre dans la craie, ne pouvoient convenir à celles qui se trouvoient dans les couches plus anciennes que cette substance. Les premières ne sont pas auriculées; au lieu d'être transverses ou inéquilatérales, comme les dernières, elles sont régulières ou équilatérales. Sur l'une des valves la ligne de la charnière est droite, et sur l'autre elle est coupée par un sinus dont l'angle répond sous le sommet et présente une sorte d'ouverture triangulaire, comme certains spirifers, les dianchora, quelques térébratules, et les podopsides. Cette ouverture feroit croire que ces coquilles auroient pu être attachées de ce côté par un pédicule tendineux, comme les lingules et les térébratules; en outre les épines écailleuses qu'on ne remarque que sur les coquilles qui ne sont pas libres et qui se trouvent sur le plagiostome épineux, viennent encore fortifier cette pensée.

Les plagiostomes des couches anciennes étant des coquilles inéquilatérales, souvent transverses et dont la fossette ne présente aucun trou, l'aplatissement de l'un de leurs côtés, comme dans les moules, faisant soupçonner qu'ils auroient pu être attachés de ce côté par un bissus, je crois qu'ils doivent être séparés des coquilles des craies, avec lesquelles ils se trouvent dans les ouvrages ci-dessus cités. En conséquence je propose d'établir sous le nom de Pachyte un genre dans lequel entreroient les espèces de plagiostomes qu'on trouve dans les craies, et auquel j'assignerois les caractères suivans : *Coquille bivalve, régulière, dépourvue de dents à la charnière; cette dernière en ligne droite sur une valve, et dans l'autre profondément coupée par un sinus qui présente une ouverture triangulaire et qui a pu servir de passage à un pédicule tendineux pour attacher la coquille.*

Ceux des couches plus anciennes que la craie conserveroient le nom de plagiostomes, et leur genre porteroit les caractères suivans : *Coquille bivalve, inéquilatérale, subauriculée; à base cardinale transverse, droite; crochets un peu écartés; leurs parois intérieures s'étendant en facettes transverses, aplaties, externes. Charnière sans dents, une fossette cardinale conique, située au-dessous des crochets et recevant le ligament.*

Voici les espèces que je connois et qui peuvent se rapporter au genre Pachyte :

PACHYTE ÉPINEUX : *Pachytos spinosus*, Def.; *Plagiostoma spinosa*, Sow., *loc. cit.*, tab. 78. Coquille couverte de stries longitudinales, sur lesquelles sont attachées de longues épines plus ou moins nombreuses; longueur, deux pouces et demi; largeur, deux pouces. On la trouve à Kent et à Gravesend en Angleterre, dans les couches de la craie.

PACHYTE STRIÉ, *Pachytos striatus*, Def.; Knorr, *Petrif.*, tab. 14, fig. 3. Cette espèce a de très-grands rapports avec la précédente, mais elle ne porte point d'épines, et dans quelques individus, dont je ne connois pas la patrie, les stries sont plus fines et plus nombreuses. On la trouve dans les couches de craie à Beauvais, à Mantes, à Strehle près de Dresde. Ce qui feroit croire que l'absence des épines ne seroit qu'une variété, c'est qu'avec les coquilles de ce genre qu'on trouve à Gravesend, on en rencontre qui ne sont point épineuses.

PACHYTE FRAGILE: *Pachytos Hoperi*, Def.; *Plagiostoma Hoperi*, Sow., *loc. cit.*, tab. 380. Coquille ovale-transverse, à valves convexes, couverte de très-légères stries. Longueur, un pouce et demi ; largeur, vingt lignes. Cette espèce a le têt mince et très-fragile. On la trouve à Gravesend et à North-fleet en Angleterre. (D. F.)

PACINIRA. (*Bot.*) Nom caraïbe, cité par Surian, du *maranta arundinacea*, genre de la famille des amomées. (J.)

PACIS. (*Entom.*) Voyez PASSIS. (DESM.)

PACLAS. (*Bot.*) Feuillée cite sous ce nom dans le Chili une herbe aquatique dont la tige, traçante sur la surface de l'eau, pousse de chaque nœud des racines et des rameaux très-bas, qui s'élèvent à la hauteur d'un pouce. Il n'en a pas vu les fleurs ni les fruits ; elle pourroit avoir quelque affinité avec le *callitriche* ou le *peplis*. Les habitans l'emploient comme rafraîchissante. (J.)

PACLITE. (*Foss.*) Dans l'ouvrage intitulé, Conchyliologie systématique, vol. I.ᵉʳ, pag. 319, Denys de Montfort a donné la description et la figure d'une coquille dépendante d'un genre auquel il assigne les caractères suivans : Coquille libre, univalve, cloisonnée ; droite et arquée ; bouche arrondie, ouverte, horizontale, siphon central ; sommet recourbé, percé par un sphincter étoilé ; accompagné d'une rimule plissée et placée latéralement ; cloisons unies.

Cet auteur cite pour espèce servant de type au genre, le paclite biforé, *paclites biforatus*, dont on voit une figure dans l'ouvrage de Knorr, *Petrif.*, tom. 2, sect. 2, pl. 1, fig. 7 ; et il annonce que c'est une *bélemnite à pointe recourbée, dont l'extrémité est percée d'un petit trou circulaire ; au-dessous de la partie recourbée se voit une ouverture étroite et oblongue.*

Nous pensons que cette coquille n'est autre chose qu'une bélemnite qui aura été courbée par quelque accident et probablement du vivant de l'animal qui l'a formée. Ce qu'on remarque au sommet, provient, sans doute, de quelque brisure comme celles qu'on voit à la pointe des autres bélemnites, figurées dans la planche de Knorr ci-dessus citée, et dont Denys de Montfort a fait les genres Cétocine, Acame, etc.

Si cet auteur avoit vu des paclites autre chose que la figure citée de l'ouvrage de Knorr et l'échantillon qu'il annonce avoir été trouvé dans le désert de Zaara, et qu'il dit qu'il possédoit, il ne se seroit pas borné à donner la figure incomplète qu'on voit dans son ouvrage; et s'il n'a connu que cet échantillon, ou la figure de l'ouvrage de Knorr, comment peut-il annoncer que cette coquille est cloisonnée, que sa bouche est arrondie, ouverte et horizontale, que son siphon est central, et que ses cloisons sont unies?

Au surplus, nous croyons devoir relever ici une erreur que cet auteur a faite en annonçant que le siphon des bélemnites est central, car nous l'avons vu marginal dans toutes celles que nous avons été à portée d'observer. (De F.)

PACO. (*Bot.*) Voyez Pacona. (J.)

PACO ou PACOS. (*Mamm.*) Nom que les Péruviens donnent à une des espèces du genre Lama; mais on n'a point établi clairement à laquelle. Buffon pensoit que ce nom, qui signifie rouge, appartenoit à la vigogne; d'autres l'ont appliqué à l'alpaca, ce qui est plus vraisemblable. (F. C.)

PACO-CAATINGA. (*Bot.*) Nom brésilien du *costus spicatus*. C'est encore le *jacuacanga*, le *cana domato*, c'est-à-dire, canne sauvage, suivant Pison et Marcgrave. Ce dernier cite encore un autre *paco-caatinga*, arbre dont les fruits en grappe sont de la grosseur d'une cerise, noirs et contenant dans une pulpe mince un seul noyau. De Laët, éditeur de Marcgrave, soupçonne que c'est le même que le *guaiabara*, publié par Ximenez. Ce *guaiabara* est un *coccoloba* des botanistes, appelé aussi raisinier à cause de sa grappe de fruits ayant la forme d'un raisin. (J.)

PACOEIRA. (*Bot.*) La plante de ce nom au Brésil, citée par Marcgrave, est originaire du Congo; c'est une herbe de la famille des musacées, qui s'élève à la hauteur de six à sept pieds. La description du rameau qui porte les fleurs et les fruits paroît convenir à un bihai, *heliconia* des botanistes; genre voisin du bananier. Vaillant rapporte ce nom au bananier lui-même. (J.)

PACONA. (*Bot.*) Suivant Thevet, cité par Clusius, on nomme ainsi, dans quelques lieux de l'Amérique, le fruit du bananier, et la plante est nommée *paquovera*. Ailleurs, suivant Lérius, c'est le *paco-aire* qui produit le *paco*. On doit retrouver dans ces dénominations l'origine du nom *bacove*, donné maintenant aux bananes qui ont une forme plus petite et qui sont le produit d'une variété. C'est ce dernier que Mentzel cite sous le nom de *pacobusu*. (J.)

PACOPACO. (*Bot.*) Nom péruvien de l'*embothrium pinnatum* de la Flore du Pérou. Une autre espèce, l'*embothrium monospermum*, est nommée *pacopaco de la Sierra*. Le nom de *pinel* est donné à l'*embothrium dentatum* ; celui de *raral*, à l'*embothrium obliquum* ; ceux de *catas*, *machia-pavani*, *pecahuai*, à l'*embothrium emarginatum*. (J.)

PACOS. (*Mamm.*) Voyez PACO. (DESM.)

PACOS. (*Min.*) On connoît sous ce nom, qui vient d'un mot péruvien qui veut dire rouge, un minérai d'argent du Pérou, qui est mêlé avec une grande quantité d'oxide de fer. Il est composé, suivant Klaproth :

d'argent	14
de fer oxidé brun	71
de silice	4,5
d'eau	8,5

Voyez ARGENT. (B.)

PACOSEROCA. (*Bot.*) Nom brésilien, cité par Marcgrave, de l'*alpinia racemosa* de Linnæus, genre de la famille des amomées. (J.)

PACOURIER, *Pacouria*. (*Bot.*) Genre de plantes à fleurs monopétalées, de la famille des *apocinées*, de la *pentandrie monogynie* de Linnæus, dont le caractère essentiel consiste dans un calice persistant, à cinq divisions profondes ; une corolle monopétale, à tube court, dont le limbe est partagé en cinq découpures obliques, ondulées ; cinq étamines ; les anthères sagittées ; un ovaire supérieur ; le stigmate bidenté. Le fruit est une baie pulpeuse, uniloculaire, contenant plusieurs semences dures, anguleuses.

PACOURIER DE LA GUIANE : *Pacouria guianensis*, Aubl., Guian., tab. 105 ; Lamck., *Ill. gen.*, tab. 169. Arbrisseau dont la tige, de trois pouces de diamètre, produit des branches noueuses, sarmenteuses, qui gagnent la cime des arbres, et laissent ensuite tomber des rameaux garnis de feuilles opposées, ovales, pointues, glabres, ondulées sur leurs bords, lisses, très-entières, à nervures rougeâtres ; les pétioles courts, cylindriques. Les fleurs sont jaunes et naissent par petits bouquets sur de longs pédoncules rameux, axillaires, faisant la fonction de vrilles. Leur calice est partagé en cinq divisions arrondies, aiguës; la corolle insérée à la base du calice; le limbe divisé en cinq lobes égaux, obliques, ondulés; les étamines sont très-courtes; l'ovaire arrondi; le stigmate épais, strié en spirale, placé sur un disque plan. Le fruit est une baie jaune, très-grande, pyriforme, pulpeuse, charnue, à une loge polysperme. Cette plante croît dans la Guiane, à la crique des Galibis. Toutes ses parties contiennent un suc laiteux, visqueux, très-abondant. Les fruits ont une odeur agréable dans leur maturité. (Poir.)

PACOURINE, *Pacourina*. (*Bot.*) Ce genre de plantes, établi en 1775, par Aublet, dans son Histoire des plantes de la Guiane françoise, appartient à l'ordre des Synanthérées, et à notre tribu naturelle des Vernoniées, dans laquelle il est immédiatement voisin de notre genre *Pacourinopsis*, dont il ne diffère que par le clinanthe garni de squamelles. Voici les caractères génériques du *Pacourina*, que nous empruntons à l'auteur de ce genre, la plante sur laquelle il est fondé n'ayant point encore passé sous nos yeux.

Calathide incouronnée, équaliflore, multiflore, régulariflore, androgyniflore. Péricline ovoïde, formé de squames nombreuses, imbriquées, presque rondes, aiguës au sommet. Clinanthe charnu, garni de squamelles presque rondes, concaves, plus longues que les fruits entre lesquels elles sont interposées. Fruits obovoïdes-oblongs, portant une aigrette composée de squamellules filiformes, barbellulées. Corolles à tube court, étroit, à limbe long et large, divisé en cinq lanières égales, aiguës. Style à deux stigmatophores longs, divergens, arqués.

On ne connoît qu'une seule espèce de ce genre.

PACOURINE COMESTIBLE; *Pacourina edulis*, Aubl., Hist. des pl. de la Guiane fr., tom. 2, p. 800, tab. 316. C'est une plante herbacée, à racine vivace, très-rameuse, fibreuse, produisant plusieurs tiges hautes de trois à quatre pieds, un peu rameuses, cylindriques, striées, garnies de feuilles; celles-ci sont alternes, distantes, grandes, glabres, molles, d'un vert cendré; leur pétiole est ailé, ou bordé d'une membrane foliacée, qui s'élargit à la base et embrasse la tige; le limbe est ovale-oblong, aigu au sommet, dentelé sur les bords, muni d'une nervure médiaire saillante, qui émet plusieurs nervures latérales; les calathides sont opposées aux feuilles, et sessiles dans la gaine formée par la base élargie du pétiole; les corolles sont bleuâtres.

Cette plante a été trouvée par Aublet, dans la Guiane françoise, près Courou, aux bords d'un ruisseau d'eau saumâtre, où elle fleurissoit en Juin. On mange le clinanthe et même les autres parties de la Pacourine.

Scopoli, dans son *Introductio ad historiam naturalem*, publiée en 1777, a substitué, sans aucun motif valable, le nom de *Meisteria* à celui de *Pacourina*. Willdenow, en 1803, dans son *Species plantarum*, a changé de nouveau le nom générique primitif : mais le nom d'*Haynea*, qu'il a proposé, n'est pas plus admissible que celui de *Meisteria*.

Le caractère qui distingue les deux genres *Pacourina* et *Pacourinopsis*, est l'objet d'un doute que nous discuterons dans l'article Pacourinopse. (H. Cass.)

PACOURINOPSE, *Pacourinopsis*. (*Bot.*) Ce genre de plantes, que nous avons proposé dans le Bulletin des sciences de Septembre 1817 (pag. 151), appartient à l'ordre des Synanthérées, et à notre tribu naturelle des Vernoniées, dans laquelle il est immédiatement voisin du genre *Pacourina*, dont il ne diffère que par le clinanthe nu. Voici les caractères génériques du *Pacourinopsis*, tels que nous les avons observés sur la première des deux espèces de ce genre.

Calathide subglobuleuse, incouronnée, équaliflore, multiflore, régulariflore, androgyniflore. Péricline subglobuleux, à peu près égal aux fleurs, formé de squames nombreuses, régulièrement imbriquées, appliquées, larges, ovales-oblongues, subcoriaces, membraneuses sur les bords, munies de plusieurs nervures longitudinales, parallèles, simples et droites : les squames extérieures et intermédiaires plus ou moins courtes, surmontées chacune d'un grand appendice inappliqué, plus large que la squame, orbiculaire, foliacé, pourvu de nervures fines, très-ramifiées, réticulées, d'une bordure membraneuse-scarieuse, entière, et d'une épine terminale, courte, formée par le prolongement de la nervure médiaire, qui est très-épaissie vers son extrémité; les squames intérieures longues et privées d'appendice. Clinanthe plan et nu. Ovaires très-longs, subcylindracés, striés, ayant l'aréole apicilaire très-large;

aigrette courte, à peine longue comme la moitié de l'ovaire, composée de squamellules très - nombreuses, plurisériées, très-inégales, presque caduques, filiformes, roides, épaisses, amincies aux deux bouts, pointues au sommet, barbellulées; les squamellules intérieures extrêmement petites, presque membraneuses, souvent entregreffées, et formant une sorte de couronne courte, inégale, incomplète, irrégulière, variable. Stigmatophores paroissant dépourvus de collecteurs.

PACOURINOPSE A FEUILLES ENTIÈRES ; *Pacourinopsis integrifolia*, H. Cass. C'est une plante herbacée, glabre, à tige cylindrique, striée, portant des feuilles alternes; celles de l'échantillon incomplet que nous décrivons, appartenant à la partie supérieure de la plante, sont longues (avec le pétiole) d'environ six pouces, et larges de plus de deux pouces; leur partie inférieure est étrécie en une sorte de pétiole ailé ou bordé, dont la base, élargie et arrondie, embrasse la moitié de la tige; la partie supérieure, formant le limbe, est ovale-lancéolée, entière; ses bords sont munis de quelques pointes saillantes, éloignées les unes des autres, subulées, roides, piquantes, spinuliformes, produites par le prolongement des nervures latérales, qui s'épaississent et s'endurcissent en approchant des bords; une pointe de la même nature surmonte le sommet des feuilles, qui sont entièrement parsemées d'une multitude de petits points glanduleux, visibles sur les deux faces; les calathides, larges d'environ un pouce, sont solitaires, sessiles, exactement opposées aux feuilles, chacune d'elles étant immédiatement attachée sur le côté qui n'est point embrassé par la base du pétiole.

Nous avons fait cette description spécifique, et celle des caractères génériques, sur un échantillon sec, incomplet et en mauvais état, recueilli à Cayenne par M. Martin, et qui se trouve dans l'herbier de M. Desfontaines, où il porte le nom de *Pacourina*.

PACOURINOPSE A FEUILLES DENTÉES : *Pacourinopsis dentata*, H. Cass.; *Pacourina cirsiifolia*, Kunth, *Nov. gen. et sp. pl.*, tom. 4, pag. 3o. La racine est probablement vivace; la tige est herbacée, haute d'un à deux pieds, dressée, rameuse, cylindrique, charnue, glabre; les feuilles, longues de six à sept pouces, sont alternes, oblongues, acuminées, très-étrécies à la base en une sorte de pétiole bordé, et découpées sur les bords en grandes dents épineuses; elles sont un peu pubescentes dans leur jeunesse, et deviennent ensuite glabriuscules; les calathides, grandes comme celles de la bardane, et composées de fleurs nombreuses, purpurines, sont solitaires, sessiles, et paroissent être latérales; leur péricline est subglobuleux, presque égal aux fleurs, formé d'environ trente squames, dont les extérieures sont surmontées d'un appendice large, ondulé-crépu, vert, membraneux, un peu scabre, terminé par une épine; le clinanthe est planiuscule et nu; les ovaires sont hispidules, et portent une aigrette de squamellules très-nombreuses, très-courtes, caduques, filiformes, barbellulées; les corolles sont glabres et parsemées de points glanduleux; le style est glabre, et ses deux stigmatophores sont glabriuscules.

Cette seconde espèce, que nous n'avons point vue, et que nous décrivons d'après M. Kunth, a été trouvée par MM. de Humboldt et Bonpland près Guayaquil, au Pérou, dans des lieux humides, où elle fleurissoit en Février. Elle nous paroît différer de la première espèce, principalement par ses feuilles découpées sur les bords en grandes dents.

Aublet attribue au *Pacourina* un clinanthe pourvu de squamelles arrondies, concaves, plus longues que les fruits, et interposées entre eux (*receptaculum carnosum, paleaceum, paleis subrotundis, concavis, longioribus quàm semina, seminaque distinguentibus*). Ce caractère est adopté, sans aucune hésitation, par MM. de Jussieu, de Lamarck, Willdenow, Persoon. M. De Candolle, dans ses Observations sur les plantes composées ou syngénèses, présentées à l'Institut le 18 Janvier 1808, déclare (premier mémoire, pag. 21) avoir vérifié les caractères du *Pacourina* sur un échantillon sec de l'herbier de M. Desfontaines; et, comme tous les botanistes qui ont écrit avant lui sur ce genre, il lui attribue un clinanthe pourvu de squamelles plus longues que les fruits. Au mois d'Avril 1817 nous avons soigneusement analysé deux calathides du seul échantillon existant à cette époque dans l'herbier de M. Desfontaines, sous le nom de *Pacourina*, et nous avons reconnu avec certitude que le clinanthe étoit parfaitement nu. A l'exception de ce point essentiel, la plante dont il s'agit nous a semblé ne différer presque point de celle d'Aublet. Cependant la présence ou l'absence des squamelles sur le clinanthe est un caractère si facile à déterminer exactement, dans presque tous les cas, que le plus médiocre observateur ne peut presque jamais s'y tromper; et dans le cas particulier dont il s'agit, l'erreur est d'autant moins présumable qu'Aublet décrit des squamelles arrondies, concaves, plus longues que les fruits et interposées entre eux, et qu'il répète plusieurs fois, en divers termes, l'expression de ce caractère, sur lequel il semble insister particulièrement. Ces réflexions nous ont persuadé que la plante de l'herbier de M. Desfontaines n'étoit point le *Pacourina* d'Aublet; que M. De Candolle avoit peut-être négligé d'observer le clinanthe sur cet échantillon, ou que peut-être il avoit examiné un autre échantillon appartenant au vrai *Pacourina*, et qui auroit depuis disparu de l'herbier de M. Desfontaines. C'est pourquoi nous avons proposé, dans le Bulletin des sciences de Septembre 1817, le *nouveau genre Pacourinopsis* comme voisin du *Pacourina*, dont il diffère par le clinanthe nu. Dans le quatrième volume des *Nova genera et species plantarum*, publié en 1820, M. Kunth a décrit, sous le nom de *Pacourina cirsiifolia*, une plante qu'il regarde comme une espèce différente, mais congénère, du *Pacourina* d'Aublet; et comme cette plante a le clinanthe inappendiculé, l'auteur croit pouvoir réformer les caractères du genre *Pacourina*, en lui attribuant un clinanthe nu, malgré l'assertion contraire, non équivoque et réitérée, d'Aublet. La plante de M. Kunth est, selon nous, une espèce de notre genre *Pacourinopsis*, que ce botaniste se seroit bien gardé d'adopter, alors même qu'aucun doute ne pourroit s'élever à son égard. Le possesseur de l'herbier d'Aublet devra résoudre ces difficultés, en vérifiant la structure du clinanthe sur l'échantillon authentique du vrai *Pacourina*. Mais, en attendant, il nous paroit téméraire de prononcer, comme M. Kunth, que ce genre a le clinanthe nu. Ce botaniste n'a pas pu fonder sa décision sur ses propres observations, puisqu'il avoue n'avoir jamais vu le vrai *Pacourina*, et qu'il considère lui-même sa plante comme une espèce différente. Il ne s'est donc appuyé que sur notre observation, dont pourtant il n'a point parlé. Mais, quoique la plante observée et décrite par nous ressemble beaucoup extérieurement au *Pacourina* d'Aublet, il n'en résulte point nécessairement qu'elle soit spécifiquement identique, et même elle peut très-bien n'être pas congénère. Notre *Carphephorus pseudo-liatris*, qui diffère génériquement de nos *Trilisa*, ou des *Liatris* à aigrette dentée, par son clinanthe squamellifère, ressemble extérieurement à certains *Liatris*, presque autant que notre *Pacourinopsis integrifolia* ressemble au *Pacourina edulis* d'Aublet. Prétendra-t-on que le clinanthe des *Pacourina* et *Liatris* peut varier accidentellement, et offrir quelquefois des squamelles qui n'existent point dans l'état habituel de ces plantes? Cela n'est pas absolument impossible; mais, avant d'admettre cette proposition, qui détruiroit les genres *Pacourinopsis* et *Carphephorus*, il faut acquérir la preuve certaine d'une conjecture aussi hasardée. (H. Cass.)

PACOURI-RANA. (*Bot.*) Nom galibi du *pacouria* d'Aublet, genre de la Guiane, et que l'on réunit à *l'ambelania* dans les apocinées. (J.)

PACOYUYU. (*Bot.*) Nom péruvien, cité par MM. Ruiz et Pavon, de leur *galinsoga*, genre de la famille des corymbifères et de la section des hélianthées. Les habitans nomment *pacoyuyu fiac* le *galinsoga quinqueradiata*, et *pacoyuyu cimarron* le *galinsoga quadriradiata*. L'un et l'autre sont regardés dans le pays comme vulnéraires et antiscorbutiques. On les mâche ou on en boit le suc. (J.)

PACQUIRES. (*Mamm.*) On trouve sous ce nom, dans le Dictionnaire des chasses de l'encyclopédie, l'indication d'un animal sauvage de Tabago, qui, d'après ses caractères, ne peut être qu'une des deux espèces du genre PÉCARI. (DESM.)

PACTOLE; *Pactolus*, Leach. (*Crust.*) Genre de crustacés décapodes brachyures, fondé par M. Leach, et dont nous avons donné les caractères dans l'article MALACOSTRACÉS. Voyez tome XXVIII, page 274. (DESM.)

PA-CUL-CHA. (*Bot.*) Nom chinois d'une des espèces ou variétés de thé, cité dans le Petit recueil des Voyages. (J.)

PACURERO. (*Bot.*) Dans la Nouvelle-Andalousie, en Amérique, on nomme ainsi le *pisonia pacurero* de la Flore équinoxiale; le même nom est donné, dans les environs de

Cumana, en Amérique, à une variété du caïmitier, *chryso-phyllum cuinito*. (J.)

PACU-UTAN. (*Bot.*) Nom malais d'une grande fougère, qui a un peu le port d'un palmier, et que pour cette raison Rumph nomme *palmifilix* dans l'*Herb. Amb.*, 6, p. 62, t. 27. Elle a une tige herbacée ou presque ligneuse, non rameuse, qui s'élève environ à douze pieds, et reste couverte d'écailles qui sont les bases subsistantes de feuilles tombées. Sa tête est ornée d'un grand nombre de feuilles bi- et tripennées, dont les folioles sont lisses en dessus, et couvertes en dessous d'un duvet ou d'une poussière rousse, ou quelquefois d'une autre couleur. Les derniers caractères semblent prouver que le *pacu-utan* doit être rapporté au genre *Acrostichum*, non loin de l'*Acrostichum calomelanos*. On coupe les jeunes feuilles du sommet avant leur développement, et on les mange après les avoir divisées en très-petits morceaux et les avoir assaisonnées. (J.)

PA-CYAO. (*Bot.*) Le jésuite Boym, qui a donné en 1656 l'indication de quelques plantes de la Chine, désigne sous ce nom le bananier qui est indiqué dans le Petit recueil des Voyages sous celui de *pa-tsyans*. (J.)

PADA-CALI. (*Bot.*) Le *schetti* du Malabar, *ixora coccinea*, est ainsi nommé par les Brames, suivant Rhéede. (J.)

PADA-DALIQUI. (*Bot.*) Rhéede cite sous ce nom brame le *kauri-vetti* des Malabares, petit arbre à feuilles opposées, à fleurs composées d'un calice simple à quatre divisions, et de deux étamines, auxquelles succède une petite baie renfermant une noix monosperme. Ces caractères semblent indiquer une plante de la famille des nyctaginées qui tiendroit le milieu entre le *Boerhaavia*, caractérisé par deux étamines, et le *Pisonia*, dont le fruit monosperme est quelquefois charnu. (J.)

PADA-KELENGU, PADA-VALLI. (*Bot.*) Noms malabares du *menispermum peltatum* de M. de Lamarck, reporté par M. De Candolle à son genre *Cocculus*. (J.)

PADA-MACTU. (*Bot.*) Nom brame du *tamara* du Malabar, espèce de nénuphar. (J.)

PADA-NIRVULI. (*Bot.*) Nom brame de l'*euphorbia antiquorum*, cité par Rhéede. (J.)

PADA-VALAM. (*Bot.*) Le *trichosanthes cucumerina*, plante cucurbitacée, est ainsi nommé sur la côte malabare, suivant Linnæus. (J.)

PADA-VALLI. (*Bot.*) Nom malabare du ménisperme pelté. (Lem.)

PADA-VARA. (*Bot.*) Nom malabare d'un arbrisseau congénère du *morinda*. (J.)

PADDA. (*Ornith.*) Ce nom est donné, ainsi que celui de *moineau de riz*, à un gros-bec, qui se nourrit du riz encore dans sa gousse, qui est appelée *padda*. C'est le *loxia oryzivora*, Linn. (Ch. D.)

PADDA-DABA. (*Ornith.*) Nom sarde de la poule d'eau, *fulica chloropus*, Linn., et *gallinula*, Briss. et Lath., laquelle est aussi appelée, dans la même contrée, *duglietta*. (Ch. D.)

PADDÉE. (*Ornith.*) Selon Marsden, dans son Histoire de Sumatra. tom. 1.ᵉʳ de la traduction françoise, p. 189, l'oiseau de paddée, *boorong peepee*, ressemble un peu à notre moineau : il est très-abondant et il détruit le grain. (Ch. D.)

PADDEHAT. (*Bot.*) Nom danois de l'agaric des fumiers (*ag. fimetarius*, L.). Les Allemands le désignent aussi par *paddenstahl*, suivant Gleditsch. (Lem.)

PADDOCK STOOL. (*Bot.*) Nom qu'on donne en Écosse à la chanterelle, champignon du genre Mérule. (Lem.)

PADDY. (*Bot.*) Nom malais du riz, suivant Rumph, qui en mentionne plusieurs espèces ou variétés, telles que le *paddy-taun*, le *paddy-djiji*, le *paddy-vaggea* et le *bras-pullu*, désignées aussi par Loureiro, dans la Flore de la Cochinchine, comme espèces, sous les noms de *oryza communis*, *pacon*, *montana* et *glutinosa*. Marsden en parle aussi dans l'Histoire de Sumatra, où le riz est nommé *paddee*, quand il est dans sa peau, et *bras*, quand il en est dégagé. Il existe dans l'Inde, où le riz est la nourriture principale, d'autres variétés aussi nombreuses que le sont en Europe les variétés du froment. (J.)

PA-DEGGA-DEGGA. (*Ornith.*) Le cormoran dilophe porte ce nom dans la Nouvelle-Zélande. (Ch. D.)

PADERE. (*Erpétol.*) Nom spécifique d'une couleuvre des Indes orientales dont nous avons parlé dans ce Dictionnaire, tome XI, p. 215. (H. C.)

PADINA. (*Bot.*) Adanson donne ce nom à un genre de la

famille des algues, auquel il rapporte l'*alga* de Morison, sect. 15, tab. 8, fig. 5, qui fut d'abord le *fucus pavonius* de Linnæus, puis son *ulva pavonia*, placée dans le genre *Dictyota* par Lamouroux, et devenue le type du genre *Zonaria* de Link ; d'où il suit que le *padina* se trouveroit rétabli sous un autre nom. M. Beauvois, qui avoit admis le *padina* d'Adanson, lui avoit donné beaucoup plus d'étendue, car il y ramenoit plusieurs *ulva*, considérées depuis comme des espèces de *dictyota* par Lamouroux. Enfin, Agardh, dans son *Species algarum*, présente sous le nom de *zonaria* le genre *Dictyota* de Lamouroux, et le *padina* d'Adanson ou *zonaria* de Link, tout entier, s'y trouve compris et représenté par la première section de ses espèces, celles dont la fronde est *flabelliforme*, presque entière, et la fructification placée sur des lignes transversales, concentriques. Voyez Dictyota et Zonaria. (Lem.)

PADJIAJIA. (*Ornith.*) Nom de la frégate aux îles Mariannes. (Ch. D.)

PADOLLE, *Padollus*. (*Conchyl.*) Genre de coquilles établi par Denys de Montfort (Conchyl. systém., t. 2, p. 115) pour une espèce d'haliotide ; qui offre à son disque, outre les trous qui caractérisent ce genre, une sorte de rigole décurrente avec la spire et visible sur le bord, un peu irrégulier par une espèce de pli. Il la nomme Padolle briqueté, *P. rubicundus*, à cause de sa couleur rougeâtre. C'est l'Haliotide canaliculée, *H. canaliculata*, de M. de Lamarck, *H. parva*, Linn., Gmel. ; vulgairement l'Oreille a rigole. Voyez Haliotide. (De B.)

PADOOVROOANG. (*Bot.*) Parmi les plantes de Sumatra, Marsden cite brièvement celle-ci, dont les feuilles sont pointues, qui est amère comme la rue, et que l'on administre en infusion dans les coliques. (J.)

PADOTA. (*Bot.*) Genre de la famille des labiées, établi par Adanson sur le *marrubium alysson*, Linn., qu'il sépare du genre *Marrubium* sur ce qu'il en diffère par la lèvre supérieure de la corolle, médiocre et fendue ; le tube calicinal à cinq divisions, et les verticilles à cinq fleurs sessiles, garnis de deux soies très-courtes. (Lem.)

PADRE. (*Ichthyol.*) Sur le littoral de Nice, suivant M. Risso, on appelle ainsi le Pagre. Voyez ce mot. (H. C.)

PADRETTO. (*Ichthyol.*) Dans les mêmes contrées, on appelle ainsi le *spare caissotti* de M. Risso. Voyez Spare. (H. C.)

PADRI. (*Bot.*) Nom brame et malabare du *bignonia chelonoides*, cité par Rhéede. (J.)

PADUS. (*Bot.*) Nom donné aux cerisiers à grappes, et particulièrement au putier, *cerasus padus*. Voyez Cerisier. (J.)

PADY. (*Bot.*) Voyez Paddy. (Lem.)

PÆDÈRE, *Pœderus*. (*Entom.*) Fabricius a, le premier, employé ce nom pour établir un genre d'insectes coléoptères parmi les staphylins et qui appartient par conséquent à la famille des brachélytres ou brévipennes.

Ce sont des insectes alongés, à cinq articles à tous les tarses, à élytres courts, durs, ne couvrant pas le ventre, et à antennes grenues. Ce qui les distingue essentiellement des autres genres voisins, comme on peut le voir à l'article Brachélytres, c'est la forme de la tête et du corselet, qui sont arrondis, globuleux; leurs palpes sont en outre renflés, leurs antennes grossissent insensiblement, et leurs mandibules sont peu saillantes. Nous avons fait figurer une espèce de ce genre sous le n.° 5 de la planche III de l'atlas joint à ce Dictionnaire.

L'étymologie du nom de Pædère, quoique tout-à-fait grecque, Παίδερος, nous est absolument inconnue : c'étoit un surnom de Jupiter, que nous regarderions comme obscène, même en le traduisant du mot latin *pœdico*. Il est très-probable que Fabricius n'y a attaché aucun sens.

Les pædères sont de petits staphylins qui recherchent les lieux aquatiques, où on les rencontre le plus fréquemment, sur le bord des étangs et des rivières. Quelques espèces s'observent dans les endroits humides, sous les mousses ou sous les pierres. Ils courent avec une grande vitesse et en redressant l'extrémité libre de leur abdomen.

Leurs larves et leurs métamorphoses sont très-probablement analogues à celles des autres coléoptères de la même famille.

Fabricius, qui a décrit les espèces de ce genre dans son ouvrage intitulé *Systema eleutheratorum*, en le plaçant le dernier de cet ordre, en a fait connoître dix espèces, parmi lesquelles nous indiquerons les suivantes : d'abord celle que nous avons fait figurer sur la planche indiquée, qui est

1. Le Pædère riverain, *Pœderus riparius;* ou le Staphylin rouge, à tête noire et étuis bleus, de Geoffroy, tom. 1, pag. 369, n.° 21.

Car. Roux, à tête et extrémité du ventre noires; élytres bleus. On le trouve sur le bord des étangs et des ruisseaux.

2. Pædère col-roux, *P. ruficollis.* Staphylin noir, à corselet rouge, de Geoffroy, n.° 23.

Car. Noir, à corselet roux; élytres bleus.

Cette espèce se rencontre plus particulièrement sous la mousse ou sous les pierres, dans les lieux humides. Elle vit en société.

3. Pædère alongé, *P. elongatus.*

Car. Noir, à partie postérieure des élytres et pattes fauves.

4. Pædère ailes rousses, *P. fulvipennis.*

Car. D'un noir brillant, à élytres et pattes testacés.

5. Pædère tête noire, *P. melanocephalus.*

Car. Très-étroit, noir; corselet et pattes fauves. (C. D.)

PÆDÉRIE, *Pœderia.* (*Bot.*) Genre de plantes dicotylédones, à fleurs complètes, monopétalées, de la famille des *rubiacées*, de la *pentandrie monogynie* de Linnæus, offrant pour caractère essentiel : Un calice à cinq dents; une corolle en entonnoir, velue en dedans; cinq étamines insérées sur le tube de la corolle; un ovaire inférieur; un style bifide; une petite baie fragile, globuleuse, à deux semences.

Plusieurs espèces ont été séparées de ce genre, et réunies en un genre particulier, sous le nom de *Danais*, distingué par ses fruits capsulaires; et non en baie, à deux loges polyspermes. (Voyez Danaïde.)

Pædérie fétide: *Pœderia fœtida*, Linn.; Lamck., *Ill. gen.*, tab. 166, fig. 1; *Gentiana scandens*, Lour., *Flor. Cochin. ex herbario; Convolvulus fœtidus*, Rumph, *Amb.*, 5, pag. 436, tab. 160. Cette plante a des tiges ligneuses à leur partie inférieure; elle pousse des sarmens longs, menus, rameux, feuillés, qui s'entortillent autour des supports qu'ils rencontrent, grimpent et rampent sur les arbrisseaux et les haies qui les avoisinent. Leurs feuilles sont opposées, pétiolées, lancéolées, presque en cœur à leur base, molles, entières, aiguës, glabres et vertes à leurs deux faces; les stipules fort petites, intermédiaires, aiguës, élargies à leur base. Les fleurs croissent dans les aisselles des feuilles, disposées en panicules courtes, peu garnies et opposées, munies de très-petites bractées sous les divisions du pédoncule. Le tube de la corolle est velu intérieurement, terminé par un limbe petit, peu ouvert. Cette plante croît dans les Indes orientales, aux Moluques. On la cultive au Jardin du Roi. Ses feuilles, broyées entre les doigts, exhalent une odeur fort puante.

PÆDÉRIE A FLEURS SESSILES; *Pœderia sessiliflora*, Poir., Enc., Suppl. Cette plante a tant de rapports avec la précédente, que, quoique ses fruits ne me soient pas connus, il est très-probable qu'elle appartient au même genre. Ses tiges sont grêles, grimpantes, garnies de feuilles lancéolées, glabres, opposées, entières, aiguës, longues d'environ deux pouces et plus, redressées; les pétioles longs de dix lignes, courbés à leur base, puis redressés. Les fleurs sont disposées en grappes axillaires, paniculées, au moins de la longueur des feuilles, à ramifications opposées, très-étalées, chargées de petites fleurs sessiles, peu nombreuses, distantes, presque unilatérales. Cette plante croît à l'Isle-de-France. Je l'ai observée dans l'herbier de M. Desfontaines. (POIR.)

PÆDEROS. (*Min.*) « La plus belle des pierres blanches, « dit Pline, est le pæderos, nom que l'on applique aussi à « plusieurs pierres remarquables par leur beauté; mais celle « qui porte plus spécialement cette dénomination, réunit « à la translucidité du cristal des couleurs vertes, jaunes, « rougeâtres et pourpres, qui entourent toujours les autres « et qui flattent agréablement la vue. »

Il est difficile de ne pas reconnoître dans cette description ou l'opale ou le quarz irisé; mais il est rare que les couleurs du quarz soient assez intenses pour le faire remarquer. Il est donc plus présumable que le pæderos de Pline étoit non pas l'opale du naturaliste romain, mais une variété d'opale à fond blanc, et cela est d'autant plus vraisemblable, qu'il dit, liv. VII, chap. 6, qu'on a nommé cette pierre (l'opale) *pæderos*, à cause de sa grande beauté, nom que l'on appliquoit aussi à d'autres pierres, et notamment aux améthystes, d'un éclat purpurin. Mais le pæderos mentionné au chapitre 9 et dont nous venons de présenter une description abrégée, paroît s'appliquer spécialement à une variété d'opale. (B.)

PÆDÉROTE; *Pœderota*, Linn. (*Bot.*) Genre de plantes dicotylédones monopétales, de la famille des *rhinanthées*, Juss., et de la *dinandrie monogynie* du Système sexuel, dont les principaux caractères sont les suivans : Calice monophylle, partagé en cinq divisions profondes; corolle monopétale, tubuleuse, à limbe divisé en deux lèvres, dont la supérieure entière ou échancrée, l'inférieure trifide; deux étamines; un ovaire supère, surmonté d'un style filiforme, à stigmate en tête; une capsule ovale-oblongue, à deux loges polyspermes et à quatre valves.

Les pædérotes sont des plantes herbacées, à feuilles simples, dont les fleurs sont axillaires ou disposées en grappe terminale. On en connoît six espèces, dont trois croissent naturellement en Europe. Quelques autres, d'abord rapportées à ce genre, ont été reportées depuis dans les genres *Hemimeris*, *Microcarpea* et *Wulfenia*.

PÆDÉROTE BLEUE : *Pœderota cœrulea*, Lamk., *Illust.*, p. 43, t. 13, fig. 1; *Pœderota bonarota*, Linn., *Spec.*, 2, p. 20. Sa tige est haute de six à huit pouces, simple, grêle, légèrement pubescente, garnie de feuilles ovales, dentées, presque sessiles et opposées. Ses fleurs sont bleues, pédicellées, disposées en grappe oblongue, accompagnées de bractées linéaires, plus longues que les corolles, qui ont leur lèvre supérieure en voûte, terminée en pointe et jamais échancrée. Cette plante est vivace; elle croît dans les Alpes de l'Autriche et de l'Italie.

PÆDÉROTE JAUNE : *Pœderota lutea*, Lamk., *Illust.*, n.° 198; *Pœderota ageria*, Linn., *Mant.*, 171. Ses tiges sont droites, simples, pubescentes, hautes de quatre à huit pouces, garnies de feuilles ovales ou ovales-lancéolées, dentées en scie, presque sessiles et opposées. Ses fleurs sont jaunes, disposées en une grappe oblongue, terminale, et accompagnées de bractées linéaires, plus longues que les divisions du calice, qui sont étroites, sétacées; les corolles ont leur lèvre supérieure échancrée. Cette espèce se trouve, comme la précédente, sur les montagnes alpines de l'Autriche et de l'Italie.

PÆDÉROTE NUDICAULE : *Pœderota nudicaulis*, Lamk., *Illust.*, pag. 48, n.° 199, tab. 13, fig. 2; *Wulfenia carinthiaca*, Jacq., *Miscel.*, 2, pag. 60, tab. 8, fig. 1; *Icon. rar.*, 1, tab. 2. Sa racine est alongée, fibreuse, rampante; elle produit, de distance en distance, des tiges droites, simples, hautes de douze à quinze pouces, dépourvues de feuilles, munies seulement de quelques écailles lancéolées, sessiles et alternes. Les feuilles sont toutes radicales, ovales-oblongues, crénelées, glabres, luisantes, d'un vert foncé, et disposées en touffe. Les fleurs sont bleues, pédicellées, toutes tournées du même côté et disposées en grappe terminale. Cette espèce croît sur les hautes Alpes de la Carinthie. (L. D.)

PÆLÆ. (*Bot.*) L'arbrisseau de l'île de Ceilan, cité sous ce nom par Hermann, et ensuite par Linnæus, dans le *Fl. Zeyl.*, a, suivant ce dernier, une tige sarmenteuse, des feuilles alternes, des fleurs en grappes, dont le calice est à cinq feuilles, la corolle à cinq pétales et les étamines au nombre de huit. Il n'a pas vu le fruit, mais par le port il le jugeoit voisin du *banisteria*, et l'avoit nommé provisoirement *banisterioides*. (J.)

PÆLOBIE, *Pœlobius*. (*Entom.*) On trouve ce nom dans les ouvrages de quelques naturalistes employé au lieu de celui d'*Hygrobie* ou d'*Hydrachne*, pour désigner le genre que nous avons fait connoître sous la première de ces deux dénominations, afin d'indiquer un genre d'insectes coléoptères auquel on a rapporté le dytique d'Hermann. Voyez HYGROBIE, tom. XXII, pag. 303. (C. D.)

PAENOE, PAENU. (*Bot.*) Noms malabares du *vateria indica*, suivant Linnæus. (J.)

PÆONIA. (*Bot.*) Nom latin du genre Pivoine. (L. D.)

PAERSSIÈRE FOLLE. (*Ornith.*) M. Vieillot, dans le Nouveau Dictionnaire d'histoire naturelle, dit, que ce nom est une des dénominations vulgaires du Friquet. (DESM.)

PAERU. (*Bot.*) Nom malabare d'un dolique, *dolichos catjang* de Burmann. Le *putsjapaeru* du Malabar, ou *mugi* des Brames, est une autre espèce du même genre. (J.)

PAG. (*Mamm.*) C'est le même nom que PAC, PAK ou PAGUE. Voyez PACA. (F. C.)

PAGALA. (*Ornith.*) Nom du pélican aux Philippines. (CH. D.)

PAGAMACERA. (*Bot.*) Nom de la bardane en Espagne. (LEM.)

PAGAMETTA. (*Bot.*) Rumph, dans l'*Herb. Amb.*, 3, t. 103, figure et décrit très-incomplétement un arbre d'Amboine, qui a un tronc bas et épais, des feuilles alternes, des fruits en très-petites grappes axillaires, de la grosseur d'une noisette, contenant une noix raboteuse à l'extérieur comme celle du *ganitrus*, et se partageant en deux ou quatre segmens. Le bois de cet arbre est rempli d'un suc visqueux qui le rend dur et pesant lorsqu'il est encore vert ; mais il n'est pas de durée et il se corrompt assez promptement. Ces indications ne peuvent faire connoître à quel genre il appartient. (J.)

PAGAMIER, *Pagamea*. (*Bot.*) Genre de plantes dicotylédones, à fleurs complètes, de la famille des *rubiacées*, de la *tétrandrie digynie* de Linnæus, offrant pour caractère essentiel : Un calice à quatre dents ; une corolle monopétale, à quatre divisions ; quatre étamines ; les anthères sessiles ; un ovaire supérieur, surmonté de deux styles ; une baie biloculaire ; deux osselets à deux loges.

PAGAMIER DE LA GUIANE : *Pagamea guianensis*, Aubl., Guian., tab. 44 ; Lamck., *Ill. gen.*, tab. 88. Arbrisseau de la Guiane, découvert par Aublet, qui s'élève à sept ou huit pieds de haut sur une tige rameuse, couverte d'une écorce inégale, gercée et rougeâtre. Les rameaux sont inclinés, garnis vers leur sommet de feuilles pétiolées, opposées, glabres, lancéolées, aiguës, lisses, très-entières, d'un beau vert, à nervures obliques ; les pétioles courts ; les feuilles longues de trois pouces et demi, sur dix à douze lignes de large, deux stipules à la base des pétioles, vaginales, acuminées, caduques. Les fleurs, opposées, sessiles et distantes, forment des épis simples, axillaires ou terminaux. Leur calice est d'une seule pièce, droit, persistant à sa base, à quatre divisions courtes ; la corolle urcéolée ; le tube court ; le limbe à quatre découpures oblongues, velues en dedans ; les étamines, insérées à l'orifice du tube, ont les anthères arrondies ; l'ovaire est supérieur, à deux styles. Le fruit est une baie verte, presque globuleuse, environnée à sa base par le calice tronqué, à deux loges, contenant chacune un osselet biloculaire à deux semences. (POIR.)

PAGANEL. (*Ichthyol.*) Nom spécifique d'un *Gobie*, que nous avons décrit dans ce Dictionnaire, tom. XIX, p. 142. (H. C.)

PAGANELLO. (*Ichthyol.*) Nom italien du *Gobie paganel.* Voyez GOBIE. (H. C.)

PAGANI. (*Ornith.*) On donne, à Cayenne, ce nom et celui de *mangeur de poules*, à des éperviers et autres oiseaux de proie. (CH. D.)

PAGAPATE, *Sonneratia.* (*Bot.*) Genre de plantes dicotylédones, à fleurs complètes, de la famille des *myrtées*, de l'icosandrie monogynie de Liunæus, offrant pour caractère essentiel : Un calice coriace, urcéolé, à six divisions ; six pétales lancéolés ; un grand nombre d'étamines insérées sur le calice ; un ovaire presque supérieur ; un style ; une grosse baie sphérique, adhérente au calice par sa moitié inférieure, divisée en vingt-quatre ou vingt-six loges polyspermes.

PAGAPATE ACIDE : *Sonneratia acida*, Linn. fil., *Suppl.*; *Blatti*, Encycl. et *Ill.*, tab. 425 ; *Mangium*, etc., Rumph, *Amb.*, 3, tab. 74 ; *Pagapate*, Sonn., *Itin.*, tab. 15, 16 ; *Rhizophora caseolaris*, Linn. Arbre d'environ quarante pieds, dont la cime est arrondie ; les rameaux opposés, à quatre angles, d'un rouge brun ; l'écorce épaisse et cendrée ; les feuilles presque sessiles, opposées, ovales, oblongues, glabres, obtuses, très-entières ; les fleurs rouges et grandes, solitaires à l'extrémité de chaque rameau, ayant le calice d'une seule pièce, à six divisions ovales, aiguës ; les pétales étroits, à peine de la longueur du calice ; les étamines plus longues que les pétales ; les anthéres globuleuses ; l'ovaire orbiculaire. Le fruit est une grosse baie mucronée par le style, divisée en vingt-six loges par des membranes fines. Chaque loge est un tissu vésiculeux, rempli d'un suc acide, dans lequel sont épars quelques pépins ovales, anguleux. Cette plante croît au Malabar et à la Nouvelle-Guinée, dans les lieux humides. Les Malabares font cuire ses fruits pour les manger avec d'autres mets ; avec ses feuilles pilées ils font un cataplasme, qu'ils appliquent sur la tête pour dissiper les vertiges et procurer le sommeil dans les fièvres continues. Le suc tiré de son fruit par expression, se donne avec le miel pour guérir les aphtes, et pour tempérer l'ardeur des fièvres. (POIR.)

PAGARO.(*Ichthyol.*) Nom ligurien du *Pagre ordinaire.* Voyez PAGRE. (H. C.)

PAGATOWR. (*Bot.*) Nom du maïs dans la Virginie, cité par C. Bauhin. (J.)

PAGE DE CHANDERNAGOR. (*Entom.*) C'est le papillon Riphée. (LEM.)

PAGEAU. (*Ichthyol.*) Voyez PAGEL. (H. C.)

PAGEL. (*Ichthyol.*) Nom spécifique d'une espèce de PAGRE. Voyez ce mot. (H. C.)

PAGELLA. (*Ichthyol.*) A Malte, on donne ce nom au PAGEL. Voyez ce mot. (H. C.)

PAGELLO. (*Ichthyol.*) Nom sarde du PAGEL. Voyez ce mot. (H. C.)

PAGEO. (*Ichthyol.*) A Nice, selon M. Risso, on appelle ainsi le PAGEL. Voyez ce mot. (H. C.)

PAGES DE LA REINE. (*Entom.*) Nom vulgaire donné à quelques papillons porte-queue, ou dont les ailes inférieures sont prolongées. (C. D.)

PAGESIA. (*Bot.*) Genre de plantes dicotylédones, à fleurs complètes, monopétalées, irrégulières, de la famille des *personnées*, de la *didynamie angiospermie* de Linnæus, très-rapproché des *gerardia*, offrant pour caractère essentiel: Un calice à cinq divisions inégales; une corolle monopétalée; le tube renflé au sommet; le limbe étalé, à deux lèvres; la supérieure plane, réfléchie, échancrée, partagée vers sa base en trois lobes; quatre étamines didynames; le style et le stigmate simples; une capsule à deux valves, à deux loges polyspermes.

PAGESIA A FLEURS BLANCHES : *Pagesia leucantha*, Rafin., *Flor. Ludov.*, pag. 49; *Chelone*, 2, Robin., *Itin.*, pag. 406. Plante herbacée, découverte par Robin à la Louisiane, dont les tiges sont foibles, à peine longues d'un pied, rameuses, quadrangulaires ; les rameaux garnis de feuilles sessiles, opposées, glabres, ovales - oblongues, dentées en scie à leur contour; de l'aisselle des feuilles sortent deux petites feuilles opposées. Les fleurs sont blanches, portées sur de longs pédoncules, disposés en grappes; les divisions du calice striées; les supérieures plus grandes, les capsules ovales. (POIR.)

PAGEU, PAGEUR ou PAGEUX. (*Icht.*) Voy. Pagel. (H. C.)

PAGI-MALIAI-POU. (*Bot.*) Le quamoclit, *ipomœa quamo-clit*, est ainsi nommé dans un catalogue manuscrit des plantes de Pondichéry. (J.)

PAGLIERIZD. (*Ornith.*) C'est dans Aldrovande le nom du bruant commun, *emberiza citrinella*, Linn. (Ch. D.)

PAGNKIN. (*Bot.*) Voyez Palquin. (J.)

PAGO. (*Ornith.*) Un des synonymes cités par Oth. Fabricius, *Fauna Groenl.*, pag. 112, à l'article du *charadrius hiaticula*, Linn., ou pluvier à collier. (Ch. D.)

PAGODE. (*Conchyl.*) Nom sous lequel les marchands de coquilles et les auteurs de catalogues de vente désignoient communément dans le siècle dernier, et désignent encore quelquefois, ou bien une espèce de sabot, *Turbo pagodus*, Linn., ou une espèce de toupie, dont Denys de Montfort a fait le type de son genre Tectaire. Voyez ce mot. (De B.)

PAGODITE. (*Min.*) Les petites statues chinoises et japonoises qui nous arrivent en Europe sous le nom de magots, et qui ne sont autre chose que les carricatures du pays, sont très-souvent exécutées avec une stéatite rose ou verte, qui se prête facilement au travail des sculpteurs qui exécutent ces petites pagodes. De là est venu le nom de pagodite, que l'on donne aux différentes variétés de cette substance, et que quelques minéralogistes rangent au nombre des variétés du *talc*: nous croyons devoir en faire une espèce arbitraire, en attendant que les caractères qui sont l'apanage des espèces proprement dites, se soient présentés. Voyez Agalmatolite et Stéatite pagodite. (Brard.)

PAGONETON, PEGANON, PETRINE, PITHION. (*Bot.*) Noms grecs anciens du tussilage, cités par Mentzel. (J.)

PAGONI. (*Ornith.*) Nom du paon, *pavo cristatus*, Linn., en grec moderne. (Ch. D.)

PAGRA. (*Ichthyol.*) Un des noms sardes du Pagel. Voyez ce mot et Pagre. (H. C.)

PAGRE, *Pagrus*. (*Ichthyol.*) Nom d'un sous-genre établi par M. Cuvier dans le grand genre des Spares de Linnæus, et qui appartient à la famille des léiopomes de M. Duméril.

Il est reconnoissable aux caractères suivans :

Mâchoires peu extensibles, garnies sur les côtés de molaires rondes, semblables à des pavés, et, en avant d'un grand nombre de petites dents formant brosse, et dont celles du premier rang sont plus grandes ; une seule nageoire dorsale, mais très-étendue ; point de piquans ni de dentelures aux opercules ; hauteur du corps supérieure ou égale à sa longueur.

On distinguera facilement les Pagres de la plupart des genres de la famille des Léiopomes (voyez ce mot), en ce que ceux-ci ont les mâchoires garnies de dents disposées en général sur un seul rang et d'une même espèce. On les séparera particulièrement des Picarels, dont les mâchoires sont extensibles ; des Daurades, qui ont en avant six dents coniques sur une seule rangée et tout le reste en pavé ; des Sargues, qui ont en avant des incisives comparables à celles de l'homme ; des Bogues, qui n'ont point de molaires en pavé ; des Dentés, dont les mâchoires sont armées, en devant, de quelques longs et gros crochets, et sur les côtés, de dents coniques ; des Canthères, qui n'ont que des dents en velours. (Voyez ces différens mots.)

Parmi les espèces qui composent ce genre, nous signalerons :

Le Pagre ordinaire : *Pagrus vulgaris*, N. ; *Sparus pagrus*, Linnæus ; *Sparus argenteus*, Schneider. Museau grand ; nuque large ; bouche ample ; dents molaires sur deux rangs, les antérieures petites et pointues, les postérieures plus grosses et arrondies ; langue lisse ; yeux argentés, à iris doré ; ligne latérale courbe ; nageoires dorsale et anale garnies à leur base d'une membrane qui entoure le dernier rayon ; corps nuancé de rose et d'argent sur le dos, avec quelques reflets jaunâtres sur les côtés et une couche dorée sous l'abdomen ; sommité de la nageoire caudale rouge ; une tache noire à l'origine des pectorales et au voisinage de chaque opercule.

Ce poisson, qui parvient au poids de 10 à 11 livres, vit au milieu des flots salés de la Méditerranée et de l'Océan, quoiqu'il remonte aussi dans les fleuves, et spécialement dans le Nil, où, suivant Ælien, son apparition causoit une joie générale parmi la multitude, à laquelle il annonçoit les approches du débordement annuel. C'est un des poissons les plus communs en Sardaigne. Il vit de crustacés, de coquillages et de frai de sèches, et passe l'hiver dans les plus grandes profondeurs de la haute mer, là où la température de l'at-

mosphére paroît ne plus exercer aucune influence. Dans les
contrées chaudes ou tempérées, sur la côte de Gênes, en particulier, il resplendit quelquefois avec éclat au milieu des
ténèbres de la nuit, et répand une lueur phosphorique à la
surface des eaux, ainsi que l'a remarqué Willughby de Eresby,
il y a déjà long-temps. Il se plaît, d'ailleurs, à vivre en société, en troupes plus ou moins nombreuses.

Son pylore est muni de deux cœcums longs et de deux
cœcums courts; son canal intestinal ne présente qu'une sinuosité, et sa vessie natatoire est attachée aux côtes.

On pêche le pagre en mer avec des filets qui vont au fond
de l'eau, et plutôt en hiver que dans tout autre temps; mais
en été, on le prend à la ligne dans les endroits sablonneux
et peu profonds, ou avec des filets ordinaires près du rivage.
Quand il a été pris dans l'eau douce, sa chair est moins délicate que si elle vient d'un individu arraché au sein de la
mer. Il peut d'ailleurs servir au luxe des tables somptueuses
par son excellence, comme il contribue à l'alimentation du
pauvre par son abondance.

Le *Sparus pagrus* de Bloch (267) ne paroît pas être le véritable pagre.

Le PAGEL : *Pagrus pagel*, N. ; *Sparus pagel*, Lacép.; *Sparus
erythrinus*, Linnæus. Deux rangées de petites dents pointues
derrière les dents antérieures; langue et palais lisses; dos
caréné; ventre arrondi.

Ce poisson, qui parvient à la longueur de 12 à 15 pouces
environ, et qui pèse parfois 2 à 3 livres, brille d'une grande
variété de nuances rouges et de teintes argentines, et a des
yeux d'un blanc métallique à iris doré. Il habite la mer
Méditerranée, mais il n'est point également commun près de
toutes les côtes, et il paroît préférer celles de la Campagne
de Rome, des Alpes maritimes, de la Provence, de Malte,
de la Sardaigne, et des îles de l'Archipel de la Grèce. n'é-
tant du reste plus abondant nulle part que sur les rivages
de la petite île de Lampedouse. Sa chair est blanche, grasse,
d'une saveur agréable et très-estimée en friture, surtout si,
après l'avoir préparée ainsi, on la laisse macérer pendant
quelques jours dans du jus d'orange, comme l'enseigne Paolo
Giovio dans son livre *De Piscibus romanis*.

Le Morme ou Mormyre : *Pagrus mormyrus*, N. ; *Sparus mormyrus*, Linnæus. Mâchoire supérieure un peu plus avancée que l'inférieure ; des bandes transversales noirâtres sur un fond argenté ; bouche petite ; langue lisse ; yeux argentés ; ligne latérale un peu courbe ; nageoire caudale lisérée de noir.

Ce poisson n'atteint guère que la taille de six à sept pouces et ne pèse qu'environ une livre. Il habite la mer Méditerranée et est très commun dans les eaux de l'Archipel du Levant. Sa chair, qui est molle, a souvent la saveur de la vase.

Le Bogaravéo : *Pagrus bogaraveo*, *Sparus bogaraveo*, Brunnich. Corps ovale, oblong, d'une couleur argentée, plus éclatante sous le ventre ; museau arrondi, bouche médiocre, mâchoires egales ; yeux grands, argentés, à iris doré ; nageoires pectorales lancéolées ; écailles molles et lisses ; anus plus près de la tête que de la nageoire caudale ; ligne latérale brune.

La longueur de ce poisson se balance entre trois et six pouces. Sa chair est sans saveur. Il habite la mer Méditerranée ; M. Risso l'a observé sur les rivages de Nice, où on le nomme *bugaravello*. (H. C.)

PAGRE. (*Foss.*) On trouve dans les couches craieuses de Néhou, département de la Manche, des polypiers dont les caractères paroissent devoir constituer un genre qui, à ma connoissance, n'auroit pas encore été décrit. Je propose d'établir, sous le nom de *pagre*, ce genre auquel on assigneroit les caractères suivans : *Polypier pierreux, fixé, suborbiculaire, peu épais, convexe et poreux en dessus, concave en dessous, avec des lignes concentriques. Pores nombreux, placés irrégulièrement.*

Pagre élégant ; *Pagrus elegans*, Def., atlas de ce Dictionnaire, Polyp. foss. Cette espèce, qui adhère sur de petits polypiers branchus, est quelquefois de la grandeur de l'ongle du pouce ; elle conserve sa forme orbiculaire, quoique son diamètre dépasse celui des polypiers sur lesquels on la trouve attachée.

Pagre changeant ; *Pagrus Proteus*, Def. On rencontre, dans la craie de Meudon et de Beauvais, des polypiers dont quelques-uns ne diffèrent de ceux ci-dessus, que parce que leurs pores sont plus gros et moins réguliers, et qu'ils ne portent pas de trace d'adhérence. D'autres, qu'on est fondé à regarder comme dépendans de la même espèce, à cause de l'identité de leurs pores, affectent des formes singulières et variées. Les uns ont saisi des petites portions de polypiers branchus et les ont recouvertes en presque-totalité, d'autres ressemblent à des grains de riz; ils ont une pointe à l'un des bouts, et paroissent avoir adhéré par l'autre sur quelque corps; enfin, il en est qui affectent une forme semi-globuleuse, qui les rapprocheroit du polypier, auquel nous avons donné, dans ce Dictionnaire, le nom d'ALCYON GLOBULEUX. Voyez tome Ier, Supp., p. 109. On trouve à Gap une espèce de ce genre, qui a des proportions un peu plus grandes que le pagre élégant, et dont les pores sont relativement plus grands. (D. F.)

PAGRU. (*Ichthyol.*) A Malte, on appelle ainsi le *pagre ordinaire*. Voyez PAGRE. (H. C.)

PAGUE. (*Mamm.*) C'est le même mot que PAG, PAC, PAK. Voyez PACA. (F. C.).

PAGURE, *Pagurus*. (*Crust.*) Genre de crustacés décapodes macroures, anomaux, fondé par Fabricius, et renfermant un grand nombre d'espèces, qui ont l'habitude singulière de loger l'extrémité postérieure de leur corps, qui est molle et vulnérable, dans des coquillages marins vides, de toutes sortes. Nous avons exposé les caractères de ce genre, et décrit ses espèces principales dans notre article MALACOSTRACÉS, tome XXVIII, page 286, auquel nous renvoyons. (DESM.)

PAGURE. (*Foss.*) On trouve dans les couches craieuses de la montagne de Saint-Pierre de Maëstricht, des pinces de crustacés réunies par paires et dont le bras droit est le plus fort. Ces pinces ont quelquefois trois pouces de longueur, et jusqu'à présent on n'a trouvé ni le corps ni les pieds qui ont dû les accompagner pendant que l'animal étoit vivant. Leur légère courbure, leur grandeur relative, leur direction, étant semblables à ce qu'on observe dans les pagures vivans, il y a tout lieu de croire qu'elles ont appartenu à quelque espèce de ce genre, et M. Latreille pense qu'elle a dû être très-voisine de celle du *Pagurus Bernhardus*. Comme dans cette espèce, le bras droit des fossiles est le plus fort et la main a la même forme; la principale différence consiste dans un plus grand nombre d'aspérités et dans un alongement des doigts un peu plus considérable dans ces derniers,

On a la presque-certitude que ces crustacés ont habité dans
des coquilles univalves, et avec eux, ou dans les mêmes couches, on devroit trouver ces coquilles ; mais c'est ce qui
n'arrive pas, parce que très-probablement elles ont disparu.
(Voyez pour cette disparition au mot PÉTRIFICATION.)

M. Desmarest a donné à cette espèce le nom de pagure de
Faujas, *Pagurus Faujasii*, Hist. nat. des crust. foss., pag. 127,
pl. 11, fig. 2. Elle porte le nom de Bernard l'hermite dans
l'Histoire de la montagne de Saint-Pierre de Maëstricht, par
Faujas, qui en a donné la description et la figure page 179,
pl. 32, fig. 5 et 6.

Dans les couches du Plaisantin supérieures à la craie, on
trouve des turritelles, des rochers, et d'autres coquilles univalves fossiles, qui sont recouvertes par un polypier que nous
avions rangé parmi les alcyons et auquel nous avons donné,
dans ce Dictionnaire (tome I.er, Supp., pag. 109), le nom
d'alcyon parasite. Ce polypier, qui devra peut-être entrer
dans le genre Cellépore de M. de Lamarck, ayant la plus
grande analogie avec d'autres à l'état vivant qui recouvrent
des coquilles habitées par des pagures, on ne peut douter
que les coquilles fossiles qui en sont couvertes, n'aient servi
d'habitation à quelque espèce de ce genre qui a disparu dans
cette couche.

Dans ce cas, le contraire de ce qui s'est passé dans la couche craieuse de Maëstricht seroit arrivé en Italie, où les coquilles se seroient conservées quand les crustacés qui les
habitoient ont disparu. (D. F.)

PAGURIENS. (*Crust.*) M. Latreille a imposé ce nom à la
famille de crustacés décapodes macroures, à abdomen mou,
qui renferme les deux genres PAGURE et BIRGUS. Ces décapodes macroures diffèrent des autres, non-seulement par la
mollesse de la partie postérieure de leur corps, mais encore
en ce que leur queue n'est point munie d'une nageoire complète formée par des feuillets, et parce que leurs pieds de
la dernière paire ou des deux dernières paires sont beaucoup
plus petits que les autres. (DESM.)

PAGURO CORONATO. (*Ichthyol.*) Nom italien du *sparus
gibbosus* des mers de la Sicile, poisson décrit par M. Rafi-
nesque-Schmalz. Voyez SPARE. (H. C.)

PAGURUS LAPIDEUS. (*Foss.*) C'est un des noms qui ont été donnés aux écrevisses fossiles. (D. F.)

PAHIORA. (*Bot.*) Un des noms brames cités par Rhéede de l'Alpam du Malabar. Voyez ce mot. (J.)

PAIAKANTCHIR. (*Ornith.*) Nom kourile d'une espèce de hochequeue. (Ch. D.)

PAICA, PASOTE. (*Bot.*) A Quito, dans le Pérou, ces deux noms sont donnés, suivant les auteurs de la Flore équinoxiale, au *chenopodium ambrosioides*, connu parmi nous sous celui d'ambrosie du Mexique. C'est probablement la même plante qui fut envoyée du Pérou, sous le nom de *payco*, à Monardez, cité par Daléchamps et C. Bauhin, dont les feuilles avoient un goût âcre et chaud. (J.)

PAICA-JULO. (*Bot.*) Nom péruvien d'un *bidens* de Feuillée, dont Roth avoit fait son *wiborgia acmella*, et qui est maintenant le *galinsoga parviflora* de Willdenow. (J.)

PAIG. (*Mamm.*) Selon d'Azara, ce nom est celui du paca au Paraguay. (Desm.)

PAIKPIARSUK. (*Ornith.*) Nom du harle proprement dit, *mergus merganser*, au Groënland, où il est aussi appelé *pararsuk*, Linn., selon Fabricius, *Faun. groenland.*, n.° 49. (Ch. D.)

PAILLE. (*Bot.*) C'est le nom que portent les chaumes des graminées céréales après leur dessiccation et après qu'on en a extrait les grains qui étoient contenus dans l'épi qui les terminoit. On fait un grand usage de la paille dans l'agriculture, l'économie domestique et les arts. Voyez principalement à ce sujet, Froment, Orge et Seigle. (L. D.)

PAILLE-EN-CUL, *Trichiurus lepturus*. (*Ichthyol.*) Voyez Ceinture. (H. C.)

PAILLE DE LA MECQUE. (*Bot.*) C'est le barbon odorant. (L. D.)

PAILLE-EN-QUEUE. (*Ornith.*) Pour cet oiseau, dont le nom s'écrit aussi *paille-en-cul*, voyez Phaéton. (Ch. D.)

PAILLERET. (*Ornith.*) Un des noms vulgaires du bruant commun, *emberiza citrinella*, Linn. (Ch. D.)

PAILLETTE. (*Entom.*) Geoffroy décrit sous ce nom une espèce d'altise, n.° 19 : c'est l'*altica atricapilla*. (C. D.)

PAILLETTES. (*Bot.*) Nom donné par M. Richard aux bractées (écailles, valves, spathelles, spathellules), qui, dans les graminées, forment l'enveloppe (glume, glumelle) des organes sexuels. Ce mot désigne encore les petites bractées qui, dans plusieurs synanthérées et dipsacées, sont entremêlées avec les fleurs; exemples : *zinnia*, *bidens*, *anthemis*, *arvensis*, etc. (Mass.)

PAIN. (*Chim.*) Voyez FERMENTATION PANAIRE, tom. XVI, pag. 446. (Ch.)

PAIN-DES-ANGES. (*Bot.*) Nom vulgaire de la houque saccharine. (L. D.)

PAIN BLANC. (*Bot.*) On a donné ce nom à la variété de la viorne obier, *viburnum opulus*, dont les fleurs blanches et toutes neutres sont rassemblées en tête serrée, d'où lui vient aussi celui de boule de neige. (J.)

PAIN-DE-BOUGIE. (*Conchyl.*) Nom marchand, peu usité aujourd'hui, d'une espèce de vermet ou de serpule, dont le tube s'enroule de manière à ressembler un peu aux rouleaux de petite bougie, vulgairement appelés *Rats de cave* à Paris. (De B.)

PAIN-DE-COUCOU. (*Bot.*) Brunsfels donnoit ce nom à l'*oxalis acetosella*. (J.)

PAIN-DE-CRAPAUD et PAIN-DE-POURCEAU, *Panis bufonis* et *Panis porcinus*. (*Bot.*) Steerbeck désigne sous ce nom plusieurs champignons du genre Bolet, Linn., qu'il est difficile de rapporter exactement à des espèces connues. Paulet place ces champignons dans les CÈPES PINAUX ou PAINS-DE-LOUP. (Lem.)

PAIN-DE-CRAPAUD. (*Bot.*) On donne vulgairement ce nom au fluteau plantaginé. (L. D.)

PAIN-D'ÉPICE. (*Conchyl.*) Les marchands désignent ainsi le *Nerita albumen*, Linn., Natice planulée de M. de Lamarck, sans doute à cause de sa forme et de sa couleur roussâtre. (De B.)

PAIN FOSSILE. (*Min.*) C'est le nom trivial donné par les ouvriers aux concrétions de calcaire, de strontianite impure, etc., qui ont la forme d'un sphéroïde aplati, et quelque ressemblance par leur grosseur avec un pain rond. Voyez CONCRÉTION. (B.)

PAIN-DE-HANNETON. (*Bot.*) Dans plusieurs pays on donne vulgairement ce nom aux fruits de l'orme. (L. D.)

PAIN HOTTENTOT. (*Bot.*) Kolbe dit qu'au cap de Bonne-Espérance on nomme ainsi la racine d'un *arum*, que les Hottentots mangent au lieu de pain, après l'avoir fait bouillir dans deux ou trois eaux pour en ôter l'acrimonie, et l'avoir fait ensuite sécher au soleil et rôtir dans les cendres chaudes. Suivant quelques-uns cette plante est un *zamia*, et dans cette supposition ce seroit le *zamia cycalis* dont les racines épaisses se réunissent hors de terre en une souche peu élevée qui a une forme bulbeuse. (J.)

PAIN DES INDES. (*Bot.*) C. Bauhin cite sous le nom de *panis indicus*, les racines d'igname et de manioc, qui sont substituées au pain dans plusieurs régions des deux Indes. (J.)

- PAIN-DE-LAPIN. (*Bot.*) Dans quelques cantons on donne ce nom à l'orobanche élevée. (L. D.)

PAIN-DE-LIÈVRE. (*Bot.*) C'est le gouet commun. (L. D.)

PAIN-DE-LOUP ou LE PINAU JAUNATRE. (*Bot.*) C'est un bolet que Paulet (Trait: champ., 2, p. 387, pl. 181, fig. 1, 2), rapporte au *boletus granulatus*, Linn., qu'il place dans sa famille des CÈPES PINAUX ou des CÈPES A TUBES JAUNES. Ce champignon s'élève à la hauteur de trois pouces. Son chapeau est de couleur brune de pain-d'épice en dessus, garni en dessous de tubes jaunâtres et du diamètre de quatre pouces; son stipe est central. Ce champignon croît en automne dans les forêts, sous les arbres: il répand une odeur un peu forte; sa chair change de couleur quand on la coupe; ce qui annonce ses qualités mauvaises. Le pain-de-loup est figuré dans Steerbeck (*Theatr.fung.*, tab. 21, fig. 4); il paroît être le *boletus olivaceus* ou *terreus* de Schæffer, *Fung. bav.*, pl. 105. Il cause des accidens graves aux vaches qui en mangent, ainsi qu'aux personnes qui ont l'imprudence d'en faire usage pour la table. (LEM.)

PAIN-DE-LOUP [PETIT] ou PINAU ROUGE. (*Bot.*) Paul., Tr. 2, p. 387, pl. 181, fig. 3, 4. Espèce de champignon, aussi du genre Bolet. Il est d'une taille moyenne; le dessus de son chapeau et le stipe, sont d'une couleur rougeâtre ou cramoisi sale. La partie tubuleuse est jaunâtre, mais elle noircit aussitôt qu'on la touche. Sa pulpe change subitement de couleur par le contact de l'air et devient d'un rouge bleuâtre, et enfin noir. Ce champignon croît en automne à Saint-

Germain, au bois du Vésinet, etc. Il est malfaisant. C'est peut-être une des espèces désignées dans Schæffer sous les noms de *boletus flavo-rufus*, *ferrugineus* et *appendiculatus*, *Fung. bavar.*, tab. 125, 126, 130. (Lem.)

PAIN-MOLLET. (*Bot.*) Nom vulgaire de la viorne obier à fleurs stériles. (L. D.)

PAIN-D'OISEAU. (*Bot.*) Un des noms vulgaires de l'orpin brûlant. (L. D.)

PAIN-DE-POULET. (*Bot.*) C'est le lamier pourpre. (L. D.)

PAIN-DE-POURCEAU. (*Bot.*) Nom vulgaire du ciclame, *cyclamen europæum*, dont la racine est tubéreuse, de forme presque hémisphérique. (J.)

PAIN-DE-SAINT-JEAN. (*Bot.*) C'est le caroubier. (L. D.)

PAIN-DE-SINGE. (*Bot.*) Ce nom est donné au baobab du Sénégal, *Adansonia*. (J.)

PAIN-DE-VACHE ou LE ROUX. (*Bot.*) Paulet, Tr. champ., 2, p. 136, pl. 42, fig. 1 . 2. Espèce d'agaric de la famille des Bassets a crochets. Elle est d'une belle couleur fauve, plus foible sur les feuillets et sur le pied. Le chapeau a trois à quatre pouces d'étendue. La chair est blanche, sèche, cassante et d'un bon goût. Les feuillets sont un peu dentés en scie. Ce champignon se trouve au bois de Boulogne, et se conserve bien ; il a une saveur et une odeur agréables. Selon Paulet, on le nomme *pain-de-vache* parce qu'on a observé que les vaches en mangent. Ce même botaniste rapporte à cette espèce le *soderello degli uccellari* des Toscans, décrit par Michéli. (Lem.)

PAIN-VIN. (*Bot.*) Nom vulgaire de l'avoine élevée. (L. D.)

PAINA-SCHULLI. (*Bot.*) Nom malabare de l'*acanthus ilicifolius*, suivant Linnæus. (J.)

PAINS-DE-LOUP et aussi GATEAUX-DE-LOUP. (*Bot.*) Voyez Cèpes pinaux a l'article Cèpe. (Lem.)

PAINTED FINCH. (*Ornith.*) Nom anglois, dans Catesby, du verdier de la Louisiane ou pape, *emberiza ciris*, Linn. Cet oiseau, qu'on appelle aussi *non-pareil*, n'est revêtu de ses belles couleurs qu'au temps des amours et après avoir subi plusieurs mues. (Ch. D.)

PAIOMIRIOBA. (*Bot.*) L'herbe nommée ainsi au Brésil,

et que Marcgrave prend pour un orobe, paroît plutôt, d'après sa figure et sa description, être une espèce de casse à feuilles quadrijuguées, *cassia sericea.* C'est peut-être la même que Nicolson cite à Saint-Domingue sous le nom de *paiomariba*, caneficier sauvage. (J.)

PAI-PARÆA, COURADI. (*Bot.*) Noms malabares d'un greuvier, *grewia orientalis*, suivant Linnæus. (J.)

PAISSE. (*Ornith.*) Le moineau commun, *fringilla domestica*, Linn., ou *pyrgita*, Cuv., portoit anciennement ce nom et ceux de *paisserelle, passerère, passerat*, (Ch. D.)

PAISSE DE BOIS. (*Ornith.*) Un des noms vulgaires du pinson d'Ardennes, *fringilla montifringilla*, Linn. (Ch. D.)

PAISSE BUISSONNIERE. (*Ornith.*) Ce nom est donné, dans l'ancienne province d'Anjou, à la fauvette d'hiver, autrement appelée traîne-buisson, mouchet ou petite paisse privée, *motacilla modularis*, Linn. (Ch. D.)

PAISSE PRIVÉE [Petite]. (*Ornith.*) Nom de la fauvette d'hiver ou traine-buisson dans plusieurs cantons en France. (Desm.)

PAISSE DE SAULE (*Ornith.*) L'oiseau connu sous ce nom dans l'ancienne province d'Anjou, est le moineau friquet, *fringilla montana*, Linn. (Ch. D.)

PAISSE SOLITAIRE. (*Ornith.*) Ce nom est donné par Belon, etc., au merle solitaire, *turdus solitarius*, Linn., qui, suivant M. Bonelli, est le même que le merle bleu, *turdus cyanus*, Linn. (Ch. D.)

PAISSERELLE ou PAISSORELLE. (*Ornith.*) Voyez Paisse. (Ch. D.)

PAJANELI, PALEGA-PAJANELI. (*Bot.*) Noms malabares du *bignonia indica* de Linnæus et de sa variété. (J.)

PAJAREI. (*Bot.*) Nom du *schrebera albens* dans la langue Tamoule, cité par Willdenow et M. Poiret. (J.)

PAJARILLA. (*Bot.*) Nom qu'on donne en Espagne à l'Ancholie. (Lem.)

PAJEROS. (*Mamm.*) Espèce de chat d'Amérique. Voyez Chat. (F. C.)

PAK. (*Mamm.*) Voyez Pac et surtout Paca. (F. C.)

PAKAU. (*Ornith.*) Nom d'un ramier gris au Kamtschatka. (Ch. D.)

PAKEL. (*Conchyl.*) Adanson (Sénég., p. 105, tab. 7) désigne ainsi la coquille dont Linné a fait son *Buccinum patulum*, *Purpura patula* de Lamarck. Voyez POURPRE. (DE B.)

PAKIRI. (*Mamm.*) Un des noms du paca chez les naturels de la Guiane. (F. C.)

PAKIS-GALAR. (*Bot.*) Nom qu'on donne à Java, suivant M. Leschenault, à une fougère en arbre. (LEM.)

PAKKA-KITSJEL. (*Bot.*) Le *lycopodium plumosum* de Linnæus est ainsi nommé à Java, suivant Burmann. Le *pakkubesaer* est le *polypodium simile*, le *pakkoe-hantam* est le *polypodium lineare* de Burmann, *mertensia* de Willdenow. (J.)

PAKKUAH. (*Bot.*) Nom hébreu de la coloquinte, cité par Mentzel. (J.)

PAKOSEROKA. (*Bot.*) C'est, dans Adanson, le nom du genre *Amomum*, Linn.; c'est aussi au Brésil celui d'une des espéces de ce genre. (LEM.)

PAL. (*Ichthyol.*) Un des noms vulgaires du MILANDRE. Voyez ce mot. (H. C.)

PAL-MODECCA. (*Bot.*) Nom malabare d'une espèce de liseron, *convolvulus paniculatus*, mentionné dans Rhéede. (LEM.)

PAL-VALLI. (*Bot.*) Plante de la famille des apocinées, qui croît sur la côte malabare, selon Rhéede, qui paroit être une espéce d'*echites*, peut-être l'*echites scholaris*. (LEM.)

PALA. (*Bot.*) Belon cite sous ce nom le figuier d'Inde ou nopal, *cactus opuntia*. Pline fait mention d'un *pala ariena*, qui produit un fruit plus gros que la pomme et d'un goût plus agréable, dont les Sages de l'Inde se nourrissent; les feuilles de ce pala sont longues de quelques coudées. C. Bauhin paroît croire que c'est le bananier; mais ailleurs, à la suite du grenadier, *punica*, il cite une espèce à fruit très-gros, *malus aurea* de Dodoëns, doñt les graines sont de couleur dorée, et que ce dernier auteur soupçonne être le *pala ariena* de Pline. Mais l'existence de ces graines contredit cette opinion, parce que la banane ne donne point de graines. Il existe au Malabar un autre *pala*, qui doit former un genre nouveau dans les apocinées, ci-après mentionné. (J.)

PALA. (*Bot.*) Dans la collection des herbiers apportés au Muséum d'histoire naturelle par les vaisseaux de l'expédition du capitaine Baudin, nous avons trouvé une plante qui ressembloit parfaitement au *pala* décrit et figuré par Rhéede dans l'*Hort. Malab.*, vol. 1, t. 45, et nous en avons établi le genre dans nos manuscrits sous le même nom, avec l'intention de la publier lorsque l'occasion s'en présenteroit. C'est la même que M. R. Brown a insérée plus récemment dans son excellent travail sur les asclépidées et sur les apocinées, dont il forme deux familles distinctes. Il lui donne le nom d'*Alstonia*, appliqué auparavant à un genre de la famille des symplocées, que plusieurs auteurs ont réuni au *Symplocos*. M. Brown le rapproche, comme nous, du *nerium* dans les vraies apocinées, et il lui donne également comme synonyme le *lignum scholare* de Rumph, *Herb. Amb.*, 2, t. 82, et de plus il y joint trois espèces également originaires des Indes orientales.

Comme ce genre n'a pas été décrit dans ce Dictionnaire sous le nom de *Alstonia*, parce qu'alors il n'étoit pas encore connu, nous le mentionnerons ici sous celui de *Pala*, que M. Brown auroit peut-être dû conserver de préférence, mais que nous ne proposons pas de substituer au sien.

Ses caractères sont un calice évasé, à cinq divisions courtes; une corolle tubulée, plus longue, à limbe en soucoupe découpée en cinq lobes; cinq étamines insérées au tube qu'elles ne débordent pas; un ovaire didyme, un style, un stigmate en tête; un fruit composé de deux follicules longs, grêles et cylindriques, contenant une série de graines terminées à leurs deux extrémités par une longue houppe de poils soyeux et argentés.

La plante que nous décrivons, et ses congénères, sont des arbres laiteux dans toutes leurs parties. Les feuilles sont opposées, simples, entières, ovales, à nervures latérales parallèles, présentant quelquefois au sommet des rameaux par leur assemblage l'aspect de feuilles digitées. Les fleurs sont disposées en ombelles terminales, dont chaque pédoncule paroît porter une petite ombelle partielle.

Le *lignum scholare* de Rumph, cité par lui en divers lieux de l'Inde, est indiqué chez les Malais sous le nom de *pule*, à Ternate sous celui de *hangi*, à Macassar sous celui de *rita*, et à Amboine sous celui de *rite*. C'est l'*echites scholaris* de

Linnæus; une des espèces de M. Brown est l'*echites costata* de Forster, observé à l'île d'Otahiti. Les deux autres sont nouvelles.

Sous le nom de *pala*, on trouve dans les Moluques des végétaux très-différens. Ce nom est donné au muscadier, *myristica*, sur lequel Rumph est entré dans des détails intéressans. Nous ne rappellerons pas ici ce qui a déjà été dit dans ce recueil sur le MUSCADIER AROMATIQUE (voyez ce mot). Nous ajouterons seulement qu'il existe deux espèces ou variétés fournissant un fruit également aromatique, arrondi dans la première, plus anciennement connu dans le commerce, oblong dans l'autre, qui a été le premier transporté à l'Isle-de-France, lorsque Poivre, qui en étoit intendant, tenta d'enrichir cette colonie de ce précieux aromate. Une seconde expédition procura ensuite l'espèce à fruit rond.

Il faut ajouter que le *pala* offre plusieurs variétés différentes, soit par la forme du fruit, soit par son défaut d'aromate. Rumph en cite cinq, *pala-boy*, *pala-pantsjocri*, *pala-radja*, *pala-puti* et *pala-domine*. Il cite encore comme espèce distincte le *pala-lacki-lacki*, dont le fruit est plus gros que celui du vrai *pala* et présente même une variété sphérique et une autre alongée ; mais, dans l'une et l'autre, le macis a une saveur désagréable, ainsi que la noix qu'il recouvre. Une autre espèce, *pala-kitsjul*, se distingue par un fruit beaucoup plus petit et également insipide. Nous nous contentons de ces citations, et renvoyons à l'ouvrage de Rumph ceux qui désireront mieux connoître ces espèces ou variétés, ainsi que tout ce qui concerne l'espèce admise dans le commerce, dont on a encore enrichi la colonie de Cayenne. Nous ajouterons que, long-temps avant Rumph, Garcias ab Horto avoit parlé de la noix muscade, que les habitans de Banda nommoient *pallu*, et pour eux le macis qui la recouvre étoit le *buna-pallu*.

Il existe encore à Madagascar d'autres espèces de muscadier sous le nom de *rara*, dont nous parlerons sous ce nom. Comme elles n'ont point d'aromate, elles ne peuvent point offrir un objet d'utilité. (J.)

PALA. (*Ichthyol.*) Un des noms vulgaires du *Lavaret*. Voyez CORRÉGONE. (H. C.)

PALACCA. (*Bot.*) Voyez Caju-Palaca. (J.)

PALÆGHAS. (*Bot.*) Nom donné dans l'île de Ceilan, suivant Hermann, à l'*hedysarum pulchellum* de Linnæus, que M. Persoon a réuni au *zornia*, et dont M. Desvaux a fait un genre distinct sous le nom de *phyllodium*. Nous avions proposé antérieurement de le nommer *palæga*, mais sans l'imprimer. (J.)

PALÆMON. (*Crust.*) Voyez Palémon. (Desm.)

PALÆOTHERIUM. (*Mamm. foss.*) Genre d'animaux mammifères fossiles, fondé par M. Cuvier, et renfermant un nombre d'espèces assez considérable, trouvées en France dans diverses localités.

Lamanon avoit, en 1788, décrit quelques ossemens, trouvés dans les couches de plâtre de Montmartre, à l'occasion d'un travail qu'il avoit entrepris sur le dépôt de gypse des environs de Paris. Ces ossemens ne furent d'abord guère remarqués ; mais plus tard M. Cuvier, leur trouvant de notables différences avec ceux des animaux vivans, dont ils pouvoient être rapprochés, eut l'intention de suivre cette comparaison ; et pour se former une idée complète des animaux d'où ces os provenoient, il commença à rassembler la collection de fossiles qui est devenue en vingt-cinq ans l'un des plus beaux ornemens des galeries du Muséum d'histoire naturelle.

Lorsqu'il eut réuni assez de matériaux pour commencer son travail, il décrivit successivement, dans les Annales du Muséum, les os qu'il avoit recueillis dans les carrières à plâtre des environs de Paris ; et il prouva que ces os appartenoient à des quadrupèdes, nombreux en espèces, de taille très-variée et la plupart se rapportant à l'ordre des pachydermes. Il forma de ces quadrupèdes fossiles deux genres distincts sous les noms de *palæotherium* et d'*anoplotherium* : le premier, voisin des tapirs par le nombre et la disposition de ses dents, et surtout par la forme des os du nez ; et le second, remarquable en ce que les canines ne sont point saillantes, et que toutes les dents forment une série continue à chaque mâchoire, comme on le remarque pour les dents de l'homme.

On conçoit l'immensité du travail qui a eu pour objet l'examen approfondi de ces os, afin de les assigner à des espèces distinctes, et la recherche des rapports de ces mêmes os entre eux, afin de rassembler tous ceux, de quelque partie du corps qu'ils fussent, qui appartenoient à chacune de ces espèces. Comme il nous seroit impossible de rendre compte de ce travail, nous nous bornerons à en exposer les résultats, et seulement ici pour le genre Palæotherium, tel que M. Cuvier l'a restreint dans son dernier ouvrage, c'est-à-dire en en séparant quelques espèces dont il forme maintenant son genre *Lophiodon*, genre qui est encore plus rapproché des tapirs par la forme des dents molaires supérieures.

Deux espèces de palæotheriums seulement ont présenté un nombre d'ossemens assez considérable pour qu'il ait été à peu près possible à M. Cuvier de reformer leur squelette en entier, et par conséquent pour qu'il ait pu déduire des formes de ces squelettes, celles des parties molles, et ainsi avancer quelques conjectures probables sur la manière de vivre de ces animaux. Le plus grand nombre des autres espèces n'ont été reconnues que sur des portions plus ou moins considérables de têtes pourvues de dents, ou sur des os des extrémités; mais ces espèces n'en sont pas moins réelles, d'après les différences que présentent les débris qui leur ont appartenu, lorsqu'on les compare avec ceux des deux espèces restituées.

Les ossemens des premières espèces de palæotheriums ont été trouvés dans les bancs de la pierre à plâtre ou gypse calcaire des environs de Paris, où ils gissent avec ceux d'un grand nombre d'autres animaux, tels que les anoplotheriums, les dichobunes, les adapis, de grandes espèces de chiens et de chats, un sarigue, divers rongeurs, des tortues du genre Trionyx, des poissons abdominaux et des oiseaux de plusieurs espèces. Cette pierre, d'origine postérieure à celle du calcaire grossier coquillier, sur lequel elle est placée, paroît être le sédiment d'un lac d'eau douce et tranquille, du moins autant que peuvent le faire penser l'horizontalité des couches et la nature des fossiles d'animaux qui s'y rencontrent, tels que ceux des trionyx, des crocodiles, des poissons abdominaux, animaux dont les espèces vivantes actuellement habitent les eaux des fleuves et des lacs. Dans ces derniers temps d'autres espèces du même genre ont été découvertes dans plusieurs lieux de la France et dans des couches différentes de celles de nos environs.

Les caractères du genre Palæotherium peuvent être ainsi décrits : six incisives à chaque mâchoire, rangées sur une même ligne, en forme de coin, et médiocrement fortes; quatre canines, une de chaque côté à chaque mâchoire, coniques, distantes de façon à s'entrecroiser lorsque la bouche est fermée, médiocrement fortes. Sept molaires à droite et à gauche, aux deux mâchoires; les supérieures de forme carrée et à quatre racines, avec trois arêtes du côté externe, laissant entre elles deux canelures : elles ont un sillon du côté interne; leur couronne, assez analogue à celle des molaires supérieures des rhinocéros et des damans, offre sur son bord externe une sorte de figure saillante en forme de W émailleux, auquel se joignent en dedans deux collines obliques, qui aboutissent aux deux extrémités du W, en laissant entre elles une vallée, aussi oblique, qui se rapproche de son angle intermédiaire, toute la base de la dent étant entourée d'une ceinture. Molaires inférieures, montrant leurs linéamens émailleux en forme de double croissant (c'est-à-dire deux croissans l'un au bout de l'autre) plus ou moins obliques. Forme générale de la tête assez semblable à celle des tapirs. Os propres du nez très-courts et minces, surplombant seulement sur la partie postérieure de l'ouverture nasale et ayant très-vraisemblablement donné attache aux muscles d'une petite trompe mobile. Fosses orbitaires et temporales séparées supérieurement par une saillie bien marquée; la première de ces fosses très-petite et moins élevée que la seconde, d'où il suit que l'œil devoit être bas et petit. Arcades zygomatiques assez saillantes. Crâne très-étroit, à la hauteur des fosses temporales, qui sont énormes. Cavité glénoïde plane, comme dans les tapirs. Méat auditif très-petit, non relevé, d'où M. Cuvier conclut que l'oreille étoit attachée très-bas. Face occipitale très-petite; crêtes de l'occiput très-saillantes. Côtes (dans une espèce, *pal. minus*), tant vraies que fausses, au nombre de quinze paires. Extrémités médiocrement élevées; cubitus distinct du radius; péroné distinct du tibia. Trois doigts à chaque pied, dont celui du milieu est le plus gros, les deux autres étant presque égaux entre eux. Queue d'une longueur médiocre.

Les palæotheriums enfouis dans nos environs, dit M. Cuvier, ne varient presque point ni pour les dents ni pour le
nombre des doigts : il est presque impossible de les caractériser autrement que par la taille ; mais, parmi ceux qu'on
a trouvé ailleurs, il en est qui présentent des caractères
de forme suflisans.

Nos espèces parisiennes sont au nombre de sept ; savoir :

Le GRAND PALÆOTHERIUM, — *Palæotherium magnum* : de la
taille du cheval. La tête et les pieds ont été restitués, mais
le tronc manque en grande partie.

Cette espèce, dont M. Cuvier a donné une figure avec
les formes extérieures qu'il lui attribuë, est facile à se représenter. « Il ne faut pour cela qu'imaginer un tapir grand
« comme un cheval, avec quelques différences dans les dents
« et un doigt de moins aux pieds de devant; et si l'on peut
« s'en rapporter à l'analogie, il devoit avoir le poil ras, ou
« même il n'en avoit guère plus que le tapir ou l'éléphant...
« Il avoit quatre pieds et demi et plus de hauteur'au garrot:
« c'est la taille du rhinocéros de Java. Moins élevé qu'un grand
« cheval, il étoit plus trapu ; sa tête étoit plus massive ; ses
« extrémités étoient plus grosses et plus courtes, etc. »

Le PALÆOTHERIUM MOYEN, *Palæotherium medium*, étoit de la
taille du cochon. Il avoit les pieds assez longs et minces.

Cette espèce et celle de *l'anoplotherium commune* sont celles
dont on trouve le plus fréquemment des débris dans la pierre
à plàtre des environs de Paris. Elle avoit les os du nez plus
courts, d'où il résulte la conjecture probable que sa trompe
étoit plus longue et plus mobile que celle du palæotherium
aux pieds épais, qui est de la même taille. Elle devoit représenter un tapir à jambes grêles, et être dans ce genre à peu
près ce qu'est le babyroussa parmi les cochons. La hauteur
au garrot devoit être de trente-un à trente-deux pouces.

On a, outre les débris de sa tête, son cubitus, son radius,
son pied de devant, son tibia et son pied de derrière.

Le PALÆOTHERIUM AUX PIEDS ÉPAIS, *Palæotherium crassum*.
Celui-ci, de la grandeur du précédent, avoit les pieds proportionnellement plus larges et plus courts. Il devoit avoir
trente pouces de hauteur, et ce devoit être de tous les animaux fossiles de nos carrières celui qui ressembloit le plus

au tapir pour la conformation générale ; mais il lui étoit inférieur pour la taille.

· On possède de cette espèce une tête très-bien conservée,
les extrémités de devant et celles de derrière.

Le Palæotherium aux pieds larges, *Palæotherium latum.*
« Celui-ci, dont on n'a retrouvé avec quelque certitude que
« l'avant-bras et les pieds, devoit être, dit M. Cuvier, l'op-
« posé du *palæotherium medium* pour les formes. Daprès la
« brièveté et la largeur de ses extrémités, on peut juger
« qu'il étoit l'extrême de la lourdeur et peut-être de la pa-
« resse. Il étoit dans la famille ce qu'est le phascocome dans
« l'ordre des marsupiaux. »

On ne peut guère lui supposer plus de vingt-quatre à vingt-
six pouces de hauteur au garrot; mais sa tête et son corps
ne devoient pas être moins gros, ni ses membres moins épais
que ceux des précédens.

Le Palæotherium court, *Palæotherium curtum.* M. Cuvier
n'a recueilli de cette espèce que la tête et quelques portions
de pieds, d'après lesquels il a pu juger qu'elle ressembloit
beaucoup à celle du *palæotherium latum*, mais qu'elle étoit
considérablement plus petite, sa taille étant à peu près celle
de la brebis.

Le Palæotherium petit, *Palæotherium minus.* Il a été trouvé
presque complet à Pantin, et l'on a recueilli d'ailleurs plusieurs mâchoires inférieures et plusieurs pieds qu'il est facile
de lui rapporter. Le bassin, le sacrum et la queue restent
incomplets, ainsi que le sommet de la tête; mais on peut
très-bien présumer la forme de ce dernier d'après les têtes
des autres espèces,

« Si nous pouvions ranimer cet animal aussi aisément que
« nous en avons rassemblé les os, dit M. Cuvier, nous croi-
« rions voir courir un tapir plus petit qu'un chevreuil, à
« jambes grêles et légères : telle étoit à coup sûr sa figure. »

Le Palæotherium très-petit, *Palæotherium minimum*, étoit
de la taille du lièvre seulement, et avoit ses pieds minces.
On en a trouvé seulement quelques os des extrémités.

Un fragment de mâchoire inférieure de palæotherium,
garni de dents, a été trouvé au Puy en Velay, dans une
couche gypseuse, par M. Bertrand-Roux, M. Cuvier n'ose,

d'après ce seul fragment, assurer l'identité de ce palæotherium avec un de ceux des environs de Paris.

Les environs de Montabuzard, près d'Orléans, renferment aussi, outre des ossemens de lophiodons, des débris de deux espèces de palæotheriums, différentes de celles de nos environs. L'une d'elles devoit être un peu plus petite que celle du *palæotherium crassum*, et à plus forte raison que celle du *P. medium*.

La même espèce d'Orléans paroît avoir présenté quelques débris près de Saint-Geniez, à trois lieues de Montpellier. Ces débris consistoient en un fragment de mâchoire inférieure gauche, contenant les quatre dernières molaires, trouvé à plus de trente pieds de profondeur dans une pierre coquillière, dure et compacte, que M. Cuvier suppose devoir être un dépôt d'eau douce.

Enfin, les pentes de la montagne Noire, près d'Issel, recèlent aussi les os d'un palæotherium extrêmement semblable à celui d'Orléans, et il se pourroit que certains débris d'ossemens de ce dernier lieu dussent être rapportés à l'espèce d'Issel.

Ces dernières espèces avoient reçu anciennement de M. Cuvier les noms de *palæotherium aurelianense* et *occitanicum*. Elles diffèrent principalement des autres parce que leurs molaires inférieures ont leur angle rentrant intermédiaire (point de jonction des deux croissans obliques qui les forment) divisé en deux à son sommet. Les os de l'espèce d'Orléans ont été trouvés dans un terrain d'eau douce, et ceux d'Issel dans un poudding siliceux, à ciment calcaire, mêlé à des os de crocodiles, de grandes tortues et de trionyx.

Dans notre Mammalogie, nous avons à tort rapporté ces deux espèces aux lophiodons, parce que nous avions cru avoir entendu faire ce rapprochement à M. Cuvier, lorsqu'il lût son Mémoire sur les lophiodons à l'Institut.

Quant aux lophiodons, ils forment un genre voisin et intermédiaire de ceux des Tapirs et des Palæotherium, et très-nombreux en espèces, dont on n'a encore trouvé que des débris, peu abondans, dans les lieux où gissent les dernières espèces de palæotheriums; mais jamais aux environs de Paris, où se trouvent seulement les premières.

Les caractères génériques des lophiodons consistent, selon M. Cuvier, 1.° en six incisives et deux canines à chaque mâchoire; sept molaires de chaque côté à la mâchoire supérieure et six à l'inférieure, avec un espace vide entre les canines et la première molaire; points par lesquels ils ressemblent aux tapirs; 2.° en une troisième colline à la dernière molaire d'en bas, laquelle manque aux tapirs; 3.° en ce que les molaires antérieures d'en bas ne sont pas munies de collines transverses comme dans les tapirs, mais présentent une suite longitudinale de tubercules, ou un tubercule conique et isolé; 4.° en ce que leurs molaires supérieures ont leurs collines transverses plus obliques et se rapprochent par là de celles du rhinocéros, dont elles diffèrent par l'absence de crochets à ces mêmes collines.

Ce que l'on connoît du reste de l'ostéologie des lophiodons, annonce des rapports sensibles avec les tapirs, les rhinocéros, et à quelques égards avec les hippopotames; mais l'on ignore encore plusieurs points essentiels de cette ostéologie, et nommément le nombre des doigts à chaque pied et la forme des os du nez.

M. Cuvier reconnoît déjà trois espèces trouvées à Issel, dont la plus grande s'est retrouvée à Argenton; trois espèces d'Argenton toutes différentes de celles d'Issel; deux espèces à Buchsweiler; une à Montpellier; deux à Montabuzard, près d'Orléans, dont la plus grande est de taille gigantesque; enfin, au moins une dans les terres noires du Laonnois : ce qui fait douze en tout, sans compter un humérus du Laonnois et un bassin du Val d'Arno, en Toscane, qui pourroient bien avoir appartenu à deux autres espèces du même genre.

Ces débris se trouvent toujours dans des couches qui, d'après les débris d'animaux aquatiques et les coquilles fluviatiles qu'elles renferment, ont dû être déposées dans les eaux douces; mais souvent ces couches sont recouvertes elles-mêmes par des dépôts évidemment marins. (Desm.)

PALÆOZOOLOGIE. (Mamm.) M. de Blainville désigne par ce mot, tiré du grec, la branche de l'histoire naturelle qui considère les animaux fossiles. (F. C.)

PALAFOXIA. (Bot.) Voyez Paléolaire. (H. Cass.)

PALAIGO. (Ichthyol.) En Languedoc ce nom est donné aux jeunes Soles. (Desm.)

PALAIO. (*Ichthyol.*) A Nice, selon M. Risso, on donne ce nom aux Sardines qui n'ont point encore atteint tout leur développement. Voyez CLUPÉE. (H. C.)

PALAÏOPÈTRE, c'est-à-dire PIERRE ANCIENNE. (*Min.*) C'est le nom que de Saussure a donné au felspath compacte, semblable par sa cassure à du silex, et que Dolomieu a décrit sous le nom de pétrosilex. Voyez FELSPATH et PÉTROSILEX. (B.)

PALAIS. (*Anat. et Phys.*) Voûte ou partie supérieure de la cavité de la bouche ; bornée par l'arcade alvéolaire et les dents de la mâchoire supérieure en avant, par le voile du palais en arrière ; formée par les os maxillaires et palatins ; revêtue d'une membrane parsemée de nombreux follicules muqueux ; divisée en deux parties latérales par une ligne médiane, etc. Mais pour tous ces détails, et surtout pour les divers usages du palais dans la déglutition des alimens, l'articulation des sons, etc., voyez VOILE DU PALAIS. (F.)

PALAIS. (*Bot.*) Renflement qui se trouve sur la lèvre inférieure de la corolle de certaines fleurs bilabiées, et qui forme l'entrée de la gorge de la corolle ; exemples : *antirrhinum*, *linaria*, etc. (MASS.)

PALAIS DE BŒUF ou CHAGRINÉ. (*Conchyl.*) Nom marchand de la *Nerita albicilla*, Linn., à cause des tubercules qui hérissent sa columelle septiforme et qu'on a comparés à ceux du palais du bœuf. (DE B.)

PALAIS DE LIÈVRE. (*Bot.*) Nom vulgaire du laitron, *sonchus*, recherché par les lièvres et les lapins. (J.)

PALAIS DE POISSONS. (*Foss.*) On a quelquefois pris pour des palais de poissons, des moules intérieurs de la carapace d'un crustacé brachyure du genre Ranine, dont le têt avoit disparu. Voyez GLOSSOPÈTRES. (D. F.)

PALAI-TCHOUTI. (*Bot.*) Suivant un catalogue de plantes de Coromandel, ce nom est donné à une carmentine, *justicia*. (J.)

PALALA. (*Bot.*) Un des noms des muscadiers aux Moluques, selon Rumphius, et notamment des *myristica microcarpa* et *salicifolia*, Willd. ; quant au *thysanus palala* de Loureiro, il ne doit pas être confondu avec le *palala secunda* de Rumphius, qui est la seconde espèce de muscadier que noûs venons de citer. Voÿez PALA. (LEM.)

PALALACA. (*Ornith.*) Ce nom est donné, aux Philippines, à un pic, *picus philippinarum*, Lath., lequel est figuré, pl. 691, dans Buffon, qui parle sous le même nom d'une seconde espèce. (Cʜ. D.)

PALAMÈDE. (*Ornith.*) Bonnaterre, dans l'Encyclopédie méthodique, s'est borné à donner cette terminaison françoise au mot *palamedea*, par lequel Linné et la plupart des naturalistes désignent en latin le genre *Kamichi*. (Cʜ. D.)

PALAMIDE. (*Ichthyol.*) Voyez Pélamide. (H. C.)

PALAMIDO. (*Ichthyol.*) A Nice, selon M. Risso, on donne ce nom à la *bonite.* Voyez Tʜᴏɴ. (H. C.)

PALAN. (*Bot.*) Suivant Clusius, le bananier est ainsi nommé sur la côte malabare. Il est aussi le *pican* des Malais et le *quelli* de Canara, du Décan et de Bengale. (J.)

PALARE, *Palarus.* (*Entom.*) Genre d'insectes hyménoptères à aiguillons, établi par M. Latreille, pour placer quelques espèces de tiphies et de philanthes de Fabricius. Ce genre, correspondant à celui qui a été nommé *Gonius* par Jurine, participe des larres par la coupe générale du corps, la grandeur, la forme de la tête, celle des yeux et leur convergence, ainsi que par l'échancrure inférieure des mandibules et par la forme de la languette ; mais il en diffère par la brièveté des palpes, par ses antennes ; composées d'articles plus serrés et plus droits, par la forme du métathorax court, ridé et marqué d'une impression en V, etc. Ces derniers caractères le rapprochent des genres Mᴇʟʟɪɴᴇ et Gᴏʀɪᴛᴇ (*Arpactes*, Jurine) ; mais il s'en distingue par les anneaux de l'abdomen, plus déprimés à leur bord postérieur, comme dans les cercéris et les philanthes, dont il a d'ailleurs la même disposition des cellules des ailes.

Les caractères principaux du genre des palares, et qui le séparent de ces derniers, consistent dans la brièveté des antennes et le rapprochement en arrière des yeux composés, qui renferment les petits yeux lisses.

Le Pᴀʟᴀʀᴇ ᴀ ᴠᴇɴᴛʀᴇ ꜰᴀᴜᴠᴇ, *P. fulviventris*, dont le mâle seul est connu, a six lignes de longueur ; sa tête et son corselet sont noirs et tachés de fauve pâle ; son abdomen et la plus grande partie de ses antennes sont d'un fauve pâle. Il est d'Arabie.

Le Palare rufipède, *P. rufipes* (*Tiphia flavipes*, Fabr.), est noir, avec la base des antennes, les épaules, le bord antérieur du tronc, l'écusson, les anneaux de l'abdomen, à l'exception de leur base, et les pattes en entier, d'un rouge fauve. On le trouve en Barbarie.

Le Palare flavipède, *P. flavipes* (*Philanthus flavipes*, Fabr.), est noir, avec le rebord du segment antérieur du tronc, le bord postérieur de l'écusson, une ligne au-dessous, et les anneaux de l'abdomen, leur base exceptée, jaunes; les antennes noires; les pattes d'un jaune fauve, avec les hanches et une tache sur les cuisses noires, etc. Il est d'Italie et d'Espagne.

La manière de vivre de ces insectes est inconnue; il est néanmoins probable qu'elle a de l'analogie avec celle des philanthes et des crabrons. (Desm.)

PALASS, (*Bot.*) A Sumatra, suivant Marsden, il existe un arbrisseau de ce nom dont la fleur ressemble à celle de l'aubépine, ainsi que son odeur; ses feuilles sont d'une rudesse extraordinaire, et dans cette île on s'en sert pour donner le dernier poli aux ouvrages de bois et d'ivoire. C'est probablement une plante dilléniacée, telle qu'un *tetracera* ou un *delima*. (J,)

PALASU. (*Bot.*) Voyez Plaso. (J.)

PALATINE. (*Mamm.*) Nom d'une espèce du genre Guenon, qui paroît être la diane. (F. C.)

PALATIUM-LEPORIS. (*Bot.*) Suivant Césalpin, l'asperge fauve est ainsi nommée dans quelques auteurs. Ce nom, qui signifie palais de lièvre, est plus généralement donné au laitron, *sonchus oleraceus*, Linn. (Lem.)

PALAVA. (*Bot.*) Ce nom, qui rappelle la mémoire de M. Palava, botaniste espagnol, a été donné primitivement par Cavanilles à un genre de plantes malvacées qui doit le conserver; Schreber l'a écrit *palavia*. Plus tard le même nom a été donné, par les auteurs de la Flore du Pérou, à un de leurs genres qui doit rentrer dans l'*Hypericum*, si ce dernier genre continue à réunir les espèces à trois et à cinq styles, ou faire partie du *Brathys* de Mutis, si l'on rapporte à celui-ci les *hypericum* à cinq styles. Voyez Palave et Palavier. (J.)

PALAVE, *Palava*, (*Bot.*) Genre de plantes dicotylédones, à fleurs complètes, monopétalées, de la famille des *malvacées*, de la *monadelphie polyandrie* de Linnæus, offrant pour caractère essentiel : Un calice simple, persistant, à cinq divisions; cinq pétales; des étamines nombreuses, monadelphes; un style à plusieurs découpures; des capsules nombreuses, monospermes, indéhiscentes, agglomérées.

PALAVE A FEUILLES DE MAUVE : *Palava malvifolia*, Cavan., *Diss. bot.* 1, p. 40, tab. 11, fig. 4; *Malope parviflora*, l'Hérit., *Stirp. nov.*, p. 105, tab. 50. Plante découverte par Dombey, dans les plaines sablonneuses du Pérou, aux environs de Lima. Les tiges sont herbacées, un peu pubescentes, en partie couchées, très-rameuses, longues de huit à dix pouces; les feuilles alternes, pétiolées, un peu en cœur, presque glabres, crénelées ou lobées, longues d'un pouce; les pétioles pubescens, à deux stipules très-petites, subulées et noirâtres; les fleurs petites, solitaires, axillaires, ayant leur calice anguleux, un peu hispide, à cinq découpures lancéolées; les pétales ovales, très-obtus, échancrés au sommet, de couleur rouge ou purpurine; les anthères peltées et rougeâtres; dix à douze stigmates en tête. Le fruit consiste en plusieurs capsules monospermes, comprimées à la base, striées transversalement à leur superficie, amoncelées au fond du calice sur un réceptacle hémisphérique.

PALAVE MUSQUÉE; *Palava moschata*, Cavan., *loc. cit.*, tab. 11, fig. 5. Cette plante croît dans les mêmes lieux que la précédente. Toutes ses parties sont couvertes d'un duvet court, tomenteux et blanchâtre. Les feuilles sont alternes, portées sur de courts pétioles, ovales, un peu en cœur à la base, crénelées dans leur contour, un peu lobées, très-obtuses, munies à leur base de deux petites stipules lancéolées et noirâtres; les fleurs assez grandes, solitaires, axillaires, portées par des pédoncules cylindriques, articulés vers leur sommet, souvent plus longs que les feuilles. Leur calice est presque turbiné, à cinq angles saillans. Les pétales sont d'un jaune clair, plus ou moins rougeâtres, beaucoup plus longs que les divisions du calice : les capsules en forme de rein, amoncelées sur un réceptacle conique. Toute la plante a une odeur de musc très-remarquable. (POIR.).

PALAVIER; *Palavia, Palava, Sauravia*, Willd. (*Bot.*) Genre de plantes dicotylédones, à fleurs complètes, polypétalées, de la famille des *ternstrœmiées*, de la *polyadelphie pentandrie* de Linnæus, caractérisé par un calice à cinq folioles membraneuses à leurs bords; cinq pétales ciliés sur leur onglet; des étamines nombreuses, insérées sur le réceptacle, souvent réunies à leur base; les anthères tombantes, percées de deux trous à leur base; un ovaire supérieur, surmonté de cinq styles; une capsule presque globuleuse, à cinq loges; les semences tétragones, attachées à un réceptacle arrondi et charnu.

Ce genre a été établi par les auteurs de la Flore du Pérou pour plusieurs arbrisseaux du même pays, qui ne nous sont encore connus que par une seule phrase spécifique, tels que, 1.º le *palava lanceolata*, Ruiz et Pav., *Syst. Fl. Per.*, p. 181. Arbrisseau d'environ dix-huit pieds, très-hérissé, chargé de feuilles simples, oblongues, lancéolées, légèrement dentées en scie; les fleurs sont disposées en grappes composées; les pédicelles agrégés. Il croît dans les forêts du Pérou; 2.º le *palava biserrata*, *Syst. Fl. Per.*, loc. cit., s'élevant à la hauteur de douze pieds. C'est un arbrisseau velu, garni de feuilles oblongues, en ovale renversé, à doubles dentelures; les pédicelles sont disposés en grappes, à rameaux courts, chargés de trois fleurs; 3.º le *palava glabra*: toutes les parties de cet arbrisseau sont glabres; les feuilles en ovale renversé, dentées en scie; les pédicelles longs, chargés d'une seule fleur. Cet arbrisseau, de dix à douze pieds de haut, croît aux mêmes lieux que les deux précédens.

J'avois terminé cet article, lorsque M. Kunth (*in* Humb. et Bonpl., *Nov. gener.*) a publié de nouveaux détails sur ce genre, dont il a fait connoître les deux espèces ci-jointes.

Palavier rude : *Palavia scabra; Palava*, Kunth *in* Humb. et Bonpl., *Nov. gen.*, 7, pag. 221, tab. 548. Les rameaux sont médiocrement cylindriques, rudes et soyeux dans leur jeunesse, garnis de feuilles éparses, pétiolées, cunéiformes, oblongues, aiguës, denticulées, roides, hérissées, particulièrement sur leurs nervures, de petits tubercules et de soies roides, longues de cinq ou six pouces, larges de deux. Les fleurs sont disposées en panicules axillaires, ramifiées, pédonculées, droites, plus courtes que les feuilles, munies de bractées rudes, lancéolées, subulées. Le calice est partagé en cinq folioles ovales, elliptiques, membraneuses, couvertes de soies rudes, les deux intérieures un peu plus grandes; la corolle insérée sur un réceptacle pileux, ayant les pétales presque égaux, oblongs, elliptiques, arrondis au sommet; les étamines, attachées à la base des pétales, sont un peu plus courtes que la corolle, à filamens pileux à leur base; l'ovaire est glabre, pentagone, à cinq loges, surmontées par autant de styles courts. Cette plante croît à la Nouvelle-Grenade, proche Sainte-Anne.

PALAVIER TOMENTEUX : *Palavia tomentosa; Palava*, Kunth, *loc. cit.*, 650. Arbre de vingt à vingt-cinq pieds, soutenant une cime ovale, composée de rameaux anguleux, couverts d'un duvet épais, tomenteux et blanchâtre. Les feuilles sont éparses, ovales, lancéolées, aiguës, un peu arrondies à leur base, finement denticulées, rudes et tuberculées en dessus, tomenteuses et blanchâtres en dessous, sans stipules, longues de six à huit pouces, larges de deux pouces et demi; les panicules axillaires, solitaires, presque terminales, de moitié plus courtes que les feuilles, munies de petites bractées subulées, tomenteuses; les pétales blancs. Le fruit est une capsule presque globuleuse, couronnée par le calice persistant, glabre, à cinq sillons, de la grosseur d'une prunelle, à cinq, quelquefois à quatre loges; plusieurs semences dans chaque loge, brunes, ovales. Cette plante croît proche Popayan, dans le royaume de Quito, etc. (POIR.)

PALAY, VEL-PALAY, PALA, PALAK. (*Bot.*) Noms donnés selon les lieux, dans la langue tamoule, suivant M. Leschenault, à son *nerium tinctorium*, grand arbre qui croît naturellement dans les bois voisins de Salem, au sein de la presqu'île de l'Inde. C'est de ses feuilles qu'on extrait une fécule colorante qui donne une teinture bleue. (J.)

PALCA. (*Bot.*) Clusius, parlant du jonc odorant de Pline, qui est la schenante, *andropogon schenanthus*, dit que c'est le *palca de macha*, d'après l'opinion de quelques personnes; il n'ajoute rien d'ailleurs sur ce *palca*. (J.)

PALE. (*Erpét.*) Nom spécifique d'une *couleuvre* décrite dans ce Dictionnaire, tome XI, p. 206. (H. C.)

PÂLE. (*Ornith.*) La spatule, *platalea*, Linn., est désignée par ce nom et par celui de *palette*. (Ch. D.)

PALÉACÉ. (*Bot.*) Garni de paillettes, formé par des paillettes; exemples : le clinanthe de la scabieuse, du *zinnia*, etc.; l'aigrette du fruit (cypsèle) du *centaurea nigra*, etc. (Mass.)

PALÉE. (*Ichthyol.*) Nom vulgaire d'un corrégone mal déterminé, que l'on pêche dans les lacs de Neufchâtel et de Bienne. Voyez Corrégone. (H. C.)

PALEGA-PAJANELLI. (*Bot.*) Voyez Pajanelli. (J.)

PALÉMON, *Palæmon*. (*Crust.*) Genre de crustacés décapodes macroures, fondé par Fabricius, et renfermant les espèces connues sous le nom de crevettes de mer ou salicoques. (Voyez l'article Malacostracés, t. XXVIII, p. 326, où nous avons développé les caractères de ce genre, et indiqué les principales espèces qu'il renferme. (Desm.)

PALÉMON. (*Foss.*) Dans la pierre calcaire, bitumineuse, fissile de Pappenheim et de Solenhofen, on trouve à l'état fossile une espèce de ce genre à laquelle M. Desmarest a donné le nom de palémon spinipède, *palæmon spinipes*, Hist. nat. des crust. foss., p. 134, pl. 11, fig. 4; Baier, *Oryctog. norica*, *Suppl.*, tab. 8, fig. 9; *Locusta brachiis contractis*, Walch et Knorr, Monum. du déluge, tom. 1.er, pl. 13, B. 1, 13, C. 1; 1 et 2, 16, 1 et 2, 13, A.

M. Desmarest a cru devoir placer le crustacé représenté dans ces figures, plutôt dans le genre Palémon que dans les genres voisins, 1.° parce que les filets des antennes intermédiaires sont au nombre de trois; 2.° parce que deux de ces filets sont presque aussi longs que les antennes extérieures; 3.° parce que les deux dernières paires de pieds ne sont pas terminées par des pinces, et que les deux premières en sont pourvues; 4.° parce que le têt est terminé par un rostre très-avancé, comprimé et cultriforme. Ce rostre n'a point de dentelures sensibles, soit qu'elles n'aient jamais existé ou qu'elles n'aient pas été conservées. Les antennes antérieures ne laissent voir que leurs longs filets; les extérieures sont plus fortes et infléchies. Les quatre premières paires de pieds ont la face postérieure de leurs premiers articles munis d'épines fort longues et rangées en une seule série comme les dents d'un râteau; les pattes de derrière sont grêles et semblent terminées par un seul crochet. La queue est formée de six articulations, dont la dernière donne attache aux pièces de la nageoire caudale, et dont les formes ne peuvent pas être bien déterminées d'après les figures citées. Longueur, depuis le bout du rostre jusqu'à l'extrémité de la queue, cinq à six pouces; longueur du rostre, un pouce; longueur des nageoires de la queue, un pouce environ. Il paroît que ce crustacé n'est pas rare dans les localités citées. (D. F.)

PALENG. (*Mamm.*) Nom du tigre chez les Persans. (F. C.)

PALÉOLAIRE , *Paleolaria*. (*Bot.*) Ce genre de plantes , que nous avons d'abord proposé dans le Bulletin des sciences de Décembre 1816 (pag. 198), et que nous avons ensuite plus amplement décrit dans le Bulletin de Mars 1818 (pag. 47), appartient à l'ordre des synanthérées, et à notre tribu naturelle des Adénostylées, à la fin de laquelle nous l'avons placé (tom. XXVI, pag. 226). Voici les caractères de ce genre, tels que nous les avons observés sur l'unique espèce qui le constitue.

Calathide oblongue, étroite, cylindracée, incouronnée, équaliflore, pluri-multiflore, régulariflore, androgyniflore. Péricline inférieur aux fleurs, oblong, cylindracé, irrégulier; formé de squames peu nombreuses, subunisériées, un peu inégales, appliquées, linéaires, foliacées. Clinanthe petit, plan, inappendiculé. Ovaire long, grêle, subcylindracé ou subtétragone, tout hérissé de longues soies; aigrette presque aussi longue que l'ovaire, composée d'environ huit à dix squamellules unisériées, contiguës à la base, inégales, paléiformes, ordinairement lancéolées, aiguës, membraneuses, diaphanes, munies d'une énorme côte médiaire. Corolle à tube court, bien distinct du limbe; à limbe long, cylindracé, divisé supérieurement en cinq lanières oblongues, très-divergentes, arquées en-dehors, papillulées sur la face interne ou supérieure. Étamines à filets glabres, greffés à la corolle jusqu'au sommet de son tube; articles anthérifères courts, subglobuleux; anthères entregreffées, pourvues d'appendices apicilaires obtus, et privées d'appendices basilaires. Style d'Adénostylée.

PALÉOLAIRE A FLEURS ROSES : *Paleolaria carnea* , H. Cass.,

Bull. des sc., Mars 1818, pag. 47; *Palafoxia linearis*, Lag.; *Gen. et sp. pl.*, pag. 26; *Stevia linearis*, Cav., *Descr.*, n.° 464; Willd.; Pers.; *Ageratum lineare*, Cav., *Icon. et descr.*, vol. 3, pag. 3, tab. 205. La tige, haute d'environ trois pieds, est ligneuse, comme sarmenteuse, rameuse, grêle, cylindrique, pubescente; les feuilles sont la plupart alternes, quelques-unes opposées sur la partie inférieure de la plante; elles sont presque sessiles, longues d'environ deux pouces, linéaires ou linéaires-lancéolées, très-entières, un peu charnues, uni-nervées, pubescentes; les calathides, longues de six à huit lignes, sont disposées en panicule corymbiforme à l'extré-mité des tiges ou des rameaux, et composées chacune d'en-viron douze à vingt-une fleurs à corolle de couleur de chair, et à anthères rougeâtres contenant du pollen blanc.

Nous avons fait cette description spécifique, et celle des caractères génériques, sur plusieurs individus vivans, cultivés au Jardin du Roi, où ils fleurissoient en Août, et où ils ont porté le faux nom de *Kuhnia fruticosa* ou *rosmarinifolia*, jusqu'à l'époque où nous les avons nommés *Paleolaria carnea*. Cette plante est indigène au Mexique.

L'aigrette du *Paleolaria* est composée ordinairement de huit squamellules, dont quatre plus courtes alternent avec les quatre autres, et paroissent être intérieures, quoique nées sur la même ligne circulaire qui donne naissance aux plus grandes; celles-ci sont longuement lancéolées, courtement aristées, formées d'une très-grosse nervure charnue, ver-dâtre, amincie de bas en haut, munie supérieurement de quelques barbellules spinuliformes, et bordée sur les deux côtés, presque jusqu'au sommet, par une membrane irré-gulièrement denticulée ou comme laciniée vers le haut; les squamellules plus courtes sont inégales, irrégulières, va-riables, formées d'une membrane arrondie, presque ovale, lacérée, charnue au milieu de sa partie inférieure. La co-rolle est analogue à celle des *stevia*, dont elle diffère ce-pendant en ce que sa surface intérieure n'est point garnie de poils; le tube est vert; le limbe blanc, à lanières rosées vers le bout; il y a sur le tube et sur l'extrémité des lanières, quelques poils longs, subulés, articulés. Le style porte deux stigmatophores longs, grêles, demi-cylindriques, arrondis

37. 17

au sommet, roulés en dehors pendant la fleuraison; leur face extérieure convexe est hérissée de papilles longues, grosses, cylindriques, obtuses, dont quelques-unes occupent le haut du style; leur face intérieure plane offre deux gros bourrelets stigmatiques prolongés jusqu'au sommet, presque contigus, confluens seulement au sommet, demi-cylindriques, peu sensiblement papillés, colorés en rose.

Le *Paleolaria* appartient indubitablement, par la structure de son style, à la tribu des Adénostylées : mais, comme il s'éloigne des autres plantes de ce groupe, par son port et par la structure de son aigrette, et qu'il se rapproche par là des Eupatoriées-Agératées, il se trouve très-bien placé sur la limite des deux groupes, c'est-à-dire à la fin des Adénostylées, et immédiatement avant les *Nothites* et *Stevia*, qui commencent la série des Eupatoriées. (Voyez notre tableau des Adénostylées et des Eupatoriées, tom. XXVI, pag. 226, et notre article NOTHITE, tom. XXXV, pag. 163.)

La plante dont il s'agit avoit été successivement rapportée par Cavanilles, d'abord au genre *Ageratum*, puis au genre *Stevia*. La structure de son style, que nous avions déjà signalée en 1812 et en 1814, dans nos premier et troisième Mémoires sur les Synanthérées (Journ. de Phys., tom. 76, pag. 199, et tom. 82, pag. 145), nous détermina bientôt à faire de cette plante un genre particulier, sous le nom de *Paleolaria*, qui fait allusion à la structure de l'aigrette composée de squamellules paléiformes très-remarquables. Ce genre *Paleolaria* fut d'abord indiqué par nous dans le supplément du premier volume de ce Dictionnaire (pag. 59 et 60), qui a été publié dans les premiers jours du mois d'Octobre 1816 ; la description générique parut deux mois après, dans le Bulletin des sciences de Décembre 1816; et la description spécifique a été insérée dans le Bulletin de Mars 1818. Le petit ouvrage de M. Lagasca, publié à Madrid, en 1816, sous le titre de *Genera et species plantarum*, etc., nous fut communiqué au commencement de 1819, par son ami, M. Dufour, qui venoit d'en recevoir plusieurs exemplaires, et qui désiroit les faire annoncer dans le Bulletin des sciences, dont nous étions alors rédacteur pour la Botanique. (Voyez le Bulletin de Février 1819, pag. 32.) Nous reconnûmes que le genre *Palafoxia*, décrit, dans cet opuscule, étoit le même que notre *Paleolaria*, en lisant, dans l'ouvrage de Cavanilles (*Icon. et descr.*), une excellente description de l'*Ageratum lineare*, cité comme synonyme du *Palafoxia*. Mais, puisque le *Palafoxia* et le *Paleolaria* ont été publiés dans la même année, nous ne trouvons aucun motif pour abandonner le nom de *Paleolaria*, qui vaut bien celui de *Palafoxia*. Voici la description générique de M. Lagasca, qu'on pourra comparer avec la nôtre.

Anthodium oblong, presque imbriqué, octo-polyphylle, multiflore, étalé en étoile après la floraison; corolle flosculeuse, plus longue que le calice, à fleurons quinquéfides; aigrette polyphylle, paléacée; réceptacle nu; graines marginales enveloppées par les folioles calicinales étalées.

L'auteur ne trace point les caractères spécifiques de la plante sur lesquels ce genre est fondé, et qu'il indique seulement par la citation des deux synonymes de Cavanilles. Suivant lui, le genre *Palafoxia* est voisin du *Stevia* et de l'*Ageratum* : mais il diffère du *Stevia* par le calice oblong, presque imbriqué, multiflore, étalé en étoile après la fleuraison, à folioles embrassant les semences, et par les paillettes de l'aigrette lancéolées, aiguës ; il se distingue de l'*Ageratum* par le calice oblong, deux fois plus court que la corolle, étalé en étoile après la fleuraison, et par les fleurons à limbe quinquéfide. Il est inutile de dire que M. Lagasca n'a point remarqué la différence de la structure du style, qui est à nos yeux la plus importante, et qui nous avoit décidé à créer le genre *Paleolaria*.

Nous croyons pouvoir insérer ici un supplément pour notre article Celmisia (tom. VII, pag. 356), parce que le genre ainsi nommé est de la même tribu que le *Paleolaria*.

M. Gaudichaud a trouvé dans l'intérieur de la Nouvelle-Hollande, sur les montagnes bleues, une fort belle Synanthérée, qui ressemble extérieurement aux *Doronicum* par sa calathide, et aux *Liatris* par ses feuilles, mais qui nous a paru appartenir par ses caractères à la tribu des Adénostylées et au genre *Celmisia*. Nous usons de la permission, que ce botaniste nous a donnée, de la décrire ici.

Celmisia longifolia, H. Cass. Plante herbacée; tige dressée, haute, simple ou presque simple , tomenteuse; feuilles alternes , sessiles , entières ; celles de la base (radicales ou caulinaires inférieures) très-longues, largement linéaires ou rubanaires, très-entières, uninervées, à face inférieure tomenteuse et blanche , sauf la nervure qui est glabre; feuilles supérieures graduellement plus courtes et plus étroites, linéaires-subulées ; calathide grande, solitaire, terminale , à disque jaune et à couronne rose. La structure du style et de ses stigmatophores est analogue à celle qui est propre à la tribu des Adénostylées. Tous les caractères génériques sont conformes à ceux du *Celmisia* , si ce n'est que le péricline est supérieur aux fleurs du disque , que le clinanthe est alvéolé, que les ovaires sont glabres, et que les fleurs femelles n'offrent point de rudimens d'étamines.

Les genres *Brachyglottis* de Forster et *Doria* de Thunberg, que nous avons rapportés avec doute à la tribu des Sénécionées (tom. XXXIV, page 393), appartiennent peut-être à celle des Adénostylées; mais pour résoudre cette question, il faudroit voir ces plantes, afin d'observer leurs stigmatophores. (H. Cass.)

PALÉOLE. (*Bot.*) Nom donné par M. Richard aux petites écailles pétaloïdes qui entourent l'ovaire de certaines graminées (*secale cereale* , *triticum æstivum* , *avena elatior* , etc.). Voyez Lodicule. (Mass.)

PALETTE. (*Ornith.*) Voyez Pale. (Ch. D.)

PALETTE [En]. (*Éntom.*) On nomme ainsi les antennes dont l'extrémité libre est aplatie, élargie en forme de petite pelle : c'est ce qu'on observe chez les insectes à deux ailes, comme les *échinomyes*, les *tétanocères* , les *calobates*. L'extrémité du balancier, dans quelques diptères, est dite aussi en palette : c'est ce qu'on observe chez quelques hydromyes. (C.-D.)

PALETTE A DARDS ou A TROIS-QUARTS. (*Bot.*) Agaric de la famille des bulbeux, division des bulbeux mouchetés de Paulet, Tr. 2 , p. 359, pl. 163, fig. 3. Cet agaric s'élève à cinq ou six pouces sur un stipe colleté blanc, cylindrique, renflé à la base en une bulbe pivotante ; le chapeau est irrégulièrement arrondi, blanc, couvert de pointes pyramidales-triangulaires et égales, d'un blanc sale et très - adhérent ;

les feuillets sont d'un blanc légèrement teint en vert. Ce champignon, rencontré au bois de Saint-Maure, répand une odeur très-agréable, et cependant il est très-malfaisant, comme le prouvent les expériences de Paulet. (LEM.)

PALETTE DE LÉPREUX. (*Conchyl.*) Nom vulgaire d'une coquille bivalve du genre Spondyce. (DESM.)

PALÉTUVIER. (*Bot.*) Ce nom, consacré particulièrement au genre *Rhizophora*, a été donné aussi à d'autres arbres baignés en partie par les eaux de la mer. Le palétuvier gris des Antilles, est l'*avicennia nitida*; le palétuvier des Indes, auparavant *rhizophora gymnorhiza*, est le *bruguiera* de l'Héritier; le palétuvier de montagne, est le *clusia venosa*; le palétuvier soldat de Cayenne, est le *conocarpus racemosa* de Linnæus, *sphænocarpus* de Richard; le palétuvier flibustier, est, selon Richard, le *conocarpus erecta*; le *bourgoni* ou palétuvier sauvage de Cayenne, est le *mimosa bourgoni* d'Aublet; le palétuvier blanc du Sénégal, est l'*avicennia tomentosa*. Voyez BRUGUIÈRE. (J.)

PALIAVANA. (*Bot.*) Nom d'un genre de plantes du Brésil, établi par Vandelli, qui paroît congénère du *gloxinia* de l'Héritier, établi postérieurement et cependant plus généralement adopté, parce qu'il a été décrit plus complétement. (J.)

PALICOURE, *Palicourea*. (*Bot.*) Genre de plantes dicotylédones, à fleurs complètes, monopétalées, de la famille des *rubiacées*, de la *pentandrie monogynie* de Linnæus, offrant pour caractère essentiel : Un calice adhérant à l'ovaire, terminé par un limbe à cinq divisions; une corolle tubuleuse, oblique et ventrue à sa base, en bosse d'un côté, barbue en dedans, à sa moitié inférieure; le limbe ample, à cinq divisions rabattues; cinq étamines saillantes; un ovaire inférieur; un style; un stigmate bifide. Le fruit est un drupe à deux noyaux, sillonné, couronné par le calice; les noyaux coriaces, monospermes.

Ce genre est très-voisin des *psychotria* : il en diffère particulièrement par la forme de la corolle, d'où il est facile de conclure qu'il n'en est essentiellement qu'une subdivision. Il a été établi par Aublet, adopté par Kunth, qui l'a beaucoup étendu en y réunissant plusieurs espèces découvertes dans l'Amérique méridionale par MM. de Humboldt et Bonpland.

PALICOURE DE GUIANE : *Palicourea guianensis*, Aubl., Guian., vol. 1, pag. 173, tab. 66; *Psychotria palicourea*, Swart., *Fl.*; *Simira palicourea*, Encycl.; *Stephanium*, Schreb., *Gen.*; *Palicourea petiolaris*, Kunth *in* Humb.? Arbrisseau qui s'élève à la hauteur de sept à huit pieds; son tronc est revêtu d'une écorce lisse et verdâtre; le bois est blanc, dur et cassant; les branches sont opposées et forment, avec les rameaux, une tête pyramidale; les feuilles sont opposées, pétiolées, assez larges, fermes, lisses, ovales, entières, aiguës à leurs deux extrémités, longues d'un pied et plus, larges de six pouces, avec deux larges stipules à leur base. Les fleurs, qui ont une odeur agréable, sont d'un rouge écarlate, d'un jaune orangé à leur base, réunies en une panicule étalée, terminale; leur calice est petit, à cinq dents courtes, aiguës. Les fruits sont de petites baies à deux loges. Cette plante croît à la Guiane, dans les forêts de Caux.

PALICOURE JAUNATRE; *Palicourea flavescens*, Kunth *in* Humb. et Bonpl., *Nov. gen.*, vol. 3, pag. 366. Arbrisseau du Pérou, dont les rameaux sont tétragones, velus, jaunâtres, garnis de feuilles pétiolées, oblongues, aiguës à leur base, acuminées au sommet, très-entières, hérissées et pubescentes en dessus, tomenteuses en dessous sur leurs nervures, d'un jaune doré, longues de quatre à cinq pouces, larges d'un pouce et demi; les stipules tronquées, à deux dents; les fleurs pédicellées, réunies en une panicule terminale, sessile; les bractées linéaires lancéolées; le calice est hérissé, à cinq découpures ovales, acuminées; la corolle tubuleuse, en entonnoir, pileuse à l'orifice du tube; le limbe hérissé en dehors; l'ovaire inférieur velu, turbiné, à deux loges.

PALICOURE A FEUILLES ÉTROITES; *Palicourea angustifolia*, Kunth, *loc. cit.* Cette espèce a des rameaux glabres, cylindriques et blanchâtres, un peu hérissés dans leur jeunesse; les feuilles oblongues-lancéolées, glabres et vertes en dessus, plus pâles et un peu hérissées sur leurs nervures en dessous, longues de trois ou quatre pouces, larges d'un pouce : les fleurs disposées en panicules pédonculées, droites, étalées, longues de trois pouces; les pédicelles hérissés, uniflores; le tube de la corolle ventru à la base, hérissé en dehors. Le fruit est un drupe presque globuleux, cannelé, presque glabre. Cette plante croit sur les bords de l'Orénoque.

PALICOURE A FRUIT MUCRONÉ; *Palicourea apicata*, Kunth, *loc. cit.*, t. 285. Ses rameaux sont lisses, glabres et blanchâtres; les feuilles oblongues, médiocrement acuminées, coriaces, entières, très-glabres, longues de deux pouces et demi, larges d'environ dix lignes; les stipules glabres, bidentées, persistantes; les panicules sessiles, en cimes, terminales; les ramifications opposées, étalées; la corolle est glabre en dehors, barbue en dedans vers son milieu, a les divisions du limbe ovales, oblongues, aiguës; le fruit est globuleux, cannelé, surmonté d'une pointe droite. Cette espèce croît sur le revers des montagnes aux environs de Caracas.

PALICOURE FASTIGIÉE; *Palicourea fastigiata*, Kunth, *loc. cit.* Cette plante a des rameaux glabres, presque tétragones; les feuilles elliptiques ou ovales-oblongues, acuminées, aiguës à leur base, glabres, membraneuses, longues de trois à quatre pouces, larges de quinze à dix-huit lignes; les fleurs réunies en corymbes terminaux, pédonculés, à trois divisions, longs de deux pouces; les pédicelles glabres, articulés avec l'ovaire; le calice fort petit, à cinq lobes arrondis; la corolle glabre, oblique et ventrue à sa base, munie en dedans, vers son milieu, d'un anneau de poils; l'ovaire glabre, oblong. Le fruit est un drupe à deux noyaux, ovale, un peu globuleux, légèrement comprimé, marqué d'environ dix sillons, de la grosseur d'un pois. Cette plante croit le long de l'Orénoque, proche Atures.

PALICOURE ÉLÉGANT; *Palicourea speciosa*, Kunth, *loc. cit.* Ses rameaux sont glabres et cylindriques; les feuilles pétiolées, oblongues, acuminées, rétrécies en pointe à leur base, entières, membraneuses, luisantes, un peu rudes, longues de sept à huit pouces, larges de deux pouces et demi, et plus; les stipules glabres; les panicules terminales, pédonculées, longues d'environ trois pouces; les ramifications éparses, anguleuses, étalées; les pédicelles étalés et pubéscens, munis de très-petites bractées subulées; le calice est un peu hérissé; la corolle longue d'un demi-pouce, hérissée et pubescente en dehors; les étamines et le style ne sont point saillans. Cette espèce croît à la Nouvelle-Grenade, aux environs de Sainte-Anne.

Palicoure a gros fruits; *Palicourea macrocarpa*, Kunth, *loc. cit.* Cette plante a des rameaux lisses, glabres, cylindriques et brunâtres, garnis de feuilles pétiolées, ovales, oblongues, médiocrement acuminées, rétrécies à leur base, un peu coriaces, presque glabres; hérissées en dessous sur les nervures; les stipules glabres et bifides; les panicules terminales pédonculées, étalées, longues de trois ou quatre pouces; les rameaux inférieurs opposés; les fleurs pédicellées; les bractées glabres et linéaires; le calice petit, urcéolé, à cinq divisions ovales, arrondies; la corolle glabre, en bosse à sa base, barbue en dedans vers son milieu. Le fruit est un drupe presque globuleux, un peu comprimé, de la grosseur du fruit du prunier épineux. Cette plante croît dans les contrées chaudes de la Nouvelle-Grenade. (Poir.)

PALICOUREA. (*Bot.*) Ce genre d'Aublet, que Schreber nomme *stephanium*, avoit été réuni par nous au *fimira* du même auteur; plus récemment Swartz et Willdenow ont refondu ces deux genres dans le *psychotria*, et nous avons adopté leur opinion dans la nouvelle rédaction des Rubiacées. Cependant Richard, qui a vu dans la Guiane plusieurs *palicourea* vivans, dit qu'on les distingue des *psychotria*, non-seulement par une corolle courbe et renflée à la base du côté de la courbure, mais encore par sa couleur jaune, et parce que ces espèces habitent les lieux humides : c'est ce qui a déterminé M. Kunth à rétablir le genre *Palicourea*. Voyez Palicoure. (J.)

PALIKOUR. (*Ornith.*) Les naturels de la Guiane nomment ainsi le fourmilier proprement dit, *turdus formicivorus*, Gmel. et Lath. (Ch. D.)

PALILIA, (*Bot.*) Allioni désigne sous ce nom le *heliconia* de Linnæus, genre de plantes musacées. (J.)

PALILLO. (*Bot.*) La plante ainsi nommée dans le Pérou, suivant Feuillée et MM. Ruiz et Pavon, est le *campomanesia* de ces derniers, qui par ses caractères se rapproche du goyavier, *psidium*, dont on a pu même le regarder comme congénère. Le fruit est nommé *palillos*.

Il existe au Pérou une autre plante herbacée nommée *palillo* ou Quillu-caspi. Voyez ce dernier mot. (J.)

PALINURUS. (*Foss.*) C'est le nom latin qu'on a donné aux langoustes.

Depuis la confection de l'article Langouste dans ce Dictionnaire, l'ouvrage de M. Desmarest sur les Crustacés fossiles a signalé une espèce de ce genre qui ne nous étoit pas connue.

LANGOUSTE DE REGLEY; *Palinurus Regleyanus*, Desm., Crust. foss., pag. 132, pl. 11, fig. 3. On connoît deux individus de cette espèce, l'un appartient à M. Regley, et l'autre à la collection d'histoire naturelle de Besançon. Ils sont renfermés tous les deux dans une pierre calcaire de couleur rose, à grain assez grossier, formant une sorte de caillou roulé de la grosseur du poing, et ils ont été trouvés au village du Ru, près de Vesoul. (Longueur approximative de la carapace, 0,032 —; de la région stomacale, 0,015 —; des régions génitale et cordiale réunies, 0,017. Hauteur de cette carapace, à la région branchiale, 0,014 —; son épaisseur au même point, 0,012.) (D. F.)

PALIPOU. (*Bot.*) Voyez PARIPOU. (J.)

PALITHOE, *Palithoë*. (*Actinoz.*) M. Lamouroux (Polyp. flex., page 359) emploie ce mot pour désigner une petite coupe générique, formée avec des corps organisés, regardés par Solander, Ellis, Gmelin et M. de Lamarck, comme des alcyons, mais qui ne sont à peu près indubitablement que des assemblages d'actinies, dont M. Lesueur, qui a bien senti ce rapprochement, a fait son genre Mamillifère. On n'a, pour s'en convaincre soi-même, qu'à comparer la description et la figure que ce dernier donne d'une espèce de ce genre, faites d'après la nature vivante, dans le tome 1.er, page 178 du Journal de l'Académie des sciences naturelles de Philadelphie, avec les figures de Solander et Ellis, tab. 1, fig. 4, 5, et tab. 1, fig. 6, faites d'après des animaux desséchés. Ainsi, pour rétablir la caractéristique que M. Lamouroux a donnée de ce genre : Polypier sec; plaque étendue, couverte de mamelons nombreux, cylindriques, réunis entre eux; les cavités ou cellules isolées, presque cloisonnées longitudinalement et ne contenant qu'un seul polype, il faut substituer celle de M. Lesueur : Une large expansion membraneuse, servant de base à un grand nombre de petites actinies courtes, qui, dans l'état de contraction, prennent la forme de mamelons. Ainsi, M. Lamouroux avoit fort bien vu que ce n'étoient pas des alcyons; mais il a eu tort de penser que ce pouvoit être ce qu'il nommoit à cette époque avec M. Savigny des alcyons ascidiens ou à double ouverture, qui sont de véritables ascidies, et il s'étoit également trompé en regardant comme des loges polypifères les corps membraneux raccourcis, qu'il a vus dans les collections : c'étoit bien l'animal lui-même, mais à peu près hors d'état d'être défini. Il caractérise deux espèces de palythoë, comme M. Lesueur établit deux espèces de mamillifères, et toutes deux proviennent des mers de l'Archipel américain; en sorte qu'il n'y auroit rien d'étonnant qu'elles appartinssent aux deux mêmes animaux : l'un est la P. ÉTOILÉE, *P. mamillosa*, *Alcyon mamillosus*, Sol. et Ell., page 179, n.º 5, tab. 1, fig. 4, 5, qui est blanche, coriace, à mamelons convexes, réunis, dont le centre est excavé et subétoilé, et l'autre, la P. OCELLÉE, *P. stellata*, *Alcyon rugosum*, Sol. et Ell., page 180, n.º 6, tome 1, fig. 4, qui est ferrugineuse, coriace, et dont les cellules sont subcylindriques, ont leur ouverture radiée et étoilée. La première est des côtes de la Jamaïque et la seconde des côtes de Saint-Domingue.

Les deux espèces de mamillifères de M. Lesueur sont :

1.º La M. AURICULE, *M. auricula*, *l. c.*, pl. 8, fig. 2, dont le corps court, cylindrique, rouge, est terminé par un disque verdàtre, au milieu duquel est la bouche, petite, blanche, entourée de vingt-six à trente tentacules rougeàtres.

2.º La M. NYMPHIE, *M. nymphæa*, dont le corps court, rouge est terminé par un disque jaunàtre, garni à sa base d'environ cinquante tentacules brunes, disposées sur deux rangs, au milieu duquel est une bouche plissée en forme de bouton. La première espèce forme de larges expansions sur les rochers à l'entrée du port de Saint-Vincent et de Saint-Dominique, et l'autre a été trouvée sur les rivages de Saint-Christophe. Voyez, pour la distribution systématique de tout le type des actinozoaires, les mots ZOOPHYTES et ZOANTHAIRES. (DE B.)

PALIURE; *Paliurus*, Juss. (*Bot.*) Genre de plantes dicotylédones polypétales, de la famille des *rhamnées*, Juss., et de la *pentandrie trigynie* du Système sexuel, dont les principaux caractères sont, d'avoir : Un calice monophylle, à cinq divisions; cinq pétales insérés entre les divisions du calice sur un

disque glanduleux; cinq étamines ayant la même insertion
que la corolle; un ovaire supère, entouré d'un disque charnu,
orbiculaire, surmonté de trois styles à stigmates obtus; un
drupe sec, hémisphérique, aplati, entouré par un large
anneau membraneux et contenant un noyau à deux ou trois
loges monospermes.

Les paliures sont des arbrisseaux ou des arbres de moyenne
grandeur, dont les feuilles sont alternes, entières, et dont
les fleurs sont axillaires. On en connoît trois espèces, dont
une est indigène; une seconde est originaire de l'Amérique
méridionale, et la troisième croît à la Cochinchine. Linné
n'a connu que la première, qu'il avoit réunie aux *rhamnus*,
nerpruns.

PALIURE AUSTRAL : *Paliurus australis*, Gærtn., *De fruct.*, 1,
p. 203, tab. 43, fig. 5 ; *Paliurus aculeatus*, Lam., *Illust.*, tab. 210;
Rhamnus paliurus, Linn., *Spec.*, 281. Cette espèce est un
arbrisseau de dix à douze pieds de hauteur, quelquefois plus,
dont la tige tortueuse se divise en rameaux nombreux, flé-
chis en zigzag, munis à chaque nœud de deux aiguillons
très-piquans, dont l'un plus long et droit, l'autre plus court
et courbé en crochet. Les feuilles sont pétiolées, ovales,
légèrement dentées en scie, glabres, d'un vert plus foncé
en dessus qu'en dessous. Les fleurs sont petites, jaunâtres,
disposées en petites grappes rameuses, beaucoup plus courtes
que les feuilles. Cet arbrisseau croit naturellement dans le
Midi de l'Europe, dans le Levant et dans le Nord de l'A-
'frique.

Le paliure porte encore vulgairement les noms d'*argalou*,
de *porte-chapeau*, d'*épine du Christ*. Le dernier de ces noms
lui vient de ce que l'on a cru, cet arbrisseau étant commun
en Judée, que la couronne d'épines que les juifs mirent à
Jésus-Christ avant de le crucifier, étoit faite avec ses rameaux, qui sont très-piquans.

Il est plus que douteux que cette espèce soit le *paliurus*
dont parle Pline, liv. 13, chap. 19. Dans la Cyrénaïque, dit
cet auteur, on fait moins de cas du *lotus* que du *paliurus*,
dont le fruit est plus rouge et dont on mange le noyau, qui
a un goût fort agréable. Mais, peut-être, un second *paliurus*, dont le naturaliste latin fait mention, liv. XXIV,

chap. 13, est-il le même que le nôtre. Ce second *paliurus*
est une sorte d'épine; les Africains appellent sa graine *zura* :
elle est très-efficace contre la piqûre des scorpions, contre
les calculs; ses feuilles sont astringentes, etc.

Dans Virgile, le *paliurus* est aussi une plante épineuse. Ce
poëte, déplorant la perte de Daphnis, fait dire à un des
bergers, qu'il met en scène, que depuis la mort de Daphnis,
la terre, au lieu de douces violettes et de narcisses pourprés, ne produit plus que des chardons et des paliures armés
d'épines aiguës :

> *Pro molli violâ, pro purpureo narcisso,*
> *Carduus et spinis surgit paliurus acutis.*
>
> Eglog., v. 38.

Columelle, qui parle aussi du paliure, liv. II, chap. 3, le
regarde comme un arbrisseau nuisible, qu'il faut exclure des
jardins et qui n'est bon à planter qu'avec les ronces pour
former des haies.

Aujourd'hui, si le paliure trouve place dans nos jardins,
c'est seulement dans ceux dits paysagers, et encore il est assez
rare de l'y voir, parce qu'il occupe une place qui peut être
mieux remplie par un autre arbrisseau, dont les fleurs seront
plus jolies et qui n'aura pas le désagrément d'être épineux.
Le seul usage auquel il puisse être employé, c'est à former
des haies, ainsi que Columelle l'a indiqué, et encore M. Bosc
dit-il qu'il est difficile d'en faire des clôtures solides, parce
que les pieds ne paroissent pas propres à croître rapprochés
les uns des autres, mais bien plutôt à former des buissons
isolés.

Le paliure se multiplie de graines qu'on tire du Midi de
la France ou de l'Europe. Il ne craint que les fortes gelées
dans le climat de Paris. Duhamel en a eu qui se sont élevés
à quinze ou vingt pieds de hauteur; ils étoient dans une bonne
terre, mais cependant assez sèche. Ceux qu'il avoit plantés
dans une vallée n'ont pas réussi.

On a attribué plusieurs propriétés aux feuilles, aux fruits,
aux racines, aux tiges; mais toutes ces propriétés sont en
grande partie chimériques, et on n'en fait aujourd'hui aucun
usage en médecine. (L. D.)

PALIURUS. (*Bot.*) Ruellius et Gesner donnoient ce nom à l'azerolier, *cratægus azarolus;* Lacuna au houx, *ilex aquifolium;* Prosper Alpin nommoit *paliurus Athenæi* un jujubier, *ziziphus spina Christi.* Un *paliurus* de Pena est nommé par C. Bauhin *lycium latifolium.* Le *paliurus* des Grecs, cité par Belon et Dodoëns, nommé *rhamnus paliurus* par Linnæus, *argalou* par les Provençaux, offre dans son fruit sec et d'une forme particulière, un caractère suffisant pour former un genre distinct, auquel Tournefort et Adanson ont conservé le nom grec primitif. (J.)

PALIXANDRE. (*Bot.*) Voyez BOIS DE PALIXANDRE. (J.)

PALKA. (*Bot.*) Nom brame du *panam-palka* du Malabar, espèce de muscadier, *myristica malabarica* de M. de Lamarck, dont la noix, alongée en forme de datte, a très-peu d'odeur et de saveur, suivant Rhéede. (J.)

PALLA. (*Bot.*) Suivant Rauwolf, ce nom est donné au bananier, *musa*, dans les environs de Bagdad; il est nommé *wac* dans la Syrie.

Un autre *palla* est la noix muscade, ainsi nommée dans l'île de Banda, suivant Garcias ab Horto, cité par C. Bauhin. Voyez PALA. (J.)

PALLADIA. (*Bot.*) Sous ce nom Mœnch a voulu séparer du *lysimachia*, dont les filets des étamines sont réunis par le bas, le *lysimachia atropurpurea*, dans lequel ils sont distincts : son genre n'a pas encore été adopté. (J.)

PALLADIE, *Palladia.* (*Bot.*) Genre de plantes dicotylédones, à fleurs complètes, monopétalées, de la famille des *gentianées*, de l'*octandrie monogynie* de Linnæus, borné jusqu'alors à une seule espèce, dont on ne connoît encore que la fleur et le fruit. Cette plante est désignée sous le nom de *Palladia antartica*, Lamarck, *Ill. gen.*, tab. 285; *Blackwellia antartica*, Gærtn., *De fruct.*, tab. 117. Les fleurs sont composées : d'un calice coloré, en entonnoir, dont le tube est court, et le limbe partagé en quatre découpures ovales; d'une corolle monopétale, en entonnoir à tube long, marqué de huit plis, et le limbe divisé en huit lanières oblongues; de huit étamines à filamens roides et persistans; adhérens au tube de la corolle dans plus de la moitié de leur longueur: de deux ovaires supérieurs, oblongs, appliqués par leur côté interne.

contre un style simple, comprimé, denté sur ses bords, et terminé par deux stigmates divergens. Le fruit consiste en deux capsules oblongues, un peu en massue, minces, coriaces, légèrement anguleuses d'un côté, profondément sillonnées de l'autre, à une loge, s'ouvrant longitudinalement en deux valves, qui se contournent sur elles-mêmes. Ces capsules renferment un très-grand nombre de semences roussâtres, fixées à un réceptacle spongieux qui s'attache à la suture interne. Cette plante a été découverte dans l'hémisphère austral. Ce genre, dit M. Savigny, est voisin des *spigelia* et des *ophiorriza;* il fait le passage de la famille des gentianées à celle des apocinées, d'une manière frappante. Ses caractères sont infiniment remarquables, et ne paroissent se confondre avec ceux d'aucune plante connue. (POIR.)

PALLADIUM. (*Min.*) Ce métal à l'état natif ou naturel, c'est-à-dire, assez exempt d'alliage ou de combinaison pour que ses propriétés propres soient dominantes, est très-rare dans la nature. On ne peut donc établir cette espèce en minéralogie que sur ses caractères chimiques, dont nous ne prendrons que les plus saillans, les autres étant développés à leur vraie place dans l'histoire chimique de ce métal.

Il est blanc, mais d'un blanc tirant sur le gris du plomb; malléable. Sa pesanteur spécifique est d'environ 11,5.

Il est très-difficile à fondre et acquiert par l'incandescence une teinte bleuâtre; il est dissoluble dans l'acide nitrique. Cette dissolution est rouge, le métal en est séparé par le protosulfate de fer.

PALLADIUM NATIF. Il se présente en petites paillettes d'un gris tirant sur celui du plomb, qui indiquent quelquefois une tendance 'a la cristallisation octaédrique.

Il est toujours allié d'un peu de platine et d'iridium.

Il ne s'est encore trouvé que dans les terrains meubles aurifères 'de Matto-Grosso au Brésil, les mêmes qui renferment le platine en grains, et par conséquent dans les mêmes circonstances de formation que ce métal.

L'or en lingots, qui vient du Brésil, en contient quelquefois. (B.)

PALLADIUM. (*Chim.*) Corps simple, compris dans la cinquième section des métaux.

Le palladium ressemble au platine par sa couleur blanche. Sa densité est de 11,3 à 11,8, selon qu'il a été battu au marteau, ou passé au laminoir. Il est plus dur que le fer forgé; il a peu d'élasticité; sa cassure est sensiblement fibreuse.

Il se fond, mais à une température élevée.

L'air sec ou humide n'a aucune action sur lui à froid; si on le chauffe assez fortement avec le contact de l'air, il s'oxide et sa surface devient bleue; mais, si on élève davantage la température, l'oxigène s'en sépare. M. Vauquelin a vu que le palladium brûle en lançant des étincelles, quand on place ce métal dans la cavité d'un charbon embrasé, et qu'on dirige dessus un courant d'oxigène. On ne connoît qu'un seul oxide de palladium.

L'eau est sans action sur ce métal.

Le chlore s'unit au palladium.

Le soufre qu'on projette sur du palladium rouge de feu, en détermine la fusion. Il se produit un sulfure.

Il est susceptible de s'allier avec un assez grand nombre de métaux.

L'acide nitrique concentré, chauffé avec le palladium, le dissout. Le nitrate formé est rouge.

L'acide sulfurique concentré et bouillant dissout le palladium, mais en petite quantité : la dissolution est rouge.

L'acide hydrochlorique concentré à chaud, dissout le palladium : il se dégage de l'hydrogène et il se forme un chlorure rouge soluble. L'acide hydrochlorique, mêlé d'acide nitrique, le dissout promptement, même à froid.

Suivant M. Berzelius, quand on chauffe le palladium très-divisé dans un creuset de platine avec de la potasse caustique mêlée à une foible quantité de nitrate de potasse, le métal s'oxide et devient d'un brun tirant sur le roux.

OXIDE DE PALLADIUM.

Berzelius.

Oxigène........ 12,44... 14,207.
Palladium ...... 87.56...100,000.

On obtient l'oxide de palladium en exposant à une douce chaleur le nitrate de ce métal; on obtient l'oxide hydraté en décomposant le nitrate de palladium par l'eau de potasse, et en faisant chauffer pour déterminer la précipitation complète de l'oxide.

L'oxide de palladium anhydre a l'éclat métallique de l'oxide de manganèse cristallisé. L'oxide hydraté a une couleur claire de rouille.

L'oxide de palladium est soluble dans les acides sulfurique, nitrique et hydrochlorique bouillans.

Il est réduit par la chaleur seule.

CHLORURE DE PALLADIUM.

Le meilleur procédé pour le préparer, consiste à dissoudre le palladium dans l'eau régale et à concentrer doucement la dissolution a siccité pour chasser l'excès d'acide.

Le chlorure de palladium est d'un brun rougeâtre.

Il est peu soluble dans l'eau. Cette solution est jaune. Si on ajoute de l'acide hydrochlorique à la liqueur, on dissout une plus grande quantité de chlorure : sa couleur passe au rouge-brun.

La solution acide ne cristallise pas régulièrement.

Il forme des chlorures doubles avec les chlorures de sodium, de potassium; il s'unit également à l'hydrochlorate d'ammoniaque.

L'hydrocyanoferrate de potasse le précipite en flocons d'un jaune rougeâtre, qui sont de l'hydrocyanoferrate de palladium. Le palladium impur est précipité en flocons verts.

Le cyanure de mercure le précipite en jaune.

La potasse précipite de la solution du chlorure de palladium de l'oxide hydraté d'une couleur rouge brune. Il ne se forme pas de sel double.

Les sels de potasse et d'ammoniaque ne précipitent pas le chlorure de palladium. Il se forme bien de doubles combinaisons, ainsi que cela a lieu avec le chlorure de platine; mais les premières, étant très-solubles, ne se précipitent pas, comme les secondes, qui ne le sont que très-peu.

Le protochlorure d'étain fait passer au vert le chlorure de palladium.

L'hydrosulfate de potasse, le sulfate de protoxide de fer, le mercure, le zinc, le fer, précipitent le palladium à l'état métallique.

La chaleur réduit le chlorure de palladium en chlore et en métal.

Chlorure de palladium et de potassium.

On peut le préparer en mêlant des solutions des deux chlorures et en faisant cristalliser ensuite le chlorure double.

On le prépare encore en faisant chauffer le palladium dans cinq parties d'acide hydrochlorique étendu de son volume d'eau, auquel on a mêlé une partie de nitrate de potasse. Dans ce cas, une partie de l'oxigène de l'acide nitrique et celui de la potasse sont employés à brûler l'hydrogène de l'acide hydrochlorique.

Le chlorure double de palladium et de potassium cristallise en prismes tétraèdres qui, vus transversalement, sont d'un vert clair, et qui sont rouges lorsqu'on les regarde dans la direction de leurs axes.

Il est très-soluble dans l'eau et insoluble dans l'alcool.

Chlorure de palladium et de sodium.

Lorsqu'on verse du chlorure de palladium dans une solution de chlorure de sodium ou de soude, il ne se forme pas de précipité ; mais si l'on fait évaporer la liqueur, on obtient un composé double, déliquescent à l'air ; en quoi il diffère du chlorure de platine et de sodium.

Il est soluble dans l'alcool à 34 degrés.

Chlorure de palladium uni à l'hydrochlorate d'ammoniaque.

L'hydrochlorate d'ammoniaque ne précipite pas le chlorure acidulé de palladium étendu ; mais si les liqueurs sont concentrées, on obtient des aiguilles d'un jaune verdâtre, ou bien des prismes à quatre ou à six pans. Ces cristaux sont très-solubles dans l'eau.

Si on ajoute à la solution un peu d'ammoniaque, on obtient un précipité cristallisé d'un beau rose, qui a reçu le nom de *sous - muriate ammoniaco de palladium*. Il est très-peu soluble dans l'eau ; il la colore en jaune léger.

37.

18

SULFURE DE PALLADIUM.

Berzelius.　Vauquelin.

Soufre........... 28,5....... 24.
Palladium........ 100 ......100.

Le sulfure de palladium peut être produit directement en projetant du soufre sur du palladium chauffé au rouge.

Au moment où les corps s'unissent, il y a émission de lumière.

Le sulfure est beaucoup plus fusible que le palladium ; il est plus blanc : il est très-cassant.

Lorsqu'on le chauffe avec le contact de l'air, le soufre se brûle et le palladium reste à l'état de pureté.

ALLIAGES DE PALLADIUM.

Nous devons la connoissance de ces alliages à M. Chenevix.

Parties égales de palladium et d'or font un alliage gris dont la dureté est égale à celle du fer forgé. Cet alliage s'aplatit sous le marteau, mais il est moins ductile que l'or et le palladium ; lorsqu'on le frappe pendant quelque temps, il finit par se rompre. Il a une cassure grenue.

Sa pesanteur spécifique est de 11,079.

Parties égales de palladium et d'étain font un alliage cassant.

Parties égales de palladium et de platine se fondent à un degré de chaleur peu supérieur à celui qui peut fondre le palladium.

Cet alliage est gris, moins malléable que le précédent. Sa pesanteur spécifique est de 15,141.

L'alliage de palladium et de bismuth, fait à parties égales, est cassant.

L'alliage de palladium et de cuivre, à parties égales, est cassant et jaune.

Histoire.

Il fut découvert, en 1803, par M. Wollaston. M. Chenevix crut que c'étoit un alliage de platine et de mercure.

M. Berzelius, et ensuite M. Vauquelin, ont étudié ce métal après M. Wollaston. (CH.)

PALLASIA. (*Bot.*) Ce nom, qui rappelle la mémoire de Pallas, célèbre naturaliste russe, a été donné à divers genres de plantes. Le *pallasia* de Scopoli est le *crypsis* d'Aiton et d'autres auteurs, genre de Graminées. Celui de Houttuyne est le même que le *calodendrum* de M. Thunberg, dont Linnæus fils a fait son *dictamnus capensis*, congénère de la fraxinelle. L'Héritier a fait aussi un *pallasia*, qui se confond avec l'*encelia* d'Adanson plus anciennement admis. On a conservé le *pallasia* de Linnæus, nommé auparavant *pterococcus* par Pallas, genre de la famille des Polygonées, lequel diffère cependant très-peu du *calligonum* de Linnæus, et lui a même été réuni par l'Héritier et Willdenow. (J.)

PALLAY. (*Bot.*) Nom brame du *pu-valli* du Malabar, arbrisseau qui, par la description de Rhéede et par la figure qu'il en donne, ressemble beaucoup au *cansjera*, genre de la famille des Thymélées, mais il en diffère par sa baie, dans laquelle Rhéede indique une noix dure contenant deux ou trois graines. (J.)

PALLÉNIDE, *Pallenis*. (*Bot.*) Ce genre de plantes, que nous avons proposé dans le Bulletin des sciences de Novembre 1818 (pag. 166), appartient à l'ordre des Synanthérées, à notre tribu naturelle des Inulées, et à la section des Inulées-Buphthalmées, dans laquelle nous l'avons placé entre le *Buphthalmum* et le *Nauplius* (tom. XXIII, pag 566). Voici les caractères génériques du *Pallenis*, observés par nous sur la seule espèce connue.

Calathide radiée : disque multiflore, régulariflore, androgyniflore; couronne bisériée, multiflore, liguliflore, féminiflore. Péricline très-supérieur aux fleurs du disque; formé de squames paucisériées, obimbriquées, très-courtes, appliquées, coriaces, surmontées d'un très-grand appendice foliiforme, étalé, ovale, spinescent au sommet. Clinanthe plan, garni de squamelles égales aux fleurs, demi-embrassantes, coriaces, acuminées-spinescentes. Ovaires du disque comprimés bilatéralement, obovales, hispidules, portant une aigrette stéphanoïde, membraneuse, laciniée; ovaires de la couronne obcomprimés, orbiculaires, munis d'une bordure aliforme, et portant une aigrette stéphanoïde, dimidiée-postérieure, membraneuse, denticulée. Corolles de la couronne à tube large, épais, coriace; à languette étroite, linéaire, tridentée au sommet; quelquefois un long appendice filiforme, laminé, naît de l'intérieur du tube, en avant du style, et simule une languette intérieure exactement opposée à la vraie languette. Corolles du disque à tube très-épais, coriace-charnu, muni d'un appendice longitudinal aliforme. Anthères presque dépourvues d'appendices basilaires distincts.

PALLÉNIDE ÉPINEUSE : *Pallenis spinosa*, H. Cass.; *Buphthalmum spinosum*, Linn., *Sp. pl.*, éd. 3, pag. 1274. C'est une plante herbacée, annuelle ou bisannuelle, dont la tige, haute d'environ un pied, est dressée, dure, velue, un peu rameuse, presque dichotome; les feuilles radicales sont étalées, longues, étrécies vers la base, obtuses au sommet, denticulées sur les bords, velues; celles de la tige sont alternes, sessiles, embrassantes, lancéolées et velues; les calathides sont solitaires, terminales ou axillaires, et composées de fleurs jaunes. On trouve cette plante sur le bord des champs, dans les provinces méridionales de la France, où elle fleurit en Juin et Juillet.

Le genre ou sous-genre *Pallenis* diffère du vrai *Buphthalmum*, par sa couronne bisériée, multiflore, par son péricline très-supérieur aux fleurs du disque et formé de squames longuement appendiculées, par son clinanthe plan, par ses ovaires hispidules, comprimés ou obcomprimés, par les corolles de la couronne à languette étroite, par les corolles du disque à tube très-épais, coriace-charnu, muni d'un appendice longitudinal aliforme. Il se distingue du *Nauplius* par la couronne bisériée, multiflore, l'aigrette stéphanoïde, d'une seule pièce, les ovaires de la couronne obcomprimés, orbiculaires, munis d'une bordure aliforme, les corolles du disque à tube muni d'un appendice longitudinal aliforme.

Pour éviter les répétitions, nous renvoyons nos lecteurs à l'article NAUPLIUS (tom. XXXIV, pag. 272), dans lequel nous avons inséré une analyse historique et critique des vicissitudes éprouvées par le genre *Buphthalmum*, et des réformes proposées par nous. (H. CASS.)

PALLIOBRANCHES. (*Conchyl.*) Nom significatif que M. de Blainville, dans son Système de malacologie et de nomenclature, a substitué à celui de BRACHIOPODES, imaginé par M. Duméril, et adopté par MM. de Lamarck et Cuvier, pour désigner les malacozoaires acéphalophores dont les branchies, au lieu d'être, libres entre le corps et le manteau, comme dans tous les autres acéphales bivalves, sont appliquées et adhérentes à la face interne du manteau lui-même., Les genres qu'il y range, sont partagés en deux sections, suivant que la coquille est symétrique ou non ; dans la première sont les suivans : Lingule, Térébratule et toutes ses subdivisions, Pentastère, Strygocéphale, Spirifère, Magas, Productus, Thécidée, Strophomène, Plagiostome ou Pachyte, Dianchore et Podopside ; et dans la seconde, les genres Orbicule et Cranie. Voyez ces différens mots. (De B.)

PALLIUM, MANTEAU. (*Conchyl*.) M. Schumacher, dans son nouveau Système de conchyliologie, propose sous ce nom un nouveau genre, formé avec le *Pecten pallium* qui a des plis cardinaux plus marqués que les autres. Voyez Peigne. (De B.)

PALLONI. (*Ichthyol*.) Nom spécifique d'un Crénilabre décrit dans ce Dictionnaire, tome XI, page 383. (H. C.)

PALLOUN. (*Ichthyol*.) Nom nicéen du Milandre. Voyez ce mot. (H. C.)

PALMA. (*Bot*.) Ce nom, suivi d'un adjectif ou d'un nom vulgaire de pays, sert à distinguer, dans les colonies espagnoles de l'Amérique, des espèces de palmiers éparses dans divers genres. Dans le *Nova genera* de M. Kunth, le *palma de Sombrero* ou de *Corija*, est son *corypha tectorum*; le *palma real*, est son *oreodoxa regia*; un autre *palma real* ou *dulce*, nommé aussi *palma de vino*, de cuesco, est le *cocos butyracea*; un autre *palma dulce* ou *soyale*, est le *corypha dulcis*, Kunth; le *palma barrigona*, est le *cocos crispa*, Kunth; le *palma corozo*, est le *martinezia caryotœfolia*, Kunth, dont le *palma irase* est peut-être congénère; le *palma sancona* est l'*oreodoxa sancona*, Kunth; le *palma almendron*, est le *attalea amygdalina*, Kunth.

M. de Humboldt cite d'autres *palma* de l'Amérique méridionale qui n'ont pu être rapportés à des genres connus, tels que le *palma amarga*, à tiges sans épines, à frondes palmées très-grandes, trouvé à l'embouchure du fleuve Siau; le *palma real de los Uanos*, semblable par la tige et les frondes, qui paroit voisin du *corypha*. Plusieurs autres des mêmes régions sont cités par le même auteur avec leurs noms propres, sous le prénom de *palma*, dans les *Nova genera* de M. Kunth, à la suite de la famille des palmiers. (J.)

PALMA-CHRISTI. (*Bot.*) Matthiole et d'autres anciens, cités par C. Bauhin, désignoient sous ce nom l'*orchis latifolia* et d'autres *orchis* à racine palmée, ainsi que quelques *satyrium*, et particulièrement le *satyrium nigrum*, que Haller nomme *palmata*. Mais *palma-christi* est plus généralement connu comme nom vulgaire du ricin. (J.)

PALMA-FILIX. (*Bot.*) Trew, botaniste allemand, nommoit ainsi le *zamia* de la famille des cycadées, qui a le port d'un palmier et quelques caractères communs avec les fougères. (J.)

PALMA-SANCTA. (*Bot.*) Nom du GAYAC dans quelques anciens auteurs. (LEM.)

PALMAIRE, *Palmarium.* (*Conchyl.*) Genre établi par Denys de Montfort (Conchyl. systém., t. 2, p. 70) pour quelques petites coquilles souvent microscopiques, qui ont beaucoup de rapports, à en juger par leur figure, avec les émarginules, mais qui en diffèrent essentiellement en ce que le sommet, peu marqué, est courbé du côté de l'entaille, ce qui est le contraire de ce qui existe dans les émarginules. L'entaille a d'ailleurs une tout autre forme; elle est très-grande et anguleuse. L'espèce qui sert de type à ce genre, et que son auteur nomme PALMAIRE CLUPÉ, *P. clupeatum*, est, dit-il, de la grosseur d'un noyau de cerise, entièrement irisée et nacrée. Elle a été trouvée dans le sable des bords de la mer de la Martinique. Personne, je crois, n'a encore vu cette coquille, et il est possible qu'elle appartienne à l'ordre des Thécosomes de M. de Blainville. (DE B.)

PALMAIRES, *Palmarium.* (*Mamm.*) C'est par ce nom que Storr désigne la division qu'il a formée pour l'homme dans sa méthode de classification. (F. C.)

PALMARIA. (*Bot.*) Le genre auquel Link a donné ce nom, est le même que celui établi sous le nom de *laminaria* par M. Lamouroux. Link y rapporte les *fucus digitatus*, *saccharinus* et *phyllitis;* il le caractérise ainsi : Thallus (fronde) plan; fructification externe nulle. Il pense qu'on doit douter que ce que Turner donne pour la fructification, exerce réellement cette fonction.

M. Lamouroux, que les sciences viennent de perdre, a créé aussi un genre *Palmaria*, pour y placer le *fucus filicinus*, Turn., qu'il avoit d'abord donné pour une espèce de

delesseria. M. Agardh adopte ce genre sous le nom de *gratelou-*
pia. Il pourroit aussi se faire que ce fût le *phoracis* de Rafinesque, dont les caractères incomplets ne permettent pas
d'affirmer la similitude. M. Agardh caractérise ainsi le genre
Grateloupia : Tubercules situés dans de petits prolongemens
ou appendices de la fronde, agrégés, percés d'un petit trou
au sommet et contenant des séminules elliptiques.

Dans ce genre la fronde naît d'une racine en forme d'écusson. Elle varie dans sa forme et dans sa grandeur; elle est
sans nervure et d'un brun pourpre : elle donne naissance à
sa base à des appendices ou rameaux atténués, dans lesquels
sont les fruits, composés de tubercules hémisphériques,
percés, contenant une agrégation de séminules.

Ce genre, dédié à M. le docteur Grateloup, de Bordeaux,
lui est acquis par le succès avec lequel il cultive les sciences, et
particulièrement la cryptogamie. Ce genre ne contient jusqu'à
présent que trois espèces. Voici les deux les plus répandues.

1. Gr. ORNÉ : *Gr. ornata*, Agardh, *Spec.*, p. 222; *Fucus or-*
natus, Linn., *Mant.; Fucus erinaceus*, Turn., *Hist.*, tab. 26.
Fronde oblongue-linéaire; appendices fructifères, plans, ligu-
lés, situés sur le disque ou sur les bords de la fronde. Il
croit sur les côtes du cap de Bonne-Espérance. Ses frondes
sont simples et réunies en touffe; elles ont jusqu'à un pied
et plus de long sur une largeur d'un pouce et demi. Agardh
a observé dans les tubercules des fibres obtuses, glomérulées
et étoilées. Cette plante répand, lorsqu'elle s'altère, l'odeur
décidée de l'infusion du thé. Une variété présente une fronde
dichotome très-rameuse; à segment fastigié, cunéiforme,
contourné et crispé, multifide à l'extrémité.

2. Gr. FOUGÈRE : *Gr. filicina*, Agardh, *l. c.; Fucus filicinus,*
Wulf *in* Jacq., *Coll.*, 3, tab. 15, fig. 2; Esp., *Fuc.*, 67;
Turn., *Hist.*, tab. 150; *Phoracis filicina ?* Rafin., *Caratt.;*
Delesseria filicina, Lmx. Fronde une ou deux fois ailée, à
découpures ou frondules opposées, atténuées aux deux bouts,
portant les tubercules à leur partie supérieure; axe de la
fronde linéaire. Cette espèce, longue de deux à six pouces,
croit dans la Méditerranée et dans l'Océan. (LEM.)

PALMARIA. (*Bot.*) Tabernæmontanus désigne ainsi le *saxi-*
fraga cotyledon, dont la tige n'est pas encore poussée. (LEM.)

PALMATA. (*Bot.*) Ray désigne ainsi l'*orchis mascula*. Voyez
Palma - Christi. (Lem.)

PALME. (*Bot.*) Mesure approximative, donnée par la largeur de la main, au-dessus du pouce ; de là *palmaris*, ayant
la longueur d'un palme. (Mass.)

PALME [Huile de], *Palmæ oleum*. (*Bot.*) C'est d'une espèce
de cocotier, *cocos butyracea*, qu'on tire cette huile citée dans
quelques matières médicales. Ce palmier paroît naturel au
Brésil, où on le nomme *pindova*. Son fruit, comme celui
du cocotier ordinaire, est un brou de forme ovale, plus
rempli de sucs et contenant une noix très-dure dans laquelle
est une seule graine qui a le goût de celle de l'espèce congénère. On la broie et on la macère dans l'eau : il s'y fait
alors une séparation de la partie huileuse qui monte à la
surface et du résidu qui tombe au fond. Pison, en parlant
de cette huile, qui est blanche, fait mention d'une autre de
couleur jaune, sans entrer dans plus de détail. On pourroit
douter de l'existence de cette seconde huile, si Aublet,
dans ses Plantes de la Guiane, parlant du palmier aouara,
n'avoit pas dit qu'il donne également une huile tirée de l'é-
corce du fruit macérée pendant quelques jours, laquelle est
employée pour l'usage médical, pour l'apprêt des alimens et
pour brûler dans les lampes. Il ajoute que de l'amande du
fruit on extrait une espèce de beurre nommé *quioquio* par
les Caraïbes, dont on se sert pour frotter les parties attaquées
de rhumatisme. Ainsi, on trouve ici un grand rapport entre
le *pindova* du Brésil et l'*aouara* de Cayenne, qui peut-être
sont congénères. Murrai parle d'autres palmiers qui donnent
aussi une huile épaisse, en consistance de beurre, qui peut
être employée aux mêmes usages et qui en médecine produit
les mêmes effets que toutes les huiles grasses. On l'emploie
surtout à l'extérieur pour ramollir et relâcher, dissiper les
nodosités goutteuses des articulations et calmer la douleur
qu'elles occasionnent. L'onguent diapalme tire son nom de
l'huile de palme qu'on y employoit d'abord et à laquelle on
a substitué ensuite une huile indigène qu'il est plus facile
de se procurer. Selon Aublet, l'huile de palme de Cayenne
est fournie principalement par le palmier *avoira*. (J.)

PALME DE CHRIST. (*Bot.*) Ancien nom vulgaire de l'orchis

noir, dont les bulbes sont palmées ; c'est aussi celui du ricin commun en Amérique. (Lem.)

PALMÉ. (*Bot.*) Divisé de manière à imiter une main ouverte ; exemple : les racines tubéreuses de l'*orchis macu-lata*, les feuilles du *passiflora cœrulea*, les bractées de l'*anthyllis vulneraria*, etc. La feuille palmée est simple et diffère en cela de la feuille digitée, qui est composée de folioles partant du sommet d'un pédoncule commun, comme, par exemple, dans le marronier. (Mass.)

PALMEIRA-MACHA-BRAVA. (*Bot*) Nom que les Por-tugais des colonies de l'Inde donnent au *borassus flabellifer*, Linn., très-belle espèce de palmier. Voyez Rondier. (Lem.)

PALMELLA. (*Bot.*) D'un mot grec qui signifie vibration, tremblement. Lygnbye emploie ce nom pour désigner un genre qu'il établit dans la famille des algues et qu'il carac-térise ainsi : masse hyaline contenant des grains solitaires.

Les espèces qu'il y ramène sont au nombre de neuf, sous trois divisions.

1.º Les espèces qui croissent dans les eaux douces, savoir : le *P. myurus* ou *batrachospermum myurum*, Decand., et le *palmella hyalina*, Lyngb., *Tent. hydroph. dan.*, tab. 69 ; cette plante est regardée par M. Bory comme une espèce de son genre *Chaos*.

2.º Les espèces qui croissent dans l'eau salée, savoir, le *P. frondosa*, Lyngb., ou *tremella frondosa*, Roth, qui couvre en automne, en quantité, les pierres baignées par la mer sur les côtes du Holstein. Les *P. cylindria*, Lyngb., et *adnata*, Lyngb.; celle-ci est aussi une espèce de *chaos* pour M. Bory de Saint-Vincent.

3.º Les espèces presque terrestres, dont Lyngbye décrit quatre ; savoir : le *P. botryoides*, qui est le *byssus botryoides*, Linn., le *lichen botryoides*, d'Ach., *Prod.*, et le *nostoc bo-tryoides*, d'Agardh.

Le *P. alpicola*, Lyngb., qui est l'*ulva montana*, Ligtf., est une espèce du genre *Chaos* de Bory de Saint-Vincent.

Le *P. rupestris*, Lyngb., peut être le *tremella juniperina*, Roth.

Le *P. rosea*, Lyngb., ou *tubercularia rosea*, Pers.

Le *Palmella* est un genre très-artificiel qui n'a pas été

adopté. M. Bory de Saint-Vincent l'a déjà fait voir en rapportant la plupart des espèces à ses genres *Cluzella* et *Chaos*, qui, peut-être, demandent eux-mêmes à être examinés de nouveau et mieux précisés. (Lem.)

PALMERINA. (*Bot.*) Nom de la passerine en Espagne. (Lem.)

PALMETO ROYAL. (*Bot.*) Les habitans de la Jamaïque nomment ainsi le *thrinax*, genre de Palmier, mentionné par Linnæus fils et Swartz. (J.)

PALMETTE. (*Bot.*) Voyez Palmiste. (L. D.)

PALMIER AROUMA. (*Bot.*) Barrère, dans sa France équinoxiale, parle d'un palmier de ce nom qui se trouve à la Guiane, et dont la tige, basse et mince, se fend comme l'osier. Les naturels du pays s'en servent pour faire des pagaras ou corbeilles et autres ouvrages de vannerie. Ils y emploient aussi les feuilles du même végétal. L'auteur n'ajoute rien qui puisse faire reconnoître son genre. (J.) -

PALMIER AVOIRA ou AOUARA. (*Bot.*) Voyez Avoira. (J.)

PALMIER BACHE. (*Bot.*) On le trouve dans la Guiane; c'est un de ceux dont la noix n'est pas recouverte d'un brou, mais d'une enveloppe ferme, coriace, figurée extérieurement en manière d'écailles qui se recouvrent et dont l'ensemble présente ces séries de lozanges très-réguliers. Le bache paroît devoir être reporté au genre *Mauritia* de Linnæus pour ses usages. Voyez Bache. (J.)

PALMIER DE BERGIOS ou DES SINGES. (*Bot.*) Il est fait mention dans l'abrégé de l'Histoire des voyages d'un palmier de ce nom existant dans les Indes, et dont les fruits ronds et ciselés naturellement, sont employés pour faire des chapelets. Les éditeurs ne donnent pas d'autre indication. (J.)

PALMIER DE BOURBON. (*Bot.*) C'est le *hyophorbe indica* de Gærtner, t. 120, cet auteur n'a connu que le fruit, dont le brou, de forme ovale, amincie par le bas, contient une noix renfermant un périsperme au sommet duquel est placé l'embryon. (J.)

PALMIER-CANNE. (*Bot.*) C'est le *cocos guineensis*, Linn. Voyez Cocotier. (Lem.)

PALMIER A COCOS. (*Bot.*) C'est le Cocotier proprement dit. (Lem.)

PALMIER COMON ou COMAN. (*Bot.*) A Cayenne, où Aublet l'indique, il s'élève plus que les plus grands arbres. On recherche beaucoup son fruit qui est de la grosseur d'une prune de mirabelle, dont le brou est blanchâtre, butireux et la peau violette. Les Créoles, à l'exemple des Galibis, en font une boisson qui approche du chocolat. On en tire aussi une huile avec laquelle on assaisonne les alimens. (J.)

PALMIER CONANAM DE CAYENNE (*Bot.*), nommé aussi *Avoira mompere* : il est très-bas, presque sans tige ; ses feuilles sont radicales, et de leur aisselle naît une spathe qui enveloppe un spadice en grappe, droit, épineux, chargé de fleurs auxquelles succèdent les fruits. On en mange l'amande torréfiée. (J.)

PALMIER DATTIER. (*Bot.*) Voyez Dattier. (J.)

PALMIER EN ÉVENTAIL. (*Bot.*) On donne ce nom aux palmiers dont les feuilles palmées présentent la forme d'un éventail, tels que le palmiste éventail, le rondier, etc. (J.)

PALMIER-FOUGÈRE et PALMI-FOUGÈRES. (*Bot.*) Ces noms désignent dans quelques ouvrages les espèces des genres Cycas et Zamia, constituant la famille des Cycadées, décrites à l'article Fougère. (Lem.)

PALMIER DU JAPON. (*Bot.*) Voyez Sagoutier. (Lem.)

PALMIER LATANIER. (*Bot.*) Voyez Latanier. (J.)

PALMIER MARIN. (*Zooph.*) Ce nom, employé autrefois par les auteurs d'histoire naturelle pour quelques espèces de gorgones, dont la partie commune se soude, s'anastomose en formant comme de grandes feuilles, a été plus particulièrement appliqué à une espèce d'encrine, l'E. tête de Méduse, parce que la hauteur de sa tige et la manière dont se disposent à son extrémité les branches principales, offrent quelque ressemblance avec ce qui a lieu dans les palmiers. Voyez Encrine. (De B.)

PALMIER MARIPA. (*Bot.*) Il est commun dans la Guiane, où Aublet l'a vu. Son tronc est peu élevé ; ses feuilles pennées sont droites, longues de huit à dix pieds. Ses fleurs sont dioïques ; la spathe qui les enveloppe est très-grande, coriace, épaisse et presque ligneuse, ayant un peu la forme d'une petite barique, pouvant contenir plusieurs pintes d'eau, et servir sur le feu de vase pour la chauffer. Les Caraïbes font ainsi évaporer l'eau de mer pour se procurer du sel avec abondance. Les régimes de fruits sont très-considérables. Ce fruit est alongé, terminé en pointe ; son brou est butireux et recherché comme nourriture. (J.)

PALMIER MOCAIA ou MONCAIA. (*Bot.*) Aublet, qui cite ce palmier à Cayenne, dit que son tronc est plus renflé dans son milieu qu'au sommet et à la base. Ses fruits ont la forme d'une petite pomme. Ceux que nous possédons sous ce nom, ressemblent beaucoup à celui du *bactris globosa* de Gærtner, différent du *bactris minor* de Jacquin, et dont les feuilles sont grandes et l'embryon latéral. (J.)

PALMIER NAIN. (*Bot.*) C'est le *corypha nana*. (Lem.)

PALMIER NEEPAH. (*Bot.*) Nom donné dans l'île de Sumatra, suivant Marsden, à un palmier dont on emploie les feuilles, nommées *attap*, pour couvrir les maisons. (J.)

PALMIER PARIPOU. (*Bot.*) Voyez Paripou. (J.)

PALMIER PATAOUA. (*Bot.*) Voyez Pataoua. (J.)

PALMIER PINAU ou PINAO. (*Bot.*) Voyez Pinau. (J.)

PALMIER ROYAL. (*Bot.*) Voyez Palmiste éventail. (Lem.)

PALMIER SAGOUTIER ou DU JAPON. (*Bot.*) Voyez Sagoutier. (J.)

PALMIER DE SAINT-PIERRE. (*Bot.*) C'est le Palmiste éventail. (Lem.)

PALMIER A SANG DE DRAGON. (*Bot.*) C'est le Dragonier. (Lem.)

PALMIER DE LA THÉBAIDE. (*Bot.*) Voyez Doum. (Lem.)

PALMIER VINIFÈRE. (*Bot.*) Suivant Bomare, ce palmier croît en Éthiopie ; il est toujours vert, et fournit, par incision faite à son tronc, une liqueur fort agréable, analogue pour le goût au vin d'Anjou. Cet arbre nous est inconnu ; son nom pourrait être aussi celui d'un grand nombre de palmiers, qui fournissent également des liqueurs par incisions. (Lem.)

PALMIER VOUAY. (*Bot.*) Aublet en cite plusieurs espèces à tiges basses, qui ont l'aspect de roseau, mais il n'en donne pas les caractères. M. Poiteau, qui les a examinées après lui, en a formé son genre *Gynestum*, et il dit qu'on doit les nommer Wouaba. Voyez ce mot. (J.)

PALMIERS. (*Bot.*) Cette famille très-naturelle étoit composée primitivement d'un seul genre, subdivisé dans la suite en plusieurs, dénommés autrement, et dont la réunion seule a conservé le premier nom. Quoique plusieurs auteurs admettent dans la fleur des palmiers une corolle, cet organe n'est réellement qu'un calice intérieur qui se dessèche et subsiste à la manière des calices ; et en ce point cette famille est apétale comme toutes les autres monocotylédones. Elle fait partie de la classe des monopérigynes ou plantes monocotylédones, à étamines insérées au calice. Son caractère général est formé de la réunion des suivans.

Un calice à six divisions plus ou moins profondes, dont trois intérieures et trois extérieures ordinairement plus petites ; six étamines (rarement plus ou moins) insérées au calice au bas de ses divisions ; filets réunis souvent par le bas ; anthères oblongues biloculaires, portées sur le devant des filets, s'ouvrant dans leur longueur ; un ovaire (rarement trois) dégagé du calice, à trois loges, remplies chacune d'un ovule ; style unique ou nul ; un ou plus souvent trois stigmates. Le fruit est une baie ou un drupe composé d'une substance quelquefois dure et écailleuse, plus souvent charnue ou fibreuse, recouvrant trois ou plus ordinairement une seule noix monosperme par suite de l'avortement de deux loges ou deux ovules. La noix est remplie par un périsperme, d'abord mou et quelquefois succulent, lequel se durcit ensuite et prend une consistance coriace. Il est creusé, à sa base ou au sommet ou sur le côté, d'une fossette dans laquelle est niché un embryon de forme souvent cylindrique ou quelquefois conique ; lorsqu'il y a trois ovaires subsistans, ils sont remplacés par trois brous monospermes.

Les plantes de cette famille sont des arbres, ou plus rarement des arbrisseaux, à tige ordinairement simple, ou rarement rameuse, munie à sa base d'une touffe de racines fibreuses. Cette tige est cylindrique, formée intérieurement de faisceaux fibreux entourés d'un tissu cellulaire abondant ; elle est plus molle dans le centre, ferme et dure à sa circonférence, entourée de gaines des feuilles tombées, ou couverte de cicatrices circulaires de ces mêmes gaines lorsqu'elles ne subsistent plus. Elle est couronnée par une touffe de feuilles pinnatifides ou palmées, ou plus rarement presque entières, dont le pétiole est élargi à sa base en forme de gaine. Du milieu de cette touffe s'élève un spadice simple ou rameux, d'abord entouré d'une ou plusieurs grandes spathes, dont il se dégage bientôt. Il est couvert de fleurs accompagnées chacune de deux petites spathes. Ces fleurs sont rarement hermaphrodites ; plus souvent on ne trouve que le rudiment d'un des organes sexuels dans ces fleurs, qui par suite de cet avortement sont mâles ou femelles, tantôt portées ensemble sur le même pied, tantôt sur des pieds différens, quelquefois mêlées avec des fleurs hermaphrodites.

Les botanistes anciens, qui connoissoient peu de palmiers, les confondoient tous en un seul genre, comme on l'a dit plus haut. Linnæus, le premier, le subdivisa en dix, qu'il caractérisa d'après les notions que l'on avoit alors; et comme, suivant les caractères indiqués, il eût été obligé de les disperser dans différentes classes de son Système, il préféra de les placer ensemble dans un *Appendix* hors des divisions classiques. Après lui, des botanistes voyageurs, ou empruntant les descriptions de ceux qui avoient voyagé, ont augmenté successivement ce nombre, qui s'est élevé environ à quarante. Nous possédons dans nos collections beaucoup de fruits différens de palmiers avec des noms de pays, mais que nous ne pouvons rapporter aux genres connus. Nos jardins renferment très-peu d'espèces vivantes, lesquelles fleurissent rarement. Celles qui existent dans nos herbiers sont aussi peu nombreuses et souvent dans un état incomplet de fructification. Les palmiers ne seront donc bien connus que lorsque des botanistes habitués à observer les auront étudiés dans les lieux où ils croissent, et auront donné des descriptions complètes et comparatives, suivant un plan uniforme. Nous avons l'espérance de voir un travail de ce genre, annoncé par M. Martius, qui a parcouru une partie du Brésil. Il vient de publier un Programme contenant les caractères abrégés de quarante-huit genres de palmiers, dont il complétera les descriptions, accompagnées de figures, dans une monographie de cette famille.

Il la divise en six sections, que nous pourrons mieux apprécier lorsque nous connoîtrons ce grand travail. Sa troisième, par nous admise depuis long-temps, laquelle renferme les palmiers à fruits couverts d'écailles, est très-naturelle et sera généralement adoptée. Sa distinction de trois ovaires monospermes, qui caractérisent la seconde, et d'un seul ovaire à trois loges monospermes, propre aux cinq autres, paroît également naturelle ; mais lorsqu'on observe que deux ovaires et deux loges avortent presque toujours, et que le plus souvent il reste un seul fruit monosperme ; lorsqu'on ajoutera que l'ovaire à trois loges peut être quelquefois la réunion de trois ovaires collés ensemble ; alors on sera moins tenté d'attacher beaucoup d'importance à cette distinction, à moins que d'autres caractères ne viennent à l'appui de celui-ci. Le nombre des spathes qu'il admet parmi les caractères de ses sections, peut être très-utile et indiquer des affinités. Cependant ces enveloppes n'étant pas véritablement des parties de la fructification, elles sont en ce point dans le même cas que les feuilles ou frondes, et peuvent être regardées comme moins importantes que les caractères tirés de la graine et de son point d'attache dans sa loge, ou de l'embryon et de sa situation à la base, au sommet ou sur le côté du périsperme. Plusieurs auteurs modernes ont été exacts à indiquer cette situation, et M. Martius ne la néglige dans aucun des genres de son Programme, lorsqu'il a pu l'observer ; cependant il ne l'a pas employée dans ses sections ; ce qui peut laisser des doutes sur la valeur de ce caractère. La comparaison des genres semblables en ce point, pourra seule déterminer son degré d'importance. Il en sera de même pour la disposition des fleurs sur leurs spadices.

En attendant le résultat de ces observations et de ces comparaisons, faites par un auteur qui a beaucoup vu, nous laisserons subsister ici notre distinction primitive des fruits écailleux et de ceux qui sont des baies ou des brous fibreux, continuant à subdiviser ceux-ci d'après les frondes pennées ou palmées, et passant successivement en revue, dans ces subdivisions, les genres à embryon latéral ou sur le côté du périsperme, basilaire ou à sa base, apiculaire ou à son sommet.

Les genres de la section des fruits écailleux sont le *Calamus* à embryon basilaire, le *Mauritia* de Linnæus fils ou *Bache* d'Aublet, et le *Lepidocaryum* Mart., très-voisins et à embryon latéral ; le *Sagus* de Rumph ou *Metroxylum* de Rottboll, et le *Raphia* Beauvois, réunis par M. Martius et à embryon également latéral.

La seconde section, beaucoup plus nombreuse, réunit les genres dont le fruit est une baie ou un drupe fibreux. Ceux qui, ayant les feuilles pennées, forment la première division, peuvent être subdivisés, d'après la place occupée par l'embryon dans le périsperme.

A la première subdivision, caractérisée par un embryon latéral ou dorsal, doivent être rapportés les genres *Phoenix, Arenga* de M. Labillardière, dont le *Gomutus* de Rumph et peut-être aussi son *Pinanga saxatilis*, 1, t. 7, sont congénères; *Acrocomia* de M. Martius, *Chamædorea* de Willdenow, *Wallichia* de Roxburg, *Geonoma* de Willdenow, *Gynestum* de M. Poiteau, que M. Martius croit congénère du précédent; *Euterpe* de Gærtner ou *Pinanga globosa* de Rumph, 1, t. 5, très-voisin des deux précédens; *Ceroxylum* de M. Kunth; *Caryota.*

Le caractère de l'embryon basilaire réunit dans une seconde subdivision les genres *Seaforthia* de M. R. Brown; *Leopoldina* Mart.; *Hyospathe* Mart.; *Ptychosperma* Bill., auquel sera peut-être réuni le *Sublimia* de l'herbier de Commerson; *Kunthia* de M. de Humboldt; *Areca*, qui est le *Pinanga* Rumph, 1, t. 4; *Elate, Cocos, Iriartea* de Ruiz et Pavon, *Syagrus* Mart., *Maximiliana* Mart., *Diplothemium* Mart., *Œnocarpus* Mart., *Attalea* de M. Kunth, *Manicaria* Gærtn., auquel se rapporte le *Tourloury* de Cayenne; *Morenia* R. Brown.

On range dans la subdivision des embryons apicilaires les genres *Lodoicea* de Commerson, *Astrocaryum* Mart.; *Elais*, dont M. Martius croit l'*Alfontia* de M. Kunth congénère; *Desmoncus* Mart., *Bactris* Jacquin, dont le *Mocaia* de Cayenne doit faire partie; *Guilielma* Mart., *Jubæa* de M. Kunth.

A la suite de la division des feuilles pennées, on laisse les genres *Aiphanes* de M. Kunth, *Oreodoxa* Willd., *Alagoptera* de M. Nées, *Martinezia* et *Nunnezaria* R. Brown, dont la place de l'embryon dans le périsperme n'a pas encore été déterminée.

Les feuilles palmées caractérisent notre seconde division des palmiers, dont le fruit est une baie ou un drupe fibreux.

On y trouve les genres *Borassus* ou *Lontarus* de Rumph; *Latania* Commers.; *Cucifera* de MM. Desfontaines et Delile, ou *Hyphæne* Gærtn., qui ont l'embryon apicilaire; *Corypha, Taliera* Mart., *Licuala* de M. Thunberg, *Thrinax* de Linnæus fils, dont l'embryon est basilaire; *Chamærops, Sabal* d'Adanson, *Rhapis* Linn. fils, peut-être congénère de l'un des deux précédens; *Livistona* R. Brown, dans lesquels l'embryon est latéral.

Nous rappellerons, en finissant cet article, que cette distribution n'est pas définitive, et que les ouvrages dont nous attendons la publication, contribueront à la rectifier en beaucoup de points. (J.)

PALMIFOLIUM. (*Bot.*) Impérato, un des premiers auteurs qui se sont occupés de l'étude des plantes marines, a indiqué sous ce nom le *fucus palmatus,* ou une espèce voisine. (J.)

PALMIJUNCUS. (*Bot.*) C'est sous ce nom que Rumph, dans son *Herb. Amb.*, désigne, soit le rotang, *calamus rotang,* dont il décrit plusieurs variétés, soit le *flagellaria indica.* (J.)

PALMILLO. (*Bot.*) Dans le Mexique, suivant M. de Humboldt, on nomme ainsi le *corypha nana* de M. Kunth. (J.)

PALMIPÈDES. (*Ornith.*) On donne le nom de palmipèdes aux oiseaux dont les doigts sont réunis par des palmures. Cet ordre se divise généralement en plusieurs familles. Voyez Oiseaux, Ornithologie.

M. Foder, dans son Prodrome d'une ornithologie islandoise, donne, sur la faculté natatoire des oiseaux palmipèdes des détails dont on trouve l'extrait dans le Bulletin des sciences naturelles, 2.ᵉ section, cahier du mois de Février 1824, n.° 249. L'auteur appelle la faculté natatoire, *simple,* quand l'oiseau ne fait que nager à la surface de l'eau sans pouvoir s'y enfoncer, et *composée,* lorsqu'il jouit de la faculté de plonger. Il distingue ensuite celle-ci en action de plonger *proprement dite,* qui consiste à séjourner dans l'eau autant que la respiration le permet, et en action de plonger *supplémentaire,* laquelle est celle des oiseaux, qui s'enfoncent dans l'eau en s'y précipitant par le vol, mais qui en sont bientôt rejetés par leur légèreté spécifique. (Ch. D.)

PALMIPÈDES. (*Mamm.*) Illiger a réuni sous ce nom les

castors et les hydromys par la considération de leurs pieds palmés; mais si ces animaux se rapprochent par ce caractère, ils s'éloignent l'un de l'autre par des points de leur organisation beaucoup plus importans. (F. C.)

PALMISTE ou PALMETTE ; *Chamærops*, Linn. (*Bot.*) Genre de plantes monocotylédones, de la famille des palmiers, Juss., et de l'*hexandrie tryginie* du Système sexuel, dont les principaux caractères sont les suivans : Calice très-petit, à trois divisions; corolle de trois pétales ovales, coriaces, redressés, pointus; six étamines à filamens épais, courts, réunis dans presque toute leur longueur de manière à former un godet évasé; trois ovaires arrondis, surmontés chacun d'un style persistant, à stigmate pointu; trois baies presque globuleuses et monospermes. Ces fleurs sont disposées en panicules rameuses, les unes toutes hermaphrodites et les autres mâles, renfermées les unes et les autres, avant leur développement, dans des spathes monophylles qui s'ouvrent par un de leurs côtés.

On connoît six espèces de ce genre : la suivante est la seule qui croisse naturellement en Europe; les cinq autres sont exotiques.

PALMISTE ÉVENTAIL : *Chamærops humilis*, Linn., *Spec.*, 1657 ; Lam., *Illust.*, tab. 900. Dans son pays natal, ce palmier ne s'élève guère au-delà de quatre à six pieds; mais au Jardin du Roi à Paris, où on le cultive depuis très-longtemps, on en voit plusieurs individus qui ont atteint dix-huit à vingt pieds de hauteur. Dans cet état son tronc est un cylindre de six pouces de diamètre, droit, très-simple, nu dans sa partie inférieure, chargé dans le reste de sa longueur de grandes écailles triangulaires, imbriquées, lesquelles ne sont que la base des pétioles long-temps persistante. Cette tige est couronnée à son sommet par un faisceau composé de trente à quarante feuilles portées sur de longs pétioles, épineux en leurs bords, plissées elles-mêmes dans le sens de leur longueur en manière d'éventail, et divisées dans leur partie supérieure en douze à quinze lobes étroits, ensiformes, disposés en quelque sorte comme les doigts de la main. De l'aisselle des feuilles naissent des panicules de fleurs jaunâtres, peu apparentes, enveloppées avant leur parfait développement dans des spathes longues de six à huit pouces, comprimées, dont l'un des bords se fend vers le sommet pour donner passage aux fleurs. Ce palmier croît naturellement en Afrique, dans le Midi de l'Europe et particulièrement en Espagne. On le trouve aussi en Barbarie.

Les fruits du palmiste ont une saveur douce et mielleuse. Les Arabes les mangent, quoique bien inférieurs à ceux que produit le dattier. Ils mangent aussi ses jeunes pousses, quoiqu'elles aient un goût acerbe. La partie inférieure de sa tige contient une substance ferme et blanchâtre, qui est également bonne à manger. C'est une espèce de fécule d'une saveur douce et analogue au sagou. On fait avec ses feuilles, travaillées de diverses manières, des corbeilles, des nattes, des cordes, etc.

Le palmiste croît dans les plus mauvais terrains, et il se multiplie facilement de lui-même dans les pays où il est indigène. Cependant il n'est pas commun, parce qu'on le détruit pour se procurer sa fécule. (L. D.)

PALMISTE. (*Bot.*) Nom qu'on donne à plusieurs espèces de palmiers, dont la cime, non développée et mangeable, est plus connue sous le nom de chou. L'arequier, fournissant le meilleur chou, est plus spécialement nommé palmiste. Voyez l'article précédent et les articles de botanique suivans. (Lem.)

PALMISTE. (*Mamm.*) Nom d'une espèce d'écureuil. Il lui a été donné parce qu'il se tient sur les palmiers. (F. C.)

PALMISTE. (*Ornith.*) Cet oiseau, rangé avec les merles par Linnæus et Latham, sous le nom de *turdus palmarum*, est un *tachyphone* de M. Vieillot. Buffon en a donné la figure pl. 539. (Ch. D.)

PALMISTE. (*Entom.*) Nom d'une espèce de charanson dont la larve, connue sous le nom de ver, se nourrit dans le tronc des palmiers. Voyez tome VI, CALANDRE DES PAL-MIERS, n.° 3. (C. D.)

PALMISTE AMER. (*Bot.*) Suivant Jacquin, on nomme ainsi son *cocos amarus*, dont le fruit, de la grosseur d'un œuf d'oie, est très-amer, ainsi que la liqueur qu'il contient. Ce palmier s'élève à la hauteur de cent pieds. Lorsqu'il est encore jeune et bas, les habitans lui font des fentes longitudinales, dans lesquelles une espèce de charanson dépose ses œufs, dont le ver éclos est recherché comme un mets succulent après qu'on l'a fait rôtir. (J.)

PALMISTE DES BOIS. (*Bot.*) On trouve sous ce nom, dans l'herbier de Surian, mais seulement en feuilles pennées, un palmier des Antilles, qui est le *palma dactylifera fructu globoso major*, de Plumier, nommé aussi *palmiste à chapelet*, parce que son fruit, petit, sphérique et dur, est employé pour faire des chapelets. Ce fruit paroîtroit rapprocher ce palmier du *geonoma* ou du *bactris minor*. Plumier n'a pas vu la fleur. (J.)

PALMISTE ÉPINEUX. (*Bot.*) Nom de l'*avoira* dans les colonies. (LEM.)

PALMISTE FRANC. (*Bot.*) Dans les Antilles, suivant Jacquin, on nomme ainsi son *areca oleracea*, dont les habitans enlèvent le centre de la touffe terminale, composé de jeunes feuilles tendres non encore développées, nommé aussi chou palmiste, qu'ils mangent, soit cru, avec du poivre et du sel, comme l'artichaut, soit frit avec du beurre. (J.)

PALMISTE POISON. (*Bot.*) Voyez PALMISTE ROUGE. (LEM.)

PALMISTE ROUGE. (*Bot.*) Palmier qui croît dans les îles Rodrigue et Bourbon, dont le chou est vénéneux, suivant Cossigny, qui n'en détermine pas l'espèce. Ce palmiste paroît être le même que le *palmiste poison*, qui, d'après M. Bosc, se trouve dans l'île de la Réunion ou de Bourbon. Les Créoles prétendent que le fruit en est vénéneux ; cependant, quoiqu'amer, il n'est pas mal-sain ; ils mangent le fruit, dont la graine, plus petite que celle de l'arequier ordinaire, est enveloppée d'une chair verdàtre mucilagineuse, désagréable au goût. Ce palmier est une nouvelle espèce du genre *Areca* ; il s'élève moins que l'*areca oleracea* ; ses feuilles sont plus longues, plus flexibles, et point glauques en dessous. Le régime est très-rameux, ce qui caractérise spécialement l'espèce. Ce palmier croit à vingt-cinq toises au-dessus du niveau de la mer. (LEM.)

PALMITES, PALMITOS et PALMA-MINOR. (*Bot.*) Ces noms désignent le palmiste éventail, et quelques autres palmiers de petite stature, dans Garcias, Lobel, Linscott, etc. (LEM.)

PALMITO. (*Bot.*) L'*oreodoxa frigida* de la Flore équinoxiale, espèce de palmier, est ainsi nommé dans la chaîne des montagnes de Quindiu en Amérique. (Voy. aussi Manaca.) Le *palmito* de la Nouvelle - Andalousie est le *aiphanes* de Kunth ; celui d'Espagne est le palmiste éventail. (J.) ₋

PAL-MODECCA. (*Bot.*) Nom malabare du *convolvulus paniculatus*. Le même est donné à une autre plante, dont les trois valves du fruit portent dans leur milieu un placentaire chargé de graines ; ce qui le ramène à la famille des passiflorées. (J.)

PALMO-PLANTAIRES. (*Mamm.*) Dénomination qui, dans la méthode de classification de Storr, embrasse les mammifères à quatre mains ou quadrumanes, c'est-à-dire les singes, les sapajous et les makis. (F. C.)

PALMULA. (*Bot.*) Les Latins nommoient ainsi le palmier éventail, qui est le *chamæriphes* des Grecs. V. Palmiste. (Lem.)

PALMULA INDICA. (*Bot.*) Le tamarin est ainsi désigné par quelques auteurs anciens. (Lem.)

PALMULAIRE. (*Foss.*) On trouve dans la falunière d'Orglandes, département de la Manche, de jolis petits corps, qui ont deux lignes de longueur sur moins d'une ligne de largeur. Ils sont plats, lisses ou unis sur une de leurs faces ; un des bouts s'élargit un peu et est terminé par une pointe obtuse ; l'autre bout n'est pas terminé aussi régulièrement et pourroit avoir été brisé. Sur la face opposée à celle qui est unie, il règne vingt à trente côtes, qui, quelquefois, partent d'un centre commun, comme les nervures d'une feuille, et viennent aboutir obliquement sur les bords. Dans quelques individus la portion la plus élargie du centre est unie, et les côtes garnissent seulement les bords. Ces petits corps paroissent pleins et solides, et je n'ai point vu de trous au bout des côtes qu'on pourroit prendre pour des pores.

J'ai provisoirement classé ces corps dans les polypiers, et comme ils ne se rapportent à aucun des genres déjà nommés, je propose d'en former un sous le nom de Palmulaire, auquel on assigneroit les caractères suivans : *Corps fixé? solide, plat, linéaire, uni sur l'une de ses faces ; l'autre, garnie de côtes arrondies partant du centre et allant se terminer obliquement sur les bords.*

J'ai donné à l'espèce qui sert de type à ce genre, le nom de palmulaire de Soldani, *palmularia Soldanii.*

On en voit une figure dans une des planches des fossiles de ce Dictionnaire. (D. F.)

PALMYRE, *Palmyra*. (*Chétopodes.*) Subdivision des aphrodites, établie par M. Savigny dans son Système des annelides, p. 16, et adoptée par M. de Lamarck pour les espèces qui, sans écailles dorsales, et avec les cirres tentaculaires au nombre de cinq, dont la paire extérieure est beaucoup plus longue que les autres, une seule paire d'yeux, ont les mâchoires demi-cartilagineuses et point de tentacules à l'orifice de la trompe. M. Savigny ne décrit qu'une seule espèce de palmyre, la P. AURIFÈRE, *P. aurifera*, des côtes de l'Isle-de-France. Son corps est obtus aux deux extrémités, composé de trente anneaux et de trente paires de pieds; les branchies sont peu visibles et cessent d'alterner après le vingt-cinquième anneau. Les faisceaux supérieurs des rames dorsales sont pourvus de soies plates, élargies, courbées, disposées en palmes voûtées, s'imbriquant les unes les autres, et donnent à l'animal l'éclat brillant de l'or. Voyez Sétipodes et Vers pour les généralités sur cette classe d'animaux. (DE B.)

PALO. (*Bot.*) Ce mot espagnol, qui signifie bois, suivi d'un adjectif, est donné à divers végétaux. Le *palo blanco* de l'île de Cuba, est le *simaruba glauca* de M. Kunth; un arbre *palo blanco* de Braya, dans la province de Popayan, est le *citharexylum tomentosum* du même; le *palo de requeson*, de la même province, est le *capparis oblongifolia*; le *palo sano o bera*, des environs de Cumana, est le *zygophyllum arboreum* de Jacquin; le *palo Maria*, d'où découle une liqueur balsamique, est un *calophyllum* (voyez CALABA). Le *palo santo* des Portugais voisins de la Guiane, est le *robinia panacoco* d'Aublet. On cite au Pérou un *palo de luz*, dont les tiges velues s'enflamment à l'approche du feu, et peuvent alors servir de flambeau; mais on ignore à quel genre il peut appartenir. Le *palo de venado*, cité par Lœfling dans l'Amérique méridionale, est le *capparis breynia*. (J.)

PALO DE CALENDURAS. (*Bot.*) Nom d'une espèce de quinquina au Mexique. Voyez PALOS DE CALENDURAS. (LEM.)

PALO DEL DARDO. (*Bot.*) Nom espagnol du *styrax officinalis*. (LEM.)

PALO DUX. (*Bot.*) C'est la réglisse en Espagne. (LEM.)

PALO MARIA ou BOIS-MARIE. (*Bot.*) Le *calophyllum calaba* paroit être le *bois-marie* des Espagnols d'Amérique, selon Jacquin; cependant il se pourroit qu'il fût celui d'une variété du *callophyllum inophyllum*, Linn. (Lem.)

PALO MESTO. (*Bot.*) Le chêne ægyplops et l'alaterne reçoivent ce nom en Espagne. (Lem.)

PALO DE VACA ou BOIS DE VACHE. (*Bot.*) Arbre de Caracas, qui donne un suc laiteux doux, balsamique, qui se coagule à l'air, et s'altère au bout de quelque temps, lorsqu'il fait chaud. On fait grand usage de ce suc dans le pays où croit le *palo de vaca*. Cet arbre appartient à la famille des sapotilliers; ses feuilles sont alternes, coriaces, mucronées, et de la largeur de la main. On ne connoît point ses fleurs. (Lem.)

PALOMA. (*Ornith.*) C'est le nom espagnol du pigeon domestique, *columba domestica*, Linn. On appelle aux Philippines, *paloma torcaz*, un oiseau de la grosseur d'une grive, dont le plumage est varié de gris, de vert, de blanc, de rouge, et dont le bec et les pieds sont de cette dernière couleur. Cet oiseau, dont il est fait mention dans l'Histoire générale des voyages, tom. 10, in-4.°, page 411, est probablement une espèce de pigeon ramier, puisque celui-ci porte le même nom dans ce royaume. (Ch. D.)

PALOMBE. (*Ornith.*) Ce nom et celui de *palome*, tirés du mot latin *palumbus*, désignent le ramier dans les départemens qui avoisinent les Pyrénées. (Ch. D.)

PALOMBINO. (*Min.*) Sorte de marbre blanc, à texture fine et compacte, qui ne se trouve que dans les monumens antiques et parmi leurs débris, et qui paroît avoir été plus particulièrement consacré par les anciens à faire des autels. On ne le trouve jamais en gros blocs.

Son blanc n'est pas pur et vif, mais il tire sur le grisàtre ou le jaunàtre. Il ne prend jamais un poli brillant. (B.)

PALOMBO. (*Ornith.*) Nom italien des ramiers. (Ch. D.)

PALOMET, PALOMETTE et PALUMBETTE. (*Bot.*) Voyez Agaric palomet à l'article Fonge et Mousseron palomet ou Blavet, p. 173, à l'article Mousseron. (Lem.)

PALOMIDA. (*Ichthyol.*) Nom qu'aux isles Baléares, suivant

François De la Roche, on donne à la *bonite rayée.* Voyez
Thon. (H. C.)

PALOMIÈRE. (*Chass.*) Magné de Marolles, dans son
Traité de la *chasse au fusil,* Paris, 1788, donne une ample
description de la chasse qu'on faisoit alors, sous ce nom,
dans la Basse-Navarre, le Béarn, le Bigorre, etc., et où l'on
prenoit des quantités considérables de ramiers et de bisets;
il donne même la figure d'une palomière établie à six lieues
de Pau, dans la vallée de Baretons, et la description de tous
les préparatifs nécessaires pour de pareils établissemens. Le
premier objet dont il faut s'occuper, est de choisir un
emplacement convenable, c'est-à-dire de trouver entre des
montagnes, des gorges dont l'embouchure présente un espace en plaine d'environ quatre-vingts pas en longueur et
en largeur, et où le terrain s'abaisse ensuite en pente assez
rapide. On plante, à l'extrémité du plateau, des arbres auxquels on puisse tendre les filets, dont le jeu exige le con-
cours de plusieurs personnes, tant pour contribuer à diriger
la route des volées de palomes, que pour les prendre sous
ces filets. Mais la construction des palomières nécessite des
travaux et des dépenses tels qu'on en fait des ouvrages à
demeure, et qu'il en existe plusieurs de toute ancienneté
dans les lieux qui ont été trouvés les plus propres à cette
chasse.

Le passage des palomes a lieu dans les premiers jours de
Septembre et dure jusque vers le vingt Novembre. Dès que
ces oiseaux commencent à se montrer, on apprête tous les
attirails pour être en état de les mettre en œuvre vers la fin
de Septembre. Les palomes, dans ce premier passage, vont
toujours de l'orient au couchant, et elles prennent une route
opposée à leur retour dans les mois de Février et de Mars,
époque à laquelle on ne les chasse qu'à terre et avec les filets
à nappes.

Le même auteur parle ensuite des chasses aux bisets qui
se faisoient à une lieue et au levant de la ville de Bagnères,
sur un côteau où se trouvent beaucoup de gorges, avec
des filets nommés *pantières;* mais ces chasses étoient bien moins
productives que celles des palomières, où l'on prenoit en
un coup de filet trente, cinquante et quelquefois cent ra-

miers. Les bisets se chassent aussi à l'appeau, et l'on y emploie des individus vivans pour attirer ceux qui passent vers les filets. (Ch. D.)

PALOMILLA, PALOMINA. (*Bot.*) Noms espagnols du *fumaria spicata*, ainsi que de la fume-terre ordinaire, suivant Clusius. (J.)

PALOMMIER. (*Bot.*) Nom sous lequel M. de Lamarck décrit dans l'Encyclopédie le genre Gaultheria de Linnæus, décrit dans ce Dictionnaire sous ce dernier nom. (J.)

PA-LO-MYE. (*Bot.*) Nom donné par les Chinois au fruit du jaka ou jacquier, espèce d'*artocarpus*, suivant l'éditeur du Petit recueil des Voyages. (J.)

PALONNE. (*Ornith.*) L'oiseau dont le nom est ainsi écrit par Denys, dans son Histoire naturelle de l'Amérique septentrionale, Paris, 1672, tom. 2, page 305, est la spatule. (Ch. D.)

PALOOPO. (*Bot.*) C'est ainsi qu'on nomme à Sumatra le bambou, suivant Marsden, qui dit qu'on l'emploie beaucoup pour la construction des bâtimens, et qu'on en fait même des planches en le fendant d'un côté dans sa longueur, coupant le saillant intérieur des nœuds, et l'ouvrant ensuite entièrement, puis le mettant à la presse sous un poids et le faisant sécher au soleil dans cet état. (J.)

PALOS DE CALENTURAS. (*Bot.*) Suivant Ray, les Espagnols de l'Amérique méridionale nomment ainsi le quinquina. Le bois d'aloès, *aquilaria*, cité par C. Bauhin sous les noms de *agallochum* et *xyloaloes*, est le *palos d'aguilla* ou d'*agula* des mêmes pays, suivant Linscot, en françois *bois d'aigle*. (J.)

PALOUÉ, *Palovea*. (*Bot.*) Genre de plantes dicotylédones, à fleurs polypétalées, irrégulières, de la famille des légumineuses, de l'*ennéandrie monogynie* de Linnæus, offrant pour caractère essentiel : Un calice double; l'extérieur à deux lobes; l'intérieur irrégulier, à quatre ou cinq lobes; trois pétales; neuf étamines libres; un ovaire supérieur, pédicellé; un style; un stigmate simple. Le fruit est une gousse alongée, à deux valves, à une loge, renfermant plusieurs semences ovales, comprimées.

Paloué de la Guiane : *Palovea guianensis*, Aubl., Guian.,

vol. 1, pag. 365, tab. 141; Lamarck, *Ill. gen.*, tab. 323. Arbrisseau qui s'élève à la hauteur de quinze pieds sur un tronc rameux presque dès sa base, dont les rameaux sont alternes, droits ou inclinés, garnis de feuilles alternes, vertes, lisses, ovales-oblongues, acuminées, très-entières, longues de six pouces sur deux et demi de large; les pétioles courts, munis de deux petites stipules. Les fleurs sont rouges, sessiles, réunies trois ou quatre en petits épis terminaux, accompagnées de bractées. Le calice extérieur est urcéolé, à deux lobes ovales, oblongs, aigus; l'extérieur à quatre ou cinq lobes oblongs, concaves, obtus, dont un plus grand que les autres; les pétales sont au nombre de trois, peut-être de cinq, dont deux caducs, oblongs, étroits, frangés, insérés à la base du grand lobe du calice; les filamens des étamines sont très-longs, capillaires, flexueux, insérés sur un bourrelet qui couronne l'orifice du calice, soutenant des anthères oblongues, vacillantes. L'ovaire est oblong, comprimé, pédicellé; le pédicelle garni d'un côté d'un large feuillet membraneux; le style plus long que les étamines. Cette plante croît dans les forêts de la Guiane. (Poir.)

PALOURD. (*Ichthyol.*) Dans l'Histoire générale des voyages, mais sans aucune espèce de détail, il est parlé sous ce nom d'un poisson de la mer et de la rivière d'Issini en Afrique. (H. C.)

PALOURDE. (*Malacoz.*) Les habitans de nos côtes donnent ce nom à des coquilles de différens genres; en effet, j'ai reçu sous ce nom le *cardium rusticum*, une espèce de vénus, la vénus treillissée, et même une espèce de lutraire, la lutraire comprimée. (De B.)

PALPES ou ANTENNULES, *Palpi*, *Antennulæ*. (*Entom.*) On nomme ainsi des appendices articulés, mobiles, qui s'observent en nombre pair sur les parties latérales de la bouche des insectes. Ce nom de palpes fait supposer que l'insecte s'en sert pour palper les corps solides qu'il ronge. En effet, on les voit en mouvement toutes les fois que l'insecte mange; mais leur forme varie beaucoup, ainsi que leurs usages, à ce qu'il paroît. La dénomination d'*antennules* dérive de la comparaison que l'on en a faite avec les antennes et de leur brièveté relative. Dans beaucoup d'insectes les palpes ser-

vent évidemment à redresser l'aliment ou à le ramener, comme le font les lèvres charnues, sous l'action des mandibules et des mâchoires qui doivent le couper, le diviser et le réduire en pâte. C'est surtout dans les insectes à mâchoires que l'on distingue les palpes. On en compte quatre le plus ordinairement, et on les distingue en supérieurs ou maxillaires, et en inférieurs ou labiaux, en raison de leur situation ou de leur insertion ; les premiers étant fixés ou articulés sur les mâchoires proprement dites, et les seconds sur la lèvre inférieure : dans quelques insectes même, comme chez les orthoptères et chez quelques névroptères, les mâchoires sont garnies d'une sorte de gaine mobile, d'une seule pièce, qui représente un palpe surnuméraire et que l'on a nommé GALÈTE, *Galea* (voyez ce mot). Chez quelques insectes coléoptères les palpes sont au nombre de six, dont deux paires sont fixées sur la mâchoire inférieure : tels sont les créophages, comme les carabes, les cicindèles. Voyez INSECTES. (C. D.)

PALPEURS. (*Entom.*) M. Latreille avoit désigné sous ce nom une division ou une tribu des insectes coléoptères, à cinq articles à tous les tarses, et dont tous les palpes sont très-longs et renflés vers l'extrémité. Il y rapporte les genres MASTIGE, qui ne comprend qu'une espèce du Portugal, décrite sous ce nom par Hoffmannsegg, et celui qu'il nomme SCYDMÈNE. Voyez ces mots. (C. D.)

PALPICORNES. (*Entom.*) C'est le nom d'une famille de coléoptères, établie par M. Latreille pour y comprendre nos clavicornes ou hélocères sous les noms de deux tribus, les hydrophiliens et les sphéridiotes. (C. D.)

PALQUIN. (*Bot.*) L'arbrisseau du Pérou, désigné sous ce nom par Feuillée, est le *buddleia globosa*, rapporté à la famille des personées ou scrophularinées. Dans la Flore du Pérou il est nommé *pagnkin*. (J.)

PALTAM. (*Bot.*) M. Leschenault dit que dans la langue tamoule on nomme ainsi le pois cultivé. (J.)

PALTE, AVANE. (*Bot.*) Dans le Catalogue de l'herbier de Vaillant on trouve sous ces noms un *acacia* de Magellan à côte épineuse et à gousse purpurine. (J.)

PALTORIA. (*Bot.*) Ce genre des auteurs de la Flore du

Pérou n'est qu'une espèce de houx, *ilex*, auquel on le trouve réuni dans le *Synopsis* de M. Persoon. (J.)

PALUDAPIUM. (*Bot.*) Pena et Tabernæmontanus, cités par C. Bauhin, nommoient ainsi l'ache des marais, *apium palustre* de Matthiole, *apium graveolens* de Linnæus. (J.)

PALUDELLA ou MARÉCAGINE. (*Bot.*) Genre de la famille des mousses, constitué par Bridel et caractérisé ainsi par lui : Péristome double : l'extérieur à seize dents lancéolées, pointues ; l'intérieur formé par une membrane très-courte, qui s'alonge en seize dents, ayant entre elles un point proéminent ou petite saillie ; coiffe inconnue ; fleurs mâles discoïdes, situées sur des pieds distincts.

Ce genre, très - voisin du pohlia, ne comprend qu'une espèce.

PALUDELLA RUDE OU MARÉCAGINE RUDE : *P. squarrosa*, Brid., *Musc. suppl.*, 3, p. 72, et 4, p. 115, tab. 2, fig. 13 ; *Bryum squarrosum*, Linn.; Hedw., *Spec. musc.*, 186, tab. 44, fig. 6 — 11 ; *Mnium squarrosum*, Wahlenb., *Flor. Cap.*, p. 356 ; *Hypnum paludella*, Web. et Mohr. Tige droite, presque simple ; feuilles sur cinq rangs, obovales, pointues, réfléchies, dentelées à leurs extrémités; capsules oblongues, un peu penchées ; opercule presque conique, pointu. Cette mousse, qui a le port d'un *mnium*, croît dans le Nord de l'Europe, dans les marais, les prés et les pâturages tourbeux de la province de Nordland, en Laponie, en Suède, en Zélande, en Russie, dans la Courlande, dans le grand-duché de Hesse, en Saxe et en Silésie.

Ehrhart, sans songer qu'on pût en faire un genre particulier, lui avoit imposé le nom de *paludella*.

Quelques botanistes pensent que ce genre ne doit pas être adopté, à cause des légers caractères qui le séparent du *mnium*, dont il diffère seulement par la structure de son péristome interne. (LEM.)

PALUDINE, *Paludina*. (*Malacoz.*) M. de Lamarck est le premier zoologiste qui ait proposé d'établir sous ce nom un genre de mollusques pour les espèces de cyclostomes de Draparnaud qui ne sont pas terrestres, et qui au contraire vivent, comme l'indique leur nom, dans les marais et dans les rivières, quelquefois cependant dans les eaux saumâtres et même

salées, formant lagunes à l'embouchure des rivières. Il a été
conduit à cette séparation par les observations de M. Cuvier,
sur l'anatomie de la principale espèce de ce genre, la vivipare à bandes, si commune dans nos rivières. Les caractères
que l'on peut assigner à ce genre, en ayant égard à l'animal,
à la coquille et à son opercule, peuvent être exprimés ainsi :
Animal spiral; le pied trachélien ovale, avec un sillon marginal antérieur; tête proboscidiforme; tentacules coniques,
obtus, contractiles, dont le droit est plus renflé que le gauche,
et percé à sa base pour la sortie de l'organe excitateur; yeux
portés sur un renflement formé par le tiers basilaire des
tentacules; bouche sans dents, mais pourvue d'une petite
masse linguale hérissée; anus à l'extrémité d'un petit tube
au plancher de la cavité respiratrice; organes de la respiration formés par trois rangées de filamens branchiaux et
contenus dans une cavité largement ouverte avec un appendice auriforme inférieur à droite et à gauche; sexes séparés
sur des individus différens; l'appareil femelle se terminant
par un orifice fort grand dans la cavité branchiale; l'organe
mâle cylindrique, très-gros, renflant, quand il est rentré,
le tentacule droit, et sortant par un orifice situé à sa base.
Coquille épidermée conoïde, à tours de spire arrondis; le
sommet mamelonné; ouverture médiocre, ronde, ordinairement un peu plus longue que large et anguleuse en arrière,
à bords réunis, toujours tranchans; le commencement du
bord gauche immédiatement collé contre le dernier tour de
spire. Opercule corné, appliqué, squameux, ou à élémens
imbriqués; le sommet subcentral. D'après les caractères que
nous assignons à ce genre, il est évident qu'il se distingue
fort bien des véritables cyclostomes, non-seulement par les
caractères tirés de l'animal, et surtout de l'appareil respiratoire, mais encore par ceux que fournissent la coquille et
son opercule. En effet, dans les véritables cyclostomes l'opercule est paucispiré, et par conséquent a une tout autre
structure. Ce genre n'est pas aussi facile à séparer des ampullaires, et l'on peut même à peu près assurer qu'ils devront y
être réunis, tant il y a de ressemblance dans l'animal et dans
l'opercule. Il n'y a donc que la forme plus ventrue et ombiliquée de la coquille qui puisse servir à distinguer ces deux

genres dont les animaux ont du reste les mêmes habitudes, et vivent également dans les eaux douces.

L'organisation des paludines n'offre, du reste, rien de bien remarquable que dans ce qui nous a servi à caractériser le genre. Les femelles, qui sont toujours plus grosses que les mâles, présentent seulement dans l'appareil de la génération une disposition qu'on a cru à tort particulière à ces animaux, dans le grand développement de la seconde partie de l'oviducte, à laquelle on a donné le nom de matrice et où s'amassent les œufs, en s'y développant assez pour y éclore; en sorte que les petites paludines sortent du corps de leur mère à l'état vivant : ce qui a fait désigner l'espèce connue dans nos grandes rivières par le nom de vivipare à bandes. Cette singularité a été observée depuis assez long-temps chez plusieurs espèces de sabots de nos côtes.

Les mœurs et les habitudes des paludines n'offrent non plus rien de bien particulier; elles vivent, en général, dans le fond des rivières sur les plantes aquatiques qui s'y trouvent; elles paroissent se nourrir de toutes sortes de substances, mais surtout de substances végétales. Leur mode d'accouplement ne doit rien offrir de digne de remarques. Nous avons dit que les petits sortent vivans de l'intérieur de leur mère; mais ce n'est pas tous à la fois. Les femelles des paludines paroissent pondre pendant toute la belle saison. Les petits, en sortant, se placent sur la coquille de leur mère et paroissent y rester quelque temps; elles rampent assez vîte sur un sol résistant, et viennent quelquefois à la surface de l'eau, où elles peuvent aussi flotter à la manière des limnées, d'après les observations de M. Beudant; il faut cependant que cela soit fort rare, car je ne l'ai jamais observé moi-même.

Les espèces de paludines semblent n'exister que dans notre hémisphère boréal et pas même dans la zone véritablement chaude, où elles sont remplacées par des ampullaires. C'est surtout dans les rivières de l'Amérique septentrionale qu'elles paroissent être les plus communes. Malheureusement elles sont peu connues dans nos collections, et elles sont assez incomplétement décrites par les naturalistes américains.

On connoît en France :

La P. VIVIPARE : *P. vivipara; Helix vivipara*, Linn.; *Cyclos-*

toma viviparina, Draparn., Moll. de Fr., pl. 1, fig. 16. Coquille (quelquefois d'un pouce de diamètre) conoïde, un peu ventrue, mince, subtransparente, à cinq ou six tours de spire, séparés par une suture profonde, cachant sous un épiderme de couleur verdâtre, des bandes décurrentes, brunes ou fauves sur un fond blanc ou blanchâtre.

L'animal est d'une couleur générale brunâtre, parsemée d'une grande quantité de petites taches d'un jaune doré, plus marqué sur le bord antérieur du manteau.

Cette espèce est connue dans toutes les parties de la France et de l'Europe dans les grandes rivières. Elle a été le sujet des observations anatomiques de Lister, de Swammerdam et de M. Cuvier.

M. Say, *Encyclop. am.*, art. *Conchology*, décrit et figure sous le nom de limnée vivipare, une espèce qui paroît bien voisine de celle-ci, à laquelle, en effet, il la rapporte. Elle est subconique, de couleur olivâtre ou pâle, avec trois bandes d'un rouge brun, décurrentes avec la spire.

La P. AGATHE : *P. achatina; Helix fasciata*, Linn., Gmel.; *Cycl. achatinum*, Drap., Moll., pl. 1, fig. 18. Coquille un peu plus grande et, en général, plus alongée, un peu plus solide et plus nettement fasciée que la précédente, avec laquelle elle a les plus grands rapports, et se trouve dans les grandes rivières du Midi de la France et en Italie.

La P. SALE : *P. impura; Helix tentaculata*, Linn., Gmel., page 3662, n.° 146; *Cyclostoma impurum*, Draparn., Moll., pl. 1, fig. 19. Petite coquille ovale-conique, lisse, translucide, de couleur de corne jaune, et le plus ordinairement couverte d'un dépôt crétacé ou limoneux, plus ou moins abondant, suivant la nature des eaux dans lesquelles vit l'animal. Couleur noire, avec des points dorés nombreux.

Très-commune dans toutes les eaux douces de la France, de l'Allemagne et probablement du reste de l'Europe.

La P. SAUMATRE : *P. muriatica; Turbo thermalis*, Linn., Gmel., p. 3603, n.° 61; *Cyclostoma anatinum*, Drap., Moll., pl. 1, fig. 24, 25. Très-petite coquille (une à deux lignes), fort mince, lisse, pellucide, de forme conoïde, toute blanche, sous un épiderme brunâtre.

Dans les eaux douces du Midi de la France, dans les eaux

thermales, chaudes jusqu'à 34^d, en Italie, en Autriche et dans les eaux saumâtres, voisines de la mer, aux environs du Hàvre, dans la mer Baltique.

La P. VERTE : *P. viridis ; Cyclostoma viridis*, Draparn., Moll., pl. 1, fig. 26, 27. Coquille très-petite ($^3/_4$ de ligne), lisse, transparente, subovale, de quatre tours de spire, dont le dernier fort grand ; ouverture grande et ovale ; sommet pointu ; Couleur blanche sous un épiderme vert.

Dans les eaux douces des ruisseaux des montagnes de France.

En Afrique.

La P. UNICOLORE : *P. unicolor ; Cyclostoma unicolor*, Oliv., Voyage dans l'Emp. ottom., pl. 31, fig. 9, *a, b.* Coquille assez petite (six lignes), ventrue, conoïde, mince, pellucide, glabre, formée de six tours de spires convexes, aplatis en dessous. Couleur de corne verdâtre.

Dans le canal d'Alexandrie en Égypte.

En Asie.

La P. DU BENGALE, *P. bengalensis* de Lamarck, Anim. sans vert., tome 6, part. 2, page 174, n.° 3. Coquille de quinze lignes de long, ventrue, ovale-aiguë, très-pointue au sommet, de sept tours de spire, très-finement treillissée et de couleur verdâtre, avec des rayures transversales brunes. Des rivières du Bengale.

En Amérique.

La P. SUBCARÉNÉE : *P. subcarinata*, Say ; *Limnea subcarinata*, Say, *Encyclop. am.*, art. *Conchology*, pl. 1, fig. 7. Coquille ovale, un peu conoïde, ombiliquée, de trois tours de spire arrondis, bien séparés, avec deux ou trois lignes carinaires, décurrentes ; ouverture grande et ovale.

Dans la Delaware et autres rivières de l'Amérique septentrionale.

La P. COUPÉE ; *P. decisa*, Say, *l. c.*, pl. 2, fig. 6. Coquille ovale, subconique, tronquée au sommet, composée de quatre tours de spire arrondis, bien distincts et finement striés ; ouverture subovale et sensiblement plus longue que large. Couleur olivacée.

Cette espèce, qui s'éloigne déja un peu de ses congénères par la forme de l'ouverture, vient, comme la précédente, de l'Amérique septentrionale. Elle a un pouce de long sur trois quarts de large.

La P. DE VIRGINIE; *P. Virginiæ*, Say, *l. c.*, pl. 2, fig. 4. Coquille ovale-alongée, subturriculée, à sommet.tronqué, de sept tours de spire; ouverture subovale, assez petite proportionnellement, élargie ou dilatée en avant. Couleur olivâtre ou cornée noirâtre, avec deux lignes étroites, rouge-foncé, décurrentes avec le spire.

Des lacs de l'Amérique septentrionale, où elle a été découverte par M. Lesueur.

La P. LAPIDAIRE; *P. lapidaria*, Say, *Journ. of the acad. nat. sc.*, tom. 1, part. 1, page 33. Coquille turriculée, subombiliquée, formée de six tours de spire bien distincts et un peu striés; ouverture ovale-orbiculaire longitudinalement, à peine aussi grande que le tiers de la coquille; longueur, un cinquième de pouce.

Sous les pierres, sur les bords des rivières de l'Amérique septentrionale.

La P. LIMONEUSE; *P. limnosa*, Say, *l. c.*, tome 1, part. 1, page 125. Coquille tres-petite, conique, subombiliquée; ouverture ovale-orbiculaire. Couleur de corne foncée, mais ordinairement couverte d'une matière limoneuse, qui la salit. Cette espèce, qui est très-commune sur les bords de la Delaware et d'autres rivières de l'Amérique septentrionale, paroit avoir quelques rapports avec notre P. impure. Son animal, blanchâtre, a la tête brune, avec la bouche, les tentacules, le tour des yeux et une bande de chaque côté du cou, de couleur blanche.

La P. GRAIN; *P. grana*, Say, *l. c.*, tome 2, page 378. Coquille extrêmement petite ($\frac{1}{10}$ de pouce), conique, ovale, ombiliquée; ouverture orbiculaire fortement anguleuse en dessus. Très-abondante sur les feuilles mortes tombées dans les marais à Harrowgate en Pensylvanie.

La P. LUSTRÉE; *P. lustrica*, Say, *l. c.*, tome 2, page 37. Coquille un peu plus grande que la précédente, plus alongée; la partie postérieure de la lèvre interne étant une continuation non interrompue des bords de l'ouverture.

M. Say ajoute encore à ces cinq ou six espèces de paludines des États-Unis, celles qu'il nomme *integra*, *ponderosa* et *trilineata.* Malheureusement il n'en donne pas de figures. (DE B.)

PALUDINE. (*Foss.*) Les espèces de ce genre que l'on trouve dans les terrains lacustres, ne se distinguent guères que par la grandeur. Il est difficile de présenter pour chacune d'elles des caractères qui ne soient pas en général ceux du genre.

PALUDINE DE HAMMER, *Paludina Hammeri.* On trouve dans des pierres à Bouxwiller, au pied du Bastberg, des moules intérieurs de cette espèce qui ont jusqu'à dix-huit lignes de longueur, sur plus d'un pouce de diamètre à la base. Ils sont dépourvus du têt dans lequel ils ont été formés, et ils sont accompagnés de pareils moules de planorbes, d'autres paludines plus petites, de limnées, de cyclostomes et d'hélices.

PALUDINE MINCE : *Paludina unicolor*, ou *Helix lenta*, Brander, *Foss. hant.*, tab. 60? Longueur, quinze lignes. On trouve cette espèce avec son têt luisant dans les couches voisines de l'argile plastique et du lignite, à Soissons, à Beaurain, à Headen-Hill, dans l'île de Wight. On a cru pouvoir rapporter à cette espèce celle qui se trouve à l'état vivant en Orient, et à laquelle Olivier a donné le nom de *cyclostoma unicolor.* (Voyage en Orient, pl. 31, fig. 9, *A B.*)

PALUDINE HELVÉTIQUE; *Paludina helvetica*, Def. Longueur, trois lignes. Cette espèce a beaucoup de rapports avec la paludine impure, Lamck. On la trouve avec de grands planorbes (*planorbis corneus?*) près de Neufchâtel, en Suisse, au-dessus d'une mine de houille. Quelquefois elle est à la surface de la terre et dans certains endroits à de grandes profondeurs. (M. Coulon.)

PALUDINE DE DESMAREST; *Paludina Desmarestii*, Prév., Journal de phys., Juin 1821. Spire conique, à six tours bombés, bien séparés; péristome complet, double; bouche subovale, évasée; têt assez épais, finement strié transversalement. Longueur, trois lignes. Cette espèce est très-remarquable par le double bord de sa bouche et par les stries qui sillonnent son têt. Elle a quelques rapports avec la *nerita contorta* de Muller, qui se trouve à l'état vivant près de Trieste; mais celle-ci n'est pas striée et n'a pas le bourrelet de la bouche aussi saillant. On la rencontre en grand nombre dans la plaine de

Montrouge, près de Bagneux, dans les lits du lignite terreux, avec des planorbes, des limnées, des bulimes, des potamides, des ampullines, des cérites et des lucines au-dessous du calcaire grossier.

PALUDINE CONIQUE; *Paludina conica*, Prév., *loc. cit.* Spire conique; six tours bien visibles, peu courbés; suture peu profonde; péristome complet, à bord tranchant; bouche ovale; têt mince et lisse. Longueur, trois à quatre lignes.

Cette espèce a aussi quelques rapports avec la paludine impure, mais elle est plus pointue et a les tours de spire moins détachés. On la trouve avec celle qui précède immédiatement.

M. de Férussac a trouvé dans le bassin d'Épernay deux espèces de ce genre, auxquelles il a donné les noms de *paludina virgula* et *paludina indistincta*. (Mém. sur la formation de l'argile plastique et des lignites.) (D. F.)

PAL-VALLI. (*Bot.*) Nom malabare de l'*echites malabarica*, plante apocinée. (J.)

PAM. (*Bot.*) Clusius dit que le poivre bétel, ou betle, ou bètre, est ainsi nommé au Décan et à Guzarate, et que c'est le *siri* des Malais. Il est très-cultivé dans l'Inde, et par suite dans quelques lieux de l'Amérique, où, mêlé avec de l'arec et de la chaux, il est continuellement mâché avec délices : ce qui en fait un objet presque de première nécessité. (J.)

PA-MA. (*Bot.*) Nom qu'on donne en Chine à l'*urtica nivea*, Linn., plante textile en grand usage pour fabriquer des cordages. (LEM.)

PAMBE. (*Ichthyol.*) Les voyageurs ont parlé sous ce nom d'un poisson plat des Indes orientales que nous ne savons à quel genre rapporter. Sa chair est fort estimée dans le pays; on la fait sécher ou bien on la confit dans la pulpe des tamarins pour les voyages de long cours. (H. C.)

PAMBOE-VALLI. (*Bot.*) Nom malabare du *flagellaria indica*, qui est le *rotting-korwaer* de l'île de Java, suivant Burmann. (J.)

PAMBORE, *Pamborus*. (*Entom.*) C'est le nom donné par M. Latreille à un genre de coléoptères qui ne comprend jusqu'ici qu'une espèce unique, observée à la Nouvelle-Hollande : c'est un coléoptère créophage, voisin des calosomes et des carabes. (C. D.)

PAMET. (*Conchyl.*) Adanson, Sénég., pl. 18, a désigné sous ce nom une espèce de mollusque bivalve du genre Donace, *D. rugosa*, Linn., Gmel. ; *D. elongata*, de Lamarck, et qu'il avoit circonscrit lui-même sous le nom de telline. Nous devrons faire ici l'observation que, contre sa coutume d'une grande exactitude, Adanson a donné une figure évidemment fausse de la position de l'animal dans sa coquille, en plaçant le pied du petit côté et les tubes du grand; la disposition même de l'impression palléale dans la figure de la coquille ouverte, qui est placée à côté, prouve que dans ce genre les tubes sont du côté le plus court. Voyez DONACE. (DE. B.)

PAMIER, *Pamea*. (*Bot.*) Nom d'un genre établi par Aublet, réuni au BADAMIER. Voyez ce mot. (POIR.)

PAMOULO. (*Bot.*) Nom languedocien d'une espèce d'orge, *hordeum distichum*, Linn., appelée vulgairement PAUMELLE. (LEM.)

PAMPA. (*Mamm.*) Voyez PAJEROS. (F. C.)

PAMPALOTTI. (*Ichthyol.*) Nom nicéen du *Pleuronecte Bosquien* décrit par M. Risso. Voyez PLEURONECTE. (H. C.)

PAMPAX et BAMBAX. (*Bot.*) Synonymes de coton dans divers ouvrage anciens; il en est de même de *bomba, bombasum et bombacium*. (LEM.)

PAMPE ou PAMPRE. (*Bot.*) Nom que l'on donne aux branches de la vigne, chargées de feuilles et de fruits. (L. D.)

PAMPELMOUSSE. (*Bot.*) Espèce de citronnier, dont le fruit est très-gros. (L. D.)

PAMPHAGE. (*Ornith.*) Ce terme, qui correspond à *omnivore*, est employé pour désigner les oiseaux qui, comme les corbeaux, se nourrissent de toutes sortes d'alimens. (CH. D.)

PAMPHALEA. (*Bot.*) Voyez PANPHALÉE. (H. CASS.)

PAMPHANES. (*Bot.*) Nom donné par les Égyptiens à la grande joubarbe, *sempervivum*, suivant Ruellius. (J.)

PAMPHILIE, *Pamphilius*. (*Entom.*) M. Latreille a décrit sous ce nom de genre quelques espèces de tenthrèdes ou mouches-à-scie, telles que les T. *sylvatica, erythrocephala, betulæ*. Ce genre correspond à celui que Fabricius a décrit sous le nom de Lyda et qui a été adopté par M. Klug. Voyez TENTHRÈDE et UROPRISTES. (C. D.)

PAMPHRACTUS. (*Mamm.*) Nom générique formé par Illiger pour un animal de Java, décrit par Bontius comme une tortue, sous le nom de TESTUDO SQUAMATA. Illiger regarde cet animal comme voisin des monotrèmes. M. Desmarest pense qu'il n'est qu'une tortue. (F. C.)

PAMPINELLA. (*Bot.*) Voyez PIMPINELLA. (LEM.)

PAMPLEMOUSSE. (*Bot.*) Voyez PAMPELMOUSSE. (L. D.)

PAMPLINA. (*Bot.*) Nom castillan de la morgeline, *alsine*, suivant Quer, auteur espagnol. (J.)

PAMPRE. (*Bot.*) Voyez PAMPE. (LEM.)

PAN. (*Zool.*) Voyez PAON et MACAQUE-MAGOT. (DESM.)

PAN BLAN D'ASE. (*Bot.*) Nom languedocien, cité par Gouan, du panicaut des champs ou chardon roulant. (J.)

PAN AU LAU. (*Bot.*) L'hellébore fétide porte ce nom dans le Midi. (LEM.)

PANA. (*Bot.*) Nom du codapail au Sénégal. (LEM.)

PANACÉE. (*Chim.*) Le mot *panacée* étoit pour les anciens chimistes synonyme de *remède universel*. (CH.)

PANACÉE. (*Bot.*) Nom vulgaire de la berce branc-ursine. (L. D.)

PANACÉE ANTARCTIQUE. (*Bot.*) Un des noms vulgaires de la nicotiane tabac. (L. D.)

PANACÉE BATARDE. (*Bot.*) Espèce de laser, *laserpitium chironium*. (LEM.)

PANACÉE DE BAUHIN. (*Bot.*) C'est le panais opoponax. (L. D.)

PANACÉE DES FIÈVRES QUARTES. (*Bot.*) Nom vulgaire de l'asaret. (L. D.)

PANACÉE DES LABOURS. (*Bot.*) C'est l'épiaire des bois, dite encore ortie puante. (L. D.)

PANACÉE MERCURIELLE. (*Chim.*) Les anciens chimistes pensoient qu'en sublimant le mercure doux ou protochlorure de mercure neuf fois de suite, puis le mettant en digestion dans l'esprit de vin, et décantant celui-ci, on obtenoit une *panacée mercurielle* qui n'avoit plus de causticité. Aujourd'hui on pense assez généralement que ces sublimations répétées peuvent déterminer la production d'une certaine quantité de sublimé corrosif. (CH.)

PANACÉE DE MONTAGNE. (*Bot.*) Nom vulgaire d'une espèce de berce, *heracleum panaces*. (L. D.)

PANACES. (*Bot.*) Ce nom est donné par Dodoëns au *panax chironium* de Daléchamps, *laserpitium chironium* de Linnæus; par Cornuti, à l'*aralia racemosa*; par Dodoëns, au *ferula nodiflora*; par Matthiole, à l'*heracleum panaces*. (J.)

PANACHE. (*Bot.*) Nom vulgaire de la fritillaire de Perse. (L. D.)

PANACHE. (*Entom.*) Nom donné par Geoffroy à un genre d'insectes coléoptères à cause de la forme de leurs antennes, subdivisées en forme de plumes, dressées comme des panaches. Les deux espèces qu'il y rapportoit, ont été depuis rangées dans deux genres différens, l'une sous le nom de DRILE, l'autre sous celui de *ptilinus*. Nous avons traduit ce dernier mot par celui de panache, et nous avons fait représenter l'insecte qu'il désigne sur la planche VIII, fig. 2, de l'atlas de ce Dictionnaire.

Les driles ont en effet cinq articles à tous les tarses; les élytres mous, le corselet plat. On a découvert depuis peu de temps que leurs larves, et même leurs femelles sans ailes, se développoient dans les coquilles des hélices, dont elles dévorent les mollusques; ce qui les a fait d'abord désigner sous le nom de cochléotones. Nous avions pour ainsi dire prévu cette circonstance par la manière dont nous avions rapproché cette espèce d'insectes de ceux qui ont des mœurs analogues, tels que les lyques, les téléphores, les malachies, et surtout les lampyres ou vers luisans, avec lesquels nous les avions mis en contact dans le tableau des apalytres ou mollipennes. (Voyez DRILE.)

Quant aux véritables PANACHES, ou à ceux qui conservent ici le nom qui leur a été primitivement donné par Geoffroy, ils forment un genre à part. Voici comment nous caractérisons ce genre, qui appartient à une autre famille, celle des percebois ou térédyles, dont les élytres sont durs, le corps arrondi, alongé, convexe et solide : *Antennes très-pectinées, en plumes, insérées au devant des yeux; corps convexe, tête engagée dans le corselet, de la largeur des élytres.*

Le nom de *Ptilinus*, créé par Geoffroy, vient évidemment du mot grec πτίλον, qui signifie plume molle en panache flottant.

Les panaches se rapprochent beaucoup des vrillettes, dont

ils ont, à ce qu'il paroît, les mœurs et les habitudes. On
n'a rapporté à ce genre que deux espèces, qui paroissent
même des variétés de couleur et peut-être de sexe : telle est
· Le PANACHE BRUN, *Ptilinus pectinicornis et pectinatus.*

Car. Oblong, brun ou noirâtre, avec les pattes pâles ou
jaunes.

C'est celui que nous avons fait représenter sur la planche
indiquée au commencement de cet article.

On le trouve sur les troncs des saules, des noisetiers. Quand
on veut le saisir, il se blottit, tombe et simule long-temps
le mort, à peu près comme les vrillettes. (C. D.)

PANACHE. (*Ornith.*) Ce nom a été donné par quelques
personnes à la femelle du paon. (CH. D.)

PANACHE DE MER. (*Chétop.*) On trouve souvent ce mot
employé dans quelques auteurs anciens, qui ont écrit sur les
productions de la mer, pour désigner les animaux des chétopodes à tuyaux et surtout des amphitrites, à cause de la
disposition flabelliforme des organes branchiaux et tentaculaires qu'ils font sortir des tubes qu'ils habitent. Voyez VERS.
(DE B.)

PANACOCO. (*Bot.*) Aublet, dans ses Plantes de la Guiane,
cite sous ce nom deux arbres de la famille des légumineuses,
qu'il rapporte au genre *Robinia.* Le premier est le grand
panacoco, *robinia panacoco,* dont le bois est rougeâtre, dur
et compacte; ce qui lui a fait aussi donner le nom de bois
de fer à Cayenne. Le second est le petit panacoco, *robinia
coccinea,* existant aussi dans les Antilles, où Plumier l'a observé, en le nommant *pseudo-acacia.* Il fait maintenant partie
d'un genre distinct sous le nom d'*ormosia coccinea.* (J.)

PANAGÉE, *Panagœus.* (*Entom.*) Nom d'un genre d'insectes coléoptères établi par M. Latreille dans l'ordre des
créophages ou carnassiers, pour y réunir certaines espèces de
carabes, telle que celle nommée la grande croix (*Carabus crux
major*) par Fabricius. (C. D.)

PANAIS; *Pastinaca,* Linn. (*Bot.*) Genre de plantes dicotylédones polypétales, de la famille des *ombellifères,* Juss., et
de la *pentandrie digynie,* Linn., qui présente pour principaux
caractères : Un calice à peine visible, entier; une corolle
de cinq pétales entiers, égaux, roulés en dedans; cinq éta-

mines à filamens capillaires; un ovaire infère, chargé de deux styles courts, réfléchis, à stigmates obtus; un fruit comprimé, elliptique, formé de deux graines presque planes, appliquées l'une contre l'autre par leur face interne et entourées d'un petit rebord membraneux.

Les panais sont des plantes herbacées, à feuilles alternes, simples ou ailées, engainées à leur base, et dont les fleurs sont jaunes, petites, disposées en ombelles le plus souvent dépourvues de collerettes, ou qui sont formées, lorsqu'elles en ont, d'un petit nombre de folioles caduques. On en connoit huit espèces, dont les deux suivantes sont les plus remarquables.

PANAIS CULTIVÉ, vulgairement PASTENADE, PASTENAILLE BLANCHE, GRAND CHERVI : *Pastinaca sativa*, Linn., *Spec.*, 376 ; Blackw., *Herb.*, tab. 379. Sa racine est bisannuelle, grosse comme le pouce ou davantage, charnue, pivotante, blanchâtre ou jaunâtre, d'une saveur un peu aromatique et sucrée : elle donne naissance à une tige droite, ferme, cannelée, fistuleuse, haute de trois à quatre pieds, rameuse, garnie de feuilles pubescentes, ailées, composées de folioles ovales, assez grandes, dentées, un peu lobées et incisées. Les fleurs sont régulières, disposées sur des ombelles ayant vingt à trente rayons. Cette plante fleurit en Juin et Juillet. Elle croît naturellement en France et dans les parties méridionales de l'Europe, sur les bords des champs, dans les prés et les haies. On la cultive dans presque toute la France et dans plusieurs autres pays. Par la culture, les feuilles et la tige, qui sont naturellement velues dans la plante sauvage, deviennent glabres, et la racine devient plus grosse et plus tendre.

La racine de panais est un aliment sain, nourrissant, et qui passe pour échauffant ; on la regardoit même autrefois comme aphrodisiaque, et on en interdisoit l'usage aux jeunes filles dont on craignoit les dispositions à l'amour. Quoi qu'il en soit, cette racine est une de celles que l'on fait communément entrer dans les potages pour leur donner plus de goût. On doit prendre garde de ne pas confondre la racine de panais avec celle de ciguë, qui lui ressemble un peu par la forme et par la saveur. Jean Bauhin rapporte qu'il a vu deux familles qui manquèrent de périr empoisonnées pour avoir commis cette méprise. Mais ces sortes d'accidens ne peuvent avoir lieu que l'hiver, lorsque les racines sont dépourvues de tiges et de feuilles, qui les feroient facilement reconnoître. On a prétendu que les panais trop vieux occasionoient le délire et la folie. Mais si ces accidens sont jamais arrivés, n'ont-ils pas plutôt été causés par quelque autre racine malfaisante qu'on aura prises pour eux ?

La médecine ne fait plus d'usage des panais comme médicament. Autrefois leur décoction a été employée dans les fièvres intermittentes, et leurs graines ont passé pour diurétiques, vulnéraires et fébrifuges.

Dans certaines parties de l'Allemagne on fait avec les racines de panais, préparées par une longue coction, une sorte de conserve qu'on mange sur le pain en guise de confiture, qui a, dit-on, un goût sucré, agréable, et qui passe en même temps pour être très-saine.

Au moyen de procédés convenables, et en les traitant par l'alcool, les panais donnent douze pour cent de sucre.

Tous les bestiaux, et surtout les cochons, mangent les panais avec plaisir. Les vaches auxquelles on en donne, produisent du lait en plus grande quantité et d'une excellente qualité.

On cultive le panais sous deux rapports ; comme plante potagère, dans les jardins, ou pour servir de nourriture aux bestiaux, en le semant en plein champ.

De la première manière la culture du panais est très-répandue ; sa graine se sème à l'automne ou plus souvent au printemps dans des planches de terre bien ameublie par un bon labour, et, en général, à la volée plutôt qu'en rayons. On enterre ensuite la graine avec le rateau et on la recouvre d'une légère couche de terreau. Lorsque le plant est levé, on l'éclaircit s'il est trop serré, on le débarrasse des mauvaises herbes et on l'arrose lors des chaleurs et des sécheresses, toutes les fois que cela paroît nécessaire. Selon que les panais ont été semés plus tôt ou plus tard, on peut commencer à en arracher en Juin ou Juillet; mais ce n'est qu'au mois de Septembre qu'ils ont acquis toute la qualité désirable. On a soin, lorsqu'on en fait la récolte, d'en conserver dans le bout d'une planche un nombre de pieds suffisant et des plus beaux pour donner de la graine l'année suivante.

En Allemagne, en Angleterre et en France dans quelques cantons, principalement dans la Bretagne, on cultive le panais en grand et avec beaucoup d'avantage pour la nourriture des bestiaux. Cette racine demande, pour réussir, un terrain subs- tantiel et frais, et qui soit bien préparé par deux bons labours. Elle offre l'avantage de ne souffrir aucunement des gelées et de pouvoir rester dans les champs pendant tout l'hiver, pour n'être arrachée qu'au fur et à mesure des besoins. On peut d'ailleurs la retirer de terre à l'automne, si on destine la place qu'elle occupe à du froment. Elle se conservera bien à la cave ou dans un cellier. Dans tous les cas on peut couper les feuilles dès le mois de Juillet, pour les donner aux vaches, aux moutons, et enfin faire paître ces animaux dans le champ en Septembre et Octobre.

Panais opopanax : *Pastinaca opopanax*, Linn., *Spec.*, 376; Gouan, *Illust.*, p. 19, t. 13 et 14. Sa racine est vivace, jau- nâtre, de la grosseur du bras; elle produit une tige haute de six à huit pieds, cylindrique, divisée, dans sa partie su- périeure, en rameaux pour la plupart opposés. Ses feuilles sont d'un vert un peu foncé; les radicales simplement ailées, à trois ou cinq folioles; les suivantes deux fois ailées et très-grandes; enfin, les autres diminuent successivement de grandeur, et le nombre de leurs pinnules se réduit de manière que les supé- rieures deviennent tout-à-fait simples ou même manquent tout-à-fait, et il ne reste que leur pétiole. Les fleurs sont petites, d'un jaune vif, disposées en ombelles assez garnies, convexes, terminales et munies de collerettes générales et partielles, composées de cinq à six folioles linéaires. Cette espèce croît naturellement dans le Midi de la France, en Italie, en Sicile, dans le Levant.

La racine de cette plante fournit par incision, dans les pays chauds, une gomme résine, qui découle d'abord sous la forme d'un suc laiteux et qui se durcit au soleil. Cette gomme résine est connue dans le commerce sous le nom d'*opopanax* ou d'*opoponax*. Elle se présente sous la forme de grumeaux irréguliers, plus rarement en larmes de différentes grosseurs : à l'extérieur elle est d'un rouge brun; à l'intérieur, d'une nuance plus pâle, et variée de rouge et de jaune. Sa saveur est amère et chaude; son odeur, assez forte et peu agréable. Elle rend comme laiteuse l'eau dans laquelle on la broie.

C'est principalement de la Syrie qu'on nous apporte l'opoponax; il paroît être le même que celui des anciens et dont Dioscoride a parlé liv. 3, chap. 46 ou 48. Le climat sous lequel a crû la plante dont on le retire, et même aussi l'âge de celle-ci, paroissent avoir une grande influence sur la nature de ce produit végétal. Celui que le professeur Gouan recueillit à Montpellier, soumis à l'analyse la plus exacte, ne lui a pas offert un atome de résine, tandis que l'analyse chimique de l'opoponax du commerce a fait reconnoître vingt-un sur cent de résine et près de dix-sept de gomme.

Comme les autres gommes résines, produites par d'autres ombellifères, l'opoponax est essentiellement excitant, et il a été employé sous ce rapport dans l'aménorrhée, l'asthme humide, le catarrhe chronique, la paralysie, les scrophules. On l'a aussi regardé comme antispasmodique. Aujourd'hui il est presque entièrement tombé en désuétude. (L. D.)

PANAIS ÉPINEUX. (*Bot.*) Nom donné à l'ÉCHINOPHORE. (LEM.)

PANAIS MARIN. (*Bot.*) Espèce de carotte, *daucus gingidium.* (LEM.)

PANAIS SAUVAGE. (*Bot.*) Dans quelques endroits on donne ce nom à la berce, *heracleum sphondilium;* mais il est plus généralement employé pour désigner le panais cultivé qu'on rencontre à l'état sauvage. (LEM.)

PANAM-PALKA. (*Bot.*) Voyez PALKA. (J.)

PANAMBU-VALLI. (*Bot.*) Nom malabare, cité par Rhéede, du *flagellaria indica.* (J.)

PANAPANA. (*Ichthyol.*) Au Brésil on donne ce nom au PANTOUFLIER. Voyez ce mot. (H. C.)

PANA-PANARI.•(*Bot.*) Dans la Guiane les Caraïbes nomment ainsi le *quapoya pana-panari* d'Aublet, *xanthe parviflora* de Willdenow. (J.)

PANARGYRE, *Panargyrum.* (*Bot.*) Genre de plantes dicotylédones, à fleurs composées, de la famille des *corymbifères,* qui se trouve renfermé par un groupe particulier, que M. De Candolle a nommé *labiatiflores* et qui répond aux *chénanthophorées* de Lagasca.

Ce genre comprend des plantes herbacées, soyeuses, argentées, à feuilles linéaires, subulées; les inférieures très-rapprochées; les supérieures alternes; les fleurs sessiles, terminales, très-serrées, la plupart munies de trois bractées à leur base, offrant pour caractère essentiel: Un calice double; l'extérieur plus court, à cinq folioles linéaires, très-étroites; les folioles du calice intérieur ovales, rapprochées, à cinq fleurs; une corolle uniforme, composée de fleurons à deux lèvres; la lèvre intérieure à deux divisions profondes, roulées en dehors; cinq étamines syngénèses; le réceptacle nu; les semences surmontées d'une aigrette sessile et plumeuse. Lagasc., *Amæn. nat. de las Esp.*, vol. 1, pag. 33; Decand., Ann. du Mus., vol. 19, pag. 67. (Poir.)

PANARINE. (*Bot.*) Voyez Paronychia. (Lem.)

PANASU. (*Bot.*) Selon Acosta, cité par Clusius, les habitans de Canara nomment ainsi le jaquier, *artocarpus jacca*, qui est le *jaca* du Malabar, le *panazou panax* de Guzarate, des Persans et des Arabes. Acosta ajoute que le fruit de cet arbre, bon à manger, présente à Goa deux variétés; l'une, supérieure, nommée *barca*; l'autre, moins bonne, qui est le *papa* ou *girasol*. (J.)

PANATAGO, PARITOIRE, PERCE-MURAILLE. (*Bot.*) Ces noms vulgaires sont donnés, dans divers lieux de la France, suivant M. De Candolle, à la pariétaire officinale, qui croît dans les fentes des murs ou à leur pied. (J.)

PANATALLIO. (*Bot.*) Nom languedocien de la pariétaire, selon Gouan. (J.)

PANATIEIRO ou BARBAROTO. (*Entom.*) Ces noms sont donnés aux blattes en Languedoc. (Desm.)

PANAX. (*Bot.*) Ce nom, employé d'abord par Théophraste, a été appliqué, faute d'indication suffisante, à plusieurs plantes très-différentes, ainsi que le nom *panaces*, qui paroît quelquefois lui être substitué. On n'a point été d'accord sur le *panax chironium* de Théophraste, qui, regardé comme plante médicinale, tiroit probablement son surnom du centaure Chiron, versé, selon la fable, dans la connoissance des simples. Cordus confondoit ce *panax* avec l'aunée, *inula helenium*;

Tabernæmontanus, avec le *senecio'doria;* Camerarius, avec le *pastinaca opopanax;* Matthiole, avec l'hélianthème ordinaire; Daléchamps, avec le *laserpitium chironium,* observant aussi que quelques-uns l'assimiloient au *buplevrum rigidum.* L'*helianthemum pilosum* étoit encore, selon Camerarius, un *panax chironium minus;* le *pastinaca opopanax,* déjà cité, étoit le *panax costicum* de C. Bauhin, le *panax heraclium* de Morison. Ce dernier nom s'appliquoit aussi, soit au *laserpitium chironium,* soit au *geranium robertianum,* plantes très-différentes. Lobel nommoit *panax asclepium,* le *ferula nodiflora,* et l'*heracleum panaces* étoit un *panax sphondilifolio* de C. Bauhin. Ces citations suffisent pour prouver qu'on ne connoît pas le *panax* des anciens. Peut-être, pour éviter une nouvelle confusion, il eût été convenable de le laisser de côté, en l'abandonnant aux discussions des savans. Linnæus a pensé le contraire, et l'a employé pour désigner un genre de la famille des araliacées, dont le ginseng du Canada fait partie. (J.)

PANAZ, PANAX. (*Bot.*) Voyez PANASU. (J.)

PANCAGA. (*Bot.*) Nom malais du *pes equinus* de Rumph, *hydrocotyle asiatica,* dont les feuilles présentent la forme d'un pas de cheval. (J.)

PANCALIER. (*Bot.*) Nom d'une variété de chou. (L. D.)

PANCARPON. (*Bot.*) Nom grec ancien, cité par Ruellius, du *chamæleon niger* de Dioscoride, *carthamus corymbosus* de Linnæus, qui est notre *cardopatium.* (J.)

PANCASEOLUS. (*Bot.*) Suivant Césalpin, ce nom étoit donné dans l'Étrurie à la terrenoix, *bulbocastanum* de Trallien, Daléchamps, C. Bauhin, Tournefort et autres; *bunium* de Dodoëns et Linnæus, dont la racine tubéreuse est bonne à manger. (J.)

PANCHOTTE. (*Ornith.*) Salerne, p. 233, donne ce terme comme un des noms vulgaires du rouge-gorge, *motacilla rubecula,* Linn. (CH. D.)

PANCHRUS. (*Min.*) Cette pierre, indiquée par Pline, liv. 37, chap. 10, par cette seule phrase : *Panchrus fere ex omnibus coloribus constat,* paroit être encore une opale ou toute autre pierre offrant les couleurs de l'iris. (B.)

PANCIATICA. (*Bot.*) Ce genre de plantes, fait par Piccivoli, est le *cadia* de Forskal et de Willdenow. (J.)

PANCORO, PANCUROD, NINO. (*Bot.*) Camelli cite et figure sous ces noms un petit arbre des Philippines, qui a tout le port d'un royoc, *morinda*, et de l'affinité avec le *morinda citrifolia*. Il dit que son bois et sa racine sont d'une couleur safranée et sont employés dans les teintures, en quoi il se rapproche du Lingo de Madagascar (voyez ce mot). Nous possédons en herbier un échantillon apporté des Philippines par Sonnerat, et semblable à la figure de Camelli. (J.)

PANCOVIA. (*Bot.*) Heister désignoit sous ce nom un *pentaphylloides* de Tournefort, différent des autres par le réceptacle ou support des graines, qui est spongieux. Linnæus en a fait son *comarum*, qui a été adopté. Willdenow a publié plus récemment un autre *pancovia*, dont le caractère incomplet ne permet pas d'assigner sa vraie place dans l'ordre naturel. (J.)

PANCRACON. (*Bot.*) Un des noms grecs anciens du *thapsia*, plante ombellifère, suivant Mentzel. (J.)

PANCRAIS ou PANCRATIER; *Pancratium*, Linn. (*Bot.*) Genre de plantes monocotylédones, de la famille des *narcissées*, Juss., et de l'*hexandrie monogynie*, Linn., dont les principaux caractères sont les suivans: Spathe multiflore, marcescente; corolle monopétale, infundibuliforme, à limbe double; l'extérieur à six découpures étroites, lancéolées, ouvertes; l'intérieur monophylle, campanulé, ayant son bord partagé en douze divisions formant une sorte de couronne; six étamines à filamens subulés, insérés alternativement sur une des divisions du limbe interne, chargés d'anthères oblongues, vacillantes; un ovaire infère, surmonté d'un style grêle, plus long que les étamines, terminé par un stigmate obtus; une capsule arrondie, à trois valves, à trois loges, renfermant plusieurs graines globuleuses.

Dioscoride, liv. 2, chap. 165, donne le nom de Πανκρά7ιον (*Pancration*), qui signifie toute-puissance, à une plante dont les propriétés ne sont cependant qu'assez ordinaires. Un nom aussi emphatique n'eût dû être consacré qu'à l'espèce qui eût possédé les vertus les plus recommandables. Sans s'arrêter à cette considération, et sans chercher d'ailleurs des rapports entre la plante de Dioscoride, qui est restée douteuse pour les modernes, à cause de la description trop imparfaite qu'en a laissée cet auteur, Linné a transporté le nom de *Pancratium* à un genre de végétaux remarquables par la beauté de leurs fleurs, et ayant souvent une odeur agréable, analogue à celle des narcisses, à la famille desquels ils appartiennent. Ce réformateur de la botanique n'a mentionné, dans la première édition de son *Species plantarum* imprimée en 1753, que sept espèces de ce genre : aujourd'hui on en connoît plus de trente, parmi lesquelles deux seulement croissent naturellement dans les parties méridionales de l'Europe; toutes les autres sont exotiques et originaires des pays chauds des autres parties de la terre.

Les pancratiers sont des plantes herbacées, à racines bulbeuses, à feuilles simples, radicales, engainantes à leur base, et dont les fleurs, grandes et belles, sont rarement solitaires, mais le plus souvent ramassées plusieurs ensemble dans une spathe commune et disposées en une sorte d'ombelle.

PANCRATIER MARITIME, vulgairement LIS MATTHIOLE; *Pancratium maritimum*, Linn., *Spec.*, 418. Sa racine est une bulbe à peu près ovoïde, laquelle produit cinq à six feuilles linéaires, planes, ou à peine canaliculées, d'un vert un peu glauque, parfaitement glabres. Ses fleurs sont blanches, agréablement odorantes, grandes, portées sur des pédicelles courts, enveloppées, avant leur épanouissement, dans une spathe bifide, et disposées, au nombre de six à huit, en une sorte d'ombelle au sommet d'une hampe de huit pouces de hauteur, ou environ; le tube de leur corolle est très-alongé. Les graines sont comprimées. Cette plante croit naturellement dans les sables des bords de l'Océan et de la Méditerranée, en France, en Espagne, en Italie, etc.: elle fleurit en Juillet et Août.

On voit rarement cette espèce dans les jardins du Nord de la France, quoique ses belles fleurs dussent l'y faire cultiver; mais elle paroit ne pouvoir se passer d'un sol et d'un air imprégnés de sel, tels que sont les bords de la mer : pour la posséder, il faut chaque année en faire venir de nouveaux ognons des pays maritimes, parce que ceux qui ont fleuri une fois dans nos jardins, n'y donnent jamais de nouvelles fleurs.

Ces bulbes sont émétiques, ainsi que j'en ai fait l'expérience. On m'a assuré qu'il étoit possible de retirer une certaine quantité d'huile des graines, et j'ai vu, aux environs de

Bayonne, les restes d'une plantation qu'on avoit formée de ce pancratier pour en obtenir ce produit; mais l'entreprise a été bientôt abandonnée, probablement à cause du peu d'avantage qu'on en avoit retiré.

PANCRATIER D'ILLYRIE; *Pancratium illyricum*, Linn., *Spec.*, 418. La bulbe de cette espèce est grosse comme le poing et même plus; elle produit six à huit feuilles lancéolées-linéaires, glauques, un peu canaliculées. A côté de ces feuilles s'élève une hampe semi-cylindrique, un peu tranchante, haute de dix à douze pouces, terminée par six à douze fleurs blanches, assez grandes, très-agréablement odorantes, portées sur des pédoncules de la longueur de l'ovaire et disposées en ombelle; le tube de leur corolle est assez court, et la spathe est mo- nophylle. Cette espèce croît naturellement dans l'île de Corse, en Sicile, en Illyrie; on la cultive dans les jardins, où elle fleurit chaque année au mois de Mai ou au commencement de Juin. On peut la planter en pleine terre dans le climat de Paris, en ayant soin de la couvrir avec de la grande paille, lorsque le thermomètre descend quatre ou cinq degrés au- dessous de glace. On la multiplie de cayeux.

PANCRATIER DES ANTILLES: *Pancratium caribæum*, Linn., *Spec.*, 418; Jacq., *Amer.*, *Pict.*, t. 102, et *Hort.*, 3, tab. 11. Sa ra- cine est au moins de la grosseur du poing; elle pousse plu- sieurs feuilles lancéolées, lisses, pointues, longues de deux pieds ou environ, et une hampe de même hauteur, compri- mée, à deux tranchans, terminée par huit à dix fleurs blan- ches, grandes, d'une odeur très-suave, analogue à celle de la vanille. La spathe est membraneuse, irrégulièrement déchirée. Cette espèce croît naturellement dans les Antilles: on la cultive dans les serres chaudes, où elle fleurit deux à trois fois chaque année.

PANCRATIER D'AMBOINE: *Pancratium amboinense*, Linn., *Spec.*, 419; Lois., *Herb. amat.*, t. 314. Sa racine est une bulbe ovoïde, grosse comme la moitié du poing; elle produit plusieurs feuilles cordiformes, plus larges que longues, pétiolées, acu- minées à leur sommet, nerveuses et très-glabres, de même que toute la plante. La hampe, qui sort de la racine à côté des feuilles, est cylindrique, haute de quinze pouces ou environ, terminée par une ombelle de quinze à vingt fleurs blanches, pédonculées, et munie à sa base d'une spathe lancéolée, une fois plus longue que les pédoncules propres. Cette espèce est originaire de l'île d'Amboine, d'où elle a été apportée en Europe par les Hollandois, il y a cent trente et quelques années; elle s'est répandue depuis dans les différens jardins de l'Europe, où on la cultive en serre chaude. Ses fleurs paroissent au mois de Juin ou de Juillet.

On cultive encore dans les serres chaudes les *Pancratium speciosum*, *littorale*, *fragrans*, *declinatum* et *verecundum*. (L. D.)

PANCRATIUM. (*Bot.*) Plusieurs plantes monocotylédones ont reçu des anciens ce nom. Gesner le donnoit à deux *muscari*; Guilandinus et Clusius à la scille; Dioscoride et Césalpin à un ail, *allium magicum*; Lobel, Daléchamps et Tabernæmontanus l'ont appliqué à deux plantes auparavant nommées *narcissus maritimus* et *narcissus illyricus*: ils ont été suivis en ce point par Linnæus, qui, dans son *Species*, a établi le genre *Pancratium*, adopté assez promptement par les botanistes et rangé dans la famille des narcissées. Voyez Pancrais. (J.)

PANCRE. (*Ornith.*) Selon l'auteur des articles d'ornithologie du Nouveau Dictionnaire d'histoire naturelle, ce nom est donné vulgairement, dans le département de l'Ain, au petit butor ou blongios, *ardea minuta* et *danubialis*, Gmel., (Ch. D.)

PANCRÉAS. (*Anat. et Phys.*) Voyez Système digestif. (F.)

PANCUROD. (*Bot.*) Voyez Pancoro. (J.)

PANDACA. (*Bot.*) Ce genre de M. du Petit-Thouars, fait sur un arbrisseau de Madagascar, paroît congénère du *tabernæmontana* dans la famille des apocinées. (J.)

PANDACAQUI. (*Bot.*) L'arbre de la Nouvelle-Guinée, cité sous ce nom par Sonnerat, que Linnæus fils avoit rapporté au *chiococca*, dans les rubiacées, a été réuni par nous au *tabernæmontana* dans les apocinées. (J.)

PANDALE, *Pandalus*. (*Crust.*) Genre de crustacés décapodes macroures, fondé par M. Leach, et dont nous avons exposé les caractères dans l'article Malacostracés, tome XXVIII, page 315. (Desm.)

PANDAN. (*Bot.*) Nom du baquois, *pandanus*, à Sumatra; c'est le pangdan des Philippines, cité par Camelli. Le nom de baquois est aussi prononcé *vacoua* à Madagascar. (J.)

PANDAN-CONGEY. (*Bot.*) Espèce de *crinum* de Sumatra, presque semblable au SALANDAP. Voyez ce mot. (J.)

PANDANÉES. (*Bot.*) Nous avions entrevu dans le *Genera plantarum* l'affinité existante entre le *Sparganium*, un des genres des Typhinées, et le *Pandanus*, en laissant néanmoins ce dernier genre parmi ceux dont la famille n'étoit pas déterminée. Richard, dans les Annales du Muséum, vol. 17, avoit confirmé et étendu ce rapport. Ensuite M. R. Brown, confondant les typhinées avec les aroïdes, a établi à la suite la nouvelle famille des pandanées. Les observations de Richard et de M. Mirbel, sur la structure de l'embryon du *pandanus*, ont concouru à compléter le caractère général de cette famille, qui sera placée parmi les monocotylédones, près des aroïdes et des typhinées, lesquelles doivent toujours constituer une famille distincte.

Les pandanées ont les organes sexuels séparés, soit sur le même pied, soit sur des pieds différens. Elles n'ont ni calice ni corolle. Les fleurs mâles sont un assemblage de filets plus ou moins alongés, et terminés chacun par une anthère oblongue et biloculaire. Les fleurs femelles sont un assemblage de beaucoup d'ovaires réunis en tête, plus ou moins serrés sur un spadice commun, couronnés chacun par un stigmate sessile. Ces ovaires anguleux, par suite de la pression mutuelle qu'ils éprouvent, sont tantôt distincts, et devenant des brous uniloculaires monospermes, tantôt réunis plusieurs ensemble et formant alors des fruits multiloculaires mono- ou polyspermes. Les graines, insérées au fond de chaque loge, et conséquemment dressées, sont presque entièrement remplies par un périsperme charnu, à la base duquel est placé un petit embryon cylindrique monocotylédone, dont la radicule descendante est plus courte que le cotylédon.

La tige est ligneuse, très-basse, conformée en arbre comme les palmiers, et de même inégale à sa surface par l'impression des vestiges de feuilles tombées. Les feuilles subsistantes sont rassemblées en touffe terminale, engainées à leur base, simples, longues et entières, épineuses sur la côte moyenne et sur les bords, ou pennées comme celles du dattier et sans épines. Du milieu de ces touffes de feuilles s'élèvent les spadices couverts de fleurs.

, Les genres rapportés à cette famille sont le *Pandanas*, le *Nipa*, auparavant mal placé parmi les palmiers, et le *Phytelephas* de la Flore du Pérou, ou *elephantasia* de Willdenow. (J.)

PANDANUS. (*Bot.*) Voyez BAQUOI. (POIR.)

PANDARE, *Pandarus*. (*Crust.*) Genre de crustacés de l'ordre des pœcilopes, fondé par M. Leach, et décrit dans ce Dictionnaire dans l'article MALACOSTRACÉS, tom. XXVIII, p. 391. (DESM.)

PANDI-AVANACU. (*Bot.*) Espèce de ricin du Malabar, semblable à l'*avanacu*, qui est le ricin ordinaire; elle est seulement, suivant Rhéede, plus élevée, plus grande dans toutes ses parties et plus colorée en rouge. (J.)

PANDION. (*Ornith.*) M. Savigny, dans ses Oiseaux d'Égypte et de Syrie, donne ce nom générique aux balbuzards. (CH. D.)

PANDIONIA AVIS. (*Ornith.*) L'oiseau désigné chez les anciens par cette dénomination et par celle de *daulias ales*, est le rossignol, *motacilla luscinia*, Linn. (CH. D.)

PANDIONIS ALES. (*Ornith.*) Ce nom est donné chez les poëtes aux hirondelles. (CH. D.)

PANDI-PAVEL. (*Bot.*) Le *momordica charantia*, plante cucurbitacée, est ainsi nommé au Malabar, de même que sa variété, qui est le *pavel*. Vahl fait de celle-ci une espèce distincte, *momordica muricata*. (J.)

PANDORE, *Pandora*. (*Malacoz.*) Genre de malacozoaires lamellibranches, peu différent, quant à l'animal, des solens, au point que M. Poli confond l'espèce qui le constitue avec ceux-ci sous le nom d'hypogée, mais dont la coquille est trop différente pour pouvoir être conservée dans le même genre. C'est à Bruguière qu'on en doit la proposition dans les planches de l'Encyclopédie méthodique : mais c'est M. de Lamarck qui l'a le premier caractérisé. Il a été adopté depuis par tous les zoologistes. Voici les caractères que nous avons assignés à ce genre : corps très-comprimé, assez alongé, en forme de fourreau par la réunion des bords du manteau et sa continuation avec les tubes réunis et assez courts; pied petit, plus épais en avant et sortant par une fente encore assez grande du manteau; branches pointues en arrière et prolongées dans le tube; coquille régulière, alongée, très-comprimée, inéquivalve, inéquilatérale; la valve droite tout-à-fait plate, avec un pli indice du corselet; sommets très-peu marqués; charnière anomale formée par une dent verticale, cardinale sur la valve droite, entrant dans une cavité correspondante de la gauche; ligament interne, oblique, triangulaire, inséré dans une fosse peu profonde, à bords un peu saillans sur chaque valve; deux impressions musculaires, arrondies, sans trace d'impression palléale. La forme de cette coquille est réellement toute particulière et n'a d'analogie qu'avec quelques corbules. Le pli postérieur de la grande valve avoit déterminé Linné à faire de l'espèce principale de ce genre une telline.

On ne connoît encore que deux espèces de pandore et toutes de nos mers. Aucun auteur ne dit qu'il y en ait dans d'autres pays. Il paroît qu'elles vivent constamment enfoncées dans le sable. L'un et l'autre sont nacrés à l'intérieur et fort minces.

La P. ROSTRÉE, *P. rostrata*, de Lamk.; *Tellina inæquivalvis*, Linn., Gmel., page 11118, n.° 23; Enc. méth., tab. 11, fig. 106, *a*, *b*, *c*. Coquille atténuée, prolongée et comme rostrée du côté postérieur; ce qui la rend un peu anguleuse.

De toutes les mers d'Europe.

La P. OBTUSE, *P. obtusa*, Leach et de Lamarck, Anim. sans vert., t. 5, page 499, n.° 2. Coquille plus petite que la précédente, dilatée, très-obtuse, à peine anguleuse à l'extrémité postérieure.

De l'Océan britannique. (DE B.)

PANDORE. (*Foss.*) J'ai trouvé dans la couche du calcaire grossier de Grignon, département de Seine-et-Oise, une petite espèce de ce genre, à laquelle M. Deshayes a donné le nom de pandore de Defrance, *pandora Defrancii*, Descript. des coq. foss. des env. de Paris, vol. 1.ᵉʳ, pag. 59, pl. IX, fig. 15 — 17. Ces petites coquilles n'ont que trois lignes de largeur sur deux lignes de longueur; elles sont plates, nacrées, et portent un rostre comme la pandore rostrée. Elles sont rares.

PANDORE NACRÉE; *Pandora margaritacea*, Def. J'ai trouvé dans le sable coquillier de Loignan, près de Bordeaux, trois valves gauches de cette espèce; mais je n'ai point rencontré l'autre valve. Elles sont minces, convexes et nacrées. Largeur, quatre lignes; longueur, deux lignes. (D. F.)

PANDULFIA. (*Bot.*) Nous avons donné ce nom au genre

Bellincinia de Raddi, fondé sur le *Jungermannia lævigata* de Roth (Mich., *Gen.*, tab. 6, fig. 1), et caractérisé ainsi par lui : Calice comprimé, lisse, presque à deux lèvres et lacinié-denté; coiffe ou corolle monopétale, membraneuse, pellucide, diversement découpée ; capsule ovale ou ovale-arrondie, s'ouvrant en quatre valves égales, portée sur un pédicule délicat, pellucide, celluleux, qui croît avec une extrême rapidité, comme cela s'observe aussi dans tout le genre *Jungermannia*. (Voyez *Jungermannia lisse*, n.° 15, à l'article JUNGERMANNIA.)

Le nom de *pandulfia* rappelle celui d'un sénateur florentin, qui contribua de ses deniers à la publication de plusieurs planches du *Nova genera* de Michéli. (LEM.)

PANDURIFORME [FEUILLE]. (*Bot.*) En violon, c'est-à-dire, oblongue et ayant de chaque côté vers le milieu un sinus arrondi; exemple : *convolvulus panduratus*, *rumex pulcher*, etc. (MASS.)

PANEAU. (*Ornith.*) Petit du paon. (CH. D.)

PANEL. (*Bot.*) L'arbre que Rhéede cite sous ce nom malabare, est congénère, selon Adanson, du *tani* des Malabares, dont il fait un genre en conservant ce dernier nom. Ce genre est le même que le *Myrobalanus* de Gærtner, qui a été adopté et qui donne son nom à la famille des myrobolanées. Le *pamea* d'Aublet devra peut-être devenir une autre espèce du même genre. (J.)

PANEM-PALKA. (*Bot.*) Voyez PALKA. (J.)

PANE-POI. (*Bot.*) Nom brame du *niruri* des Malabares, espèce de phyllanthe. (J.)

PANEURS DE SOTRÉ ou BALAIS DE SORCIERS et REBROUSSES. (*Bot.*) Les paysans des Vosges donnent ces noms aux branches de sapin attaquées du petit champignon décrit dans ce Dictionnaire à l'article ÆCIDIE sous le nom d'*œcidie du sapin*. (LEM.)

PANFOURMEN. (*Bot.*) Nom languedocien du *samolus valerandi*, ou mouron d'eau, selon Gouan. (J.)

PANGA. (*Ornith.*) Voyez GUIRA PANGA. (CH. D.)

PANG-GOUELING. (*Mamm.*) Nom d'un animal des Indes orientales, dont nous avons fait PANGOLIN. V. ce mot. (F. C.)

PANGI; *Pangium*, Rumph. (*Bot.*) Arbre peu connu, qui

croît aux îles Moluques. Son fruit, de la grosseur et de la forme d'un œuf d'autruche, est un drupe ridé à sa surface, et formé d'une chair blanchâtre, peu épaisse, enveloppant plusieurs noyaux, dont les amandes donnent, par expression, une huile bonne à manger. Le tronc de cet arbre est très-élevé et droit. Les feuilles sont simples, alternes ou éparses, pétiolées, en cœur, amples, trilobées, quelquefois entières. (Lem.)

PANGIRO. (*Bot.*) Nom brame de l'*erythrina indica*, suivant Rhéede. (J.)

PANGITES. (*Min.*) On croit que cette pierre, mentionnée dans Strabon, étoit un jayet. (B.)

PANGOLIN; *Manis*, Linn. (*Mamm.*) Genre de mammifères de l'ordre des édentés et de la tribu des édentés proprement dits.

Les pangolins sont, par le défaut absolu de dents et par leur genre de nourriture, les représentans des fourmiliers d'Amérique dans l'ancien continent. Leur singulier appareil dermique leur donne aussi quelque analogie avec les tatous, bien que cet appareil présente des différences importantes dans ces animaux.

Une espèce de ce genre qui habite l'Inde, est signalée depuis long-temps. Élien (*lib. XVI, cap.* 6) l'a indiquée sous le nom de *phattagen*, et quelques voyageurs l'ont désignée sous celui de *lézard écailleux*; une seconde, à laquelle Buffon a transporté la dénomination de phattagen, en la changeant en celle de phatagin, habite l'Afrique; enfin, une troisième, que nous avons distinguée, est particulière à l'île de Java.

Le nom de pangolin, adopté par les naturalistes françois pour le genre dont nous traitons dans cet article, vient du mot *pangoelling*, ou *pangulling*, qui est employé dans l'Inde pour désigner la première espèce. Linné a nommé ce genre *Manis*, et cette désignation a été adoptée par Schreber et par tous les naturalistes françois et étrangers, à l'exception de Brisson, qui a proposé celle de *pholidotus*, et de Storr, qui l'a adoptée.

Les pangolins sont des animaux très-remarquables par leur forme générale et par les écailles fortes et nombreuses qui recouvrent leur corps en dessus. Ils sont de forme alongée, demi-cylindrique; leur tête est amincie vers le bout; leur queue très-grosse et très-longue; leurs membres sont courts et armés de fortes griffes; en un mot, ils ressemblent beaucoup à des reptiles sauriens dont les écailles seroient imbriquées, et il n'y a pas lieu d'être surpris qu'ils aient été désignés par le nom de *lézards*.

Leur tête est un cône plus ou moins alongé, à base arrondie de toute part; leur museau est par conséquent plus ou moins prolongé : leur bouche est petite, terminale, tout-à-fait dépourvue de dents de quelque nature que ce soit. Léur langue est fort longue, ronde, et susceptible de sortir de la bouche comme celle des fourmiliers. Leurs yeux sont petits, ronds, placés à peu près à moitié de la longueur de la tête, vers le bas de ses côtés. Il n'y a point d'oreilles externes, et le méat auditif est très-rapproché des yeux. Leurs pieds sont tous pourvus de cinq doigts armés d'ongles robustes et crochus. Leur queue, très-longue, est aussi large que la croupe à sa base, et en fait la continuation : comme le corps, elle est bombée en dessus, plane en dessous, et couverte de larges écailles cornées, triangulaires, imbriquées en quinconce, attachées à la peau par leur base, et ayant leur surface supérieure plus ou moins striée en long. Les mamelles sont au nombre de deux.

Dans la description que M. Cuvier donne de quelques parties du squelette du pangolin des Indes ou de celui à courte queue, nous avons remarqué les traits suivans : les orbites sont ronds, petits, placés vers le bas des côtés de la tête, et conséquemment très-éloignés l'un de l'autre; les arcades zygomatiques sont incomplètes, et les deux apophyses qui les forment, ne se joignent que par un ligament : il n'y a point d'os jugal; les os du nez sont échancrés à leur bord inférieur et entrent par le haut dans une échancrure commune des os du front; l'os maxillaire n'entre point dans l'orbite, il finit au point où il donne son apophyse zygomatique, qui est courte et pointue; il n'y a point d'os lacrymal, ou s'il y en a un, il est très-petit; la suture fronto-pariétale est à peine anguleuse en arrière, mais l'occipitale forme un angle en avant très-sensible entre les bords postérieurs des pariétaux. Il n'y a point d'interpariétal. La caisse ne doit s'ossifier que très-tard, et M. Cuvier ne l'a jamais vue que comme un anneau vésiculeux. Les intermaxillaires sont assez longs, et montent obliquement jusqu'à moitié de la hauteur des os du nez; il n'y a pas de dents; mais le maxillaire et le palatin sont renflés le long de leur côté, en sorte que le milieu du palais forme un long demi-canal; il n'y a point d'apophyses ptérygoïdes externes au sphénoïde : le trou sousorbitaire est petit; le trou optique est médiocre ; le sphéno-orbitaire rond et grand ; le condyloïdien large; le déchiré postérieur et le carotidien sont très-petits. Le maxillaire inférieur est assez foible et sans branche montante. Le phatagin de Buffon, ou l'espèce d'Afrique, diffère du précédent par une tête plus grêle, et surtout parce qu'à la place où devoit être l'os lacrymal, il y a une grande pièce ovale, sans aucun trou, que M. Cuvier croit appartenir à l'ethmoïde : il n'y a nulle part de trou lacrymal.

« L'omoplate, comme dans les fourmiliers, est fort large
« d'avant en arrière; son arête est saillante et placée à peu
« près au milieu de la face externe, et son bord spinal est ar-
« rondi; l'humérus est gros et court et surtout très-large dans
« le bas ; les deux os de l'avant-bras sont distincts, l'articula-
« tion du radius se fait en ginglyme et correspond à la fois aux
« deux portions saillantes de la poulie qui termine l'humérus :
« ce radius est d'ailleurs aplati et élargi dans le bas; le cubi-
« tus est aussi très-robuste, concave en dehors, et pourvu d'un
« olécrane assez fort. Les phalanges onguéales sont disposées
« de manière à ne pouvoir se recourber qu'en dessous, et y
« sont en effet retenues à l'état de repos par de forts ligamens :
« leur pointe est fourchue (dans les fourmiliers elle est sim-
« plement sillonnée en dessus); le doigt du milieu est de beau-
« coup plus fort et plus épais que les autres, et les externes
« sont les plus petits; le scaphoïde et le semi-lunaire du carpe
« ne font qu'un seul os, comme dans les carnassiers. Dans le
« bassin, il n'y a point d'échancrure ischiatique, mais un trou
« ovalaire; parce que l'ischion vient s'unir à la dernière ver-
« tèbre sacrée, qui a des apophyses pour le recevoir (ce carac-
« tère étant commun aux autres édentés proprement dits et
« aux tardigrades): l'os des îles, de forme prismatique, est ter-
« miné en avant par un renflement. Le fémur tout entier est
« large et plat d'avant en arrière, et la tête inférieure est
« aussi large que longue ; le tibia et le péroné sont bien dis-
« tincts; le péroné est bien complet vers le bas, et le tibia

« arrondi en avant : l'articulation de l'astragale avec le tibia
« n'a pas l'obliquité qu'on remarque dans les bradypes ; aussi
« le pied des pangolins, comme celui des fourmiliers, est aussi
« solide que celui d'aucun animal : le pied de derrière est
« assez semblable à celui de devant par le nombre et la pro-
« portion des doigts, seulement ils sont un peu plus forts.

« Quant au corps, les pangolins, dit encore M. Cuvier, se
« font surtout remarquer par la force de leurs vertèbres cau-
« dales et par l'étendue en largeur de leurs apophyses trans-
« verses. On en compte quarante-sept dans la queue du phata-
« gin (d'Afrique), et vingt-six seulement dans celle du pango-
« lin proprement dit (des Indes), qui a de plus trois vertèbres
« sacrés, six lombaires, quinze dorsales et sept cervicales :
« dans le phatagin on ne trouve que treize vertèbres dor-
« sales et cinq lombaires. Les apophyses épineuses du dos de
« ces deux animaux sont carrées et se touchent presque comme
« dans le tamanoir. Les côtes sont dans le pangolin au nombre
« de quinze paires, et l'on remarque un petit vestige de sei-
« zième ; tandis que dans le phatagin il n'y en a que treize. Les
« os du sternum sont au nombre de huit et de forme aplatie ;
« les trois avant-derniers sont placés transversalement, et le
« dernier de tous, très-long, cylindrique et fourchu dans le
« pangolin, aplati dans le phatagin, se termine en deux forts
« téndons, qui, dans le phatagin, vont jusqu'au bassin et
« aident beaucoup ces animaux à se ployer en boule. »

Ces animaux ont les organes génitaux séparés de l'anus ; leur
estomac est légèrement divisé dans le milieu : ils manquent de
cœcum.

Les habitudes des pangolins sont peu connues ; on sait
seulement qu'ils se nourrissent de *termès*, comme le font les
fourmiliers d'Amérique, en plongeant leur langue visqueuse
dans les débris des habitations de ces insectes, qu'ils détruisent
avec leurs ongles : lorsque leur langue est couverte de *termès*,
ils la font rentrer subitement dans leur bouche pour avaler
cette proie, ne tardant pas à la faire sortir de nouveau pour
saisir de nouveaux insectes. Ils marchent avec lenteur, et n'é-
chappent à leurs ennemis qu'en se roulant en boule sur eux-
mêmes, position qui relève les pointes de leurs écailles et
les rend assez difficiles à aborder. On dit qu'ils se creusent
des terriers.

Le Pangolin de l'Inde ou a grosse queue (*Manis macroura*) est le *Phattagen* d'Élien, le Grand lézard écaillé de Perrault, l'*Armadillo squamatus major ceylanicus, seu diabolus tajavanicus dictus* de Séba; le *Lacertus squamosus indicus* de Bontius; le *Tatu mustelinus* de Klein; le Pangolin de Buffon, Hist. nat., tom. 10, pl. 34; le *Manis pentadactyla* de Linné, et le *Manis brachyura* d'Erxleben; le *Manis crassicaudata* de M. Geoffroy; le Pangolin a queue courte de M. Cuvier, Règne animal, et Ossemens fossiles, tome 5, part. 1.re Cet animal a jusqu'à deux pieds trois pouces de longueur, sur quoi sa queue a un pied six ou sept pouces. Il a la tête petite, pointue et conique; le corps assez gros; la queue extrêmement large à sa base, assez convexe en dessus; l'ongle du doigt du milieu des pieds de devant de beaucoup plus fort que ceux des autres doigts : cette disproportion n'étant pas aussi marquée aux pieds de derrière. Les écailles du corps, de corne blonde, très-grandes, très-épaisses, triangulaires, tranchantes sur les bords, striées longitudinalement à la base et terminées par une seule pointe obtuse, sont disposées en onze rangées longitudinales sur le dos et en trois seulement sur la queue (non comprises celles des côtés, qui sont pliées en deux pour former l'arête du bord); les plus grandes sont situées sur le milieu du dos, de la croupe et de la base de la queue; la face supérieure du museau est garnie de petites écailles, ainsi que les pattes depuis leur base jusqu'à la naissance des ongles. Quelques soies très-longues prennent naissance de la base latérale des écailles du dos; la partie inférieure de la tête et du corps, ainsi que la face interne des membres à leur base, sont couvertes d'une peau nue : les ongles sont blonds.

Cette espèce, la plus anciennement connue, se trouve sur le continent des Indes orientales, et peut-être existe-t-elle aussi dans quelques îles de l'Océan indien. On dit qu'au Bengale le nom de *badjarkita* désigne le pangolin; mais est-ce bien cette espèce.

Pennant a décrit sous le nom de manis à large queue, *broad tailed manis* (Trans. phil., 60, t. 11), un pangolin de Tranquebar qui avoit les caractères principaux de celui que nous venons de décrire; mais auquel il ne donne que quatre doigts aux pieds de derrière. Ce dernier caractère seroit décisif pour admettre cette espèce, s'il étoit bien certain; toutefois M. Cuvier dit qu'il ne voit aucune distinction spécifique pour cet animal, ainsi que pour celui qu'a décrit et représenté M. Leslie dans le 1.er volume des Mémoires de Calcutta, art. 20.

Le PANGOLIN D'AFRIQUE (*Manis africanus*) est le *Lacertus squamosus peregrinus* de Clusius; le *Lézard de Clusius* et de la *Bibliothèque de Sainte-Geneviève*, cité par Perrault; le *Pholidotus longicaudatus* de Brisson; le PHATAGIN de Buffon, Hist. nat., tom. 10, pl. 35; le *Manis tetradactyla*, Linn.; le *Manis macroura* d'Erxleben; le *Manis phatagus* de Boddaërt; le *Manis longicaudatus* ou Phatagin de MM. Cuvier et Geoffroy; peut-être le *Quogolo* de Desmarchais. Plus petit que le précédent, son corps, depuis le bout du museau jusqu'à l'origine de la queue, peut avoir un pied deux pouces de longueur, et celle-ci n'a pas moins d'un pied sept pouces. Il a la tête plus pointue que le pangolin proprement dit; le corps plus alongé, la queue plus longue et plus déprimée : le dessus de la tête est couvert de petites écailles, jusque près du museau. On compte onze rangées longitudinales d'écailles sur le corps, dont les deux plus externes de chaque côté présentent des carènes très-prononcées; trois rangées entières sur la queue et une de chaque côté, en formant le bord; trois rangées d'écailles sous cette même queue : les écailles des cuisses, perpendiculaires, pointues et carénées; le dessous et les côtés de la tête, le dessous du cou, la poitrine, le ventre, la base interne des membres, le bas de la jambe de devant et son pied, couverts de poils courts, roides, d'un brun noirâtre : il y a quelques poils semblables à la base des ongles des pieds de derrière. Les ongles et les écailles sont bruns.

Cette espèce se trouve en Afrique, et notamment en Guinée et au Sénégal.

Le PANGOLIN DE JAVA, *Manis javanicus*, Desm., est une espèce voisine du phatagin d'Afrique par sa forme déprimée et par la couleur de ses écailles; mais qui en diffère par les proportions de sa queue et de son corps, ainsi qu'à plusieurs autres égards, et qui a une patrie bien différente, puisqu'elle a été rapportée de Java au Muséum d'histoire naturelle par M. Leschenault de Latour.

Sa tête et son corps proprement dits ont ensemble un pied

quatre pouces six lignes, et sa queue n'a qu'un pied un pouce six lignes. Il a la tête très-pointue, couverte d'écailles moyennes jusque sur le bout du museau, tant en dessus qu'en dessous; le corps revêtu sur le dos d'écailles assez minces, striées, plus petites et plus nombreuses que dans les deux premières espèces, disposées sur dix-sept rangées longitudinales, allant en grandissant depuis la nuque jusqu'à la croupe, et diminuant ensuite progressivement sur la queue, où l'on en compte trois rangées d'entières et deux rangées sur les bords, lesquelles sont pliées dans leur milieu; les écailles des cuisses sont marquées d'une carène dans leur milieu; le ventre, les tempes, le dessous de la tête et du cou, la face interne des membres sont nus, et pourvus seulement de poils rares, épais, durs et blancs; quelques poils pareils existent entre les écailles du dos; l'ongle du doigt médian des pieds de devant est très-fort, relativement aux autres; les écailles sont brunes, et seulement plus claires sur les bords; celles des épaules étant comme tronquées à la pointe, ce qui provient peut-être du frottement qu'elles ont éprouvé.

M. Cuvier a décrit et figuré dans la dernière édition de ses *Recherches sur les ossemens fossiles*, une phalange onguéale bifurquée, qui n'a pu appartenir qu'à une espèce gigantesque de ce genre. (Desm.)

PANGONIE. (*Min.*) Le *Pangonius* est encore une pierre placée par Pline lui-même parmi celles qu'il connoissoit à peine, et qui différoit du cristal, parce qu'elle avoit un plus grand nombre d'angles que lui; observation assez rémarquable à une époque où les propriétés géométriques des cristaux paroissoient absolument inconnues. (B.)

PANGONIE, *Pangonia.* (*Entom.*) Insectes diptères, voisins des taons, avec lesquels les auteurs les avoient placés. M. Latreille, puis M. Meigen, les en ont séparés; mais ce dernier les désigne sous le nom de tanyglosses. Ce sont des insectes d'Afrique, dont on ignore les habitudes et surtout les circonstances de la transformation. (C. D.)

PANGUE. (*Bot.*) Voyez Panke. (J.)

PANGULLING. (*Mamm.*) Ce nom est à Java celui de l'animal décrit par les naturalistes sous le nom de Pangolin. (Desm.)

PANIC ou PANIS; *Panicum*, Linn. (*Bot.*) Genre de plantes monocotylédones, de la famille des *graminées*, Juss., et de la *triandrie digynie* du Système sexuel, dont les principaux caractères sont d'avoir : Un calice glumacé, uniflore, à trois valves, dont deux opposées, égales, et la troisième beaucoup plus petite, en dehors des autres ; une corolle formée d'une balle à deux valves cartilagineuses, persistantes, l'une plus petite et plus plane; trois étamines à filamens capillaires; un ovaire supère, surmonté de deux styles capillaires, terminés chacun par un stigmate plumeux; une graine arrondie, un peu aplatie d'un côté, et recouverte par la balle persistante.

Les panics sont des plantes herbacées, rarement frutescentes, dont les fleurs sont disposées en épi, ou en panicule lâche et terminale. On en connoît maintenant plus de deux cents espèces, dont huit seulement croissent naturellement en France.

* *Fleurs disposées en épi.*

PANIC VERT; *Panicum viride*, Linn., *Spec.*, 83. Ses tiges sont longues de douze à vingt pouces, articulées, glabres, souvent rameuses dans leur partie inférieure, garnies de feuilles linéaires, planes, un peu rudes en dessus, pubescentes à l'entrée de leur gaine. Ses fleurs sont verdâtres, disposées à l'extrémité des tiges en un épi cylindrique, long de quinze à dix-huit lignes, dont les barbes ne sont point accrochantes. Cette espèce est annuelle et commune en Europe dans les champs.

PANIC VERTICILLÉ; *Panicum verticillatum*, Linn., *Spec.*, 82. Cette espèce a beaucoup de rapports avec la précédente, mais son épi de fleurs est plus long, plus rameux inférieurement, et remarquable par les filets très-accrochans dont il est garni. Ce panic est commun en Europe dans les champs, les jardins et les vignes.

PANIC GLAUQUE; *Panicum glaucum*, Linn., *Spec.*, 83. Ses tiges sont hautes d'un pied ou un peu plus, feuillées, articulées, souvent rameuses à leur base. Ses feuilles sont linéaires, glauques, barbues à l'entrée de leur gaine. Les fleurs forment un épi cylindrique très-simple, long de dix-huit à vingt-quatre lignes, remarquable par la couleur d'un jaune roussâtre de ses soies, qui ne sont point accrochantes. Cette espèce n'est pas rare dans les champs et les lieux cultivés.

PANIC PIED-DE-COQ; *Panicum crus galli*, Linn., *Spec.*, 83. Ses tiges sont longues d'un à deux pieds, articulées, couchées dans leur partie inférieure, garnies de feuilles glabres, planes, larges de trois à six lignes. Ses fleurs sont verdâtres, disposées en un épi rameux, un peu épais. Les glumes calicinales sont hérissées d'aspérités, qui les rendent rudes au toucher, ainsi que les épis. Cette plante est commune dans les champs et les lieux cultivés. Elle est annuelle, ainsi que les précédentes. Aucune de ces quatre espèces n'a d'utilité; elles sont au contraire de mauvaises herbes, que le plus souvent on a de la peine à extirper des lieux cultivés où elles se trouvent.

PANIC D'ITALIE; *Panicum italicum*, Linn., *Spec.*, 83. Sa tige est droite, noueuse, haute de deux à trois pieds, garnie de feuilles assez larges, velues à l'entrée et sur le bord de leur gaine. Ses fleurs sont disposées au sommet des tiges en un épi cylindrique, rameux, serré, dont l'axe est couvert de poils laineux. Ces fleurs sont garnies de soies sétacées non accrochantes, et d'un blanc jaunâtre ou d'une couleur purpurine ou violette. Cette espèce est originaire de l'Inde, et depuis long-temps cultivée en Europe, surtout en Italie, en Allemagne et dans le Midi de la France : on lui donne vulgairement les noms de millet en épi, de panic ou millet des oiseaux.

Il lui faut une bonne terre, plus légère que forte, bien amandée par des engrais et bien ameublie par de bons labours. On la sème à la volée, lorsque les gelées sont passées, et il est bon de la sarcler, même de la biner. Ses graines servent à nourrir la volaille, les serins et les petits oiseaux qu'on élève en cage. On en fait aussi, dans quelques cantons, de la farine, qu'on mange cuite en bouillie avec du lait ou du bouillon; dans les temps de disette on en fait même du pain. La plante, coupée en vert, peut fournir un bon fourrage.

** *Fleurs disposées en panicule.*

PANIC MILLET: *Panicum miliaceum*, Linn., *Spec.*, 86; vulgairement MILLET. Sa racine est fibreuse, annuelle; elle produit plusieurs tiges droites, articulées, velues, hautes de trois à quatre pieds, garnies de feuilles planes, larges de six à neuf lignes, vertes avec une nervure blanche, très-velues sur leur gaine. Les fleurs sont glabres, mutiques, d'un vert jaunâtre, violettes dans une variété, disposées en une panicule terminale, lâche, inclinée d'un côté, surtout lors de la maturation des graines. Cette espèce est, comme la précédente, originaire de l'Inde : on la cultive aussi dans le Midi de l'Europe et en France pour les mêmes usages. Les Tartares se nourrissent de ses graines ; en les faisant fermenter avec de l'eau, ils en obtiennent une sorte de boisson vineuse.

PANIC ÉLEVÉ : *Panicum maximum*, Jacq., *Icon. rar.*, 1, t. 13 ; *Panicum læve*, Lam., *Illustr.*, n.° 905. Sa racine est vivace ; elle produit plusieurs tiges droites, articulées, hautes de trois à quatre pieds et plus, garnies de feuilles linéaires, vertes, glabres, ciliées à l'entrée de leur gaine. Les fleurs sont pédicellées, oblongues, verdâtres, mutiques, disposées en une grande panicule terminale, lâche et longue d'un pied ou environ. Cette espèce paroît être originaire de la Guinée, d'où elle a été transportée à Saint Domingue et dans les Antilles.

Le panic elevé, nommé aussi vulgairement *Herbe de Guinée*, est pour les pays chauds une plante dont la culture présente beaucoup d'intérêt ; parce qu'aucune autre graminée ne fournit un fourrage aussi abondant et de si bonne qualité dans le même espace de temps. Il seroit donc utile de le multiplier dans le Midi de la France et de l'Europe, et on en a depuis assez long-temps recommandé la culture ; mais les expériences, faites sans doute avec des semences venues des Antilles, n'ont pas d'abord réussi. Un envoi de graine provenant de la Caroline, reçu au Jardin du Roi dans ces dernières années, en a produit une race qui a assez bien résisté à plusieurs de nos hivers, et particulièrement à celui de 1820. L'herbe de Guinée réussit mieux dans un terrain substantiel et un peu frais, quoique cependant elle puisse s'accommoder d'une terre sèche. Comme elle craint le froid dans sa jeunesse, il ne faut la semer qu'au mois d'Avril, dans une terre bien préparée, et les pieds doivent être espacés à dix ou douze pouces les uns des autres. Lorsqu'on en aura de vieux pieds, on pourra facilement la multiplier par la séparation des touffes. (L. D.)

PANICASTRELLA. (*Bot.*) Genre de graminées, fait par

Michéli sur deux plantes, qui sont les *cenchrus echinatus* et *tribuloides* de Linnæus. (J.)

PANICAUT ; *Eryngium* , Linn. (*Bot.*) Genre de plantes dicotylédones polypétales, de la famille des *ombellifères*, Juss., et de la *pentandrie digynie* du Système sexuel, dont les principaux caractères sont : Un calice de cinq folioles plus longues que la corolle ; cinq pétales oblongs, pliés en dedans à leur sommet ; cinq étamines à filamens capillaires , plus longs que les fleurs ; un ovaire infère , chargé de deux styles filiformes , de la longueur des étamines et à stigmates simples ; fruit ovale, hérissé d'écailles, couronné par le calice, et se partageant en deux graines oblongues, convexes d'un côté, aplaties de l'autre.

Les panicauts sont des plantes herbacées, à feuilles alternes, simples ou découpées, épineuses en leurs bords, et dont les fleurs sont sessiles, ramassées en tête sur un réceptacle commun garni de paillettes et muni d'une collerette polyphylle, épineuse. On en connoît aujourd'hui soixante et quelques espèces, dont une partie croît naturellement en·Europe, et dont les suivantes se trouvent en France.

PANICAUT DES CHAMPS, vulgairement CHARDON ROLAND OU ROULANT, CHARDON A CENT TÊTES : *Eryngium campestre*, Linn., *Spec.*, 337; Jacq., *Flor. Aust.*, t. 155. Sa racine est vivace, alongée, simple, de la grosseur du petit doigt; elle produit une tige haute d'un pied ou environ , droite, cylindrique, striée, d'un blanc verdâtre, ainsi que toute la plante, divisée dans sa partie supérieure en beaucoup de rameaux très-ouverts, dont les derniers naissent en ombelle, et garnie dans sa partie inférieure, ainsi qu'à sa base , de feuilles pétiolées, embrassantes, ailées, à folioles décurrentes , laciniées , épineuses sur les bords. Les fleurs sont petites, terminales, fort nombreuses, disposées en têtes arrondies. La collerette de chaque tête est formée de six à sept folioles linéaires-lancéolées, roides, épineuses, plus longues que les têtes. Cette plante est commune sur le bord des champs, le long des chemins : elle fleurit en Août et Septembre.

On mangeoit autrefois la racine de ce panicaut en Allemagne et en France, et on la regardoit comme un aliment propre à exciter l'appétit dans les cas d'atonie de l'estomac et du canal intestinal. On a aussi regardé cette racine comme ayant une propriété aphrodisiaque. Sa nature excitante, analogue à celle du raifort, explique cet effet secondaire. Aujourd'hui on ne mange plus la racine de chardon Roland, et on s'en sert également assez peu en médecine; cependant il n'y a pas encore long-temps qu'elle étoit comptée au nombre des cinq racines apéritives mineures, et elle entre quelquefois dans les tisanes diurétiques.

PANICAUT DE BOURGAT; *Eryngium Bourgati*, Gouan, *Illustr.* p. 7, t. 3. Sa tige est cylindrique, striée, haute de douze à dix-huit pouces, garnie, surtout à sa base, de feuilles panachées de vert et de blanc; les inférieures longuement pétiolées, presque arrondies et partagées en trois divisions trifides ou pinnatifides; les supérieures presque sessiles. Les têtes de fleurs sont terminales, ovoïdes, remarquables par leur collerette colorée intérieurement d'un beau bleu. Cette plante croît dans les Pyrénées.

PANICAUT MARITIME; *Eryngium maritimum*, Linn., *Spec.*, 337. Sa racine est très-alongée; elle produit une tige cylindrique, épaisse, haute d'un pied ou un peu plus, divisée en rameaux très-étalés. Ses feuilles inférieures sont grandes, pétiolées, arrondies, coriaces, un peu incisées, d'un vert glauque et même blanchâtre, ainsi que toute la plante, et bordées de dents épineuses. Les feuilles supérieures sont sessiles, anguleuses, souvent découpées en trois lobes. Les fleurs sont disposées en têtes arrondies à l'extrémité de chaque rameau, et munies chacune d'une collerette de cinq folioles larges et anguleuses. Les paillettes de leur réceptacle sont à trois pointes. Cette plante croît dans les sables des bords de l'Océan et de la Méditerranée.

PANICAUT ÉPINE-BLANCHE; *Eryngium spina alba*, Vill., Dauph., 2, page 660, tome 17. Cette espèce est intermédiaire entre le panicaut de Bourgat et celui des Alpes : elle diffère du premier, parce que les folioles de sa collerette sont pinnatifides au lieu d'être dentées, et par la couleur vert-pâle de toutes ses parties; on la distingue facilement du panicaut des Alpes, parce que toutes ses feuilles sont pinnatifides ou laciniées très-profondément, et en même temps plus roides et plus épineuses. Elle croit dans les lieux secs des Alpes.

PANICAUT DES ALPES ; *Eryngium alpinum*, Linn., *Spec.*, 337. Sa tige est droite, haute d'un pied et demi ou environ, simple ou un peu rameuse dans sa partie supérieure, qui porte une à quatre têtes de fleurs; ses feuilles radicales sont cordiformes, longuement pétiolées, dentées, à peine épineuses; les supérieures sont sessiles, à trois ou cinq lobes découpés, presque pinnatifides. Ces dernières feuilles et les têtes de fleurs sont d'un bleu violet agréablement mêlé de vert et de blanc, quelquefois entièrement blanches. Les collerettes, également mélangées de ces couleurs, sont composées d'un grand nombre de folioles légèrement pinnatifides, plutôt ciliées qu'épineuses. Cette espèce croit sur les hautes montagnes et dans les Alpes, en France, en Italie, en Suisse. Elle mériteroit d'être cultivée dans les jardins.

PANICAUT PLAN ; *Eryngium planum*, Linn., *Spec.*, 336. Sa tige est haute d'un pied et demi à deux pieds, simple inférieurement, rameuse dans sa partie supérieure. Ses feuilles radicales sont longuement pétiolées, ovales-oblongues; les supérieures sessiles, simples ou trifides. Les têtes de fleurs sont bleuâtres, portées sur des rameaux disposés en ombelle. Les folioles des collerettes sont au nombre de cinq à huit. Cette plante croit sur les montagnes élevées en France, en Suisse, en Italie et en Allemagne. (L. D.)

PANICULARIA. (*Bot.*) Nom sous lequel Heister désignoit le paturin, *poa*, genre de graminées. (J.)

PANICULE. (*Bot.*) Assemblage de fleurs dont les pédoncules, partant d'un axe commun, sont diversement ramifiés et les inférieurs sensiblement plus longs que les autres. La panicule est terminale dans le *bromus*, axillaire dans le *nepeta melissæfolia*, étalée dans le *prenanthes muralis*, serrée dans l'*arundo epigeios*, feuillée dans le *rumex oppositifolius*, etc. (MASS.)

PANICUM. (*Bot.*) Voyez PANIC. (LEM.)

PANIER. (*Ornith.*) On trouve sous ce nom, dans le Dictionnaire de chasse et de pêche de Delisle de Salles et dans celui des chasses de l'Encyclopédie méthodique, la description d'un piége destiné à prendre des petits oiseaux à l'aide d'une chouette. (CH. D.)

PANIFICATION. (*Chim.*) Voyez FERMENTATION PANAIRE, tom. XVI, pag. 446. (CH.)

PANIOS. (*Bot.*) Adanson désigne sous ce nom la verge-rette, *erigeron* de Linnæus. (J.)

PANIS. (*Bot.*) Voyez Panic. (Lem.)

PANISSA. (*Bot.*) Nom languedocien du panis, *panicum italicum*, cité par Gouan. (J.)

PANITSJIKAMARAM. (*Bot.*) Nom malabare, cité par Rhéede, d'un arbre qui est une espèce d'*embryopteris* dans la famille des ébénacées. (J.)

PANITSJIVI-MARAVARA. (*Bot.*) Nom malabare de l'*asplenium arifolium*. (J.)

PANIZOLA. (*Bot.*) Nom italien du panic vert, *panicum viride*. (Lem.)

PANJA, PANJALA. (*Bot.*) L'arbre, cité sous ces noms par Rhéede, est une espèce de fromager, *bombax pentandrum* de Linnæus. Voyez Pansa. (J.)

PANKAMA. (*Ichthyol.*) Ce nom est donné à la Guiane à un poisson dont la chair est glutineuse et fort estimée. On ne sait à quel genre il doit être rapporté. (Desm.)

PANKE, PANGUE. (*Bot.*) Suivant Feuillée et Molina on nommoit ainsi, dans le Chili, le *gunnera scabra*, genre voisin de la famille des urticées. MM. Ruiz et Pavon le nomment aussi *pangue*. Ils ajoutent que dans le pays on mange les queues ou pétioles des feuilles, que l'on nomme *nalcas*, lorsqu'ils sont tendres ; *raguayes*, lorsqu'ils sont plus avancés. Les racines sont astringentes et employées comme le *rhus coriaria*, pour tanner les cuirs. (J.)

PANNA KELENGU-MARAWA. (*Bot.*) Une fougère re-présentée sous ce nom malabare dans Rhéede, *Hort. mal.*, 12, tab. 11, est rapportée par Linnæus, puis par Willde-now, au *polypodium quercifolium*, Linn.; mais, comme les botanistes paroissent avoir confondu plusieurs plantes sous ce nom, il est très-possible que cette fougère ne soit pas la même que celle décrite dans les oùvrages des botanistes. M. Bory de Saint-Vincent se propose de publier un travail sur ces plantes, dont il croit pouvoir former un genre dis-tinct. (Lem.)

PANNA-VALLI. (*Bot.*) Rhéede, *Hort. malab.*, 12, tab. 35, figure sous ce nom malabare la fronde stérile de l'*onoclea scandens*, Swartz, ou *lomaria scandens*, Willd. (Lem.)

PANNACHIO. (*Bot.*) Les Perses, suivant Daléchamps, cité par C. Bauhin, nomment ainsi le lis de Perse, espèce de fritillaire, *fritillaria persica*. (J.)

PANNAI-POU. (*Bot.*) Suivant un catalogue et un herbier de plantes de Coromandel, ce nom est donné à l'*illecebrum javanicum* de Linnæus, reporté maintenant au genre *Ærua*. (J.)

PANNEAUX. (*Chass.*) Voyez PANS. (CH. D.)

PANNETIÈRE. (*Entom.*) Ce nom est donné dans quelques lieux à la blatte ordinaire ou blatte des cuisines, *blatta orientalis*, Fabr. (DESM.)

PANNEXTERNE, PANNINTERNE. (*Bot.*) Il existe peu de péricarpes dont la substance soit semblable à elle-même dans toute son épaisseur. On y distingue fréquemment deux parties, l'une extérieure, l'autre intérieure, de nature très-différente. La première, qui forme l'écorce du fruit, est la pannexterne ; l'autre, qui circonscrit la cavité péricarpienne, est la panninterne. (M. Richard distingue trois parties au lieu de deux dans l'épaisseur de la paroi du péricarpe : la membrane extérieure ou l'*épicarpe*; la membrane intérieure ou l'*endocarpe*; la partie intermédiaire ou le *sarcocarpe*.)

Quelquefois la pannexterne est ligneuse ou coriace, tandis que la panninterne est charnue et pulpeuse (melon, coloquinte, cacao, etc.); d'autres fois c'est la pannexterne qui est succulente et molle, tandis que la panninterne est sèche et solide (pêche, prune, cerise, etc.). Quand cette dernière fait corps avec l'autre et ne s'en détache point, même après la maturité, on y fait peu d'attention; mais quand elle s'en sépare facilement et qu'elle continue à recouvrir les graines jusqu'à l'évolution de la plantule, ce qui ne peut avoir lieu que si elle est d'une substance ligneuse, crustacée ou coriace, elle fournit des caractères qu'il importe d'indiquer dans l'histoire naturelle des espèces.

On donne à cette boîte solide, sorte d'enveloppe auxiliaire de beaucoup de graines, le nom de *noyau* ou de *nucule*.

Dans quelques fruits suturés, et notamment dans le *swietenia mahagoni*, la panninterne, avant la déhiscence, s'isole de la pannexterne et se partage en plusieurs valves élastiques, qui, pressant la pannexterne comme autant de ressorts, contribuent à en désunir les panneaux. Mirb., Élém. (Mass.)

PANNUARA FONTI. (*Bot.*) Sur la côte de Coromandel on nomme ainsi l'*hibiscus simplex* de Linnæus, suivant Burmann. (J.)

PANOCOCO. (*Bot.*) Voyez Panacoco. (Lem.)

PANOE. (*Bot.*) Adanson donne ce nom au genre *Vateria*, Linn. (Lem.)

PANOMA. (*Bot.*) Nom, cité dans l'Abrégé des Voyages, du bois des Moluques, dont les Indiens vantent beaucoup les vertus et qu'ils cultivent soigneusement. Il est dit que son bois est très-purgatif et fébrifuge, et qu'il guérit beaucoup de maladies différentes. Ces indications annoncent que c'est le *croton tiglium*, nommé aussi *lignum molucense*, le *pavana* des Indiens, dont le bois est purgatif, ainsi que les graines, connues sous le nom de graines de Tilli, et dans quelques livres de matière médicale, sous celui de pignons d'Inde, qu'il ne faut pas cependant confondre avec le vrai pignon d'Inde ou de Barbarie, qui est le *jatropha curcas*. (J.)

PANON. (*Ornith.*) Voyez Panou. (Ch. D.)

PANOPE. (*Ornith.*) M. Vieillot a formé sous ce nom un genre de l'ordre des oiseaux nageurs, qui correspond au *chenalopex* de Mœhring, et auquel il donne pour caractères : Un bec plus long que la tête, très-comprimé latéralement, beaucoup plus haut que large, sillonné tranversalement vers le bout, couvert à sa base de petites plumes veloutées; la mandibule supérieure recourbée et comme coupée carrément à la pointe, et l'inférieure anguleuse en dessous vers son extrémité; des narines oblongues, cachées sous les plumes près de l'ouverture du bec; des ailes dont les rémiges, très-courtes, sont impropres au vol; trois doigts devant, entièrement palmés, et point de pouce.

La seule espèce de ce genre, connue sous le nom de grand alque ou grand pingouin, a le bec conformé à peu près comme celui des macareux; mais elle se rapproche des manchots par ses ailes, nullement propres au vol quoiqu'elles consistent en rémiges, dont les manchots sont privés. (Ch. D.)

PANOPÉE, *Panopœa*. (*Conchyl.*) Genre de coquilles bivalves, de la famille des pyloridés, établi par M. Menard de la Groye pour une des plus grandes espèces de nos mers et qui peut être caractérisée ainsi : Animal inconnu, mais très-probablement fort voisin de la mye tronquée; coquille régulière, ovale, alongée, très-bâillante aux deux extrémités, équivalve, inéquilatérale; le sommet peu marqué et antéro-dorsal; charnière formée sur une valve par une dent cardinale, conique, portant en dessus une très-petite crête, se logeant dans une cavité de l'autre valve; ligament extérieur porté sur une callosité assez épaisse, courte et un peu ascendante; deux impressions musculaires réunies par une impression palléale, large et profondément sinueuse en arrière. D'après cela il est évident que c'est un genre fort voisin des myes et qui n'en diffère réellement que par la position du ligament. On n'en connoît encore qu'une espèce, du moins à l'état vivant. Il paroît qu'elle vit constamment enfoncée dans la vase ou dans le sable à d'assez grandes profondeurs : c'est la P. D'ALDROVANDE, *P. Aldrovandi*, Menard de la Groye, Annales du Mus., vol. 9, page 131; *Mya glycimeris*, Linn. et Gmel., page 3222, n.° 17; Chemn., *Conch.*, 6, t. 3, fig. 25. C'est une très-grosse coquille de près d'un pied de long sur cinq à six pouces de hauteur, très-épaisse, à stries d'accroissement sublamelleuses dans sa longueur et de couleur blanc-roussàtre, probablement quand elle a été dépouillée de son épiderme. Un très-bel individu a été rapporté dernièrement de la Sicile, où les pêcheurs la trouvent assez communément, mais constamment morte et même couverte de beaucoup de tubes de serpules. (DE B.)

'PANOPÉE. (*Foss.*) Une seule espèce de ce genre a été trouvée à l'état fossile. C'est une grande coquille, qui a quelquefois plus de six pouces de longueur sur trois pouces de largeur, et autant d'épaisseur d'une valve à l'autre. Elle est ovale-alongée, à peine ouverte à l'extrémité antérieure, et très-évasée à l'autre. Elle est bombée, peu épaisse, lisse, avec des stries peu profondes dans le sens de ses accroissemens. M. Menard lui a donné le nom de Panopée de Faujas, *Panopea Faujasii*, Ann. du mus. d'hist. nat., tom. 9, p. 131, pl. 12. Ce naturaliste la considère comme une espèce distincte de celle qu'on trouve à l'état vivant dans la Méditerranée. On la trouve au *Monte-Pulgnasço*, à *Fangonero* près de Sienne ; à *San Miniato;* dans la vallée d'Andorre, et dans d'autres endroits de l'Italie, où elle n'est pas rare.

M. Brocchi pense que, si Linné avoit connu cette coquille, il l'auroit placée dans son genre Solen, à cause de la longue dent de sa charnière et de l'ouverture qu'elle présente à chacune de ses extrémités. (D. F.)

PANOPIA. (*Bot.*) Noronha, dans ses genres manuscrits, nommoit ainsi des arbres ou arbrisseaux de Madagascar, rapportés maintenant par M. du Petit-Thouars à son *macaranga*, qui appartient aux euphorbiacées. (J.)

PANOPS. (*Entom.*) M. de Lamarck a décrit sous ce nom des diptères de la Nouvelle-Hollande, qui ont de gros yeux à facettes, qui leur permettent de voir de tous côtés à la fois. M. Latreille les regarde comme voisins des cyrtes, M. de Lamarck, qui a décrit l'une des espèces dans le tome 3 des Annales du Muséum, la rapproche des bombyles. On ne connoît pas leurs mœurs. (C. D.)

PANOPSIS. (*Bot.*) Ce genre de protéacée, établi par M. Salisbury, est la même plante que le *rupala sessilifolia* de Richard, et paroit devoir en effet être réuni au *rupala*. (J.)

PANORPATES. (*Entom.*) M. Latreille désignoit d'abord sous ce nom une famille, puis une tribu d'insectes névroptères, comprenant les *panorpes, bittaques, némoptères* et *borées.* Voyez Névroptères et Stégoptères. (C. D.)

PANORPE, *Panorpa;* vulgairement Mouche-scorpion. (*Ent.*) Genre d'insectes établi par Linnæus et adopté par tous les auteurs, pour désigner certaines espèces d'insectes névroptères de la famille des tectipennes ou stégoptères.

L'étymologie du nom de panorpe est incertaine ; les Grecs désignoient sous le nom de παρνοπες quelques espèces d'insectes voisins des cigales ou des sauterelles.

Mouffet a très-bien connu et passablement fait figurer sur bois le mâle et la femelle, et surtout la forme de la bouche et de la queue du mâle, qu'il décrit fort bien dans ses mouvemens, en la comparant à celle du scorpion.

Voici comment nous caractérisons ce genre :

*Tête verticale, prolongée en forme de trompe; à antennes lon-
gues, filiformes ou légèrement en soie; ailes étroites, presque en
toit horizontal dans le repos; cinq articles aux tarses.*

A l'aide de ces caractères il est très-facile de distinguer
les panorpes de tous les autres névroptères, qui ont aussi les
ailes en toit ou couchées sur le dos dans l'état de repos.
Ainsi le nombre des articles aux tarses est de moins de cinq
dans quelques genres, de deux dans les psoques, de trois
dans les termites et les perles, de quatre dans les raphidies.
Ensuite les antennes sont renflées dans les fourmilions et les
ascalaphes, en soies très-longues et très-grêles dans les hémé-
robes et les semblides, qui ont les ailes larges et la bouche
non prolongée : enfin, les némoptères ont les ailes inférieures
linéaires et beaucoup plus longues que le corps, derrière lequel elles forment une sorte de queue.

On ne connoît pas encore les larves des panorpes, on doit
croire qu'elles se développent dans les lieux humides; car
c'est là, et principalement dans les prairies et dans les bois
ombragés de basse futaie, que l'on rencontre communément,
pendant tout l'été, ces insectes sous l'état parfait. Ils sont
très-carnassiers; ils saisissent au vol de petites espèces de
diptères et de lépidoptères, et ils viennent les sucer ou les
dévorer sur les plantes, où ils se posent assez près de terre.
M. Bosc en a rapporté deux espèces de la Caroline. Celles
du pays sont :

1. La PANORPE COMMUNE, *Panorpa communis*. Nous l'avons
fait figurer avec soin dans l'atlas de ce Dictionnaire, planche
XXVII, fig. 6, et représenter à part la tête, la trompe et
la queue.

Car. D'un brun noirâtre, tacheté de jaune; ailes transparentes, à mailles lâches et à taches nombreuses, irrégulières, noires.

2. La PANORPE D'ALLEMAGNE, *P. germanica*.

. *Car.* Ailes transparentes, avec une tache obscure et un point
marginal brun. (C. D.)

PANOU. (*Ornith.*) Cet oiseau du Brésil est décrit, d'après
Thévet et autres, au tome 14, in-4.°, de l'Histoire générale
des Voyages, p. 299, comme ayant la taille d'un merle, et le
plumage noir, à l'exception de l'estomac, qui est d'un rouge

sanguin. Le nom de cet oiseau, qui est probablement un cotinga ou un tangara, est, par erreur, écrit *panon* dans le Dictionnaire universel des animaux. (Ch. D.)

PANOVER-TSIERAVA. (*Bot.*) Nom malabare, cité par Rhéede, de la mâcre ou châtaigne d'eau, *trapa natans*. (J.)

PANPHALÉE, *Panphalea*. (*Bot.*) Ce genre de plantes, publié en 1811, par M. Lagasca, appartient à l'ordre des synanthérées, à notre tribu naturelle des Nassauviées, et à la section des Nassauviées-Trixidées, à la fin de laquelle nous l'avons placé (tom. XXXIV, pag. 207). Voici les caractères de ce genre, tels que nous les avons observés sur l'unique espèce qui le constitue.

Calathide incouronnée, radiatiforme, bisériée, pauciflore (dix ou douze fleurs), labiatiflore, androgyniflore. Péricline inférieur aux fleurs, subcylindracé, formé de huit ou neuf squames subbisériées, égales, oblongues, un peu élargies de bas en haut, à partie moyenne coriace et prolongée au sommet en une dent spinescente, à parties latérales membraneuses-scarieuses et prolongées chacune en une dent aiguë, molle; trois petites squames surnuméraires, inégales, ovales-acuminées, accompagnent extérieurement la base du péricline. Clinanthe petit, inappendiculé. Fruits obovoïdes, noirs, hérissés de poils épars, gros et courts, membraneux; aigrette nulle. Corolles à tube large, confondu avec le limbe, à limbe profondément divisé en deux lèvres: l'extérieure large et terminée par trois petites dents; l'intérieure plus étroite, plus courte, roulée, tantôt profondément bifide, tantôt paroissant indivise. Étamines à filet greffé seulement à la partie basilaire de la corolle; article anthérifère long et un peu élargi; tube anthéral courbe; loges et connectif excessivement courts; appendices apicilaires très-longs; appendices basilaires très-longs et presque entièrement polliniféres. Style de Nassauviée, à base renflée en tubercule sphéroïde, à stigmatophores souvent irréguliers.

Panphalée de Commerson: *Panphalea Commersonii*, H. Cass., Bull. des sc., Juillet 1819, pag. 111 et 112; *Panphalea*, Lag., *Amenid. natur.*, tom. 1, pag. 34; *Lapsana crassifolia*, Vahl, manuscr., Herb. de Juss. Plante herbacée, glabre, luisante et comme vernissée sur toutes ses parties vertes. Racine tubéreuse, sphérique, noirâtre., produisant plusieurs tiges et plusieurs feuilles radicales. Tiges longues d'un demi-pied, grêles, anguleuses, ramifiées supérieurement. Feuilles alternes, coriaces, longuement pétiolées sur la racine et sur les tiges, sessiles sur les rameaux : les radicales cordiformes à la base, obtuses au sommet, divisées peu profondément en sept lobes inégaux; les caulinaires inférieures larges, obtuses, trilobées; les intermédiaires ovales, très-entières; les supérieures, garnissant les rameaux, linéaires-lancéolées, très-entières. Calathides petites, solitaires à l'extrémité des derniers rameaux, qui sont longs, grêles, simples, pédonculiformes, et disposés presque en corymbe, ou en panicule corymbiforme. Fleurs jaunes (sur la plante sèche).

Nous avons fait cette description spécifique, et celle des caractères génériques, sur des échantillons de l'herbier de M. de Jussieu, recueillis en 1767, près de Montevideo, par le célèbre voyageur naturaliste à qui nous avons dédié cette espèce.

En examinant les synanthérées de l'herbier de M. de Jussieu, nous trouvâmes, parmi ses Chicoracées, une plante fort remarquable, étiquetée par Vahl *Lapsana crassifolia*. Nous n'eûmes pas de peine à nous convaincre que cette plante ne pouvoit appartenir ni au genre *Lapsana*, ni même à la tribu des Chicoracées ou Lactucées, mais bien à la tribu naturelle des Nassauviées, et nous crûmes pouvoir en faire un genre nouveau sous le nom de *Ceratolepis*, exprimant que les squames du péricline sont terminées par de petites cornes. Heureusement, avant de le publier, nous reconnûmes que nous avions été devancé depuis long-temps par M. Lagasca, qui, dès l'année 1811, avoit publié le même genre, sous le nom de *Panphalea*, dans sa Dissertation sur les Chénanthophores, insérée dans les *Amenidades naturales de las Espanas*.

Voici la description donnée par ce botaniste :

Calyx simplici serie heptaphyllus, æqualis, calyculatus calyculo brevi, undecimflorus. Corolla æqualis ; labium interius bidentatum. Receptaculum foveolatum. Pappus nullus. Polygamia æqualis. = *Planta herbacea, undique lucida (hinc generis nomen). Folia radicalia cordata, sublobata, petiolata; reliqua sessilia, alterna, linearia, indivisa. Rami alterni, apice uniflori.*

M. Lagasca s'est trompé en disant que la lèvre intérieure des corolles n'est que bidentée : elle est profondément bifide, quoiqu'elle paroisse souvent indivise. Il place le *Panphalea* entre le *Panargyrus* et le *Caloptilium*, deux genres que nous n'avons pas pu observer, mais qui, d'après les descriptions de ce botaniste, nous semblent en effet presque indubitablement appartenir à la tribu naturelle des Nassauviées, dont le *Panphalea* fait très-certainement partie.

M. De Candolle, dans son Mémoire sur les Labiatiflores, publié en 1812, a placé le *Panphalea* auprès du *Jungia*, qui est aussi de la tribu des Nassauviées. Il a copié les caractères du genre dont il s'agit sur le manuscrit de M. Lagasca, qui lui avoit été communiqué au commencement de 1808; mais il a mal à propos écrit *Pamphalea* le nom générique, qui, d'après son étymologie, doit être écrit *Panphalea*, comme a fait M. Lagasca.

Le *Panphalea* étant une plante rare et peu connue, nous pensâmes que les botanistes nous sauroient gré de leur en donner une nouvelle description, plus exacte, plus complète et plus détaillée que celle de M. Lagasca, que M. De Candolle s'étoit contenté d'abréger en la copiant, parce qu'il ne connoissoit point notre plante, qu'il n'avoit probablement pas remarquée dans les herbiers de MM. de Jussieu et Desfontaines, où elle se trouvoit depuis bien long-temps. C'est pourquoi, dans le Bulletin des Sciences de Juillet 1819 (p. 111 et 112), nous insérâmes la description générique et spécifique reproduite dans le présent article.

Le genre *Panphalea* se trouve placé à la suite du *Drozia*, et avant le *Triptilion*, qui commence la série des Nassauviées-Prototypes, dans notre tableau des Nassauviées inséré dans ce Dictionnaire (tom. XXXIV, pag. 205). En effet, ce genre, qui se distingue facilement, par ses fruits privés d'aigrette, de toutes les autres Nassauviées connues jusqu'ici, n'est pas mal placé à la suite du *Drozia*, son clinanthe étant nu, et les squames de son péricline étant oblongues, un peu élargies de bas en haut, coriaces au milieu, membraneuses sur les bords, terminées au sommet par trois dents, dont la moyenne est spinescente. Ce genre confine d'une autre part aux Nassauviées-Prototypes, par sa calathide pauciflore, et par son péricline de huit ou neuf squames égales, subbisériées, entourées de trois petites squames surnuméraires; il a surtout une affinité manifeste avec le *Triptilion*, par le port et par le péricline. Les anthères du *Panphalea* sont remarquables en ce que les loges proprement dites sont excessivement courtes, l'article anthérifère s'insérant très-près de l'origine de l'appendice apicilaire; mais, par compensation, les appendices basilaires sont pollinifères dans presque toute leur longueur. (H. Cass.)

PANS. (*Chass.*) Les pans, autrement nommés *panneaux*, sont des filets qui ressemblent aux halliers et dont on ceint les bois pour la chasse. Il y en a de trois sortes, qu'on appelle *pans simples à losanges*, *pans simples à mailles carrées*, et *pans contremaillés*. (Ch. D.)

PANSA et PANJA ou KUSA-PANJA. (*Bot.*) Noms japonois du *Pæderia fœtida*, Linn. Voyez Danaïde. (Lem.)

PANSAR. (*Ichth.*) Nom languedocien de la Barbue. (H. C.)

PANSE. (*Anat. et Phys.*) Voyez Système digestif. (F.)

PANTACHATES. (*Min.*) Wallerius a appliqué ce nom aux variétés d'agates qui sont tachetées et mouchetées comme la peau d'une panthère. (B.)

PANTACOUSTE. (*Bot.*) Nom languedocien du chèvrefeuille, selon Gouan. (J.)

PANTAGRUÉLION. (*Bot.*) Ancien nom vulgaire du chanvre. (L. D.)

PANTAGRUÉLION SAUVAGE. (*Bot.*) C'est l'eupatoire chanvrin. (L. D.)

PANTAINE. (*Chass.*) Sorte de filet plus connu sous le nom de Pantière. Voyez ce mot. (Ch. D.)

PANTANA. (*Ornith.*) Nom sous lequel les chevaliers sont décrits dans l'ornithologie italienne. (Ch. D.)

PANTE COBRA. (*Bot.*) Nom portugais de la persicaire du Levant, *polygonum orientale*, transportée par les Portugais au Japon, où elle est cultivée dans les jardins sous le même nom, suivant M. Thunberg. (J.)

PANTERANA. (*Ornith.*) Espèce d'alouette décrite par Cetti, dans ses Oiseaux de Sardaigne, page 153. (Ch. D.)

PANTERNO. (*Bot.*) Nom languedocien de l'aristoloche ronde. (L. D.)

PANTHER. (*Mamm.*) Les anciens Grecs employoient ce nom pour désigner un mammifère carnassier, difficile à reconnoître. Les uns ont cru que c'étoit un chacal, d'autres l'hyène rayée.

Mon frère pense qu'il désigne le guépard. Il est formé des deux mots grecs *pan*, tout, et *ther*, bête féroce, pour exprimer un animal qui surpasse tous les autres en férocité. C'est de ce nom que les Latins ont fait celui de *panthera*. (F. C.)

PANTHER [Petite]. (*Mamm.*) Opien donne ce nom à une espèce de panthère qu'il distingue de la grande par une queue plus longue. (F. C.)

PANTHERA. (*Mamm.*) Les Latins désignoient par ce nom une des grandes espèces tachetées du genre Chat, mais on ignore laquelle. Ils l'avoient tiré du grec *panther*. Nous en avons fait panthère.'(F. C.)

PANTHERA. (*Min.*) Pierre qui offroit des taches disposées à peu près comme celles des panthères et qu'on trouvoit en Médie. C'est probablement une agate jaspée ou tachetée. (B.)

PANTHÈRE. (*Mamm.*) Nom d'une espèce de chat, dérivé du latin, *panthera*. Voyez ce mot et CHAT. (F. C.)

PANTHERINE. (*Erpétol.*) Nom spécifique d'une couleuvre décrite dans ce Dictionnaire, tom. XI, pag. 190. (H. C.)

PANTIÈRE. (*Chass.*) Les filets ainsi appelés sont surtout destinés à prendre les bécasses. On les divise, d'après leur structure, en *pantières simples*, *pantières volantes* ou *à bouclettes*, et *pantières en tramail* ou *contremaillées*. On peut en voir la figure dans l'*Aviceptologie françoise*. Ces filets, suivant Magné de Marolles, *Chasse au fusil*, page 428, sont aussi employés pour prendre des bisets dans les lieux où l'on établit des palomières pour les ramiers. (Cu. D.)

PANTINE. (*Bot.*) Nom vulgaire de l'ophris homme-pendu. (L. D.)

PANTOPTÈRES. (*Ichthyol.*) M. Duméril a donné ce nom à une famille de poissons holobranches apodes, ayant les branchies composées d'une opercule et d'une membrane, ne manquant d'aucune des nageoires impaires, et privés seulement de catopes.

La plupart des poissons qui la composent ont le corps arrondi et alongé. Ils demeurent le plus souvent au fond de l'eau ; mais ils peuvent s'y mouvoir avec une grande facilité et s'y tenir en équilibre à l'aide des nageoires pectorales.

Le tableau suivant donnera une idée des caractères des genres dont cette famille est formée.

Famille des Pantoptères.

Nageoires impaires	réunies ; corps	rond, visqueux, presque nu ; nageoire dorsale commençant		loin des pectorales en arrière.	ANGUILLE.
				près des pectorales	CONGRE.
		comprimé, écailleux . . .		des barbillons sous la gorge.	DONZELLE.
				pas de barbillons.	FIERASPER.
	distinctes ; corps	long, bas ; museau	arrondi ; nageoire dorsale . .	unique . . .	ANARRHIQUE.
				double . . .	COMÉPHORE.
			pointu ; mandibule plus	longue. . . . { charnue . . .	MACROGNATHE.
				osseuse . . .	XIPHIAS.
				courte	AMMODYTE.
		presque aussi haut que long ;		ovale	STROMATÉE.
		de forme		rhomboïdale	RHOMBE.

Voyez ces différens noms de genres et APODES. (H. C.)

PANTOUFLE. (*Foss.*) C'est un des noms qu'on a donnés à la calcéole. (D. F.)

PANTOUFLE DE NOTRE-DAME. (*Bot.*) Nom vulgaire du cypripède sabot. (L. D.)

PANTOUFLIER. (*Ichthyol.*) Nom spécifique d'un poisson du genre ZYGÈNE. Voyez ce mot et SQUALE. (H. C.)

PANU. (*Bot.*) Nom indien du *ludwigia alternifolia*, suivant Burmann. (J.)

PANU WALA. (*Bot.*) Une espèce de gouet à feuilles lobées, *arum trilobatum*, est ainsi nommée à Ceilan, suivant Linnæus. (J.)

PANUKOHUMBA. (*Bot.*) L'azédarach est ainsi nommé dans l'île de Ceilan, suivant Hermann. (J.)

PANURGE, *Panurgus*. (*Entom.*) Nom donné par Panzer à quelques espèces d'abeilles, voisines des andrènes, ainsi réunies en un genre qu'ont adopté MM. Latreille et Olivier, dont Fabricius et Illiger ont fait des dasypodes, et que Kirby a laissées avec les abeilles de Scopoli et de Linnæus. (C. D.)

PAN-Y-AGUA. (*Bot.*) Nom d'un câprier, *capparis subbiloba*, de la Flore équinoxiale, à Cumana en Amérique. (J.)

PANZERHALM. (*Ichthyol.*) Un des noms allemands du Malarmat. Voyez ce mot. (H. C.)

PANZERIA. (*Bot.*) Gmelin avoit fait sous ce nom un genre du *lycium carolinianum* de Walther, qui, selon ce dernier, n'a que quatre étamines. Ce genre n'a pas été admis. Gmelin a fait un autre *panzera* en substituant ce nom à celui d'*eperua*, un des genres d'Aublet. (J.)

PAO D'ARCO [DES PORTUGAIS]. (*Bot.*) Cet arbre, nommé au Brésil *urupariba*, est le *bignonia pentaphylla* de Linnæus, rapporté maintenant au genre *Tecoma*. (J.)

PAO DE CHANCO. (*Bot.*) Nom donné par les Portugais à l'*isora-murri* du Malabar, *tann-ini* des Brames, *helicteres isora* des botanistes. (J.)

PAO DE COBRA, PAO DE SOLOR. (*Bot.*) Noms donnés par les Portugais du Malabar au *lignum colubrinum*, ou bois de serpent, nommé aussi *quil* ou *quirpèle* dans l'Inde, suivant les éditeurs de l'Abrégé des Voyages : c'est le *modira caniram* des Malabares, et le *strychnos colubrina* des botanistes. Sa racine passe pour un remède certain contre la morsure des serpens et contre d'autres venins. Son nom indien est celui d'un petit animal, ennemi des serpens, auxquels il fait la chasse, et qui a recours à cette racine lorsqu'il a été blessé dans le combat. (J.)

PAO-COSTUS. (*Bot.*) Voyez PERIM-PANÉE. (J.)

PAOFOGEL. (*Ornith.*) Le paon est ainsi nommé en Suède. (CH. D.)

PAO-GABAN. (*Bot.*) Voyez BOIS DE CHAM. (J.)

PAO DE GALINHA. (*Entom.*) Ce nom est donné dans les colonies à une larve d'insecte qui attaque les racines des cannes à sucre. Voyez GUIRA-PEACOJA. (DESM.)

PAO DE LACRA. (*Bot.*) Nom portugais d'un millepertuis, *hypericum guianense* d'Aublet, *caopia* du Brésil. (J.)

PAO DO PILAO. (*Bot.*) Nom donné par les Portugais de l'Inde au BITI du Malabar. Voyez ce mot. (J.)

PAO-ROSADO. (*Bot.*) Nom portugais du *genista canariensis*, Linn. Voyez GENÊT. (LEM.)

PAO-SALGADO-MACHO. (*Bot.*) Nom portugais du *kandel* du Malabar, *candalo* des Brames, *bruguiera gymnorrhiza*, genre détaché du palétuvier, *rhizophora*. (J.)

PAO DE SAPAN. (*Bot.*) Voyez Bois de sapan. (J.)

PAO-SERINGA. (*Bot.*) Nom vulgaire à Cayenne du caoutchouc de la Guiane, *hevea* d'Aublet, *siphonia* de Richard, dont on extrait la gomme élastique, employée à divers usages économiques et chirurgicaux. (J.)

PAO DE SOLOR. (*Bot.*) Voyez Pao de cobra. (J.)

PAO-TUC. (*Bot.*) Un des noms du maïs en Chine, suivant Loureiro. (Lem.)

PAON ; *Pavo*, Linn. (*Ornith.*) Les œuvres de Buffon sont entre les mains de tout le monde, comme un monument élevé à la littérature autant qu'aux sciences. Gueneau de Montbeillard, son savant collaborateur, s'est, en quelque sorte, surpassé lui-même dans l'article où il a décrit cet oiseau d'une manière si brillante que son tableau a été attribué au premier peintre de la nature. Il seroit donc tout à la fois inutile et indiscret d'oser ici lutter contre de pareils écrivains, et l'on va se borner à présenter les caractères génériques et spécifiques du plus beau des oiseaux et à exposer les principaux faits de son histoire.

Le bec de ce gallinacé est fort, nu et large à la base ; la mandibule supérieure, dont l'arête est élevée et qui est courbée vers le bout, dépasse de beaucoup l'inférieure, qu'elle recouvre; les narines, basales et latérales, sont à moitié fermées par une membrane couverte de quelques plumes; la langue est charnue et entière; le tarse est emplumé à sa partie supérieure; les trois doigts antérieurs sont réunis à leur base par une membrane; le pouce est élevé et les ongles sont longs et comprimés ; les ailes sont courtes, concaves et arrondies ; les dix-huit pennes caudales ont la faculté de se relever avec les couvertures supérieures de la queue, qui, très-prolongées, très-larges, très-nombreuses et ocellées, forment la roue chez les mâles adultes.

Pendant long-temps on n'a connu le paon en Europe que tel qu'il y existe dans l'état de domesticité; mais on n'en avoit pas encore vu tels qu'ils sont dans l'état sauvage, c'est-à-dire dans les contrées de l'Inde, où ils vivent en liberté, et les naturalistes s'étoient bornés à dire, relativement aux paons sauvages, qu'ils étoient plus grands et plus forts; mais M. Temminck annonce, au tome 2 de son Histoire générale des

gallinacés, page 31, qu'il a eu occasion d'en examiner deux
individus mâles, dont un lui a été adressé vivant de Batavia, et fait actuellement partie de son cabinet, et dont l'autre
se trouvoit dans une ménagerie de Londres.

Cet oiseau, de la taille d'une poule d'Inde, a quatre
pieds cinq pouces de longueur, depuis le bout du bec jusqu'à l'extrémité de la queue, laquelle a dix-neuf pouces;
le tarse a quatre pouces sept lignes; le bec un pouce huit
lignes, et l'aigrette, qui orne le dessus de sa tête, deux
pouces; les couvertures du dessus et du dessous des ailes sont
d'un vert foncé et brillant avec des reflets d'or; les moyennes
sont d'un bleu foncé et bordées de vert doré; les grandes
d'un noir verdâtre; toutes ont de larges bordures d'un beau
pourpre bronzé avec des nuances de cuivre de rosette; l'aile
bâtarde est d'un brun de bistre; les dix premières grandes
pennes des ailes sont de couleur de rouille, et les autres
ont les barbes extérieures d'un vert bronzé; le ventre, les
flancs et l'abdomen sont noirâtres, à reflets d'un vert doré;
les cuisses, d'un noir grisâtre avec de semblables nuances,
se terminent sur le genou par une bande fauve.

Les paons sauvages qu'on nourrit dans les ménageries de
Java, retournent dans les bois lorsqu'ils peuvent s'échapper.

Pour mettre à portée d'observer les différences que le paon
sauvage présente avec le paon domestique. *pavo cristatus*, Linn.,
qui est figuré dans les oiseaux enluminés de Buffon, planches
435, le mâle, et 434, la femelle, on croit devoir en rapprocher la description. Notre paon est à peu près de la
grosseur d'un jeune coq d'Inde; sa longueur totale est de
trois pieds huit pouces, celle de sa queue d'un pied et
demi, et ses ailes, pliées, dépassent de cinq pouces l'origine
de la queue; son aigrette est formée de vingt-quatre
plumes droites, déliées, hautes de deux pouces et couronnées, à leur sommet seulement, de barbes semblables
à celles des plumes ordinaires; les tarses du mâle sont garnis d'un éperon très-gros, long de neuf lignes et se terminant en pointe aiguë; la tête, la gorge, le cou et la poitrine sont d'un vert brillant avec des reflets d'or et de bleu
éclatant. On voit deux taches blanches sur les côtés de la
tête. Les plumes du dos et du croupion sont d'un vert doré

très-éclatant et bordées d'un cercle d'un noir velouté, imitant des écailles de poisson. Les couvertures supérieures de la queue, plus longues que les pennes elles-mêmes, sont partagées en plusieurs rangs placés les uns sur les autres, et garnies de longues barbes sur lesquelles on remarque l'œil qu'on ne voit point sur le dernier plan de ces couvertures; le ventre et les flancs sont noirâtres, avec quelques teintes de vert doré; la queue et ses couvertures inférieures sont d'un gris brun, et les plumes des jambes d'un fauve clair; l'aile a vingt-quatre pennes, mélangées de roux, de vert doré et de noir; l'iris est jaune; le bec blanchâtre; les pieds et les ongles sont gris; le croupion est garni de muscles très-forts, qui servent de moteurs aux longues plumes implantées sur leurs réseaux, et c'est la tension ou la dilatation de ces muscles qui donnent à l'oiseau les moyens de les étaler ou baisser à volonté.

La femelle, plus petite que le mâle, n'a pas une parure aussi brillante; ses tarses sont dénués d'éperon; les plumes uropygiales, moins longues que les pennes, n'ont pas d'yeux, et le plumage est presque entièrement d'un brun tirant sur le cendré; les taches blanches des côtés de la tête sont plus grandes; la gorge est blanche, le cou vert, et chaque plume de la poitrine est terminée de blanc; l'iris est de couleur de plomb.

Les Indes orientales doivent être regardées comme le climat naturel des paons, et les pays qu'ils affectionnent le plus sont la province de Guzarate, les territoires de Baroche, de Cambaya, de Broudra, les environs de Calicut, la côte de Malabar, l'île de Ceilan, les frontières du royaume de Siam du côté de Camboge, les îles Calamianes situées entre les Philippines et Bornéo. Au Bengale et dans les îles de Java et de Sumatra on les chasse, et la Médie en nourrissoit une si grande quantité, qu'ils ont reçu le surnom d'*avis medica*. Il est à présumer que c'étoit des côtes d'Asie, où ils auront facilement pénétré, que la flotte de Salomon en rapportoit. De l'Asie ils auront passé avec Alexandre dans la Grèce, où ils étoient d'abord si rares que pendant nombre d'années on les montra comme un objet de curiosité, et, enfin, de proche en proche, dans les parties méridionales et septentrionales de l'Europe, d'où les habitans, par l'étendue de leur commerce et de leur navigation, les auront répandus sur les côtes d'Afrique et ensuite en Amérique, où l'on n'en voit qu'en domesticité. Mais, comme l'observe Gueneau de Montbeillard, les climats septentrionaux ne conviennent point à la nature des paons; et cet auteur cite sur ce point Linné, qui, dans sa *Fauna suecica*, page 60, dit qu'ils n'y restent jamais de leur plein gré. Cependant il faut que les paons soient d'une constitution assez robuste, puisque les papiers publics ont annoncé en 1776, que dans la cour d'une maison de la ville de Dunkerque, un individu qu'on croyoit perdu, a été trouvé sous un tas de neige, et qu'ayant été ranimé au moyen d'une chaleur modérée, il a repris de la nourriture et a continué à se bien porter.

Les paons domestiques se plaisent sur les lieux élevés, sur la cime des tours, sur les plus grands arbres, et ils se perchent même quelquefois sur les flèches des clochers, quoique d'après le peu d'étendue de leurs ailes, ils semblent ne devoir voler que bas et pesamment. Ils font en l'air des trajets assez considérables, et l'ampleur des plumes uropygiales, qui, lorsque l'air est agité ou le vent contraire, peut être un obstacle, doit, dans les temps calmes, faciliter leur vol, en rendant leur corps plus léger.

D'après ces goûts il convient de choisir pendant l'été, pour l'habitation des paons, des lieux vastes et des endroits élevés où ils puissent se percher; mais en hiver il faut rechercher des endroits où ils soient le plus à l'abri des intempéries de la saison. A l'orge, qui est leur mets habituel, on joint le millet, la vesce, les pois, et dans l'hiver des fèves de marais grillées. Ces oiseaux recherchent en été les insectes et les herbes, mais on prétend que les fleurs de sureau seroient pour eux un poison.

On sait que la voix se forme chez tous les oiseaux dans le bas de la trachée-artère : or, les anneaux en sont entiers, ronds et osseux chez les paons, et l'on ne voit point de socle à l'ouverture de leur larynx supérieur, qui est garni de rugosités. La forme de ce larynx, qui est figuré sur la planche 1.re du 2.e volume des gallinacés de M. Temminck, n.os 1 et 2, est probablement la cause pour laquelle leur cri est si désagréable. Au reste, ce cri a son utilité dans les campagnes, en ce qu'il est un son d'alarme, que le paon, perché de nuit près de la maison, rend lorsqu'on en approche.

Gueneau de Montbeillard dit avoir reconnu deux tons dans les cris du mâle, l'un plus grave, tenant du hautbois, l'autre plus aigu et tenant des sons perçans de la trompette. L'oiseau fait encore entendre un bruit sourd, un murmure intérieur.

On a observé une sympathie entre les paons et les dindons, qui sont aussi du nombre des oiseaux dont la queue fait la roue, et ils s'accordent mieux ensemble qu'avec le reste de la volaille.

Élien portoit la vie des paons à cent ans, et Willughby n'a pas rejeté cette opinion, qui doit être rangée avec les autres fables du même article; mais dans le fait, la durée de la vie de ces oiseaux n'est que d'environ vingt-cinq ans.

Le paon mâle a autant d'ardeur pour ses femelles que le coq ordinaire; il faut lui en donner cinq à six, car, sans cela, il les rendroit stériles à force de les tourmenter et troubleroit l'œuvre de la génération par la répétition des actes qui feroient sortir les œufs de l'*oviductus* avant qu'ils eussent acquis leur maturité. Le tempérament des paonnes n'est pas moins lascif, et lorsqu'elles sont privées de mâles, elles s'excitent entre elles, et en se frottant dans la poussière, elles se procurent une fécondité imparfaite; comme elles ne pondent alors que des œufs clairs et sans germe, et que cela arrive surtout au retour de la douce chaleur du printemps, on a nommé ces œufs *zéphiriens*.

Selon Varron, l'âge de la pleine fécondité pour les paons est à deux ans; mais Aristote et Columelle le reculent d'une année. Ce n'est qu'à trois ans que la puissance d'engendrer s'annonce chez les mâles par la production des belles et longues plumes de leur queue et l'habitude qu'ils prennent de faire la roue. Les sexes se recherchent et se joignent au printemps. Peu après la fécondation, la femelle commence sa ponte, qui n'a lieu qu'une fois par an, et qui est composée de huit œufs la première année et de douze les suivantes, à trois ou quatre jours d'intervalle.

La paonne, laissée en liberté, dépose dans un lieu secret et retiré ses œufs, qui sont d'un blanc fauve, avec des points et des taches plus foncées et de la grosseur de ceux de dindon ; lorsqu'on ne les lui ôte pas, elle se met à les couver dès que la ponte est terminée. Pendant la durée de l'incubation, qui est de vingt-sept à trente jours, la paonne évite le mâle, qui pourroit casser ses œufs, et afin de ne les pas exposer à se refroidir pendant de trop longues absences de la mère, on doit avoir soin de mettre à sa portée une quantité suffisante de nourriture. Si celle-ci étoit trop troublée dans son nid, elle pourroit aussi abandonner ses œufs.

Lorsque les petits sont éclos, on doit les laisser sous la mère pendant vingt-quatre heures avant de les transporter sous une mue. Les paons adultes mangent de toutes sortes de grains, comme les autres gallinacés, mais la nourriture qui leur convient le mieux dans les premiers momens de leur existence, est la farine d'orge, détrempée dans du vin, le froment ramolli dans l'eau ou de la bouillie cuite et refroidie, ensuite du fromage blanc, sans petit-lait, mêlé avec des poireaux hachés ou des sauterelles auxquelles on a ôté les pieds. A l'âge de six mois ils mangent du froment, de l'orge, du marc de cidre et de poiré, et ils pincent même l'herbe tendre.

Comme la mère ne revient guère coucher les premiers jours avec ses petits dans le nid ordinaire, ni deux fois dans le même endroit, il faut alors veiller sur la couvée et la mettre en sûreté sous une mue ou dans une enceinte fermée avec des claies. Dans les premiers temps, et jusqu'à ce que les paonneaux soient un peu forts, la mère les prend tous les soirs sur son dos et les porte, l'un après l'autre, sur la branche où ils doivent passer la nuit ; le matin elle saute de cette branche et les provoque à l'imiter.

Au reste, soit pour éviter les inconvéniens du peu d'assiduité de la paonne, soit pour en obtenir une ponte plus considérable, on prend ordinairement le parti de faire couver ses œufs par une dinde, sous laquelle on en peut mettre douze, ou par une poule, sous laquelle on n'en place que huit. Les œufs étant ainsi successivement enlevés à la paonne, on parvient à faire faire à celle-ci trois pontes; la première de cinq œufs, la deuxième de quatre et la troisième de deux ou trois.

Les paonneaux qu'on a fait éclore par une dinde ou par une poule doivent être accoutumés à se percher dès que la faculté du vol le leur permet, la terre étant trop froide pour ces jeunes oiseaux, qui, d'un autre côté, sont trop grands pour être reçus sous les ailes de leur mère adoptive. Quand ces jeunes sont malades, on les guérit à peu près comme les autres volailles, surtout en les nourrissant d'insectes, de vers de farine, de mouches, de larves de fourmis et d'araignées.

L'aigrette commence à pousser à l'âge d'un mois, et les petits sont alors malades, comme les dindonneaux lorsqu'ils poussent le rouge. On ne doit les mettre avec les grands que lorsqu'ils ont sept mois, et pour ne les pas exposer la nuit au froid et à l'humidité, il faut tâcher de les habituer à coucher sur le juchoir. L'aigrette et l'éperon sont les premiers signes distinctifs des jeunes mâles. L'aigrette ne tombe pas, mais la queue tombe chaque année, en tout ou en partie, vers la fin de Juillet, et repousse au printemps. L'oiseau est triste et se cache pendant cet intervalle.

Les paons, comme les autres gallinacés, saisissent le grain de la pointe du bec et l'avalent sans le broyer. Lorsqu'ils veulent boire, ils plongent le bec dans l'eau, où ils font cinq ou six mouvemens assez prompts de la mâchoire inférieure, et tenant leur tête dans une situation horizontale, ils avalent l'eau sans faire aucun mouvement du bec. On prétend que, pendant le sommeil, ils cachent la tête sous l'aile et font rentrer leur cou en tenant le bec au vent. Amis de la propreté, ils tâchent de recouvrir et d'enfouir leurs ordures.

Les paons étoient un mets fort estimé des Grecs et des Romains, mais plutôt comme rare et d'un grand prix qu'à raison du goût de leur chair, dont on fait maintenant peu de cas. Suivant Pline le naturaliste, Hortensius est le premier Romain qui fit tuer un paon pour sa table, lorsqu'il donna son repas de réception au collége des pontifes; et dans les festins des empereurs Vitellius et Héliogabale, on servoit des plats composés de langues et de cervelles de ces oiseaux, qui ne sont plus nourris par vanité, mais parce qu'ils font l'ornement des ménageries et celui des basses-cours, où l'on ne peut toutefois se dissimuler qu'ils causent aussi des désagrémens, puisqu'il s'y rendent les maîtres et maltraitent les volailles, qu'ils dégradent les toits et dévastent les potagers et les vergers dans lesquels ils ont les moyens de s'introduire.

L'influence des climats n'est pas aussi considérable que le pensoient Buffon et Gueneau de Montbeillard, sur la couleur du plumage des oiseaux, et c'est un peu trop légèrement que les *paons blancs* ont été considérés comme une race constante, puisque des faits particuliers ont prouvé qu'il en est né de cette couleur dans des couvées dont les autres individus avoient le plumage ordinaire, et que Mauduyt cite à cet égard une paire de paons qui, en 1783, ont produit à Gentilly, près de Paris, quatre petits, dont deux entièrement blancs, quoiqu'il n'y eût aucun paon blanc dans les environs.

Il est probable que le *paon panaché* naît du mélange du paon blanc avec le paon ordinaire; mais il ne faudroit, dans tous les cas, le regarder, ainsi que le paon tout-à-fait blanc, que comme une simple variété et non une espèce.

Lorsqu'on faisoit de nombreux élèves de paons domestiques, on a eu lieu de remarquer un assez grand nombre d'autres variétés; il en naissoit de gris, de noirs, de verts, de bleus, etc., et si l'on ne voit plus que des paons blancs et panachés, et encore rarement, c'est parce qu'on s'occupe beaucoup moins de la propagation de ces oiseaux. On distinguoit aussi autrefois les paons en paons *célestes* et *terrestres*, qui différoient seulement par une domesticité plus ou moins exacte et par des habitudes plus ou moins sauvages.

Quant au paon *spicifère* ou du *Japon*, *pavo muticus*, Linn., on a long-temps douté de son existence, qui ne reposoit, en effet, que sur une figure peinte, envoyée au 16.ᵉ siècle, par un empereur du Japon au pape, figure d'après laquelle seule ont été faites les descriptions d'Aldrovande, de Brisson et autres postérieures. Mais Levaillant ayant communiqué à M.

Temminck le dessin de la tête de cet oiseau, fait d'après nature sur un individu qui existoit au cap de Bonne-Espérance dans la ménagerie de feu M. Boers, auquel on l'avoit
adressé de Macao, les doutes devoient disparoître devant le
témoignage de ce célèbre ornithologiste, et M. Temminck,
qui a fait graver cette tête sur la 1.re planche anatomique
du 2.e volume de son Histoire des gallinacés, a inséré, aux
pages 57 et 58 de cet ouvrage, la description suivante, dont
le dessin de Levaillant étoit accompagné.

Le spicifère est de la taille du paon vulgaire, dont il
a aussi les formes; il en diffère par une huppe droite,
qu'il porte perpendiculairement sur la tête. Cette huppe
est composée de dix plumes étroites, étagées entre elles, et
ressemble beaucoup à la queue de la mésange à longue queue,
parus caudatus, Linn. Ces plumes sont d'un beau vert à reflets bleus; les pennes dorsales, qu'il relève comme le font
nos paons, sont plus courtes et moins brillantes que celles
de ces derniers, mais les miroirs sont plus grands; la couleur de la tête, du cou et de la poitrine est d'un vert lustré
à reflets bleuâtres; le ventre, l'abdomen et les grandes
pennes des ailes sont brunes, avec des teintes verdâtres; au-
dessous des yeux est un espace jaunâtre et dénué de plumes;
une autre nudité, plus considérable, qui se dirige de chaque
côté vers l'ouverture des oreilles, se remarque au-dessous de
la première; elle est d'un beau jaune; le bec, d'un gris
jaunâtre, est plus alongé et plus droit que dans le paon vulgaire. Les pieds, qui sont armés d'un éperon (dont l'absence
supposée d'après la figure d'Aldrovande, a occasioné la dénomination fautive de *muticus*, qu'on pourroit remplacer par
spicatus), ont une teinte brunâtre, et l'iris est d'un marron
rougeâtre. Le cri du spicifère est très-différent de celui du
paon domestique.

Selon M. Temminck, la description de la prétendue femelle de cet oiseau, qui se trouve dans Aldrovande, sem-
bleroit plutôt appartenir à un mâle en mue. (Cʜ. D.)

PAON. (*Entom.*) On a donné ce nom à beaucoup d'insectes qui ont des cercles en forme d'yeux sur les ailes, principalement à des lépidoptères; ainsi,

PAON-DE-JOUR : c'est le PAPILLON Io;

PAON [DEMI-] : c'est un SPHINX OCELLÉ;

PAON-DE-NUIT, GRAND, MOYEN et PETIT : noms de trois espèces de BOMBYCES. (C. D.)

PAON D'AFRIQUE. (*Ornith.*) Quelques voyageurs ont donné ce nom à la demoiselle de Numidie, *ardea virgo*, qu'on appelle aussi *paon de Guinée*, et qui est l'*anthropoïde* de M. Vieillot. (CH. D.)

PAON BLEU. (*Ichthyol.*) Nom d'une espèce de poisson du genre Labre, *Labrus exoletus*. (DESM.)

PAON CÉLESTE. (*Ornith.*) Cette dénomination, qu'on donnoit anciennement aux paons à demi sauvages, qui vivoient autour des habitations, a été mal appliquée par Salerne au vanneau, *tringa vanellus*, Linn. (CH. D.)

PAON DE LA CHINE. (*Ornith.*) Ce nom et celui de paon faisan de la Chine, ont été donnés à l'éperonnier ou chinquis, *pavo bicalcaratus* et *thibetanus*, Gmel., dont M. Temminck a fait un genre sous le nom de *polyplectron*. Voyez ÉPERONNIER. (CH. D.)

PAON DE GUINÉE. (*Ornith.*) Voyez PAON D'AFRIQUE. (CH. D.)

PAON D'INDE. (*Ichthyol.*) Un poisson du genre Chétodon ou Bandoulière a reçu ce nom : c'est le *chetodon pavo* de Linnæus. (DESM.)

PAON DES INDES. (*Ornith.*) Comme le dindon étale sa queue à la manière des paons, les Espagnols lui ont donné ce nom. (CH. D.)

PAON DU JAPON. (*Ornith.*) C'est le spicifère, *pavo muticus*, Lath. (CH. D.)

PAON [PETIT] DE MALACA. (*Ornith.*) Sonnerat, dans son Voyage aux Indes, a décrit sous ce nom l'éperonnier, *pavo bicalcaratus* et *thibetanus*, Linn. (CH. D.)

PAON DE MARAIS. (*Ornith.*) Sur la côte de Picardie ce nom et celui de *paon de mer* sont donnés au combattant, *tringa pugnax*. (CH. D.)

PAON MARIN. (*Ornith.*) Quelques naturalistes ont ainsi appelé l'oiseau royal ou grue couronnée, *ardea pavonina*, Linn., parce qu'il imite le cri du paon. (CH. D.)

PAON MARIN. (*Chétopodes.*) Dénomination sous laquelle un voyageur, nommé Godeline, a décrit dans le tome 3 des

Mémoires présentés à l'Académie des sciences, un animal, sans aucun doute de la classe des chétopodes, comme le prouve même le nom de paon marin, probablement à cause des belles couleurs irisées de ses faisceaux de soies, mais qu'il est à peu près impossible de rapporter à un genre connu. Son corps est alongé, verdâtre; il a, dit-il, deux cornes terminées par quelques tentacules, et sa queue est divisée en deux branches, de chacune desquelles sortent quatre plu-mules de couleur de rose. Cet animal a été trouvé dans la mer des Indes. (DE B.)

PAON-DE-MER. (*Ichthyol.*) On a donné ce nom à plu-sieurs poissons de genres différens, à la *perca saxatilis*, de Bloch, qui est un véritable chromis; à un *labre*, que nous avons décrit dans ce Dictionnaire, tom. XXV, pag. 22 ; à un POMACENTRE. Voyez ce mot. (H. C.)

PAON DE MER. (*Ornith.*) Voyez PAON DE MARAIS. (CH. D.)

PAON DES PALÉTUVIERS. (*Ornith.*) Pour cette dénomi-nation et celle de *paon des roses*, voyez CAURALE. (CH. D.)

PAON A QUEUE COURTE. (*Ornith.*) Une des dénomina-tions de l'oiseau royal, *ardea pavonina*, Linn. (CH. D.)

PAON DES ROSES. (*Ornith.*) Voyez CAURALE. (CH. D.)

PAON SAUVAGE. (*Ornith.*) On appelle ainsi, aux Phi-lippines, l'oiseau décrit par Sonnerat sous le nom d'*outarde de l'île de Luçon*, et la même dénomination est donnée à l'*outarde huppée d'Afrique.* Le vanneau a été quelquefois ainsi désigné. (CH. D.)

PAON SAUVAGE DES PYRÉNÉES. (*Ornith.*) Une des dé-nominations du grand coq de bruyère, *tetrao urogallus*, Linn. (CH. D.)

PAON TERRESTRE. (*Ornith.*) On donnoit anciennement ce nom à celui des paons qui ne quittoit pas la basse-cour. (CH. D.)

PAON DU THIBET. (*Ornith.*) On a d'abord considéré cet oiseau (le chinquis) comme une espèce particulière; mais il est maintenant regardé comme étant de la même espèce que l'éperonnier. (CH. D.)

PAONCELLO. (*Ornith.*) Ce nom italien et ceux de *paon-zello* et *paonchello*, désignent le vanneau commun, *tringa vanellus*, Linn. (CH. D.)

. PAONNE. (*Ornith.*) Dénomination de la femelle du paon. (Cʜ. D.)

PAONNEAU. (*Ornith.*) C'est le jeune paon. (Cʜ. D.)

PAOUNASSA. (*Ornith.*) Un des noms piémontois du van-neau, *tringa vanellus*, Linn. (Cʜ. D.)

PAOUNMOULÉ. (*Bot.*) Nom languedocien de l'orge des murailles, *hordeum murinum*, cité par Gouan. (J.)

PAOUROU. (*Ichthyol.*) Un des noms vulgaires du Mɪʟᴀɴᴅʀᴇ. Voyez ce mot. (H. C.)

PAPA et PAPAS. (*Bot.*) Noms de la pomme de terre or-dinaire au Pérou. Le *papa de loma* est le *solanum montanum* de Ruiz et Pavon. La racine de cette plante ne produit qu'une tubérosité d'où naît la tige. Du temps de Feuillée les naturels mangeoient cette pomme de terre en soupe et en ragoût; maintenant elle ne sert plus que pour engraisser les cochons, ainsi que nous l'apprennent Ruiz et Pavon. Voyez Pᴀɴᴀsᴜ. (Lᴇᴍ.)

PAPACIN. (*Ichthyol.*) Nom spécifique d'un *syngnathe* dé-crit par M. Risso. Voyez Sʏɴɢɴᴀᴛʜᴇ. (H. C.)

PAPAFIGUO. (*Ornith.*) Ce nom désigne en catalan le gobe-mouches, *muscicapa atricapilla*; mais, comme dans les contrées méridionales on appelle bec-figue diverses espèces de fauvettes et de farlouses, ce nom entraîne nécessaire-ment de la confusion. (Cʜ. D.)

PAPAGAIO. (*Ornith.*) Nom espagnol des perroquets. .(Cʜ. D.)

PAPAGALLO. (*Ornith.*) Un des noms italiens des perro-quets. (Cʜ. D.)

PAPAGAS. (*Ornith.*) Nom générique des perroquets en grec moderne. (Cʜ. D.)

PAPAGEITAUCHER. (*Ornith.*) Un des noms du maca-reux du Kamtschatka, *alca arctica*, Linn., que Fabricius cite à la page 85 du *Faun. groenl.*, n.° 53. Voyez Kᴀʟʟɪɴɢᴀᴋ. (Cʜ. D.)

PAPAGEY. (*Ornith.*) Nom allemand du rollier commun, *coracias garrula*, Linn. (Cʜ. D.)

PAPALU. (*Bot.*) Arbre peu connu de la côte malabare, dont les fruits servent, au rapport de Rhéede, à rempla-cer l'arec dans la préparation du bétel destiné à être mastiqué, et l'écorce, pour arrêter les mouvemens de la bile. (Lem.)

PAPAN. (*Ornith.*) On appelle ainsi, à l'île Luçon, le canard musqué, *anas moschata*, Linn. (Ch. D.)

PAPANA. (*Ichthyol.*) Guillaume Pison, dans son Histoire naturelle et médicale de l'Inde occidentale, dit qu'au Brésil on appelle ainsi une espèce de poisson chondroptérygien, dont la chair est un fort bon aliment. Ce poisson appartient évidemment au genre des Lamies. Voyez ce mot. (H. C.)

PAPANGHO. (*Ornith.*) Selon Flacourt, dans son Histoire de Madagascar, l'oiseau qu'on appelle ainsi dans cette île est le milan. (Ch. D.)

PAPAPEIXE. (*Ornith.*) Les Portugais donnent cette dénomination à l'alcyon *jaguacati guacu*, qui a été décrit par Marcgrave, page 194, *alcedo alcyon*, Linn. M. Vieillot regarde cet oiseau comme formant une race distincte de l'espèce ci-dessus, et le nomme *alçedo guacu*. (Ch. D.)

PAPARA. (*Ornith.*) C'est en italien le nom de l'oie, *anas anser*, Linn., qu'on appelle aussi *papera* et *pavara*. (Ch. D.)

PAPAS. (*Bot.*) Nom de la pomme de terre au Pérou et dans quelques autres lieux de l'Amérique méridionale, suivant Clusius, qui en a parlé le premier en citant son origine. Voyez Papa. (J.)

PAPAVER. (*Bot.*) Indépendamment des espèces qui constituent le véritable genre du pavot, *papaver*, on trouve sous ce nom, chez les anciens, d'abord des genres de la même famille, savoir: le *glaucium*, qui étoit le *papaver corniculatum*, et l'*argemone*, nommé auparavant *papaver spinosum*. Dans une autre famille l'*euphorbia exigua* étoit le *papaver spumeum* de Gesner; dans celle des synanthérées, le bluet, *cyanus*, étoit le *papaver heracleum* de Columna; et dans les capparidées, quelques *cleoma* étoient aussi nommés *papaver corniculatum*. (J.)

PAPAVÉRACÉES. (*Bot.*) C'est le pavot, *papaver*, qui donne son nom à cette famille. Elle est composée de deux sections, les vraies papavéracées et les fumariées, qui doivent toujours se suivre, soit qu'on les laisse réunies sous la même dénomination, soit qu'on en fasse deux familles distinctes, en adoptant sur ce point l'opinion de M. De Candolle. Cependant, comme les fumariées, établies plus récemment, n'ont pas été citées dans ce Dictionnaire à leur rang alphabétique, nous les mentionnerons ici comme section, en insistant sur leurs caractéres distinctifs. Ces deux sections, unies ou séparées, appartiennent à la classe des hypopétalées ou dicotylédones polypétales à étamines insérées sous le pistil. On y trouve l'ensemble des caractères suivans.

Un calice composé de deux sépales qui tombent séparément; quatre pétales, ou rarement plus (nuls dans le *bocconia*), insérés sous le pistil, réguliers ou irréguliers, égaux ou inégaux; étamines également hypogynes, en nombre indéfini, à filets distincts et anthéres biloculaires, ou en nombre défini, tantôt à filets distincts et anthéres biloculaires, tantôt et plus souvent à filets réunis inférieurement en deux faisceaux portant chacun une anthère biloculaire entre deux uniloculaires; un ovaire simple, libre, non adhérent, ordinairement uniloculaire, contenant plusieurs ovules ou quelquefois un seul; style simple ou plus souvent nul; plusieurs stigmates. Fruit capsulaire ou siliqueux, s'ouvrant dans sa longueur ou seulement par le haut en plusieurs valves, ordinairement uniloculaire et polysperme; il est muni d'un ou plusieurs placentaires pariétaux, membraneux, seminifères, plus ou moins élevés, en forme de demi-cloisons; ou il est indéhiscent, et seulement mono- ou disperme. Graines nombreuses ou en petit nombre, ou rarement solitaires, unies aux placentaires par un cordon ombilical qui se prolonge quelquefois autour de leur ombilic en un arille membraneux, plus ou moins apparent. Leur intérieur est rempli par un périsperme charnu, creusé d'une fossette près de l'ombilic, dans laquelle est niché un petit embryon à radicule droite, plus longue que les deux cotylédons, dirigé vers le point d'attache de la graine.

Tiges herbacées ou rarement ligneuses, remplies, ainsi que les autres parties, d'un suc coloré ou simplement aqueux. Feuilles alternes, simples, ou ramifiées et décomposées. Pédoncules axillaires ou terminaux, uniflores ou multiflores, à fleurs disposées en épis et quelquefois accompagnées de bractées.

Dans la section des vraies papavéracées on trouve des

pétales égaux et réguliers, des étamines en nombre indéfini, ou plus rarement défini, à filets toujours distincts et à anthères biloculaires; un fruit capsulaire ou siliqueux, s'ouvrant entièrement, ou seulement par le haut, en deux ou plusieurs valves; des graines non arillées, des feuilles simples; un suc coloré, blanc, ou rouge, ou jaune. Les genres de cette section sont le *Sanguinaria*, l'*Argemone*, le *Papaver*, le *Meconopsis*, le *Roemeria* de M. De Candolle, le *Bocconia*, le *Glaucium*, le *Chelidonium* et l'*Hypecoum*.

La section des Fumariées se distingue par des pétales inégaux et irréguliers, dont un ou deux ont un éperon à leur base, des filets d'étamines au nombre de six seulement, réunis par le bas en deux faisceaux, dont chacun porte une anthère biloculaire et deux uniloculaires; un fruit capsulaire ou plus souvent siliqueux, polysperme, s'ouvrant en deux valves, ou indéhiscent et mono- ou disperme; des graines arillées; des feuilles décomposées; un suc aqueux, non coloré. On n'y rapporte que l'ancien genre *Fumaria*, mais subdivisé maintenant en six; savoir: les *Diclytra* et *Adlumia* de M. De Candolle, *Cysticapnos* de Boërhaave, *Corydalis* de Ventenat, *Sarcocapnos* de M. De Candolle, et *Fumaria*, dont le précédent diffère très-peu.

Les genres et les espèces de ces deux sections ou familles sont très-détaillés dans le deuxième volume du *Systema* de M. De Candolle. (J.)

PAPAVERINA. (*Ornith.*) Suivant Rzaczynski, ce nom est celui que porte en Pologne la linotte commune, *fringilla linaria*, Linn. (Cʜ. D.)

PAPAYE. (*Ornith.*) C'est en langue gariponne le nom générique des hirondelles. (Cʜ. D.)

PAPAYER: *Papaya*, Plum.; *Carica*, Linn. (*Bot.*) Genre de plantes dicotylédones, à fleurs incomplètes, de la famille des *cucurbitacées*, de la *dioécie décandrie* de Linnæus, caractérisé par des fleurs dioïques; les mâles pourvues d'un calice fort petit, à cinq dents; une corolle en entonnoir, à cinq lobes; dix étamines insérées au haut du tube, dont cinq alternes, plus courtes. Dans les fleurs femelles, un calice à cinq dents; une corolle à cinq découpures; un ovaire supérieur, surmonté de cinq stigmates. Le fruit est une baie uniloculaire, portant plusieurs semences attachées à cinq réceptacles, couvertes d'une tunique fragile, bosselée, enveloppant un grain oléagineux.

Les papayers s'éloignent des cucurbitacées par leur ovaire supérieur; ils se rapprochent des figuiers par leur port : il en découle un suc laiteux et glutineux; leur bois est presque fongueux, leur tronc hérissé par les vestiges des feuilles tombées. Quelquefois, au rapport de Trew, on trouve des fleurs hermaphrodites parmi les mâles ou les femelles.

PAPAYER COMMUN : *Papaya communis*, Encycl.; *Carica papaia*, Linn., *Spec.*; Lamk., *Ill.*, tab. 821; Gærtn., tab. 122; Rumph, *Amb.*, 1, tab. 50, 51; Rhéede, *Malab.*, tab. 15, fig. 1, 2. Bel arbre, qui a l'aspect d'un palmier, et qui s'élève à la hauteur de vingt pieds sur une tige simple, très-rarement ramifiée, d'une consistance un peu tendre, raboteuse par les débris des anciennes feuilles; celles-ci sont grandes, éparses, pétiolées, d'un vert clair, à nervures saillantes, divisées très-profondément en sept, neuf ou onze lobes sinués, incisés; les pétioles longs de près de deux pieds; les fleurs sont blanchâtres, d'une odeur agréable, disposées en grappes axillaires au sommet de la tige, sur des pédoncules grêles, pendans, longs de deux ou trois pieds; les fleurs femelles, très-nombreuses, sont portées sur des pédoncules simples, courts et pendans; elles produisent des fruits ovales, sillonnés, assez gros, de dimension variable, pleins d'une pulpe douceâtre, dont la pellicule est jaune à l'époque de la maturité. Ils renferment des semences brunes ou noirâtres, oblongues, ridées et bosselées.

Cet arbre croît aux Moluques dans une terre légère; quand elle est trop sablonneuse, il porte peu de fruits. Il est remarquable par la promptitude de son accroissement; en six mois, il parvient à la hauteur d'un homme : il fleurit et porte des fruits toute l'année dans son pays natal. Ses fruits sont succulens, aromatiques, d'une saveur douce, assez agréable. On les mange cuits dans l'eau avant la maturité, ou crus comme les melons; on les confit lorsqu'ils sont mûrs. Dans nos serres d'Europe, ces fruits sont détestables. Les fleurs mâles, macérées dans l'eau tiède, et desséchées au soleil, entrent dans la composition d'une compote que les

habitans des Moluques nomment aatsjaar. On peut le cultiver dans nos serres, et l'y propager de graines sans beaucoup de difficultés. Le *papaya prosopar* ou *carica* de Linnée,
est une espèce douteuse, point connue.

PAPAYER ÉPINEUX: *Papaya spinosa*, Encycl.; Aubl., Guian.,
2, pag. 908, tab. 346. Cette espèce a sa tige hérissée de
rugosités saillantes, en forme d'épines non piquantes. Ses
feuilles sont digitées, composées de sept folioles lisses, entières, ovales, terminées en pointe, vertes en dessus,
blanches en dessous; les fleurs disposées comme dans l'espèce
précédente. Les baies sont jaunes, lisses, ovoïdes, marquées
de plusieurs lignes longitudinales: leur chair est jaune,
succulente; les semences sont roussâtres, sphériques et
chagrinées. Cette espèce croît dans la Guiane, à la Jamaïque, au Brésil, etc. Les Nègres le nomment *papayer
sauvage*.

PAPAYER A FLEURS LATÉRALES: *Papaya cauliflora*, Enc., suppl.;
Carica cauliflora, Jacq., Hort. Schœnbr., 3, pag. 33, tab. 311.
Arbrisseau des environs de Caracas, dont la tige s'élève à la
hauteur de douze pieds, soutenant, à son extrémité, de
grandes feuilles d'un pied et plus, palmées, en cœur à leur
base, à cinq lobes pinnatifides, acuminés, médiocrement dentés ou incisés; les pétioles sont fistuleux, presque longs d'un
pied. Les fleurs naissent sur le tronc, dans l'aisselle des
vieilles feuilles tombées. Les pédoncules sortent de tubercules plus ou moins alongés; ils sont solitaires, simples ou
ramifiés. La corolle est blanche; le tube presque cylindrique, alongé; le limbe à cinq découpures oblongues, obtuses.
Le fruit est une baie ovale, aiguë, jaunâtre, odorante,
presque pentagone, de la grosseur du poing, pendante,
blanche en dedans, contenant un grand nombre de semences noires, ovales. Cette espèce est cultivée au Jardin du
Roi, ainsi que la première.

PAPAYER A PETITS FRUITS: *Papaya microcarpa*, Enc., suppl.;
Carica microcarpa, Jacq., Hort. Schœnbr., 3, pag. 32, tab.
309, 310. Son tronc, haut de huit à douze pieds, est couronné de feuilles rapprochées, à trois grands lobes aigus,
souvent chacun d'eux divisé profondément en deux autres,
à demi ovales, très-entiers; les pétioles sont pleins, cylin-

driques, longs d'environ un pied. Les fleurs mâles sont disposées presque en corymbe, à long pédoncule; le tube de la corolle est renflé à sa base, élargi à son orifice, à cinq découpures aiguës, recourbées à leur sommet. Dans les fleurs femelles les pédoncules sont solitaires, courts, épais, axillaires, soutenant une à sept fleurs pédicellées. Les baies sont arrondies, de la grosseur d'une forte noisette, de couleur orangée; les semences noires, un peu ridées. Cette espèce croît au Chili et aux environs de Caracas.

PAPAYER MONOÏQUE: *Papaya monoica*, Enc., suppl.; *Carica monoica*, Desf., Ann. du Mus., 1, pag. 273, tab. 18. Cette plante, que plusieurs auteurs ont réunie comme variété à l'espèce précédente, en diffère par la disposition de ses fleurs monoïques et par la forme des feuilles. Sa tige est droite, fongueuse, un peu ramifiée vers le sommet: les feuilles sont alternes; les inférieures ovales, entières, plus petites; les moyennes en éventail, échancrées à leur base, à trois lobes ovales, alongés, aigus; les supérieures à cinq lobes, divisés sur les côtés; les nervures blanches, parsemées de petites aspérités; les pétioles canaliculés, un peu plus courts que les feuilles. Les fleurs sont monoïques, disposées en 'petites grappes axillaires; leur calice est à cinq petites dents; la corolle d'un jaune pâle, à divisions du limbe linéaires, obtuses, rabattues; la fleur femelle terminale, entourée par les fleurs mâles. Le fruit est une baie jaune, ovale, de la grosseur d'un œuf, terminée par une pointe émoussée. Cette plante croît au Pérou. (POIR.)

PAPAZZINO. (*Ornith.*) Nom italien du roitelet, *motacilla regulus*. (CH. D.)

PAPE. (*Ornith.*) Cet oiseau, qui est le verdier de la Louisiane et une passerine de M. Vieillot, a reçu de Linné et de Latham le nom d'*emberiza ciris*. (CH. D.)

PAPE-SAJOR. (*Bot.*) A Java on nomme ainsi, suivant Burmann, son *periploca dubia*. (J.)

PAPECHIEU. (*Ornith.*) L'oiseau que Belon nomme ainsi, est le vanneau commun, Linn. (CH. D.)

PAPEGAI. (*Ornith.*) Nom imposé par Buffon à une famille de perroquets du nouveau continent, qui n'ont point de rouge dans les ailes, et qui diffèrent en cela des *criks* et des *amazones*. (Ch. D.)

PAPEGAUT. (*Ornith.*) C'étoit ainsi que les perroquets étoient nommés à une époque où les perruches étoient appelées perroquets. Dans Belon, le grand papegaut est le perroquet gris. (Ch. D.)

PAPEGEY-DUICKER. (*Ornith.*) Ce nom hollandois désigne, dans Klein, le macareux, *alca arctica*, Linn. (Ch. D.)

PAPEGOY. (*Ornith.*) Fabricius cite ce nom parmi les synonymes de l'*alca arctica*, page 83 de sa *Fauna groenlandica*. (Ch. D.)

PAPHIE, *Paphia*. (*Conchyl.*) Genre de coquilles bivalves, établi par M. de Lamarck dans la première édition de ses *Animaux sans vertèbres*, page 120, mais qu'il n'a pas adopté dans la seconde édition de cet ouvrage. Il paroît qu'il portoit principalement sur la position du ligament intérieur, inséré dans une fossette, située sous les sommets entre les dents de la charnière ou à côté d'elles. M. de Lamarck y plaçoit le *venus divaricata*, Linn., dont il fait maintenant une cythérée, et sous le nom de *paphia glabrata*, une espèce de mactre, figurée dans l'Enc. méth., pl. 257, fig. 3. (De B.)

PAPHUS. (*Ornith.*) Ce nom, dans Turner, indique l'engoulevent, *caprimulgus europæus*. (Ch. D.)

PAPIA. (*Bot.*) Le genre fait sous ce nom, par Michéli, n'est qu'une variété du *lamium orvala*. (J.)

PAPIER BROUILLARD. (*Conchyl.*) Nom marchand d'une espèce de cône, *conus tulipa*. (De B.)

PAPIER DE LA CHINE. (*Conchyl.*) Dénomination sous laquelle les anciens auteurs de conchyliologie désignent une espèce d'olive cylindrique, très-variée de couleur, et qui est très-probablement l'olive hispidule de Linné. (De B.)

PAPIER FOSSILE. (*Min.*) Voyez Asbeste papyracé. (B.)

PAPIER MARBRÉ. (*Conchyl.*) Variété d'une espèce de cône, *conus nebulosus*, de Lamk. (De B.)

PAPIER DE MONTAGNE. (*Min.*) M. Patrin dit, que ce nom a été quelquefois donné à l'Asbeste. (Desm.)

PAPIER DU NIL. (*Bot.*) Le souchet papyrier est indiqué sous ce nom dans quelques ouvrages anciens. (L. D.)

PAPIER ROULÉ. (*Conchyl.*) Nom vulgaire de la bulle oublie, *bulla lignaria*, type du genre Scaphandre de Denys de Montfort. (De B.)

PAPIER TURC. (*Conchyl.*) Nom vulgaire du *conus minimus*, Linn. (De. B.)

PAPILION DE MONTAGNE. (*Ornith.*) L'oiseau ainsi nommé à Valence, est l'hirondelle de rivage, *hirundo riparia*, Linn. On appelle aussi *falcinellus papilio*, le grimpereau bleu de Cayenne, de Brisson, ou *hoitzitzil* des Mexicains, *trochilus punctulatus*, Gmel. (Ch. D.)

PAPILLAIRES [Glandes]. (*Bot.*) Mamelons semblables aux papilles de la langue de l'homme, et paroissant, vus au microscope, composés de plusieurs rangs de cellules, placées circulairement. Les feuilles du *rhododendrum punctatum* ont leurs deux surfaces parsemées de glandes papillaires. On les observe aussi sur la surface inférieure des feuilles du *satureia hortensis* et des autres labiées à odeur piquante. (Mass.)

PAPILLARIS. (*Bot.*) C. Bauhin dit que dans la Prusse on donnoit ce nom à la lampsane, peut-être parce qu'elle étoit employée pour guérir les gerçures des mamelons. (J.)

PAPILLE. (*Anat. et Phys.*) Voyez Sens. (F.)

PAPILLEUX. (*Bot.*) Couvert de petites protubérances arrondies et solides; exemples : les feuilles de *l'aloe verrucosa*, le clinanthe de l'*inula helenium*, etc. (Mass.)

PAPILLEUX. (*Ichthyol.*) Nom spécifique d'un Pleuronecte. Voyez ce mot. (H. C.)

PAPILLIONACÉE [Corolle]. (*Bot.*) Corolle irrégulière, composée de cinq pétales; savoir : un supérieur, *l'étendard*, qui enveloppe tous les autres avant l'épanouissement de la fleur; deux latéraux, les *ailes*, qui se regardent par leur face interne; deux inférieurs, la *carène*, rapprochés et même souvent soudés par leur bord inférieur de manière à former une nacelle; exemples : le pois, le haricot, le baguenaudier, et, en général, toutes les légumineuses irrégulières. (Mass.)

PAPILLON. *Papilio.* (*Entom.*) Genre d'insectes lépidoptères ou à quatre ailes couvertes d'une poussière composée de petites écailles; à bouche sans mâchoires, munie d'une langue contournée en spirale sur elle-même. Ces insectes appartiennent à la famille des Ropalocères, c'est-à-dire que leurs antennes sont terminées par une petite masse ou globule plus ou moins alongé. La plupart volent de jour, aussi les a-t-on nommé papillons diurnes ; car le nom de papillon a été d'abord donné indistinctement à tous les insectes lépidoptères.

Nous ignorons l'étymologie du mot papillon, qui est la traduction évidente de la même dénomination latine *Papilio*. On pourroit croire, d'après quelques passages des auteurs anciens, que les Grecs désignoient sous le nom de παπιλιων, *une toile tendue*, sous laquelle se retiroient les peuples sauvages et nomades de la Numidie, sortes de tentes dont nous aurions fait le mot *pavillon*. On trouve en effet dans Pline, liv. 2, chap. 35 : *Numidæ verò Nomades à permutandis papilionibus, mapalia sua, hoc est, domus, plaustris circumferentes, etc.*

Quelle que soit cette étymologie, on a donné, comme nous venons de le dire, le nom de papillons à un très-grand nombre d'insectes de la même classe : en particulier aux phalènes, aux bombyces, aux teignes, aux alucites, parmi les papillons de nuit ou nocturnes; aux sphinx, aux sésies, aux zygènes, parmi les lépidoptères qui volent le soir ou crépusculaires; et enfin, à tous les genres de la famille des globulicornes ou ROPALOCÈRES. (Voyez ce mot.)

Le genre Papillon, tel qu'il a été déterminé par Linnæus et par la plupart des auteurs qui avoient étudié ces insectes avant lui, étoit caractérisé par la forme des antennes terminées à leur extrémité libre par une partie plus épaisse, soit d'une manière brusque, soit comme une petite masse alongée, dite alors en masse; surtout par la disposition des ailes qui, dans le repos, s'élèvent verticalement et s'appliquent les unes contre les autres au-dessus du corps.

Linnæus divisoit les papillons dans ses ouvrages renfermant la description ou plutôt le caractère essentiel de près de neuf cents espèces, en six phalanges, subdivisées pour la plupart en plusieurs tribus, comme il suit.

I. Les CHEVALIERS, *Equites*, dont le bord externe des ailes supérieures est plus long que la base, et dont la masse des antennes est souvent très-alongée. Il les divise en deux tribus :

1.° Les *Troyens* (*Troes*), dont le corps, le plus souvent noir, porte des taches d'un rouge de sang sur les parties latérales de la poitrine : ceux-ci ont reçu le nom des héros principaux, de l'Iliade et de l'Enéide; on y voit ceux d'Hector, de Priam, de Pélée, d'Anténor, de Paris, de Lysandre, de Polydore, de Bélus, d'Anchise, d'Énée, d'Ascagne, d'Astyanax, etc.

2.° Les *Grecs* (*Achivi*), qui n'ont pas de taches rouges à la poitrine, et qui ont le plus souvent une tache œillée ou un prolongement en forme de queue à la partie postérieure des ailes inférieures : tels sont ceux qu'il nomme Ulysse, Agamemnon, Machaon, Podalire, Ajax, Philoctète, Achille, Idoménée.

II. Les HÉLICONIENS, *Heliconii*, dont les ailes sont étroites, arrondies, ordinairement peu écailleuses ; les supérieures alongées, les inférieures très-courtes. Ceux-ci ont reçu le nom des muses et d'autres divinités femelles de l'antiquité.

III. Les PARNASSIENS, dont les ailes sont très-entières et arrondies, et qui s'observent dans les pays élevés ou dans les montagnes.

IV. Les DANAÏDES, *Danai*, dont les ailes sont encore entières, mais les supérieures plus alongées : il les distingue en blanches, *candidi*, et en bigarrées, *festivi*, suivant la couleur et les taches des ailes.

V. Les NYMPHALES, dont les ailes sont dentelées tantôt avec des taches arrondies ou œillées, *gemmati ;* tantôt *aveugles* ou caparaçonnées, *phalerati*.

VI. Enfin les PLÉBÉIENS, *Plebeii :* ce sont les petites espèces de papillons, dont les chenilles ont l'apparence de cloportes, (*larvis sœpius contractis*), et il les partageoit en *ruraux*, à taches plus foncées ou plus obscures que la teinte générale des ailes, et en *urbicoles* ou citadins, dont les ailes sont marquées le plus souvent de taches transparentes.

On conçoit qu'un genre aussi nombreux, car on y rapporte maintenant plus de dix-huit cents espèces, a dû être subdivisé en beaucoup d'autres genres. Cette famille d'insectes ayant excité la recherche des amateurs d'histoire naturelle, est l'une de celles qui ont été le plus subdivisées. Il nous seroit difficile de raconter historiquement l'établissement successif des genres qu'on est venu successivement puiser dans celui des papillons. Il s'étend aujourd'hui à plus de soixante. Mais il est arrivé ici ce qui s'observe dans toutes les branches de l'histoire naturelle ; plus une famille renferme des êtres bien rapprochés, plus il est difficile de trouver des notes suffisantes pour séparer les espèces, qui se confondent pour ainsi dire par des nuances insensibles, de manière que les genres se trouvent fondés et les espèces réunies entre elles sur des caractères d'une très-petite valeur.

Dans cet état de choses, nous devons prévenir le lecteur qui désire se mettre au courant de l'état de la science et de cette partie de l'entomologie qui a fait l'objet de l'étude spéciale de quelques auteurs doués d'un grand talent d'observation et d'une patience à toute épreuve, que nous avons dû emprunter les principaux détails dans lesquels nous allons entrer et que nous n'aurions pu lui offrir sur des données aussi certaines.

Nous indiquerons d'abord les divisions que M. Latreille a établies comme autant de genres parmi les papillons et celles qu'il a adoptées en les empruntant à d'autres auteurs. Ensuite nous ferons connoître, d'après le tableau méthodique des papillons de France de M. Godart, que la science vient de perdre, la plupart des espèces que l'on a observées jusqu'ici dans ce pays.

On trouvera aux articles LÉPIDOPTÈRES et ROPALOCÈRES, tout ce qui concerne la partie méthodique ou systématique ; aux mots CHENILLES et MÉTAMORPHOSES, les détails relatifs aux larves des papillons. Nous prions le lecteur de vouloir bien aussi consulter les deux articles HESPÉRIE et HÉTÉROPTÈRE, pour avoir le complément de tout ce qui est relatif au genre Papillon.

Voilà d'abord la division des genres formés dans celui des papillons de Linnæus par M. Latreille, qui en compose la famille des LÉPIDOPTÈRES DIURNES, auxquels il assigne les caractères suivans :

Quatre ailes, ou les supérieures au moins, libres et élevées dans le repos : point de crin ou de crochet corné à l'origine du bord antérieur des secondes ailes pour retenir les premières. Antennes en bouton, en massue, ou renflées vers leur extrémité libre. Vol pendant le jour. Chrysalide presque toujours nue et fixée par l'extrémité postérieure du corps et dans plusieurs par un lien ou faisceau de soie formant une boucle, un cerceau autour du corps. Chenilles à seize pattes.

Deux tribus partagent cette famille :

1.º Les PAPILLONIDES, qui n'ont qu'une seule paire d'ergots

ou d'épines aux jambes postérieures. Les quatre ailes élevées, connaissantes perpendiculairement dans le repos. Massue des antennes droite ou peu arquée. Il y rapporte les genres *Papillon*, *Parnassien*, *Thaïs*, *Coliade* et *Piéride*, qui tous sont hexapodes ou à six pattes propres à marcher; tandis que dans les genres dont les noms suivent, les pattes de devant sont plus courtes que les autres, tels sont les genres *Héliconie*, *Acrée*, *Idéa*, *Danaïde*, *Eurybie*, *Satyre*, *Brasolide*, *Pavonie*, *Morpho*, *Biblis*, *Libythée*, *Céthosie*, *Argynne*, *Vanesse*, *Nymphale*, *Érycine*, *Myrine*, *Polyommate*.

2.º La seconde tribu, celle des HESPÉRIDES, comprend les espèces de papillons qui ont deux paires d'épines ou d'ergots aux jambes postérieures : dont les ailes supérieures sont relevées, mais écartées l'une de l'autre dans le repos, et les inférieures presque horizontales; dont la masse des antennes est presque droite ou en bouton crochu, tels sont les deux genres *Hespérie* et *Uranie*, dont les chrysalides sont contenues dans des coques légères entre des feuilles.

Nous allons transcrire les caractères essentiels de ces genres, en indiquant, par un astérisque, qui précédera le nom, ceux de ces genres que nous décrirons, parce qu'on y a rapporté des espèces observées en France.

Les PAPILLONIDES, ou la première tribu des Lépidoptères diurnes, comprend tous les genres qui proviennent de chenilles alongées, arrondies, dont les chrysalides sont alongées, plus ou moins lisses ou anguleuses.

* I. PAPILLON, *Papilio.*

Palpes inférieurs très-courts, atteignant à peine le chaperon, obtus à leur extrémité; leur dernier article point ou très-peu distinct. Massue des antennes alongée et en forme de poire, ou courte et presque ovoïde. (Chrysalide terminée antérieurement en croissant, attachée par la queue et par un lien transversal placé au-dessus du milieu du corps.)

* II. PARNASSIEN, *Parnassius.*

Palpes inférieurs s'élevant notablement au-delà du chaperon, de trois articles très-distincts. Massue des antennes presque ovoïde et droite. Une poche cornée vers l'extrémité du ventre de la femelle. (Chrysalide ovoïde, unie, dans une coque grossièrement ébauchée.)

* III. Thaïs , *Thais.*

Palpes inférieurs s'élevant notablement au-delà du chaperon, de trois articles très-distincts. Massue des antennes alongée, obconico-ovale, un peu courbe. (Chrysalide attachée par les deux bouts, et terminée antérieurement par deux petites pointes garnies de crochets.)

* IV. Coliade , *Colias.*

Palpes inférieurs très-comprimés; leur dernier article beaucoup moins long que le précédent. Massue des antennes obconique ou en cône renversé. (Chrysalide très-renflée dans son milieu, terminée antérieurement par une pointe conique, et attachée comme dans le genre Papillon.)

* V. Piéride , *Pieris.*

Palpes inférieurs cylindriques et peu comprimés; leur dernier article presque aussi long que le précédent. Massue des antennes ovoïde. (Chrysalide presque en toit incliné, terminée antérieurement par une pointe conique, et attachée comme dans le genre Papillon.)

VI. Héliconie , *Heliconia.*

Palpes inférieurs s'élevant notablement au-delà du chaperon, leur second article beaucoup plus long que le premier. Antennes une fois plus longues que la tête et le tronc, grossissant insensiblement vers leur extrémité. (Ailes inférieures n'embrassant presque point le corps, abdomen ordinairement alongé.)

VII. Acrée , *Acræa.*

Palpes inférieurs grêles, s'élevant notablement au-delà du chaperon ; leur second article plus long que le premier. Antennes peu alongées et terminées brusquement par une massue. (Ailes inférieures n'embrassant presque point le corps.)

VIII. Idéa , *Idea.*

Palpes inférieurs ne s'élevant pas notablement au-delà du chaperon; leur second article à peine une fois plus long que le premier. Antennes à peu près filiformes. (Ailes alongées, presque ovales.)

IX. Danaïde. *Danais.*

Palpes inférieurs ne s'élevant pas notablement au-delà du chaperon; leur second article à peine une fois plus long que le premier. Massue des antennes épaisse et un peu courbe, ou formée insensiblement.

Ces Danaïdes se partagent en trois divisions, savoir :

1.° Mâles ayant vers le milieu du bord interne des premières ailes une petite bande longitudinale, formée par des écailles disposées autrement que sur le reste de la surface.

2.° Mâles ayant le bord interne des premières ailes fortement arqué.

3.° Mâles offrant une petite poche au-dessous de la cellule discoïdale des secondes ailes.

X. EURYBIE, *Eurybia*.

Palpes inférieurs courts, ne dépassant point le chaperon. Massue des antennes en fuseau alongé et un peu courbe.

* XI. SATYRE, *Satyrus*.

Palpes inférieurs s'élevant notablement au-delà du chaperon, hérissés de poils en avant. Antennes terminées tantôt par un bouton court et en cuilleron, tantôt par une massue grêle et presque en fuseau. Les deux ou trois premières nervures des ailes supérieures très-renflées à leur origine. (Chenilles nues ou presque rases, ayant l'anus terminé par une pointe fourchue. Chrysalides bifides antérieurement, tuberculées sur le dos.)

XII. BRASSOLIDE, *Brassolis*.

Palpes inférieurs courts, ne s'élevant pas au-delà du chaperon, point barbus. Antennes terminées par une massue épaisse et en cône renversé. (Une fente longitudinale, couverte de poils, près du bord interne des ailes inférieures du mâle.)

XIII. PAVONIE, *Pavonia*.

Palpes inférieurs s'élevant notablement au-delà du chaperon, peu barbus. Antennes presque filiformes, légèrement et insensiblement plus grosses vers leur extrémité. Nervure voisine du bord interne des ailes supérieures courbée en S près de son origine. (Une fente longitudinale, couverte de poils, à la région du bord interne des ailes inférieures dans le mâle de quelques espèces.)

XIV. MORPHO, *Morpho*.

Palpes inférieurs s'élevant notablement au-delà du chaperon, assez barbus. Antennes presque filiformes, légèrement et insensiblement plus grosses vers le bout. Nervure voisine du bord interne des ailes supérieures droite ou à peine cambrée à son origine.

XV. Biblis, *Biblis*.

Palpes inférieurs manifestement plus longs que la tête. Antennes terminées en une petite massue alongée. Nervure des premières ailes très-renflée à son origine.

* XVI. Libythée, *Libythea*.

Palpes inférieurs en partie contigus et formant un bec très-prolongé. (Les deux pattes antérieures courtes et en palatine dans le mâle seulement.)

XVII. Céthosie, *Cethosia*.

Palpes inférieurs s'élevant au-delà du chaperon, écartés dans toute leur longueur. Massue des antennes brusque et ovale, ou grêle et presque en fuseau.

* XVIII. Argynne, *Argynnis*.

Antennes finissant brusquement par un bouton court et aplati en dessous. Palpes inférieurs poilus, écartés à leur extrémité, et terminés subitement par un article grêle et en pointe d'aiguille. (Chenilles chargées d'épines, ou garnies de tubercules charnus et pubescens. Chrysalides terminées antérieurement par deux pointes arrondies, et ayant des boutons sur le dos.)

* XIX. Vanesse, *Vanessa*.

Antennes finissant brusquement par un bouton court; mais non aplati en dessous. Palpes inférieurs terminés insensiblement en pointe et contigus. (Chenilles chargées d'épines, dont deux quelquefois plus longues sur le cou. Chrysalides bifides antérieurement et ayant des pointes coniques sur le dos.)

* XX. Nymphale, *Nymphalis*.

Massue des antennes assez grêle, en cône renversé et alongé. Palpes inférieurs guère plus longs que la tête. (Chenilles n'ayant que quelques épines, ou quelques éminences charnues, avec l'extrémité postérieure du corps atténuée et un peu fourchue. Chrysalides carénées, ou offrant une bosse arrondie sur le milieu du dos.)

Les trois genres qui suivent, correspondent aux *argus* de la plupart des auteurs, parce que dans un grand nombre d'espêces, les ailes inférieures sont marquées d'un grand nombre de taches ailées.

XXI. Érycine, *Erycina.*

Pattes antérieures courtes, très-velues, au moins dans les mâles.

XXII. Myrine, *Myrina.*

Pattes antérieures développées, palpes inférieurs très-alongés. (Ailes inférieures ordinairement en queue.)

＊ XXIII. Polyommate, *Polyommatus.*

Palpes inférieurs de longueur moyenne, ou courts. Antennes terminées par un bouton alongé et cylindrico-ovalaire, ou court et presque ovoïde.

Les deux genres compris dans la deuxième tribu, celle des Hespérides, sont :

XXIV. Uranie, *Urania.*

Antennes d'abord filiformes, ensuite grêles et sétacées. Palpes inférieurs alongés, grêles, ayant le second article très-comprimé, le troisième beaucoup plus menu, presque cylindrique et dégarni d'écailles.

＊ XXV. Hespérie, *Hesperia.*

Tête large. Antennes très-écartées à leur insertion, finissant par une massue presque droite ou crochue. Palpes inférieurs courts, larges, très-velus à leur face antérieure, ayant le dernier article fort petit.

CARACTÈRES DES PAPILLONS DE FRANCE.

Première Tribu : des Papillonides.

Genre Papillon, *n.° 1, comprenant des Chevaliers Troyens de Linnæus.*

A. *Bord postérieur des premières ailes légèrement concave et sinué; bord correspondant des secondes arrondi, festonné, ayant un peu au-dessous de son milieu une queue oblique, médiocrement longue et courbée en dehors.*

1. Papillon Machaon, *Papilio Machaon;*

Grand porte-queue du Fenouil, Geoff., t. 2. p. 54, n.° 25.

Ailes jaunes, avec les nervures, le limbe terminal, et quatre taches sur la côte des supérieures, noires : inférieures avec un œil rouge à l'angle de l'anus.

Bois, prairies, jardins; en Mai, Juin, Juillet et Août.

Chenille rase, verte, avec des anneaux noirs, larges, et marqués alternativement d'une série de points orangés. Sur les *carottes*, le *fenouil*, etc. — Chrysalide chagrinée, verdâtre ou obscure, avec des verrues jaunâtres sur le dos.

B. *Bord postérieur des premières ailes légèrement convexe et sinué; bord analogue des secondes fortement denté, et ayant au - dessous de son milieu une queue oblique, assez longue, courbée en dehors, et en spatule à son extrémité.*

2. Papillon Alexanor, *P. Alexanor.*

Ailes jaunes, avec le limbe terminal, quatre bandes sur les supérieures, deux sur les inférieures, noires : inférieures ayant un œil rouge à l'angle de l'anus.

Département du Var; au printemps et en été. — Plus grand dans la Dalmatie qu'en France.

C. *Bord postérieur des premières ailes un peu concave et entier; bord analogue des secondes à peine arrondi, festonné, ayant près de l'angle de l'anus une queue oblique, longue, et courbée en dedans vers son extrémité.*

3. P. Podalire, *P. Podalirius;*

P. Flambé, Geoff., n.° 24.

Ailes d'un jaune pâle, avec huit bandes noires transverses aux supérieures, trois aux inférieures : dessous des inférieures offrant sur le milieu une ligne transverse roussâtre.

Sur les ronces et les chardons en fleurs, près des lisières des bois ; en Avril, Mai, Juillet et Août.

Chenille rase, renflée antérieurement, verte, avec trois lignes blanches longitudinales, et des traits obliques ponctués de rouge. Sur le *prunellier*, le *pêcher*, etc. — Chrysalide incarnate et mouchetée de noirâtre, avec des verrues ferrugineuses sur le dos.

Genre Parnassien, n.° 2, *comprenant quelques Héliconiens de Linnœus.*

4. P. Apollon, *P. Apollo.*

Ailes blanchâtres : inférieures avec deux yeux écarlates; supérieures avec cinq taches noires. (Plus grand.)

Dessous des ailes inférieures avec quatre taches rouges à la base. — Femelle moins blanche que le mâle.

Montagnes alpines : en Juin et en Juillet.

Chenille d'un noir velouté, avec deux séries longitudinales de taches orangées sur chaque côté du corps. Habite les *orpins*, la *saxifrage*. — Chrysalide ovoïde, unie, noire et saupoudrée de bleuâtre.

5. Papillon Phœbus, *P. Phœbus.*

Ailes blanchâtres : inférieures avec deux yeux écarlates; supérieures avec cinq taches noires, dont la plus extérieure d'entre celles de la côte, saupoudrée de rouge en dessus et en dessous. (Plus petit.)

Dessous des ailes inférieures avec quatre taches rouges à la base. — Femelle moins blanche que le mâle.

Prairies marécageuses des Hautes-Alpes, croupe du Mont-Blanc, etc.; en Juin et en Juillet.

6. P. Mnémosyne, *P. Mnemosyne.*

Ailes semblables de part et d'autre, blanchâtres : supérieures avec deux taches près de la côte : inférieures avec le bord interne noir.

Montagnes du Dauphiné, Mont-Cénis, Pyrénées; au mois de Juin.

Genre Thais, n.°.3.

Bord postérieur des premières ailes convexe et entier; bord analogue des secondes denté.

7. P. Médésicaste, *P. Medesicaste.*

Ailes jaunes, avec des taches noires et des points écarlates : inférieures ayant le limbe terminal jaune, avec deux lignes noires ondulées.

Garrigues ou landes de nos départemens méridionaux ; au mois de Mai.

8. P. Rumina, *P. Rumina.*

Ailes jaunes, avec des taches noires et des points écarlates : inférieures ayant le limbe terminal noir, avec une ligne jaune ondulée.

D'un jaune plus roux que le *Médésicaste*.

Environs de Barrège, Hautes-Pyrénées.

9. PAPILLON HYPSIPYLE, *P. Hypsipyle.*

Ailes jaunes, tachetées de noir, avec le limbe terminal des quatre noir et longé par une ligne jaune en feston : dessous des inférieures veiné de rouge-fauve.

Isère, Hautes- et Basses-Alpes, etc.,

Chenille d'un jaune citron, avec une série dorsale d'épines noires, ciliées, et une ligne latérale fauve, coupée par des points noirs. Sur les *aristoloches*. — Chrysalide alongée, ridée longitudinalement, jaunâtre, avec les stigmates et des mouchetures noirs. Son corselet offre trois bosses, dont l'intermédiaire bituberculée en avant, bifide en arrière, les deux latérales en oreilles de chat. Sa tête est armée de deux pointes horizontales, très-aiguës, et garnies en dehors de quatre petits crochets, auxquels se rattache le lien antérieur.

Genre COLIADE, n.° 4.

10. P. DU NERPRUN, *P. Rhamni;*
      Le CITRON, Geoff., n.° 47 ;
      G. GONOPTÉRIGE, Leach.

Ailes d'un jaune citron dans le mâle ; d'un blanc verdâtre dans la femelle : leur milieu offrant un point orangé en dessus, ferrugineux en dessous.

S'abrite pendant l'hiver, et paroît presque sans interruption depuis les premiers beaux jours jusqu'à la fin de l'automne.

Chenille comprimée en arrière, verte, avec une ligne plus pâle le long de chaque côté, et de légères pointes noires sur le dos. Habite les *nerpruns*, etc. — Chrysalide verdâtre ou jaunâtre, avec une tache rougeâtre et une ligne plus claire sur chaque côté.

11. P. CLÉOPATRE, *P. Cleopatra.*

Ailes d'un jaune citron, avec le disque orangé en dessus chez le mâle ; blanchâtres, avec la base un peu jaune, chez la femelle : dessous des quatre avec un point ferrugineux sur le milieu.

Midi de la France : au printemps et en été.

Nota. Plus vivement coloré en Corse qu'en France.

12. P. PALÉNO, *P. Palæno.*

Dessus des ailes d'un jaune verdâtre chez le mâle, plus pâle chez la femelle, avec le limbe postérieur noir : dessous des inférieures légèrement aspergé de brun, et ayant un point argenté sur le milieu.

Le point du milieu des premières ailes manque quelquefois en dessus, et il est toujours ocellé en dessous.

Montagnes alpines; en Juillet et en Août.

13. PAPILLON PHICOMONÉ, *P. Phicomone.*

Dessus des ailes d'un jaune pâle, aspergé de brun, et ayant avant le bord postérieur, qui est plus brun, une bande maculaire d'un jaune soufre ; dessous des inférieures verdâtre, avec le limbe terminal plus clair, et un point central argenté.

Dessus des ailes supérieures des deux sexes moins chargé d'atomes dans son milieu. — Femelle d'un blanc verdâtre, et ayant la bande maculaire des secondes ailes plus large.

Sur les montagnes qui n'ont pas moins de huit cents toises d'élévation, et toujours à mi-côte.

14. P. HYALE, *P. Hyale ;*

Souci, Geoff., n.° 48 ;

Soufre, Engramelle.

Dessus des ailes d'un jaune soufre : supérieures ayant l'extrémité noire et divisée par une bande de taches jaunes : dessous des inférieures d'un jaune roussâtre, avec deux points argentés, dont un plus petit.

Femelle plus pâle, ayant sur le dessus des ailes inférieures une bordure tachetée, mais moins large cependant qu'aux supérieures.

Très-commune dans les champs de luzerne; en Mai et en Juillet.

Chenille d'un vert velouté, avec des points noirs sur les anneaux et une ligne jaune le long de chaque côté. Sur la *coronille bigarrée.*

15. P. ÉDUSA, *P. Edusa ;*

P. SOUCI.

Dessus des ailes d'un jaune souci, avec le limbe terminal noir (divisé dans la femelle par des taches jaunes, séparées) ; dessous des inférieures verdâtre, avec deux points argentés, dont un plus petit.

Prairies un peu élevées; en Mai et en Juillet.

Chenille d'un vert foncé, ayant le long de chaque côté une raie blanche, entrecoupée de fauve et ponctuée de bleu. Sur plusieurs sortes de *trèfles*. — Chrysalide verdâtre, avec une ligne jaune sur chaque côté, et des mouchetures noires sur l'enveloppe des ailes.

Genre PIÉRIDE, n.° 5 ; *Pontia*, Fabricius.

A. *Bord postérieur des quatre ailes arrondi, entier, souvent entrecoupé de noir, et toujours garni d'une frange de la couleur du fond.*

16. PAPILLON EUPHÉNO, *P. Eupheno.*

Ailes jaunes ou tirant sur le blanc : sommet des supérieures avec un espace aurore : dessous des inférieures avec trois raies transverses et flexueuses d'atomes noirâtres.

Mâle d'un beau jaune, femelle d'un blanc jaunâtre.

Départemens méridionaux ; fin d'Avril et courant d'Août.

Chenille verte, avec les côtés du corps blancs et longés par une série de points noirs. Sur le *biscutella didyma* ; plante de l'ordre des *crucifères*.

17. P. DU CRESSON, *P. cardamines;*

L'AURORE, Geoff., n.° 44.

Ailes blanches : supérieures avec une lunule centrale entièrement noire : dessous des inférieures aspergé de jaune et de noir, et panaché de blanc. (Sommet des ailes supérieures du mâle avec un espace aurore.)

Bois et jardins ; fin d'Avril et courant de Mai.

Chenille verte, avec trois lignes blanches, longitudinales. Sur le *cresson stipulé*, le *chou sauvage*, la *julienne*, etc. — Chrysalide verdâtre ou jaunâtre, avec une ligne blanche le long de chaque côté.

18. P. AUSONIA, *P. Ausonia.*

Ailes blanches : supérieures ayant près de la côte une bandetette noire, marquée en dessous d'un C blanc : dessous des inférieures aspergé de jaune et de noir, et panaché de blanc un peu luisant.

Départemens méridionaux, dans les jardins ; au printemps et en été.

19. P. BÉLIA, *P. Belia.*

Ailes blanches : supérieures ayant près de la côte une bandelette noire, marquée en dessous d'un C blanc : dessous des inférieures aspergé de jaune et de noir, et offrant des taches argentées.

Dessus des ailes inférieures de la femelle d'un blanc sale.

Départemens méridionaux; au printemps et en été.

20. PAPILLON DAPLIDICE, *P. Daplidice;*

Le MARBRÉ DE VERT, variété de l'AURORE, Geoff., 44.

Ailes blanches : supérieures ayant sur le milieu une tache noire, divisée de part et d'autre par un Z blanc : dessous des inférieures d'un vert un peu obscur, avec des taches et une bande flexueuse blanches.

Sommet des ailes supérieures du mâle et extrémité des quatre ailes de la femelle noirâtres; avec une série de taches blanches orbiculaires.

Bois, prairies; au printemps et en été.

Chenille d'un bleu cendré, avec un liséré jaune, des points noirs, et la tête verte. Sur les *choux,* la *guède,* le *thlaspi sauvage,* etc. — Chrysalide verdâtre ou cendrée.

21. P. CALLIDICE, *P. Callidice.*

Ailes blanches : supérieures ayant près de la côte une bandelette noire : dessous des inférieures d'un vert obscur, avec des taches sagittées d'une jaune pâle.

Sommet des ailes supérieures du mâle et extrémité des quatre ailes de la femelle noirs, avec une série de taches blanches ovales.

Hautes-Alpes et Pyrénées, à plus de douze cents toises d'élévation.

B. *Ailes un peu oblongues, entières ou sans dentelures au bord postérieur.*

22. P. DE LA BRYONE, *P. Bryoniœ.*

Ailes d'un blanc sale en dessus, et veinées de brun sur chaque face.

Deux taches noires vers l'angle interne des ailes supérieures.

Parties élevées des Alpes.

23. P. DU NAVET, *P. Napi.*

Ailes blanches en dessus, veinées de brun en dessous.

37. 25

Dessus des ailes supérieures avec deux ou trois points, et le sommet, noirs.

Dessous des ailes inférieures d'un jaune plus ou moins pâle. Bois et prairies; au printemps et en été.

Chenille d'un vert obscur, avec les côtés plus clairs, les stigmates fauves, des verrues blanchâtres et des points noirs. Sur le *navet*, les *résédas*, la *tourette glabre*, etc. — Chrysalide épaisse, d'un vert jaunâtre, tachetée de noir sur l'arête et sur les côtés du dos.

24. Papillon du chou, *P. Brassicæ.*

Ailes blanches : dessus des supérieures avec l'angle du sommet, et la moitié du limbe terminal, noirs : dessous des inférieures d'un jaune d'ocre sale. (Plus grand.)

Deux gros points et une liture noirs sur le dessus des ailes supérieures de la femelle. Deux points noirs seulement sur le dessous des mêmes ailes dans les deux sexes.

Se trouve partout, depuis le commencement du printemps jusqu'à la fin de l'automne.

Chenille d'un cendré bleuâtre, avec trois raies jaunes, longitudinales, séparées par des points noirs tuberculeux, de chacun desquels s'élève un poil. Très-nuisible aux légumes de la famille des *crucifères*, et principalement aux *choux*. — Chrysalide verdâtre, tachetée de noir, avec les côtés et l'arête du dos jaunes.

25. P. de la rave, *P. Rapæ.*

Ailes blanches : dessus des supérieures avec l'angle du sommet noirâtre : dessous des inférieures d'un jaune d'ocre clair. (Plus petit.)

Deux points noirs aux ailes supérieures, mais manquant quelquefois en dessus dans le mâle.

Aussi commun que le précédent.

Chenille rase, verte, avec trois raies blanches, longitudinales, dont les deux extrêmes souvent piquetées de jaune. Vivant presque solitaire sur la *grosse rave* ou *variété* du *navet*, et sur d'autres plantes analogues. — Chrysalide un peu alongée, verdâtre, avec les côtés et l'arête du dos jaunes et tachetés de noir.

26. P. de l'aubépine, *P. Cratægi.*

Le Gazé, Geoff., 43.

Ailes semblables de part et d'autre, blanches, peu chargées d'écailles, avec les nervures noires.

Les nervures des premières ailes s'élargissant un peu à leur extrémité postérieure.

Prairies, jardins; au printemps et en été.

Chenille couverte de poils jaunâtres, implantés immédiatement sur la peau et laissant voir trois lignes noires, longitudinales. Passe l'hiver sous une tente de soie. Très-nuisible aux *arbres fruitiers*. — Chrysalide blanchâtre ou jaunâtre, ponctuée de noir sur le dos et sur l'enveloppe des ailes, et ayant le ventre tout noir.

C. *Ailes ovales et entières.*

27. PAPILLON DE LA MOUTARDE, *P. Sinapi;*
Le BLANC DE LAIT, Engramelle.

Ailes minces, blanches : dessus des supérieures offrant au sommet une tache noire, arrondie : dessous des inférieures avec deux raies transverses, d'un cendré pâle.

Abdomen dépassant les ailes inférieures, comme dans beaucoup d'héliconiens. Tache noire du sommet des premières ailes manquant quelquefois.

Bois; au printemps et en été.

Chenille verte, ayant les côtés du corps longés par une ligne d'un jaune foncé. Sur le *lotier corniculé*, la *gesse des prés*, etc. — Chrysalide d'un jaune pâle, avec les stigmates blancs, et des traits fauves sur l'enveloppe des ailes.

Genre SATYRE, n.° 11, *correspondant à celui nommé* HIPPARCHIA, Fabr.

Ailes arrondies, plus ou moins dentées.

28. P. SILÈNE, *P. Circe.*

Ailes dentées, d'un noir brun : dessus des quatre avec une bande blanche commune; dessous des inférieures avec deux, dont une plus courte : bande des supérieures maculaire, et n'offrant le plus souvent qu'un seul œil.

Endroits montagneux et boisés; en Juillet et en Août.

Chenille d'un brun noirâtre; avec six raies longitudinales, dont deux grises sur le dos, et deux jaunâtres sur chaque côté. Sur la *flouve odorante* et le *brome des bois.*

29. PAPILLON BRISÉIS , *P. Briséis;*

L'HERMITE , Engramelle.

: Ailes dentées, ayant le dessus d'un brun noirâtre à reflet verdâtre, avec une bande blanche commune : bande des supérieures maculaire et offrant deux yeux écartés.

Dessous des ailes inférieures sans taches à la base dans la femelle, avec deux taches noirâtres dans le mâle. La femelle a parfois la bande roussâtre, au lieu de l'avoir blanche. Quelques auteurs ont fait de cette variété une espèce distincte sous le nom de *pirata.*

Endroits secs et pierreux; en Juillet et en Août.

30. P. HERMIONE, *P. Hermione;*

Le SYLVANDRE.

Ailes dentées, d'un brun noirâtre à reflet verdâtre, ayant de part et d'autre une bande blanchâtre commune : bande des supérieures avec deux yeux écartés; bande des inférieures avec un seul.

· Il offre une variété plus petite et à bande moins large, dont on a fait, mais sans fondement, une espèce distincte sous le nom d'*Alcyone.*

Forêts et lieux élevés; en Juillet et en Août.

Chenille grisâtre, avec une ligne noire le long du dos. Sur la *houque laineuse* ou *foin blanc.*

31. P. SÉMÉLÉ, *P. Semele;*

AGRESTE.

Ailes dentées , ayant le dessus d'un brun noirâtre, avec une bande jaunâtre, maculaire et sinuée : bande des supérieures offrant deux yeux écartés: dessous des inférieures réticulé de brun et de cendré, avec une bande blanchâtre, anguleuse.

Le mâle a la bande du dessus des ailes supérieures plus sombre et précédée intérieurement d'une raie noirâtre oblique. La bande du dessous de ses ailes inférieures est en outre plus blanche.

Bois secs et lieux pierreux; en Juillet et en Août. Se repose sur le tronc des arbres qui suintent.

32. P. NÉOMIRIS, *P. Neomiris.*

_ Ailes un peu dentées, ayant le dessus d'un brun noirâtre, avec une bande fauve : bande des supérieures maculaire et n'offrant qu'un seul œil : dessous des inférieures réticulé de brun et de cendré, avec une bande blanchâtre, échancrée intérieurement.

La bande fauve du dessus des secondes ailes est aussi échancrée au milieu de son côté interne. — Je n'ai point vu la femelle.

Sud de la Corse ; en été.

. 33. Papillon Aréthuse, *P. Arethusa*;
Petit-Agreste.

Ailes un peu dentées, ayant le dessus d'un brun noirâtre, avec une bande fauve, maculaire, et marquée d'un œil à chaque aile : dessous des inférieures réticulé de brun et de cendré, avec une bande blanchâtre, courbée en arrière.

La femelle a quelquefois un second œil aux ailes supérieures. Forêts élevées; en Juillet et en Août.

34. P. Aello, *P. Aello.*

Ailes un peu dentées, d'un brun cendré en dessus, avec une bande postérieure d'un jaune sale : bande des supérieures offrant deux yeux écartés : dessous des inférieures réticulé de jaunâtre et de brun, avec des veines blanches.

Les secondes ailes ont un point oculaire près de l'angle de l'anus.

Alpes; en Juillet et en Août.

35. P. Fidia, *P. Fidia.*

Ailes un peu dentées, d'un brun noirâtre à reflet verdâtre, et ayant une frange très-blanche : supérieures avec deux yeux noirs, séparés par autant de points blancs : dessous des inférieures varié de brun et de blanc, avec deux lignes noires flexueuses, dont une plus courte.

Yeux des ailes supérieures pupillés de part et d'autre, et entourés d'un iris jaune en dessous.

Endroits secs et pierreux du Midi de la France; en Juillet.

36. P. Fauna, *P. Fauna.*

Ailes un peu dentées, d'un brun noirâtre, à reflet verdâtre, et ayant une frange grise : supérieures avec deux yeux noirs, séparés par autant de points blancs : dessous des inférieures cendré, avec deux lignes brunes, flexueuses, dont une plus courte, et une bande blanchâtre, centrale.

Second œil des ailes supérieures absolument sans prunelle.

— Femelle plus pâle, et ayant de part et d'autre un iris jaune autour des yeux des premières ailes.

Bois secs ; au mois d'Août. — Plus grand et plus coloré dans le Midi que dans le Nord de la France.

37. Papillon Cordula , *P. Cordula.*

Ailes un peu dentées, ayant le dessus d'un brun noirâtre, avec une bande roussâtre : bande des supérieures offrant de part et d'autre deux yeux noirs, séparés par autant de points blancs : dessous des inférieures cendré, avec une bande et le bord postérieur blanchâtres.

Dessous des ailes supérieures fauve dans le mâle, jaunâtre dans la femelle.

Cévennes ; au mois de Juillet.

38. P. Bryce, *P. Bryce.*

Ailes entières, d'un brun noirâtre : supérieures ayant de part et d'autre deux yeux noirs, séparés par autant de points blancs : dessous des inférieures avec deux bandes grises, sinuées, dont l'antérieure plus étroite.

Femelle moins foncée, et ayant le disque des premières ailes légèrement jaunâtre en dessous.

Lozère ; au mois de Juillet.

39. P. Actæa , *P. Actæa.*

Ailes entières, d'un brun noirâtre : dessus des supérieures avec un œil noir dans le mâle, avec deux yeux et deux points blancs dans la femelle : dessous des inférieures avec deux bandes blanches, crénelées, dont l'antérieure plus large et plus vive.

Femelle moins foncée, et ayant l'œil antérieur des premières ailes entouré d'un iris jaunâtre.

Bois des départemens du centre et garrigues du Midi de la France ; en Juillet.

40. P. Phædra , *P. Phædra.*

Ailes dentées, d'un brun noirâtre : supérieures ayant de part et d'autre deux yeux très-noirs, écartés, et à prunelle d'un bleu violet.

Le dessous des ailes inférieures varie beaucoup. Tantôt il est sans taches, et tantôt il a le milieu traversé par une bande blanchâtre. Quelquefois sa moitié postérieure est plus claire que sa moitié antérieure. Chez la femelle la base est à peu près du même ton que la bande du milieu.

Grands bois du centre et de l'Est de la France; en Juillet. Se repose sur la *bruyère commune*.

Chenille cendrée, avec deux rangs de taches noires, alon-gées, le long du dos. Sur l'*avoine élevée* ou *fromentale*.

· *Dessous des ailes inférieures saupoudré de grisâtre à la base.*

41. PAPILLON LIGÉA, *P. Ligea.* ·

Ailes un peu dentées, d'un brun noir, ayant de part et d'autre une bande ferrugineuse chargée de trois à cinq yeux: dessous des inférieures avec une ligne très-blanche, macu-laire, et disposée transversalement contre le côté interne des yeux : échancrures du bord postérieur blanches.

Quelquefois le dessus des ailes inférieures est sans yeux, comme dans la variété qu'Esper nomme *Philomela.*

Prairies et clairières des forêts ; vers le milieu de l'été.

42. P. EURYALE, *P. Euryale.*

Ailes un peu dentées, d'un brun noir, ayant en dessus une bande ferrugineuse chargée de trois à quatre yeux très-petits : dessous des inférieures avec une bande blanchâtre, dentée intérieurement, et le limbe terminal rougeâtre.

Yeux du dessus des ailes inférieures manquant quelquefois en totalité ou en partie. — Femelle plus pâle, ayant les échan-crures du bord postérieur blanchâtres, la bande du dessous des secondes ailes plus large et plus prononcée.

Pyrénées, Alpes; en Juin.

43. P. BLANDINA, *P. Blandina;*
Satyre ÆTHIOPS, Encycl.

Ailes entières, d'un brun noir, ayant en dessus une bande ferrugineuse chargée de trois à quatre yeux : dessous des in-férieures offrant une bande sinuée d'un cendré luisant avec des points blancs, très-petits et cerclés de noir.

Bois un peu élevés; en Juin et en Juillet.

44. P. ÉVIAS, *P. Evias.*

Ailes entières; d'un brun noir, ayant en dessus une bande ferrugineuse chargée de quatre à cinq yeux : dessous des infé-rieures avec une bande grisâtre, crénelée à son côté interne, bordée à son côté externe par des yeux à iris rougeâtre.

La femelle m'est inconnue.

Hautes-Pyrénées; en Juillet. M. Alexandre Lefèvre.

45. Papillon Arachné, *P. Arachne.*

Ailes entières, d'un brun noir : supérieures ayant de part et d'autre une bande ferrugineuse, marquée de deux à trois yeux : dessous des inférieures avec une bande d'un gris lilas ou d'un gris jaunâtre, dentée sur les deux côtés.

Dessus des secondes ailes tantôt sans taches, comme dans le *Persephone* d'Esper ; tantôt avec une rangée de deux ou trois yeux noirs, à prunelle blanche et à iris ferrugineux, yeux dont on voit les vestiges en dessous. Bande du dessous de ces ailes d'un gris jaunâtre chez la femelle.

Alpes et Pyrénées; au mois de Juin.

Dessous des premières ailes ayant le disque rouge dans les deux sexes.

46. P. Goante, *P. Goante.*

Ailes entières, d'un brun noir, ayant en dessus une bande ferrugineuse, chargée de trois à six yeux : dessous des inférieures aspergé de brun et de gris, avec deux lignes blanches, dont une anguleuse sur le milieu, l'autre crénelée et voisine du bord postérieur.

Yeux des secondes ailes se répétant en dessous. — La femelle offre ordinairement plus d'yeux que le mâle, et le dessous de ses ailes inférieures a les nervures blanches.

Alpes; au mois de Juin.

47. P. Gorgé, *P. Gorge.*

Ailes entières, d'un brun noir : dessus des supérieures avec une bande ferrugineuse, dilatée antérieurement et marquée de deux à trois yeux : dessous des inférieures d'un cendré noir ou brun, avec trois lignes plus obscures, transverses et ondulées.

Le dessus des secondes ailes offre une bande ferrugineuse, avec des yeux plus ou moins grands, qui se répètent en dessous, et dont le nombre varie de un à quatre. — Chez la femelle, la frange est entrecoupée de brun et de gris.

Alpes et Pyrénées; en Juin.

48. P. Dromus, *P. Dromus.*

Ailes entières, d'un brun noir : supérieures ayant de part

et d'autre une bande fauve avec deux yeux rapprochés : dessous des inférieures d'un cendré bleuàtre ou jaunàtre, avec trois lignes brunes ondulées, dont la postérieure moins distincte.

Le dessus des secondes ailes offre le plus souvent une rangée de trois à quatre yeux noirs à prunelle blanche et à iris ferrugineux. On voit au contraire des individus qui n'ont pas d'yeux sur la bande des ailes supérieures. — Dessous des ailes inférieures de la femelle d'un cendré jaunàtre.

Alpes et Pyrénées; en Juin.

49. Papillon Manto, *P. Manto.*

Ailes entières, d'un brun noiràtre : supérieures ayant de part et d'autre une bande ferrugineuse, pàle, marquée de quatre points noirs : dessous des inférieures d'un cendré grisàtre ou brunàtre, avec trois lignes obscures, transverses et anguleuses, dont la postérieure interrompue.

Ces lignes manquent quelquefois dans le màle.

Le dessus des secondes ailes a ordinairement une rangée de trois à quatre points noirs, cerclés de rougeàtre. Le dessous est d'un cendré brunàtre dans la femelle.

Montagnes alpines de toute l'Europe; en Juin.

50. P. Mnestra, *P. Mnestra.*

Ailes entières, d'un brun noir : dessus des supérieures avec une large bande ferrugineuse, offrant deux yeux très-petits : dessous des inférieures avec une bande oblitérée et sans yeux près du bord postérieur.

La femelle a deux petits yeux sur chaque face des premières ailes, et trois sur le dessus des secondes.

Alpes; au mois de Juin.

Dessous des premières ailes ayant le disque brun chez le màle, plus ou moins rougeàtre chez la femelle.

51. P. Stygné, *P. Stygne.*

Ailes entières, d'un brun noir, ayant en dessus une bande ferrugineuse, chargée de trois à cinq yeux : dessous des inférieures offrant vers l'extrémité une bande légèrement cendrée, avec pareil nombre d'yeux à iris rougeàtre.

Chez la femelle, la bande du dessous des ailes inférieures prend une teinte blanchàtre à son côté interne.

Pyrénées, Alpes; au mois de Juin.

52. Papillon Mélas, *P. Melas.*

Ailes entières, d'un noir-brun foncé et chatoyant en bleu: leur dessus et leur dessous avec trois à quatre points noirs, pupillés de blanc.

Les ailes supérieures ont quelquefois une apparence de bande ferrugineuse.

Alpes, Pyrénées; en Juin.

53. P. Alecton, *P. Alecto.*

Ailes entières, d'un noir-brun foncé et chatoyant en bleu: supérieures ayant de part et d'autre deux à trois points noirs, pupillés de blanc : dessous des inférieures très-noir et sans taches.

Ne seroit-ce pas une variété du *Mélas?* Il n'en diffère que par l'absence des points oculaires aux ailes inférieures, et par le noir plus foncé du dessous de ces ailes chez le mâle. On le trouve d'ailleurs à la même époque et dans les mêmes localités.

54. P. Pyrrha, *P. Pyrrha.*

Satyre Machabée, Encycl.

Ailes entières, d'un brun noir, tantôt sans taches, tantôt avec une bande maculaire ferrugineuse sur le dessus des quatre, et une bande d'un jaune d'ocre sur le dessous des inférieures.

Dans le sud de l'Allemagne, ce satyre a ordinairement une bande ferrugineuse sur le dessus des quatre ailes, ainsi que sur le dessous des supérieures, et une bande avec deux taches basilaires d'un jaune d'ocre sur le dessous des inférieures. La bande des premières ailes est marquée de deux points noirs. On rencontre seulement de temps en temps des individus qui ont, vis-à-vis du sommet des premières ailes, une tache ferrugineuse biponctuée de noir. Les individus tachetés de jaune à la face inférieure des secondes ailes sont très-rares.

En Juillet et en Août.

55. P. Méduse, *P. Medusa.*

Ailes entières, d'un brun noir, ayant une bande maculaire, ferrugineuse ou jaunâtre : bande des supérieures avec trois à cinq yeux de part et d'autre, bande des inférieures avec quatre à sept en dessous.

La femelle a la bande jaunâtre, et ses ailes inférieures sont un peu dentées.

Dans les bois élevés ; en Juin.

Chenille pubescente ; d'un vert tendre, avec des raies longitudinales, les unes plus claires, les autres plus foncées. Sur le *panic sanguin*.

56. Papillon Céto, *P. Ceto.*

Ailes entières, semblables de part et d'autre, d'un brun noir, avec un rang de taches ferrugineuses chargées chacune d'un point noir à prunelle blanche.

Il diffère bien peu du précédent.

Alpes et montagnes de l'Isère ; en Juin.

57. P. Epiphron, *P. Epiphron.*

Ailes entières, d'un brun noir, avec une bande ferrugineuse, maculaire : bande des supérieures offrant sur chaque face deux à quatre points noirs, pupillés de blanc; bande des inférieures avec trois à cinq en dessous.

Vosges et parties montagneuses de l'Est de la France.

58. P. Cassiope, *P. Cassiope.*

Ailes entières, d'un brun noir : supérieures ayant de part et d'autre une bande ferrugineuse, avec trois à cinq points noirs : dessous des inférieures plus pâle vers l'extrémité, avec pareil nombre de petits points à iris rougeâtre.

Dessus des ailes inférieures avec trois à quatre taches ferrugineuses, marquées chacune d'un point noir. Dessous des mêmes ailes d'un brun clair dans la femelle.

Pyrénées, montagnes du Languedoc, etc. ; en Juin.

59. P. Mélampus, *P. Melampus.*

Ailes entières, semblables de part et d'autre; d'un brun noir avec une bande ferrugineuse, maculaire, offrant à chaque aile deux à quatre points noirs.

Alpes et Pyrénées.

60. P. Pharté, *P. Pharte.*

Ailes entières, semblables de part et d'autre, d'un brun noir, avec une bande ferrugineuse, maculaire, sans points.

Alpes; en Juin.

Nota. L'absence des points suffit-elle pour le séparer du précédent ? Les satyres nègres varient tellement qu'on ne pourra bien fixer le nombre des espèces que lorsqu'on connoîtra toutes leurs chenilles.

61. Papillon Janira, *P. Janira;*

Le Myrtil, Geoff., n.° 18.

Ailes dentées, d'un brun obscur en dessus : supérieures avec un seul œil au sommet : dessous des inférieures d'un cendré jaunâtre, avec une bande plus claire, offrant un à trois points noirs ocellés.

Dans la femelle, l'œil des ailes supérieures est placé sur une bande fauve, transversale, et le dessus des ailes inférieures offre tantôt une bande, tantôt une tache de cette couleur.

Très-commun au mois de Juillet.

Chenille verte, avec une ligne blanche longitudinale de chaque côté du corps. Sur plusieurs *graminées*, et principalement sur le *paturin des prés*. — Chrysalide ovoïde, tuberculée sur le dos, d'un vert jaunâtre, avec des raies ferrugineuses sur l'enveloppe des ailes.

62. P. Eudora, *P. Eudora.*

Ailes dentées, d'un brun obscur en dessus : supérieures, avec un point noir dans le mâle, avec deux points écartés dans la femelle : dessous des inférieures d'un cendré grisâtre, avec une bande plus claire et sans taches.

Les yeux des ailes supérieures de la femelle sont placés sur une bande fauve, transverse. Le mâle a sur le milieu des mêmes ailes une raie noirâtre oblique, plus prononcée que dans le *Janira.*

Midi de la France.

63. P. Tithonius, *P. Tithonius;*

Amaryllis, n.° 20, Geoff., 11, p. 52.

Ailes un peu dentées, fauves en dessus, avec la base et les bords d'un brun obscur : supérieures ayant de part et d'autre un œil noir bipupillé : dessous des inférieures d'un jaune nébuleux, avec deux bandes plus claires, dont l'antérieure moitié plus courte, et trois à cinq points oculaires.

Dessus des ailes supérieures du mâle offrant sur le milieu du bord interne une raie noirâtre, courbe, qui monte jusqu'à la côte. Ailes supérieures de la femelle ayant parfois un second œil, très-petit, et situé près de l'angle anal.

Très-commun dans les bois, en Juillet et en Août.

Chenille d'un vert plus ou moins foncé, avec la tête brune, et une ligne rougeâtre le long de chaque côté du corps. Sur le *paturin annuel.* — Chrysalide anguleuse, d'un gris verdâtre.

64. Papillon Ida, *P. Ida.*

Ailes un peu dentées, fauves en dessus, avec la base et les bords d'un brun obscur : supérieures ayant de part et d'autre un œil noir bipupillé : dessous des inférieures d'un gris nébuleux, avec une bande plus claire, en y, sans points.

Dessus des ailes supérieures du mâle offrant sur le milieu du bord interne une raie noirâtre, maculaire et oblique, qui ne monte pas jusqu'à la côte. Ailes supérieures de la femelle ayant quelquefois un ou deux points noirs, en alignement de l'œil du sommet.

Très-commun dans le Midi de la France; en Juillet.

65. P. Bathseba, *P. Bathseba.*

Ailes un peu dentées, fauves en dessus, avec la base et les bords d'un brun obscur : supérieures ayant de part et d'autre un œil noir bipupillé : dessous des inférieures noirâtre, avec une bande d'un jaune paille, unidentée en dehors et bordée par cinq yeux.

Dessus des ailes supérieures ayant sur le milieu une bande noirâtre, courbe, large dans le mâle, étroite dans la femelle. Dessus des ailes inférieures avec une rangée de trois yeux noirs unipupillés.-

Très-commun dans le Midi de la France; en Juillet.

66. P. Mæra, *P. Mæra.*

Ailes un peu dentées, d'un brun obscur, avec une bande fauve : supérieures ayant de part et d'autre un œil et demi : dessous des inférieures d'un gris blanchâtre, avec deux lignes brunes, transverses, ondulées, et six yeux à double iris.

Dessus des ailes supérieures offrant sur le milieu une raie noirâtre, large et oblique dans le mâle, étroite et en zigzag dans la femelle.

Se trouve partout en Mai et en Juillet. — Les individus de nos contrées méridionales sont généralement plus rembrunis, sans cependant différer sous le rapport du dessin. On en fait à tort une espèce à part sous le nom d'*Hiera.*

Chenille pubescente, d'un vert tendre. Sur le *paturin annuel* et la *fétuque flottante.* — Chrysalide verdâtre, avec une tache noire à la sommité du corselet, et deux rangées de petits tubercules blancs sur le dos.

67. Papillon Mégère, *P. Megæra.*

Ailes un peu dentées, fauves en dessus, et rayées de noirâtre : supérieures ayant de part et d'autre un œil et demi : dessous des inférieures d'un cendré obscur avec deux lignes brunes, ondulées, éclairées de jaunâtre, et six yeux à double iris.

Dans le mâle, les deux lignes ondulées postérieures du milieu des premières ailes sont croisées en dessus par une bande noirâtre.

Paroît aux mêmes époques que le *Mœra.*

Chenille pubescente, d'un vert tendre, avec une ligne blanche, longitudinale, de chaque côté du corps. — Chrysalide verdâtre, avec deux rangs de petits tubercules grisâtres le long du dos.

68. P. Égérie, *P. Ægeria;*

Tircis, Geoff., pag. 48, n.° 16.

Ailes un peu dentées, d'un brun obscur : supérieures avec beaucoup de taches d'un jaune paille, ou fauves, et un seul œil : dessous des inférieures d'un gris verdâtre, avec deux lignes brunâtres, ondulées, et un rang de points oculaires.

Le dessus des secondes ailes a six taches jaunes ou fauves, dont deux centrales, les autres formant une bande postérieure sur laquelle il y a trois à quatre yeux noirs à prunelle blanche. Les individus de nos départemens méridionaux ont les taches fauves. Quelques auteurs en ont fait à tort une espèce particulière sous le nom de *Meone.*

Très-commun dans les bois; en Avril et en Juillet.

Chenille pubescente et ridée transversalement, verte, avec le dos plus foncé, et des lignes longitudinales, jaunâtres ou blanchâtres, sur les côtés. — Chrysalide courte, verdâtre, renflée sur le dos et y offrant deux rangées de petits tubercules.

69. P. Galathée, *P. Galathea;*

Demi-deuil, Geoff., pl. 1, n.os 3 et 4.

Ailes un peu dentées, d'un blanc jaunâtre, avec la base et l'extrémité noires et tachetées de blanc en dessus : tache de la base de chaque aile ovale : inférieures avec deux et trois yeux noirs.

Yeux des secondes ailes peu apparens en dessus. Dessous des mêmes ailes blanc dans le mâle, plus ou moins lavé de jaune sale dans la femelle. Quelquefois ce dessous est tout blanc, comme dans la variété que plusieurs auteurs ont nommée *Leucomelas*.

Très-commun dans les bois; en Juillet et en Août.

Chenille verte, avec trois lignes longitudinales plus obscures, la tête brune, et deux petites épines rouges à la fourche de l'anus. Sur la *flouve des prés*. — Chrysalide ovoïde, jaunâtre, avec deux taches noires oculaires sur chaque côté de la tête.

70. Papillon Lachésis, *P. Lachesis.*

Ailes un peu dentées, blanches, ayant l'extrémité noire et tachetée de blanc en dessus : base de chaque aile sans taches : inférieures avec deux et trois yeux noirs.

Toujours plus grand et d'un blanc moins jaunâtre que le précédent. Origine du bord interne des ailes supérieures lavée de noirâtre.

Très-commun aux environs de Nismes et de Perpignan; en Mai et en Juin.

71. P. Psyché, *P. Psyche.*

Ailes un peu dentées, d'un blanc bleuâtre, ayant l'extrémité noire et tachetée de blanc : dessous des inférieures avec des veines, et deux plus trois yeux, d'un brun ferrugineux.

Très-commun aux environs de Montpellier; en Mai et en Juin.

72. P. Déjanire, *P. Dejanira.*

La Bacchante, Geoff., pag. 47, n.° 15.

Ailes un peu dentées, d'un brun obscur : supérieures ayant cinq yeux de part et d'autre : dessous des inférieures avec une bande blanche, sinuée, et chargée de six yeux, dont le troisième très-petit, l'anal bipupillé.

Plus grand et plus coloré dans les départemens méridionaux que dans ceux du centre et du nord.

Dans les bois, en Juin. — Vol sautillant et par saccades.

Chenille pubescente, verte, avec des lignes longitudinales plus foncées. Sur l'*ivraie annuelle*.

73. Papillon Hypéranthus, *P. Hyperanthus*;

Tristan, Geoff., 11, 47, n.° 14.

Ailes un peu dentées, d'un brun noir : dessous des supérieures avec trois yeux, dont un moitié plus petit : dessous des inférieures avec deux plus trois.

Le dessus de la femelle offre ordinairement quelques yeux. On trouve au contraire des individus des deux sexes qui n'ont que de simples points jaunâtres en dessous.

Très-commun, pendant tout l'été, dans les bois et dans les prairies.

Chenille d'un gris blanchâtre, avec une ligne noire le long du dos. Sur le *millet épars*, le *pâturin annuel*, etc. — Chrysalide courte, obtuse, grisâtre.

Les trois principales nervures des ailes supérieures renflées à leur origine.

74. P. Œdipe, *P. Œdipe*.

Ailes entières, d'un brun noir : dessous des quatre d'un jaune un peu obscur, avec une ligne marginale argentée; celui des inférieures ayant cinq à six yeux, dont l'antérieur isolé.

Iris des yeux d'un jaune paille. Le dessous des ailes supérieures est tantôt sans yeux, et tantôt il en a jusqu'à cinq. Dans la femelle, les yeux des ailes inférieures sont précédés intérieurement d'une ligne ou d'une bande blanche luisante, et les trois postérieures sont sensibles en dessus.

Département de l'Isère ; au mois de Juin.

75. P. Philéus, *P. Phileus*.

Ailes entières, d'un brun noirâtre en dessus, avec le disque des supérieures roussâtre : dessous des inférieures d'un brun verdâtre, avec une bande blanche; courbe, chargée de six yeux contigus, et une ligne marginale argentée.

Point d'iris aux yeux. Dessus des ailes supérieures presque entièrement brun chez certains mâles.

Alpes; en Juin.

76. P. Héro, *P. Hero*;

Satyre Mœlibée.

Ailes entières, d'un brun noirâtre : dessous des inférieures avec une bandelette blanche, dentée, et une ligne argentée, marginale, renfermant six yeux contigus.

Iris des yeux d'un fauve foncé. Dessus des ailes supérieures de la femelle avec un œil au sommet. Dessus des ailes inférieures des deux sexes avec une rangée de quatre yeux, dont les deux extrêmes plus petits, et quelquefois nuls.

Forêts de nos départemens septentrionaux; en Mai et en Juillet.

77. PAPILLON IPHIS, *P. Iphis.*

Ailes entières, d'un brun noirâtre en dessus, avec le disque des supérieures roussâtre : dessous des inférieures d'un cendré verdâtre, avec une bande blanche, interrompue, et une ligne argentée, marginale, renfermant trois à six yeux séparés.

Iris des yeux d'un jaune d'ocre sale. La femelle a parfois deux ou trois yeux sur la face supérieure des secondes ailes.

Départemens de l'Est et Pyrénées.

78. P. ARCANIUS, *P. Arcanius;*

CÉPHALE, Geoff., tom. 2, page 53, n.° 22.

Ailes entières, d'un brun noirâtre en dessus avec le disque des supérieures roux : dessous des inférieures d'un brun tanné verdâtre, avec une bande blanche, flexueuse, chargée de cinq à six yeux, et une ligne marginale argentée.

Iris des yeux fauve et bordé par un cercle d'atomes noirâtres. Dessus des ailes inférieures de la femelle offrant parfois deux petits yeux sans prunelle.

Très-commun dans les bois des environs de Paris; en Mai et en Juillet.

Chenille verte, avec des lignes dorsales plus foncées, et des lignes latérales jaunes. Sur la *mélique ciliée.* — Chrysalide courte, obtuse, rougeâtre.

79. P. CORINNUS, *P. Corinnus.*

Ailes entières, fauves : dessous des inférieures d'un cendré verdâtre à la base, offrant à l'extrémité une raie jaunâtre, anguleuse, et une ligne argentée, marginale, renfermant cinq à six yeux, dont l'antérieur isolé.

Iris de l'œil antérieur d'un jaune paille, iris des autres yeux fauve et entouré d'un cercle d'atomes noirâtres. Le dessus de la femelle offre moins de brun à l'extrémité que le dessus du mâle.

De la Corse.

80. P. DORUS, *P. Dorus.*

Ailes entières, d'un jaune fauve : dessus des supérieures

37.   26

d'un brun foiblement obscur dans le mâle : dessous des infé-. rieures avec une bande jaunâtre flexueuse , chargée de six yeux , dont le deuxième et le troisième reculés en arrière , et une ligne marginale argentée.

Dessus des secondes ailes offrant chez les deux sexes une ligne tortueuse de trois à quatre points noirs.

Midi de la France; en Juillet.

81. Papillon Lyllus, *P. Lyllus.*

Ailes entières, d'un fauve jaunâtre pâle, ayant de part et d'autre sur le limbe postérieur une ligne noirâtre, flexueuse : dessous des inférieures d'un gris jaunâtre, avec une bande blanchâtre, courte , et trois à six points très-blancs , entourés de noir.

Un point noir vis-à-vis du sommet des premières ailes. Dessous de ces ailes offrant parfois dans la femelle une ligne argentée, courte et placée transversalement vers le milieu du bord postérieur.

Très-commun aux environs de Montpellier.

82. P. Pamphile, *P. Pamphilus.*

Ailes entières, d'un fauve jaunâtre pâle, ayant le bord postérieur légèrement obscur en dessus : dessous des infé-rieures d'un gris verdâtre, avec une bande blanchâtre, courte, et trois à six points très-blancs , entourés de ferrugineux. (Plus petit.)

Un point noirâtre vis-à-vis du sommet des premières ailes.

Très-commun partout; en Mai et vers la fin de Juillet.

Chenille verte, avec le dos obscur, et une ligne blanche le long de chaque côté. Sur la *crételle des prés.* — Chrysalide petite, anguleuse, verdâtre.

83. P. Davus, *P. Davus.*

Ailes entières, d'un fauve jaunâtre obscur : dessous des inférieures d'un ferrugineux verdâtre , avec une bande blanche, dentée ou maculaire, et trois à sept yeux séparés. (Plus grand.)

Iris des yeux d'un jaune terne. Un point noirâtre, oculaire, au sommet des ailes supérieures des deux sexes. Dessus des ailes inférieures du mâle avec trois ou quatre points sembla-bles.

Très-commun dans l'Est de la France.

Genre LIBYTHÉE, n.° 16; *Libythea*, Fabricius.

Bord postérieur des premières ailes prolongé et fortement tronqué au sommet; bord analogue des secondes dentelé.

84. PAPILLON DU MICOCOULIER, *P. Celtis.*

Ailes d'un brun noirâtre chatoyant; supérieures ayant de part et d'autre quatre taches fauves et une blanche : dessous des inférieures gris.

Dessus des secondes ailes avec une bande fauve, courte et flexueuse, près du sommet. Dessous de ces ailes d'un gris vineux dans la femelle.

Départemens les plus méridionaux de la France, au printemps et en été.

Chenille pubescente, verte, avec trois lignes longitudinales, dont les deux extrêmes d'un blanc plus ou moins incarnat, l'intermédiaire blanche et bordée par des taches noires, rapprochées deux à deux. Sa tête est jaunâtre, et toutes ses pattes sont d'un noir luisant. Sur le *micocoulier commun.* — Chrysalide ovale, obtuse, verdâtre et rayée de blanchâtre.

Genre ARGYNNE, n.° 18; *Argynnis,* Fabricius.

85. P. AGLAÉ, *P. Aglaia.*

Ailes légèrement dentées, fauves, avec des taches noires : dessous des inférieures d'un jaune paille, avec l'origine de la côte, et beaucoup de taches argentées et environnées de verdâtre.

Dessus de la femelle plus pâle, avec la base de toutes les ailes verdâtre.

Dans les bois; fin de Juin et courant de Juillet.

Chenille épineuse, noirâtre, avec une bande blanche dorsale, et une rangée longitudinale de taches rousses sur chaque côté. Sur la *violette sauvage.* — Chrysalide roussâtre, ondée de brun, avec des éminences peu prononcées.

86. P. ADIPPÉ, *P. Adippe.*

Ailes légèrement dentées : fauves, avec des taches noires : dessous des inférieures d'un jaune roussâtre, avec l'origine de la côte, beaucoup de taches, et la prunelle de quelques yeux ferrugineux, argentées.

Dessus des deux sexes d'un fauve plus gai que dans l'espèce précédente; mâle ayant d'ailleurs les deux nervures du milieu des premières ailes plus dilatées. — Les taches argentées des ailes inférieures remplacées quelquefois par des taches pâles, à l'exception cependant des points qui forment la prunelle des yeux.

Dans les bois; fin de Juin et courant de Juillet.

Chenille épineuse, d'un brun olivâtre ou ferrugineux, avec une bande dorsale blanche, bordée par des points noirs. Sur la *violette odorante* et sur la *pensée*. — Chrysalide roussâtre, avec des taches argentées.

87. Papillon Niobé, *P. Niobe.*

Ailes légèrement dentées, fauves, avec des taches noires : dessous des inférieures d'un jaune d'ocre pâle, avec beaucoup de taches plus claires, quelques yeux ferrugineux à prunelle argentée; l'origine de la côte verdâtre et les nervures noirâtres.

Dessus du mâle d'un fauve vif; dessus de la femelle d'un fauve obscur et chatoyant en violet, avec la base largement noirâtre. — Il est des individus qui ont les taches des ailes inférieures argentées, mais ils se distinguent toujours de l'*A-dippé* en ce qu'ils ont les nervures noirâtres, et l'origine de la côte verdâtre.

Pyrénées, Alpes, départemens de l'Est; en Juin et en Juillet.

Chenille grise, avec les épines alternativement blanches et rougeâtres. Sur le *plantain* et sur la *violette.*

88. P. Lathonia, *P. Lathonia;*

Petit Nacré, Geoff., tom. 2, pag. 43, n.° 10.

Ailes légèrement dentées, fauves, avec des taches noires : dessous des inférieures panaché de jaune fauve et de ferrugineux, avec beaucoup de grandes taches, et la prunelle de sept yeux bruns, argentées.

Plus petit que les précédens, et ayant le bord postérieur des premières ailes un peu plus concave.

Bois, prairies, chemins verts, etc.; au printemps et en été.

Chenille épineuse, d'un brun grisâtre, avec une ligne blanche le long du dos. Sur la *pensée*, le *sainfoin*, la *bourrache*, etc. — Chrysalide grisâtre antérieurement, verdâtre postérieurement, avec des taches dorées.

89. P. Paphia, *P. Paphia;*

Tabac d'Espagne, Geoff., 2, pag. 42, n.° 8.

Ailes légèrement dentées, fauves, avec des taches noires : dessous des inférieures glacé de vert jaunàtre, avec quatre bandes argentées, transversales, dont les deux antérieures plus courtes.

Dessus du mâle d'un fauve gai, avec les quatre nervures inférieures des premières ailes fortement dilatées dans leur milieu. Dessus de la femelle d'un fauve obscur, et quelquefois d'un brun verdâtre, comme dans la variété dont on a fait à tort une espèce distincte sous le nom de *Valesina*. Bande marginale du dessous des secondes ailes bifide.

Très-commun dans les bois, depuis la fin de Juin jusqu'à la mi-Septembre. Se repose sur les chardons et sur les ronces.

Chenille épineuse, brune, avec des taches jaunâtres le long du dos. Sur la *violette sauvage* et sur le *framboisier*. — Chrysalide grisâtre, très-anguleuse, ayant le dos chargé de deux bosses, entre lesquelles sont des taches dorées très-brillantes. Elle est extrêmement vive.

90. PAPILLON CYNARA, *P. Cynara.*

Ailes légèrement dentées, d'un vert fauve, avec des taches noires : dessous des inférieures glacé de vert jaunâtre, avec des lunules basilaires, et deux bandes postérieures, argentées.

Une ligne de points argentés entre les deux bandes. Mâle moins vert en dessus, et ayant les quatre nervures inférieures des premières ailes très-dilatées dans leur milieu.

Départemens maritimes du Midi ; au mois de Juin, sur les chardons en fleurs.

91. P. DAPHNÉ, *P. Daphne.*

Ailes légèrement dentées, fauves, avec des taches noires : dessous des inférieures ayant la moitié antérieure jaune et réticulée de roux ; la moitié postérieure lavée de violet avec une rangée de points oculaires.

Parties montagneuses de l'Est et du Midi de la France ; en Juin.

Chenille rayée longitudinalement de blanc, et ayant les épines jaunes à leur base, noires à leur sommité. — Chrysalide tuberculée, d'un gris jaunâtre, avec des taches dorées sur le dos et près de l'anus.

92. P. INO, *P. Ino.*

Ailes légèrement dentées, fauves, avec des taches noires :

dessous des inférieures entièrement jaune et réticulé de roux, avec une raie discoïdale d'un blanc violet, et une rangée de points oculaires.

Constamment plus petit que le précédent, et ayant d'ailleurs les échancrures plus blanches.

Bois du Nord, de l'Est et du Midi de la France; en Juin et en Juillet.

93. Papillon Amathuse, *P. Amathusia.*

Ailes un peu dentées, fauves, avec des taches noires: dessous des inférieures ferrugineux, offrant à la base, autour d'un point noir, des taches blanches et des taches d'un jaune d'ocre, et sur le milieu une légère bande nacre de perle.

Dessous des ailes inférieures ayant à la base sept taches, dont les trois antérieures rondes et d'un blanc mat, les autres très-irrégulières et d'un jaune d'ocre. Bord postérieur de ces ailes entrecoupé longitudinalement par des traits jaunes ou blancs.

Dauphiné, etc.; au mois de Juillet.

Chenille d'un gris cendré, avec des épines jaunes et des lignes noires, longitudinales. Sur la *renouée bistorte.* — Chrysalide d'un gris brun, avec des taches et des boutons noirs.

94. P. Dia , *P. Dia;*

Petite Violette.

Ailes un peu dentées, fauves, avec des taches noires : dessous des inférieures panaché de ferrugineux et de jaune d'ocre, ayant à la base et à l'extrémité des taches argentées, et sur le milieu une légère bande nacre de perle.

Dessus des ailes d'un fauve foncé. Dessous des inférieures ayant environ quatorze taches argentées, dont sept marginales et lunulées.

Très-commune dans les bois, vers le milieu du printemps et de l'été.

Chenille grise, avec des rangées d'épines alternativement blanches et rougeâtres. Sur les *violettes.* — Chrysalide jaunâtre, mouchetée de noir.

95. P. Palès, *P. Pales.*

Ailes un peu dentées, fauves, avec des taches noires : dessous des inférieures ferrugineux, varié de jaune fauve ou de verdâtre, avec beaucoup de taches argentées.

Dessous des ailes supérieures chatoyant et peu garni d'é-
cailles. Dessous des ailes inférieures de la femelle varié de
verdâtre. Ces dernières ailes moins arrondies chez les deux
sexes que chez les autres argynnes de notre pays.

Alpes et Pyrénées; en Juin et en Août.

96. PAPILLON SÉLÉNÉ, *P. Selene.*

Ailes un peu dentées, fauves, avec des taches noires :
dessous des inférieures panaché de ferrugineux et de jaune
d'ocre, avec beaucoup de taches argentées, et un œil noir,
basilaire, à prunelle rousse.

Dessus des ailes d'un fauve assez foncé, surtout dans la femelle. Dessous des ailes inférieures ayant environ treize taches
argentées, dont six marginales, triangulaires, et surmontées
chacune d'un chevron noir.

Très-commun dans les bois, au commencement de Mai et
à la fin de Juillet.

97. P. EUPHROSYNE, *P. Euphrosyne;*

Le COLLIER ARGENTÉ, Geoff., tom. 2, pag. 44, n.° 11.

Ailes un peu dentées, fauves, avec des taches noires : dessous des inférieures panaché de roux et de jaune gais, avec
une tache sur le milieu et sept sur le bord, argentées; un
œil noir, sans prunelle, près de la base.

Dessus des ailes d'un fauve jaunâtre, surtout dans la femelle. Dessous des ailes inférieures avec neuf taches argentées, dont une à la base. Les sept taches marginales sont
presque lunulées et environnées de ferrugineux.

Très-commun dans les bois, au commencement de Mai et
à la fin de Juillet.

Chenille épineuse, noire, avec deux rangs de taches fauves
le long du dos. Sur les *violettes.*

98. P. HÉCATE, *P. Hecate.*

Ailes un peu dentées, fauves, avec des taches noires :
dessous des inférieures panaché de jaune d'ocre et de roux,
avec deux rangées transverses de points noirs.

La double rangée de points distingue principalement
cette espèce de ses congénères. Chez la femelle, les parties
jaunes du dessous des secondes ailes tirent un peu sur le
verdâtre.

Environs de Toulon.

99. Papillon Aphirape, *P. Aphirape.*

Ailes un peu dentées, fauves, avec des taches noires : dessous des inférieures panaché de jaune d'ocre et de roux, avec une rangée d'yeux à prunelle jaune et une ligne noire, dentée en scie sur le bord postérieur.

Yeux du dessous des secondes ailes noirs. Dessus de la femelle chatoyant en violet.

Vosges et montagnes de l'Isère.

100. P. Didyma, *P. Didyma.*

Ailes un peu dentées, fauves, avec des taches noires : dessous des inférieures jaune ou blanc, avec beaucoup de points et des lunules noirs, et deux bandes d'un fauve rouge, sans taches.

Dessus du mâle d'un fauve rouge; dessus de la femelle d'un fauve obscur, surtout aux premières ailes.

Contrées centrales de la France ; en Mai et vers la fin de Juillet.

Chenille bleuâtre, avec les épines des côtés rousses, et celles du dos jaunâtres. Anneaux du corps noirs et ponctués de blanc. Sur la *véronique*, l'*armoise*, la *linaire*, etc. — Chrysalide obtuse, épaisse, d'un cendré bleuâtre, avec des mouchetures noires et des points fauves.

101. P. Cinxia, *P. Cinxia;*

Le Damier, Geoff., n.° 12, pag. 46.

Ailes un peu dentées, fauves en dessus et réticulées de noir : dessous des inférieures d'un jaune pâle, avec des points et quatre lignes ondées noirs; plus deux bandes fauves, bande postérieure offrant des points qui se répètent en dessus.

Dessus des ailes d'un fauve sombre et chatoyant en violet.

Très-commun dans les bois; en Mai et en Août.

Chenille épineuse, noire, avec les incisions ponctuées de blanc, et les pattes membraneuses fauves. Sur le *plantain lancéolé,* la *véronique,* l'*oreille-de-souris,* etc. Passe l'hiver en société sous une tente de soie. — Chrysalide épaisse, noirâtre, mouchetée de gris, avec des boutons roux sur le dos.

102. P. Phœbé, *P. Phœbe.*

Ailes un peu dentées, variées en dessus de fauve, de jaune et de noir : dessous des inférieures d'un jaune pâle, avec des points basilaires et six lignes ondées noirs, plus deux bandes fauves; bande postérieure formée par des taches orbiculaires.

Dessus de la femelle ayant plus de jaune que le dessus du mâle.

Contrées centrales et méridionales de la France, côte d'Aunay près Paris; en Juin et en Août.

Chenille noire, avec des épines fauves et des rangées de taches blanches. Sur la *centaurée scabieuse.*

103. Papillon Athalie, *P. Athalia.*

Ailes un peu dentées, fauves en dessus et réticulées de noir : dessous des inférieures d'un jaune pâle, avec deux bandes fauves et huit lignes noires ondées. (Plus grand, ayant les palpes d'un brun obscur.)

Dessus des ailes d'un fauve foncé.

Parties ombragées des bois: en Mai et vers la fin de Juillet.

Chenille épineuse, noire, avec deux rangées de points blancs à chaque anneau, et des tubercules également blancs sur les côtés. Se nourrit de différentes espèces de *plantains.* — Chrysalide grisàtre, avec des points noirs et des points rougeâtres sur le dos.

104. P. Parthénie, *P. Parthenie.*

Ailes un peu dentées, fauves en dessus et foiblement réticulées de noir : dessous des inférieures d'un jaune pâle, avec deux bandes fauves, et huit lignes noires ondées. (Plus petit, ayant les palpes roux.)

Dessus des ailes d'un fauve d'ailleurs plus jaunâtre que chez l'*Athalie.*

Sur les côteaux secs et exposés au midi; en Mai et en Août.

Chenille épineuse, noire, avec quelques points blancs et une série longitudinale de taches jaunes sur chaque côté. Sur le *plantain moyen.* — Chrysalide petite, obtuse, cendrée, avec deux rangs de points ferrugineux sur l'arrière-dos.

105. P. Dictynne, *P. Dictynna.*

Ailes un peu dentées, d'un brun noir en dessus, avec des taches fauves : dessous des inférieures avec deux bandes ferrugineuses; le limbe terminal roussâtre, et huit lignes noires ondées.

Dessus de la femelle plus tacheté de fauve que celui du mâle, et ayant la dernière rangée de taches jaune ou blanchâtre : bande postérieure du dessous des secondes ailes offrant une série de taches noirâtres, formées par des atomes.

Bois ombragés; vers la fin de Mai et dans le courant d'Août.

Chenille épineuse, violâtre, avec la tête et trois raies longitudinales noires, et des points d'un bleu pâle.

106. PAPILLON MATURNE, *P. Maturna.*

Ailes un peu dentées, d'un brun noir en dessus, avec des taches jaunes et des taches d'un fauve rouge : dessous des inférieures d'un fauve rouge, avec trois bandes maculaires d'un jaune gai.

Bande postérieure du dessous des secondes ailes formée par des lunules inégales, et fortement bordées de noir en avant.

Parties boisées de l'Isère; au mois de Juin.

Chenille épineuse, noire, avec trois lignes jaunes, longitudinales, dont une double sur le dos. Habite le *tremble*, le *marceau*, la *scabieuse*, le *plantain*, etc. — Chrysalide d'un blanc verdâtre, tachetée de jaune et de noir.

107. P. CYNTHIA, *P. Cynthia.*

Ailes un peu dentées, d'un brun noir en dessus, avec des taches blanches ou des taches fauves : dessous des inférieures fauve, avec trois bandes maculaires d'un jaune d'ocre et une rangée transverse de points noirs, simples.

Dessus du mâle avec des taches blanches et une bande maculaire d'un fauve rouge. Dessus de la femelle avec une multitude de taches d'un fauve rembruni et chatoyant. Points noirs du dessous des secondes ailes se répétant quelquefois en dessus.

Alpes; au mois de Juin.

Chenille foiblement épineuse, jaune, avec la tête rougeâtre, et des lignes longitudinales noires. Sur le *plantain lancéolé.*

108. P. ARTÉMIS, *P. Artemis.*

Ailes un peu dentées, variées en dessus de brun, de jaune et de fauve-rouge : dessous des inférieures fauve, avec deux bandes maculaires et tout le limbe postérieur d'un jaune d'ocre pâle, plus une rangée transverse de points noirs, oculaires.

Dessus des secondes ailes ayant une large bande d'un fauve rouge, avec une série de points noirs.

Dans les grands bois; au commencement de Mai.

Chenille épineuse, noire, avec une ligne dorsale de points blancs, les côtés jaunâtres, et les pattes rougeâtres. Sur le *plantain* et la *scabieuse mors du diable*. Passe l'hiver sous une tente de soie. — Chrysalide verdâtre, avec des points noirs et des boutons jaunes.

109. PAPILLON LUCINE, *P. Lucina.*

Ailes un peu dentées, d'un brun obscur en dessus, avec des taches fauves : bord postérieur des quatre offrant de part et d'autre une rangée de points noirs : dessous des inférieures d'un brun tanné avec deux bandes blanches maculaires.

C'est la plus petite de nos argynnes.

Dans les bois ; au commencement de Mai.

Genre VANESSE, n.° 19; *Vanessa,* Fabricius.

A. *Bord postérieur des premières ailes concave, largement et obliquement tronqué au sommet; bord analogue des secondes denté, et ayant vers son milieu un prolongement obtus en forme de queue.*

110. P. C-BLANC, *P. C-Album;*
    Le GAMMA OU ROBERT LE DIABLE, Geoff., tom. 2, pag. 39, n.° 5.

Dessus des ailes fauve, tacheté de noir, avec le limbe postérieur ferrugineux et ponctué de jaune : dessous des inférieures marqué d'un C blanc.

Mâle constamment plus foncé que la femelle. Trois taches noires sur le dessus des secondes ailes.

Très-commun pendant toute la belle saison.

Chenille épineuse, d'un brun rougeâtre, avec une bande blanche dorsale allant du quatrième anneau à l'anus. Deux tubercules à aigrettes sur la tête. Habite l'*orme*, le *noisetier,* le *groseiller,* l'*ortie,* le *houblon,* etc. — Chrysalide incarnate, avec trois rangs de mamelons et des points argentés sur le dos.

111. P. L-BLANCHE, *P. L-Album.*

Dessus des ailes fauve, tacheté de noir, avec le limbe postérieur ferrugineux et ponctué de jaune : dessous des inférieures marqué d'une L blanche.

Taches noires du dessus des ailes plus petites que dans l'espèce précédente, et au nombre de deux seulement sur les ailes inférieures. Dessous finement ondé de gris.

Midi de la France; durant toute la belle saison.

112. Papillon Polychlore , *P. Polychloros;*
    La grande Tortue, Geoff., 2 , pag. 37, n.° 3.

Dessus des ailes fauve, avec une bordure noire et marquée de lunules bleues ; supérieures ayant quatre taches noires sur le disque, et une lunule jaune au sommet ; dessous des inférieures traversé par une ligne noirâtre, ne formant qu'un angle à sa partie antérieure.

Les deux taches supérieures du disque des premières ailes sont rondes, et celle de l'angle de l'anus est lunulée. La bordure des secondes ailes a le côté interne grossièrement denté et liséré de jaunâtre.

Très-commun au printemps, en été et en automne.

Chenille d'un noir bleuâtre, avec des épines et trois lignes longitudinales d'un fauve obscur. La ligne du dos est double. Habite le *chêne*, l'*orme*, le *saule*, etc. Vivant en société dans le premier âge. — Chrysalide incarnate, avec des taches argentées à sa partie antérieure, deux rangées d'épines coniques et un rang intermédiaire de boutons noirs à sommité fauve sur le dos.

113. P. Xanthomelas, *P. Xanthomelas;*
    La Tortue moyenne, Engramm.

Dessus des ailes fauve, avec une bordure noire plus large et marquée de lunules d'un bleu violet ; supérieures ayant quatre taches noires sur le disque, et une lunule blanche au sommet ; dessous des inférieures traversé au milieu par une ligne noirâtre, formant deux angles à sa partie antérieure.

Les deux taches supérieures du disque des premières ailes sont oblongues et lunulées, tandis que celle de l'angle de l'anus est ronde. La bordure des secondes ailes n'est ni dentée, ni lisérée de jaunâtre à son côté interne.

En Alsace; sur les bords du Rhin.

114. P. de l'Ortie, *P. Urticæ;*
    La petite Tortue, Geoff., t. 2, pag. 38, n.° 4.

Dessus des ailes d'un fauve briqueté, avec une bordure noire, marquée de lunules d'un bleu barbeau : supérieures ayant trois points noirs sur le disque, et une tache très-blanche au sommet; inférieures brunes à la base.

Point inférieur du disque des premières ailes très-gros, et éclairé de jaune en dehors.

Très-commun pendant toute la belle saison.

Chenille épineuse, noire, avec des points et trois lignes longitudinales d'un jaune soufre. Les épines sont noires et la ligne du dos est double. Vivant en société sur les *orties*. — Chrysalide semblable à celle de la vanesse *Polychlore*, mais plus petite et ayant des taches dorées, ou étant toute dorée.

115. PAPILLON ANTIOPE, *P. Antiopa;*

Le MORIO, Geoff., pag. 35, n.° 1.

Dessus des ailes d'un noir ferrugineux, avec une large bordure d'un jaune pâle, et précédée intérieurement d'une série transverse de points bleus.

Deux taches jaunes vers l'extrémité de la côte des premières ailes.

Bois, prairies; au printemps, en été et en automne. Les individus qui passent l'hiver ont la bordure altérée et presque entièrement blanche.

Chenille noire, chargée d'épines simples, avec des taches dorsales et les huit pattes membraneuses antérieures d'un rouge brun. Sur le *bouleau*, le *saule*, l'*orme*, etc. — Chrysalide noirâtre, saupoudrée de bleuâtre, avec deux rangs d'épines coniques, et un rang intermédiaire de boutons noirs et ayant la sommité ferrugineuse.

116. P. Io, *P. Io;*

PAON DE JOUR, atlas de ce Dictionnaire, pl. 40, n.ᵒˢ 1 — 6.

Dessus des ailes d'un rouge ferrugineux, avec un grand œil bleu à chaque aile.

Deux bandes noires, courtes, obliques et séparées par du jaune au milieu de la côte des ailes supérieures. Une ligne de points blancs coupant transversalement l'œil de ces ailes.

Bois, prairies, jardins; au printemps, en été et en automne.

Chenille d'un noir luisant, chargée d'épines simples, avec des points d'un blanc bleuâtre, et les pattes postérieures ferrugineuses. Vivant en société sur les *orties* et sur le *houblon*. — Chrysalide brune, avec des taches dorées; un double rang d'épines coniques, penchées en arrière et ayant la base rougeâtre.

B. *Bord postérieur des quatre ailes dentelé; celui des premières lé-gèrement concave et peu tronqué au sommet ; celui des secondes sans prolongement, ou en ayant un peu sensible.*

117. Papillon Atalante, *P. Atalanta.*

Le Vulcain, Geoff., 2, pag. 40, n.° 6.

Dessus des ailes noir, avec une bande arquée couleur de feu ; sommet des supérieures bleuâtre et offrant six taches très-blanches.

Bande des secondes ailes chargée de six points noirs, dont les deux plus intérieurs saupoudrés de bleu violet.

Paroît presque sans interruption, depuis le commencement du printemps jusqu'à la fin de l'été.

Chenille épineuse, verdâtre ou noirâtre, avec une ligne jaune, interrompue, le long de chaque côté. Sur les *orties.* — Chrysalide grisâtre ou brunâtre, avec des points dorés et trois rangées longitudinales de petits mamelons. Reconnoissable à la nervure fourchue du milieu de l'enveloppe des ailes.

118. P. du Chardon, *P. Cardui;*

La Belle-dame, Geoff., 2, pag. 41, n.° 7.

Dessus des ailes fauve, varié de noir ; supérieures avec des taches blanches au sommet ; dessous des inférieures marbré et réticulé, avec cinq yeux.

L'œil antérieur du dessous des secondes ailes manque quelquefois.

Très-commun partout, durant la belle saison.

Chenille épineuse, grise ou brunâtre, avec des lignes jaunes, longitudinales et interrompues, sur les côtés du corps. Habite les *chardons* et particulièrement celui à *feuilles d'acanthe.* Ronge le parenchyme. — Chrysalide grise, avec des taches dorées, ou entièrement dorée.

119. P. Lévana, *P. Levana;*

Carte géographique fauve.

Dessus des ailes fauve, varié de noir ; dessous ferrugineux, réticulé de jaunâtre, et offrant vers l'extrémité de toutes les ailes un espace lilas.

Donne une variété moins tachetée de noir en dessus, et que l'on nomme vulgairement *Carte géographique rouge.*

Bois et prairies ; vers la mi-Avril.

Chenille noire , finement ponctuée de blanc, avec les pattes écailleuses d'un noir luisant, les pattes membraneuses vertes, et une ligne fauve, interrompue, sur chacun des côtés. Elle est chargée d'épines rameuses, dont deux noires et plus longues sur le cou, les autres d'un jaune sale ou noirâtre, et implantées sur des tubercules livides. Son ventre est presque du même ton que le dos. On la trouve sur l'*ortie piquante*, dans les lieux ombragés et humides, ou à la lisière des bois. —Chrysalide grise ou variée de gris, avec quelques taches argentées, deux séries dorsales d'épines coniques, et une rangée intermédiaire de petits boutons.

120. PAPILLON PRORSA, *P. Prorsa*; .

CARTE GÉOGRAPHIQUE BRUNE.

Dessus des ailes d'un brun noir, avec une bande blanche sur le milieu; dessous ferrugineux, réticulé de blanc, et offrant vers l'extrémité des inférieures un point lilas.

Dessus des ailes ayant, derrière la bande blanche, une ligne fauve transverse, simple chez le mâle, double et même quelquefois triple chez la femelle.

Bois, prairies; en Juillet et en Août.

Je n'ai point assez observé sa chenille pour bien apprécier les différences qui la séparent de celle du papillon *Lévana*.

Genre NYMPHALE, n.° 20, *correspondant à ceux des Paphia, Apatura, Limenitis, Neptis, de Fabricius.*

A. *Bord postérieur des premières ailes concave; bord analogue des secondes denté, ayant vers l'angle de l'anus deux queues linéaires.*

121. P. JASIUS, *P. Jasius.*

Dessus des ailes d'un brun noirâtre chatoyant, avec une bande maculaire et le limbe postérieur d'un jaune fauve; dessous varié antérieurement de ferrugineux et d'olivâtre, avec une bande et des hiéroglyphes blancs.

Bande jaune du dessus des ailes supérieures quelquefois double. Dessus des ailes inférieures de la femelle légèrement sablé de bleu sur le disque.

Aux environs de Toulon, et plus particulièrement aux îles d'Hières; en Juin et en Septembre.

Chenille armée de quatre cornes sur la tête, ayant les pattes écailleuses noires, le corps chagriné et d'un vert tendre, avec une ligne longitudinale jaune sur chaque côté, et quatre points orangés sur le dos. Mange les feuilles de l'*arbousier commun*. Passe l'hiver lorsqu'elle éclôt en Septembre. — Chrysalide lisse, grosse, carénée, d'un vert pâle.

B. *Bord postérieur des ailes dentelé, un peu concave aux supérieures, arrondi aux inférieures.*

122. PAPILLON IRIS, *P. Iris;*
  GRAND-MARS.

Ailes d'un brun noirâtre (un reflet violet changeant dans le mâle), avec des taches aux supérieures, et une bande uni-dentée au milieu des inférieures, blanches; dessous des inférieures sans points à la base.

Bande du milieu des ailes inférieures droite à son côté interne, dilatée en angle aigu à son côté externe, et placée en dessous sur une bande ferrugineuse très-foncée et beaucoup plus large. Œil des ailes supérieures peu ou point sensible en dessus. — Femelle plus grande et sans reflet. Le mâle offre une variété très-rare, qu'on a nommée *Beroé*. Elle est tout-à-fait sans bande blanche, et ses premières ailes n'ont que deux points blanchâtres.

Dans les bois, et quelquefois dans les prairies; du 20 Juin à la mi-Juillet.

Chenille vivant sur la cime des *chênes*, et se rapprochant beaucoup de celle de l'espèce suivante.

123. P. ILIA, *P. Ilia;*
  PETIT-MARS.

Ailes d'un brun noirâtre (un reflet violet changeant dans le mâle), avec des taches aux supérieures, et une bande sinuée au milieu des inférieures, blanches ou d'un jaune orangé : dessous des inférieures avec un à trois points noirs à la base.

Bande du milieu des secondes ailes concave à son côté interne, peu sinuée à son côté externe, plus pâle en dessous et placée entre deux raies d'un ferrugineux terne, dont la postérieure très-écartée. Œil des ailes supérieures sensible en dessus, mais non pupillé. — Femelle plus grande et sans reflet. La variété brune et la variété orangée sont aussi communes l'une que l'autre dans nos départemens du Nord et du centre; mais dans nos contrées les plus méridionales on ne trouve que la variété orangée, qui y est souvent plus petite. Il y a des variétés intermédiaires, entre autres une variété femelle dont le dessus est presque entièrement fauve, avec la bande du milieu plus claire.

Dans les prairies, et dans les bois humides; du 20 Juin à la mi-Juillet.

Chenille chagrinée, d'un vert tendre, ayant les deux angles supérieurs de la tête prolongés en manière de cornes bifides et légèrement tronquées. Les côtés de son corps, à partir du milieu jusqu'à l'anus, sont marqués de cinq lignes obliques, dont les trois postérieures blanches, l'antérieure jaune et terminée sur le dos par une petite verrue noirâtre. Elle vit sur la cime des *peupliers* et des *saules*. — Chrysalide carénée, d'un vert jaunâtre pâle.

124. PAPILLON DU PEUPLIER, *P. Populi;*
GRAND - SYLVAIN.

Dessus des ailes d'un brun noirâtre, avec une bande maculaire blanche sur le milieu, une rangée de lunules fauves vers l'extrémité, et le limbe postérieur bleuâtre : dessous avec une tache verdâtre à la base.

Dessous des ailes d'un fauve gai. Femelle plus grande, et ayant la bande très-large. Mâle assez souvent sans bande, et n'offrant même quelquefois que deux ou trois points blancs au sommet des ailes supérieures.

Forêts du Nord et de l'Est de la France; du 10 au 20 Juin.

Chenille verte, nuancée de brun, avec la tête et l'anus rougeâtres. Son dos offre des éminences charnues sur lesquelles sont des épines, dont les deux antérieures plus longues, et les deux postérieures courbées en arrière. Sur le *tremble* et sur les *peupliers noir et blanc*. — Chrysalide ovoïde, obtuse antérieurement, jaunâtre et mouchetée de noir, avec une bosse au milieu du dos.

125. P. SIBYLLA, *P. Sibylla;*
PETIT - SYLVAIN.

Dessus des ailes d'un brun noirâtre, avec une bande maculaire blanche sur le milieu; dessous des inférieures ayant la base d'un bleu cendré, avec des taches noires.

37. 27

Dessus des ailes supérieures de la femelle un peu fouetté de roux vers son origine. Dessous des deux sexes d'un ferrugineux jaunâtre, avec une bande comme en dessus, et une double rangée postérieure de points noirs.

Dans les bois; de la fin de Juin à la mi-Août, selon les localités.

Chenille verte; avec la tête, des épines dorsales et le bas du corps, rougeâtres ou ferrugineux. Sur le *chèvrefeuille*, et peut-être aussi sur le *chêne*. — Chrysalide anguleuse, verdâtre, avec des taches dorées.

126. Papillon Camilla, *P. Camilla;*

   Sylvain azuré.

Dessus des ailes d'un bleu noir chatoyant, avec une bande maculaire blanche sur le milieu; dessous des inférieures ayant la base d'un bleu argentin, sans taches.

Dessus de la femelle offrant parfois quelques taches cramoisies. Dessous des deux sexes d'un ferrugineux rougeâtre, avec une bande comme en dessus, et une simple rangée de points noirs.

Sur les bords des ruisseaux, dans le centre et dans le Midi de la France; fin de Juillet et commencement d'Août.

Chenille se distinguant principalement de celle de l'espèce précédente par une ligne latérale de points ferrugineux. Sur le *chèvrefeuille* et sur l'*aune*. — Chrysalide anguleuse, brunâtre, avec une bosse arrondie sur le dos.

C. *Ailes oblongues, ou alongées dans le sens du diamètre du corps.*

127. P. Lucille, *P. Lucilla;*

   Le Sylvain Cœnobite, Engram.

Dessus des ailes d'un brun noirâtre, dessous ferrugineux, avec une ligne longitudinale à la base des supérieures, et une bande sur le milieu des quatre, blanche, maculaire.

Le dessous des ailes varie en ce qu'il y a parfois le long du bord postérieur deux lignes blanchâtres, ou en ce que la ligne de la base des supérieures est double.

Isère et Hautes-Alpes; en été.

Genre Polyommate, n.° 23.

Les Polyommates d'Europe forment trois coupes assez naturelles. Les espèces de la première coupe ont une petite queue, et leurs chenilles sont en *écusson aplati*.

Les espèces de la deuxième coupe ont le bord postérieur des secondes ailes prolongé à l'angle de l'anus chez le mâle, échancré près de cet angle chez la femelle. Elles proviennent de chenilles en *écusson alongé*.

Les espèces de la troisième coupe ont les ailes entières ou presque entières, le plus souvent bleues en dessus dans le mâle, d'un brun noirâtre dans la femelle. Leurs chenilles ressemblent à un *écusson renflé*.

I. Chenilles en écusson aplati, ou cloportes.

LES PETITS PORTE-QUEUES.

A. *Bord postérieur des secondes ailes ayant avant l'angle de l'anus une petite queue linéaire, souvent précédée en dehors d'une dent plus ou moins saillante. Dessous de ces ailes traversé au milieu par une ou deux raies blanches.*

128. PAPILLON DU BOULEAU; *P. Betulæ*, figuré dans l'Atlas de ce Dictionnaire, pl. 41, fig. 1 à 4.

Dessus des ailes d'un brun noirâtre; dessous d'un jaune fauve, avec le bord postérieur roux, et deux lignes blanches transverses, dont une plus courte, sur le milieu.

Milieu des ailes supérieures offrant en dessus dans la femelle une bande fauve, arquée; et dans le mâle quelques points jaunâtres, plus ou moins prononcés.

Dans les bois et le long des haies; depuis la fin de Juillet jusqu'à la mi-Septembre.

Chenille verte, avec des lignes longitudinales et des stries obliques jaunes sur chaque côté du corps. Habite le *bouleau commun*, le *prunellier*, etc. — Chrysalide lisse, convexe, avec des raies plus claires.

129. P. DU PRUNIER, *P. Pruni*.

Ailes d'un brun noirâtre, avec une bande fauve, postérieure, maculaire en dessus, ayant les côtés bordés en dessous par des points noirs.

Dessous des ailes d'un brun jaunâtre, avec une ligne blanche, transverse, interrompue, et un croissant blanc sur chacun des points noirs qui bordent le côté interne de la bande fauve.

Dessus du mâle ordinairement sans taches aux ailes supérieures.

Dans les bois; au commencement de Juin.

Chenille verte, rayée longitudinalement et obliquement de blanchâtre, avec la tête jaune et biponctuée de brun, et des tubercules noirs sur le dos. Habite le *prunier sauvage.* — Chrysalide courte, renflée en arrière, brune, avec la partie antérieure tiquetée de blanchâtre.

130. PAPILLON W - BLANC, *P. W - Album.*

Ailes d'un brun noirâtre ; dessous des inférieures avec une bande marginale rousse, flexueuse, et une ligne blanche, discoïdale, terminée par un W.

Dessus des premières ailes sans taches dans la femelle, avec un point grisâtre près du milieu de la côte dans le mâle.

Avenues d'ormes et grands chemins; fin de Juillet.

Chenille verte, avec un double rang de petites pointes le long du dos, et trois taches d'un rouge foncé à chacun des anneaux postérieurs du ventre. Sur l'*orme.* — Chrysalide pubescente, d'un brun grisâtre, avec l'enveloppe des ailes plus foncée. Se trouve sous l'écorce.

131. P. LYNCÉE, *P. Lynceus.*

Ailes d'un brun noirâtre ; dessous des inférieures avec des lunules marginales rousses, et une ligne transverse et discoïdale de petits traits blancs; trait inférieur oblique.

Dessus des ailes supérieures offrant une tache fauve, orbiculaire, grande dans la femelle, plus ou moins sensible dans le mâle.

Bois, parcs, etc.; de la mi-Juin à la mi-Juillet.

Chenille pubescente, d'un vert pâle, avec la tête et les pattes écailleuses, noires, et trois lignes jaunes, maculaires, longitudinales. Sur le *chêne* et sur l'*orme.* — Chrysalide d'un brun jaunâtre, avec trois rangs de points obscurs à la partie postérieure.

132. P. DU MARRONIER, *P. Æsculi.*

Ailes d'un brun noirâtre ; dessous des inférieures avec des lunules marginales d'un roux très-foncé, petites, et une ligne transverse et discoïdale de traits blancs; trait inférieur en C renversé.

Constamment plus petit que le précédent, et ayant d'ailleurs le dessous des ailes d'un brun tirant sur le cendré.

Dans les garrigues du Midi de la France; au printemps et en été.

133. Papillon de l'Acacia, *P. Acaciæ.*

Dessus des ailes d'un brun noirâtre ; dessous d'un gris cendré, avec une ligne blanche, interrompue; inférieures avec des lunules marginales rousses, rapprochées. (Anus de la femelle avec un bourrelet de poils noirs.)

Dessus des ailes inférieures avec deux taches fauves près de l'angle de l'anus chez le mâle, avec quatre chez la femelle.

Montagnes de la Lozère, Pyrénées orientales.

134. P. du Prunellier, *P. Spini.*

Dessus des ailes d'un brun noirâtre ; dessous cendré, avec une ligne blanche, ondulée; inférieures avec des lunules marginales fauves, et une tache d'un bleu pâle à l'angle de l'anus.

Dessus des ailes inférieures des deux sexes tantôt sans taches, tantôt avec deux ou trois points fauves près de l'angle de l'anus.

Départemens du Midi; en Juillet et en Août.

Chenille verte, avec la tête noire, et des lignes jaunes maculaires le long du dos. Sur le *prunellier.*— Chrysalide brune en dessus, et garnie en dessous d'un duvet cendré.

135. P. du Chêne, *P. Quercús.*

Dessus des ailes d'un brun noirâtre, glacé de violet dans le mâle, avec une tache bleue à la base des supérieures dans la femelle : dessous gris, avec une ligne blanche, ondulée, et deux taches fauves à l'angle de l'anus.

La tache bleue du dessus des ailes supérieures de la femelle est fortement bifide, et accompagnée parfois de deux à trois points orangés.

Dans les bois ; du 20 Juin à la mi-Juillet.

Chenille pubescente, grisâtre, avec la tête brune, les incisions, et une ligne ondulée de points, jaunes. Sur le *chêne.* — Chrysalide brune, avec des taches plus claires.

B. *Ailes inférieures sans queue, et simplement un peu dentées.*

136. P. Evippus, *P. Evippus.*

Dessus des ailes d'un brun noirâtre, avec la base glacée de violet; dessous gris, avec des taches marginales fauves, surmontées d'un point oculaire, et chargées en arrière d'un trait d'un bleu argentin.

Les points qui surmontent les taches fauves sont noirs et bordés intérieurement par un chevron blanc. Le mâle a sur le dessus des ailes inférieures trois points marginaux d'un bleu violet; la femelle en a six, et le bleu de ses ailes supérieures est plus vif et moins prolongé sur le disque.

Garrigues des départemens méridionaux; en Juin.

C. *Ailes entières; les inférieures ayant près de l'angle de l'anus un petit filet en forme de queue.*

137. PAPILLON BOÉTICUS, *P. Boeticus.*

Dessus des ailes d'un violet bleuâtre, avec le limbe d'un brun noirâtre; dessous cendré, avec des stries blanchâtres, ondulées; ailes inférieures offrant une bande blanche continue, et deux yeux à iris doré près de l'angle de l'anus.

La femelle a le dessus d'un brun noirâtre, avec la base d'un bleu violet assez brillant. Elle pond dans les fleurs du *baguenaudier.*

Dans les parcs, les grands jardins, etc.; vers la mi-Août.

Chenille d'un vert plus ou moins foncé, avec le dos jaspé de rouge. Vit dans la silique des *baguenaudiers* et de quelques plantes *légumineuses.* — Chrysalide jaunâtre, avec cinq rangs de points noirâtres sur le dos et sur le ventre.

138. P. TÉLICANUS, *P. Telicanus.*

Dessus des ailes d'un violet légèrement bleuâtre, avec le limbe d'un brun noirâtre; dessous cendré, avec des chaînettes et des lunules blanches; ailes inférieures offrant près de l'angle de l'anus deux yeux à iris doré.

Plus petit que le précédent. Dessus de la femelle largement bordé de brun-noirâtre, et portant plus ou moins l'empreinte des parties blanches du dessous.

Départemens voisins de la Méditerranée; en Juillet et en Août.

139. P. AMYNTAS, *P. Amyntas.*

Dessus du mâle d'un bleu violet, dessus de la femelle d'un brun noirâtre; dessous d'un gris bleuâtre, avec des points noirs ocellés; ailes inférieures ayant deux taches fauves à l'angle de l'anus.

Dessus de la femelle avec une poussière bleuâtre à la base

des ailes supérieures, et deux petits yeux fauves à prunelle noire à l'angle anal des inférieures.

Prairies et clairières des bois; en Juillet et en Août.

II. Chenilles en écusson alongé.

LES BRONZÉS.

Bord postérieur des secondes ailes prolongé à l'angle de l'anus dans la plupart des mâles, échancré avant cet angle dans les femelles.

140. PAPILLON HIÉRÉ, *P. Hiere.*

Dessus des ailes d'un brun noirâtre, fouetté de fauve et tacheté de noir (un reflet violet très-vif dans le mâle); dessous des inférieures cendré, avec une multitude de points oculaires; la base bleuâtre, et une bande marginale fauve.

Dessus des ailes inférieures de la femelle offrant à l'extrémité une bande fauve très-distincte, et surmontée quelquefois d'un cordon de petites lunules bleues.

Environs de Dijon, montagnes de Saverne, etc.; en Juillet et en Août.

141. P. GORDIUS, *P. Gordius.*

Dessus des ailes fauve, tacheté de noir (un reflet violet dans le mâle); dessous des inférieures d'un cendré jaunâtre, avec une multitude de points oculaires; la base verdâtre, et une bande marginale fauve.

Mâle un peu rouge, à raison du reflet. Points des premières ailes plus gros que dans l'espèce précédente.

Alpes, Pyrénées, parties montagneuses du Midi de la France; au mois de Juillet.

142. P. THERSAMON, *P. Thersamon.*

Dessus des ailes fauve, avec un léger reflet violet dans le mâle, avec des taches noires dans la femelle; disque des inférieures un peu obscur; leur dessous cendré, avec une multitude de points oculaires, et une bande marginale fauve.

Dessus des ailes supérieures du mâle à peine tacheté, dessus des inférieures offrant à l'extrémité une bande fauve entre deux rangs de points noirs. Taches du dessus de la femelle assez grosses. — Alpes.

143. P. XANTHÉ, *P. Xanthe.*

Dessus des ailes d'un brun chatoyant, avec des taches

noires; dessous d'un jaune verdâtre, avec une multitude de points oculaires; une bande marginale fauve sur les deux faces.

La femelle a le milieu des premières ailes fauve de part et d'autre.

Clairières des bois; en Mai et au commencement d'Août.

144. Papillon Hellé, *P. Helle.*

Dessus des ailes brun, avec un reflet violet, et le milieu des supérieures varié de fauve et de noir; dessous des inférieures d'un brun tanné, avec des points oculaires, une raie blanche anguleuse, puis une bande marginale d'un rouge fauve.

Le dessus du mâle est entièrement glacé de violet. Le dessus de la femelle n'est glacé qu'à la base; mais il a avant la bande fauve du bout des quatre ailes un cordon de lunules d'un bleu brillant.

Contrées montagneuses de l'Est de la France; en Mai et en Août.

145. P. Chryséis, *P. Chryseis.*

Dessus des ailes fauve, avec le milieu biponctué et tous les bords glacés de violet dans le mâle, avec des taches noires dans la femelle; dessous des inférieures d'un cendré obscur, avec une multitude de points oculaires et une petite bande rousse vers l'angle de l'anus.

Dessus du mâle d'un fauve ponceau. Dessus des premières ailes de la femelle d'un fauve foncé. Une ligne fauve, échancrée en dehors, vers l'extrémité des ailes inférieures des deux sexes.

Dans les bois; en Juin et en Août.

146. P. Eurydice, *P. Eurydice.*

Dessus du mâle fauve, sans taches sur le milieu et entièrement bordé de noir; dessus de la femelle d'un brun noirâtre, avec des taches plus foncées; dessous d'un cendré un peu jaunâtre, avec une multitude de points oculaires, et la base verdâtre.

Dessus du mâle d'un fauve ponceau. Dessus de la femelle tout brun, avec huit à neuf points noirs sur le milieu. — Alpes; en Juillet et en Août.

147. P. Hippothoé, *P. Hippothoe.*

Dessus fauve, avec une légère bordure et une lunule centrale noires aux quatre ailes dans le mâle, avec plusieurs taches aux supérieures dans la femelle; dessous cendré, avec la base d'un bleu pâle; une multitude de points oculaires, et une bande marginale fauve.

Dessus du mâle d'un fauve ponceau vif, et ayant la bordure des secondes ailes crénelée à son côté interne. Dessus des ailes inférieures de la femelle avec une bande fauve, échancrée en dehors.

Lieux marécageux; au mois de Juin.

148. Papillon de la Verge d'or, *P. Virgaureæ*.

Dessus des ailes fauve, bordé de noir, sans taches dans le mâle, avec plusieurs taches dans la femelle; dessous d'un fauve jaunâtre pâle; avec quelques petits points oculaires, et une ligne tranverse de taches blanches.

Dessus du mâle d'un fauve doré brillant, et ayant la bordure des secondes ailes crénelée à son côté interne. Dessus des ailes inférieures de la femelle un peu obscur sur le milieu.

Dans les bois; au printemps et en été.

Chenille pubescente, d'un vert foncé, avec la tête et les pattes écailleuses noires, une ligne jaune le long du dos, et des lignes d'un vert pâle le long des côtés. Sur la *verge d'or commune* et sur la *patience sauvage*. — Chrysalide d'un brun jaunâtre, avec l'enveloppe des ailes obscure.

149. P. Phlæas, *P. Phlœas*.

Ailes supérieures fauves de part et d'autre, avec des taches noires: dessus des inférieures d'un brun noirâtre; avec une bande fauve crénelée; leur dessous d'un cendré brunâtre, avec des points noirâtres et une ligne marginale rougeâtre.

Les deux sexes semblables, et ayant le dessus des premières ailes d'un fauve brillant. Taches du dessous de ces ailes ocellées. Individus du Midi plus rembrunis.

Dans les bois, le long des chemins, etc.; au printemps et à la fin de l'été. Se repose sur les renoncules.

Chenille d'un vert clair, avec une ligne jaune le long du dos.

150. P. de la Ronce, *P. Rubi*.

Dessus des ailes d'un brun noirâtre luisant; dessous des

quatre vert, avec une ligne transverse de taches blanches, et le bord postérieur ferrugineux.

Dessus des ailes supérieures de la femelle offrant ordinairement, vers le milieu de la côte, un point blanchâtre, oblong.

Dans les bois, sur les épines en fleurs; du vingt Avril à la mi-Mai.

Chenille pubescente, verte, avec un rang de taches triangulaires jaunâtres sur chacun des côtés, et une ligne blanche au-dessus des pattes. Sur la *ronce*, l'*esparcette*, les *genêts*, les *cytises*. Se transforme avant l'hiver. — Chrysalide brune, avec les stigmates plus clairs.

III. Chenilles en écusson renflé.

LES AZURINS.

A. *Ailes inférieures dentées ou entières. Leur dessous offrant des points ocellés, avec une ligne ou une tache blanche longitudinale un peu au-delà du milieu, et le plus souvent une bande transverse de taches fauves à l'extrémité.*

151. PAPILLON AGESTIS, P. *Agestis.*

Ailes entières, d'un brun noirâtre en dessus : leur dessous cendré, avec une multitude de points oculaires; chaque aile ayant de part et d'autre une rangée marginale de taches fauves, et une frange entrecoupée de blanc et de brun.

Les deux sexes semblables. Taches rousses du dessus des secondes ailes marquées en arrière d'un point noir. Dessous des quatre ailes du même ton; celui des premières n'ayant aucune tache avant le point central; celui des secondes ayant les deux points antérieurs de la rangée du milieu très-rapprochés et isolés des autres.

Bois, prairies, etc.; au printemps et en été.

152. P. ALEXIS, P. *Alexis.*

Ailes entières, ayant le dessus d'un bleu violet dans le mâle, d'un brun noirâtre dans la femelle, avec une frange blanche; dessous cendré, avec la base verdâtre; une multitude de points ocellés, et une bande marginale de taches fauves.

Dessus de la femelle saupoudré de bleu à la base, et offrant à l'extrémité une série de taches fauves qui s'appuient aux secondes ailes sur des points noirs oculaires. Dessous de ces ailes du même ton que celui des premières, et ayant les deux points antérieurs de la rangée du milieu notablement séparés l'un de l'autre.

Très-commun partout; au printemps et en été.

Chenille pubescente, verte, avec le dos plus foncé. Sur la *luzerne*, le *trèfle*, etc. — Chrysalide d'un gris brun, avec le bord postérieur de l'enveloppe des ailes plus obscur.

153. PAPILLON ADONIS, *P. Adonis.*

Ailes entières, ayant le dessus d'un bleu azuré dans le mâle, d'un brun noirâtre dans la femelle, avec une frange entrecoupée de blanc et de noir; dessous brunâtre, avec la base verdâtre, une multitude de points ocellés, et une bande marginale de lunules fauves.

Femelle se distinguant en dessus de celle du précédent par l'entrecoupé de la frange. Dessous des secondes ailes plus foncé que celui des premières, ayant le deuxième point postérieur de la rangée du milieu beaucoup plus en avant que les autres, et les lunules fauves bordées intérieurement de noir et de blanc.

Prairies et clairières des bois; en Mai et vers la fin de Juillet.

Chenille pubescente, verte, ou d'un brun clair, avec une ligne dorsale plus foncée et comprise entre deux rangs de taches fauves triangulaires. Sur le *genêt herbacé*, etc. — Chrysalide d'un gris verdâtre.

154. P. DORYLAS, *P. Dorylas.*

Ailes entières, ayant le dessus d'un bleu azuré dans le mâle, d'un brun noirâtre dans la femelle, avec une frange blanche; leur dessous brunâtre, avec la base verdâtre; une multitude de points ocellés; une bande de taches fauves en fer de flèche, et le bord postérieur blanchâtre.

Pas de taches avant le point central du dessous des premières ailes. Pénultième et antépénultième point de la rangée du milieu des secondes plus en avant que les autres; taches fauves des mêmes ailes non bordées intérieurement.

Pyrénées, environs de Barege; en Juin.

155. P. TITHONUS, *P. Tithonus.*

Ailes entières, ayant le dessus d'un bleu argenté chatoyant en rougeâtre, avec une bordure noire crénelée et une frange blanche; leur dessous cendré, avec une multitude de points ocellés, et une bande marginale de lunules fauves.

Plus petit que les précédens, et ayant, ainsi que les suivans, l'extrémité des nervures noire. Deux points, l'un au-dessus de l'autre, avant la lunule centrale du dessous des premières ailes; points de la rangée du milieu des secondes disposés tous sur une même ligne courbe. — Femelle inconnue.

Alpes; au mois de Juin.

156. PAPILLON CORYDON, *P. Corydon.*

Ailes entières, ayant le dessus argenté et chatoyant en verdàtre, avec une bordure ocellée et une frange entrecoupée de blanc et de noir; leur dessous cendré, avec une multitude de points oculaires; celui des inférieures verdàtre à la base, et ayant à l'extrémité des lunules fauves.

Dessus de la femelle tantôt d'un brun chatoyant en bleu, tantôt du même ton que celui du mâle, avec la bordure plus large et marquée de fauve aux ailes inférieures. Tache centrale du dessous des ailes supérieures précédée intérieurement d'une ligne transverse de trois à quatre points ocellés.

Bois, prairies, jardins; à la fin de Juillet et commencement d'Août.

157. P. MÉLÉAGRE, *P. Meleager.*

Ailes dentées, ayant le dessus d'un bleu argenté, chatoyant en rougeàtre, avec une bordure noire et une frange blanche; dessous du mâle blanchàtre, dessous de la femelle brunàtre avec des points oculaires.

Bordure du mâle très-étroite. — Femelle plus brillante, ayant l'extrémité des nervures noire et dilatée, la bordure assez large et chargée de deux rangs de chevrons blanchàtres, plus grossiers aux ailes de devant qu'à celles de derrière. Un trait noir, vaguement entouré de blanc, au milieu de chacune de ses ailes.

Cévennes, Lozère, etc.; en Juillet et en Août.

158. P. AGATHON, *P. Agathon.*

Ailes un peu dentées, ayant le dessus d'un bleu argenté, avec une bordure noire et une frange blanche; leur dessous d'un cendré pâle, avec des points oculaires; celui des inférieures verdàtre à la base, et offrant vers l'angle de l'anus quelques lunules fauves.

Pas de points avant la lunule centrale du dessous des premières ailes. Dessous des secondes ailes n'ayant pas de taches blanches longitudinales entre la rangée de points du milieu et celle du bord. — Femelle inconnue.

Pyrénées, vallée du Barege; en Août.

159. Papillon Damon, *P. Damon.*

Ailes entières, ayant le dessus d'un bleu argenté dans le mâle, d'un brun noirâtre dans la femelle; leur dessous d'un cendré rougeâtre, avec une rangée de points oculaires; celui des inférieures avec une bandelette blanche, allant de la base au bord postérieur.

Mâle ayant une bordure noirâtre, qui va toujours en se rétrécissant depuis la côte des premières ailes jusqu'à l'angle interne des secondes. Dessous de la femelle plus foncé que celui du mâle.

Cévennes, Lozère, etc.; en Juillet.

Chenille pubescente, d'un vert jaunâtre, avec trois lignes longitudinales plus foncées, dont les deux extrêmes bordées de blanc, et une ligne jaune ou rougeâtre au-dessus des pattes. — Chrysalide très-obtuse, d'un jaune d'ocre.

160. P. Eumédon, *P. Eumedon.*

Ailes entières, d'un brun noirâtre en dessus, avec une frange blanchâtre; leur dessous d'un cendré obscur, avec des points oculaires et des lunules roussâtres marginales; celui des inférieures verdâtre à la base, et ayant une raie blanche allant du disque au bord postérieur.

Dessus de la femelle avec quelques taches fauves près de l'angle anal. Points oculaires du dessous des quatre ailes bien rangés en arc; raie blanche du dessous des inférieures formant le marteau à son origine.

Pyrénées, environs de Nismes, etc.; en Juin.

B. *Ailes inférieures entières. Leur dessous offrant des points ocellés, avec une ou deux bandes blanches transverses sur le milieu, et le plus souvent une bande ou des taches fauves à l'extrémité.*

161. P. Argus, *P. Argus.*

Dessus des ailes d'un bleu violet, avec une large bordure noire et une frange blanche; dessous d'un cendré clair et ocellé de noir; celui des inférieures avec une bande fauve, sinuée, et chargée d'un rang de points d'un bleu argenté. (Plus grand.)

Bord antérieur des premières ailes blanc. — Dessus de la femelle avec une série marginale de taches fauves, marquées en arrière d'un point noir.

Bois, prairies, etc.; à la fin de Juillet et au commencement d'Août.

Chenille pubescente, d'un vert brunâtre, avec la tête ainsi que les pattes écailleuses noires, et plusieurs lignes ferrugineuses, dont une le long du dos, les autres obliques et bordées de blanc. Sur le *sainfoin*, les *genêts*, etc. Préfère la feuille aux fleurs. — Chrysalide svelte, verdâtre, avec le bord extérieur de l'enveloppe des ailes et les dernières incisions du corps ferrugineux.

162. Papillon Ægon, *P. Ægon.*

Dessus du mâle d'un bleu violet, avec une large bordure noire et une frange blanche; dessus de la femelle d'un brun noirâtre; dessous d'un cendré brun et ocellé de noir; celui des inférieures avec une bande fauve, sinuée, et chargée d'un rang de points d'un bleu argenté. (Plus petit.)

Dessus de la femelle sablé de bleu seulement à la base, et ayant toujours la frange d'un blanc très-sale. Points oculaires du dessous des deux sexes plus gros que dans l'espèce précédente.

Devance l'*Argus* d'environ trois semaines.

163. P. Optilète, *P. Optilete.*

Dessus des ailes d'un violet argentin, avec une frange blanche; dessous d'un cendré clair et ocellé de noir; celui des inférieures avec deux lunules fauves et deux points d'un bleu argenté à l'angle de l'anus.

Dessus de la femelle largement bordé de noir, et offrant une tache orangée à l'angle anal des ailes inférieures.

Alpes; en Juillet.

164. P. Hylas, *P. Hylas.*

Dessus des ailes d'un bleu violet pâle, avec une lunule centrale noire, et une frange entrecoupée de blanc et de brun : dessous d'un cendré blanchâtre, avec des points ocellés; celui des inférieures avec un cordon de cinq lunules fauves.

Dessus des ailes inférieures offrant à l'extrémité une série de points noirs à iris blanchâtre (quelquefois à iris fauve chez la femelle). Dessus de celle-ci obscur au sommet des quatre ailes.

Dans les bois; en Août.

165. PAPILLON DE L'ORPIN, *P. Telephii.*

Dessus d'un brun noirâtre, avec la base des quatre, et des annelets à l'extrémité des inférieures, violets; dessous blanc, avec des points noirs, simples; celui des inférieures avec une bande fauve, flexueuse.

Frange de toutes les ailes entrecoupée de blanc et de brun. Points du milieu des ailes supérieures sensibles en dessus.

Bois fourrés du Midi de la France; au mois de Juin. Voltigeant autour des buissons.

Chenille pubescente, d'un vert de mer, avec une ligne violette le long du dos. Sur le *sedum telephium* ou *orpin-reprise.* — Chrysalide courte, obtuse, d'un vert pâle, moucheté de brun. Passe l'hiver.

166. P. ORBITULUS, *P. Orbitulus.*

Dessus des ailes d'un cendré argentin dans le mâle, d'un brun noirâtre dans la femelle, avec une frange blanche; dessous cendré; celui des supérieures avec des points ocellés, nombreux; celui des inférieures avec une tache blanche en cœur sur le milieu, et deux lunules roussâtres à l'angle de l'anus.

Dessus de la femelle légèrement saupoudré de bleu à la base; dessous des secondes ailes plus foncé que celui des premières, et ayant la bande blanche transverse très-inégalement incisée à son côté interne. Tache centrale visible en dessus. — Alpes; au mois de Juillet.

167. P. PHÉRÉTES, *P. Pheretes.*

Dessus des ailes d'un bleu violet dans le mâle, d'un brun noirâtre dans la femelle, avec une frange blanche; dessous d'un cendré verdâtre; celui des supérieures avec une lunule centrale et un rang de points ocellés; celui des inférieures avec beaucoup de taches blanches arrondies.

Dessus de la femelle saupoudré de bleu-violet à la base. Taches blanches du dessous des secondes ailes disposées sur deux rangs.

Alpes; au mois de Juillet.

C. *Ailes inférieures entières ; leur dessous n'offrant que des points noirs, simples ou ocellés.*

168. Papillon Arion, *P. Arion.*

Dessus des ailes d'un bleu argenté obscur, avec des taches discoïdales très-noires, et des yeux à l'extrémité des inférieures; dessous cendré, avec une lunule centrale et trois rangées de points oculaires; celui des inférieures d'un vert argentin à la base.

Taches discoïdales du dessus des ailes moins grosses chez le mâle que chez la femelle. Frange entrecoupée de brun en-dessous. Deux ou trois points oculaires avant la lunule centrale du dessous des premières ailes, quatre à cinq avant celle du dessous des secondes.

Lieux secs et couverts de bruyères; quinze premiers jours de Juillet.

169. P. Alcon, *P. Alcon.*

Dessus des ailes d'un bleu violet obscur, avec une large bordure d'un brun noirâtre; dessous cendré, avec une lunule centrale et trois rangées de points oculaires ; celui des inférieures d'un vert argentin depuis la base jusqu'au milieu.

Frange entrecoupée de brun de part et d'autre. Bordure de la femelle très-large. Pas de points avant la lunule centrale du dessous des premières ailes, trois à quatre avant celle du dessous des secondes. Cette lunule se reproduisant quelquefois en dessus.

Environs de Lyon, etc.; en Juillet.

170. P. Euphémus, *P. Euphemus.*

Dessus des ailes d'un bleu violet pâle, sans taches dans le mâle, avec des points noirâtres sur le disque des supérieures dans la femelle ; dessous cendré, avec une lunule centrale et deux rangées de points oculaires.

Dessus du mâle avec une bordure très-étroite ; dessus de la femelle avec une bordure très-large d'un brun noirâtre; dessous des secondes ailes avec deux à trois points et peu ou pas de vert à la base.

Clairières des bois; vers la fin de Mai et de Juillet.

171. P. Cyllarus, *P. Cyllarus.*

Dessus des ailes d'un bleu violet, avec une bordure noire : dessous d'un cendré clair, avec une rangée de points ocellés ; celui des supérieures marqué d'une lunule centrale ; celui des inférieures d'un vert argentin depuis la base jusqu'au bord postérieur.

Dessus du mâle avec une bordure très-étroite ; dessus de la femelle avec le sommet de chaque aile d'un brun noirâtre. Points oculaires du dessous des ailes supérieures plus gros que ceux des inférieures.

Bois et prairies ; fin de Juin.

Chenille pubescente, d'un vert jaunâtre, avec une ligne rougeâtre le long du dos, et des traits obliques d'un vert brunâtre sur chaque côté ; tête et pattes écailleuses noires, pattes membraneuses d'un vert sombre. Sur le *mélilot*, le *genêt herbacé*, etc. Passe l'hiver. — Chrysalide brunâtre.

172. PAPILLON ARGIOLUS, *P. Argiolus.*

Dessus des ailes d'un bleu violet pâle ; dessous d'un blanc bleuâtre, avec des points noirs, simples.

Dessus du mâle sans taches ; dessus de la femelle plus pâle, avec un cordon de points noirâtres à l'extrémité des ailes inférieures, et une large bordure à l'extrémité des supérieures. Frange de ces dernières ailes entrecoupée de brun dans les deux sexes.

Bois, jardins ; en Mai et à la fin de Juillet. Voltigeant par-ci par-là autour des buissons et des arbres.

Chenille pubescente, d'un vert jaunâtre, avec le dos plus foncé ; tête et pattes noires. Sur le *nerprun bourdainier*. — Chrysalide lisse, verdâtre antérieurement, brunâtre postérieurement, avec une ligne noire dorsale.

173. P. ACIS, *P. Acis.*

Dessus des ailes d'un violet bleuâtre dans le mâle, avec la bordure noire ; d'un brun noirâtre dans la femelle : dessous d'un cendré obscur, avec une lunule centrale et une rangée de points oculaires.

Frange blanche chez le mâle, grisâtre chez la femelle ; des atomes bleus à la base de celle-ci. Dessous des secondes ailes un peu bleuâtre à son origine et marqué d'un point oculaire.

Prés et clairières des bois humides ; en Juin et en Août.

174. P. ALSUS, *P. Alsus.*

Dessus des ailes d'un brun noirâtre chatoyant; dessous d'un cendré bleuâtre, avec une lùnule centrale et une rangée de points oculaires.

Le plus petit de nos Polyommates. — Dessus du mâle avec des atomes bleus, très clair-semés; dessus de la femelle tout brun; dessous des secondes ailes marqué à la base de deux points oculaires, et offrant parfois à l'extrémité des vestiges de taches obscures. Frange divisée en dessous par une ligne brune parallèle à la tranche du bord.

Midi de la France; en Mai et en Juillet.

SECONDE TRIBU : HESPÉRIDES.

Genre HESPÉRIE, n.° 25.

(C'est aussi le genre HÉTÉROPTÈRE, décrit dans ce Dictionnaire.)

A. Massue des antennes presque droite.

1. *Ailes inférieures arrondies.*

175. PAPILLON ARACINTHUS, *P. Aracinthus;*
MIROIR, Geoff, 66, n.° 30 : nous l'avons fait figurer dans l'atlas de ce Dictionnaire, pl. 41, fig. 6, 7 et 8.

Ailes d'un brun noirâtre chatoyant; sommet des supérieures tacheté de jaune de part et d'autre; dessous des inférieures d'un jaune roussâtre, avec douze taches blanches, arrondies et cerclées de noir.

Les six dernières taches du dessous des ailes inférieures réunies en une bande courbe; dessus de ces ailes offrant chez la femelle quatre taches jaunes, dont une centrale.

Bois marécageux, du vingt-deux Juin au dix Juillet. Frapper les buissons pour en faire sortir les femelles.

176. P. PANISCUS, *P. Paniscus;*
ÉCHIQUIER, pl. 12, fig. 1, 2.

Ailes brunes, chatoyant en violet, et tachetées de fauve; inférieures avec dix taches en dessus, avec treize plus pâles en dessous.

Tache basilaire du dessus des ailes inférieures petite et arrondie. Massue des antennes noire en dessus, d'un jaune fauve en dessous. — Femelle semblable au mâle.

Avenues et clairières des bois humides; au commencement de Mai.

177. Papillon Sylvius, *P. Sylvius.*

Ailes supérieures d'un jaune doré luisant de part et d'autre, et ponctuées de noir : inférieures d'un brun jaunâtre, avec des taches d'un jaune doré, au nombre de onze en dessus et de douze en dessous.

Tache basilaire du dessus des ailes inférieures alongée et ovale. Massue des antennes entièrement jaune. — Femelle un peu moins gaie que le mâle, et ayant les points des premières ailes plus gros.

Bois élevés et marécageux du nord-est de la France ; en Mai.

2. *Ailes inférieures légèrement concaves près de l'angle de l'anus. Un trait noir oblique sur le milieu des ailes supérieures du mâle.*

178. P. Linéa, *P. Linea ;*
     La Bande noire.

Ailes fauves, avec une bordure brune en dessus, avec la région du sommet d'un cendré verdâtre en dessous ; les quatre sans taches de part et d'autre.

Bois, jardins, etc.; fin de Juillet et commencement d'Août.

Chenille d'un vert foncé, avec une ligne dorsale obscure, et deux lignes latérales blanchâtres, bordées de noir. Sur plusieurs *graminées.* — Chrysalide jaunâtre, avec l'étui de la trompe brun, et une petite pointe près de la tête.

179. P. Actæon, *P. Actæon.*

Ailes d'un fauve obscur, avec une bordure brune en dessus, avec la région du sommet d'un cendré verdâtre en dessous : supérieures ayant de part et d'autre des taches d'un jaune pâle, formant un arc tranverse près de la côte.

Sur la pente des collines exposées au midi ; en Juin et au commencement d'Août.

B. Massue des antennes terminée par un crochet
   très-aigu.

Un large trait noir oblique vers le milieu des ailes supérieures du mâle.

180. P. Sylvain, *P. Sylvanus.*

Ailes d'un fauve obscur, tachetées de jaune pâle sur chaque face ; taches du dessous des inférieures au nombre de cinq.

Dessous des ailes d'un jaune verdâtre à la région du sommet.
Clairières des bois ; en Mai et en Juin.

181. Papillon Comma, *P. Comma.*

Ailes d'un fauve obscur, tachetées de jaune pâle en dessus,
de blanc en dessous ; taches du dessous des inférieures au
nombre de neuf.

Dessous des ailes d'un vert jaunâtre à la région du sommet,
et ayant la frange entrecoupée de noir.

Clairières des bois : fin de Juillet et courant d'Août.

Chenille d'un vert sale, mélangé de ferrugineux, avec la
tête, et trois rangées longitudinales de points, noirs ; un collier
blanc, bordé de noir. Sur la *coronille bigarrée.*

    C. Massue des antennes terminée par un crochet
        court et obtus.

    α. *Frange entrecoupée de blanc et de noir.*

182. P. du Sida, *P. Sidæ.*

Ailes entières, d'un brun noirâtre ; supérieures avec une
série flexueuse de taches blanches, carrées, et une autre
moins distincte avant le bord ; dessous des inférieures blanc,
avec deux bandes transverses d'un jaune fauve.

Bandes du dessous des secondes ailes bordées de noir et
divisées par des nervures brunes. — Environs de Toulon.

183. P. Plain-Chant, *P. Tesselum.*

Ailes entières, d'un brun noirâtre ; supérieures avec une
série flexueuse de taches blanches, carrées, et une autre
moins distincte avant le bord ; dessous des inférieures d'un
brun verdâtre, avec des bandes de taches blanches ; deuxième
tache du sommet plus longue et terminée intérieurement en
une pointe bifide.

Ayant environ treize lignes d'envergure.

Prés, jardins, etc. ; au printemps et en été.

184. P. Fritillaire, *P. Fritillum.*

Ailes entières, d'un brun noirâtre ; supérieures avec un œil
central, et une série flexueuse de taches blanches, carrées ;
dessous des inférieures d'un brun verdâtre, avec des bandes
de taches blanches ; deuxième tache du sommet plus courte
et obtuse intérieurement.

Toujours un peu plus petit que le *Plain-Chant.*

Lieux secs et incultes; en Juin et en Août. — Se trouve aussi aux environs de Paris.

185. Papillon du Chardon (*alveolus*), *P. Cardui.*

Ailes entières, d'un brun noir; supérieures avec trois séries flexueuses de taches blanches; inférieures avec deux, dont l'antérieure plus courte en dessus, fortement interrompue en dessous.

N'ayant que dix à onze lignes d'envergure; dessous des ailes inférieures brunâtre, et offrant deux ou trois points blancs, indépendamment des deux bandes maculaires. Massue des antennes ferrugineuse en dessous.

Sur le *chardon à bonnetier;* au printemps et en été.

186. P. Sao, *P. Sao.*

Ailes entières, d'un brun violet luisant; supérieures avec deux séries flexueuses de taches blanches; dessus des inférieures avec un ! central; leur dessous d'un rouge brique, avec l'origine de la côte et deux bandes maculaires blanches.

De la même taille que la précédente. — Troisième entrecoupé blanc de la frange des premières ailes plus large que les autres. Massue des antennes entièrement noire.

Centre et Midi de la France; au printemps et en été. — Se trouve aussi aux environs de Paris.

ɢ. *Frange non entrecoupée.*

187. P. Tagès, *P. Tages;*

La Grisette.

Ailes entières, d'un brun noirâtre, avec une série marginale de petits points blancs; dessus des supérieures avec deux bandes transverses d'un cendré pâle.

Dessous des quatre ailes plus clair; celui des inférieures offrant une seconde série de points blanchâtres.

Bois, jardins, etc.; en Avril et en Juillet.

Chenille d'un vert tendre, avec la tête brune, et des lignes longitudinales jaunes, ponctuées de noir. Sur le *chardon roland.* — Chrysalide rougeâtre, avec l'enveloppe des ailes d'un vert obscur.

γ. *Frange déchiquetée.*

Un pli, formant une sorte de gousset, près de la côte des ailes supérieures.

188. P. de la Mauve, *P. Malvæ.*

Ailes dentées, d'un brun olivâtre en dessus, avec trois bandes transverses d'un gris rougeàtre; supérieures ayant des taches transparentes; dessous des inférieures d'un brun pâle et ponctué de blanc.

Bois, jardins, etc.; en Mai et en Juillet.

Chenille pubescente, d'un gris cendré, avec la tête noire, et quatre points jaunes sur le premier anneau. Sur la *mauve sauvage*, la *passe-rose*. — Chrysalide d'un cendré bleuâtre.

189. PAPILLON DE LA GUIMAUVE, *P. Altheæ.*

Ailes dentées, d'un brun olivâtre en dessus; supérieures avec deux bandes d'un gris cendré et des taches transparentes; inférieures ponctuées de blanc sur chaque face, et ayant le dessous d'un cendré pâle.

Bord postérieur offrant des traits blancs, longitudinaux, dont le troisième et le sixième doubles et plus alongés à chaque aile.

Environs de la Rochelle; en Mai et en Juillet.

190. P. DE LA LAVATÈRE , *P. Lavateræ.*

Ailes dentées; supérieures jaunâtres, avec deux bandes plus pâles et des taches transparentes; dessus des inférieures d'un brun olivâtre et ponctué de blanc; leur dessous blanchâtre, et presque sans taches.

Des traits blancs au bord postérieur, comme dans l'espèce précédente.

Midi et Est de la France; en Mai et en Juillet. (C. D.)

PAPILLON. (*Ornith.*) Ce nom est donné, suivant M. Vieillot, au colibri noir et bleu. (CH. D.)

PAPILLON. (*Ichthyol.*) Un des noms vulgaires de la *gonnelle* et de la *raie bouclée.* Voyez GONNELLE et RAIE. (H. C.)

PAPILLON A AILES EN PLUMES. (*Entom.*) Voyez PTÉROPHORE. (DESM.)

PAPILLON A TÊTE DE MORT. (*Entom.*) Espèce de sphinx. (DESM.)

PAPILLONACÉES. (*Bot.*) Une grande section de la famille des légumineuses a reçu ce nom, parce que ses fleurs, lorsqu'elles sont bien épanouies, présentent la forme d'un papillon. Les auteurs qui veulent former de cette section une famille distincte, lui ont conservé ce nom. Ses caractères distinctifs sont détaillés au mot LÉGUMINEUSES. (J.)

PAPILLONACÉES. (*Entom.*) M. Latreille avoit autrefois nommé ainsi la division de l'ordre des névroptères qui comprenoit principalement le genre Frigane; maintenant il lui applique la dénomination de Phryganides. (Desm.)

PAPILLONIDES. (*Entom.*) M. Latreille donne ce nom à une famille des lépidoptères diurnes, qui est en entier composée du genre *Papilio* de Linné. Voyez Papillon. (Desm.)

PAPILLONS ESTROPIÉS. (*Entom.*) On a donné ce nom à des papillons de jour, dont le port d'aile est singulier, et qui composent le genre Hespérie de Fabricius. (Desm.)

PAPIO. (*Mamm.*) Nom latin moderne d'un cynocéphale, duquel on a fait papion. (F. C.)

PAPION. (*Mamm.*) Tiré de Papio. Espèce du genre Cynocéphale (voyez ce mot). On le trouve aussi employé comme nom générique; il est alors synonyme de cynocéphale. (F. C.)

PAPIRIA. (*Bot.*) Genre de plante de M. Thunberg, réuni par Linnæus fils au *gethyllis*, dans la famille des narcissées. (J.)

PAPIRIER. (*Bot.*) Voyez Papyrier. (Lem.)

PAPITZA. (*Ornith.*) Ce nom et celui de *pappi* désignent génériquement, en grec moderne, les canards et les sarcelles. (Ch. D.)

PAPOLGHAHA. (*Bot.*) Nom du papayer à Ceilan, suivant Hermann. (J.)

PAPONESCH. (*Bot.*) Suivant Rauwolf, ce nom est donné dans les environs d'Alep à la plante que Linnæus nommoit *ranunculus falcatus*, et qui est maintenant un genre distinct, *ceratocephalus* de Mœnch. (J.)

PAPONGE. (*Bot.*) Nom du fruit du concombre à angles aigus, *cucumis acutangulus*. (Lem.)

PAPOU. (*Ichthyol.*) Nom de pays du *theutis hepatus*, de Linnæus. Voyez Theutis. (H. C.)

PAPOU. (*Ornith.*) Ce nom est donné à une espèce de Manchot, *aptenodytes papua*. (Desm.)

PAPPI. (*Ornith.*) Voyez Papitza. (Ch. D.)

PAPPOPHORE, *Pappophorum*. (*Bot.*) Genre de plantes monocotylédones, à fleurs glumacées, de la famille des graminées, de la *triandrie digynie* de Linnæus, caractérisé par un calice bivalve, à deux fleurs; les valves du calice longues,

souvent acuminées; celles de la corolle plus courtes; l'extérieure ovale, terminée par plusieurs barbes, semblable à
l'aigrette des fleurs composées; l'intérieure plus longue,
lancéolée; deux petites écailles courtes; linéaires; trois étamines; un ovaire surmonté de deux styles; les stigmates
velus; une semence comprimée, enveloppée par les valves
de la corolle.

Dans l'espèce qui a servi de type à ce genre, les soies qui
terminent la valve extérieure du calice ne sont point plumeuses, tandis qu'elles offrent ce caractère dans les espèces
qui ont été observées à la Nouvelle-Hollande. Cette différence a été bien vite saisie pour l'établissement du genre
ENNÉAPOGON de M. Desvaux. (Voyez ce mot.)

PAPPOPHORE QUEUE-DE-RENARD : *Pappophorum alopecuroideum*,
Willd., *Spec.;* Vahl, *Symb., fasc.*, 3, tab. 51. Cette plante
s'élève à la hauteur de trois ou quatre pieds sur une tige
glabre, rameuse, garnie de feuilles lisses, striées, roides,
subulées, roulées à leurs bords, plus longues que les tiges.
Les fleurs sont disposées en une panicule droite, alongée,
resserrée en épi, réunies deux à deux, dont une inférieure
sessile, plus grande; une autre, supérieure, plus petite, un
peu pédicellée, appliquée contre la première, souvent stérile: un peu au-dessus on aperçoit le rudiment d'une troisième fleur. Cette plante croît dans l'Amérique méridionale.

M. Rob. Brown en a découvert plusieurs autres espèces à
la Nouvelle-Hollande, telles que le *Pappophorum nigricans:*
R. Brow., *Nov. Holl.*, 1, pag. 185, dont les feuilles et les
gaines sont glabres, un peu rudes; un épi composé, presque cylindrique, à lobes imbriqués; les valves du calice légèrement pubescentes; neuf soies plumeuses. Dans le *Pappophorum pallidum*, les feuilles et les valves calicinales sont velues; l'épi cylindrique, composé de lobes imbriqués; la valve
extérieure du calice surmontée de neuf soies plumeuses. Le
pappophorum purpurascens a ses feuilles et ses valves calicinales pubescentes; un épi lobé, lancéolé; ses ramifications
alternes, presque en grappes; neuf soies plumeuses, colorées. Dans le *Pappophorum gracile*, les feuilles sont roulées,
glabres, ainsi que les tiges; un épi divisé à sa base, simple
au sommet; les valves du calice pubescentes, l'extérieure

terminée par neuf soies plumeuses. Toutes ces plantes croissent à la Nouvelle-Hollande. (Poir.)

PAPUGA. (*Ornith.*) Nom polonois des perroquets. (Ch. D.)

PAPULARIA. (*Bot.*) Genre de plante de Forskal, réuni au *trianthema* sous le nom de *trianthema monogyna.* (J.)

PAPULEUX. (*Bot.*) Couvert de petites protubérances arrondies et remplies d'un fluide. Le *mesembryanthemum papulosum*, *cristallinum*, etc., l'*hypericum balearicum*, par exemple, sont papuleux. (Mass.)

PAPULLES. (*Bot.*) C. Bauhin dit que Balli avoit reçu de Crète, sous ce nom, des graines du *pisum ochrus.* (J.)

PAPUT. (*Ornith.*) Nom catalan de la huppe, *upupa epops*, Linn., qui s'écrit aussi *poput.* (Ch. D.)

PAPYRACÉE. (*Conchyl.*) Épithète que l'on applique en conchyliologie à différentes espèces de coquilles univalves ou bivalves, à cause de la minceur de leurs parois. La Papyracée, en terme de marchands, s'appliquoit autrefois plus spécialement à l'Anatine ou Lanterne. Voyez ces mots. (De B.)

PAPYRIER, *Papyrius*, *Broussonetia.* (*Bot.*) Genre de plantes dicotylédones, à fleurs dioïques, de la famille des *urticées*, de la *dioécie tétrandrie* de Linnæus, offrant pour caractère essentiel: Des fleurs dioïques; les fleurs mâles disposées en chatons; leur calice à quatre divisions; point de corolle; quatre étamines; les filamens d'abord courbés, puis se redressant avec élasticité. Dans les fleurs femelles, un chaton globuleux; le calice à quatre divisions; un ovaire enchâssé dans un réceptacle particulier, muni d'un style latéral. Outre le réceptacle commun et globuleux qui reçoit toutes les fleurs, il en sort un pour chaque fleur, qui est plutôt une sorte de pédoncule mou, succulent. D'abord renfermé dans le calice, il se prolonge sous la forme d'une colonne épaisse, terminée en massue, échancré à son extrémité en pinces d'écrevisse. C'est dans cette échancrure que l'ovaire se trouve renfermé, et auquel succède une petite semence nue, ovale.

Il est à remarquer que les chatons femelles, avant l'entier développement des fleurs, n'offrent qu'une masse globuleuse, hérissée de styles nombreux, filiformes, très-longs; ceux-ci se flétrissent, et c'est alors qu'on voit sortir du fond du calice ces réceptacles ou pédoncules particuliers, qui d'abord ne présentent que leur extrémité en massue, s'alongent peu à peu, et dépassent les calices presque du double. Un grand nombre de ces fleurs avortent, et dans ce cas il n'y a point de prolongement.

Ce beau genre n'a été pendant long-temps qu'imparfaitement connu des botanistes de l'Europe, quoique cultivé dans plusieurs jardins; mais il n'y croissoit que des individus mâles, dont les fleurs, semblables à celles des mûriers, le faisoient ranger dans ce genre : on désiroit beaucoup connoître l'individu femelle. Il fut enfin découvert en Écosse par Broussonet, qui y observa un arbre cultivé depuis long-temps dans ce pays, et sur lequel on n'avoit aucun renseignement. Au port de cet arbre et à ses caractères, il soupçonna qu'il pouvoit bien être l'individu femelle du mûrier à papier (*morus papyrifera*), nom sous lequel Linnée l'avoit désigné. Il en envoya plusieurs boutures au Jardin du Roi : elles réussirent si bien que peu de temps après elles offrirent de très-beaux fruits, d'un rouge vif, très-différens de ceux du mûrier. Ils furent suivis et observés avec soin par les professeurs de cet établissement. M. de Lamarck les fit graver dans les *Illustrationes*, sous le nom de *papyrius*. L'Héritier, de son côté, l'avoit également figuré, consacrant ce nouveau genre, sous le nom de *Broussonetia*, au savant qui en avoit procuré la découverte; mais l'Héritier, frappé d'une mort funeste, n'a point publié son travail : cependant le nom qu'il a donné à ce genre a prévalu, et nous ne rapportons ici ce genre que parce qu'il y a été renvoyé à l'article Broussonetia de ce Dictionnaire.

Papyrier du Japon: *Papyrius japonica*, Poir., Encycl., et *Ill. gen.*, tab. 762; *Broussonetia papyrifera*, Desf., Arbr., 2, pag. 433; Duham., *ed. nov.*, 2, tab. 7; Kæmpf., *Amœn.*, pag. 472, *Icon.*; *Morus papyrifera*, Linn., *Spec.* Cet arbre intéressant ne s'élève qu'à une hauteur médiocre. Il pousse, presque dès sa base, des branches fortes et diffuses. Son écorce est grisâtre; ses rameaux nombreux, garnis de larges feuilles, très-variées dans leur forme, les unes entières, d'autres divisées en lobes plus ou moins profonds, quelques-unes presque palmées, d'un vert foncé, rudes au toucher en dessus, un peu velues en dessous, dentées en scie. Les fleurs sont nombreuses, axillaires, disposées en chatons pédonculés et cylindriques pour les mâles, et en chatons globuleux, très-serrés, pour les fleurs femelles, chacune séparée par une écaille. Cet arbre est originaire des Indes et du Japon; il s'est très-bien acclimaté en Europe. Ses racines tracent à de longues distances, et poussent un grand nombre de rejets, ce qui facilite sa multiplication par drageons, boutures, graines et greffe. Il croît dans presque tous les terrains, et résiste assez bien au froid de nos hivers.

« Les habitans d'Otaïti et autres îles des mers du Sud font, avec l'écorce du mûrier à papier, une sorte de toile non tissue, qui leur sert de vêtemens. Pour cela ils coupent les tiges de deux à trois ans, lorsqu'elles sont parvenues à la grosseur du pouce, sur une longueur de deux à trois mètres: ils les fendent longitudinalement, et les dépouillent de leur écorce: ils divisent cette écorce en lanières, qu'ils font macérer dans l'eau courante pendant quelque temps, après quoi ils raclent l'épiderme et le parenchyme sur une planche de bois; pendant l'opération ils les plongent souvent dans l'eau pour les nettoyer. Lorsqu'elles le sont parfaitement, ils placent sur une autre planche plusieurs de ces lanières encore humides, de manière qu'elles se touchent par les bords; puis ils en appliquent deux ou trois autres couches par dessus, ayant soin qu'elles aient partout une épaisseur aussi égale qu'il est possible. Au bout de vingt-quatre heures elles adhèrent ensemble, et ne forment plus qu'une seule pièce, qu'ils posent sur une grande table bien polie, et qu'ils battent avec des petits maillets de bois qui ressemblent à un cuir carré de rasoir, mais dont le manche est plus long, et dont chaque face est sillonnée de rainures de différentes largeurs.

« L'écorce s'étend et s'amincit sous les coups des maillets, et les rainures dont je viens de parler, y laissent l'impression d'un tissu. Ces sortes d'étoffes blanchissent à l'air, mais ce n'est que quand elles ont été lavées et battues plusieurs fois qu'elles acquièrent toute la souplesse et toute la blancheur qu'elles peuvent avoir: ils en font aussi avec l'écorce de l'arbre à pain; mais celles de mûrier à papier sont préférées.

Pour les blanchir lorsqu'elles sont sales, ils les mettent tremper dans de l'eau courante et ils les tordent légèrement. Quelquefois ils appliquent plusieurs pièces de ces étoffes l'une sur l'autre et ils les battent avec le côté le plus raboteux du maillet : elles ont alors l'épaisseur de nos draps; mais leur défaut est d'être spongieuses et de se déchirer facilement. Ils les teignent en rouge et en jaune. Le rouge qu'ils emploient est très-brillant et approche de l'écarlate. »

Outre la fabrication des étoffes dont on vient de voir les détails, à laquelle on emploie l'écorce de cet arbre, elle fournit encore tout le papier dont on se sert au Japon et dans plusieurs autres contrées des Indes. Comme le papyrier est aujourd'hui répandu en Europe et qu'il peut l'être davantage à cause de son utilité, même pour la nourriture des vers-à-soie, qui en mangent les feuilles, quoique mêlées avec celles du mûrier blanc, ainsi que l'a reconnu M. Desfontaines, j'ai cru qu'il ne seroit pas inutile de faire connoître les procédés employés au Japon pour cette fabrication, que l'on trouve décrits dans Kæmpfer avec une grande exactitude.

Tous les ans, au mois de Décembre, après la chute des feuilles, on coupe les plus fortes pousses de l'année, on les divise en baguettes d'environ trois pieds de long, dont on forme des faisceaux, que l'on fait bouillir dans de l'eau avec de la cendre; puis on enlève l'écorce à l'aide d'une incision longitudinale, on la met tremper dans l'eau pendant trois ou quatre heures, de manière qu'on puisse enlever, avec un instrument tranchant, l'épiderme coloré. On en sépare également l'écorce de l'année, et l'on met à part la plus mince qui revêt les jeunes pousses. Cette dernière fournit un très-beau papier, d'une grande blancheur; tandis que l'autre donne un papier gris très-grossier. On réserve, pour ce dernier, les vieilles écorces, ainsi que celles qui se trouvent aux nœuds qui ont quelques taches ou quelques défauts.

Les écorces ainsi séparées selon leur degré de bonté, on les jette dans une eau de lessive, et lorsqu'elle commence à bouillir, on la remue continuellement avec un bâton, en ayant la précaution de remplacer par de nouvelle lessive celle qui se perd par l'évaporation. On reconnoît que l'opération est terminée, lorsque la matière est réduite en une masse floconneuse. A cette première opération succède le lavage, qui est d'une importance d'autant plus grande, que, trop médiocre, il rend le papier grossier, quoique fort ; trop abondant, il lui donne à la vérité de la blancheur, mais en même temps il le rend mou, trop peu serré et ne vaut presque rien pour écrire.

Le lavage se fait sur le bord d'une rivière, dans des espèces de paniers d'osier, qui laissent échapper l'eau. Cette matière a besoin d'être agitée continuellement avec les bras et les mains, jusqu'à ce qu'elle soit réduite en une masse molle, légère, comme lanugineuse. On réitère ce lavage dans des linges pour du papier fin, afin de pouvoir saisir avec plus de facilité les particules les plus grossières. Enfin, on répète l'opération jusqu'à ce qu'il n'y ait plus ni matières étrangères ni particules grossières, que l'on destine pour le papier commun.

Cette substance, suffisamment lavée, est déposée par deux ou trois ouvriers sur une table épaisse et bien polie : on la bat avec des leviers construits avec le bois très-dur du *laurier camphrier*, jusqu'à ce qu'elle soit réduite en une pâte très-atténuée, semblable à celle d'un papier parfaitement broyé et qu'elle puisse se mêler à l'eau comme la farine. Ainsi préparée, on en remplit un tonneau étroit, en y ajoutant des eaux dans lesquelles on a fait infuser du riz et la racine mucilagineuse du manihot. Ce mélange fait, on l'agite soigneusement avec un bâton propre et mince, jusqu'à ce que le tout soit réduit en une sorte de liquide homogène et d'une consistance convenable ; opération qui réussit beaucoup mieux dans les vaisseaux étroits : après quoi on la transvase dans des vaisseaux plus grands. C'est avec cette matière ainsi préparée que l'on fabrique les feuilles de papier, non dans un moule fait, comme chez nous, avec des fils de laiton, mais avec des tiges de jonc. A mesure que les feuilles se fabriquent, on les place les unes sur les autres sur une table couverte d'une double natte, ayant la précaution de mettre entre chacune d'elles un filtre très-fin, que les Japonois appellent *kamakura*, c'est-à-dire coussinet, à l'aide duquel on peut retirer les feuilles les unes après les autres, lorsqu'il est nécessaire. Chaque pile est recouverte par une planche de la forme et de la grandeur du papier, que l'on comprime d'abord avec des pierres d'un poids médiocre; dans la crainte que, si elles pesoient trop, elles ne réduisissent en-une seule masse ces feuilles encore trop humides : on augmente ce poids insensiblement jusqu'à parfaite siccité. Le lendemain on les retire, et à l'aide d'une mince baguette de roseau on sépare chaque feuille, qu'on met sécher au soleil : dès que toute l'humidité est disparue, on les réunit de nouveau par paquets pour les rogner, les mettre en réserve et les vendre.

Nous avons dit qu'on employoit de l'eau de riz, ainsi que celle où l'on avoit mis infuser la racine de manihot. La première donne au papier plus de blancheur et de consistance. On la prépare dans un vase d'argile non vernissé, que l'on remplit de riz écorcé et humecté. On le broie, on l'arrose d'eau froide, et puis on le passe dans un linge. Cette opération se répète jusqu'à ce que l'eau ait enlevé les parties les plus subtiles du riz. Celui du Japon est préférable à tout autre, parce qu'il est le plus gras et le plus blanc.

La préparation de l'eau de manihot se fait de la manière suivante : Après avoir brisé, haché les racines, on les jette dans l'eau froide, où, en moins d'une nuit, elles déposent un mucilage abondant, que l'on passe dans un linge pour en séparer toutes les impuretés. Les proportions de cette eau, dans la fabrique du papier, varient selon les saisons : il en faut moins dans l'hiver, davantage pendant l'été, parce que les chaleurs nuisent à l'abondance du mucilage. Si ce mucilage est en trop grande quantité, il donne trop de finesse au papier; s'il n'y en a pas assez, il reste inégal et rude. Au défaut de la racine de manihot, on fait usage de l'*uvaria japonica*, dont les feuilles particulièrement fournissent un mucilage abondant, mais inférieur à celui du manihot. Il faut, pour la formation des feuilles de papier, un double moule ou châssis construit avec une certaine espèce de jonc, un châssis inférieur, qui est plus épais, un supérieur composé de baguettes plus menues et plus écartées, afin de livrer à l'eau un passage facile.

Ce papier sert à différens usages. Le plus fin est employé pour l'écriture à la main, pour les manuscrits, les lettres, les billets. On se sert, pour écrire, non de plumes d'oie;

mais de pinceaux de poils de lièvre ou de plumes de roseaux. Comme ce papier perce aisément, on ne peut écrire que d'un côté. Malgré sa finesse, il est tellement fibreux qu'une plume d'oie ne glisseroit pas facilement. Il sert encore à imprimer, mais d'un seul côté, ce qui s'exécute avec des planches en bois; pour envelopper différentes marchandises, pour se moucher, éponger la sueur, etc.

Ce papier varie dans sa grandeur, son épaisseur, sa couleur, et souvent par les peintures dont il est orné. Le papier impérial est carré, très-épais; le revers est peint et lustré. Il est très-mince et d'une grande blancheur, de la finesse d'une toile d'araignée, lorsqu'on le destine à envelopper les ouvrages délicats et vernissés. Le commun, qui est réservé pour l'écriture et pour plusieurs autres ouvrages économiques, varie également dans sa forme, sa grandeur et son épaisseur, selon les provinces.

M. Kunth rapporte comme une espèce appartenant à ce genre le *morus tinctoria* de Linné : on en retire une couleur jaune. (POIR.)

PAPYRIER, *Papyrus.* (*Bot.*) Ce genre a été établi par quelques auteurs modernes pour le *souchet à papier* (*cyperus papyrus*, Linn.): il s'écarte peu de son premier genre, quoique très-distinct par son port. Il est caractérisé par des épis chargés d'un très-grand nombre de fleurs; les écailles imbriquées sur deux rangs, uniflores; deux paillettes pour chaque fleur, libres, membraneuses, opposées, contraires aux écailles; une semence trigone; point de soies à sa base. Les tiges sont simples, feuillées seulement à leur base; une ombelle très-ample, plusieurs fois composée, munie d'un involucre à sa base; d'où il suit, qu'outre son port, ce genre est particulièrement distingué des souchets par les deux petites écailles ou paillettes qui accompagnent l'ovaire.

Le PAPYRIER USUEL, *Papyrus domesticus*, est ce souchet si intéressant par les usages auxquels il étoit employé par les anciens, connu sous le nom de *souchet à papier.* C'est le *Cyperus papyrus*, Linn.; le *Papuros* de Théophraste et de Dioscoride; le *Papyrus* de Pline; le *Berd* des Égyptiens. Il a été figuré par Lobel, *Icon.*, 79; C. Bauhin, Théât. bot., pag. 333; Bruce, *Itin.*, tab. 1; Henck., *Adumbr. bot. icon.*

Cette plante est pourvue d'une très-grosse racine dure, rampante, fort longue. Sa tige est nue, triangulaire au sommet, au moins de la grosseur du bras, haute de huit à dix pieds, rétrécie à sa partie supérieure, et terminée par une ombelle composée, très-ample, d'un aspect élégant, entourée d'un involucre à huit larges folioles en lames d'épée ; la partie inférieure de cette plante entièrement plongée dans l'eau. Les fleurs, situées à l'extrémité des ombelles partielles, sont disposées, au sommet de chaque rayon, en un épi court, formé par un grand nombre d'épillets sessiles, alternes, grêles, subulés, garnis d'écailles concaves, étroites, presque obtuses, un peu roussâtres sur leur carène, blanches et membraneuses à leurs bords.

On ne sait trop à quoi s'en tenir sur les localités qu'occupe cette plante. Parmi les voyageurs, les uns affirment qu'on ne la trouve plus dans le Nil. Forskal, qui a visité l'Égypte, n'en parle point ; les naturalistes de l'expédition d'Égypte ne l'ont point trouvée. Bruce dit n'en avoir découvert qu'avec peine en Syrie dans le Jourdain, en deux endroits différens de la haute et de la basse Égypte, dans le lac *Tsana*, et dans le *Goodéro* en Abyssinie : d'une autre part Savary, qui peut-être aura pris quelque grande espèce de roseau pour le *Papyrus*, s'exprime ainsi dans ses *Lettres sur l'Égypte*, vol. 1, pag. 322 : *C'est auprès de Damiette que j'ai vu des forêts de Papyrus, avec lequel les anciens Égyptiens faisoient le papier*, d'où vient que les anciens le nommoient encore *biblos* (livre) ou *deltos*, à cause de la contrée où il croissoit le plus abondamment, le *Delta*. On a la certitude aujourd'hui, que le papyrier croît naturellement en Sicile.

L'usage le plus ordinaire du *Papyrus* étoit de fabriquer du papier avec les lames de son écorce. L'antiquité de cette découverte remonte si haut, qu'il n'est pas possible de fixer l'époque de son invention. Varron l'avoit voulu placer au temps des victoires d'Alexandre le grand ; mais Pline combat cette assertion par la découverte des livres de Numa, et par le témoignage de Mucien, qui avoit été trois fois consul. Cet illustre romain rapportoit, qu'étant gouverneur de la Lycie, il avoit vu, dans un temple, l'original en papier d'Égypte, d'une lettre de Sarpédon écrite de Troie, ce qui prouveroit que l'usage et le commerce de ce papier étoient établis au loin, même avant les temps historiques de la Grèce. Guilandini démontre d'ailleurs, par une foule d'autorités, qu'avant Alexandre le grand, l'usage de ce papier étoit général. Outre Hérodote, dont le témoignage est décisif, il s'appuie, entre autres, sur celui d'Isaïe, d'Hésiode et d'Homère.

On se servoit, pour la fabrication du papier, des fortes tiges du *Papyrus*: on séparoit les lames minces qui les composent; plus elles approchoient du centre, plus elles avoient de finesse et de blancheur, et plus elles étoient estimées. Après avoir étendu ces feuillets, on en retranchoit les irrégularités, puis on les couvroit d'eau trouble du Nil, laquelle, en Égypte, tenoit lieu de la colle dont on se servoit quand on fabriquoit ailleurs ce papier. Sur la première feuille, préparée de la sorte, on en appliquoit une seconde, posée de travers; ainsi les fibres de ces deux feuilles, couchées l'une sur l'autre, se coupoient à angles droits. En continuant d'en unir plusieurs ensemble, on formoit une pièce de papier; on la mettoit à la presse; on la faisoit sécher; enfin l'on battoit le papier avec le marteau, et on le polissoit au moyen d'une dent ou d'une écaille. Telles étoient les préparations que devoit subir le papier avant que les écrivains en pussent faire usage; mais quand on vouloit lui donner une longue conservation, on avoit l'attention de le frotter d'huile de cèdre, qui lui communiquoit l'incorruptibilité de l'arbre du même nom.

Le papier d'Égypte étoit de différentes grandeurs et de différentes qualités. On appeloit papier lénéotique l'espèce de gros papier emporétique que l'on faisoit avec les feuillets les plus voisins de l'écorce; le plus fin, le plus beau étoit fabriqué avec les feuillets les plus intérieurs : il étoit très-léger, et comme calendré. On lui donnoit les noms de *sacré* ou *hiératique*, parce qu'il étoit le seul employé pour les livres de la religion égyptienne. Transporté à Rome, ce papier prit le nom de *papier auguste*. La main de papier avoit vingt feuilles du temps de Pline.

Que la fabrication du papier ait été trouvée en Égypte de temps immémorial; que les auteurs qui se sont livrés à cette recherche, en aient fourni des preuves incontestables; qu'ils se soient attachés à décrire la manière dont on le fabriquoit, rien de mieux : mais appliquer au *Papyrus* tout ce qu'ils rapportent au sujet de cette fabrication, plusieurs de ces détails peuvent être contestés par ceux qui connoissent le caractère de la famille à laquelle le *Papyrus* appartient : il y a lieu du moins d'y soupçonner quelque expression impropre. On enlevoit, dit-on, pour la fabrique du papier les feuillets minces de l'écorce du *Papyrus;* mais cette composition de l'écorce par lames ou feuillets n'indique-t-elle pas une plante dicotylédone, à couches concentriques, qui ne doivent pas exister dans le *Papyrus*, qu'on sait être une plante monocotylédone, composée de fibres serrées et rapprochées, mais point par couches; ce qui me porte à croire que dans la description de la fabrication du papier avec le *Papyrus*, on y aura fait entrer celle que l'on employoit pour le *liber* de quelques-uns des arbres placés par Théophraste au nombre de ceux qui habitent les lieux humides, tels que le saule, le tilleul, le frêne, le platane, le peuplier, etc., dont en effet les feuillets de l'écorce étoient admis pour la fabrication du papier. Plusieurs des autres usages auxquels on prétend qu'étoit employé le *Papyrus*, peuvent aussi avoir été confondus avec ceux de la plupart des arbres cités par Théophraste.

Les habitans du Nil employoient les racines du *Papyrus* comme combustibles, et pour fabriquer différens vases à leur usage. On entrelaçoit la tige en forme de tissu pour construire des barques qu'on goudronnoit, et que l'on voit figurées sur des pierres gravées, et sur d'autres monumens égyptiens. La plupart des auteurs, d'après Pline, ajoutent à ces détails d'autres usages, qui me paroissent plus que douteux en les appliquant à notre plante, savoir : qu'avec l'écorce intérieure du *Papyrus* on faisoit des voiles, des nattes, des habillemens, des couvertures pour les lits et les maisons, des cordes, des espèces de chapeaux; que les prêtres égyptiens en fabriquoient leur chaussure, d'après Hérodote; qu'enfin la partie inférieure et succulente de la tige, ainsi que les racines, fournissoient une substance alimentaire, tandis que la portion intérieure, moelleuse et spongieuse de cette même tige, étoit employée à faire les mêches des flambeaux qu'on portoit dans les funérailles, et qu'on tenoit allumés tant que le cadavre restoit exposé.

Il faudra rapporter à ce genre toutes les espèces de souchet dont l'ovaire sera accompagné de deux petites écailles, tel que le

PAPYRIER ODORANT : *Papyrus odoratus*, Kunth *in* Humb. *Nov. gen.*, 1, pag. 217; *Cyperus odoratus*, Linn., *Spec.*; Sloane, *Jam. Hist.*, 1, pag. 116, tab. 74, fig. 1, et tab. 8, fig. 1. Belle et grande espèce, dont les tiges sont triangulaires, striées, de l'épaisseur du doigt, nues dans toute leur longueur; les ombelles composées, munies à leur base d'un involucre à plusieurs folioles lancéolées, inégales, la plupart plus longues que l'ombelle, les involucres partiels plus courts, plus étroits, fort aigus. Les ombelles sont fort amples; les rayons très-longs, nombreux; la gaine est anguleuse, longue d'un pouce, un peu purpurine, bifide à son sommet; les rayons des ombellules sont moins nombreux, plus courts; les épillets grêles, très-rapprochés, horizontaux, subulés, de couleur noirâtre ou ferrugineuse. Cette plante croît sur le bord des fleuves, dans l'Amérique.

PAPYRIER CHEVELU; *Papyrus comosus*, Kunth *in* Humb., *l. c.* Cette espèce a des tiges trigones, glabres, hautes de six pieds, finement striées, soutenant une ombelle de sept à douze rayons, longs de cinq à six pouces; les ombellules à huit ou dix rayons d'environ deux pouces de long; les épis oblongs, cylindriques, obtus, longs de huit à neuf lignes; les épillets nombreux, linéaires, subulés, cylindriques, obtus, longs d'une ligne et demie, à huit ou dix fleurs; l'involucre à huit ou neuf folioles lancéolées, denticulées vers leur sommet, de la longueur des rayons; les involucres partiels à huit folioles linéaires, rudes à leurs bords, longues de quatre à six pouces; les gaines brunes, bidentées, presque tronquées; huit à dix valves arrondies, concaves, roulées, blanchâtres, échancrées, aristées, brunes dans leur milieu, toutes fertiles; deux écailles plus courtes, ovales, blanches, aiguës, de la longueur de l'ovaire, le style trifide; une semence trigone, elliptique, nue à sa base. Cette plante croît proche Guayaquil, aux lieux inondés et chauds, sur le bord du fleuve et le long de la route de Daulé. (POIR.)

PAPYRIUS. (*Bot.*) Ce nom, donné par M. de Lamarck dans ses Illustrations au mûrier de la Chine, *morus papyrifera*, lui convenoit parfaitement, parce qu'il rappeloit l'emploi que l'on en fait en Chine pour fabriquer une espéce de papier; mais le nom *broussonetia*, donné à ce genre par l'Héritier, a prévalu. Voyez PAPYRIER. (J.)

PAPYRUS. (*Bot.*) Ce nom est celui d'une espèce de souchet, avec lequel les anciens, et particulièrement les Égyptiens, fabriquoient leur papier. Quelques botanistes en font le type d'un genre particulier, différent du *Cyperus*. Voyez PAPYRIER, p. 447. (LEM.)

PAQUERETTE, *Bellis*. (*Bot.*) Genre de plantes dicotylédones, à fleurs composées, de la famille des *corymbifères*, de la *syngénésie polygamie superflue* de Linnæus, offrant pour caractère essentiel : des fleurs radiées; un calice hémisphérique, à plusieurs folioles égales; des fleurons tubulés, hermaphrodites dans le disque, des demi-fleurons femelles à la circonférence; cinq étamines syngénèses; un style; un stigmate bifide; le réceptacle nu; les semences ovales, sans aigrette.

PAQUERETTE VIVACE : *Bellis perennis*, Linn., Lamarck., *Ill. gen.*, tab. 677; *Flor. Dan.*, tab. 503. Cette plante est un des plus beaux ornemens de la nature champêtre : elle croît partout en abondance, sur les pelouses, parmi les gazons, aux lieux incultes, abandonnés. C'est une des premières qui fleurit au printemps : elle continue jusqu'aux gelées, aucun animal ne la mange, et lorsqu'elle est très-abondante, ses feuilles étalées en rosette sur la terre, s'opposent à la croissance des graminées et de beaucoup d'autres plantes. Elle se propage par ses racines vivaces et fibreuses. Ses feuilles, toutes radicales, sont spatulées, obtuses, légèrement velues, plus ou moins dentées ou incisées. Une hampe nue, de six à sept pouces, se termine par une fleur dont le calice est pubescent, le réceptacle conique; les fleurons du centre jaunes, ceux de la circonférence blancs, rougeàtres en dehors, et même quelquefois à leur sommet.

L'élégance des fleurs de cette jolie plante les a fait comparer à autant de perles, d'où vient leur nom vulgaire de *marguerites* (*margarita*, une perle), et leur nom générique *bellis* (joli, mignon). Rien en effet de plus agréable que cette brillante décoration, lorsque toutes ses fleurs sont épanouies; mais il faut se hâter d'en jouir tandis que le soleil les éclaire; s'il se couvre de nuages, ou à l'approche de son coucher, si l'air devient humide, toutes ces fleurs se ferment, et la prairie n'est plus qu'une vaste tenture de verdure, sans autre ornement, opération qui tient à ce beau phénomène que Linné a nommé le *sommeil des plantes*.

Cette belle fleur, transportée dans nos jardins, s'y est elle-même embellie en les ornant, soit en multipliant ses pétales, soit en variant ses couleurs, dont celle de pourpre fait la base. Les variétés les plus communes sont la *rose*, la *rouge*, *panachée simple* ou *double*, la *blanche double*, la *double fistuleuse*, la *rouge pâle*, la *rouge foncée*, celle à *cœur vert*, etc., enfin la *prolifère*, dont les rayons de la circonférence portent d'autres fleurs plus petites, pédonculées, et offrent la forme d'une ombelle. C'est un tableau des plus agréables qu'une touffe ou une bordure formée d'une ou de plusieurs de ces variétés : on en couvre même des espaces assez étendus pour mériter le nom de *gazon*; aussi ne peut-on trop les multiplier. Les jardins paysagers principalement en tirent de fort grands avantages, en ce qu'on peut placer ces plantes à toutes les expositions, et les multiplier sans frais. Une fois mises en place, leur culture se borne à des sarclages de propreté. Partout il faut les relever tous les trois ou quatre ans pendant l'hiver, pour les changer de place, ou leur donner une nouvelle terre, et diminuer par leur déchirement, lorsqu'elles sont en bordures, la trop grande largeur de leurs pieds. C'est avec le résultat de ce déchirement qu'on les multiplie le plus ordinairement. Rarement on sème leur graine, qui reste quelquefois environ deux ou trois ans à lever. Il leur faut, pour un plein succès, un terrain frais et léger.

PAQUERETTE ANNUELLE : *Bellis annua*, Linn.; Boccon., *Mus.*, tab. 35. Cette plante, qui renferme plusieurs variétés, est pourvue de racines capillaires. Il s'en élève plusieurs tiges en gazon, ordinairement simples, quelquefois ramifiées, peu élevées, filiformes, un peu velues, garnies inférieurement de feuilles alternes, petites, pétiolées, en ovale renversé, obtuses, dentées, glabres, quelquefois un peu velues; le calice simple, à folioles linéaires; la corolle radiée; les demi-fleurons blancs, linéaires, deux et trois fois plus longs que le calice; les fleurons hermaphrodites, fort petits, à cinq dents; les semences oblongues, fort menues, sans aigrette, le réceptacle nu et convexe. Cette plante croît dans les contrées méridionales de la France : je l'ai également observée en Barbarie.

PAQUERETTE A FEUILLES DE GRAMINÉE ; *Bellis graminea*, Labill., *Nov. Holl.*, 2, pag. 34, tab. 204. Plante de la Nouvelle-Hollande, dont les tiges sont grêles, très-simples, hautes d'environ un pied. garnies de feuilles alternes, très-étroites, à demi amplexicaules, linéaires ou lancéolées, rétrécies à leur base, un peu obtuses à leur sommet, longues de trois à quatre pouces, traversées par une nervure persistante après la destruction des feuilles; les écailles du calice un peu aiguës ; les semences comprimées, en ovale renversé, le réceptacle conique, alvéolaire. Cette plante croît au cap Van-Diémen.

PAQUERETTE A SEMENCES EN BEC; *Bellis stipitata.*, Labillard., *Nov. Holl.*, 2, pag. 55, tab. 205. Des mêmes racines s'élèvent plusieurs tiges nues, un peu striées, longues d'environ huit pouces, parsemées de quelques écailles un peu subulées. Les feuilles sont toutes radicales, ovales, alongées, pileuses, rétrécies en pétiole à leur base, dentées ou sinuées, longues d'un pouce et demi au plus, larges de quatre lignes. Les fleurs sont solitaires, terminales, les ovaires ovales, alongés, surmontés d'un bourrelet marginal, les semences comprimées, un peu ventrues, en ovale renversé, rétrécies à leur base en un pédicelle court, filiforme, renfermé d'abord dans les alvéoles du réceptacle, prolongées à leur sommet en un bec court; recourbé, un peu élargi, globuleux à son sommet. Cette plante croît au cap Van-Diémen. (POIR.)

PAQUERINA. (*Bot.*) Voyez la description de ce nouveau genre dans l'analyse de notre tableau des Astérées, inséré à la suite de l'article PAQUEROLLE. (H. CASS.)

PAQUEROLLE, *Bellium.* (*Bot.*) Ce genre de plantes, établi par Linné, en 1767, dans son *Mantissa plantarum*, appartient à l'ordre des Synanthérées, et à notre tribu naturelle des Astérées, dans laquelle nous le plaçons entre le *Bellis*, qui en diffère par l'aigrette nulle, et le *Bellidiastrum*, qui en diffère par l'aigrette composée de squamellules nombreuses, toutes filiformes, longues et barbellulées. Voici les caractères génériques du *Bellium*, tels que nous les avons observés sur le *Bellium bellidioides*, qui est le type de ce genre.

Calathide radiée : disque multiflore, régulariflore, androgyniflore ; couronne unisériée, liguliflore, féminiflore. Péricline subhémisphérique, un peu supérieur aux fleurs du disque ; formé de squames uni-bisériées, à peu près égales, appliquées, demi-embrassantes, oblongues-lancéolées, concaves, carénées, subfoliacées. Clinanthe ovoïde, charnu, plein, absolument nu. *Fleurs du disque :* Ovaire court, large, comprimé bilatéralement, obovale, garni de longues soies, pourvu d'un bourrelet apicilaire épais, charnu, glabre ; aigrette composée de dix ou douze squamellules immédiatement contiguës, dont cinq ou six courtes, larges, paléiformes, membraneuses, diaphanes, arrondies ou tronquées et un peu denticulées au sommet, alternant avec cinq ou six squamellules longues, filiformes, barbellulées, disposées sur le même rang que les autres. Corolle à quatre divisions arquées en dedans et conniventes. Anthères incluses. Style d'Astérée, à stigmatophores exerts, figurant une pince. *Fleurs de la couronne :* Ovaire et aigrette, à peu près comme dans les fleurs du disque. Corolle à tube court, à languette elliptique, entière ou à peine échancrée au sommet.

Les squamellules paléiformes de l'aigrette sont quelquefois entregreffées par les bords, et dans ce cas les squamellules filiformes restent libres et se trouvent situées en dedans des autres ; ce qui prouve que l'aigrette du *Bellium* peut et doit réellement être considérée comme double, quoique le plus souvent toutes les squamellules, paléiformes et filiformes, paroissent disposées sur le même rang.

PAQUEROLLE FAUSSE-PAQUERETTE : *Bellium bellidioides*, Linn., *Mant. pl.* Une touffe enracinée de feuilles entremêlées de hampes produit quelques vraies tiges courtes, horizontales, rampantes, simples, nues, cylindriques, grêles, vertes, presque glabres, terminées chacune par une touffe de feuilles, de hampes et de tiges nées du même point, sous lequel naissent aussi quelques racines ; les feuilles ont un pétiole long d'environ un pouce, demi-cylindrique, élargi vers le sommet ;

leur limbe, long d'environ sept lignes, large d'environ quatre
lignes, est à peu près elliptique ou obovale, arrondi au sommet, très-entier sur les bords, muni d'une grosse nervure
médiaire, et parsemé çà et là de quelques petits poils; les
hampes sont longues d'environ quatre pouces, très-grêles,
très-simples, cylindriques, presque glabres, ordinairement
nues, très-rarement munies d'une petite feuille; les calathides, solitaires au sommet de ces hampes, ont environ six
lignes de largeur; leur péricline est parsemé de petits poils;
le disque est jaune; la couronne est blanche en dessus, rougeàtre en dessous, la face inférieure de chaque languette
étant blanche sur ses bords et rougeàtre en son milieu; les
aigrettes de la couronne n'ont que huit squamellules alternativement paléiformes et filiformes; celles du disque en ont
dix ou douze.

Nous avons fait cette description spécifique, et celle des
caractères génériques, sur des individus vivans cultivés au
Jardin du Roi. Cette jolie petite plante, qui ressemble beaucoup extérieurement à la Paquerette annuelle (*Bellis annua*),
et qui fleurit en Mai et Juin, se trouve en Italie, en Corse,
et dans les îles Baléares; elle est annuelle, suivant la plupart des botanistes, vivace, suivant M. Loiseleur Deslongchamps.

La plante décrite par M. Desfontaines, dans sa Flore atlantique (tom. 2, pag. 279), sous le nom de *Bellium bellidioides*,
est sans doute une espèce distincte de celle que nous venons
de décrire : car M. Desfontaines attribue à sa plante des
feuilles dentées, des pédoncules garnis de feuilles en leur
partie inférieure, et des aigrettes de seize squamellules alternativement paléiformes et filiformes. Il paroit même que
cette distinction spécifique a déjà été faite, puisque nous li-
sons dans la Flore françoise de M. De Candolle (t. V, p. 475),
que Linné et la plupart des auteurs modernes ont confondu,
sous le nom de *Bellium bellidioides*, deux espèces que M. Viviani (Fragm., p. 8 et 9) a très-bien distinguées; mais nous
avons inutilement cherché l'ouvrage de M. Viviani, cité par
M. De Candolle.

Paquerolle gigantesque : *Bellium giganteum*, H. Cass., Dict.,
tom. IV, Suppl., pag. 72; *Arnica rotundifolia*, Willd.; Pers.

Doronicum rotundifolium, Desf., *Flor. atl.*, tom. 2, pag. 279, tab. 235, fig. 1. C'est une plante herbacée, à racine vivace, qui habite les montagnes de l'Atlas, où elle fleurit au commencement de l'été, et qui se distingue facilement de ses congénères par sa stature gigantesque relativement à elles. Elle ressemble extérieurement au *Doronicum bellidiastrum* de Linné. Ses feuilles radicales, longuement pétiolées, pubescentes, ont environ deux à quatre pouces de long, et quatre à huit lignes de large; elles sont presque rondes ou elliptiques, inégalement dentées ou crénelées, décurrentes sur leur pétiole; la hampe, très-simple, droite, cylindrique, pubescente, s'élève souvent jusqu'à un pied, et se termine par une calathide, qui nous a offert les caractères génériques suivans : Disque régulariflore, androgyniflore; couronne liguliflore, féminiflore; péricline formé de squames bisériées, presque égales, linéaires; clinanthe conique, nu; ovaires très-comprimés bilatéralement, hérissés de poils, et bordés d'un bourrelet sur la tranche; aigrette très-courte, composée de dix squamellules, dont cinq paléiformes, laciniées au sommet, alternant avec cinq autres squamellules filiformes, barbellulées; style et stigmatophores d'Astérée.

Cette plante, décrite par M. Desfontaines, dans sa Flore atlantique, sous le nom de *Doronicum rotundifolium*, a été attribuée par Willdenow au genre *Arnica*. MM. De Candolle (Fl. fr., tom. 4, pag. 176) et Persoon (*Syn. pl.*, tom. 2, pag. 454) ont pensé que la plante dont il s'agit devoit peut-être former un genre particulier avec le *Doronicum bellidiastrum* de Linné: mais cette opinion, suggérée seulement par les apparences extérieures, est inadmissible à cause des différences que présente la structure de l'aigrette dans les deux plantes prétendues congénères. Le *Doronicum bellidiastrum* constitue seul notre genre *Bellidiastrum*, décrit dans ce Dictionnaire (tom. IV, Suppl., pag. 70), et bien distinct par son aigrette composée de squamellules nombreuses, toutes filiformes, longues et barbellulées. Quant au *Doronicum rotundifolium*, M. Desfontaines lui avoit attribué une aigrette courte et paléacée : mais ce botaniste nous ayant permis de l'examiner dans son herbier, nous y avons reconnu les caractères essentiels du genre *Bellium*, et nous l'avons nommé *Bellium giganteum* dans le Supplément du quatrième volume de ce Dictionnaire (pag. 72). Selon M. Desfontaines, les corolles du disque ont cinq divisions et cinq étamines, ce que nous avons oublié de vérifier : mais cette légère différence ne suffit pas pour exclure la plante en question du genre *Bellium*, auquel elle appartient indubitablement.

Ainsi, le genre *Bellium* se trouve maintenant composé de quatre espèces, en y comprenant le *Bellium minutum* de Linné (*Mant. pl.*), autrefois rapporté au genre *Pectis*, et que nous nous abstenons de décrire, parce que ne l'ayant point vu, il n'est pas certain pour nous qu'il soit réellement de la même tribu et du même genre que les trois autres *Bellium*, ce qui pourtant est bien vraisemblable.

Le tableau méthodique des genres et sous-genres composant la tribu des Astérées, auroit dû se trouver dans notre article sur cette tribu (tom. III, Suppl., pag. 64) ; mais à l'époque où nous rédigeàmes cet article, publié en 1816, nos études étoient encore incomplètes sur plusieurs points, et c'est pourquoi nous nous bornàmes alors à présenter une simple liste alphabétique de vingt-quatre genres. Maintenant nous sommes en état d'offrir à nos lecteurs un tableau méthodique, plus complet, plus exact, mieux élaboré. C'est un supplément nécessaire à notre article ASTÉRÉES, et nous croyons pouvoir le placer assez convenablement ici.

XIII.ᵉ *Tribu*. Les ASTÉRÉES (*Asterea*).

An? Asteres. Jussieu (1789 et 1806) — *Solidagines.* H. Cassini (1812) — *Asterea.* H. Cass. (1814) — *Vernoniacearum et Asterearum genera.* Kunth (1820).

(Voyez les caractères de la Tribu des Astérées, tome XX, page 375.)

Première Section.

ASTÉRÉES-SOLIDAGINÉES (*Asterea-Solidaginea*).

Caractères ordinaires : Calathide radiée ou quasi-radiée (très-rarement discoïde par demi-avortement des languettes); couronne jaune, à fleurs ligulées (très-rarement subtubuleuses par demi-avortement).

I. Grindéliées. Disque androgyniflore; couronne unisériée;

aigrette nulle, ou composée de squamellules peu nombreuses, distancées, caduques, subfiliformes, roides, nues ou barbellulées.

1. † Xanthocoma. = *Xanthocoma.* Kunth (1820).

2. * Grindelia. = *Asteris sp.* Lag. (1805) — Brouss. — *Inulæ sp.* Pers. (1807) — *Grindelia.* Willd. (1807 et 1809) — H. Cass. (1821) Dict. v. 19. p. 461 — *Demetriæ sp.* Lag. (1816) — *Grindeliæ sp.* R. Brown (1817) — Dunai (1819) — Kunth (1820).

3. * Aurelia. = *Asteris sp.* Cav. (1793 et 1802) — Willd. (1809) — *Doronici sp.* Willd. (1803) — Poir. — *Inulæ sp.* Pers. (1807) — Desf. — *Donia.* R. Brown (1813) — Aiton — Pursh (1814) — Sims — *Aurelia.* H. Cass. (1814) Bull. oct. 1815. p. 175. Journ. de Phys. févr. 1816. p. 145. Dict. v. 5 suppl. (1816) p. 129. Bull. févr. 1817. p. 32 — *Demetriæ sp.* Lag. (1816) — *Grindeliæ sp.* R. Brown (1817) — Dunal (1819) — Kunth (1820).

II. Psiadiées. Disque masculiflore ; couronne plurisériée.

4. * Elphegea. = *Epilatoria et? Glutinaria.* Commers. (ined.) — *Baccharidis et Conyzæ sp.* Lam. — Pers. — *Elphegea.* H. Cass. Bull. févr. 1818. p. 31. Dict. v. 14. p. 361.

5. * Sarcanthemum. = *Conyza coronopus.* Lam. — Pers. — *Sarcanthemum.* H. Cass. Bull. mai 1818. p. 74.

6. * Psiadia. = *Psiadia.* Jacq. (1797) — Pers. — *Erigeron viscosum.* Desf. (non Lin.).

7. * Nidorella. = *Erigeron fœtidum.* Lin. — *Nidorella.* H. Cass. Dict. (hìc).

III. Solidaginées vraies. Disque androgyniflore ; couronne unisériée ; aigrette de squamellules nombreuses, contiguës, persistantes, filiformes, barbellulées, quelquefois entourées de petites squamellules laminées formant une aigrette extérieure.

8. * Euthamia. = *Chrysocomæ sp.* Lin. (1763) — *Solidaginis sp.* Aiton (1789) — Pers. — *Euthamia.* Nutt. (1818) — H. Cass. Dict. (hìc).

9. * Solidago. = *Virgæ aureæ sp.* Tourn. (1694) — *Virga aurea.* Vaill. (1720) — *Solidaginis sp.* Lin. (1737) — *Solidago.* Lin. (1763) — Gærtn. (1791. benè.) — H. Cass. Dict. (hìc) — *An? Doria.* Adans. (1763. malè).

10. * Diplopappus. = *Inulæ sp.* Michaux (1803) — *An ? Diplogon.* Rafin. (non R. Brown) — *Diplopappi sp.* H. Cass. Bull. sept. 1817. p. 137. Bull. mai 1818. p. 77. Dict. v. 13. p. 508. v. 25. p. 96 — *Chrysopsidis sp.* Nutt. (1818) — *Diplopappus.* H. Cass. Dict. (hìc).

11. * Heterotheca. = *Inulæ sp.* Lam. — *Heterotheca.* H. Cass. Bull. sept. 1817. p. 137. Dict. v. 21. p. 130.

IV. Lépidophyllées. Disque androgyniflore ; couronne unisériée ; aigrette de squamellules paléiformes.

12. † Brachyris. = *Brachyris.* Nutt. (1818).

13. † Gutierrezia. = *Gutierrezia.* Lag. (1816) — H. Cass. Dict. v. 20. p. 100.

14. * Lepidophyllum. = *Athanasiæ ? sp.* Commers. (ined.) — *Conyzæ sp.* Lam. — *Baccharidis sp.* Pers. — *Lepidophyllum.* H. Cass. Bull. déc. 1816. p. 199. Dict. v. 26. p. 36.

Seconde Section.

Astérées - Baccharidées (*Astereæ - Baccharideæ*).

Caractères ordinaires : Calathides tantôt incouronnées, androgyniflores, tantôt unisexuelles, tantôt discoïdes, jamais radiées (dans leur état naturel) ; les fleurs femelles tubuleuses et non ligulées.

I. Chrysocomées. Calathides incouronnées, androgyniflores, offrant très - rarement quelques fleurs femelles, marginales, tubuleuses.

15. * Pterophorus. = *Pterophorus.* Vaill. (1719) — Adans. — H. Cass. Dict. (hìc) — *Pteronia.* Printz (1760) Amœn. acad. — Lin. (1763) — *Pteroniæ prior sp.* Gærtn. (1791) — *Pterophora.* Neck. (1791).

16. * Scepinia. = *Pteroniæ posterior sp.* Gærtn. (1791) — *Scepinia.* Neck. (1791) — H. Cass. Dict. (hìc).

17. * Crinitaria. = *Conyzæ sp.* Amman — *Asteris sp.* Gmel. — *Chrysocomæ sp.* Lin. — *Chrysocomæ posterior sp.* Gærtn. — *Crinita.* Mœnch (1794). (*Non Crinita.* Houttuyn) — *Crinitaria.* H. Cass. Dict. (hìc).

18. * Linosyris. = *Conyzæ sp.* Tourn. — *Chrysocomæ sp.* Lin. — *Chrysocomæ prior sp.* Gærtn. — Mœnch — *Linosyris.* H. Cass. Dict. (hìc).

19. * Chrysocoma. = *Chrysocomæ sp.* Lin. (1737) — *Chrysocoma.* H. Cass. Dict. (hìc).

20. * Nolletia. = `Conyza chrysocomoides.* Desf. (1798) — *Nolletia.* H. Cass. Dict. (hìc).

II. Baccharidées vraies. Calathides unisexuelles ou discoïdes; les fleurs régulières presque toujours mâles et non hermaphrodites.

21. * Sergilus. = *Chrysocomæ sp.* P. Browne (1756) — Elmgren (1759) Amœn. acad. — Lin. (1759) Syst. nat. — *Caleæ sp.* Lin. (1768) Syst. nat. — *Sergilus.* Gærtn. (1791. malé.) — H. Cass. Journ. de phys. juill. 1818. p. 25. Dict. (hìc) — *Baccharidis sp.* Swartz (1806) Fl. ind. occ. — R. Brown (1817).

22. * Baccharis. = *Non Baccharis.* Vaill. (1719)' — *Baccharidis sp.* Lin. (1737) — *Molina.* Ruiz. et Pav. (1794) — *Baccharis.* Rich. in Mich. (1803) — Juss. (1806) Ann. du mus. v. 7 — R. Brown (1817) Trans. lin. soc. v. 12. p. 115 — Kunth (1820) — H. Cass. Dict. (hìc).

23. † Tursenia. = *Baccharidis sp.* Kunth (1820) — *Tursenia.* H. Cass. Dict. (hìc).

24. * Fimbrillaria. = *Baccharidis sp.* Lin. (1737) — *An?* *Marsea aut Marseæ sp.* Adans. (1763) — *Baccharis.* Gærtn. (1791) — *Fimbrillaria.* H. Cass. Bull. févr. 1818. p. 31. Bull. oct. 1819. p. 158. Dict. v. 17. p. 54.

Troisième Section.
Astérées - Prototypes (*Astereæ - Archetypæ*).

Caractères ordinaires : Calathide radiée (rarement discoïde par avortement des languettes) ; couronne point jaune, à fleurs ligulées (rarement tubuleuses par avortement); disque plus haut que large; clinanthe plan ; péricline ordinairement subcylindracé, très-souvent imbriqué, presque jamais supérieur aux fleurs du disque.

I. Érigérées. Calathide discoïde, discoïde-radiée, ou radiée; couronne à petites languettes, très-nombreuses, quelquefois avortées ou semi-avortées, ordinairement disposées sur plus d'un rang.

25. * Dimorphanthes. = *Erigerontis sp.* Lin (1737) — *An?* *Placus.* Lour. (1790) — *Eschenbachia.* Mœnch (1794. malé.)

— *Conyzæ sp.* Willd. (1803) — Decand. — Kunth — *Erige-rontis et Conyzæ sp.* Pers. (1807) — *Dimorphanthes.* H. Cass. Bull. fév. 1818. p. 30. Dict. v. 13. p. 254. Bull. 1821. p. 175. Dict. v. 25. p. 93.

26. † LAENNECIA. = *Conyzæ sp.* Kunth (1820) — *Laennecia.* H. Cass. (1822) Dict. v. 25. p. 91.

27. * TRIMORPHÆA. = *Asteris sp.* Tourn. — *Conyzoides.* Dill. — *Erigerontis sp.* Lin. (1737) — Mœnch — *Paniois sp.* Adans. (1763) — *Erigeron.* Gærtn. (1791) — *Trimorpha.* H. Cass. Bull. sept. 1817. p. 137 — *Trimorphæa.* H. Cass. Dict. (hìc).

28. * ERIGERON. = *Virgæ aureæ sp.* Tourn. — *Conyzella.* Dill. — *Erigerontis sp.* Lin. (1737) — Mœnch — *Paniois sp.* Adans. (1763) — *Cænotus.* Nutt. (1818) — *Erigeron.* H. Cass. (1819) Dict. v. 15. p. 181.

29. * MUNYCHIA. = *Asteris sp.* Willd. — *Cinerariæ sp.* Venten. — *Felicia brachyglossa.* H. Cass. (1822) Dict. v. 25. p. 97. — *Munychia.* H. Cass. Dict. (hìc).

30. * PODOCOMA. = *Érigerontis sp.* Poir. — *Podocoma.* H. Cass. Bull. sept. 1817. p. 137.

31. * STENACTIS. = *Asteris sp.* Tourn. — *Asteris et Eri-gerontis sp.* Lin. (1737) — *Pulicariæ sp.* Gærtn. (1791) — *Cinerariæ sp.* Mœnch (1794) — *Erigerontis sp.* Pers. — Desf. — Willd. — Kunth — *Diplopappi sp.* H. Cass. Bull. sept. 1817. p. 137. Bull. mai 1818. p. 77. Dict. v. 13. p. 308. v. 25. p. 96 — *Erigeron.* Nutt. (1818) — *Stenactis.* H. Cass. Dict. (hìc).

II. Astérées - Prototypes vraies. Calathide radiée ; couronne à grandes languettes, toujours disposées sur un seul rang.

32. * DIPLOSTEPHIUM. = *Asteris sp.* Lam. — *Chrysopsidis sp.* Nutt. (1818) — *Diplostephium.* Kunth (1820) — H. Cass. Dict. (hìc) — *Diplopappi sp.* H. Cass. (1822) Dict. v. 25. p. 96.

33. * ASTER. = *Asteris sp.* Tourn. (1694) — Vaill. (1720) — Lin. (1737) — *Asteripholis.* Ponted. (1719) — *Amellus.* Adans. (1763) — *Pinardiæ sp.* Neck. (1791) — *Aster.* H. Cass. Bull. nov. 1818. p. 166. Dict. v. 16. p. 46. Dict. (hìc).

34. * EURYBIA. =, *An ? Aster.* Adans. (1763) — *Asteris sp.* Labill. (1806) — *Eurybia.* H. Cass. Bull. nov. 1818. p. 166. Dict. v. 16. p. 46.

35. * Galatella. = *Asteris sp.* Lam. — Willd. — *Gala-tea.* H. Cass. Bull. nov. 1818. p. 165. Dict. v. 18. p. 56 — *Galatella.* H. Cass. Dict. (hìc).

36. † Olearia. = *Aster tomentosus.* Wendland — *Olearia.* Mœnch (1802).

37. † ? Printzia. = *Asteris sp.* Ray (1704) — Lin. (1763) — *Asteropteri sp.* Vaill. (1720) — *Inulæ sp.* Berg. (1767) — Lin. (1771) — *An ?? Lioydia.* Neck. (1791. pessimè.) — *Printzia.* H. Cass. Dict. (hìc).

38. * Chiliotrichum. = *Amellus diffusus.* Willd. — *Chi-liotrichum.* H. Cass. Bull. mai 1817. p. 69. Dict. v. 8. p. 576.

39. * Agathæa. = *Asteris sp.* Ray (1704) — Mill. — *So-lidaginis sp.* Vaill. (1720) — *Cinerariæ sp.* Lin. (1763) — Berg. — Gærtn. — Mœnch. — *Detris.* Adans. (1763. non sufficienter ex Cass. Dict. v. 13. p. 116.) — *Agathæa.* H. Cass. (1814) Bull. oct. 1815. p. 175. Journ. de phys. févr. 1816. p. 144. 145. Dict. v. 1. suppl. (1816) p. 77. v. 3. suppl. p. 63. atl. cah. 3. pl. 6. Bull. déc. 1816. p. 198. Bull. nov. 1817. p. 183.

40. * Charieis. = *Charieis.* H. Cass. Bull. avril et mai 1817. p. 68 et 69. Dict. (août 1817) v. 8. p. 191. Bull. Janv. 1821. p. 12. Dict. v. 24. p. 369 — *Kaulfussia.* Nées (1820) Hor. phys. ber. p. 53.

Quatrième Section.

Astérées-Bellidées (*Astereæ-Bellideæ*).

Caractères ordinaires : Calathide radiée ; couronne point jaune, à fleurs ligulées ; disque plus large que haut ; clinanthe plus ou moins élevé ; péricline convexe ou hémisphérique-évasé, presque jamais inférieur aux fleurs du disque, formé de squames ordinairement égales et uni-bisériées.

I. Fausses Bellidées. Vraie tige dressée, garnie de feuilles, et plus grande que les pédoncules ; couronne ordinairement bleue ou violette, rarement blanche.

41. * Amellus. = *Buphthalmi sp.* Lin. — (1737) — *Ver-besinæ sp.* Lin. (1753) — *Amelli sp.* Lin. (1763) — Willd. — *An ? Liabi sp.* Adans. (1763) — *Amellus.* Gærtn. (1791) — H. Cass. Dict. v. 8. p. 577. v. 26. p. 210. Dict. (hìc).

42. * Felicia. = *Aster tenellus*. Lin. — *Felicia*. H. Cass. Bull. nov. 1818. p. 165. Dict. v. 16. p. 314. v. 25. p. 97.

43. * Henricia. = *Henricia*. H. Cass. Bull. janv. 1817. p. 11. déc. 1818. p. 183. Dict. v. 20. p. 567.

44. * Kalimeris. = *Aster incisus*. Fischer — *Kalimeris*. H. Cass. (1822) Dict. v. 24. p. 324.

45. * Callistephus. = *Aster chinensis*. Lin. — *Callistemma*. H. Cass. Bull. fév. 1817. p. 32. Dict. v. 6. suppl. (mai 1817) p. 45. atl. cah. 3. pl. 7 — *Chrysopsidis species dubia*. Nutt. (1818) — *Callistephus*. H. Cass. Dict. (hìc).

46. * Boltonia. = *Matricariæ sp*. Lin. (1767) — *Boltonia*. L'Hérit. (1788) — H. Cass. Dict. (hìc).

47. * Brachycome. = *Bellis aculeata*. Labill. (1806) — *Brachyscome*. H. Cass. Bull. déc. 1816. p. 199. Dict. v. 5. suppl. (mars 1817) p. 63. — *Brachycome*. H. Cass. Dict. (hìc).

48. * Paquerina. = *Bellis graminea*. Labill. (1806) — *Paquerina*. H. Cass. Dict. (hìc).

II. Bellidées vraies. Hampes ou pédoncules plus élevés que la vraie tige, qui est souterraine ou couchée sur la terre ; couronne ordinairement blanche en dessus et plus ou moins rougeàtre en dessous.

49. * Lagenophora. = *Asteris sp*. Commers. (ined.) — Lam. — *Calendulæ sp*. Forst. — Willd. — Pers. — Pet. Th. — *Bellidis sp*. Labill. — Pers. — *Lagenifera*. H. Cass. Bull. dec. 1816. p. 199 — *Lagenophora*. H. Cass. Bull. mars 1818. p. 34. Dict. v. 25. p. 109.

50. * Bellis. = *Bellidis sp*. Tourn. — Vaill. — *Bellis*. Lin. — Gærtn. — H. Cass. Dict. (hìc) — *Bellis et Kyberia*. Neck.

51. * Bellium. = *Bellidis sp*. Tourn. — Vaill. — Gouan — *Pectidis sp*. Schreb. — Lin. (1764) — *Bellium*. Lin (1767) — Viviani (1808) — H. Cass. (1816) Dict. v. 4. suppl. p. 71 et 72. Dict. (hìc) — *Bellium et Doronici sp*. Desf. (1798) — *Bellium et Arnicæ sp*. Willd. (1803).

52. * Bellidiastrum. = *Bellidis sp*. Camer. (1586) — Clus. — Bauh. — Mentz. — Tourn. — Vaill. — Hall. (1749) — *Bellidiastrum*. Micheli (1729). (*Non Bellidiastrum*. Vaill. 1720) — H. Cass. Bull. déc. 1816. p. 199. Dict. v. 4. suppl. (1816)

p. 70. Dict. (hic) — *Doronici sp.* Lin. (1737) — Royen — Adans. — Jacq. — Lam. — Juss. — Desf. — *Arnicæ sp.* Hall. (1768) — Alli. — Vill. — Gærtn. — Neck. — Willd. — Loiseleur — *Asteris sp.* Scop. (1772) — *Arnicæ sp. dubia, cum Doron. rotund. Desf. fortè distincti generis.* Decand. (1805) — Pers.

M. de Jussieu avoit dit, dans son *Genera plantarum* (pag. 192), et dans les Annales du Muséum (tom. VII), que ses Corymbifères lui sembloient pouvoir se distribuer en quatre groupes naturels, ayant pour types, 1.° l'Eupatoire, 2.° l'Aster, 3.° la Matricaire ou l'Achillée, 4.° l'Hélianthe ; que le premier et le quatrième seroient peut-être susceptibles d'être établis avec précision, mais que la démarcation des deux autres seroit plus incertaine. Ce botaniste n'ayant jamais indiqué ni les caractères qui distinguent ces groupes, ni les genres dont ils se composent, nous n'avons aucun moyen de connoître s'ils correspondent plus ou moins exactement à nos Eupatoriées, Astérées, Anthémidées, Hélianthées. C'est pourquoi nous avons dû ne citer qu'avec doute, au commencement de notre tableau, les Asters de M. de Jussieu comme synonymes de nos Astérées.

La tribu naturelle des Astérées a été d'abord instituée par nous, sous le titre de section des Solidages, dans notre premier Mémoire sur les Synanthérées, lu à l'Institut le 6 Avril 1812, et où l'on trouve déjà le principal caractère de ce groupe, fourni par la structure des stigmatophores, ainsi que l'indication des principaux genres qui s'y rapportent. Le complément de nos études sur cette tribu a été présenté dans les Mémoires suivans, où nous avons bientôt substitué le titre d'Astérées à celui de Solidages.

Long-temps après nous, M. Kunth a proposé, sous le même titre d'Astérées, un groupe de sept genres, faisant partie de sa section des Carduacées; mais ces Astérées de M. Kunth ne sont point caractérisées et ne correspondent pas exactement aux nôtres, car il y admet les *Liabum* et *Oligactis*, qui sont pour nous des Vernoniées, et il rapporte à ses Vernoniacées les *Baccharis, Tursenia, Dimorphanthes, Laennecia*, que nous attribuons à nos Astérées.

Cette tribu, telle que nous la concevons, se trouvant com-

posée d'une cinquantaine de genres, il étoit indispensable de
la diviser et subdiviser en plusieurs groupes secondaires; ces
groupes devoient être tout à la fois naturels et susceptibles
d'être caractérisés; il falloit, enfin, ordonner la série générale
de manière à présenter au commencement les genres qui se
rapprochent le plus de la tribu des Inulées, et à la fin ceux
qui sympathisent le mieux avec la tribu des Sénécionées,
sans toutefois sacrifier à cet avantage la convenance des dispositions intermédiaires. Nous n'avons négligé aucun soin
pour faire converger, autant que possible, les divers buts
que nous désirions atteindre ensemble : mais ici comme ailleurs nous avons reconnu qu'ils sont presque toujours incon-
ciliables sous plusieurs rapports, et qu'après bien des efforts
infructueux, après avoir épuisé toutes les combinaisons ima-
ginables, il faut se résoudre à faire beaucoup de sacrifices.
L'art de la classification consiste à opérer une sorte de transaction entre les divers avantages qui ne peuvent se concilier ; sa difficulté est de les bien apprécier, pour conserver les
plus importans et sacrifier les autres : mais quoi qu'on fasse,
on ne peut éviter que l'arbitraire ne dicte plusieurs articles
de cette transaction. Ainsi, nous sommes parvenu à diviser
et subdiviser la tribu en groupes assez nombreux pour soumettre la distribution des genres à un ordre méthodique ; ces
groupes sont assez naturels, mais peu distincts et foiblement
caractérisés, leurs caractères étant pour la plupart vagues,
indécis, et dans tous les cas peu importans et sujets à excep-
tions. La série est très-bien disposée à ses deux extrémités :
mais, vers le milieu, elle est souvent moins satisfaisante,
parce que les rapports qui se croisent ne peuvent être exprimés par une ligne simple et droite. Enfin, les caractères
très-légers qu'il a fallu attribuer aux divers groupes pour les
distinguer, nous ont quelquefois forcé de multiplier les
genres, et d'en disperser quelques-uns qui sembleroient devoir rester unis. Nous sommes donc peu content du résultat
définitif de nos pénibles et nombreux essais ; et cependant
nous demeurons convaincu que toute autre distribution, fondée sur des caractères plus exacts, plus distincts, plus importans en apparence, seroit beaucoup moins naturelle que
la nôtre, en même temps qu'elle seroit beaucoup plus facile.

Pour juger équitablement notre classification des Astérées, il faut l'envisager dans son ensemble, et indépendamment de quelques dispositions particulières, que nous avons été forcé d'admettre bien malgré nous. Les censeurs les plus sévères y trouveront au moins, nous l'espérons, le germe de quelques idées dont un classificateur plus habile que nous pourra tirer un meilleur parti, en évitant les écueils contre lesquels nous avons échoué.

Nos deux premières sections, intitulées Solidaginées et Baccharidées, sont remarquables en ce qu'elles comprennent beaucoup de plantes plus ou moins enduites d'un vernis gluant, résineux, odorant, promptement desséché, qui n'est point distillé par des poils ou des glandes saillantes, mais qui exsude des pores épars à la surface, et qui la rend luisante. Cette particularité, fort rare dans la troisième section, ne paroît pas exister dans la quatrième.

La section des Solidaginées et surtout le petit groupe des Grindéliées ont une affinité manifeste avec les Inulées-Buphthalmées, qui les précèdent immédiatement.

1. Le genre *Xanthocoma* de M. Kunth, que nous avons dû placer au commencement de la série, se rapproche tellement de notre *Egletes*, genre de Buphthalmées, qu'on seroit presque tenté de les réunir, si on ne consultoit que les caractères techniques. Suivant M. Kunth, il ne se distingueroit des autres Grindéliées que par son aigrette absolument nulle; mais comme l'aigrette manque aussi quelquefois dans le *Grindelia* [1], nous croyons que le vrai caractère distinctif du *Xanthocoma* réside dans le péricline, dont les squames paroissent être entièrement appliquées. On remarquera peut-être qu'il ressemble par son port aux Bellidées placées à l'autre extrémité de notre série : mais cette série pouvant être considérée comme un cercle, il n'est pas surprenant que ses deux extrémités se rapprochent.

---

[1] Pendant deux années consécutives, nous avons remarqué que l'aigrette étoit absolument nulle dans la plupart des calathides de la *Grindelia inuloides*, cultivée au Jardin du Roi; le même individu nous a offert à la même époque une calathide contenant quelques fleurs à aigrette d'une seule squamellule, avec beaucoup d'autres fleurs entièrement privées d'aigrette.

2. Le genre *Grindelia* [1] de Willdenow, dont l'aigrette, rarement nulle, n'offre ordinairement qu'une seule squamellule, quelquefois deux ou trois au plus, se trouve ainsi fort bien placé entre le *Xanthocoma* et l'*Aurelia*. Ses anthères, pourvues d'appendices basilaires pollinifères, témoignent son affinité avec les Inulées - Buphthalmées. Les squamellules de son aigrette sont filiformes et absolument nues ; l'ovaire est à peine comprimé.

3. Notre genre *Aurelia*, confondu avec le précédent par MM. Lagasca, Brown, Dunal, Kunth, en diffère suffisamment, selon nous, par son aigrette composée de squamellules plus nombreuses, laminées inférieurement, triquètres supérieurement, bordées de longues barbellules, ainsi que par ses anthères privées d'appendices basilaires, et par l'ovaire très - manifestement comprimé. Bien que le *Donia* ait été publié avant l'*Aurelia*, nous croyons pouvoir conserver ce dernier nom, parce que M. Brown a lui-même abandonné son *Donia*, et qu'il n'a point connu les vrais caractères distinctifs de ce genre. (Voyez le Journal de Physique de Juin 1818, pag. 405 et 414, et celui de Juillet 1819, pag. 32.)

Nous avons observé au Jardin du Roi deux espèces d'*Aurelia*, l'une et l'autre également glutineuses : la première, étiquetée alors *Inula glutinosa*, et qu'on pourroit nommer *Aurelia decurrens*, a l'aigrette composée de squamellules plus nombreuses, triquètres, hérissées, d'un bout à l'autre, sur les trois angles, de barbellules très-fortes et longues; la seconde, qui étoit innommée, et qu'on pourroit appeler *Aurelia amplexicaulis*, a l'aigrette composée ordinairement de deux ou trois, rarement de quatre, cinq ou six squamellules, larges, laminées, linéaires, subtriquètres, foiblement barbellulées sur les deux bords latéraux seulement.

Les Psiadiées, qui suivent naturellement les Grindéliées, s'en distinguent fort bien, ainsi que des autres Solidaginées, par leur disque composé de fleurs mâles, et par leur couronne

---

1 Dans notre article GRINDÉLIE (tome XIX, page 462), les feuilles sont dites *pulvérulentes* (ligne 14) : c'est une faute d'impression, que nos lecteurs sont invités à corriger, en lisant *pubérulentes*, c'est-à-dire un peu pubescentes.

disposée sur plus d'un rang, ce qui est une conséquence assez ordinaire de la masculinité du disque.

4. Notre genre *Elphegea* paroît avoir été entrevu par Commerson ; car l'*Elphegea crenata* porte, dans son herbier, le nom d'*Epilatoria* : mais M. Persoon (*Syn. pl.*, t. 2, p. 423) prétend qu'il nommoit *Glutinaria* l'*Elphegea minor*. Cependant, selon M. de Jussieu, le *Glutinaria* de Commerson est le *Terminalia angustifolia*.

5. Notre genre *Sarcanthemum*, fondé sur la *Conyza coronopus* de M. de Lamarck, se distingue des deux autres genres de ce groupe par des caractères très-remarquables : la calathide n'est point radiée, mais discoïde, les fleurs de la couronne, disposées sur plusieurs rangs, ayant leur languette demi-avortée ; le clinanthe est garni d'appendices laminés, dont les extérieurs ressemblent à de vraies squamelles ; les ovaires de la couronne n'ont qu'un rudiment presque imperceptible d'aigrette stéphanoïde, les faux-ovaires du disque, réduits au bourrelet basilaire, ont une longue aigrette de squamellules entregreffées à la base. filiformes-laminées et nues ; les corolles du disque et de la couronne offrent une partie très-épaisse et coriace-charnue. (Voyez le Bulletin des Sciences de Mai 1818, pag. 74.)

6. Le genre *Psiadia* de Jacquin, rapporté par d'autres botanistes au *Conyza*, au *Solidago*, à l'*Erigeron*, se trouve bien auprès du *Sarcanthemum*, à cause de sa couronne bisériée, multiflore, à languettes courtes, et de ses ovaires glabres ; en même temps qu'il confine au genre suivant, à cause de la structure de son aigrette.

7. Notre genre *Nidorella* offre les caractères suivans :

Calathide petite, subglobuleuse, subdiscoïde, quasi-radiée, ou courtement radiée : disque multiflore, régulariflore, androgyni-masculiflore ; couronne plurisériée, multiflore, plus ou moins radiante, liguliflore, féminiflore. Péricline probablement hémisphérique, à peu près égal aux fleurs du disque ; formé de squames paucisériées, un peu inégales, irrégulièrement imbriquées, appliquées, oblongues-lancéolées, aiguës, les extérieures plus courtes, foliacées, les intérieures membraneuses. Clinanthe planiuscule, un peu convexe, nu, fovéolé ou un peu alvéolé. *Fleurs du disque* : Ovaire (proba-

blement stérile) court, chargé de glandes ; aigrette semblable à celle des ovaires de la couronne. Corolle à cinq divisions
oblongues-aiguës. Anthères privées d'appendices basilaires.
Style androgynique (d'Astérée), à deux stigmatophores libres.
Fleurs de la couronne : Ovaire oblong, hispide, privé de bourrelet apicilaire ; aigrette longue, composée de squamellules
unisériées, contiguës, filiformes, très-barbellulées. Corolle à
languette jaune, courte, large, très-variable, souvent anomale, ovale ou linéaire, ordinairement bilobée, quelquefois
profondément bifide.

N*idorella foliosa*, H. Cass. (*Erigeron fœtidum* et *Inula fœtida*,
Lin.) Tige herbacée, dressée, simple, épaisse, cylindrique,
striée, hispide, très-garnie de feuilles nombreuses, rapprochées ; feuilles sessiles, longues, étroites, oblongues-lancéolées ou linéaires, très-entières, glabriuscules ou hispidules, parsemées de glandes, étrécies inférieurement, obtuses
au sommet, qui est un peu apiculé ou surmonté d'une petite
pointe ; calathides nombreuses, disposées en un corymbe terminal, dont les ramifications sont hérissées de poils et parsemées de glandes ; chaque calathide ayant environ deux lignes
de diamètre ; fleurs jaunes.

Nous avons fait cette description générique et spécifique
sur deux échantillons secs, étiquetés *Erigeron fœtidum*, Lin.,
dans les herbiers de MM. de Jussieu et Desfontaines. Les languettes de la couronne étant plus ou moins courtes, la radia-
tion de la calathide est tantôt presque nulle, tantôt très-ma-
nifeste : c'est pourquoi nous pensons que la même plante a
été nommée tantôt *Erigeron fœtidum* et tantôt *Inula fœtida*,
suivant cette variation accidentelle.

Ce nouveau genre, exactement intermédiaire entre le
Psiadia et l'*Euthamia*, se distingue suffisamment de l'un et de
l'autre. En effet, dans le *Psiadia*, le disque n'a qu'environ
douze fleurs, évidemment mâles, à faux-ovaire presque nul ;
les ovaires de la couronne sont parfaitement glabres, et surmontés d'un gros bourrelet apicilaire charnu, très-remarquable, comme articulé sur l'ovaire, dont il est séparé par
un étranglement. Quant à l'*Euthamia*, qui va être décrit ci-
après, il se distingue du *Nidorella*, par la forme de sa calathide, par la forme et la structure de son péricline, par sa

couronne unisériée, par son disque androgyniflore, et par plusieurs autres caractères. La masculinité du disque est douteuse dans le *Nidorella*, parce que ses stigmatophores paraissant bien conformés, elle ne peut résulter que de la stérilité des ovaires, qui nous semble probable, mais dont nous n'avons pas pu nous assurer pleinement sur les calathides sèches que nous avons analysées. Les anthères et les stigmatophores sont tantôt exserts, tantôt inclus.

8. Le genre *Euthamia* de M. Nuttal est placé au commencement des Solidaginées vraies, à cause de ses rapports avec les *Nidorella* et *Psiadia*, auxquels il ressemble par sa couronne multiflore, à languettes courtement radiantes. Ce genre n'ayant point été décrit dans le tome XVI de ce Dictionnaire, où il auroit dû se trouver, il faut réparer cette omission, en traçant ici les caractères génériques observés par nous sur la *Chrysocoma graminifolia* de Linné.

EUTHAMIA. Calathide oblongue, quasi-radiée : disque pluri-multiflore, régulariflore, androgyniflore; couronne unisériée, continue, multiflore, liguliflore, féminiflore. Péricline oblong, subcylindracé, inférieur aux fleurs; formé de squames inégales, paucisériées, irrégulièrement imbriquées, appliquées, ovales ou oblongues, obtusiuscules, un peu concaves, subfoliacées, uninervées, un peu glutineuses; les intérieures oblongues, submembraneuses, à partie inférieure plus étroite et linéaire. Clinanthe planiuscule, fovéolé, à réseau saillant, charnu, denté. *Fleurs du disque:* Ovaire non comprimé, oblong, velu ; aigrette longue, composée de squamellules inégales, filiformes, peu barbellulées. Corolle à limbe plus large dès sa base que le sommet du tube. Étamines à filets libérés au sommet du tube de la corolle; anthères exsertes. *Fleurs de la couronne:* Ovaire et aigrette comme dans les fleurs du disque. Corolle à tube long et grêle; languette jaune, à partie inférieure plus étroite, dressée, semi-tubuleuse, embrassant le style, à partie supérieure plus large, étalée, arquée en dehors, ordinairement tridentée au sommet.

Les fleurs de la couronne sont longues à peu près comme celles du disque, et au nombre d'environ vingt-deux; celles du disque sont au nombre de dix à vingt. Le clinanthe n'est point du tout garni de soies, comme le prétend M. Nuttal.

C'est sans doute aussi par erreur que, dans le *Systema vegeta-bilium*, il est dit que la calathide est tantôt incouronnée, tantôt pourvue d'une couronne bleue : cette couronne existe constamment, et sa couleur est toujours d'un jaune très-prononcé.

9. Le genre *Solidago* suit immédiatement l'*Euthamia*, auquel il ressemble beaucoup, mais dont il se distingue suffisamment. Ses caractères n'ayant jamais été bien précisés, il convient d'exposer ici ceux que nous lui attribuons.

Solidago. Calathide oblongue, radiée : disque pluriflore, régulariflore, androgyniflore ; couronne unisériée, plus ou moins interrompue, pauci-pluriflore, liguliflore, féminiflore. Péricline oblong, subcylindracé, inférieur aux fleurs du disque ; formé de squames inégales, paucisériées, irrégulièrement imbriquées, appliquées, ovales-oblongues, obtuses, coriaces-foliacées, uninervées, membraneuses sur les bords. Clinanthe petit, plan, alvéolé, à cloisons épaisses, charnues, ordinairement dentées. Ovaires pédicellulés, un peu comprimés, oblongs, striés, ordinairement plus ou moins velus, quelquefois glabres, pourvus d'un bourrelet apicilaire ; aigrette longue, irrégulière, composée de squamellules nombreuses, inégales, filiformes, barbellulées, amincies au sommet. Corolles de la couronne à tube long, à languette jaune, ordinairement courte, large, elliptique, plurinervée, étalée ; quelquefois longue, étroite, arquée en dehors. Corolles du disque à limbe quinquéfide, ayant une portion de sa partie indivise confondue extérieurement avec le tube, dont elle ne se distingue que par la libération des filets des étamines ; lanières longues ; incisions inégales. Étamines à filet jaune ; article anthérifère blanchâtre. Stigmatophores exserts.

Les corolles du disque sont remarquables en ce que la partie inférieure du-limbe est confondue avec le tube. Ce caractère, indiqué dans notre Mémoire sur la corolle des Synanthérées (Journ. de phys., tom. 82, pag. 130), et négligé par tous les autres botanistes, est l'un des plus essentiels du genre *Solidago*, quoiqu'il se rencontre aussi dans quelques autres Astérées. La partie inférieure du limbe de la corolle étant absolument conforme au tube, les filets des étamines semblent n'être greffés qu'à la partie inférieure de ce tube, comme dans les Inulées : mais ce n'est, suivant nous, qu'une fausse apparence, parce que, dans un même groupe naturel, la forme du limbe de la corolle est bien plus variable que le lieu de l'insertion ou de la libération des étamines. Quoi qu'il en soit, le caractère dont il s'agit suffiroit seul pour distinguer des *Solidago*, où il existe constamment, l'*Euthamia* qui ne l'offre point. La couleur jaune de la couronne est un caractère non moins essentiel, et qui doit probablement faire attribuer le *Solidago bicolor* à notre genre *Eurybia*. L'appendice apicilaire de l'anthère est quelquefois aigu dans les *Solidago*, comme dans les Buphthalmées. L'article anthérifère est blanc, tandis que le vrai filet est jaune : c'est l'inverse de ce qui a lieu chez beaucoup d'autres Astérées. Nous divisons le genre *Solidago* en deux sections : la première, plus rapprochée de l'*Euthamia*, et caractérisée par la couronne presque continue, composée d'environ dix à quinze fleurs, a les languettes plus longues, plus étroites, quelquefois arquées en dehors ; la seconde, caractérisée par la couronne très-interrompue, et composée d'environ cinq fleurs, a les languettes plus courtes, plus larges, point arquées.

10. Notre genre *Diplopappus* ne doit plus admettre que les espèces à couronne jaune, sur lesquelles nous l'avions d'abord principalement fondé : les espèces dont la couronne n'est point jaune seront désormais attribuées aux genres *Stenactis* ou *Diplostephium*. Cinq ans après la publication du *Diplopappus*, M. de Jussieu nous a fait voir une note manuscrite de M. Rafinesque, où il est dit que ce botaniste a nommé *Diplogon* un genre comprenant l'*Inula mariana* et autres à double aigrette. Mais M. R. Brown avoit précédemment appliqué ce nom à un genre de Graminées. Le genre *Chrysopsis* de M. Nuttal, qui n'a été publié qu'en 1818, à Philadelphie, correspond aussi à notre *Diplopappus*, publié à Paris un an auparavant. M. Nuttal considère son *Chrysopsis* comme un sous-genre de l'*Inula*, qui pourtant n'est pas de la même tribu naturelle ; et il admet dans le *Chrysopsis* plusieurs espèces dont la couronne n'est point jaune, et que nous rapportons au *Galatella*, au *Diplostephium*, au *Callistephus*.

11. Notre genre *Heterotheca*, qui a la couronne jaune, comme le *Diplopappus*, se rapproche, ainsi que lui, des Lé-

pidophyllées, en ce que l'aigrette de ces deux genres offre des squamellules laminées, membraneuses.

12. Le genre *Brachyris* de M. Nuttal, qui ressemble beaucoup extérieurement à l'*Euthamia*, se rapproche par là des Solidaginées vraies.

13. Le genre *Gutierrezia* de M. Lagasca, très-analogue au *Brachyris* par le port, s'en distingue par les squames du péricline réfléchies au sommet, comme celles de l'*Heterotheca*, et par le clinanthe garni d'appendices probablement à peu près semblables à ceux du *Sarcanthemum*.

14. Notre genre *Lepidophyllum* diffère beaucoup des deux précédens par son port, qui le rapproche de certaines Baccharidées. Il se distingue d'ailleurs du *Brachyris* par son aigrette, et du *Gutierrezia* par son péricline et son clinanthe.

15. Le genre *Pterophorus* de Vaillant doit conserver ce nom, dont les deux dernières syllabes ont été changées, je ne sais pourquoi. La seule espèce admise par Vaillant doit aussi être considérée comme le vrai type de ce genre, beaucoup mieux conçu par cet ancien botaniste que par la plupart de ses successeurs. Voici les caractères génériques que nous avons observés sur un échantillon sec de *Pteronia camphorata*, Lin.

Pterophorus. Calathide incouronnée, équaliflore, multiflore, régulariflore, androgyniflore. Péricline subhémisphérique, formé de squames paucisériées, imbriquées, appliquées, lancéolées, coriaces, finement denticulées sur les bords, à partie supérieure inappliquée, appendiciforme, munie d'une grosse glande oblongue, nerviforme. Clinanthe large, plan, hérissé de fimbrilles nombreuses, longues, inégales, filiformes-laminées, entregreffées inférieurement. Ovaires comprimés bilatéralement, oblongs, glabres; aigrette caduque, composée de squamellules nombreuses, inégales, plurisériées, entregreffées à la base, filiformes, barbellulées. Corolles subrégulières, à tube court, cannelé, à limbe peu distinct du tube, et divisé par des incisions presque égales en cinq ou six lanières oblongues, aiguës, surmontées d'une corne conique, calleuse. Étamines à filet glabre, blanchâtre; article anthérifère long, conforme au filet, jaune-orangé (analogue à celui du *Grammarthron*); appendice apicilaire demi-lancéolé, aigu; appendices basilaires nuls ou presque nuls. Style (d'Astérée) à deux stigmatophores libres, longs, un peu arqués, l'un vers l'autre, ayant leur partie inférieure plus courte, laminée, bordée de deux petits bourrelets stigmatiques, et la partie supérieure plus longue, demi-cylindrique, hispide extérieurement.

16. Le genre *Scepinia* de Necker, négligé jusqu'ici par tous les botanistes, qui le confondent avec le précédent, est pourtant bien distinct, et doit nécessairement être adopté. Voici les caractères que nous lui attribuons.

SCEPINIA. Calathide incouronnée, équaliflore, pluriflore, régulariflore, androgyniflore. Péricline ovoïde-oblong, un peu inférieur aux fleurs; formé de squames régulièrement imbriquées, appliquées, coriaces, arrondies au sommet, qui, sur les squames intérieures, est muni d'une bordure scarieuse. Clinanthe plan, alvéolé, à cloisons dentées; quelques dents prolongées en fimbrilles inégales, courtes, épaisses, subulées. Ovaires comprimés bilatéralement, obovoïdes, tout couverts de poils très-longs, très-fins, biapiculés; aigrette composée de squamellules très-nombreuses, très-inégales, plurisériées, flexueuses, filiformes, barbellulées. Corolles à limbe également et profondément divisé en cinq lanières longues, linéaires. Étamines (d'Astérée) à anthère très-longue, privée d'appendices basilaires. Style (d'Astérée) à stigmatophores très-longs.

Nous avons fait cette description sur un échantillon sec, étiqueté *Pteronia glomerata* dans l'herbier de M. de Jussieu. Sa tige est ligneuse; ses rameaux sont opposés, ainsi que les feuilles, qui sont rapprochées, comme imbriquées, petites, épaisses, charnues; chaque calathide contient environ onze fleurs. L'affinité de cette plante avec le *Lepidophyllum* est manifeste.

17. Le genre *Crinita* de Mœnch sera mieux nommé *Crinitaria*, parce qu'un adjectif ne peut pas être employé comme nom générique. Ce genre, confondu avec le *Chrysocoma*, seroit plus convenablement réuni au *Scepinia*, dont il diffère beaucoup, il est vrai, par le port, mais dont il se distingue à peine par ses caractères génériques.

CRINITARIA. Calathide oblongue, incouronnée, équaliflore, pauci-pluriflore, régulariflore, androgyniflore. Péricline

subcylindracé , très-inférieur aux fleurs : formé de squames
inégales , paucisériées , irrégulièrement imbriquées , entièrement appliquées, ovales-oblongues, obtuses. Clinanthe petit ,
planiuscule, plus ou moins profondément alvéolé, à cloisons
charnues, dentées. Ovaires oblongs, velus; aigrette longue ,
irrégulière , persistánte , comme chiffonnée , grisâtre ou roussâtre, composée de squamellules très-nombreuses, très-inégales,
plurisériées, flexueuses, filiformes, amincies au sommet, très-
barbellulées. Corolles droites, à tube long, à limbe très-profondément divisé, par des incisions un peu inégales, en cinq
lanières très-longues. Étamines ayant les filets jaunâtres, les
articles anthérifères courts, jaunes-orangés , les anthères
exsertes.

Ces caractères nous ont été fournis par la *Chrysocoma biflora* de Linné, sur laquelle Mœnch a fondé son genre , et
par la *Conyza oleæfolia* de Lamarck, qui , d'après nos observations, appartient aussi au *Crinitaria*. Ajoutons , pour distinguer ce genre du *Scepinia*, que les espèces qui s'y rapportent ont la tige herbacée, les feuilles alternes et longues,
les calathides corymbées ou paniculées, et qu'elles n'habitent
pas la région du cap de Bonne-Espérance. La *Chrysocoma
villosa* de Linné, dont les caractères génériques ont été décrits
et figurés par Gærtner , est indubitablement une espèce de
Crinitaria, intermédiaire entre la *punctata* et l'*oleæfolia*.

18. Notre genre *Linosyris*, analogue par le port au *Crinitaria*, s'en distingue fort bien , ainsi que du vrai *Chrysocoma*,
par son péricline, dont les squames sont surmontées d'un long
appendice foliacé, subulé, étalé. Ce caractère le rapproche
du *Pterophorus*, qui seroit probablement mieux placé entre
le *Linosyris* et le *Chrysocoma* : cette nouvelle disposition auroit de plus l'avantage de rapprocher immédiatement les deux
genres *Lepidophyllum* et *Scepinia*.

LINOSYRIS, H. Cass. (*Chrysocoma linosyris*, Lin.) Calathide
incouronnée, équaliflore, multiflore, régulariflore, androgyniflore. Péricline campanulé, inférieur aux fleurs ; formé
de squames imbriquées, appliquées, ovales-oblongues, coriaces, surmontées d'un long appendice étalé, linéaire-subulé,
foliacé. Clinanthe large , planiuscule , fovéolé, à cloisons
basses, charnues, dentées. Ovaires pédicellulés, oblongs, un

peu comprimés bilatéralement, tout couverts de longs poils ; aigrette point blanche, plus courte que la corolle, composée de squamellules très-nombreuses, très-inégales, plurisériées, filiformes, amincies au sommet, très-barbellulées. Corolles à limbe bien distinct du tube, et profondément divisé en cinq lanières très-longues, linéaires, très-étalées, arquées en dehors. Anthères élevées au-dessus de la corolle. Stigmatophores élevés au-dessus des anthères.

19. Le vrai genre *Chrysocoma*, tel que nous le concevons, ayant pour type la *Chrysocoma coma-aurea*, Lin., n'admettra probablement que des espèces de l'Afrique australe, à tige ligneuse, à feuilles alternes, et à calathides solitaires, terminales, offrant les caractères suivans.

Chrysocoma. Calathide plus large que haute, subglobuleuse, incouronnée, subradiatiforme, multiflore, régulariflore, androgyniflore. Péricline large, hémisphérique - campanulé, très-inférieur aux fleurs ; formé de squames inégales, paucisériées, irrégulièrement imbriquées, appliquées, oblongues-lancéolées, aiguës, coriaces, membraneuses sur les bords. Clinanthe large, plan, fovéolé ou alvéolé, à cloisons peu élevées, charnues, dentées. Ovaires pédicellulés, comprimés bilatéralement, obovales - oblongs, hispidules ; aigrette blanche, un peu caduque, plus courte que la corolle, composée de squamellules unisériées, contiguës, à peu près égales, filiformes, barbellulées, épaissies vers le sommet. Corolles extérieures très-arquées en dehors, à limbe très-long, tubuleux, étalé horizontalement, courtement quinquélobé ; les corolles centrales sont droites. Étamines ayant l'article anthérifère long et jaune ; anthères incluses, privées d'appendices basilaires. Style (d'Astérée) à stigmatophores exserts.

Dans la troisième et dernière édition du *Species plantarum* de Linné, le genre *Chrysocoma* est composé de neuf espèces : la première (*oppositifolia*) est bien probablement une *Scepinia* ; les quatre suivantes (*coma-aurea*, *cernua*, *ciliata*, *scabra*) composeront le vrai genre *Chrysocoma* ; la sixième (*linosyris*) constitue notre genre *Linosyris* ; les septième et neuvième (*biflora* et *villosa*) sont des *Crinitaria* ; la huitième (*graminifolia*) est une *Euthamia*.

La *Chrysocoma coma-aurea* nous a offert une fois des calathides radiées, à couronne unisériée, liguliflore, féminiflore, ayant les languettes blanches, courtes, tridentées. Ce n'est qu'une monstruosité produite par une variation accidentelle, plus ou moins fréquente chez beaucoup d'autres synanthérées, et qui ne doit avoir aucune influence sur l'appréciation des caractères.

20. M. Desfontaines a décrit et figuré dans sa Flore atlantique (tom. 2, pag. 269, tab. 232), sous le nom de *Conyza chrysocomoides*, un arbuste qui ne diffère génériquement des vraies *Chrysocoma* que par la présence d'une couronne de fleurs femelles tubuleuses, non radiantes. Mais ce botaniste, dans son Histoire des arbres et arbrisseaux (tom. 1, p. 292), prétend avoir vu, sur plusieurs individus cultivés au Jardin des plantes, ces fleurs marginales s'alonger en tubes, puis s'aplatir et se transformer, au bout de quelques années, en languettes d'une belle couleur violette. C'est pourquoi, dans son Tableau de l'école de botanique (2.ᵉ édit., pag. 121), il les nomme *Aster chrysocomoides*. Cette métamorphose, dont nous connoissons plusieurs exemples bien constatés, ne seroit pas plus extraordinaire que tant d'autres produites par des circonstances accidentelles dans une multitude de plantes. Cependant nous doutons beaucoup qu'elle existe réellement dans le cas particulier dont il s'agit, parce que nous avons tout lieu de croire que l'*Aster chrysocomoides* du Jardin du Roi diffère spécifiquement de la *Conyza chrysocomoides* de la Flore atlantique, même en faisant abstraction de la couronne radiante et ligulée. Quoi qu'il en soit, nous soutenons que les monstruosités, ou variations accidentelles, ne doivent jamais être prises en considération pour la détermination des genres, bien qu'elles soient fort utiles pour indiquer les affinités naturelles. Si donc il est certain que la plante en question ait constamment la couronne tubuleuse et non radiante, dans le pays dont elle est originaire, cela suffit, selon nous, pour autoriser l'établissement d'un nouveau genre, voisin du *Chrysocoma*; et si la métamorphose dont on parle est réelle, il en résultera seulement une nouvelle preuve de l'affinité qui existe indubitablement entre le groupe des Chrysocomées et celui des Astérées-Prototypes vraies, quoique des considérations plus graves nous aient empêché de rapprocher immédiatement ces deux groupes.

NOLLETIA , H. Cass. (*Conyza chrysocomoides* , Desf.) Calathide discoïde : disque multiflore , régulariflore , androgyniflore ; couronne unisériée , tubuliflore , féminiflore. Péricline
un peu inférieur aux fleurs du disque , formé de squames imbriquées , appliquées , oblongues - lancéolées. Clinanthe un
peu alvéolé. Ovaires obovales-oblongs , très-comprimés , garnis' de très-petits poils : aigrette longue , blanche , caduque ,
composée de squamellules unisériées , contiguës , égales , filiformes , barbellulées. Corolles de la couronne courtes , étroites , tubuleuses , cylindriques , comme tronquées au sommet.
Corolles du disque à tube court , à limbe long , infundibuliforme , divisé en cinq lobes courts. Anthères privées d'appendices basilaires. (Ces caractères génériques ont été observés par nous sur un échantillon sec , recueilli en Barbarie
par M. Desfontaines.)

Le genre *Nolletia* ne peut être confondu , ni avec le vrai
Conyza , qui est de la tribu des Inulées , ni avec le *Dimorphanthes* , dont la couronne est plurisériée. Il se rapproche des
Baccharidées vraies , par sa couronne de fleurs femelles , tubuleuses.

21. Le genre *Sergilus* de Gaertner , mal décrit par cet auteur ,
et réuni au *Baccharis* par Swartz et M. Brown , est provisoirement conservé par nous , parce qu'il semble résulter de
nos observations que cette plante ne seroit point parfaitement
dioïque , comme les vrais *Baccharis* , mais subdioïque comme
les *Petasites*. La calathide sèche , que nous avons analysée ,
étoit composée d'un petit nombre de fleurs : les intérieures
mâles , à corolle régulière ; les extérieures à peu près semblables en apparence aux intérieures , mais réellement femelles , à corolle ambiguë , contenant de fausses étamines.
Le péricline , inférieur aux fleurs , est formé de squames imbriquées , appliquées , ovales , obtuses. Le clinanthe est petit ,
convexe , nu. Les ovaires extérieurs et les faux-ovaires intérieurs sont courts , cylindracés , cannelés ; leur aigrette , plus
longue que la corolle , est composée de squamellules subunisériées , à peu près égales , chiffonnées , filiformes , épaissies
et barbellées en leur partie supérieure. Les étamines n'ont
point d'appendices basilaires.

22. Le vrai genre *Baccharis* de Richard nous a offert les
caractères suivans.

Dioïque. *Calathide mâle* pluri-multiflore, régulariflore. Péricline égal ou inférieur aux fleurs, subcylindracé ou subhémisphérique ; formé de squames imbriquées, appliquées, ovales, obtuses, coriaces, membraneuses sur les bords; les squames intérieures linéaires. Clinanthe planiuscule, rarement conique, ordinairement fovéolé ou alvéolé. Faux-ovaires semi-avortés ; aigrette irrégulière, courbée, composée de squamellules inégales, chiffonnées, filiformes, épaisses, barbellulées, souvent barbellées au sommet. Styles simples. *Calathide femelle* multiflore, tubuliflore. Péricline et clinanthe à peu près comme dans la calathide mâle. Ovaires obovoïdes, un peu comprimés bilatéralement, glabres, munis d'environ dix côtes longitudinales et d'un bourrelet apicilaire ; aigrette longue, irrégulière, courbée, composée de squamellules nombreuses, inégales, entregreffées à la base, chiffonnées, filiformes, irrégulièrement barbellulées. Corolles tubuleuses, grêles.

La plante nommée, dans l'herbier de M. de Jussieu, *Eupatorium spicatum*, Lam., nous a présenté des caractères à peu près semblables à ceux qu'on vient de lire, et doit être attribuée au genre *Baccharis :* les calathides de l'individu mâle semblent réunies en un capitule terminal, qui est réellement une sorte d'épi serré; le clinanthe est petit, conique, peu élevé, alvéolé ; l'aigrette est composée de squamellules subunisériées, presque égales, longues, filiformes, nues inférieurement, dilatées et irrégulièrement barbées au sommet; la corolle est divisée en lanières, très-longues, linéaires. Nous n'avons point observé l'individu femelle. Dans quelques espèces de *Baccharis*, l'aigrette des fleurs mâles a ses squamellules garnies sur deux côtés de longues barbellules, ou plutôt des barbelles, très-rapprochées, et qui semblent entregreffées, de sorte que cette aigrette ressemble un peu à celle du *Lepidophyllum*.

23. Les *Baccharis humifusa* et *sinuata* de M. Kunth, ayant le clinanthe garni d'appendices squamelliformes, analogues à ceux du *Sarcanthemum* et du *Gutierrezia*, doivent, selon nous, constituer un genre particulier, que nous proposons de nommer *Tursenia*, et qui seroit fondé sur ce caractère, suffisant pour le distinguer des vrais *Baccharis*.

Le même botaniste a rapporté, avec plus ou moins de doute, au genre *Baccharis* trois espèces, dont les deux premières (*assuensis* et *fuliginea*) nous semblent pouvoir appartenir au genre *Oligocarpha*, qui n'est point de la tribu des Astérées, mais de celle des Vernoniées; la troisième (*veneta*), que M. Kunth paroît être tenté d'attribuer au genre *Serratula*, seroit bien plutôt, à nos yeux, une espèce peu douteuse du genre *Scepinia*. Mais, comme nous n'avons point vu les trois plantes en question, les idées que nous en avons conçues se bornent à de simples conjectures, qui méritent toutefois d'être vérifiées.

24. Notre genre *Fimbrillaria* diffère des autres Baccharidées vraies, en ce que les espèces qui s'y rapportent ne sont ni dioïques, comme les *Baccharis* et *Tursenia*, ni subdioïques, comme le *Sergilus*. Ajoutons que les ovaires ne sont point glabres, mais hispides. Le clinanthe garni de très-longues fimbrilles charnues, irrégulières, inégales et dissemblables, entregreffées inférieurement, rapproche le *Fimbrillaria* du *Tursenia*, tandis que d'une autre part il confine évidemment au *Dimorphanthes*, placé au commencement du groupe des Érigérées.

25. Quoique notre genre *Dimorphanthes* n'ait pas la calathide radiée, il s'accorde bien mieux avec les Astérées-Prototypes qu'avec les Baccharidées; et ses corolles femelles, quelquefois prolongées au sommet en un rudiment de languette demi-avortée, témoignent son affinité avec les Érigérées. Mœnch, qui avoit proposé ce genre sous le nom d'*Eschenbachia*, l'avoit fondé sur un caractère absolument faux, en le distinguant de l'*Erigeron* par la couronne apétale, c'est-à-dire privée de corolles. Le genre *Placus* de Loureiro paroît correspondre aussi à notre *Dimorphanthes*, ou peut-être à notre *Pluchea*, qui est de la tribu des Vernoniées. Notre *Dimorphanthes bidentata* est l'*Erigeron rutilum*, Poir., Encycl., et probablement l'*Erigeron ? scabrum* de M. Persoon. Suivant M. De Candolle (Fl. fr., tom. 4, pag. 140), les fleurs extérieures de la *Dimorphanthes sicula* s'épanouissent quelquefois en une courte languette jaune, d'où il conclut qu'elle appartiendroit plutôt au *Solidago* qu'à l'*Erigeron* : mais, ces languettes étant demi-avortées, comme étiolées, nous pensons

37.

31

que leur couleur ne doit point être prise en considération.

26. Notre genre *Laennecia* ne diffère du *Dimorphanthes* que par l'aigrette double, l'extérieure courte et laminée, l'intérieure longue et filiforme.

27. Notre genre *Trimorphœa*, dont la calathide a deux couronnes féminiflores, l'une extérieure liguliflore et radiante, l'autre intérieure tubuliflore et non radiante, se trouve ainsi exactement intermédiaire entre les genres précédens, qui n'ont que la couronne tubuliflore, et les genres suivans, qui n'ont que la couronne liguliflore. Le nom de *Trimorpha*, que nous avions d'abord imposé à ce genre, étant un adjectif, doit être modifié comme nous le proposons ici.

28. Le vrai genre *Erigeron*, ayant pour type l'*Erigeron canadense*, se distingue des *Trimorphœa*, *Laennecia*, *Dimorphanthes*, en ce que les fleurs femelles composant sa couronne sont toutes ligulées; du *Podocoma*, en ce que ses fruits ne sont point collifères; du *Stenactis*, en ce que leur aigrette n'est point double. Est-il bien certain, comme nous l'avons dit (tom. XV, pag. 182; tom. XXIV, pag. 202), qu'il y ait de vrais *Erigeron* à couronne jaune? Nos observations ayant été faites sur des échantillons secs, dans lesquels la couleur des languettes pouvoit être altérée, méritent peu de confiance sur le point en question.

L'*Erigeron longifolium* de MM. Desfontaines et Persoon, auquel M. Nuttal paroît attribuer l'aigrette double, et qui devroit en conséquence être rapporté au genre *Stenactis*, a bien certainement l'aigrette simple, et est un véritable *Erigeron*. Voici la description de la calathide de cette espèce remarquable, observée par nous dans l'herbier de M. Desfontaines.

Calathide radiée : disque multiflore, régulariflore, androgyniflore ; couronne unisériée, multiflore, inéqualiflore, liguliflore, féminiflore. Péricline oblong, cylindracé, égal ou un peu supérieur aux fleurs du disque ; formé de squames un peu inégales, paucisériées, irrégulièrement imbriquées, appliquées, très-longues, oblongues-lancéolées, foliacées, à bords membraneux, à sommet acuminé, subulé, coloré. Clinanthe planiuscule, profondément alvéolé, à cloisons élevées, charnues, dentées. Ovaires longs, comprimés bilatéralement, hispides; aigrette (point double) très-longue, un peu supérieure aux corolles du disque, grisâtre, composée de squamellules uniformes, nombreuses, inégales, plurisériées, filiformes, flexueuses, barbellulées. Corolles de la couronne à languette blanchâtre, longue, étroite, linéaire, très-irrégulière, variable, ordinairement divisée profondément en deux, ou quelquefois en trois lanières. Corolles du disque longues, jaunâtres, à cinq divisions. Anthères libres, arquées en dedans, pourvues de longs appendices apicilaires subulés, et privées d'appendices basilaires. Style et stigmatophores d'Astérée.

Malgré quelques anomalies signalées dans cette description, l'espèce dont il s'agit ne peut pas être exclue du vrai genre *Erigeron*.

29. La plante que nous avons décrite dans ce Dictionnaire (tom. XXV, pag. 97), sous le nom de *Felicia brachyglossa*, est probablement l'*Aster cymbalariæ* de Willdenow et la *Cineraria hirsuta* de Ventenat. Quoi qu'il en soit, cette plante fort remarquable et très-difficile à bien classer, ne peut point appartenir au genre *Cineraria*, qui est de la tribu des Sénécionées; elle nous semble aussi ne pas s'associer convenablement, soit au genre *Aster*, soit au *Felicia*; et nous croyons qu'elle doit constituer un genre voisin de l'*Erigeron*, et caractérisé comme il suit.

MUNYCHIA. Calathide courtement radiée: disque multiflore, régulariflore, androgyniflore; couronne courte, unisériée, continue, multiflore, liguliflore, féminiflore. Péricline hémisphérico-cylindracé, inférieur aux fleurs du disque; formé de squames paucisériées, irrégulièrement imbriquées, appliquées, étroites, oblongues-lancéolées ou presque linéaires, subcoriaces; les squames intérieures ayant une base épaisse, charnue, gibbeuse, subglobuleuse, et les bords latéraux membraneux. Clinanthe planiuscule, absolument nu, à peine fovéolé. Fruits pédicellulés, comprimés bilatéralement, obovales-oblongs, noirâtres, hispides, bordés d'un bourrelet sur chacune des deux arêtes intérieure et extérieure, et surmontés d'un petit bourrelet apicilaire; aigrette blanche, arquée en dedans, presque aussi longue que le fruit, composée de squamellules unisériées, égales, filiformes, très-

barbellulées. Corolles du disque à cinq divisions. Corolles de
la couronne à languette un peu arquée en dehors, courte,
large, elliptique, ordinairement bidentée au sommet. Style
et stigmatophores d'Astérée.

Ce nouveau genre diffère de l'*Erigeron*, 1.° par les squames
intérieures du péricline, qui ont une base épaisse, charnue,
gibbeuse, subglobuleuse, à peu près comme dans certaines
sénécionées; 2.° par le clinanthe absolument nu, au lieu
d'être pourvu de cloisons saillantes et dentées formant des
alvéoles, comme celui de l'*Erigeron;* 3.° par l'aigrette très-
barbellulée; 4.° par les languettes de la couronne moins
nombreuses, plus larges, elliptiques, et arquées en dehors.
Il diffère plus ou moins de toutes les Érigérées par son port,
et surtout par ses feuilles constamment opposées.

30. Notre genre *Podocoma* se distingue fort bien par ses
fruits collifères, c'est-à-dire atténués supérieurement en un
col, qui rend l'aigrette stipitée, suivant l'expression usitée
par les botanistes. La couronne nous a paru être jaune, sur
les échantillons secs des deux espèces que nous avons observées:
mais il est probable que sa vraie couleur, altérée par la dessiccation, ne seroit point jaune sur les individus vivans.

31. En proposant le genre *Diplopappus*, nous n'avions point
eu égard à la couleur, ni à la largeur des languettes de la
couronne; c'est pourquoi nous y avions successivement admis
des espèces à languettes jaunes, des espèces à languettes blanches et étroites, des espèces à languettes blanches et larges. Cependant nous sentions que cette réunion n'étoit pas très-con-
venable; car nous avions nommé *Diplopappus dubius* (t. XIII,
pag. 309) l'*Aster annuus* de Linné, en faisant observer que
cette espèce et l'*Erigeron delphinifolium*, qui devoit lui être
associé, s'éloignent des vrais *Diplopappus*. Quelque temps
après, nous avons dit (tom. XXV, pag. 96) que le genre *Diplopappus* devoit être divisé en deux sections : la première,
intitulée *Asteroides*, ou vrais *Diplopappus*, caractérisée par le
péricline réellement imbriqué, et la couronne unisériée, à
languettes moins étroites et ordinairement jaunes, comprenant les *Diplopappus lanatus*, *intermedius*, *villosus*, *lavanduli-
folius;* la seconde, intitulée *Erigeroides*, ou faux *Diplopappus*,
caractérisée par le péricline de squames ordinairement à peu

près égales, et la couronne souvent plurisériée, multiflore, à languettes très-étroites et blanches, comprenant les *Diplopappus dubius, delphinifolius, pubescens, gnaphalioides*. Aujourd'hui, la distinction établie par nous entre les Solidaginées, les Érigérées et les Astérées-Prototypes vraies, nous oblige à distribuer tous nos *Diplopappus* en trois genres, dont le premier, nommé *Diplopappus*, conservera seulement les espèces à couronne jaune; le second, nommé *Stenactis*, n'aura que les espèces à languettes étroites et point jaunes; le troisième, qui est le *Diplostephium* de M. Kunth, seroit uniquement composé d'espèces à languettes larges et point jaunes.

STENACTIS. Calathide radiée : disque multiflore, régulariflore, androgyniflore; couronne uni-bisériée, multiflore, liguliflore, féminiflore. Péricline orbiculaire, convexe, sub-hémisphérique, égal aux fleurs du disque; formé de squames bi-trisériées, à peu près égales, appliquées, linéaires, aiguës, coriaces-foliacées. Clinanthe large, plan ou convexe, plus ou moins fovéolé. Ovaires oblongs, comprimés bilatéralement, hispidules; aigrette double : l'extérieure très-courte, presque stéphanoïde, composée de rudimens de squamellules paléiformes, unisériées; l'intérieure longue, caduque, quelquefois avortée sur les ovaires de la couronne, composée de squamellules peu nombreuses, à peu près égales, unisériées, distancées, filiformes, barbellulées. Corolles de la couronne à languette longue, étroite, linéaire, point jaune.

Nous avons décrit ces caractères génériques sur l'*Aster annuus* de Linné et sur l'*Erigeron delphinifolium* de Willdenow. Ce genre a beaucoup d'affinité avec les fausses Bellidées, auxquelles il seroit peut-être assez convenablement associé. M. Nuttal veut que le nom d'*Erigeron* lui soit exclusivement consacré, parce qu'il nomme *Cænotus* le genre ayant pour type l'*Erigeron canadense*, et qui, selon nous, doit conserver l'ancien nom. L'*Erigeron alpinum*, Lin., que nous avons observé, appartient certainement au genre *Stenactis*, quoique ses caractères génériques diffèrent un peu, sur quelques points, de ceux qu'on vient de lire : mais ces différences, très-légères, n'ont aucune importance.

32. Le genre *Diplostephium*, dont M. Kunth n'a connu qu'une seule espèce, doit probablement en admettre plusieurs

autres confondues dans le genre *Aster*, et notamment l'*Aster amygdalinus*, Lam., qui nous a offert les caractères génériques suivans.

DIPLOSTEPHIUM. Calathide radiée : disque multiflore, régulariflore, androgyniflore ; couronne unisériée, .liguliflore, féminiflore. Péricline subcylindracé, très-inférieur aux fleurs du disque ; formé de squames très-inégales, paucisériées, irrégulièrement imbriquées, appliquées, ovales ou oblongues, obtusiuscules, coriaces, membraneuses sur les bords. Clinanthe plan, alvéolé, à cloisons charnues, dentées. Ovaires pédicellulés, oblongs, hispidules, striés, à cinq côtes ; aigrette double : l'intérieure longue, composée de squamellules très-nombreuses, très-inégales, filiformes, barbellulées ; l'extérieure beaucoup plus courte, peu distincte de l'intérieure, composée de squamellules unisériées, contiguës, très-inégales, filiformes-laminées, membraneuses, subulées, denticulées. Corolles de la couronne à languette longue et large, elliptique-oblongue, plurinervée, tridentée au sommet, point jaune.

M. Nuttal associe avec l'*Aster amygdalinus* les *Aster linifolius* et *humilis*, auxquels il attribue aussi l'aigrette double : mais l'*Aster linifolius*, ayant la couronne neutriflore, a été rapporté par nous au genre *Galatella*; et l'*Aster humilis* ayant, selon Willdenow, les squames du péricline inappliquées, ne paroît pas exactement congénère des vrais *Diplostephium*.

33. Le vrai genre *Aster*, réduit dans les limites que nous lui avons assignées, se distingue du *Diplostephium*, en ce que son aigrette n'est point double ; de l'*Eurybia*, en ce que toutes les squames de son péricline ne sont pas entièrement appliquées d'un bout à l'autre, quelques-unes au moins ayant leur partie supérieure plus ou moins étalée : il se distingue du *Galatella* par sa couronne vraiment féminiflore ; de l'*Olearia* et du *Printzia*, par ses aigrettes non plumeuses ; du *Chiliotrichum*, par son clinanthe nu ; de l'*Agathœa* et du *Charieis*, par son péricline imbriqué.

34. Notre genre *Eurybia* se distingue de l'*Aster* par son péricline, dont toutes les squames sont parfaitement appliquées, depuis la base jusqu'au sommet, au lieu d'être plus ou moins étalées. Cette distinction générique paroît avoir été conçue

par Adanson : car il nommoit *Aster* un genre ayant probablement pour type l'*Aster tripolium*, Lin., et caractérisé, suivant lui, par le péricline presque simple [1] ; tandis qu'il nommoit *Amellus* un autre genre ayant pour type l'*Aster amellus*, Lin., et caractérisé par le péricline imbriqué, à squames divergentes. Nous avons trouvé, parmi les plantes innommées de l'herbier de M. de Jussieu, une nouvelle espéce d'*Eurybia*, que nous pouvons signaler ainsi :

Eurybia Jussiei, H. Cass. Feuilles longuement pétiolées, ovales-oblongues, presque lancéolées, échancrées en cœur à la base, aiguës au sommet, grossièrement dentées en scie, glabriuscules ; calathides disposées en panicule ; péricline égal aux fleurs du disque, formé de squames régulièrement imbriquées, appliquées, obtusiuscules, uninervées, subcoriaces, épaissies au sommet ; les extérieures ovales, les intérieures linéaires ; clinanthe alvéolé ; couronne à languettes très-longues, rubanaires, étrécies supérieurement, non dentées au sommet ; disque jaune, à corolles divisées par des incisions inégales et très-profondes en cinq lanières très-longues, linéaires.

Cette espéce, assez remarquable par la longueur des divisions des corolles du disque, est très-analogue aux *Aster macrophyllus* et *corymbosus*, qui sont aussi des *Eurybia*. Il faut encore rapporter au même genre l'*Aster liratus* (Bot. mag.) et l'*Aster argophyllus*, Labill. : ce dernier a, comme l'*Eurybia Jussiei*, les corolles du disque divisées, presque jusqu'à la base du limbe, en cinq lanières ; les filets de l'aigrette ont le sommet épaissi et comme barbellé, c'est-à-dire très-courtement plumeux ; le disque est composé d'environ sept fleurs jaunâtres, la couronne d'environ cinq fleurs blanches, tridentées ; le clinanthe est petit, nu ; le péricline est étroit et très-inférieur aux fleurs du disque.

Le genre *Eurybia* se trouve ainsi, quant à présent, composé de neuf espèces, nommées *quercifolia*, *fulvida*, *viscosa*, *microphylla*, *Jussiei*, *macrophylla*, *corymbosa*, *lirata*, *argophylla*, et il doit sans doute en admettre plusieurs autres,

---

[1] La plante nommée au Jardin du Roi *Aster lithospermifolius* nous a paru avoir le péricline presque simple.

telles que le *Solidago bicolor*, par exemple. Ce genre, qui ne diffère du *Diplostephium* que par la structure de l'aigrette, a, comme lui, beaucoup de rapports avec le *Solidago*, notamment par la forme et la structure du péricline. Ajoutons que, dans l'*Eurybia*, les corolles du disque ont la partie inférieure du limbe confondue avec le tube, comme dans le *Solidago;* que le disque et la couronne sont souvent pauciflores, et que la couronne est souvent blanche.

35. Notre genre *Galatella* ne diffère de l'*Eurybia* que par les fleurs de sa couronne, qui sont neutres, au lieu d'être femelles. Nous l'avions d'abord nommé *Galatea;* mais, comme ce nom appartient à un genre d'animaux de la classe des Crustacés, il convient de le modifier en changeant un peu sa désinence. La *Galatella albiflora*, décrite dans ce Dictionnaire (tom. XVIII, pag. 58), ressemble tellement au *Linosyris*, que nous serions presque tenté de croire que c'est une espèce de ce genre, devenue radiée accidentellement. Selon M. Nuttal, elle auroit l'aigrette double, comme les *Diplostephium*.

36. Le genre *Olearia* de Mœnch, que nous n'avons point vu, se rapproche du *Galatella* par sa couronne neutriflore : mais il s'en éloigne par son aigrette de squamellules plumeuses, entregreffées à la base, et par son péricline, dont les squames extérieures sont un peu étalées. Son port est aussi très-différent. Est-il bien vrai que l'aigrette soit plumeuse ?

37. Quoique la plante décrite par Bergius sous le nom d'*Inula cernua*, ne nous soit connue que par sa description, nous n'hésitons pas à dire qu'elle n'appartient ni au genre *Inula*, ni à la tribu des Inulées, mais bien à la tribu des Astérées, dans laquelle elle doit constituer un nouveau genre, très-voisin de l'*Olearia*, et que nous dédions à la mémoire de Printz, auteur d'un écrit sur les plantes rares d'Afrique, inséré dans le sixième volume des *Amœnitates academicæ*.

Notre genre *Printzia* se distingue de l'*Olearia*, principalement par son péricline formé de squames presque égales, disposées sur deux rangs. Ajoutons que l'aigrette n'est que barbellée, c'est-à-dire courtement plumeuse, que les anthères sont pourvues d'appendices basilaires probablement analogues à ceux du *Grindelia*, et que la couronne est féminiflore,

Il nous paroît assez vraisemblable que le genre *Lioydia* de Necker, interposé par lui entre l'*Inula* et le *Solidago*, correspond à notre *Printzia*. Cependant Necker attribue à son *Lioydia* le péricline simple, formé d'une seule pièce divisée en dix segmens contigus; et dans un autre article il remarque que les *Tussilago* et *Petasites* ont de l'affinité avec le *Lioydia*. Ce genre de Necker est donc beaucoup trop problématique pour qu'on puisse se permettre d'appliquer le nom générique de *Lioydia* à la plante de Bergius.

38. Notre genre *Chiliotrichum*, analogue par le port aux deux précédens, se distingue facilement de toutes les Astérées-Prot. ypes, par son clinanthe garni de squamelles.

39. Noʋ genre *Agathœa*, dont le péricline est formé de squames égales, disposées sur un seul rang, se rapproche ainsi du *Printzia*. Les deux espèces d'*Agathœa* ont la tige ligneuse ; mais les feuilles sont opposées dans l'*Agathœa cœlestis*, et alternes dans l'*Agathœa microphylla*.

40. Notre genre *Charieis* ressemble à l'*Agathœa* par son péricline; mais l'aigrette est plumeuse sur les fruits du disque et nulle sur ceux de la couronne.

La section suivante offre d'abord le groupe des Fausses Bellidées, composé de huit genres ayant tous plus ou moins d'affinité avec les Astérées-Prototypes.

41. Le genre *Amellus*, placé au commencement de ce groupe, se rapproche surtout du groupe précédent, et en particulier du genre *Chiliotrichum*, auquel il ressemble par son clinanthe squamellé, mais dont il diffère beaucoup sous plusieurs autres rapports. Nous profitons de l'occasion qui se présente, pour décrire une nouvelle espèce d'*Amellus*.

Amellus anisatus, H. Cass. Tige probablement herbacée, ayant le cylindre médullaire très-large et le tube ligneux peu épais; longue de plus de dix pouces (dans l'échantillon, sec et incomplet que nous décrivons), probablement dressée, simple, un peu flexueuse, grêle, cylindrique, un peu striée; très-garnie de poils blancs, appliqués, très-petits, entremêlés de quelques poils rares, très-longs, articulés; deux rameaux latéraux, alternes, simples, divergens, nés à quelque distance du sommet de la tige; feuilles alternes, distantes, presque dressées, absolument sessiles, longues d'environ un pouce et demi, larges d'environ une ligne, linéaires, ordinairement terminées en pointe obtuse, toujours très-entières sur les bords, sans aucune dent, uninervées, hérissées sur les deux faces de petits poils blancs très-nombreux, courts et roides; la face inférieure offrant en outre quelques longs poils articulés; trois calathides grandes, solitaires au sommet de la tige et des deux rameaux; péricline hérissé de poils courts et longs; les squames intérieures un peu violettes au sommet; disque jaune; couronne probablement violette; clinanthe très-manifestement conique; aigrette intérieure composée ordinairement de deux, souvent de trois ou quatre, rarement de cinq squamellules. On trouve, dans le disque, des fleurs mâles, ou à ovaire stérile, mêlées parmi les vrais hermaphrodites à ovaire fertile; les ovaires stériles portent deux grosses glandes immédiatement au-dessous de l'aigrette extérieure.

Les vrais caractères du genre *Amellus*, que nous avons décrits dans ce Dictionnaire (tom. XXVI, pag. 210), ont été observés par nous sur l'*Amellus lychnitis*, et sur l'*Amellus anisatus*, que nous confondions alors avec l'*Amellus annuus*, Willd., auquel il ressemble beaucoup: cependant l'*anisatus* nous paroît aujourd'hui se distinguer suffisamment de l'*annuus* par ses feuilles qui n'offrent aucune dent. Cette plante, recueillie par Sonnerat, probablement au cap de Bonne-Espérance, étoit innommée dans l'herbier de M. de Jussieu, où nous l'avons observée. Les calathides, quoique desséchées depuis bien long-temps, exhalent encore, lorsqu'on les froisse, une forte odeur d'anis, émanée sans doute des glandes que portent les squamelles du clinanthe et les corolles du disque.

42. Notre genre *Felicia*, réduit à la seule espèce sur laquelle nous l'avions d'abord fondé, appartient sans aucun doute aux fausses Bellidées. Il faut en exclure la *Felicia brachyglossa*, qui constitue le genre *Munychia*, dans le groupe des Érigérées, et la *Felicia Fontanesii*, qui constitue le genre *Nolletia*, dans le groupe des Chrysocomées, si toutefois il est vrai que l'*Aster chrysocomoides* ne soit qu'une variété produite par l'expatriation et la culture de la *Conyza chrysocomoides*. Les *Oritrophium* de M. Kunth semblent avoir quelques rapports avec notre *Felicia*.

43. Notre genre *Henricia*, très-différent du vrai *Felicia* par son port, lui ressemble par ses caractères génériques ; il s'en distingue néanmoins par la structure des squames intérieures du péricline et par la forme des ovaires.

44. Notre genre *Kalimeris* est bien distinct de l'*Aster*, dans lequel on l'a confondu, par son clinanthe élevé, presque conique, par ses ovaires aplatis et bordés, par ses aigrettes extrêmement courtes, par la forme et la structure de son péricline.

45. Notre genre *Callistephus*, que M. Nuttal rapporte avec doute à son *Chrysopsis*, avoit d'abord été nommé par nous *Callistemma* : mais comme ce nom ressemble trop à celui de *Calostemma*, genre plus ancien de M. Brown, nous croyons devoir changer sa terminaison. Le clinanthe du *Callistephus* n'est pas réellement alvéolé, mais seulement imprimé ; et le péricline extérieur doit plutôt être considéré comme un involucre formé de bractées entourant le vrai péricline.

46. Le genre *Boltonia* de l'Héritier n'ayant point été décrit par nous dans ce Dictionnaire, il convient d'exposer ici ses caractères génériques, tels qu'ils résultent de nos propres observations.

Boltonia. Calathide radiée : disque multiflore, régulariflore, androgyniflore ; couronne unisériée, liguliflore, féminiflore. Péricline orbiculaire, égal aux fleurs du disque ; formé de squames à peu près égales, bisériées, appliquées, linéaires-aiguës, subfoliacées, uninervées. Clinanthe hémisphérique, alvéolé, à cloisons dentées. Ovaires pédicellulés, très-comprimés bilatéralement, planiuscules, obovales, presque glabres ou hispidules, bordés d'un bourrelet sur chacune des deux arêtes extérieure et intérieure ; aigrette très-courte, irrégulière, interrompue, comme semi-avortée, composée de squamellules unisériées, inégales, persistantes, filiformes, barbellulées, dont deux beaucoup plus longues et plus épaisses, et les autres rudimentaires, presque avortées. Corolles de la couronne à languette linéaire.

On peut remarquer beaucoup de rapports entre le *Boltonia* et le *Stenactis*.

47. Notre genre *Brachycome* [1] a une grande analogie avec

---

[1] C'est ainsi qu'il faut écrire ce nom générique, au lieu de *Bra-*

le *Boltonia*, dont il se distingue pourtant très-bien par son disque probablement masculiflore, son péricline de squames égales, subunisériées, obtuses, son clinanthe conique, ses ovaires pourvus d'un rebord membraneux, denticulé, et portant une aigrette nullement barbellulée. Remarquons que les *Brachycome* habitent la Nouvelle-Hollande, tandis que les *Boltonia* habitent l'Amérique septentrionale.

48. La *Bellis graminea* de M. Labillardière, que nous avons observée dans l'herbier de M. de Jussieu, nous paroît devoir constituer un nouveau genre, auquel nous assignons les caractères suivans :

Paquerina, H. Cass. Calathide radiée : disque multiflore, régulariflore, androgyniflore; couronne unisériée, liguliflore, féminiflore. Péricline paroissant subhémisphérique, probablement égal aux fleurs du disque; formé de squames sub-bisériées, un peu inégales, oblongues, foliacées, la plupart arrondies au sommet. Clinanthe un peu conique, profondément alvéolé, à cloisons élevées, irrégulières, souvent prolongées en quelques fimbrilles plus ou moins longues, laminées, charnues. Ovaires obovales-oblongs, comprimés bilatéralement, absolument privés d'aigrette. Style et stigmatophores d'Astérée.

La calathide est solitaire au sommet d'un long pédoncule filiforme; le disque est jaune; la couronne paroît être violette; les corolles du disque sont analogues à celles des *Bellis*; celles de la couronne sont très-longues, à languette large; les fruits mûrs sont comprimés, obovales, épais, glabres, bordés d'un très-gros bourrelet arrondi, à peine distinct. Ce genre est intermédiaire entre le *Boltonia*, auquel il ressemble par son clinanthe alvéolé, mais dont il diffère par ses fruits inaigrettés, et le *Bellis*, auquel il ressemble par ses fruits inaigrettés, mais dont il diffère par son clinanthe alvéolé. Remarquez que, dans les vraies *Bellis*, le clinanthe, un peu saillant sous chacun des ovaires, ne l'est point du tout entre eux; tandis que, dans le *Paquerina*, c'est précisément tout le contraire, le clinanthe étant très-enfoncé sous les ovaires, et très-élevé sur le réseau qui les sépare.

---

chyscome, qu'on lit dans le Bulletin des sciences et dans ce Dictionnaire.

Les quatre genres suivans composent le groupe très-naturel des Bellidées vraies.

49. Notre genre *Lagenophora*, placé au commencement de ce groupe, se distingue facilement par ses ovaires très-grands, prolongés supérieurement en un col, par son disque pauciflore, masculiflore, privé de faux-ovaires, par son péricline irrégulier, par son clinanthe plan, et par les corolles de sa couronne à tube presque nul. Ce genre, qui se trouve fixé, par l'ensemble de ses rapports naturels, dans la section des Bellidées, ne doit pas en être distrait à cause du disque pauciflore et du clinanthe plan : ces deux caractères, exceptionnels dans la présente section, sont une conséquence ordinaire de l'absence du sexe femelle dans les fleurs du disque.

La *Calendula pumila*, Willd., est-elle une troisième espèce de *Lagenophora*, suffisamment distincte des deux autres?

5o. Le vrai genre *Bellis* ne doit plus admettre désormais que les espèces offrant les caractères génériques suivans :

Calathide radiée : disque multiflore, régulariflore, androgyniflore ; couronne unisériée, liguliflore, féminiflore. Péricline supérieur aux fleurs du disque, orbiculaire, convexe, subcampanulé ; formé de squames uni-bisériées, à peu près égales, appliquées, elliptiques-oblongues, obtuses, foliacées. Clinanthe conique, élevé, lacuneux intérieurement, absolument nu, un peu saillant sous chacun des ovaires, mais n'offrant aucune saillie sur leurs intervalles. *Fleurs du disque* : Ovaire comprimé bilatéralement, obovoïde, hispidule, bordé d'un bourrelet sur chacune des deux arêtes extérieure et intérieure ; aigrette absolument nulle. Corolle à cinq divisions arquées en dedans, presque conniventes. Étamines à anthères incluses. Style (d'Astérée) à stigmatophores exserts, figurant une pince. Nectaire nul ou presque nul. *Fleurs de la couronne* : Ovaire semblable à ceux du disque. Corolle à languette oblongue, ayant le sommet arrondi et entier.

Ce genre, ainsi caractérisé, comprend les *Bellis annua*, *perennis*, *sylvestris*. Il faut en exclure la *Bellis stipitata*, Labill., qui est une *Lagenophora*; la *Bellis aculeata*, Labill., qui est une *Brachycome*; la *Bellis graminea*, Labill., qui est une *Paquerina*. Nous n'avons point vu la *Bellis ciliaris*, Labill., qui est peut-être une *Brachycome*, à aigrette presque avortée ; ni la *Bellis integrifolia*, Mich. , qui paroît s'éloigner des vraies *Bellis* par son port, et par les squames aiguës de son péricline, et qui pourroit bien être une *Boltonia* à aigrette presque nulle.

La plante cultivée, sous le nom de *Bellis sylvestris*, dans le Jardin du Roi, où elle fleurit en Mai, est très-remarquable par les dimensions de toutes ses parties , vraiment gigantesques relativement aux autres espèces : les hampes sont hautes de près d'un pied et demi, dressées, pubescentes ; les feuilles sont radicales, longues d'environ six pouces, y compris le pétiole, larges d'environ un pouce, pubescentes sur les deux faces, à pétiole long, à limbe lancéolé, un peu sinué et bordé de dents écartées, très-petites, perpendiculaires à la ligne marginale ; la calathide est large d'environ un pouce ; les squames du péricline sont linéaires, uninervées, poilues, d'un vert noirâtre ; le disque est jaune ; les corolles de la couronne sont longues de cinq lignes, à languette longue de quatre lignes, trinervée, arrondie au sommet, blanchâtre en dessus, rouge en dessous ; les fruits sont fauves, hérissés de poils.

51. Le genre *Bellium* est bien distinct de toutes les autres Bellidées par la structure de son aigrette , qui a pourtant quelques rapports avec celle de l'*Amellus* et avec celle du *Callistephus*.

52. Notre genre *Bellidiastrum*, incomplétement décrit dans ce Dictionnaire, présente les caractères suivans :

Calathide radiée : disque multiflore, régulariflore, androgyniflore ; couronne subunisériée , liguliflore , féminiflore. Péricline cylindrico-campanulé , supérieur aux fleurs du disque ; formé de squames à peu près égales, uni-bisériées, linéaires-aiguës, subfoliacées. Clinanthe conique, nu, ponctué. Ovaires du disque et de la couronne oblongs, subcylindracés, comprimés, hispidules, pourvus d'un bourrelet basilaire , et portant une aigrette de squamellules nombreuses, inégales , flexueuses, filiformes, très-barbellulées. Style et stigmatophores d'Astérée. Fleurs de la couronne dépourvues de fausses étamines.

Bellidiastrum Michelii, H. Cass. (*Doronicum bellidiastrum*,

Lin.) Feuilles toutes radicales, longues d'environ trois pouces, larges d'environ dix lignes, obovales-lancéolées, étrécies en pétiole vers la base, un peu pubescentes en dessous, glabriuscules en dessus, d'un vert luisant, inégalement et irrégulièrement dentées ou crénelées sur les bords; hampe longue d'environ huit pouces et demi, cylindrique, pubescente, portant près du sommet une petite bractée linéaire, et terminée par une calathide large d'environ un pouce, à disque jaune et à couronne blanche.

Nous avons fait cette description générique et spécifique sur un individu vivant, cultivé au Jardin du Roi, où il fleurissoit au commencement de Juillet.

Le genre *Bellidiastrum* termine très-convenablement la série des Astérées, parce qu'il a beaucoup d'affinité avec les Doronicées, que nous rangerons au commencement de la tribu des Sénécionées, placée à la suite de celle des Astérées.

En réfléchissant sur les différences qui distinguent les Astérées-Bellidées des Astérées-Prototypes, on reconnoît qu'elles dérivent toutes fort naturellement de ce que les fleurs du disque sont plus courtes et plus nombreuses dans les Bellidées que dans les Prototypes. Nous sommes persuadé que beaucoup de caractères, justement réputés graves et importans, résultent de circonstances presque aussi légères que celle dont nous venons de parler. Cette proposition n'étonnera point ceux qui savent qu'au physique, comme au moral, une petite cause peut produire de grands effets. (H. CASS.)

PAQUETTE. (*Bot.*) Nom vulgaire de la grande marguerite, *chrysanthemum leucanthemum*. Celui de paquerette ou petite marguerite est donné au *bellis*, et plus récemment celui de paquerolle a été adopté par M. De Candolle pour le *bellium*, qui a beaucoup d'affinité avec le précédent. (J.)

PAQUHIN. (*Bot.*) Voyez PALQUIN. (J.)

PAQUIO DE SANTA CRUZ. (*Bot.*) Parmi les dessins de Joseph de Jussieu on trouve sous ce nom l'*hymenæa courbaril*. (J.)

PAQUIRES. (*Mamm.*) C'est un des noms sous lequel on a désigné, dans quelques ouvrages, le pécari ou le tajassu. (F. C.)

PAQUOVER. (*Bot.*) Voyez PACONA. (J.)

PARACAUS. (*Ornith.*) Les perroquets sont ainsi appelés par les naturels du Paraguay. (Ch. D.)

PARACÉPHALOPHORES ou PARACÉPHALÉS, *Paracephalophora.* (*Malacoz.*) Nom composé, employé par M. de Blainville, dans son Système de malacologie et de nomenclature, pour désigner la seconde classe du type des malacozoaires, dont l'organisation en général, et par conséquent la tête, est moins complète, moins distincte que dans ses céphalophores, qui comprennent les poulpes, les calmars et les sèches. Voyez Mollusques. (De B.)

PARACHI. (*Ornith.*) Nom donné par les Guaranis à l'olivarez, *fringilla spinus*, var., Lath., et *fringilla magellanica*, Vieill. C'est le *gilguero* des Espagnols de Buénos-Ayres. (Ch. D.)

PARACOCCALON. (*Bot.*) Selon Guilandinus, cité par C. Bauhin, les Grecs donnoient ce nom au *datura metel.* (J.)

PARACTENUM. (*Bot.*) Ce genre, fait par Beauvois sur une graminée de la Nouvelle-Hollande, a été réuni par M. Kunth au *panicum*, ainsi que le *monachne* du même. Cependant, si l'on se décide à n'admettre dans le *panicum* que les espèces à fleurs paniculées, et à en séparer celles qui ont des épis composés, alors le *monachne* sera conservé, et on pourra lui réunir le *paractenum*, qui n'en diffère que par ses épillets plus courts, composés seulement de deux locustes. (J.)

PARADACRY. (*Bot.*) Nom grec ancien du *bunium* de Dioscoride et de Daléchamps, qui est le navet, *napus.* (J.)

PARADIS. (*Bot.*) Variété de pommier, dont la tige s'élève peu. (L. D.)

PARADIS. (*Ichthyol.*) Nom spécifique d'un Polynème. Voyez ce mot. (H. C.)

PARADIS. (*Ornith.*) M. de Lacépède a donné ce nom, comme terme générique, aux oiseaux de paradis. (Ch. D.)

PARADIS DES JARDINIERS. (*Bot.*) Nom vulgaire du saule pleureur. (L. D.)

PARADISIER, *Paradisea.* (*Ornith.*) A l'exception des macreuses, il n'y a pas d'oiseaux sur lesquels on ait dit autant d'absurdités que sur les *oiseaux de paradis* ou *manucodes*, dont les noms mêmes sont dus aux qualités miraculeuses qu'on leur a attribuées. Ces contes ont également pris naissance dans les efforts d'une imagination déréglée, pour expliquer des faits que l'on ne comprenoit point; et dans les deux circonstances l'esprit n'auroit pas donné dans de pareils travers, si l'on avoit réfléchi que la nature, toujours sage et régulière dans ses productions, n'a pu former aucune espèce dénuée des moyens de vivre et de se perpétuer, et que les monstres ne sont à considérer que comme des accidens, des écarts étrangers à sa marche habituelle.

Les premiers oiseaux de paradis qui ont été transportés des Terres australes, n'avoient point de pieds, parce que les naturels de la Nouvelle-Guinée et des îles voisines, où ils paroissent exister exclusivement, s'en faisoient des parures, et leur arrachoient pour cela les membres qui ne pouvoient que nuire à cet usage. La quantité de plumes surabondantes dont les flancs de ces oiseaux sont couverts, devoit cacher, sur la peau desséchée, les endroits dont les parties avoient été mutilées, et quoiqu'on eût pu avec un peu de soin en découvrir la trace en soulevant toutes les plumes subalaires, on a mieux aimé supposer qu'ils étoient nés sans pieds, et l'on s'est perdu en conjectures absurdes pour tâcher d'expliquer comment ils pouvoient vivre et se propager dans l'air. Ces oiseaux se faisant peu voir aux époques de l'incubation, on les a envoyés nicher au paradis terrestre, et de là, sans doute, est venu le nom d'oiseaux de paradis, comme c'est d'après les vertus supposées par les devins et les prêtres du pays, qu'on leur a donné celui de manucode, qui signifie *oiseau de Dieu* chez les Indiens.

Pigafetta est le premier navigateur qui, embarqué sur la flotte de Magellan, en 1525, a reconnu que ces oiseaux avoient des pieds et des ailes, et quand les insulaires ont été instruits qu'on les préféroit en Europe avec tous leurs membres, ils les leur ont conservés; mais comme, à défaut d'autres moyens, ils ont continué de les dessécher au four ou dans le sable chaud, il est toujours difficile de leur rendre leurs premières formes; ce qui ne doit pas étonner si, comme le dit Otton Helbigius, tome 3 de la Collection académique, partie étrangère, page 443, après leur avoir enlevé les entrailles, ils leur passent dans le corps un fer rouge, qui y opère une sorte de cuisson.

Levaillant fait observer à ce sujet que les sauvages étant

37.   32

aussi dans l'habitude d'enlever aux oiseaux de paradis tous les os du crâne et de faire sécher, à la vapeur du soufre, leur peau enfilée sur un roseau, ces opérations rapetissent considérablement la tête, privée de son soutien, et font retirer les paupières; d'où l'on a saisi le caractère d'une petite tête et des yeux dans le bec à peine visibles: qu'enfin du rapprochement inévitable des plumes, qui se trouvoient pressées sur une bien plus petite étendue de la peau racornie, résulte encore leur hérissement, et, par conséquent, cette apparence de velours naturel que, selon lui, on s'obstine mal à propos à leur trouver.

Les paradisiers, qui étoient censés ne vivre que de rosée, sont, d'après Bontius, des rapaces qui mangent les petits oiseaux. Selon Helbigius, ils se nourrissent de diverses baies, notamment de celles du waringa, *ficus benjamina* de l'*Hort. Malab.* de Rumphius, tome 3, pl. 55, et, suivant Linné, d'insectes et surtout de grands papillons; mais les épices sont leur pâture favorite, et ils ne s'écartent pas des contrées où elles croissent. Dans la saison des muscades, on voit même les oiseaux de paradis émeraudes voler en troupes nombreuses comme les grives à l'époque des vendanges.

Quelques espèces fréquentent les buissons, mais d'autres habitent de préférence les bois et se perchent sur des arbres élevés, sans toutefois se poser sur leur cime, d'où les vents pourroient les renverser, en jetant le désordre dans leurs faisceaux de plumes. C'est aux branches de ces arbres que les Indiens attachent des huttes légères, d'où ils les tirent avec des flèches émoussées.

Les oiseaux de paradis ont été nommés *Paradis* par M. de Lacépède. Cette dénomination étoit certainement préférable à la première, en ce qu'elle n'étoit composée que d'un seul mot; mais on pouvoit lui faire, comme à celle de *Mouche*, proposée par le même auteur pour remplacer oiseau-mouche, le reproche d'appliquer en double emploi un terme qui avoit déjà une acception particulière; et le mot *Paradisier*, qui est la traduction de *paradisea*, nom latin depuis long-temps adopté par les divers naturalistes, et qui lui-même a été employé par M. le professeur Duméril dans sa Zoologie analytique, paroît plus convenable et met à portée d'éviter, pour la désignation des espèces, la nécessité de se servir tantôt du mot *oiseau de paradis*, tantôt de celui de *manucode*.

Au reste, il s'en faut de beaucoup que le genre soit établi d'une manière solide, puisque, d'une part, les divers auteurs y comprennent un plus ou moins grand nombre d'espèces, et que, d'une autre, celles même qui en ont jusqu'à présent fait partie, sont divisées par M. Vieillot en plusieurs genres dans la seconde édition du Nouveau Dictionnaire d'histoire naturelle sous les noms de SAMALIE, *Paradisea*, pour l'oiseau de paradis émeraude, pour le magnifique et pour les *paradisea alba*, *p. minor papuana* et *p. rubra*, Lath.; de MANUCODE, *Cicinnurus*, pour le manucode proprement dit; de LOPHORINE, *Lophorina*, pour le superbe; de SIFILET, *Parotia*, pour l'espèce désignée sous le nom de sifilet.

Ces quatre genres forment la dix-huitième famille de la seconde édition du Système ornithologique du même auteur, les MANUCODIATES, *Paradisei*, laquelle est ainsi caractérisée : Bec emplumé à sa base, échancré ou foiblement entaillé vers le bout, fléchi à sa pointe; plumes hypocondriales ou cervicales longues et de diverses formes chez les mâles.

Les quatre genres de cette famille ont pour caractères particuliers, savoir :

Le *sifilet*, un bec garni de plumes courtes jusqu'au-delà de son milieu, grêle, comprimé par les côtés, échancré et fléchi à la pointe de sa partie supérieure; plumes de la queue courtes.

La *lophorine*, un bec grêle, couvert de plumes alongées et un peu relevées jusqu'au-delà de son milieu, très-comprimé par les côtés, échancré et fléchi à la pointe de sa partie supérieure; ailes courtes; la première rémige large et en forme de sabre.

Le *manucode*, un bec grêle, garni à sa base de petites plumes dirigées en avant, convexe en dessus, fléchi et foiblement entaillé vers le bout de sa partie supérieure; langue terminée en pinceau; ailes alongées.

La *samalie*, un bec robuste, droit, garni à sa base de petites plumes veloutées, comprimé latéralement, très-foiblement entaillé vers le bout de sa partie supérieure, pointu; tarses robustes.

M. Vieillot **a**, de plus, formé pour le *paradisea gularis*
de Latham, qui est figuré dans l'Histoire des oiseaux dorés,
pl. 8 et 9, sous le nom de *hausse-col doré*, et que M. Cuvier
regarde comme un merle, le genre *Astrapie*, dont les caractères sont indiqués sous le même mot dans ce Dictionnaire,
au Supplément du tome III, page 71. C'est un stourne pour
M. Temminck.

M. Cuvier, qui, dans son Règne animal, donne pour caractères généraux aux oiseaux de paradis, *paradisea*, un bec
droit, comprimé, fort, sans échancrure, et les narines couvertes, y conserve comme espèces, 1.° l'oiseau de paradis
émeraude, *paradisea apoda*, en y associant une race un peu
moindre (le petit émeraude); 2.° l'oiseau de paradis rouge,
p. rubra, Lacép.; 3.° l'oiseau de paradis à douze filets, *p.
alba*, Penn. et Blum.; 4.° le manucode, *p. regia*, Linn.; 5.°
le magnifique, *p. magnifica*, Gmel.; 6.° le sifilet, *p. aurea*,
Gmel.; 7.° le superbe, *p. superba*, Gmel., et 8.° l'orangé, *p.
aurea*, Sh., qui est l'*oriolus aureus*, Gmel. Cet auteur ren-
voie aux merles les *paradisea nigra*, Gm. et *p. gularis* et *leucoptera*, Lath., et aux cassicans, le *paradisea chalybea*, Lath.,
ou *viridis*, Gmel. Le *p. cirrhata* d'Aldrovande lui paroît trop
mutilé pour qu'on puisse le caractériser, et le *p. furcata*,
Lath., lui semble un individu imparfait du *superba*.

Enfin, les caractères assignés par M. Temminck aux oiseaux de paradis, page 55 de l'analyse du Système d'ornithologie, placée en tête de la seconde édition de son Manuel, consistent dans un bec médiocre, droit, quadrangulaire, pointu, un peu convexe en dessus, comprimé, dont
l'arête s'avance entre les plumes du front et dont la pointe
est sans échancrure, ou n'en a qu'une à peine visible; la mandibule inférieure droite, pointue; les narines basales, marginales, ouvertes, entièrement cachées par les plumes veloutées du front; les pieds forts; le tarse plus long que le
doigt du milieu; les doigts latéraux inégaux; l'interne uni
jusqu'à la seconde articulation; l'externe soudé à sa base; le
pouce robuste et plus long que les autres doigts; les ailes médiocres, dont les sept premières pennes sont étagées et dont
la sixième ou septième est la plus longue.

L'auteur hollandois n'admet comme espèces de ce genre

que les *paradisea apoda-minor*, Lath.; *sanguinea*, Shaw.; *magnifica* et *cirrhata* (la même), *superba* et *furcata*, *id.; regia., sexsetacea.* Il n'y comprend pas le *nébuleux* de Levaillant, dont il n'a jamais vu un individu parfait, et dont le bec présente dans les planches une forme qu'il n'a pas eu occasion de vérifier. (Voyez plus bas PARADISIER A DOUZE FILETS.)

La discordance qu'on a pu remarquer chez les ornithologistes les plus modernes, à l'égard des oiseaux de paradis, a déterminé à analyser leurs opinions séparément, plutôt qu'à chercher à les concilier par de nouveaux aperçus, et l'on croit qu'en de pareilles circonstances c'est le meilleur parti à prendre dans un ouvrage destiné surtout à exposer l'état de la science et à mettre les lecteurs à portée de juger eux-mêmes du mérite particulier des innovations qui y ont été introduites. On va donc passer immédiatement à la description des espèces, en y faisant seulement les changemens que l'adoption du mot *paradisier* nécessite dans leur nomenclature.

PARADISIER ÉMERAUDE : *Paradisea apoda*, Linn. et Lath.; *Samalie*, Vieill.; pl. enl. de Buffon, n.° 254, Oiseaux de paradis, à la suite des Oiseaux dorés, pl. 1; Oiseaux de paradis de Levaill., pl. 1. Cet oiseau, dont le nom spécifique latin est fondé sur une erreur et auroit dû être changé depuis long-temps, seroit plus convenablement appelé *paradisea smaragdina*, d'après sa dénomination françoise. On donne à ce paradisier, de la taille d'un geai ou d'une corbine, et qui a un pied de longueur du bout du bec à l'extrémité de la queue, et environ quarante pouces jusqu'à la pointe des deux filets, qui semblent en faire partie, quoiqu'ils prennent naissance au-dessus du croupion, le nom de *grand* par opposition à une plus petite espèce dont on va parler, et qui n'est considérée par divers auteurs que comme une variété, et par M. Cuvier comme une race d'une taille un peu moindre. Le bec, long de dix-huit lignes et légèrement arqué, se termine en pointe. Il est d'un bleu plombé, et jaunâtre vers le bout. Les plumes du front, séparées en deux pointes par l'arête du bec, s'avancent vers les narines et en couvrent une partie, comme chez les cassiques et les promérops; les pieds, dont la longueur est d'environ deux pouces, sont forts, et les ongles, qui sont propres à se cramponner, donnent lieu de penser que ces oiseaux s'accrochent au tronc des arbres et mangent des insectes. Le front est entouré d'un large bandeau vert d'émeraude, qui passe entre le bec et l'œil, couvre la gorge et descend sur le milieu du cou, où il s'élargit et forme une sorte de plastron. Le dessus, le derrière de la tête et les côtés du cou, sont extérieurement d'un jaune de paille et bruns intérieurement; le bas du cou et la poitrine sont d'un brun sombre et le reste du plumage d'un brun châtain, plus clair sur le ventre que sur le dos; les vingt pennes alaires et les couvertures supérieures et inférieures sont de la même couleur; l'aile, dans son état de repos, atteint presque l'extrémité de la queue, dont les pennes sont au nombre de dix, sans y comprendre les deux filets, qui ont ordinairement vingt-huit à trente-deux pouces de longueur, et ne sont garnis de barbes qu'à leur naissance et à l'extrémité, où, dans leur jeunesse surtout, ils présentent une sorte de palette. Les plumes hypocondriales, qui forment deux gros faisceaux, sont décomposées, transparentes et longues de près de dix-huit pouces; quelques-unes ont, sur un fond d'un jaune pâle, des traits oblongs et un peu pourprés.

Valentyn, dans ses Voyages aux Indes, qui forment neuf volumes in-f.°, imprimés en hollandois, mais, dont on trouve un extrait dans celui du capitaine Forrest aux Moluques et à la Nouvelle-Guinée, page 153 et suivantes de la traduction françoise, publiée par Demeunier en 1780, dit qu'il y a aux îles des Papous et à la Nouvelle-Guinée six espèces d'oiseaux de paradis, et que la plus commune, celle dont il s'agit ici, habite les îles Aroo ou Arou pendant la mousson d'ouest ou sèche, et retourne à la Nouvelle-Guinée dès que la mousson d'est ou pluvieuse commence. Elle y arrive en troupes de trente à quarante sous la conduite d'un oiseau de couleur noire avec des taches rouges, que les insulaires d'Arou appellent leur roi et qui vole toujours au-dessus de la troupe, laquelle ne l'abandonne jamais et se repose dès qu'il en donne l'exemple; ce qui devient quelquefois funeste à plusieurs individus, car, vu la structure et la disposition de leurs plumes, ils ne se relèvent que très-difficilement,

A ce récit Helbigius ajoute que les sujets de ce prétendu roi, dont la taille n'excède pas celle du moineau commun, et qui a les deux longues plumes caudales ornées d'yeux à leur extrémité, demeurent immobiles sur l'arbre où ils se sont rassemblés le soir, jusqu'à ce qu'il passe et amène avec. lui toute la troupe, et que, si ce chef est percé d'une flèche, on tue ordinairement tous ceux qui restent, lorsqu'il fait jour assez long-temps.

Il est, sans doute, ici question du manucode, qui se trouve suffisamment désigné par sa taille, par l'apparence d'yeux que présente l'extrémité des deux longues plumes de sa queue, et auquel on a donné, en effet, le nom de roi des oiseaux de paradis; mais, en supposant qu'on ait réellement vu des manucodes parmi les troupes de paradisiers émeraudes, au lieu de tirer de quelques circonstances particulières les inductions étranges qui viennent d'être rapportées, ces faits doivent être considérés comme le fait Levaillant dans son article du manucode, où il observe que souvent il arrive parmi les oiseaux vivant en troupes, que l'un d'eux, s'étant écarté de sa bande par des causes quelconques et ne la retrouvant plus, se réunit à celle d'une autre espèce, et que, voyageant avec elle toute une saison, il y reste attaché, surtout lorsqu'il se trouve transporté dans des lieux ordinairement inhabités par les siens. Ces nouveaux venus dans un pays avec une bande d'une espèce qui n'est pas la leur, ont naturellement des habitudes différentes de celles de leurs compagnons; ils conservent au milieu d'eux un air étranger et se tiennent toujours un peu à l'écart, ce qui les fait paroître commander la bande et en diriger les actions.

L'étendue et la souplesse des plumes du grand paradisier émeraude lui donnent les moyens de s'élever fort haut et de fendre l'air avec une légèreté qui a sans doute contribué à le faire appeler *hirondelle de Ternate*; mais quand le vent devient trop fort, ces oiseaux sont obligés de s'élever perpendiculairement jusqu'à ce qu'ils atteignent une région de l'atmosphère moins agitée. Malgré cette facilité de se soustraire au danger, il arrive quelquefois des bourrasques subites qui bouleversent leurs plumes, et ils jettent alors des cris semblables à ceux des corbeaux. Les insulaires qui entendent ces cris, se précipitent sur les individus qui tombent, et qui n'échappent à la mort qu'en parvenant à atteindre un tertre assez élevé pour qu'ils puissent y reprendre leur vol. Les Indiens prennent aussi ces oiseaux à la glu, aux lacets, ou en jetant dans l'eau, aux endroits où ils vont ordinairement boire, des coques du Levant, qui les enivrent au point qu'on les prend à la main. Lorsque les paradisiers sont pris vivans, ils se défendent avec courage et donnent de forts coups de bec. Les Maures font avec ces oiseaux des panaches à leurs casques, et quelquefois ils les suspendent à leurs sabres en tout ou en partie. Les insulaires d'Arou disent que les queues de ces oiseaux, c'est-à-dire leurs plumes subalaires et accessoires, tombent pendant la mousson d'est, et qu'on ne leur en voit que pendant quatre mois.

· La femelle de cette espèce ne diffère du mâle, selon les Indiens, que par une taille plus petite; selon Brisson, que par moins de longueur dans les barbes de l'extrémité des filets; selon Linné, qu'en ce que les filets sont nus, droits et plus courts: mais Levaillant, qui en a donné la figure, pl. 2 de ses Oiseaux de paradis, la représente comme dénuée de plumes subalaires et ayant le derrière de la tête et du cou d'un brun nuancé de jaunâtre; le front et la gorge d'un brun plus décidé; le dessous du corps d'un beau blanc; les ailes, le dos, la queue et les pieds pareils à ceux du mâle.

Les insulaires de Ternate appellent cette espèce *burong papua*, ou oiseau des Papous, et quelquefois *manuco de wata*, oiseau de Dieu, ou *soffu* et *seoffu*. A Amboine on l'appelle *manu key arou*, oiseau des iles Key et Arou, et les Indiens d'Arou le nomment *fanaan*. Les Portugais donnent au même oiseau le nom de *passaros de sol*, et les Allemands celui de *Luftvogel*, oiseau de l'air.

PETIT PARADISIER ÉMERAUDE; *Paradisea smaragdina minor*, Oiseaux de paradis, à la suite des Oiseaux dorés, pl. 2, et Oiseaux de paradis de Levaillant, pl. 4. Gmelin, Latham, Daudin, regardent cet oiseau comme une simple variété du précédent; selon M. Cuvier c'est seulement une race de plus petite taille; mais MM. Vieillot et Temminck le considèrent comme une espèce réelle, nommée par le premier petite samalie, et Valentyn. qui a fourni le plus de détails sur ces oiseaux, le cite (p. 157 du Voyage de Forrest) comme la seconde espèce du genre. Il annonce, d'après les Papous de Messowal ou Mysol, qu'il ne sort pas de leur île, et qu'il se perche et niche sur les plus grands arbres. Ce voyageur lui donne vingt pouces anglois de longueur totale; mais, suivant MM. Vieillot et Levaillant, il n'en a pas plus de dix jusqu'à l'extrémité de la queue, dont les deux filets dépassent très-peu les plumes subalaires. Les plus longues de ces dernières sont blanches; les moyennes d'un jaune lustré, ainsi que les plus courtes, qui se terminent en pointes pourprées. Les plumes du front forment un bandeau d'un vert d'émeraude, ou, selon M. Vieillot, d'un noir de velours changeant foiblement en vert. Le même bandeau descend sur le devant du cou, où il est d'un vert brillant et se partage en deux pointes vers la partie inférieure; le dessus de la tête, les côtés et le haut du dos sont d'un jaune pâle; le reste du dos, les ailes et la queue, d'un marron clair, et les plumes des parties inférieures du corps, d'un brun cannelle. Le bec, que Valentyn dit être de couleur de plomb, est, suivant M. Vieillot, noirâtre sur les deux tiers de sa longueur et jaunâtre dans le reste; mais ces variations peuvent dépendre de l'âge des individus sur lesquels les descriptions ont été faites. Cet oiseau ressemble d'ailleurs à la grande espèce, et, comme elle, il suit, selon Valentyn, un roi ou chef qui est plus noir et a des teintes plus pourprées. Ce voyageur ajoute qu'il se nourrit du fruit d'un arbre appelé *tsampedoch.*

Les Papous donnent au petit émeraude le nom de *shag* ou *shague.* Les habitans de l'île de Céram, celui de *samaleik;* à l'île de Serghile on l'appelle *tshakke,* et à Ternate, ainsi qu'à Tidor, *toffu.*

Levaillant a figuré, pl. 5, un oiseau dépourvu de plumes subalaires et de filets, qui a la poitrine, les flancs, le ventre, les plumes anales et celles des jambes d'un blanc pur; celles du manteau et les scapulaires d'un jaune de paille; le front, la gorge et le devant du cou verts; mais, quoique la planche le désigne comme la femelle du petit émeraude, il témoigne à cet égard des incertitudes, en ce qu'il possède un autre individu paroissant, à la vérité, plus jeune, mais dont le front et la gorge sont brunâtres.

PARADISIER ROUGE; *Paradisea rubra*, Lacép., et *sanguinea*, Shaw. L'individu figuré à la suite des Oiseaux dorés, pl. 3, et pl. 6 des Oiseaux de paradis de Levaillant, a d'abord été décrit par Daudin, t. 2, p. 271, de son Traité élémentaire d'ornithologie; il faisoit originairement partie du cabinet de Hollande et se trouve maintenant dans les galeries du Muséum d'histoire naturelle de Paris. On n'en connoissoit pas d'autres en Europe, et comme les sauvages qui l'ont préparé lui avoient, selon leur usage, enlevé les ailes et les pieds, on a été obligé, pour les peindre, de figurer ces parties d'après les rapports qui existent, en général, entre les ailes et la queue, les pieds et le bec. Cet oiseau, dont la taille paroît devoir approcher de celle du petit émeraude, a environ quatorze à quinze pouces jusqu'à l'extrémité des plumes subalaires. Les plumes du front, de la gorge et du devant du cou sont d'un vert d'émeraude, comme dans les *précédens*, et plus longues sur la tête, aux côtés de laquelle elles forment deux touffes qui ont l'apparence de cornes; ce qui pourroit n'être pas naturel et ne provenir que du racornissement de la peau après l'extraction des os du crâne. Les plumes du derrière de la tête et du cou, le haut de la poitrine et le manteau, sont d'un jaune de paille; le bas du dos, le croupion et les plumes uropygiales sont d'un jaune brun, et celles des parties inférieures d'un brun plus clair qu'au bas de la poitrine. Les filets, qui ont vingt à vingt-deux pouces de longueur, sont nus, creusés en gouttière et réunis sur une même tige à leur sortie du croupion; ils se séparent des deux côtés de la queue et se prolongent beaucoup au-delà des grandes subalaires, qui sont d'un rouge sanguin jusqu'aux trois quarts de leur longueur et se terminent par un bout blanc dont les barbes sont espacées. Les suivantes sont de la première couleur dans toute leur étendue, ainsi que les plus petites, qui ont le luisant de la soie.

Les naturalistes qui ont accompagné le capitaine Duperrey dans son voyage, ont rapporté un individu dont les couleurs paroissent ternies, mais qui est vraisemblablement la femelle du paradisier rouge. Il est dénué des plumes de parure subalaires; les ailes s'étendent jusqu'à la moitié de la queue, qui est carrée. Il a le front et la gorge d'un noir violacé; la nuque, le derrière du cou et la poitrine d'un jaune pâle et sans reflets; le haut du dos et les scapulaires d'un jaune doré; le bas du dos, le croupion, les ailes et la queue, d'un mordoré luisant : tout le dessous du corps est rougeâtre; le bec est de couleur de corne, et les pieds sont noirâtres.

PARADISIER MAGNIFIQUE ; *Paradisea magnifica*, Gmel. Cette espèce, dont M. Vieillot a fait une de ses *samalies*, est figurée sur la 63i.ᵉ pl. enl. de Buffon, et on la retrouve aux planches 4 des Oiseaux de paradis, à la suite des Oiseaux dorés, et 9 de ceux de Levaillant. Elle a été nommée *manucode à bouquets* par Montbeillard; mais il paroit que l'individu qui a servi à la description donnée par cet auteur, n'avoit pas toutes ses plumes d'ornement, car Levaillant en a compté près de cent sur celui qu'il avoit sous les yeux, tandis que Montbeillard n'en avoit trouvé que vingt, de sorte que ces plumes, implantées sur la nuque, au lieu de l'être, comme dans les espèces précédentes, sur les flancs, ne formoient dans l'individu complet qu'un seul bouquet sans interruption. Ces plumes, coupées carrément à leur extrémité, sont étagées, et les plus petites, qui sont d'un brun clair et placées le plus près de la tête, portent chacune une tache noirâtre à la pointe. Elles recouvrent les tiges de celles qui les suivent et dont la couleur est d'un jaune de paille. Sur les bords latéraux du bouquet sont des plumes brunâtres, et celles du dos, qui paroissent destinées à tenir le bouquet redressé lorsque l'oiseau le relève, sont longues et d'un marron glacé; deux filets terminés en pointe, de neuf pouces de longueur et garnis de très-courtes barbes du côté extérieur, se croisent des deux côtés de la queue, qui est d'un brun terne, ainsi que les plumes uropygiales, anales et abdominales. Les plus grandes couvertures des ailes sont d'un jaune roussâtre, et leur portion visible est d'un jaune chamois. Depuis la gorge jusque sur la poitrine il y a une bande étroite, formée de plumes à bordures transversales, d'un vert brillant, et le reste des parties inférieures est d'un vert sombre. Le bec, brunâtre à sa base, est jaune à sa pointe; les pieds et les ongles sont d'un brun jaunâtre.

Levaillant a fait figurer sur sa planche 10 un jeune individu dont les plumes lui ont semblé, d'après leur contex-
ture et leur couleur, annoncer le second âge.

Quoiqu'on ne connoisse pas encore la femelle du magnifique, Levaillant ne doute pas qu'elle n'ait tout le dessous du
corps rayé de noir sur un fond d'un blanc grisâtre; tout le
dessus d'un brun uniforme, et les ailes roussâtres; et qu'elle
ne soit privée des plumes de parure et des deux filets de la
queue du mâle.

Le *manucodiata cirrhata* d'Aldrovande, tome 1, pages 811
et 814 (*paradisea cirrhata*, Lath.), qui a paru à M. Cuvier
trop mutilé pour le pouvoir caractériser, et que Montbeillard et M. Temminck ont rapporté au magnifique, a été décrit sous le nom d'*oiseau de paradis huppé* par Daudin et Sonnini, qui l'ont regardé comme une espèce distincte.

PARADISIER MANUCODE; *Paradisea regia*, Linn. Cette espèce
est représentée dans les planches enluminées de Buffon, n.°
496; dans celles qui suivent les Oiseaux dorés, n.° 5, et dans
celles de Levaillant, n.° 7. Quoique la dénomination de manucode ou *oiseau de Dieu* ait une origine superstitieuse, elle
ne perpétue pas une absurdité comme l'épithète *apoda* pour
la première espèce, et il n'y a pas le même inconvénient à
la conserver, ainsi que l'épithète *regia*. En effet, si les naturalistes n'ont employé cette dernière que comme une traduction de *roi des oiseaux de paradis*, la fausse supposition des
insulaires ne paroît pas devoir être rangée au nombre des
fables dont on a chargé l'histoire de ces oiseaux; car, malgré
l'opinion de Montbeillard, elle avoit un motif apparent dans
des circonstances mal interprétées, mais réelles, et tenant à
la partie véritablement historique des faits relatifs aux habitudes des oiseaux dont il s'agit.

Ce sont vraisemblablement les observations faites par Levaillant à l'article du manucode sur la diversité des caractères génériques dans les espèces rangées indistinctement
parmi les oiseaux de paradis, qui auront déterminé M. Vieillot
à les examiner de plus près et à en former plusieurs genres.
Comme ces genres seront susceptibles de modifications lorsque
l'on connoîtra mieux la totalité des espèces, et vu que les nouvelles dénominations à eux données n'ont pas encore reçu la

sanction générale, on s'est borné dans les observations en
tête de cet article, à indiquer les caractères que cet auteur
leur a assignés; mais on suivra pour la description des espèces étrangères à ses samalies, une série qui permettra
de les leur appliquer séparément, sans occasioner des confusions.

Le paradisier manucode (*cicinnurus regius* de M. Vieillot)
a la langue ciliée et les narines tellement couvertes par les
plumes veloutées de la base du bec, qu'on ne les aperçoit
pas. Les plumes subalaires, au nombre d'environ vingt, et
dont les premières ont de larges barbes, sont fort courtes
et bien différentes de celles des autres espèces; les deux filets
de la queue, qui ont six pouces de longueur, sont nus jusqu'à leur extrémité, où ils se contournent en laissant un
petit vide à l'intérieur. La queue, composée de dix pennes
égales, non compris les filets, n'a que dix-sept à dix-huit
lignes; mais l'aile, composée de vingt-une pennes, est longue
de quatre pouces et demi. Les deux premières pennes étant
cambrées, elle se termine carrément et dépasse la queue
dans son état de repos. Les plumes qui recouvrent les deux
tiers de la mandibule supérieure, le front et le dessus de la
tête, sont d'un rouge jaunâtre, qui, sur le cou, les ailes et
les autres parties supérieures, devient d'un pourpre éclatant; la queue est d'un gris brunâtre, et la boucle qui termine les filets, est d'un vert brillant; la gorge, les côtés et
le devant du cou sont mordorés; sur la poitrine est un plastron d'un vert sombre; les plumes d'ornement sont d'un
gris uniforme 'jusqu'à leur bordure, qui est d'un vert émeraude très-brillant; le dessous du corps, depuis le plastron,
est blanc; le bec est jaune, et les pieds sont d'une couleur
plombée.

Cet oiseau est solitaire : il ne se perche point, dit-on,
sur les grands arbres, et voltige de buissons en buissons, se
nourrissant des baies rouges que produisent certains arbrisseaux; ce qui semble peu d'accord avec sa qualité de
chef ou roi des oiseaux de paradis, qui nichent sur les arbres élevés des montagnes. On ajoute que les insulaires le
prennent avec de la glu qu'ils tirent de l'*artocarpus communis*,
Forst., *Nov. gen.*, et qu'il habite en général la Nouvelle-

Guinée, et les îles Arou seulement pendant la mousson de l'ouest.

La planche de Levaillant, n.° 8, représente une variété de manucode qui est regardée par cet ornithologiste comme un jeune âge, mais qui, selon lui, peut donner une idée du plumage des femelles, qui ressemblent, en général, aux jeunes mâles.

PARADISIER SUPERBE ; *Paradisea superba*, Gmel. Cet oiseau, de la Nouvelle-Guinée, qui, suivant MM. Cuvier et Temminck, est le même que le *paradisea furcata* de Latham, est représenté dans les planches enluminées de Buffon, n.° 632 ; dans celles qu'on trouve à la suite des Oiseaux dorés, n.° 7, et dans celles de Levaillant, n.°ˢ 14 et 15. M. Vieillot en a fait son genre *Lophorine*, et Levaillant lui trouve un grand air de famille avec certains troupiales, qui, comme lui, ont un petit crochet de chaque côté de la mandibule supérieure et chez lesquels l'arête s'avance aussi sur le front et partage le toupet en deux pointes qui s'étendent sur les narines.

Le paradisier superbe est de la grosseur du merle commun, et il a dix pouces de longueur jusqu'à l'extrémité de la queue, composée de douze pennes et sans filets. Le front est orné de deux petites aigrettes arquées en dehors et qui naissent au-dessus des narines ; il porte devant la poitrine une sorte de cuirasse fourchue, comme la queue d'une hirondelle, et dont les plumes étagées sont d'un vert bronzé changeant en violet ; des plumes d'un noir pourpré, qui sont implantées par rangs de taille depuis la nuque jusqu'au bas du cou, s'étendent sur la queue en forme de manteau, dont les deux pointes sont plus longues et écartées ; les plumes de la tête sont d'un vert brillant et à reflets ; les aigrettes sont d'un noir velouté, et tout le corps présente sur un fond noir de riches teintes violettes et susceptibles de prendre différentes nuances, selon les diverses positions. Levaillant a tiré de la manière dont les plumes du manteau étoient insérées dans la peau, l'induction que l'oiseau doit avoir la faculté de les relever, et il l'a en conséquence fait représenter, d'abord dans l'état de repos, et ensuite étalant ses parures.

Selon Forster, cette espèce se trouve dans la partie de la
Nouvelle-Guinée qu'on appelle Serghile, et dont les habitans
portent à Salawal les dépouilles introduites dans des bam-
bous creux, après leur dessiccation à la fumée et l'extraction
des ailes et de la queue. Il paroit que les Papous nomment
ces paradisiers *shagawa*, et les habitans de Ternate et de Tidor, *suffo o kokotoo.*

PARADISIER SIFILET ; *Paradisea aurea*, Gmel., et *P. sexsetacea*,
Lath. On trouve la figure de cet oiseau, qui est aussi nommé
manucode à six filets, dans les planches de Buffon, n.° 633,
dans celles qui sont à la suite des Oiseaux dorés, n.° 6, et
dans celles de Levaillant, où il est représenté en état de
repos et étalant ses parures, n.°s 12 et 13. M. Levaillant ne
voit dans le sifilet qu'un geai, paré d'une manière extraordinaire, et M. Vieillot en a formé son genre *Parotia*, auquel
il a conservé en françois le nom de *sifilet*, qui étoit plus convenable comme purement spécifique, puisque le nombre des
filets ne fait et ne peut faire partie des caractères génériques.

Quoi qu'il en soit, l'oiseau qu'on trouve à la Nouvelle-
Guinée, et dont la longueur est de dix à onze pouces, a derrière les yeux et de chaque côté de la tête trois filets nus,
longs de six pouces, de la grosseur d'un crin et terminés
par une large palette de barbes épanouies et veloutées, dont
le pied est garni d'un grand nombre d'autres petits filets,
longs de huit à dix lignes, et qui divergent par derrière en
débordant la tête. Les flancs sont revêtus d'un grand nombre
de plumes noires, longues et transparentes, qui ont de
larges barbes et s'étendent jusqu'à moitié de la queue ; elles
donnent à l'oiseau, dont le corps n'est pas plus fort ni plus
charnu que celui de la tourterelle commune, l'apparence
d'une grosseur bien plus considérable. La queue, de quatre
pouces et demi de longueur, est légèrement étagée et composée de douze pennes veloutées. Le paradisier sifilet a la
tête grosse ; les plumes de son front, dont une partie avance
sur les narines, tandis que les autres se dirigent en haut,
sont noires ; celles du sinciput sont blanches ; le reste du
dessus de la tête est couvert de plumes d'un noir velouté ;
après quoi l'on en voit de plus longues, roides et plates, qui

forment une sorte de toupet sur l'occiput, et dont les plus apparentes, noires à leur racine, sont terminées par une bande d'un vert glacé. On remarque aussi sur le bas du cou un large plastron de plumes disposées en écailles dorées et châtoyantes. Les plumes des autres parties du corps sont, en général, d'un noir changeant en pourpre. Les pieds et les ongles sont noirs, ainsi que le bec, dont l'arête est tranchante.

On a peint, dans le Supplément à l'histoire naturelle des oiseaux de paradis, faisant suite aux Oiseaux dorés, pl. 13, sous le nom de *manucode à douze filets*, un oiseau dont Levaillant a donné deux figures, n.ºs 16 et 17, de ses Oiseaux de paradis, sous celui de *nébuleux*, en déclarant que son bec, long de deux pouces, différoit de celui des autres paradisiers, en ce qu'il étoit très-droit ; que la mandibule supérieure étoit coupée de biais, et l'inférieure un peu relevée vers la pointe, de sorte qu'elles s'adaptoient très-bien l'une à l'autre. M. Temminck n'a pas admis cette espèce de paradisier dans son Système d'ornithologie, p. 55, attendu que cette forme de bec lui étoit inconnue ; mais comme la singularité observée dans l'individu en fort mauvais état qui a servi au dessin de Levaillant, n'existoit point dans celui que l'on avoit communiqué à l'auteur des Oiseaux dorés, on peut supposer qu'elle provenoit d'une fracture. Il existe d'ailleurs au Muséum de Paris deux autres individus de cette espèce, mieux conservés ; et comme leur bec, plus long et plus pointu que dans les autres, n'a rien d'extraordinaire, et les rapproche seulement des épimaques, en ce qu'il est plus pointu et un peu arqué, M. Cuvier n'a pas hésité à le classer avec les oiseaux de paradis.

C'est donc, pour lui, le PARADISIER A DOUZE FILETS, *Paradisea alba*, Blum., et *Paradisea nigricans*, Shaw. Long de neuf à dix pouces, il est à peu près de la grosseur du merle commun. La tête, le cou, le haut du dos et de la poitrine sont d'un beau noir velouté, à reflets pourpres et violets. Les longs faisceaux des flancs sont blancs, et les tiges prolongées de quelques-unes de ces plumes se terminent en douze filets, qui ne tiennent pas au croupion. Le corps est ordinairement d'un noir violet, avec une bordure d'un vert d'émeraude aux plumes du bas de la poitrine ; mais il paroît qu'il en existe aussi des variétés à corps tout blanc. Les pieds sont d'un brun jaunâtre; le bec et les ongles sont noirs.

M. Vieillot a fait de cet oiseau, dans la deuxième édition du Nouveau Dictionnaire d'histoire naturelle, tom. 28, pag. 165, un promérops, *falcinellus resplendescens*, qu'il rapproche de l'oiseau de paradis noir et blanc, *paradisea alba*, variété de Latham. Cet oiseau, dont la langue doit être fort courte et collée au gosier, est probablement insectivore, et ses pieds robustes, armés d'ongles crochus, doivent lui faciliter les moyens de s'accrocher aux arbres.

Le *paradisea viridis* de Gmelin ou *paradisea chalybea* de Latham, figuré dans les planches enluminées de Buffon, n.° 634, est un cassican décrit dans ce Dictionnaire sous le nom de *cassican calybé de la Nouvelle-Guinée*, tome VII, page 221.

Le *paradisea leucoptera* de Latham, ou paradisier à ailes blanches, a été décrit par cet ornithologiste comme ayant près de deux pieds de longueur; le bec d'un pouce de long; les plumes du menton alongées et relevées presque jusqu'à l'extrémité des mandibules ; le derrière du cou de couleur de cuivre; la queue composée de dix pennes étagées, et le plumage généralement noir. M. Cuvier regarde cet oiseau comme un merle.

Le *paradisea gularis* de Latham et *nigra* de Gmelin, qui est représenté sous le nom de hausse-col doré, n.°ˢ 8 et 9 des Oiseaux de paradis à la suite des Oiseaux dorés, et n.°ˢ 20 et 21 de ceux de Levaillant, sous celui de *pie de paradis*, a paru à M. Cuvier devoir être rangé parmi les merles, et M. Vieillot en a fait, dans le Nouveau Dictionnaire d'histoire naturelle, un genre nouveau, qu'il a nommé astrapie, *astrapia*.

Le *paradisea aurea* de Shaw, *oriolus aureus* de Gmelin, a été placé par M. Cuvier au rang des paradisiers, comme le seul orangé de cette famille. Levaillant l'a figuré sous le n.° 18, et M. Vieillot, à la suite des Oiseaux dorés, n.° 11. Voyez-en la description sous le nom de *Loriot orangé*, dans ce Dictionnaire, tome XXVII, page 215. (CH. D.)

PARADOXAL. (*Ichthyol.*) Nom spécifique d'un poisson qui appartient au genre SOLÉNOSTÔME. Voyez ce mot. (H. C.)

PARADOXIDE. (*Foss.*) Ce genre de crustacés fossiles renferme les espèces de la famille des trilobites qui ont été décrites par Linné sous le nom d'*entomolithus paradoxus*.

Les paradoxides ont le corps très-déprimé, les flancs larges, par rapport au lobe moyen; le bouclier est généralement arqué en avant, presque demi-circulaire; les lobes latéraux sont unis, et ne paroissent point porter d'yeux réels, ni même de protubérances oculiformes. Le lobe moyen est marqué de trois sillons transversaux, ou au moins de trois rides. On ne voit ni les lignes ni les articulations qui divisent le bord antérieur du bouclier dans les calymènes, les asaphes et les ogygies. Le nombre des articulations du corps ou de l'abdomen proprement dit, ne paroît pas être moindre de douze. Celles du post-abdomen ne passent pas quelquefois quatre ou cinq; mais ce qui caractérise surtout les paradoxides et les distingue d'une manière absolue des autres trilobites, c'est d'avoir les arcs des flancs, et surtout ceux de la queue, prolongés en dents, en pointes ou en épines au-delà de la membrane qu'ils sous-tendent.

Les paradoxides se rapprochent des ogygies par la forme déprimée de leur corps, par la ténuité de leur peau et par l'absence des yeux réticulés.

M. Brongniart a divisé ce genre en deux sections, établies sur la forme du chaperon.

1.ᵉ SECTION.

Bord antérieur du chaperon à peu près en arc de cercle.

PARADOXIDE DE TESSIN : *Paradoxides Tessini*, Brongn., Hist. nat. des crust. foss., p. 31, pl. 4, fig. 1; *Entomostracites paradoxissimus*, Wahlenberg, n.° 9, t. 1, fig. 1; *Entomolithus paradoxus*, Linn. Le chaperon, arrondi antérieurement, se prolonge postérieurement en deux parties, qui dépassent la moitié du corps; la tête est arrondie et marquée de trois plis transversaux; les joues semblent porter de chaque côté une protubérance oculiforme, mais non pas un œil. L'abdomen et le post-abdomen portent vingt à vingt-deux articulations. La queue est composée de trois anneaux sans parties latérales.

Cette espèce paroît acquérir jusqu'à trois décimètres de longueur. On la trouve en Westrogothie dans les couches d'ampélite alumineux et seulement à une grande profondeur (Wahlenberg); on en trouve des vestiges dans les exploitations de Damman.

PARADOXIDE SPINULEUX : *Paradoxides spinulosus*, Brongn., *loc. cit.*, pl. 4, fig. 2 et 3; *Entomolithus paradoxus*, Linn.; *Entomostracites spinulosus*, Wahl., n.° 11, tab. 1, fig. 3. La tête est semi-circulaire et presque aussi large que l'animal est long. Le lobe moyen marqué de trois plis transversaux disposés en chevrons. Il est plus étroit en avant qu'en arrière. On ne voit sur les lobes latéraux aucune protubérance oculiforme; mais seulement des stries ondulées à peu près transversales. Ils se prolongent dans l'individu dont M. Wahlenberg a donné la figure (fig. 3), en deux pointes ou épines qui atteignent à peu près la moitié du corps. Ces épines ne se voient pas dans celui qui se trouve dans ma collection et qui est représenté figure 2. Mais on remarque que l'extrémité de ces lobes est cassée, et on croit même apercevoir une trace de l'existence de ces prolongemens épineux. Cet individu se montre comme un relief très-plat, cependant assez net, sur un ampélite alumineux; il est noir comme cette pierre : mais le post-abdomen et la queue sont pyriteux. Des morceaux d'ampélite qui contiennent un grand nombre d'autres paradoxides, mais plus petits, et qui se trouvent dans la collection de M. de Dréc, sont cités comme venant d'Andrarum en Scanie. M. Wahlenberg dit qu'on trouve des fragmens de cette espèce en Westrogothie. Longueur, près de deux pouces; largeur, dix-huit lignes.

PARADOXIDE SCARABOÏDE : *Paradoxides scaraboides*, Brongn., *loc. cit.*, pl. 3, fig. 5; *Entromostracites scaraboides*, Wahl., n.° 13, tab. 1, fig. 4. La tête est hémisphérique, arrondie en avant; le front est presque ovale, plus étroit antérieurement; le bord de la queue est sinueux et muni de trois dentelures. Les parties postérieures de la tête portent quelques légères lignes transverses. Le lobe du bouclier est remarquablement étroit par rapport à la tête ou lobe moyen. Le post-abdomen est plus court que la queue et est marqué de trois anneaux. On trouve cette espèce en échantillons, rarement entiers, dans les lits d'odeur fétide de l'ampélite alumineux à Andrarum. Longueur, dix-huit lignes.

2.ᵉ Section.

Bord antérieur du chaperon en ligne droite ou comme tronqué.

PARADOXIDE GIBBEUX : *Paradoxides gibbosus*, Brongn., *loc. cit.*, pl. 3, fig. 6; *Entomostracites gibbosus*, Wahl., n.° 12, tab. 1, fig. 4. La tête est tronquée antérieurement, presque plane : le front est oblong, et le lobe du dos comme bossu ; la queue est triangulaire et marquée de deux dents de chaque côté. On trouve cette espèce dans l'ampélite des mines d'Andrarum en Scanie. Le bord antérieur de la tête, ainsi que son bord postérieur, sont rectilignes. Une ligne parallèle à ces bords divise la tête ou bouclier en deux parties; il y a généralement quinze articulations au tronc. Les lobes latéraux de la queue sont plans et marqués d'un sillon court qui part de chaque articulation. Ils sont munis à leur angle antérieur d'une dent marginale. Longueur, douze à treize lignes.

PARADOXIDE LACINIÉ : *Paradoxides laciniatus*, Brongn., *loc. cit.*, pl. 3, fig. 3; *Entomostracites laciniatus*, Wahl., n.° 8, tab. 11, fig. 2. La tête est rectangulaire antérieurement, et comme ailée ou appendiculée postérieurement; le lobe moyen ou front est muni de chaque côté de trois gros plis; la queue, bilobée sur ses deux côtés, porte deux doubles plis. M. Wahlenberg, d'après lequel on a donné la description et la figure, dit n'avoir jamais vu aucun exemplaire complet de ce trilobite, dont on trouve les vestiges dans le schiste argileux blanc supérieur du mont Möserberg en Westrogothie. (D. F.)

PARADOXURE; *Paradoxurus*, Nob. (*Mamm.*) Nom tiré du grec et formé des mots παράδοξον, *chose inattendue*, et de ουρα, *queue*. Ce genre renferme des carnassiers qui appartiennent à la famille des civettes, et il a eu pour type l'espèce du pougouné, connue auparavant sous le nom de genette et sous celui de civette à bandeau; aussi avons-nous donné cette espèce dans ce Dictionnaire comme une genette. Ce n'est qu'après l'avoir possédée vivante , que j'ai reconnu qu'elle se distinguoit génériquement de tous les autres animaux de la famille des civettes.

Les paradoxures ont des formes plus ramassées et plus trapues que celles des civettes; mais ils en ont tout-à-fait le système de dentition; ils sont entièrement plantigrades, et ils ont cinq doigts à tous les pieds, armés d'ongles minces, crochus, très-aigus et presque aussi rétractiles que ceux des chats et garnis en dessous à leur extrémité d'un bourrelet, qui ne permet point à l'ongle de toucher à terre, et qui par son organisation, paroît être le siége d'un toucher délicat. Ces doigts sont réunis jusqu'à la dernière phalange par une membrane lâche, qui leur permet de s'écarter, et en fait en quelque sorte des pieds palmés. Sous la plante et sous la paume se trouvent à l'origine des doigts quatre tubercules charnus, revêtus d'une peau fine de même nature que celle des bourrelets, dont nous venons de parler; ceux des côtés se prolongent et se réunissent au talon et au poignet.

La queue présente un des traits les plus caractéristiques de ce genre. Lorsque cet organe est étendu, il se trouve tordu vers son extrémité de droite à gauche, c'est-à-dire, que la partie supérieure de la queue est en dessous; et de cette disposition résulte le phénomène suivant : lorsque les muscles supérieurs tendent à enrouler la queue, ce mouvement se fait d'abord de dessus en dessous, et s'il cesse lorsque cet organe n'est enroulé qu'à moitié, il ressemble à toutes les queues prenantes; mais si les muscles continuent à agir, la queue revient à son état naturel et l'enroulement continue, mais dans un sens opposé, de dessous en dessus. L'œil a sa pupille alongée et une troisième paupière qui peut en recouvrir entièrement le globe. Les narines sont entourées d'un mufle et semblables à celles des chiens, et ce mufle est séparé en deux par un sillon profond, qui se prolonge jusqu'à l'extrémité de la lèvre supérieure. La langue est longue, étroite, mince et couverte de papilles cornées, globuleuses à leur base et terminées par une pointe crochue et grêle; entre elles se trouvent des tubercules arrondis, recouverts d'une peau très-douce, et sa partie postérieure est garnie de cinq glandes à calice. L'oreille a sa conque externe arrondie, avec une profonde échancrure à son bord postérieur, recouverte par un large lobe analogue à celui qui s'observe sur l'oreille des chiens. Toute la partie interne est garnie de tubercules très-compliqués dans leurs formes, et l'orifice du canal est recouvert d'une sorte de valvule. Le pelage se compose de poils laineux et de poils soyeux ; ces derniers sont les moins nombreux, et de longues moustaches garnissent les côtés de la lèvre supérieure et le dessus des yeux.

Les organes génitaux mâles, les seuls connus, consistent en un scrotum libre et volumineux et en une verge dirigée en avant, dans un fourreau attaché à l'abdomen, de chaque côté duquel se trouve un organe glanduleux qui lubréfie ou enduit toutes ces parties de la matière qu'il sécrète. La verge est comprimée et toute couverte de papilles aiguës et cornées, dirigées en arrière. A son extrémité se trouve l'orifice de l'urètre, et au-dessus de cet orifice naît une languette cylindrique, longue de trois lignes, arrondie et lisse, qu'on pourroit considérer comme une sorte de gland. Les mamelles sont au nombre de trois de chaque côté, une pectorale et deux abdominales. On ne voit aucune trace de poche vers l'anus.

Il paroit que ces animaux sont nocturnes; qu'ils passent le jour cachés dans leurs retraites et vont la nuit pourvoir à leurs besoins. Ayant le même système de dentition que les civettes, ils doivent rechercher les mêmes nourritures ; mais on n'a aucun détail sur leurs mœurs, sur les moyens qui leur ont été donnés pour atteindre leur proie ou pour se soustraire à leurs ennemis; en un mot, sur les instincts et l'étendue d'intelligence qu'ils ont reçus pour leur conservation individuelle et celle de leur espèce.

On n'en connoît encore avec certitude qu'une seule espèce.

Le Poucouné; *Paradoxurus typus*, Nob., Histoire naturelle des mammifères, Janvier 1821; Genette, Buff., Suppl., tom. 2, pl. 47. La longueur de son corps, du bout du museau à l'origine de la queue, est d'un pied sept pouces ; sa tête a sept pouces; sa queue un pied cinq pouces, et sa hauteur est de huit à neuf pouces. Sa couleur est d'un noir jaunâtre ; c'est-à-dire que, vu de côté et de manière à n'apercevoir que l'extrémité des poils, il paroît noirâtre, tandis que vu en face des poils et de manière à pénétrer jusqu'à la peau, il paroît jaunâtre. Sur le fond jaunâtre s'aperçoivent trois rangées de taches noirâtres de chaque côté de l'épine, et d'autres éparses sur les cuisses et les épaules, qui disparoissent sur le fond noir ou formant de simples bandes. Les membres sont noirs, mais la peau des tubercules des doigts est couleur de chair. La queue est noire dans la seconde moitié de sa longueur, elle est de la couleur du corps dans l'autre moitié, et la tête est également de cette couleur, seulement elle pâlit vers le museau et l'on voit une tache blanche au-dessus de l'œil et une au-dessous. L'oreille est noire, excepté le milieu de sa face interne, qui est couleur de chair, et son bord externe, qui a un liséré blanc.

Cet animal se trouve dans la presqu'île de l'Inde, à Java, etc., où il habite les lieux plantés d'arbres et de broussailles.

Je réunis au pougouné un animal dont l'origine est inconnue et qui jusqu'à présent se rapproche plus des paradoxures que d'aucun autre genre; il en a les pieds, les dents, les organes des sens et ceux de la génération. On n'en a eu encore que les dépouilles; je le nomme :

PARADOXURE DORÉ; *Paradoxurus aureus* (Mémoire du Mus. d'histoire nat., tom. 9, pl. 4). Sa taille est celle d'un petit chat, et sa couleur un beau fauve doré, répandu uniformément sur toutes les parties de son corps.

Je réunirai encore à ce genre, quoique avec doute, mais pour qu'elle ne reste pas isolée, l'espèce décrite par M. Raffles et représentée par M. Horsfield sous les noms de

BULAN; *Viverva musanga*, Raff., Trans. Linn. de Londres, vol. 13; Horsfield, Recherches zoologiques à Java, 1.er cahier. Cet animal, de la grandeur d'un chat ordinaire et figuré par Marsden, dans son Histoire de Sumatra, dit M. Raffles, est très-rapproché de la genette, mais doit être regardé comme une espèce distincte. Il est d'un fauve obscur mêlé de noir. La queue est de la même couleur, excepté le bout, dans la longueur de deux pouces, qui est blanc. Elle est aussi longue que le corps. L'espace qui sépare l'œil de l'oreille est blanc, et une tache blanche se voit sous l'oreille. Les narines sont séparées par un sillon profond. (F. C.)

PARADYSVISCH. (*Ichthyol.*) Les Hollandois, selon Ruysch, appellent ainsi un poisson des Indes orientales, qui paroît voisin des trigles, mais sur le compte duquel nous possédons trop peu de détails et que nous ne savons au juste à quelle espèce rapporter : il est probable cependant que c'est un POLYNÈME (voyez ce mot). Sa chair se mange, quoiqu'elle soit peu estimée. (H. C.)

PARÆPAGA. (*Mamm.*) Nom que les Payagonas, Indiens du Paraguay, donnent au RATON CRABIER. (DESM.)

PARÆTONIUM. (*Min.*) C'étoit, suivant Pline, une écume de mer, mêlée de limon et devenue solide : on y trouvoit de petites coquilles mêlées. Elle se trouve en Crête et sur les rivages de l'Égypte; c'est même d'une ville de ce pays qu'elle a tiré son nom. Les peintres l'employoient comme couleur naturelle pour préparer leurs tableaux.

Est - ce cette magnésite du Levant qui s'appelle encore écume de mer, ou une concrétion calcaire? Cela est plus vraisemblable que l'opinion de Wallerius, qui regarde le parætonium de Pline comme un sel marin rassemblé par évaporation dans les cavités des rivages. (B.)

PARAGONE. (*Min.*) C'est le nom donné par les Italiens d'abord à la pierre de touche, qui est une cornéenne lydienne ou un trappite noir, et ensuite par analogie, mais seulement de couleur, et point du tout ni de nature ni d'usage, à un beau marbre noir, qui ne se trouve que rarement et toujours en petits morceaux et qui porte le nom de *paragone antico*. (B.)

PARAGOUDOU. (*Erpét.*) Au Bengale, selon Russel, on donne ce nom à la *couleuvre bramine*, que nous avons décrite dans ce Dictionnaire, tom. XI, pag. 210. (H. C.)

PARAGRÊLE. (*Phys.*) Voyez à l'article MÉTÉORES, tom. XXX, page 314. (L. C.)

PARAGUA. (*Ornith.*) Espèce de la famille des perroquets connue sous le nom de papegais. (CH. D.)

PARAGUATAN. (*Bot.*) Près d'Encarmada, dans les missions de l'Orénoque, on nomme ainsi le *macrocnemum tinctorium* de Willdenow. (J.)

PARAGUE, *Paragus*. (*Entom.*) Genre de diptères établi par M. Latreille pour y ranger quelques espèces de mulions de notre famille des chétoloxes. Il y rapporte deux espèces : l'une de Barbarie, et l'autre d'Allemagne. (C. D.)

PARAÏBA. (*Bot.*) Ce nom brésilien est donné, suivant M. de Saint-Hilaire, à une espèce de *simarouba*. Elle est employée non-seulement comme astringent, ainsi que le simarouba ordinaire, mais encore comme un spécifique contre la morsure des serpens venimeux. On s'en sert aussi avec succès pour guérir la maladie pédiculaire, et surtout la maladie analogue des chevaux, très-fréquente dans ces contrées. (J.)

PARAISA. (*Bot.*) Dans la province de Caracas, en Amérique, on nomme ainsi l'azédarach, suivant M. de Humboldt. (J.)

PARAKA. (*Ornith.*) Le faisan est ainsi nommé au Kamtschatka. (Ch. D.)

PARAKI. (*Ornith.*) Voyez Parachi. (Ch. D.)

PARAKITOS TOTOS VERDES. (*Ornith.*) L'oiseau qu'Oviedo nomme ainsi, est la perriche sincialo, *psittacus rufirostris*, Lath. (Ch. D.)

PARALA. (*Ornith.*) Ce nom est donné, dans le Nouveau Dictionnaire d'histoire naturelle, comme désignant une espèce d'yacou. (Ch. D.)

PARALÉ, *Paralea.* (*Bot.*) Genre de plantes dicotylédones, à fleurs complètes, polypétalées, de la famille des *ébénacées*, de la *polyandrie monogynie* de Linnæus, très-rapproché des plaqueminiers, offrant pour caractère essentiel : Un calice à quatre dents, une corolle composée d'un tube court, partagée à son limbe en quatre lobes ; dix-huit étamines attachées au fond de la corolle ; un ovaire supérieur, prismatique ; un style : le fruit n'est pas connu.

Paralé de Guiane : *Paralea guianensis*, Aubl., Guian., tab. 231 ; Lamk., *Ill. gen.*, tab. 454. Grand arbre dont le bois est dur et blanchâtre. Il se divise en rameaux garnis de feuilles alternes, médiocrement pétiolées, lisses, fermes, très-entières, d'un vert foncé, bordées, dans leur jeunesse, de poils blanchâtres et fugaces, longues de six pouces, larges de trois. Les fleurs sont d'une odeur agréable, presque sessiles, axillaires, glomérulées, munies à leur base de bractées roussâtres et velues ; le calice est d'une seule pièce, roussâtre, velu, terminé par quatre petites dents aiguës : le tube de la corolle court, renflé, un peu quadrangulaire; le limbe à quatre lobes aigus, roussâtres, charnus ; l'ovaire chargé de poils roux. Cette plante croît dans la Guiane, à vingt-cinq lieues de la mer, dans les forêts du Sinémari. Les Galibis le nomment *Parala.* Lorsqu'ils sont attaqués de la fièvre, ils se lavent avec la décoction des feuilles de cet arbre. (Poir.)

PARALÉPIS, *Paralepis.* (*Ichthyol.*) M. Cuvier a désigné sous ce nom, dans la seconde famille des acanthoptérygiens, celle des perches, un genre de poissons reconnoissable aux caractères suivans :

Gueule très-fendue; mâchoire inférieure dépassant la supérieure et formant, comme dans les sphyrènes, quand la gueule est fermée, la pointe d'un cône; catopes et première nageoire dorsale très-reculés en arrière; seconde dorsale si petite qu'on la prendroit pour une adipeuse analogue à celle des truites.

Ce genre ne renferme encore que deux espèces, qui ont été communiquées à M. Cuvier par M. Risso, sous les dénominations de *Corégone paralepis* et d'*Osmère sphyrénoïde.* (H. C.)

PARALIAS. (*Bot.*) Nom de l'une des espèces de tithymale des anciens, qui paroît être celle à laquelle les botanistes donnent actuellement le nom d'*euphorbia paralias,* Linn. PARALIOS et PARALION sont des synonymes de PARALIAS. Dans les auteurs anciens ces noms s'appliquoient aussi à une des espèces de *papaver* des anciens. Voyez PARALIOS. (Lem.)

PARALIOS, THALASSIOS. (*Bot.*) Noms grecs anciens du pavot cornu, *glaucium,* cités par Ruellius. (J.)

PARALLÉLIQUE [Cloison]. (*Bot.*) Ses deux faces répondent aux deux valves du fruit et ses bords joignent les deux sutures opposées; exemple : les crucifères. (Mass.)

PARALYSIS. (*Bot.*) On trouve dans Mentzel ce nom grec, cité comme synonyme du *delphinium* et de la ciguë, et Ruellius dit que les mages le donnent à l'apocin. (J.)

PARALYTICA. (*Bot.*) Columna donnoit ce nom à une primevère de montagne; Pena à une variété de l'oreille-d'ours. (J.)

PARAMÈCE, *Paræmacium.* (*Amorphoz.*) Genre d'animaux, de la classe des monadaires, établi par Muller, dans son grand travail sur le groupe d'animaux qu'il a confondus sous le nom d'infusoires et qui peut être caractérisé ainsi : Corps transparent, membraneux et de forme oblongue ; en sorte que ce genre est à peine distinct des cyclides, si ce n'est parce que leur corps est plus alongé. Ce sont, au reste, de même des corps organisés, d'une petitesse excessive, et qui semblent changer de forme sous les yeux de l'observateur. Leurs mouvemens sont très-lents et comme incertains ou oscillatoires. On admet qu'ils se reproduisent par scission ou séparation extérieure.

Muller en a nommé et figuré quatre espèces.

La P. AURÉLIE : *P. aurelia*, Muller, *Inf.*, tab. 12, fig. 1 — 14 ; Encycl. méth., pl. 5, fig. 12. Corps comprimé, pointu en arrière et avec un seul pli du milieu au sommet. De l'eau où croit la lentille d'eau.

La P. CHRYSALIDE : *P. chrysalis*, Muller, *loc. cit.*, tab. 12, fig. 15 — 20, et Enc. méth., pl. 6, fig. 1 — 5. Corps cylindracé, obtus en arrière et plissé en avant. Dans l'eau de mer, en automne.

La P. RUSÉE : *P. versutum*, Mull., *loc. cit.*, tab. 12, fig. 21 — 24 ; Enc. méth., pl. 6, fig. 6 — 9. Corps cylindracé, obtus aux deux extrémités, mais plus épais en arrière. Dans l'eau des fossés marécageux.

La P. ŒUVÉE : *P. oviferum*, Muller, *loc. cit.*, tab. 12, fig. 25 — 27 ; Enc. méth., pl. 6, fig. 10 — 12. Corps déprimé, avec des bulles ovales à l'intérieur. Dans les marais.

Ce genre, comme en général tous ceux qui constituent ce qu'on a nommé la classe des infusoires, a bien besoin d'être observé de nouveau. (DE B.)

PARAMOUDRA. (*Foss.*) On trouve, dans les carrières de craie du Nord de l'Irlande, et près de Norwick, en Angleterre, des corps fossiles qui ont de très-grands rapports avec l'alcyon figue-de-mer, *alcyonium ficiforme*, Lam. ; *spongia ficiformis*, Lam., et le genre *Polyclinum* de Cuvier, ou *Aplidium* de Savigny.

Les plus grands échantillons ont jusqu'à deux pieds de longueur et un pied de diamètre (mesure angloise). Ils affectent en général une forme cylindrique ; quelques-uns sont évasés à leur partie supérieure, d'autres sont ovoïdes. Ils sont constamment d'un gris foncé; mais recouverts d'une légère croûte blanche. Une ouverture centrale paroît avoir existé dans toute la longueur de ces corps : cette ouverture a depuis un demi-pouce jusqu'à quatre ou cinq pouces de largeur; elle est d'autant plus large que ces derniers sont plus alongés. Elle est petite et presque oblitérée dans ceux dont la forme est plus comprimée et toujours remplie d'une matière craieuse, qui paroît y être entrée dans un état de fluidité.

L'extrémité supérieure de cette ouverture se termine ordinairement par un repli, qui ressemble en quelque sorte à une lèvre. L'intérieur forme un pédoncule obliquement tronqué, épais et solide, qui paroît avoir été arraché de la base sur laquelle il a été attaché et qui, suivant toute apparence, n'étoit pas de la craie; les anfractuosités qu'on y remarque sont très-probablement la contre-partie de la forme du corps solide sur lequel chaque paramoudra adhéroit : ces corps ne se retrouvant pas, on peut soupçonner qu'ils ont disparu avec tous ceux qui étoient solubles, qu'on trouve indiqués par les traces qu'ils ont laissées aux corps adhérens qu'on retrouve, mais qui n'ont laissé aucune autre trace dans les couches supérieures de la craie.

Ces fossiles se trouvent isolés et il n'est rien de constant dans leur position ; quelques-uns sont couchés, d'autres sont placés verticalement. M. Buckland, qui les a fait connoître, a publié un Mémoire sur eux dans le volume 4 des Mémoires de la Société géologique de Londres, et il en a donné les figures, planche 24, fig. 1 — 7. Il leur a laissé le nom qu'on leur donne en Irlande et dont l'origine ne lui est pas connue.

Il semble que ces fossiles auroient de l'analogie avec d'autres genres trouvés également dans la craie en Angleterre, et auxquels M. Mantell a donné le nom générique de *ventriculites*. (D. F.)

PARANDA. (*Ornith.*) Nom de l'épervier, *falco nisus*, Linn., en langue malabare. (Cн. D.)

PARANDRE, *Parandra*. (*Entom.*) Sous ce nom de genre M. Latreille désigne quelques insectes coléoptères à quatre articles à tous les tarses, qu'il rapproche des Cucujes et des Spondyles, que nous avons fait figurer comme genres anomaux sur la planche 17, n.ᵒˢ 6 et 7 de l'atlas des insectes dans ce Dictionnaire. Ces insectes sont aussi voisins des BRONTES (voyez ce mot) ou des uléiotes de M. Latreille. Ils sont originaires d'Amérique. Ils paroissent vivre sous les écorces. (C. D.)

PARANGIATO. (*Bot.*) Nom brame d'une carmentine, *justicia picta*, de M. de Lamarck. (J.)

PARANGI-JACA, ANONA-MARAM. (*Bot.*) Noms malabares d'un corossolier, *anona reticulata*, qui est le *tsjinapanosou* des Brames, suivant Rhéede. (J.)

PARANITE. (*Min.*) On croit que les anciens désignoient aussi par ce nom une améthyste d'un violet clair, presque insensible. Voyez QUARZ AMÉTHYSTE. (B.)

PARANOMUS. (*Bot.*) Ce genre de protéacées, fait par M. Salisbury, est le même que le *nivenia* de M. R. Brown. (J.)

. PARANTHINE. (*Min.*) Il est difficile de dire avec certitude si les minéranx nommés Scapolithe, Éléolithe, Sodalithe, Méïonite, Dipyre, Fussite, Gabbronite, Bergmanite, Wernerite, et enfin Paranthine, forment plusieurs espèces, ou s'ils ne sont que des variétés d'une même espèce, susceptible en effet de présenter des différences nombreuses et frappantes, qui ne sont détruites ni même atténuées par aucun caractère important et tranché. Si ces variétés sont réduites à n'appartenir qu'à une espèce, ou même à deux ou trois, on voit qu'on aura à choisir, pour la désigner, parmi beaucoup de noms, et cela sans compter ceux que nous n'avons pas mentionnés, parce qu'ils ne sont que de vrais synonymes des autres, ou plutôt parce qu'il y a déjà long-temps qu'on a reconnu qu'ils désignoient les mêmes espèces : tels sont les noms de Rapidolite, Micarelle, Lythrodes, Arctizite, etc. Il y avoit de quoi choisir ; mais M. Haüy n'en a trouvé aucun de bon, et il a préféré en faire un nouveau, celui de Paranthine, tout en convenant qu'il y avoit tout lieu de croire que ce minéral ne différoit pas de la Wernerite : c'étoit bien le cas de laisser celui de Scapolite, qui, pour vouloir dire *pierre en baguettes*, n'étoit pas plus mauvais que celui de Paranthine, qui veut dire *pierre qui s'effleurit*; en sorte que M. Haüy, qui simplifioit et éclaircissoit ordinairement avec tant de sagacité et de profondeur l'histoire des espèces confuses, a, dans ce cas-ci, un peu augmenté la confusion en donnant à une espèce, incertaine de son propre aveu, un nom nouveau, et à ce nom une autorité à laquelle il est difficile de se soustraire, et qui le fait presque concourir avec celui de Wernerite.

Néanmoins ce dernier l'emportera, nous osons l'espérer; on oubliera tous les autres, c'est-à-dire tous ceux qui désigneroient évidemment la même espèce. La plupart des minéralogistes, Montéiro, Léonhard, Beudant, Berzelius, Léman, etc., s'accordent pour regarder le paranthine comme n'étant qu'une variété de Wernerite; et dans ce cas ce nom, qui a pour lui et la priorité et le respect dû à l'un des pères de la science, doit seul rester: nous renvoyons donc l'histoire de cette pierre au mot WERNERITE. (B.)

PARA-PANNA-MARAWARA. (*Bot.*) Nom malabare d'une espèce de fougère figurée dans Rhéede, *Hort. malab.*, 12, tab. 1 — 15 : c'est l'*asplenium ambiguum* de Swartz. (LEM.)

PARA-PARA. (*Bot.*) Nom du savonier, *sapindus saponaria*, à Cumana dans l'Amérique méridionale, suivant M. de Humboldt. (J.)

PARAPETALIFERA. (*Bot.*) Nom d'un des quatre genres résultant de la décomposition du *diosma* par Wendland; celui-ci est distingué par dix pétales, cinq étamines et un fruit tuberculeux à loges monospermes. Le même est nommé *barosma* par Willdenow dans l'*Hort. Berol.* (J.)

PARAPHORON. (*Min.*) C'est dans Pline une sorte d'alun liquide, grossier et de couleur pâle.

Ces aluns de Pline paroissent généralement bien différens du sel auquel nous donnons ce nom. (B.)

PARAPHYSES. (*Bot.*) Poils fistuleux, cloisonnés, qui, dans les mousses, se trouvent mêlés avec les fleurs. (MASS.)

PARARO DU BRÉSIL. (*Bot.*) Espèce de patate, suivant Marcgrave. (J.)

PARARSUK. (*Ornith.*) Nom groënlandois du harle proprement dit, *mergus merganser*, Linn. (CH. D.)

PARASÉLÈNE. (*Phys.*) Phénomène lumineux, qui consiste dans l'apparition d'une ou plusieurs images de la lune. Voyez PARHÉLIE. (L. C.)

PARASITE. (*Ornith.*) L'oiseau que Levaillant a ainsi appelé dans le 1.er volume de son Ornithologie africaine, p. 58, est un milan, *falco parasiticus*, Linn., que MM. Savigny et Cuvier regardent comme le même que le milan étolien ou le milan noir. (Cʜ. D.)

PARASITES [Pʟᴀɴᴛᴇs] (*Bot.*); qui vivent sur d'autres végétaux. Les unes, parasites vraies, tirent leur nourriture des sucs mêmes des végétaux vivans sur lesquels elles croissent; exemples : l'orobanche , la cuscute, le guy, et certains champignons (*uredo*, *œcidium*, *puccinia*), qui , après s'être développés dans l'intérieur du végétal , déchirent l'épiderme qui les recouvre et terminent leur croissance à l'air libre. Les autres, fausses parasites, vivent à la surface ou de la substance des végétaux morts; exemples : *lichens hypoxylées*, *agaric*, etc. (Mᴀss.)

PARASITES , *Parasita*. (*Entom.*) Ce nom , dont l'étymologie , tirée du grec, signifie autour de la nourriture, et par lequel on désignoit les individus qui alloient manger constamment chez d'autres , a été appliqué, par M. Latreille , à une famille d'insectes aptères ou sans ailes qui s'attachent sur la peau des animaux pour les sucer, tels sont les poux et les ricins. Nous avons autrement désigné ces derniers , qui ont de véritables mâchoires, et que nous avons appelés ornithomyzons, parce qu'ils s'attachent sur les tégumens des oiseaux ; et nous avons indiqué sous le nom de Parasites, ou de Rʜɪɴᴀᴘᴛᴇ̀ʀᴇs (voyez ce mot), toutes les espèces d'insectes sans ailes qui ont un bec ou suçoir, et non des mâchoires , et dont la tête et le corselet sont distincts , tels sont les *puces*, les *poux*, les *smaridies*, les *tiques*, les *leptes*, les *sarcoptes*, que nous avons fait figurer dans l'atlas de ce Dictionnaire, planche 52 et 53. (C. D.)

PARASOL. (*Bot.*) Voyez Aɢᴀʀɪᴄ ᴇ́ʟᴇᴠᴇ́, à l'article Fᴏɴɢ. (Lᴇᴍ.)

PARASOL [Gʀᴀɴᴅ] ou PARASOL BLANC BLEUISSANT (*Bot.*), Paul., Tr. 2 , p. 306, pl. 149. Espèce d'agaric de la division des bulbeux nus, de la famille des bulbeux de Paulet. Elle s'élève à la hauteur de cinq à six pouces, et son chapeau atteint quatre pouces de diamètre. Le dessus du chapeau est d'un blanc qui roussit un peu. Les feuillets sont inégaux , voilés dans la jeunesse , blancs, avec une teinte vert-pomme. Ce champignon est humide au toucher, tendre, cassant, couvert d'une peau qu'on enlève facilement. Il répand une odeur de terre humide ; sa saveur est insipide, et il se corrompt promptement en répandant une odeur virulente et fétide. Il paroît malfaisant. (LEM.)

PARASOL CHINOIS. (*Bot.*) C'est le *sterculia platanifolia*. Voyez TONGCHU. (LEM.)

PARASOL CHINOIS. (*Conchyl.*) Nom que les marchands emploient encore aujourd'hui pour désigner une coquille du genre Patelle de Linné et de la plupart des linnéens, mais qui constitue le genre Ombrelle de M. de Lamarck, fort éloigné des PATELLES. Voyez ce mot et GASTROPLACE. (DE B.)

PARASOLS. (*Bot.*) Espèces d'agaricus, de la famille des *peauciers parasols* de Paulet, qui se font remarquer par leur stipe fusiforme ou cylindrique, long et portant, comme un manche de parapluie, un chapeau hémisphérique. Ces champignons n'ont point de chair. Il y en a cinq espèces.

Le PARASOL AQUEUX (Paul., Tr. 2, page 211, pl. 97, fig. 1, 2). Il s'élève à la hauteur de quatre à cinq pouces. Son chapeau est gris foncé ; il se fend en plusieurs points du centre à la circonférence ; le stipe et les feuillets sont blancs. On trouve cette espèce dans les bois à Versailles.

Le PARASOL VISQUEUX (Paul., *l. c.*, fig. 3, 4). Champignon de taille moyenne ; à chapeau couleur de noisette, un peu visqueux ; à feuillets et pieds blancs. On le trouve en automne dans les bois aux environs de Paris.

Le PARASOL RAYÉ (Paul., *l. c.*, p. 212, pl. 98, fig. 1 — 2). Champignon privé de chair. Il n'a que des feuillets couverts d'une peau transparente et dont l'impression le rend rayé. Le chapeau est couleur de marron ; les feuillets sont couleur de terre d'ombre ; le stipe est mélangé de gris et de roux : il s'élève jusqu'à trois pouces.

Le PARASOL FRISÉ (Paul., *l. c.*, fig. 3, 4). Il a trois pouces de hauteur, avec un chapeau d'un pouce et demi de diamètre. Il est d'une couleur de noisette partout ; la surface de son chapeau est rude ; ses feuillets sont inégaux ; les petits adhérens aux grands et imitant un feuillage frisé : il ne paroît pas malfaisant et croît aux environs de Paris dans les bois.

Le PARASOL OLIVATRE (Paul., *l. c.*, fig. 5, 6) est une

petite espèce de deux pouces de hauteur; à chapeau olivâtre ou mélangé de jaune, de violet foncé et de vert, avec
les feuillets très-bruns. Il n'est point malfaisant et se trouve
aussi aux environs de Paris.

Paulet donne encore le nom de parasol d'Iéna à l'*agaricus
umbraculum* de Batsch, *Elench*. (LEM.).

PARASTATE. (*Anat. et Phys.*) Voyez SYSTÈME DE LA GÉNÉ-
RATION. (F.)

PARAT. (*Ornith.*) Le moineau franc, *fringilla domestica*,
Linn., est ainsi nommé dans l'ancienne province de Languedoc. (CH. D.)

PARATI. (*Ichthyol.*) Marcgrave de Liebstædt donne ce
nom à un poisson du Brésil que nous ne savons à quel genre
rapporter. (H. C.)

PARATONNERRE. (*Phys.*) Verge métallique, terminée
en pointe, placée sur un édifice et ayant une communication
métallique avec un puits ou un sol humide pour y conduire,
sans explosion, l'électricité des nuages qui passent à la
proximité de cette pointe. (Voyez à l'article ÉLECTRICITÉ,
tom. XIV, pag. 315.)

Depuis la publication du volume cité, la foudre ayant, à
des intervalles très-courts, frappé plusieurs églises et causé
de funestes accidens, le Gouvernement a repris le projet de
faire garnir ces édifices de paratonnerres, et a demandé sur
leur construction un rapport à l'Académie des sciences, qui
a nommé pour commissaires MM. Poisson, Lefevre-Gineau,
Girard, Dulong, Fresnel et Gay-Lussac. La rédaction, confiée
à M. Gay-Lussac et approuvée par l'Académie, a été d'abord
imprimée par ordre du Ministre de l'intérieur, et ensuite
insérée dans le tome XXVI des *Annales de chimie et de physique*, page 258, Juillet 1824. Cette instruction est composée
de deux parties : la première contient un exposé succinct
de la théorie des paratonnerres et de quelques faits bien
remarquables, qui en démontrent l'utilité; la seconde partie, entièrement consacrée à la pratique, est accompagnée
de planches et offre, dans le plus grand détail, toutes les
précautions nécessaires pour assurer l'effet des paratonnerres, destinés à préserver de la foudre les maisons,
les églises, les magasins à poudre et les vaisseaux, genres de

37.   34

constructions dont chacun exige des modifications particulières.

Nous ne pouvons entrer ici dans de tels détails : nous nous
bornerons à rappeler que les principales conditions de l'effi-
cacité d'un paratonnerre sont, 1.° une continuité parfaite
depuis la pointe jusqu'à la terminaison du conducteur dans
le sol ; 2.° que cette terminaison, si elle ne peut se faire dans
un puits ou réservoir d'eau, soit effectuée d'autant plus profondément et plus loin de l'édifice que le terrain environnant
sera plus sec ; 3.° que l'on prenne tous les moyens convenables pour prévenir l'oxidation de la pointe du conducteur
et de sa terminaison [1] ; 4.° que, s'il y a sur la couverture des
parties métalliques, comme des gouttières, des lames de plomb,
etc., on les fasse aussi communiquer au conducteur, car l'essentiel est d'offrir à l'électricité le chemin le plus facile et sans
interruption. La hauteur des verges est comprise entre les limites de 7 à 10 mètres (21 pieds à 30 pieds), suivant la hauteur et l'importance de l'édifice ; les deux dimensions de leur
base sont de 54 à 63 millimètres (24 à 28 lignes). (L. C.)

PARAVAS. (*Bot.*) Dans le grand Recueil des Voyages de
Théodore de Bry, on cite sous ce nom une herbe des lieux
voisins du détroit de la Sonde, qui y est très-employée comme
rafraîchissante. C. Bauhin la mentionne à la suite des lai-
tues. (J.)

PARAVERIS. (*Bot.*) Voyez AMBELANIER. (J.)

PARAY. (*Bot.*) Nom brame du *tsjerou-meeralou* du Malabar, espèce de figuier, *ficus terebrata* de Willdenow. (J.)

PARCHAT. (*Ornith.*) Nom vulgaire du héron blongios,
ardea minuta, Linn., dans les environs de Niort. (Cʜ. D.)

PARCHEMIN D'ORLÉANS. (*Bot.*) C'est une variété de
pêcher. (L. D.)

PARCHITA. (*Bot.*) Une espèce de grenadille, *passiflora
fœtida*, est ainsi nommée en Amérique, dans les environs
de Cumana, suivant M. Bonpland. (J.)

PARCUS. (*Ornith.*) Ce mot, dans Belon, est employé par

---

1 Quant à la pointe, on la fait en cuivre doré, on la termine par
une aiguille de platine, métal inaltérable à l'air, et qu'on pourroit
remplacer par l'alliage des monnoies d'argent.

erreur pour désigner, le vanneau commun, *tringa vanellus*, Linn. (Сн. D.)

PARD. (*Mamm.*) Mot dérivé par les modernes du latin, Pardus. (F. C.)

PARDALE. (*Bot.*) On trouve dans l'édition de Dioscoride, par Ruellius, ce nom et ceux de *leontopodion*, *leontion*, *leuceoron*, cités comme noms anciens du *leontopedalon* de Dioscoride, qui, selon la description, s'élève à un pied tout au plus, porte des fleurs rouges imitant celles d'anémone, et un fruit semblable à une gousse de cicer, remplie de deux à trois graines. Les feuilles sont celles du chou ou du pavot; les racines noires et renflées, comme celles de la rave. Cette description est la même dans l'édition de Dioscoride par Sarracenus, dans laquelle la plante est nommée *leontopetalon*. Ces deux noms des deux éditeurs, exprimant deux idées différentes, doivent embarrasser pour déterminer quelle est la plante de Dioscoride : elle ne peut se rapporter au *leontopodium* des auteurs plus modernes, qui est une composée. Par son fruit et sa racine tubéreuse, elle se rapprocheroit davantage du *leontice leontopetalon* de Linnæus, dont les feuilles sont cependant différentes de celles du chou ou du pavot. Nous ne connoissons d'ailleurs aucune autre plante à laquelle la description de Dioscoride puisse mieux convenir. Voyez Leontopetalon et Leontopodium. (J.)

PARDALIANCHES. (*Bot.*) Nom spécifique d'une espèce de doronic, qui étoit l'*aconitum pardalianches* de Théophraste. Ruellius dit aussi qu'on le trouve cité chez quelques anciens comme synonyme de l'apocin. (J.)

PARDALIOS. (*Min.*) C'étoit une pierre ainsi nommée parce qu'elle étoit tachetée comme la peau d'une panthère. On croit que c'étoit une agate et la même chose que les pierres nommées Panthera et Pantachates. Voy. ces mots. (B.)

PARDALIS. (*Mamm.*) Nom que les Grecs donnoient à un grand chat moucheté, qu'ils rapprochoient du lion pour la force et la cruauté. Il est vraisemblable qu'ils entendoient parler de l'espèce que nous nommons panthère, d'après les Latins. (F. C.)

PARDALIS. (*Ornith.*) Ce nom désigne, dans Aristote, le vanneau pluvier, *tringa squatarola*, Gmel. (Сн. D.)

PARDALOTE. (*Ornith.*) Les oiseaux avec lesquels ceux de ce genre ont le plus de rapport, sont les manakins, *pipra*. Aussi Latham les a-t-il laissés avec eux dans le supplément de son Système d'ornithologie, imprimé en 1801 ; mais M. Vieillot, ayant observé quelques différences, surtout dans la forme du bec, a établi le genre Pardalote, *Pardalotus*, auquel il a donné le nom grec d'un oiseau inconnu, et M. Temminck l'a adopté. Sans revenir de nouveau sur les inconvéniens déjà plusieurs fois exposés, de l'habitude de faire revivre des dénominations qui exigeroient des changemens, si l'on en découvroit le véritable type, on se bornera à observer que les idées d'analogie sont ici d'autant moins fondées, qu'il s'agit d'oiseaux trouvés dans des pays étrangers à l'Europe et dont on ignoroit anciennement l'existence.

Le bec des pardalotes est fort court, ainsi que celui des manakins, mais il a la base dilatée, et chez ceux-ci elle est trigone. Selon M. Vieillot ce bec est entier, mais suivant M. Temminck la mandibule supérieure est échancrée comme aux manakins ; ce qui feroit disparoître un des caractères les plus saillans. Si l'on ajoute à cette circonstance qu'à l'exception de l'espèce qui habite au Brésil, M. Vieillot doute que les autres, venues de la Nouvelle-Hollande, soient des espèces bien distinctes, on reconnoîtra que ce genre n'est pas encore fixé d'une manière très-solide. Au reste, ces espèces ne sont qu'au nombre de quatre chez M. Vieillot, savoir : les pardalotes pointillé, rougeâtre et à tête rayée, de la Nouvelle-Hollande, auxquelles il ajoute le pardalote huppé, rapporté du Brésil par M. Delalande fils ; et chez M. Temminck, qui ne fait pas mention de la dernière espèce, le *pipra gularis* de Latham en tient lieu.

PARDALOTE POINTILLÉ : *Pardalotus punctatus*, Vieill. ; *Pipra punctata*, Lath., figuré sous le n.° 111, dans les Mélanges de Shaw. La longueur de cet oiseau n'est que de trois pouces ; le dessus de sa tête est noir avec des teintes plus pâles ; les plumes dorsales et les couvertures des ailes sont d'un jaune brunâtre sur les bords et d'un brun foncé au milieu ; les pennes alaires et caudales sont noires avec des taches blanches ; le croupion est rouge ; la poitrine a une teinte de la même couleur, et tout le dessous du corps est d'un blanc

jaunâtre ; le bec est noir et les pieds sont bruns. (Voyez La-
nielle.)

Pardalote rougeatre : *Pardalotus superciliosus*, Vieill., et
Pipra superciliosa, Lath. Il a quatre pouces un quart de longueur et il est d'un rouge marron en dessus et d'un blanc
jaunâtre en dessous ; les ailes sont brunes, et les pennes caudales sont courtes, noires et bordées de blanc ; au-dessus de
l'œil on voit une tache blanchâtre, surmontée d'une ligne
noire ; le bec et les pieds sont bruns. Cet oiseau est décrit
comme un manakin au tome 19 du Nouveau Dictionnaire
d'histoire naturelle, page 164.

Pardalote a tête rayée : *Pardalotus striatus*, Vieill. ; *Pipra
striata*, Lath., pl. 54 du *Synopsis*. Cet oiseau, de la taille du
précédent, a les plumes du sommet de la tête et de la nuque
noires et striées de blanc le long de leur tige. Il y a une
tache d'un jaune foncé entre le bec et l'œil ; le dessus du cou
et le dos sont brunâtres, ainsi que les couvertures des ailes ;
sur le bord intérieur desquelles il y a une marque jaune
oblique ; la gorge et le dessous du corps sont jaunâtres ; les
pennes caudales, qui sont noires, ont une tache blanche à
l'extrémité la plus extérieure.

Ces trois espèces sont de la Nouvelle-Hollande, et le *pipra
gularis*, la quatrième de M. Temminck, qui la donne comme
une fauvette de roseaux, *sylvia hirundinacea*, habite l'île
d'Huaheine, dans la mer Pacifique : elle est d'un noir bleuâtre
sur le dos, écarlate sur la poitrine et blanche sous le ventre ;
le bec est pâle et les pieds sont bruns.

Pardalote huppé ; *Pardalotus cristatus*, Vieill. La huppe de
cet oiseau est rouge et près de l'occiput comme chez le roitelet rubis. Sa taille est à peu près celle de la première espèce ; la tête, le dessus du cou et du corps sont d'un vert
olive ; les petites couvertures des ailes ont leur moitié extérieure blanche ; leurs pennes et celles de la queue sont brunes
et bordées de vert-olive ; la gorge et les parties inférieures
sont d'un beau jaune, plus foncé sur la poitrine ; les pieds
sont noirs. (Ch. D.)

PARDANTHUS, de Ker. (*Bot.*) C'est le même genre que
le *Belemcanda* de De Candolle, fondé sur le *moræa chinensis*,
Linn. (Lem.)

PARDELA. (*Ornith.*) Les oiseaux désignés sous ce nom par les Espagnols, sont des pétrels, et spécialement des pétrels damiers, *procellaria capensis*, Linn. On peut voir, à ce sujet, au tome 2, in-4.°, du Voyage de Marchand, page 456, une Dissertation de l'éditeur, M. de Fleurieu, qui cherche à établir, contre Buffon, que le mot Pardela s'applique à deux espèces de pétrels. (Ch. D.)

PARDISIUM. (*Bot.*) Ce genre de plantes, proposé, en 1768, par Nicolas-Laurent Burmann, dans son *Floræ capensis prodromus*, appartient à l'ordre des synanthérées, et probablement à notre tribu naturelle des Mutisiées, dans laquelle nous l'avons admis avec doute, en le plaçant dans la section des Mutisiées-Gerbériées, entre les deux genres *Isotypus* et *Trichocline*. (Voyez notre tableau des Mutisiées, tom. XXXIII, pag. 464 et 475.)

N'ayant point vu le *Pardisium*, nous empruntons à Burmann les caractères génériques et spécifiques de la plante qui constitue ce genre.

Calathide radiée : disque régulariflore, androgyniflore; couronne liguliflore, féminiflore. Péricline égal aux fleurs, formé de squames imbriquées, lancéolées. Clinanthe paléacé. Fruits ovoïdes, portant une aigrette plumeuse aussi élevée que le péricline. Corolles du disque à cinq divisions. Corolles de la couronne à languette linéaire, tridentée. Styles à moitié fendus en deux stigmatophores obtus.

Pardisium du Cap : *Pardisium capense*, Burm. C'est une plante herbacée, privée de tige proprement dite; ses feuilles sont toutes radicales, nombreuses, runcinées, longues de trois pouces; les hampes, longues comme les feuilles, sont simples, nues, et terminées chacune par une calathide.

Cette plante du cap de Bonne-Espérance ne paroît pas avoir été observée depuis Burmann; et, à l'exception de M. de Jussieu, presque tous les autres botanistes ont négligé de mentionner le *Pardisium*, sans doute parce que la description donnée par l'auteur de ce genre a paru peu satisfaisante. Elle est en effet trop incomplète et trop imparfaite pour qu'on puisse déterminer avec assurance les affinités du *Pardisium* avec d'autres genres mieux connus. C'est presque uniquement d'après le port de cette plante que nous avons ha-

sardé de l'associer à nos Mutisiées-Gerbériées , quoique Burmann l'ait placée entre l'*Erigeron* et le *Senecio*. Les corolles
du disque sont-elles exactement régulières , c'est-à-dire, à
incisions également profondes? celles de la couronne n'au-
roient-elles pas une petite languette intérieure peu apparente? Les appendices du clinanthe sont-ils de vraies squamelles? L'aigrette est-elle longuement ou courtement plumeuse? Les anthères sont-elles ou non pourvues d'appendices
basilaires?·(H. Cass.)

PARDUS. (*Mamm.*) Pline dit que de son temps on donnoit
ce nom au panthère mâle ; il n'est en usage aujourd'hui que
comme nom latin de l'espèce entière. (F. C.)

PARDWA. (*Ornith.*) Nom polonois de la bécasse, *scolo-
pax rusticola*. (Ch. D.) .

PAREIRA-BRAVA. ̄(*Bot.*) C'est une plante des Antilles
et de l'Amérique méridionale, que quelques auteurs ont confondue à tort avec l'*abuta rufescens* d'Aublet : c'est le *cissampelos pareira*, dont la tige est grimpante ; et la racine mentionnée dans les matières médicales. On l'apporte coupée
en tranches, dans lesquelles on distingue parfaitement les
couches concentriques, plus épaisses d'un côté que de l'autre,
de sorte que l'axe de la racine n'est pas absolument central. Quoiqu'on attribue de grandes vertus à cette racine,
cependant elle n'est point usitée en Europe. (J.)

PAREIRE, *Cissampelos*. (*Bot.*) Voyez Caapeba. (Poir.)

PARELLE. (*Bot.*) Espèce de lichen, décrite à l'article Pa-
tellaria. (Lem.)

PARELLE. (*Bot.*) C'est la patience commune. (L. D.)

PARELLE DES MARAIS. (*Bot.*) C'est la patience aquatique. (L. D.)

PARELLE SAUVAGE. (*Bot.*) Nom vulgaire de la patience
crépue. (L. D.)

PAREMENT BLEU. (*Ornith.*) L'oiseau désigné sous ce nom
par Buffon, est l'*emberiza viridis*, Gmel. , espèce de verdier,
qui n'est connue que par des peintures japonoises, et qui est
décrit comme ayant le bec d'un brun verdâtre ; le dessus du
corps vert ; les plumes alaires et caudales bleues avec les tiges
blanches, et les pieds noirs. (Ch. D.)

PARENCHYME. (*Anat. et Phys.*) Nom par lequel les anatomistes désignent la substance propre de chaque viscére. Voyez Tissus. (F.)

PARENCHYME. (*Bot.*) Voyez l'article Botanique, tom. V, pag. 179 et suivans. (Lem.)

PARENTIA. (*Bot.*) Nous avons donné ce nom au genre *Calypogeia* de Raddi, fondé sur des espèces de *jungermannia*, caractérisé par le calice cylindrique, fixé à la tige par le bord de son ouverture et enfoncé perpendiculairement en terre, d'où vient le nom grec de *calypogeia*. Ce genre offre en outre une capsule cylindrique, obtuse, s'ouvrant en quatre valves égales, linéaires; une corolle monopétale, dont le limbe est partagé en deux ou trois laniéres inégales.

Le *mnium fissum* ou *jungermannia sphærocephala*, Linn., ou *jungermannia trichomanis* (*Engl bot.*, tab. 87), est le type de ce genre : c'est le *calyp. fissa*, Raddi, *Jung. Etrusc.*, p. 33, pl. 6, fig. 3, qu'il a figuré sous le nom de *J. calypogeia* dans les Actes de l'Académie des sciences de Sienne, vol. 9, pl. 3, fig. 4, 5, 6; voyez aussi Michéli, *Gen.*, 8, tab. 5, fig. 14; Dill., *Mus.*, tab. 31, fig. 6. Cette mousse est commune à terre, dans les bois humides et les taillis. Ses tiges sont rampantes, un peu rameuses, redressées à leurs extrémités et terminées par un capitule farineux; les frondules sont distiques, horizontales, fendues à leur extrémité. On la rencontre rarement en fleurs dans nos contrées. (Voyez *Jung. bicuspidata*, n.° 7, à l'article Jungermannia.)

M. Raddi joint à ce genre deux autres espèces, qu'il a observées en Toscane; les *jung. ericetorum* et *flagellifera*. (Lem.)

PARESSEUSE. (*Entom.*) Goëdart (Expér. 3 du tome 2) décrit sous ce nom la larve d'un hyménoptère de la famille des uropristes ou mouches à scie; c'est celle de l'hylotome du rosier, dont il donne la figure et décrit ainsi les habitudes : « Cette chenille s'arrête ordinairement sur les feuilles « du rosier, où on la trouve le plus souvent; car elle ne « prend pas sa nourriture d'ailleurs. Elle est fort lente et pa- « resseuse en rampant. Quand on la touche ou qu'on la presse, « elle ne sait pas se défendre comme les autres chenilles; « mais elle retire seulement un peu le corps et se met comme « dans un monceau, mais fort lentement, et fait semblant « d'être morte, peut-être, de peur de mourir.

« Quand elle est soûle de manger, elle se couche et s'étend
« qu'on diroit qu'elle dort ; mais ordinairement elle ne mange
« que la nuit, afin que les oiseaux qui volent le jour, ne
« l'attrapent, et qu'elle ne soit mangée au lieu de manger,
« etc. » (C. D.)

PARESSEUX ; *Bradypus*, Linn. (*Mamm.*) Ce nom a été
donné, comme nom commun, à deux animaux de l'Amérique
méridionale, remarquables par la lenteur de leurs mouvemens, et, comme nom spécifique, à un loris du Bengale, également remarquable par ce caractère, et il a été long-temps
générique pour les deux premiers ; c'est pourquoi nous y avons
renvoyé au mot Bradype. Depuis, chacun de ces paresseux est
devenu le type d'un genre. J'ai proposé ce changement dans
mon Ouvrage sur les dents, considérées comme caractères zoologiques. Je conservois à l'un (l'unau, *bradypus didactylus*) le
nom générique de paresseux et je donnois à l'autre (l'aï, *bradypus tridactylus*), celui d'Acheus. Mais Illiger avoit fait ce travail avant moi, en conservant le nom de *bradypus* comme nom
générique de l'aï, et en donnant celui de *cholæpus* à l'unau,
et ce travail, ayant la priorité sur le mien, doit lui être préféré. Le nom de paresseux ne pourroit donc plus que désigner une division supérieure aux genres, un sous-ordre, et
celui de Tardigrades a déjà été donné comme tel aux paresseux. C'est donc à ce mot que je dois renvoyer pour faire
connoître les bradypes et les choléopes, dont l'ordre alphabétique ne me permet plus de parler à leur place naturelle.

A Cayenne les Nègres donnent à l'unau le nom de *paresseux
cabrit ;* les Hollandois de Surinam appellent l'aï, *paresseux
chien*, et le même animal reçoit aussi les dénominations de
paresseux honteux et de *paresseux mouton*. Le *paresseux dos brûlé*
est une variété de l'aï, s'il ne doit pas constituer une espèce
distincte. Le nycticèbe ou le loris du Bengale a été nommé
par Vosmaer *paresseux pentadactyle du Bengale*. Enfin l'ours à
grandes lèvres, *ursus labiatus*, qu'on avoit d'abord pris pour un
bradype avoit reçu le nom spécifique de *paresseux-ours.* (F. C.)

PARESSEUX. (*Entom.*) Goëdart appelle ainsi la larve de la
mouche des latrines. (C. D.)

PARESSEUX. (*Ornith.*) Un des noms vulgaires donnés au
butor, *ardea stellaris*, Linn. (Ch. D.)

PARFUM D'AOUT. (*Bot.*) C'est une variété de poire. (L. D.)

PARGASITE. (*Min.*) Minéral qui s'est d'abord trouvé à Pargas en Finlande, en cristaux granulaires, à angles et arêtes émoussés, disséminés dans un calcaire lamellaire.

Ce seroit d'après Haüy une variété particulière d'amphibole, et, suivant Werner et ses élèves, une variété de pyroxène. La vérité est, que ces deux espèces minérales se rencontrent ensemble dans l'île de Pargas, dans une chaux carbonatée spathique, associée à d'autres minéraux. Le pyroxène a une autre couleur verte, plus foncée; mais c'est l'amphibole vert-grisâtre et translucide que les minéralogistes suédois ont nommé *pargasite*. (B.)

PARGHI. (*Ichthyol.*) Un des noms espagnols du *pagre ordinaire*. Voyez PAGRE. (H. C.)

PARGINIE. (*Ornith.*) Suivant Kæmpfer, dans son Histoire naturelle du Japon, tome 1, page 9 et 10, ce nom désigne un oiseau que le japonois Kanjemon trouva sur une île entre Siam et Manille, et dont les œufs sont presque aussi gros que ceux d'une poule. (CH. D.)

PARGNEAU. (*Ichthyol.*) A Lyon, on donne le nom de *pargneaux* aux carpillons que l'on ne peut manger que frits. Voyez CARPE. (H. C.)

PARHÉLIE ou PARÉLIE. (*Phys.*) Apparition d'une ou plusieurs images du soleil, qui sont quelquefois accompagnées de COURONNES OU HALOS (voyez ce mot) et quelquefois d'appendices en forme de queue; car il semble que ces phénomènes, qui sont d'ailleurs assez rares, varient beaucoup. On en trouve un, décrit et figuré avec soin par Cassini, dans les premiers *Mémoires de l'Académie des sciences*, depuis 1666 jusqu'à 1699, tom. X, page 234. Il eut lieu le 31 Janvier 1693. « Le ciel étoit alors couvert de nuages vers l'orient, à la réserve de l'endroit où le soleil devoit se lever, qui étoit découvert jusqu'à la hauteur d'un degré, un peu moins (c'est-à-dire, environ deux fois le diamètre du soleil). L'on aperçut d'abord en cet endroit une lumière éclatante, qui étoit de la largeur du diamètre du soleil et qui s'élevoit perpendiculairement jusqu'aux nuages. Ensuite on vit paroître dans cette lumière, entre des brouillards éclairés, l'image du disque entier du soleil, d'où s'élevoient des rayons perpendiculaires à l'horison, qui alloient finir en pointe à la hauteur de dix degrés (vingt fois environ le diamètre du soleil). »

Ce n'étoit pas là le soleil lui-même, dont le bord supérieur seul se montroit à l'horison, avec autant d'éclat que lorsque le temps est serein, ce que ne faisoit pas l'image placée au-dessus. Peu de temps après, le véritable soleil s'étant caché dans les nuages, il parut au-dessous dans la même verticale une seconde image, à laquelle tenoit aussi une trainée de lumière, mais à sa partie inférieure. L'image supérieure commencoit à s'affoiblir. Il en arriva bientôt de même pour la seconde; elles disparurent toutes deux environ vingt minutes après le commencement du phénomène. Le centre des images n'étoit éloigné de celui du soleil que de trente-quatre minutes au plus (un peu plus que le diamètre du soleil).

Dans d'autres parhélies la distance entre le soleil et ses images étoit beaucoup plus grande, quelquefois de 22° et demi, de 45° et jusqu'à 90°, c'est-à-dire un quart de circonférence.

Les parhélies diffèrent aussi par le nombre des images. Dans celui que je viens de citer il n'y en eut que deux, placées l'une au-dessus, l'autre au-dessous du soleil. Dans d'autres parhélies elles ont paru à côté et à la même hauteur. Leur nombre a été jusqu'à six dans celui qui fut observé à Dantzick, le 20 Février 1661, par l'astronome Hévélius et qu'Huyghens a décrit dans sa Dissertation sur les couronnes et les parhélies (voyez ses *Opera posthuma*, page 331). Il sembloit y avoir en même temps sept soleils sur l'horizon. Ce parhélie présentoit aussi, comme beaucoup d'autres, des cercles lumineux, tandis qu'il n'y en avoit point dans celui du 31 Janvier 1693.

Pour se faire une idée de la disposition des images, dans le parhélie observé à Dantzick, il faut concevoir d'abord un cercle parallèle à l'horizon et passant par le soleil. Sur ce cercle étoient cinq images, dont une placée au nord et diamétralement opposée au soleil; les quatre autres étoient distribuées symétriquement de chaque côté. Les deux plus voisines du soleil étoient sur une couronne, dont cet astre paroissoit entouré, et avoient du côté opposé des appendices, comme dans le phénomène du 31 Janvier

1693. Aù-delà de cette première couronne, il y en avoit deux autres, qui lui étoient concentriques, mais qui n'étoient pas aussi brillantes et n'étoient pas entières. Outre ces trois cercles, on voyoit encore des arcs, qui, placés en sens contraire des deux premiers, qu'ils touchoient à leur partie supérieure, paroissoient avoir leur centre au zénith. Enfin, la sixième image étoit au point le plus élevé de la couronne intérieure, là même où elle étoit touchée par l'un des arcs renversés. Ce parhélie, qui paroît être le plus complet de tous ceux qu'on a décrits, a commencé à dix heures et demie du matin et a duré jusqu'à onze heures cinquante-une minutes, en variant ses aspects.

Le même phénomène prend le nom de *parasélène*, quand il se rapporte à la lune. Les *Mémoires de l'Académie des sciences* pour 1755, page 585, contiennent la description et la figure d'un parasélène, où il ne parut qu'une seule image de la lune; mais qui fut très-remarquable par la belle couronne, dont cet astre étoit entouré, et par les quatre appendices terminés en pointe, qui lui donnoient l'apparence d'une croix lumineuse. L'image, placée sur la circonférence de la couronne, avoit aussi un appendice partant du bord le plus éloigné de la lune. A la partie supérieure de cette couronne on voyoit un arc de lumière pâle, et tournant sa concavité dans le sens opposé; ensuite il paroissoit une seconde couronne concentrique à la première, mais plus étroite et d'une lumière très-foible.

Les parhélies et les parasélènes, n'ayant lieu que par un temps froid et lorsqu'il y a des brouillards ou des nuages, ont été attribués à des réflexions extraordinaires, opérées par des particules de glace suspendues dans l'atmosphère, et sur la forme desquelles on a fait diverses hypothèses, que nous passerons sous silence parce qu'elles n'ont encore conduit à aucun résultat bien avéré. Il est probable que les propriétés de la lumière, nouvellement reconnues, jouent un rôle dans ce phénomène comme dans celui des halos. Depuis la publication de l'article concernant ce dernier, M. Arago, en examinant avec un instrument de son invention, un halo qui entouroit le soleil, vers onze heures du matin, a reconnu dans la lumière, qui formoit cette couronne, des traces de polarisation par refraction ; et il pense que cet instrument pourroit lui faire reconnoître quand un nuage seroit gelé. (*Annales de chimie et de physique*. tom. XXVII, page 77, Mai 1825) ; or c'est précisément ce qu'il faudroit d'abord constater sur les parhélies et les parasélènes. (L. C.)

PARIADE. (*Ornith*.) Époque à laquelle les oiseaux et surtout les perdrix s'apparient. (Ch. D.)

PARIANE , *Pariana*. (*Bot*.) Genre de plantes monocotylédones, à fleurs monoïques, de la famille des *graminées*, de la *monoécie polyandrie* de Linnæus , offrant pour caractère essentiel : des fleurs monoïques, réunies en un épi simple, disposées par verticilles très-rapprochées ; cinq épillets presque sessiles à chaque verticille ; les quatre extérieurs mâles, un intermédiaire femelle : un calice à deux valves courtes, aiguës, uniflores ; les deux valves corollaires plus grandes, des étamines nombreuses ; dans les fleurs femelles, les valves calicinales presque aussi longues que celles de la corolle ; un ovaire échancré ; un style bifide ; une semence presque trigone , renfermée dans les valves de la corolle.

Pariane des champs : *Pariana campestris* , Aubl. , Guian., tab. 357 ; Lamk. , *Ill. gen.* , tab. 775 ; Pal. Beauv. , *Agrost.* , pag. 121 , tab. 22. , fig. 2. Cette plante produit de ses racines plusieurs tiges droites, hautes d'un ou deux pieds, garnies à chacune de leurs articulations de feuilles larges, alternes, lisses, ovales, aiguës, striées dans toute leur longueur, verdàtres en dessus , plus pâles en dessous, rétrécies presque en pétiole vers leur gaine ; celle-ci est garnie à son orifice de poils très-longs, roides et roussàtres ; les fleurs sont disposées en un long épi terminal sur un rachis denté , articulé. Cette plante croit à l'île de Cayenne , sur la route qui conduit à Loyola. Elle fleurit et fructifie dans le mois de Janvier. (Poir.)

PARIATACU, PARIATICU. (*Bot*.) Voyez Parilium. (J.)

PARIÉTAIRE ; *Parietaria* , Linn. (*Bot*.) Genre de plantes dicotylédones apétales, de la famille des *urticées*, Juss. , et de la *polygamie monoécie*, Linn. , dont les principaux caractères sont les suivans : Calice court, évasé, monophylle, à quatre divisions ; quatre étamines à filamens subulés, recourbés avant la floraison, se redressant alors avec élasticité, devenant plus longs que le calice, et terminés par des anthères à deux loges; un ovaire supère, ovoïde, surmonté d'un style filiforme, terminé par un stigmate en tête à plusieurs divisions capillaires, rapprochées en forme de pinceau; une seule graine luisante, ovoïde, enveloppée dans le calice, agrandi et fermé à son orifice par le rapprochement de ses divisions. Les pariétaires sont des plantes herbacées à feuilles simples, le plus souvent alternes, dont les fleurs sont axillaires, agglomérées, renfermées dans un involucre plan à trois ou six divisions profondes, et qui contient ordinairement deux fleurs hermaphrodites et une femelle. On en connoît une vingtaine d'espèces, pour la plupart exotiques. Les suivantes croissent naturellement en France.

PARIÉTAIRE OFFICINALE, vulgairement CASSE-PIERRE, PARITOIRE, HERBE DE NOTRE-DAME : *Parietaria officinalis*, Linn., *Sp.*, 1492; Bull., *Herb. t.* 199. Sa racine est fibreuse, vivace; elle produit une tige rougeâtre, pubescente, haute d'un pied à dix-huit pouces, souvent divisée dès sa base en rameaux étalés, ensuite redressés. Ses feuilles sont ovales-lancéolées, pétiolées, glabres en dessus, légèrement velues en dessous. Ses fleurs sont petites, herbacées, ramassées plusieurs ensemble dans les aisselles des feuilles par groupes presque sessiles et munis à leur base d'un involucre à plusieurs divisions. Il y a dans chaque groupe plusieurs fleurs hermaphrodites et une seule femelle. Le fruit de cette dernière est tétragone, un peu pyramidal. C'est principalement dans cette espèce qu'on a observé le phénomène de l'élasticité des étamines. Lorsqu'on les touche avec une épingle, à l'époque naturelle de la fécondation, ou en écartant le calice qui les entoure, de courbes qu'elles étoient, elles se redressent avec une élasticité singulière et laissent échapper de leurs anthères un petit nuage de poussière fécondante. Cette plante est commune dans les fentes des vieux murs et les décombres.

La pariétaire est émolliente et diurétique; elle doit cette dernière propriété au nitrate de potasse, qu'elle contient souvent en quantité remarquable; mais seulement, à ce qu'il paroît, lorsqu'elle a cru dans les fentes des murs; car les pieds venus au milieu des terres n'en contiennent point, selon quelques observateurs. On la prescrit en décoction dans les maladies des voies urinaires. On l'emploie aussi pour faire les lavemens émolliens. Son eau, distillée, entroit autrefois dans la composition des potions diurétiques.

On prétend que, mêlée dans des tas de blé, elle a la propriété d'en écarter les charansons. Les bestiaux ne mangent point ses feuilles.

Pariétaire de Judée; *Parietaria judaica*, Linn., *Spec.*, 1492. Cette espèce a beaucoup de ressemblance avec la précédente, mais elle en diffère constamment par sa tige droite, moins élevée; par ses feuilles ovales, moins alongées et moins lancéolées, et parce que les fleurs ne viennent que sur les rameaux, non sur les tiges, réunies seulement trois ensemble dans chaque petit peloton, deux hermaphrodites plus longues, et une femelle plus courte. Cette plante croît dans le midi de la France et de l'Europe.

Pariétaire de Portugal; *Parietaria lusitanica*, Linn., *Spec.*, 1492. Sa tige est grêle, filiforme, couchée, pubescente, longue de trois à six pouces, divisée dès sa base en rameaux couchés et étalés. Ses feuilles sont petites, ovales-arrondies, portées sur des pétioles menus, plus courts que leur limbe. Les fleurs sont disposées, le plus souvent au nombre de trois, en paquets axillaires, sessiles; la fleur centrale est plus petite que les deux autres et femelle. Cette espèce croît dans les fentes des rochers et les lieux arides en Provence, en Espagne, en Portugal, en Sicile. etc. (L. D.)

PARIÉTAIRE D'ESPAGNE. (*Bot.*) Nom vulgaire de la Pyrètre. (Lem.)

PARIÉTAL [Placentaire]. (*Bot.*) Attaché à la paroi qui circonscrit la cavité d'un péricarpe, déhiscent ou indéhiscent; exemples : *ribes, heuchera, punica*, légumineuses, *orchis, parnassia*, etc. (Mass.)

PARIETARIA. (*Bot.*) Ce nom latin de la pariétaire avoit été donné par Clusius et d'autres à des espèces de mélampyre. Selon Cordus et Daléchamps, le *phlomis herba venti* étoit le *parietaria* de Montpellier. Quelques orties d'Amérique étoient des *parietaria* de Plumier, ainsi que le *dorstenia caulescens* de Linnæus. (J.)

PARIÉTAUX. (*Anat. et Phys.*) Voyez Système osseux. (F.)

PARILIUM. (*Bot.*) Gærtner et Schreber donnent ce nom au *nyctanthes arbor tristis*, pour le distinguer des autres *nyc-*

tanthes de Linnæus. Mais comme le mot *nyctanthes*, signifiant fleur de nuit, convient au seul *arbor tristis*, ce nom doit lui être conservé, et l'on nomme maintenant *mogorium* toutes les autres espèces de Linnæus. Adanson, qui séparoit aussi *l'arbor tristis*, le nommoit *pariatiku* : c'est le *manja-pumaram* des Malabares, le *pariatucu* des Brames, selon Rhéede. (J.)

• PARINARI, *Parinarium*. (*Bot.*) Genre de plantes dicotylédones, à fleurs complètes, polypétalées, de la famille des *rosacées*, de l'*icosandrie monogynie* de Linnæus, offrant pour caractère essentiel : un calice urcéolé, à cinq divisions; cinq pétales inégaux; quatorze étamines insérées sur le calice; sept stériles, placées en un seul groupe; sept fertiles, opposées aux précédentes; un ovaire supérieur; un style. Le fruit est un drupe très-gros, charnu, renfermant un noyau fort dur, marqué de sinuosités profondes, à deux loges monospermes; les semences roussâtres, lanugineuses.

Parinari a gros fruits: *Parinarium montanum*, Aubl., Guian., tab. 204 et 205; Lamk., *Ill. gen.*, tab. 429; *Dugortia*, Scop.; *Petrocarya*, Schreb. Grand arbre de Cayenne, qui s'élève à plus de quatre-vingts pieds de haut, sur deux et trois pieds de diamètre. Le tronc est revêtu d'une écorce épaisse, grisâtre, gercée. Le bois est jaunâtre, dur et compacte; les branches sont diffuses, étalées; les rameaux couverts d'un duvet roussâtre, caduc, garnis de feuilles alternes, ovales, entières, acuminées, médiocrement pétiolées, lisses et vertes en dessus, pubescentes et blanchâtres en dessous, longues de quatre à cinq pouces, larges d'un pouce et demi; à la base de chaque feuille sont deux larges stipules entières, aiguës. Les fleurs naissent en grappes à l'extrémité des rameaux, chaque grappe est composée de petits bouquets courts, rameux, couverts d'un duvet blanchâtre; les dents du calice sont ovales, roides, aiguës; les pétales blancs, aigus, placés entre les divisions du calice; les étamines saillantes; l'ovaire est velu; le fruit est un gros drupe verdâtre, lisse, un peu comprimé, ayant l'écorce épaisse, charnue filamenteuse; le noyau très-gros, tuberculeux, et dont les sinuosités sont bordées de crêtes saillantes : les amandes qu'il renferme sont fort douces au goût, bonnes à manger. Cet arbre croît dans les forêts, sur une montagne située entre la crique des Galibis et la rivière de Sinémari, à plus de quarante lieues des bords de la mer. Il fleurit dans le mois de Mai, donne ses fruits en Août. Les Galibis le nomment *Ourocournerepa*, et les Garipous *Parinari*.

PARINARI A PETITS FRUITS : *Parinarium campestre*, Aubl., Guian.; tab. 206. Cet arbre ne s'élève guère au-delà de trente à quarante pieds. Il pousse des branches très-étalées, garnies de feuilles à peine pétiolées, alternes, ovales, en cœur, acuminées, entières, vertes en dessus, blanchâtres et pubescentes en dessous, accompagnées de deux longues stipules velues. Les fleurs sont disposées en grappes axillaires, vers l'extrémité des rameaux. Le fruit est un drupe lisse, ovale, jaunâtre, beaucoup plus petit que celui de l'espèce précédente. Il renferme un noyau comprimé, à bords saillans et tranchans, presque dentelés. Ce noyau est à deux loges; il contient dans chaque loge une amande bonne à manger. Cet arbre croît dans les forêts de la Guiane. Il vient aussi à l'Isle-de-France. Les Créoles donnent à son fruit le nom de *nèfle*. (POIR.)

PARIPENNÉE [FEUILLE]. (*Bot.*) Pennée, sans impaire *abrupte-pinnata*, c'est-à-dire, dont les folioles sont attachées par paires et qui n'a au sommet du pétiole commun ni foliole solitaire, ni vrille; exemples : *cicer arietinum*, *orobus tuberosus*, etc. (MASS.)

PARIPOU, PALIPOU. (*Bot.*) C'est un palmier de vingt pieds de hauteur, naturel dans les forêts de la Guiane et cultivé sur les habitations de Cayenne. Il a, dit Aublet, plusieurs troncs, et ses fleurs sont mâles et femelles sur des pieds différens. Ses fruits jaunes, de la grosseur d'une prune de Damas, forment des régimes assez considérables. On les cuit dans l'eau avec du sel, et on les sert ainsi sur les meilleures tables. La coque est très-petite ou souvent avortée. On pourroit encore extraire du brou une huile; mais les habitans aiment mieux le manger. L'auteur ne dit rien des feuilles ni de la situation de l'embryon dans le fruit. (J.)

PARIS. (*Bot.*) Voyez PARISETTE. (LEM.)

PARIS-FOGEL. (*Ornith.*) Nom suédois du gros-bec commun, *loxia coccothraustes*, Linn. (CH. D.)

PARISATACO. (*Bot.*) Nom du *nyctanthes arbor tristis* sur la côte de Canara dans la presqu'île de l'Inde, suivant Clusius : c'est le *pul* des habitans du Décan, le *singadi* des Malais; transporté au Brésil, il y est mentionné par Pison sous le nom de *pariz*. (J.)

PARISETTE ; *Paris*, Linn. (*Bot.*) Genre de plantes monocotylédones, de la famille des *asparaginées*, Juss., et de l'*octandrie tetragynie* du Système sexuel, qui présente les caractères suivans : Calice de quatre folioles opposées en croix; corolle de quatre pétales alternes avec les divisions du calice; huit étamines; un ovaire supère, arrondi, tétragone, surmonté de quatre styles à stigmates simples; une baie à quatre loges, renfermant chacune plusieurs graines disposées sur deux rangs.

Les parisettes sont des plantes herbacées, à feuilles verticillées; à tige simple, terminée par une seule fleur. On n'en connoît que deux espèces.

PARISETTE A QUATRE FEUILLES, vulgairement HERBE-A-PARIS, RAISIN DE RENARD, ÉTRANGLE-LOUP : *Paris quadrifolia*, Linn., *Spec.*, 527; Bull., *Herb.* t. 119. Sa racine est horizontale, un peu noueuse, vivace, garnie de quelques fibres; elle produit une tige droite, haute de six à dix pouces, très-glabre, comme toute la plante, nue dans sa partie inférieure, chargée dans la supérieure de quatre feuilles ovales, aiguës, rétrécies à leur base et verticillées. Du milieu de ces feuilles s'élève un pédoncule simple, long de deux pouces ou environ, portant une seule fleur verdâtre, de grandeur médiocre. Le nombre des parties du calice et de la corolle n'est quelquefois que de trois, assez souvent il est de cinq, plus rarement ces mêmes parties augmentent jusqu'à six, sept, huit et même neuf. Les étamines sont toujours en nombre double des pétales, et elles ont leurs anthères linéaires adnées dans la partie moyenne des filamens. Cette plante croît naturellement dans les bois en France et en Europe : elle fleurit en Mai et Juin.

L'herbe-à-Paris est une plante à laquelle les anciens auteurs ont attribué plusieurs vertus imaginaires : Pena et Lobel en font l'antidote des poisons corrosifs; Schrœder et Ettmüller la recommandent contre la peste; d'autres, contre la folie, l'épilepsie, etc. Toute la plante cependant a une odeur un peu nauséeuse, qui doit la rendre suspecte : les bestiaux, excepté, dit-on, les moutons, ne la mangent point, et Gesner dit qu'elle tue les poules. Ses racines en poudre sont émétiques, selon Coste et Willemet, à la dose de trente-cinq à cinquante grains. Bergius en a donné les feuilles avec assez d'avantage à des enfans attaqués de toux convulsive; mais dans tous les cas c'est une plante qui a besoin d'être de nouveau expérimentée.

Parisette incomplète ; *Paris incompleta*, Marsch., *Flor. Caucas.*, 1, p. 306. Cette espèce diffère de la précédente par ses feuilles plus étroites, toujours au nombre de huit à douze ; par les folioles du calice, qui sont plus larges, nerveuses, presque semblables à de véritables feuilles; par l'absence de la corolle, et par les anthéres, qui sont attachées au sommet du filament et non dans le milieu. Cette plante croît dans les forêts de la Géorgie. (L. D.)

PARISIOLE, *Trillium*. (*Bot.*) Genre de plantes monocotylédones, à fleurs incomplètes, de la famille des *asparaginées*, de l'*hexandrie trigynie* de Linnæus, offrant pour caractère essentiel : un calice à six folioles, les trois extérieures plus étroites; point de corolle ; six étamines; un ovaire supérieur, arrondi; trois styles; une baie à trois loges polyspermes.

Parisiole penchée ; *Trillium cernuum*, Linn., *Spec.* Plante de l'Amérique septentrionale, cultivée dans plusieurs jardins de botanique, dont la racine est charnue, tubéreuse, garnie de plusieurs fibres : elle produit une tige simple, droite, haute de cinq à six pouces, nue dans sa plus grande longueur, munie vers le haut de trois feuilles lisses, ovales, rétrécies en pétiole à leur base, d'un vert foncé, longues d'environ deux pouces, sur un et demi de large. De leur centre s'élève une fleur soutenue par un pédoncule court, incliné. Les trois folioles externes du calice sont vertes ; les trois intérieures, que Linné regarde comme une corolle, sont à peine plus courtes, d'un vert blanchâtre en dehors, d'un pourpre foncé en dedans. Le fruit est une baie ronde, succulente, à trois loges, occupées par des semences arrondies.

Parisiole droite: *Trillium erectum*, Linn. ; Lamk., *Ill. gen.*, tab. 267, fig. 2 ; Cornut., *Canad.*, tab. 167 ; Moris., *Hist.*, 3, §. 13, tab. 3, fig. 7 ; *Bot. Magaz.*, tab. 470. Cette espèce offre à sa racine une bulbe arrondie, garnie, à sa base, de quelques filamens courts, capillaires : il s'en élève une tige simple, munie à sa partie supérieure de trois grandes feuilles ovales, aiguës, disposées en verticille. De leur centre sort un pédon-cule droit, alongé, soutenant une seule fleur, ayant les fo-lioles du calice toutes presque égales, ovales, aiguës; les trois extérieures vertes ; les intérieures colorées; l'ovaire arrondi, à trois angles mousses. Cette plante croît dans la Virginie.

PARISIOLE A FLEURS SESSILES : *Trillium sessile*, Linn.; Lamk., *Ill. gen.*, tab. 267, fig. 1; Pluken., *Almag.*, tab. 111, fig. 6; Catesb., *Carol.*, 1, pag. 50, tab. 50. Une tige droite, simple et nue s'élève d'une racine bulbeuse, et se termine par trois larges feuilles verticillées, lisses, ovales, presque obtuses, maculées comme celles de la pulmonaire. Une fleur sessile, solitaire, en occupe le centre; les folioles de son calice sont étroites, lancéolées ; les extérieures vertes, beaucoup plus courtes que les intérieures; celles-ci d'une couleur purpurine; les anthères presque sessiles; le fruit est alongé, un peu renflé à sa base. Cette espèce croît à la Caroline.

PARISIOLE A FRUITS ROUGES : *Trillium erythrocarpum*, Mich., *Fl. bor. Amer.*, 1, pag. 216; *Bot. Magaz.*, tab. 855 ; *Trillium pen-dulum*, Willd., *Hort. Berol.*, 1, pag. 35 ?. Cette espèce a beau-coup de rapports avec le *Trillium cernuum :* elle en diffère par la forme de ses feuilles arrondies et non rétrécies à leur base, presque en forme de cœur. De leur centre sort une fleur re-dressée, ayant les folioles du calice ovales-lancéolées, recour-bées, de couleur blanche, purpurines à leur partie infé-rieure. Le fruit est une baie alongée, d'un rouge vif écarlate. Cette espèce croît à la baie d'Hudson, sur les hautes mon-tagnes de la Caroline septentrionale et du Canada.

PARISIOLE NAINE ; *Trillium pusillum*, Mich., *l. c.* Cette espèce, remarquable par sa petitesse, se rapproche du *Tril-lium sessile*. Ses tiges sont très-courtes, ses feuilles sessiles , glabres, ovales-oblongues, obtuses, très-entières. Du milieu des feuilles s'élève un pédoncule droit, terminé par une fleur solitaire. Les folioles du calice sont de couleur de chair claire ; les trois intérieures à peine plus longues que les extérieures. Cette plante croît parmi les bois de pin dans la basse Caroline. (POIR.)

PARISOLA. (*Ornith.*) La mésange charbonnière, *parus ma-jor*, Linn., est désignée, en italien, sous le nom de *parisola domestica*, dans Gesner : ce nom s'écrit également *parizola*. (Ch. D.)

PARITA. (*Bot.*) Voyez Pariti. (Lem.)

PARITAIRE, PARITOIRE. (*Bot.*) Anciens noms françois de la pariétaire officinale. (L. D.)

PARITI, TALI-PARITI. (*Bot.*) Rhéede cite ces noms malabares pour l'*hibiscus tiliaceus*, qui est le *novella* de Rumph. Scopoli en a fait, sous le nom de *parita*, un genre dans lequel il unissoit aussi l'*hibiscus populneus* et deux autres ; mais il n'a pas été adopté. (J.)

PARITOIRE. (*Bot.*) Voyez Panatage et Pariétaire. (J.)

PARIVE : *Parivoa*, Aubl. ; *Dimorpha*, Schreb. (*Bot.*) Genre de plantes dicotylédones, de la famille des *légumineuses*, de la *diadelphie décandrie* de Linuæus, offrant pour caractère essentiel : Un calice à trois ou quatre divisions ; un seul pétale roulé en cornet ; dix étamines diadelphes ; un ovaire supérieur pédicellé ; une gousse rhomboïdale, presque ligneuse, monosperme.

Parive a grandes fleurs ; *Parivoa grandiflora*, Aubl., Guian., 2, pag. 757, tab. 303. Arbre de la Guiane, qui s'élève à une grande hauteur sur un tronc d'environ deux pieds et plus de diamètre, revêtu d'une écorce épaisse, lisse et blanchâtre. Les branches sont raboteuses, divisées en rameaux très-étalés, garnis de feuilles ailées et alternes, composées de trois ou quatre paires de folioles opposées, sans impaire, supportées par des pétioles charnus. Leur base est munie de deux stipules fort petites, qui tombent après l'entier développement des feuilles. Les folioles sont fermes, dures, ovales, luisantes, terminées par une longue pointe mousse. Les fleurs naissent à l'extrémité des rameaux, dans l'aisselle des feuilles, en grappes agrégées. Leur calice est d'une seule pièce, profondément partagé en trois ou quatre lobes durs, épais, muni extérieurement de deux écailles. La corolle est formée d'un seul pétale grand, très-large, évasé, roulé à ses bords, de couleur purpurine, attaché au calice au-dessous de l'insertion des étamines ; celles-ci réunies seulement à leur base ; le style grêle, très-long ; le fruit est une gousse dure, épaisse, fibreuse, roussâtre, renfermant une seule semence très-grosse. Les Galibis donnent à cet arbre le nom de *Vouapa*. Son bois,

compacte, très-solide et rougeâtre, est employé pour des pi-
lotis, qui sont d'une longue durée. Il sert aussi dans la construction des bâtimens. Il croît sur le bord des criques et des
rivières. Il fleurit dans le courant du mois de Septembre.
(Poir.)

PARIX. (*Ornith.*) Nom sous lequel les mésanges, *parus*,
Linn., sont connues dans quelques cantons de l'Italie. (Ch. D.)

PARIZ. (*Bot.*) Voyez Parisataco. (J.)

PARIZOLA. (*Ornith.*) Ce nom et ceux de *parizuola*, *par-
ruza*, désignent, en italien, la mésange, *parus*, Linn. (Ch. D.)

PARKINSON. (*Ornith.*) On a originairement donné, dans
l'Histoire des oiseaux dorés, le nom de ce voyageur au bel
et grand oiseau de la Nouvelle-Hollande, que Latham a
depuis appelé *ménure* et M. Cuvier *lyre*. Voyez Menure.
(Ch. D.)

PARKINSONE, *Parkinsonia*. (*Bot.*) Genre de plantes dicotylédones, à fleurs complètes, polypétalées, irrégulières,
de la famille des *légumineuses*, de la *décandrie monogynie* de
Linnæus, offrant pour caractère essentiel : Un calice à cinq
divisions profondes; cinq pétales onguiculés, dont quatre
égaux, oblongs; le cinquième réniforme; dix étamines libres;
un ovaire cylindrique; le style un peu arqué; une gousse
alongée, polysperme, renflée à chaque semence.

Parkinsone a piquans : *Parkinsonia aculeata*, Linn., *Spec.*;
Lamk., *Ill. gen.*, tab. 336. Bel et grand arbrisseau de l'Amé
rique méridionale, qui s'élève à la hauteur de huit pieds sur
un tronc droit, très-rameux; le bois est blanc et cassant; les
rameaux effilés et flexibles; les feuilles sont ailées, fort amples;
les folioles très-petites, opposées, ovales, dont la grandeur
diminue à mesure qu'elles approchent du sommet du pétiole. Les fleurs sont disposées en épis lâches, de couleur
jaune, un peu odorantes; leur calice est urcéolé; leurs pétales
sont un peu ridés; le pétale en rein est ponctué de points
rouges à sa base; les étamines sont un peu velues à leur
base ; les gousses longues, aiguës, un peu comprimées, à
deux valves, remarquables par les étranglemens qui existent
entre les semences. (Poir.)

PARMACELLE, *Parmacella*. (*Malacoz.*) Genre de malacozoaires, de la famille des limacinés, établi par M. Cuvier dans

les Annales du Muséum , tom. 5, page 442, pour une espèce
trouvée dans la Mésopotamie par Olivier. Les caractères que
j'ai assignés à ce genre, sont les suivans : Corps ovalaire, déprimé, assez peu bombé en dessus, largement gastéropode,
couvert d'une peau épaisse , formant dans le tiers moyen du
dos un disque charnu, ovale, à bords libres en avant, dont
la partie postérieure contient une très-petite coquille, très-
plane, en écusson; orifice pulmonaire au bord droit et postérieur du disque; anus du même côté sous le bord libre
de la même partie; orifice de l'appareil générateur unique,
en arrière du tentacule droit. Ainsi ce genre ne diffère presque des limaces que parce que son corps est plus large, que
le bouclier est plus reculé et qu'il contient une coquille
mieux formée. Nous ne connoissons encore que deux espèces
dans ce genre; l'une de l'Asie mineure, qui a servi à l'établissement du genre, et une du Brésil.

La P. d'Olivier; *P. Olivieri*, G. Cuv. , *loc. cit.*, pl. 29, fig.
12 — 15. Corps très-large, déprimé, à masse viscérale assez
peu saillante; la queue carénée; trois sillons sur la partie
antérieure du corps.

D'après M. Cuvier cette parmacelle a beaucoup de ressemblance avec le colimaçon. Son corps , long de deux pouces
environ, oblong, est terminé en arrière par une sorte de
queue comprimée et tranchante , et recouvert au milieu du
dos par un bouclier charnu, ovale, qui fait un peu plus
du tiers de la longueur totale. Il n'adhère que dans sa moitié
postérieure, l'antérieure étant libre et rétractile. La partie
antérieure du corps est ridée, et on y remarque trois sillons
qui vont parallèlement du bord antérieur du manteau jusqu'à la tête, celui du milieu étant double. La coquille est
cachée dans l'épaisseur du manteau et dans la partie adhérente; la tête est peu distincte; elle est pourvue de quatre
tentacules rétractiles, comme dans les limaces, dont les
postérieurs, plus longs, portent sans doute les yeux à leur
extrémité. La masse buccale est ovale, saillante en dessous
et portée en arrière par deux longs muscles qui passent à
travers la masse des viscères pour aller s'attacher à la coquille. L'œsophage est court et mince; les glandes salivaires
sont placées sous la naissance de l'estomac et divisées en plu-

sieurs lobes distincts; l'estomac n'est qu'une dilatation membraneuse, fort grande, alongée et assez large; le foie est
considérable et divisé en plusieurs lobes; l'intestin, d'une
longueur environ double de celle du corps, fait quatre replis
dans les lobes du foie. Il se rétrécit sensiblement au rectum
et se termine au-dessous de l'orifice pulmonaire. L'appareil
respiratoire est formé par une petite cavité pulmonaire,
placée sous la coquille. Au-dessous et à son côté gauche est
le cœur, dont l'oreillette est grande et postérieure. Le ven-
tricule, beaucoup plus petit, est contenu dans un péricarde
entouré par l'organe de dépuration, comme dans les limaces
et les colimaçons. L'appareil générateur se compose d'un
ovaire enveloppé dans le foie, d'un oviducte aboutissant à
la partie postérieure et épaisse du testicule. Celui-ci est
formé de deux parties, une postérieure, beaucoup plus
grosse, et une antérieure, plus mince, plus alongée et qui se
partage, suivant la longueur, en deux moitiés, qui diffèrent
par la couleur et par le grain, l'une étant brune et grenue,
et l'autre blanche et homogène. L'extrémité de cette partie
s'amincit subitement pour entrer dans une bourse en forme
de cornemuse. L'organe que M. Cuvier nomme la poche
de la pourpre, y insère aussi son canal à l'endroit où la
bourse se rétrécit pour s'ouvrir à l'extérieur. Elle reçoit
deux petits cœcums coniques, et, enfin, immédiatement au-
dessous l'orifice du fourreau de la verge. Ce fourreau a lui-
même un petit cœcum, auquel s'insère un muscle, qui vient
du dos de l'animal. La pointe postérieure de la verge com-
munique avec le testicule par un petit canal tortueux ou
canal déférent. Le cerveau, situé comme à l'ordinaire, donne
de chaque côté deux nerfs pour les tentacules, un pour la
masse buccale et le collet sous-œsophagien. Après quoi il
produit un double ganglion fort considérable, dont le postérieur donne les nerfs de la génération et ceux des viscères,
parmi lesquels il y en a deux très-longs pour le cœur et le
poumon. Quant aux nerfs du pied, ils viennent de la partie
inférieure de ce ganglion.

Ce que je viens de dire de l'organisation de la parmacelle
d'Olivier, est entièrement extrait des Mémoires de M. G.
Cuvier. Cet animal, d'après le récit d'Olivier, a absolument

les mœurs des limaces; probablement qu'il peut se mettre
complétement à couvert sous son bouclier, comme le fait la
testacelle de nos pays.

La P. DE TAUNAY ; *P. Taunaisii*, de Férussac , Mollusq.
terrest. et fluv., pl. VII *A* , fig. 1 à 7. (L'anatomie, d'après nos
dessins.) Corps alongé , bombé en dessus par la grande saillie
de la masse viscérale, un peu comme dans les hélices; extrémité postérieure du pied non carénée; coquille bien plus développée, sans prolongement antérieur clypéiforme du manteau.
Cette espèce, qui est des environs de Rio-Janeiro , au Brésil,
s'éloigne sensiblement de la précédente et ressemble davantage
à une vitrine. La forme de son corps est tout-à-fait semblable
à une hélice, si ce n'est , peut-être , que la partie antérieure
du corps est proportionnellement plus longue. La partie postérieure est assez courte et non carénée; la masse viscérale
forme une saillie considérable au milieu du dos, absolument
comme dans les hélices peu spirées; le bord du manteau
forme aussi un bourrelet ou espèce de collier , mais fort
mince et échancré dans le milieu du bord droit. Il n'y a pas
de bouclier qu'on puisse comparer à ce qui existe dans la
parmacelle d'Olivier. Les tentacules, tout-à-fait comme dans
les limaces, sont rétractiles à l'intérieur au moyen de muscles
fort longs, qui vont s'attacher à la cloison musculaire dia-
phragmatique. La masse buccale est encore plus semblable.
Elle est pourvue également d'une grande dent supérieure en
fer à cheval et finement denticulée sur ses bords. Le canal
intestinal est du reste toujours formé par un œsophage étroit,
court, accompagné de deux glandes salivaires , lobulées et
collées contre l'estomac. Celui-ci forme une poche alongée,
située à gauche et se portant directement d'avant en arrière. Arrivé à l'extrémité de la cavité viscérale, l'intestin,
qui fait deux circonvolutions dans le foie, ne formant qu'une
masse serrée autour d'elle, se recourbe d'arrière en avant,
pour se terminer comme il a été dit. Les appareils de la respiration et de la circulation ne présentent rien de différent
de ce qui existe dans les limaces. L'appareil de la génération
offre au contraire des différences, même avec ce que M.
Cuvier a vu dans la parmacelle d'Olivier. L'ovaire, toujours contenu dans le foie, forme une masse hémisphérique,

composée d'un très-grand nombre de petits grains alongés et bien distincts. L'oviducte, qui en sort sous forme d'un canal blanc, très-tortillé, arrivé auprès du testicule, devient extrêmement fin et se termine au cou d'une petite vessie ovale-alongée, qui plonge ensuite dans la masse du testicule. Je n'ai pu voir évidemment sa continuation avec la seconde partie de l'oviducte. Celle-ci forme un gros canal cylindrique, boursouflé, d'un aspect gélatineux, sur lequel est appliqué le canal déférent. Arrivé vers l'extrémité antérieure, l'oviducte reçoit le canal de la vessie; celle-ci est longue et étroite, à parois minces, blanche, avec un trait noir dans toute sa longueur. Son canal se colle contre l'oviducte, au bord de l'orifice duquel il se termine. Le testicule forme une masse considérable d'un jaune assez foncé et composé d'un grand nombre de lobules serrés, sans traces évidentes de granulations. On en voit naître le canal déférent, blanc, d'abord peu large, qui s'élargit, se colle contre la dernière partie de l'oviducte, la suit dans toute sa longueur, et arrivé à sa partie antérieure, encore très-fine, se recourbe à la racine de l'organe excitateur. Celui-ci forme une espèce de sac alongé, étroit, attaché en arrière par un petit muscle au diaphragme; il se termine tout à côté de l'oviducte dans le cloaque par une espèce de cou. Mais ce qui est plus remarquable, c'est qu'il contenoit dans son intérieur un corps styliforme, comme translucide, peut-être analogue au dard des hélices; en sorte que cet organe seroit à la fois l'organe excitateur de ces animaux, puisqu'il reçoit la terminaison du canal déférent et la bourse du dard. Il n'y avoit, du reste, aucune trace des cœcums qui existent dans toutes les espèces d'hélices, et comme M. Cuvier en décrit dans la parmacelle d'Olivier. Ainsi. en définitive, la parmacelle de Taunay pourroit bien ne pas appartenir à ce genre. (De B.)

PARMACOLE, *Parmacolus.* (*Actinoz.*) Nom que quelques auteurs ont employé pour désigner parmi les échinides (*echinus,* Linn.) la même coupe générique que M. de Lamarck a appelée Scutelle. Voyez ce mot. (De B.)

PARMELIA. (*Bot.*) Genre de la famille des lichens, établi par Acharius et qu'il caratérise ainsi : Thallus ou réceptacle universel, foliacé, coriace ou presque membraneux, plan, étalé et appliqué sur les corps sur lesquels il croît, orbiculaire ou étoilé, découpé en lobes ou découpures laciniées; fibrillifère en dessous; réceptacles propres ou apothéciums, formés en scutelle presque membraneuse par le thallus, mais en étant détachés et fixés seulement par un point central; à disque concave, coloré, et intérieur similaire, subcelluleux, strié; bord des scutelles de même nature que le thallus et infléchi ou replié en dedans.

Le genre *Parmelia* d'Acharius est le même que l'*Imbricaria* de M. De Candolle, qui, dans le Prodrome d'Acharius, formoit une des tribus du genre Lichen. Il comprend en outre, cependant, quelques espèces du genre *Lobaria*, Decand.

Sans revenir entièrement sur ce genre, qui se trouve décrit à l'article IMBRICARIA, nous ferons remarquer que les botanistes se sont empressés de l'accueillir et qu'Acharius en décrit quatre-vingts espèces dans son *Synopsis methodica lichenum*. Ce nombre est moins considérable que celui auquel cet auteur le portoit dans son *Methodus*, car depuis il en retira beaucoup d'espèces pour les loger définitivement dans les genres *Lecanora*, *Lecidea*, *Collema*, *Borrera*, *Corynelia*, *Ramalina*, *Dufourea*, *Alectoria*, *Nephroma*, *Sticta*, *Arthonia*, *Urceolaria*, *Evernia*, *Roccella*, *Stereocaulon*, *Variolaria* et *Conferva*. Depuis Acharius, les botanistes ont fait connoître environ trente espèces de plus. (LEM.)

PARMÉNIE. (*Bot.*) Un des noms vulgaires de l'ellébore fétide. (L. D.)

PARMENTARIA. (*Bot.*) Genre de la famille des lichens, établi par M. Fée, et qui tient le milieu entre les *trypethelium* et *pyrenula* d'Acharius; il le caractérise ainsi : Thallus crustacé-cartilagineux, plan, étalé, adhérent et uniforme; apothécium en forme de verrue, formé par le thallus, renfermant plusieurs thalames (4 à 6), disposés autour d'un axe commun, et recouverts d'un périthécium épais, cartilagineux, noir, contenant chacun un noyau globuleux, cellulifère.

La forme des apothéciums ou conceptacles distingue, au premier coup d'œil, ce genre des deux précédemment nommés, chez lesquels les conceptacles ne contiennent qu'un seul thalame ou conceptacle propre.

Ce genre ne comprend qu'une espèce.

Le Parmentaria étoilé ; *P. astroides*, Fée, Ess. ; pl. 1, fig. 14. Les apothéciums forment des étoiles noires, ayant au plus une ligne de diamètre, et éparses sur un thallus blanchâtre. Cette espèce s'observe sur les écorces de la cascarille du commerce. (Lem.)

PARMENTIÈRE. (*Bot.*) Ce nom a été donné à la pomme de terre, en l'honneur de Parmentier qui a beaucoup contribué à répandre cette plante utile. (L. D.)

PARMIRON. (*Bot.*) Nom donné par Pythagore au *sideritis*, plante labiée, suivant Ruellius. (J.)

PARMOPHORE, *Parmophorus*. (*Malacoz.*) Genre de mollusques conchylifères, de l'ordre des cervicobranches de M. de Blainville, indiqué, d'après la coquille seulement, par Denys de Montfort, Conchyl. syst., tome 2, page 59, sous le nom de Pavois, *Scutus*, établi définitivement d'après l'animal et sa coquille par M. de Blainville et adopté par M. de Lamarck et la plupart des zoologistes modernes, pour quelques espèces de mollusques fort rapprochés des fissurelles, mais qui en diffèrent surtout par la petitesse proportionnelle de la coquille, qui est bien loin de recouvrir tout le corps de l'animal, et par sa forme même. Les caractères que M. de Blainville assigne à ce genre, sont ainsi exprimés : Corps épais, ovale, alongé, peu bombé en dessus et couvert dans une plus ou moins grande partie du dos par une coquille extérieure, à bords retenus dans un repli de la peau ; manteau dépassant tout le corps ; tentacules épais, coniques, avec les yeux saillans à leur base externe ; coquille alongée, très-déprimée, clypéiforme ; le sommet bien postmédial, peu marqué et évidemment incliné en arrière ; ouverture aussi grande que la coquille ; bords latéraux droits det parallèles ; le postérieur arrondi ; l'antérieur tranchant, plus ou moins échancré ou au moins sinueux en avant ; empreinte musculaire large, en ovale très-alongé, à peine ouverte en avant.

Le corps des animaux de ce genre est ovale, alongé et très-épais, arrondi aux deux extrémités, mais plus gros en arrière qu'en avant. Une grande partie du dos est couverte par un manteau épais, ridé ou rugueux, dont les bords fort étendus, très-minces, onduleux, surtout en arrière, dépassent la tête et toute la circonférence du pied, un peu

comme dans les doris. Le reste est couvert par une coquille
épaisse, bien symétrique, à bords mousses ou arrondis, et
qui, au lieu d'être libres, comme dans la plupart des mollusques conchylifères, sont saisis dans une sorte de rainure
que leur offre le manteau dans sa circonférence et qui déborde
plus ou moins sur eux ; le pied, presque aussi long et aussi
large que le corps, et de même forme que lui à sa racine,
est remarquable par sa grande épaisseur et la grande saillie
de ses bords, qui, dans l'état de vie, doivent pouvoir atteindre un grand degré de dilatation, quoique, sans doute,
ils soient toujours cachés par ceux encore plus grands du
manteau. En avant ce manteau est fendu en deux lobes par
une grande scissure verticale et profonde, qui permet de
voir la tête et les organes qui en dépendent. La tête est
assez distincte et très-épaisse, munie à droite et à gauche
d'un gros et long tentacule, assez peu contractile et de forme
conique, peu alongée ; à la base externe il porte sur un renflement assez saillant un assez gros œil ; au-dessus du dos, sous
la partie antérieure du manteau, est une grande cavité branchiale bien symétrique et largement ouverte en avant ; elle
contient deux lames branchiales considérables, de forme sca-
lène, pectinées, saillantes et se touchant presque à la base.
C'est au fond de cette cavité et à droite, que sont l'anus et
la terminaison de l'oviducte.

L'organisation intérieure des parmophores a, comme tout
l'extérieur, les plus grands rapports avec celle des fissurelles. Les systèmes sensoriaux et locomoteurs sont absolument les mêmes. L'appareil digestif ne diffère presque en
rien.

Ce genre ne renferme encore que trois espèces vivantes
et qui paroissent toutes provenir des mers Australes. Il est
très-probable que leurs mœurs et leurs habitudes ne diffèrent pas de celles des émarginules.

Le P. ALONGÉ : *P. elongatus*, de Blainv., Bullet. sc. phil.,
1817, page 28 ; *P. Australis*, de Lamk., Anim. sans vert.,
tome 6, part. 2, page 5, n.° 1 ; *Patella ambigua*, Chemn.,
Conchyl., 11, tab. 197, fig. 1918. Corps assez alongé, presque entièrement couvert par une coquille solide, glabre,
de couleur rousse, aussi longue que le corps de l'animal.

Des mers de la Nouvelle-Hollande et de la Nouvelle-Zélande. C'est une coquille qui atteint souvent au moins trois pouces de long et qui est d'un beau blanc luisant en dedans.

Le P. RACCOURCI; *P. breviculus*, de Blainv., *loc. cit.* Corps plus court, plus ramassé, élargi assez fortement en arrière; le dos en grande partie nu et couvert par une coquille plus mince, plus courte proportionnellement que dans l'espèce précédente.

Nouvelle-Hollande ?

Quoique la coquille de cette espèce, vue à part, ait beaucoup de ressemblance avec la précédente, elle doit cependant en être distinguée; car l'animal est bien évidemment différent.

Le P. FISSURELLE; *P. fissurella*. Coquille plus petite, plus mince, plus étroite même que dans la première espèce, et dont l'échancrure antérieure est beaucoup plus marquée et prolongée à l'intérieur par une sorte de gouttière.

J'ai vu cette espèce, que je crois distincte, dans la collection de M. Deshayes.

Le P. GRANULÉ, *P. granulatus*. Coquille étroite, alongée, granulée dans toute sa face supérieure, de couleur blanche jaunâtre. Collection du Muséum. Patrie inconnue.

Le P. CHINOIS, *P. sinensis*. Coquille fort mince, ovale, alongée, assez irrégulière sur ses bords, de couleur blanche, tachée finement de brun. Collection du Muséum, où elle est indiquée comme provenant de la Chine.

Le P. FRAGILE, *P. fragilis*. Petite coquille alongée, très-étroite, assez convexe en dessus, à sommet très-sensible et presque complétement marginal; couleur d'un blanc jaunâtre. Cette jolie coquille de la collection du Muséum, sans indication de patrie, me paroît plutôt devoir être regardée comme une espèce de véritable patelle, que comme un parmophore: (DE B.)

PARMOPHORE. (*Foss.*) Les espèces de ce genre, que l'on ne rencontre à l'état fossile que dans les couches plus nouvelles que la craie, ne sont pas rares; mais elles sont beaucoup plus petites et relativement plus minces que celles que l'on connoît à l'état vivant, et qui ne vivent que dans les mers Australes.

PARMOPHORE ALONGÉ : *Parmophorus elongatus*, Lam., Anim. sans vert., 1819; *Patella elongata*, Lam., Ann. du mus., tom. 6, pl. 1, n.° 1; *Parmophorus lœvis*, de Blainv., Bulletin des sciences nat., Fév. 1817, p. 28; *Parmophorus elongatus*, Desh., Descript. des coq. foss. des env. de Paris, tom. 2, pag. 13, pl. 1, fig. 15 et 18. Coquille mince, alongée, symétrique, simple, couverte de légères stries rayonnantes qui partent du sommet. Longueur, quelquefois vingt lignes, sur sept de largeur. On la trouve à Grignon, département de Seine-et-Oise; à Mouchy, département de l'Oise, dans le calcaire grossier, et à Valmondois, département de Seine-et-Oise, dans le grès supérieur?

C'est probablement une variété de cette espèce qu'on rencontre à la Chapelle, près de Senlis, dans le grès marin supérieur; elle paroît ne différer de celle ci-dessus que parce qu'elle est relativement un peu plus épaisse et que les stries rayonnantes sont à peine visibles sur certains individus.

PARMOPHORE ÉTROIT; *Parmophorus angustus*, Desh., *loc. cit.*, pl. 1, fig. 16 et 17. Cette coquille, qui n'avoit été regardée par M. de Lamarck que comme une variété du *P. elongatus*, paroît en effet constituer une espèce différente. Elle est très-mince, lisse et étroite. Longueur, quatre lignes; largeur, une ligne et demie. On la trouve à Grignon, Hauteville, département de la Manche, et Mouchy-le-Châtel.

Si les animaux de ce genre ne sont pas hermaphrodites, on pourroit soupçonner que ces coquilles auroient été formées par des animaux d'un sexe différent de ceux du parmophore alongé, avec lequel on les rencontre. (D. F.)

FIN DU TRENTE-SEPTIÈME VOLUME.

STRASBOURG, de l'imprimerie de F. G. LEVRAULT, impr. du Roi.

Imprimé en France
FROC031818200120
23227FR00011B/84/P